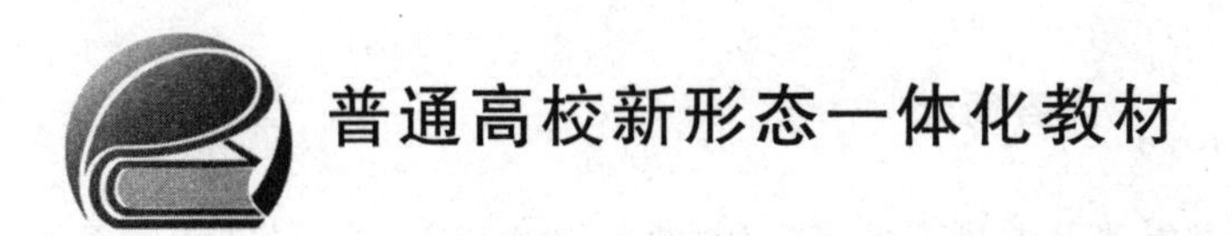

画法几何与机械制图

（第5版）

主编　李坤　刘永田

北京航空航天大学出版社

内容简介

本教材的主要内容有制图基本知识与技能，投影与视图，点、线、面的投影，投影变换，线、面的相互关系，基本体、切割体、相交立体的视图，轴测图，组合体，机件的表示法，常用机件和常用结构要素的特殊表示法，零件图，装配图，零件、部件的测绘，焊接图等，并有配套使用的习题集。

本教材注重系统性、实用性，编入了我国新颁布的《技术制图》和《机械制图》国家标准，并在参考文献中列出了本书涉及的国家标准。

本教材适于高等工科院校机械类、近机械类和各相关专业的教学使用，也可作为提高工程技术人员素质的培训教材。

本书配有教学课件供任课教师参考，有需要者请发邮件至 goodtextbook@126.com 申请索取。

图书在版编目(CIP)数据

画法几何与机械制图 / 李坤，刘永田主编. -- 5 版
. -- 北京 ：北京航空航天大学出版社，2022.8
ISBN 978-7-5124-3839-2

Ⅰ. ①画… Ⅱ. ①李… ②刘… Ⅲ. ①画法几何－高等学校－教材②机械制图－高等学校－教材 Ⅳ. ①TH126

中国版本图书馆 CIP 数据核字(2022)第 116685 号

画法几何与机械制图(第 5 版)
主 编 李 坤 刘永田
策划编辑 董 瑞 责任编辑 董 瑞
*
北京航空航天大学出版社出版发行
北京市海淀区学院路 37 号(邮编 100191) http://www.buaapress.com.cn
发行部电话：(010)82317024 传真：(010)82328026
读者信箱：goodtextbook@126.com 邮购电话：(010)82316936
涿州市新华印刷有限公司印装 各地书店经销
*
开本：787×1 092 1/16 印张：24.25 字数：621 千字
2022 年 8 月第 5 版 2022 年 8 月第 1 次印刷 印数：2 000 册
ISBN 978-7-5124-3839-2 定价：66.00 元

若本书有倒页、脱页、缺页等印装质量问题，请与本社发行部联系调换。联系电话：(010)82317024

前　言

本教材以高等工科院校“画法几何”和“机械制图”课程教学基本要求为依据，按我国新修订或新制定的制图国家标准作了修订和更新。全书分三篇：“画法几何”“机械制图”和“其他制图”。第一篇“画法几何”，系统地阐述了《技术制图》和《机械制图》国家标准及绘图的基本技能；讲述了正投影法及其点、直线、平面的投影规律，并在此基础上讨论了如何运用投影变换等方法解决一些空间几何问题；介绍了立体视图以及表面交线的作图问题；从专业的实际需要出发，介绍了常用轴测投影图的形成及画法。第二篇“机械制图”，重点讲述了组合体的读图、画图及尺寸的标注方法；系统介绍了机件的表示法；介绍了常用机件和常用结构要素的特殊表示法；介绍了机械图样的表示法以及机械图样的画法；联系实际介绍了零件、部件和机器的测绘方法及步骤。第三篇“其他制图”，介绍了焊接图。

本教材是编者总结了多年教学改革经验，在第4版的基础上，贯彻理论与实践相结合的原则修订而成的。具体特点如下：

1. 在取材和编排上突出实用性。如国家制图标准和绘图技能部分在教材的一开篇就进行了阐述，以保证学生能严格遵守国家标准，将绘图技能的训练贯穿整个课程，为后续“机械制图”部分的学习打下良好的基础。

2. 各章的修订注重系统性。保持了第4版中第一篇的以基本知识—投影理论—图示方法为主线的风格，力求由浅入深、由易到难、由简及繁，符合初学者的认知规律。第二篇体现了“既重视读图，又不忽视画图”的理念。

3. 便于学生自学。在编写过程中根据本课程教学基本要求，对基本概念、基本规律和作图方法、步骤的叙述尽可能通俗、详尽，插图配置力求清晰、醒目。许多图形带有正确与错误的对比示例；对较复杂的几何关系采用了分解图和轴测图相结合的方式，进而达到培养学生空间想象能力、思维能力和学后即能动手绘制工程图样的目的。书中带*的内容，难度相对较大，可视实际情况选修。

4. 图例多，示范性强。书中共有700多幅图例，部分图例还配有动画，可扫码观看，直观易懂。许多图例取材于机械工业产品，并严格按国家标准绘制，在学习和工作中可以作为参考图样。

5. 本教材的修订贯彻了我国新颁布和现行的《技术制图》和《机械制图》国家标准。在参考文献中列出了本书涉及的所有国家标准，供读者查用。

本教材由山东建筑大学李坤、刘永田主编。在修订过程中,编者得到了山东建筑大学的金乐、薛岩、殷振、徐楠和山东大学谢宗法的大力支持,同时山东大学张慧教授审读了此书,并提出了很多宝贵意见,在此深表谢意。

欢迎使用本教材的广大读者提出宝贵意见。

编　者

2022年5月

文中的教学视频二维码,建议使用QQ浏览器扫码观看。

目　　录

第二篇　机械制图

绪　论

一、本课程的研究对象及性质

“画法几何”是研究空间几何元素（点、线、面）及其相对位置和形体在平面上的表示方法，称为图示法；研究在平面上用几何作图的方法来解答空间几何问题，称为图解法。所以，画法几何是研究用图示法和图解法来解决空间几何问题的一门学科，是高等工科院校教学计划中的一门必修的技术基础课。画法几何与后续的许多课程均有着密切的关系，特别是与“机械制图”的关系更为密切，它是工程界技术语言的基础。画法几何为机械制图中用图形表示机件和有关图解法提供了基本作图原理和基本作图方法。

“机械制图”是研究在工程技术上根据投影方法并遵守国家标准的规定绘制而成的用于工程施工或产品制造等用途的图（叫做工程图样，简称图样）。如图 0 - 1 所示，在工程设计中，图样是用来表示和交流技术思想的文件；在生产中，图样是加工制作、工艺装备、产品检验、安装、调试、维修等方面的主要依据。

图样与语言文字、数字一样，是人类借以表示工程设计意图的基本工具之一，在现代科技界和工程技术界应用尤为广泛。在科技和生产领域里最常使用的工程图——多面正投影图，长期以来被誉为工程界的技术语言，是不用翻译的世界语。这是由于它具有独特的表现力，能详尽而准确地反映工程对象的形状和大小，便于以图进行生产和研究，起到了语言、文字难以起到的作用。当今科技、生产发展突飞猛进，工程图样的用途越来越广泛，工程施工、课题研究、创造发明、技术教育、传播文化、交流技术、普及知识、产品广告等各个方面随时都需要以相应的表示方法和形式来绘制人们所从事的对象及表达人们的设计意图。

“机械制图”是以研究工程图样和贯彻国家制图有关标准为主要内容的一门课程。它包括一组用正投影法绘制成的机件视图，还有加工制造所需的尺寸和技术要求等，是高等工科院校教学计划中的一门必修的技术基础课，也是当代工程技术人员、科学工作者必须掌握的重要工具之一。

二、本课程的主要任务

1. 学习正投影法的基本理论，掌握用正投影法图示和图解空间物体的方法。

2. 培养空间分析问题的能力、空间想象构形能力、审美能力、创造性思维能力和绘图能力。

3. 培养近距离观察物体的视觉敏锐性和绘制、阅读机械图样的能力。

4. 学习国家标准《技术制图》和《机械制图》的有关规定，逐步形成认真、严谨、负责的科学工作作风。

5. 做到正确、熟练地使用绘图工具和仪器。

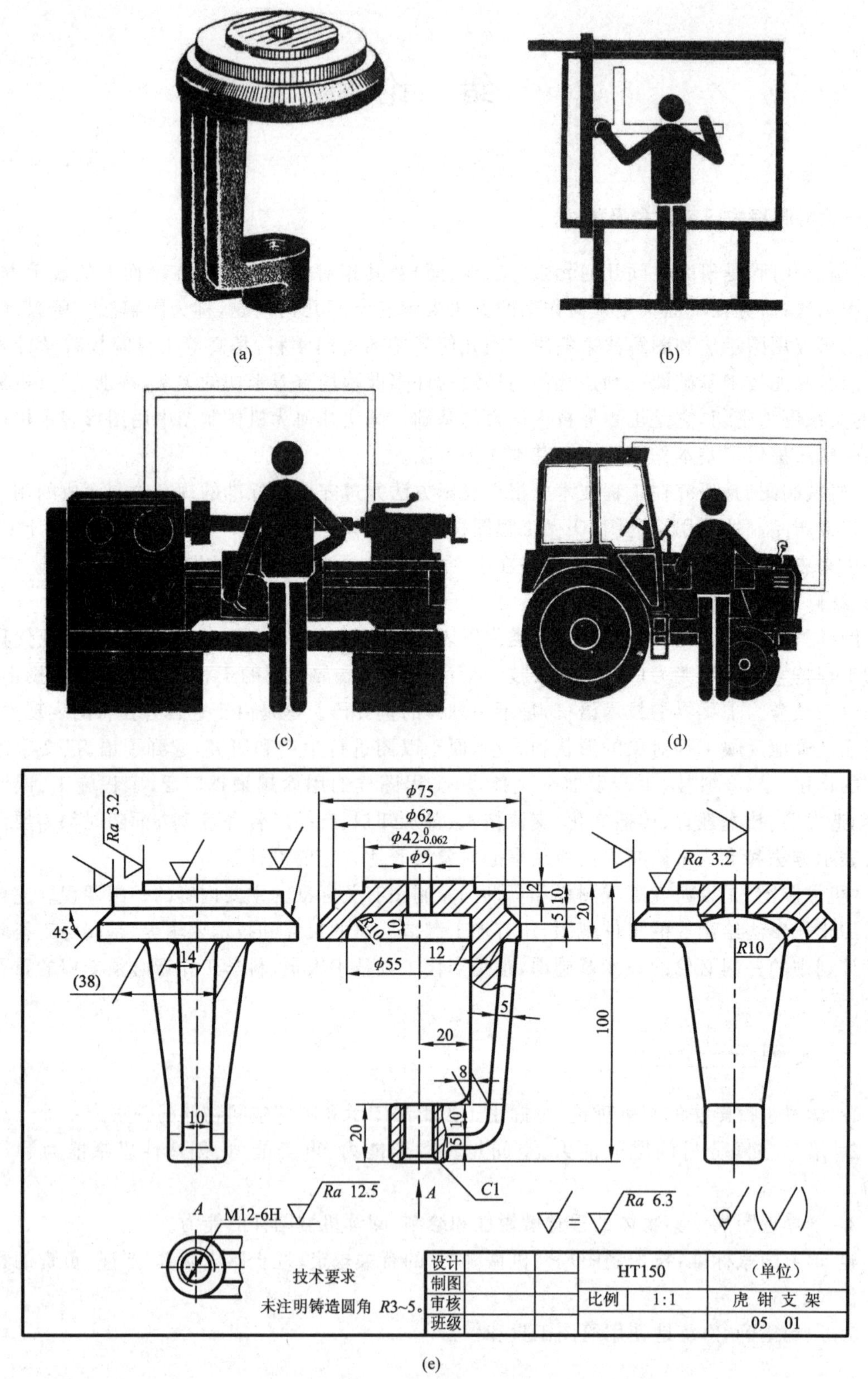
(a)
(b)
(c)
(d)
φ75
φ62
φ9
φ55
R10
45°
(38)
14
10
12
5
20
8
2
100
C1
A
Ra 3.2
Ra 12.5
Ra 6.3
M12-6H
技术要求
未注明铸造圆角 R3~5。
设计
制图
审核
班级
HT150
(单位)
比例
1:1
虎 钳 支 架
05　01
(e)

图 0-1　图样及其作用

三、学习方法及要求

学习本课程应注意以下几点：

1. 画法几何的主要任务是培养学习者的空间想象力。要学好本课程首先必须具备初等几何的知识，特别是立体几何的知识。因此，学习者在学习的过程中，应经常把初等几何的知识与画法几何原理联系起来去分析想象，这样才能获得良好的学习效果。

2. 坚持理论联系实际的原则。在日常生活中多注意观察空间几何元素、物体与投影的关系，这种“从空间到平面，再由平面回到空间”的反复研究和思维的过程，是学好画法几何课程最有效的方法，可以增强空间想象力和思维能力。

3. 空间几何和空间、平面图样兼学。学习中不可忽视分析空间几何关系以及空间与平面图样的对应关系，避免只注意空间的几何关系而抛开投影规律，否则会给学好本课程带来困难。

4. 坚持理论与实践相结合的原则。本课程是一门技术基础课，它的实践意义也是非常重要的，因此在学习过程中应坚持理论联系实际。要认真学习投影理论、投影规律、基本概念和基本作图方法，做到正确、熟练地使用绘图工具和仪器，并在此基础上由浅入深地通过一系列的绘图实践，掌握图示和图解的基本作图方法，做到重点研究各种图例，同时绘制出作图过程；不要仅限于解出题目，要善于思考研究一题多种解法的解题思路。必须完成一定数量的习题来巩固所学的知识。

5. 培养空间思维能力。“画法几何”与“机械制图”有着密切的关系，学习时不要死记硬背，要明确空间形体的几何性质及其与视图之间的投影关系；要积极发展空间思维能力，以提高读图和绘图能力。

6. 培养勤学多练的作风。绘图技能的提高，要由浅入深地通过一系列的绘图（练习、作业）实践来实现。因此，要认真绘图，一丝不苟，还要多作练习，勤学苦练，多动手做模型，勤于思考。在日常生活中多注意观察物体与投影的关系，以便增强空间想象力和思维能力。要有意识地培养耐心细致的作风，要养成作图准确和图面整洁的良好习惯。

7. 严格执行制图的国家标准。学习中要严格遵守国家标准的有关规定，切忌粗枝大叶，潦草马虎。此外，通过参观和实习，了解一些机械制造加工的基本知识，增强工程意识，对学好这门课程是很有必要的。

第一篇

画法几何

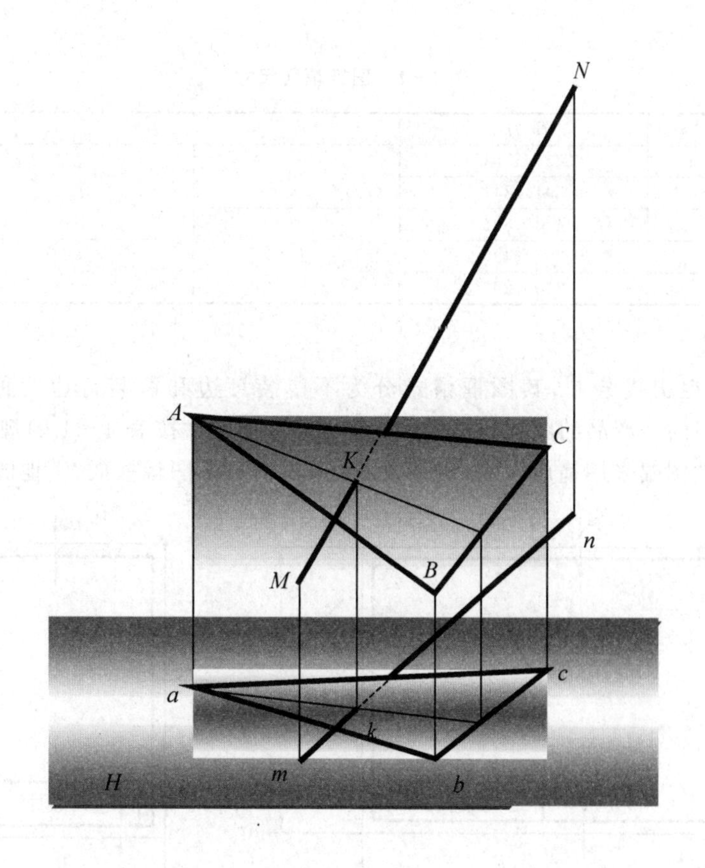

第 1 章　制图基本知识和技能

1.1　制图标准的基本规定

工程制图必须严格执行技术制图与机械制图国家标准，如《技术制图》(GB/T 14689—2008)和《机械制图》(GB/T 4457.4—2002)等。本节主要介绍国家标准的基础部分。

1.1.1　图纸幅面和格式(GB/T 14689—2008)

1. 图纸幅面

为了合理地利用图纸幅面和便于图样的管理，绘制工程图样时，应选用表 1-1 中规定的图纸幅面尺寸。必要时可以沿长边加长幅面，但加长幅面的尺寸必须是由基本幅面的短边成整数倍增加后得出。

表 1-1　图纸幅面尺寸　　mm

<table>
<tr><th>幅面代号</th><th>$B\times L$</th><th>e</th><th>c</th><th>a</th></tr>
<tr><td>A0</td><td>841×1 189</td><td rowspan="2">20</td><td rowspan="3">10</td><td rowspan="5">25</td></tr>
<tr><td>A1</td><td>594×841</td></tr>
<tr><td>A2</td><td>420×594</td><td rowspan="3">10</td></tr>
<tr><td>A3</td><td>297×420</td><td rowspan="2">5</td></tr>
<tr><td>A4</td><td>210×297</td></tr>
</table>

2. 图框格式

图幅边框用粗实线绘制，其图框格式分为不留装订边和留装订边两种，如图 1-1 和图 1-2 所示。但同一产品的图样只能采用一种格式，其尺寸按表 1-1 的规定。一般 A4 图幅采用竖放，其他图幅采用横放；在特殊情况下也可采用 A4 图幅横放，其他图幅竖放。

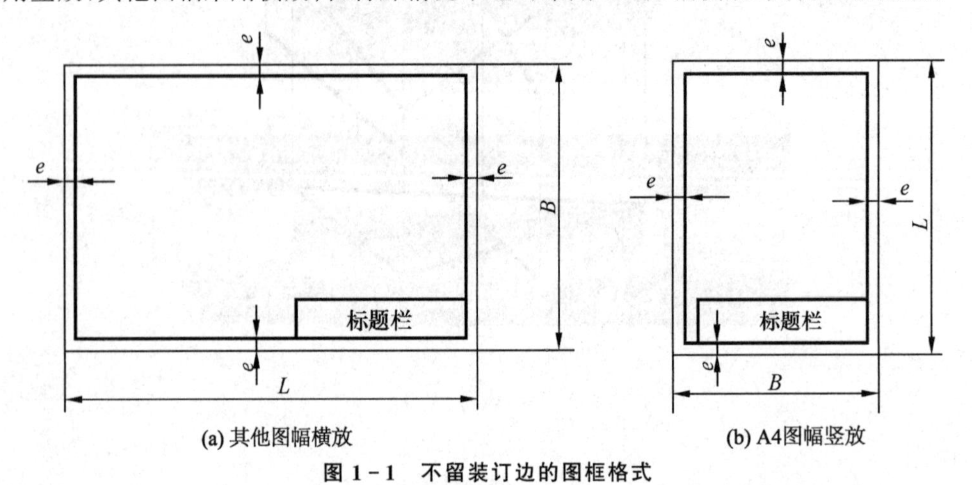

(a) 其他图幅横放　　(b) A4图幅竖放

图 1-1　不留装订边的图框格式

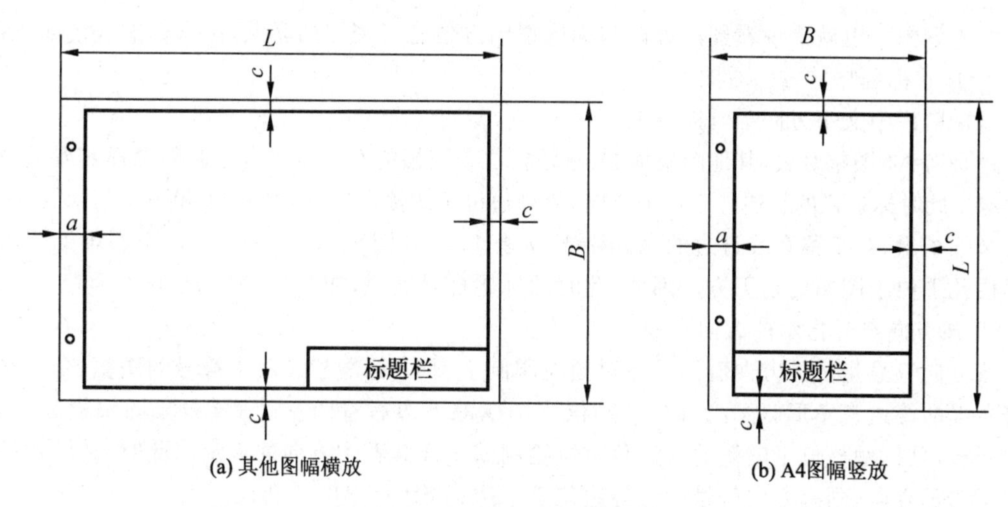

(a) 其他图幅横放　　(b) A4图幅竖放

图 1－2　留有装订边的图框格式

3．标题栏(GB/T 10609.1—2008)

在每张图样中均应有标题栏。标题栏的格式和尺寸在国家标准 GB/T 10609.1 中已进行了规定，如图 1－3 所示。在制图作业中建议采用图 1－4 所示的格式及尺寸，标题栏的外框用粗实线绘制，框内用细实线绘制，其底边和右边与图幅的边框重合。

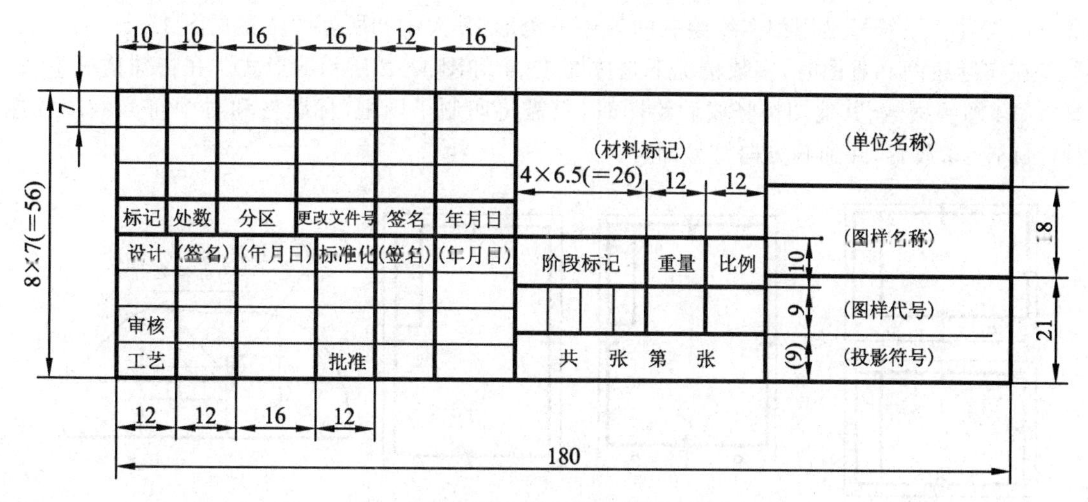

图 1－3　国家标准规定的标题栏格式

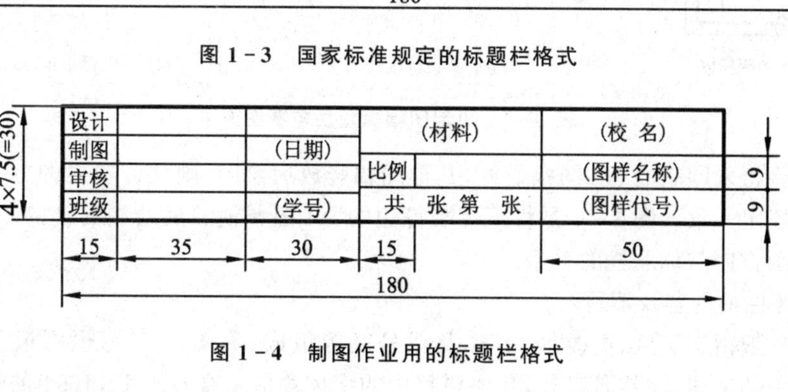

设计			(材料)		(校 名)
制图		(日期)			
审核			比例		(图样名称)
班级		(学号)	共 张 第 张		(图样代号)

15　35　30　15　50　180　4×7.5(=30)　9　9

图 1－4　制图作业用的标题栏格式

(1) 标题栏的位置

标题栏的位置不仅关系到图样装订后是否便于翻阅查找，还关系到如何确定图样是横摆

和竖放来看图。也就是说看图的方向与标题栏的方位有着密切的联系,国家标准规定如下:

① 按看标题栏的方向看图

以标题栏中文字方向为看图方向。

这是当 A4 图幅竖放,其他图幅横放,标题栏位于图幅的右下角时所绘制的图样其看图方向的规定。此时标题栏的长边位于水平方向,装订边位于图幅左边,如图 1-1 和图 1-2 所示。

必须指出,对于留有装订边的 A4 图幅,从表 1-1 和图 1-3(或图 1-4)中不难推算出其标题栏几乎位于图幅的正下方。因此,此时的标题栏是通栏,如图 1-2(b)所示。

② 按方向符号指示的方向看图

按方向符号指示的方向看图是指对预先印制了图框、标题栏和对中符号的图幅,令画在对中符号上的等边三角形(称为方向符号)位于图幅的下边后看图。这是当 A4 图幅横放,其他图幅竖放,且标题栏位于图幅的右上角时所绘制的图样其看图方向的规定。此时,标题栏的长边位于铅垂方向,画有方向符号的装订边位于下边,如图 1-5(a)、(b)所示。

a. 对中符号的画法　为了使图样复制和缩放摄影时定位方便,在基本幅面(含部分加长幅面)的各号图纸上各边的中点处分别画出粗短线,该线称为对中符号。对中符号用粗实线绘制,长度从图纸的边界中点开始画入图框内 5 mm,如图 1-5(c)所示。当对中符号处在标题栏范围内时,则伸入标题栏内的部分省略不画(见图 1-5(a))。

b. 方向符号的画法　为了明确绘图和看图时图纸的方向,在图纸的下边对中符号处画一个方向符号。该符号是用细实线绘制的等边三角形,其大小和所处的位置见图 1-5(c)。

在实际绘图和看图时,多数情况下是按图 1-1 和图 1-2 所示的形式。在特殊情况下,需要将 A4 图幅横放、其他图幅竖放后绘图时,只需将印制了图框、标题栏和对中符号的图幅逆时针旋转 90°放置,并加画方向符号即可。

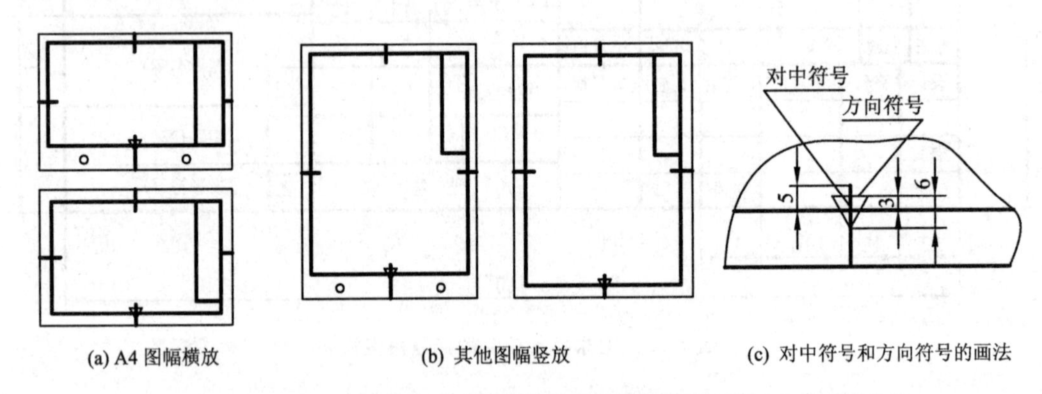

(a) A4 图幅横放　　(b) 其他图幅竖放　　(c) 对中符号和方向符号的画法

图 1-5　印制图幅标题栏与看图方向

如果需要将未印制的 A4 图幅横放,其他图幅竖放后绘图,则其标题栏的方位和看图方向也应与上述规定一致。图 1-6 是将不带装订边的 A4 图幅横放后绘制的轴的不完整零件图,它显示了看图方向与标题栏的关系。

(2) 标题栏的内容及填写

标题栏一般由签字区、更改区、名称及代号区等组成(见图 1-3),也可根据实际需要增减。标题栏中的字体,除签名以外,其他栏目中的字体均应符合 GB/T 14691 的规定。其主要内容填写如下:

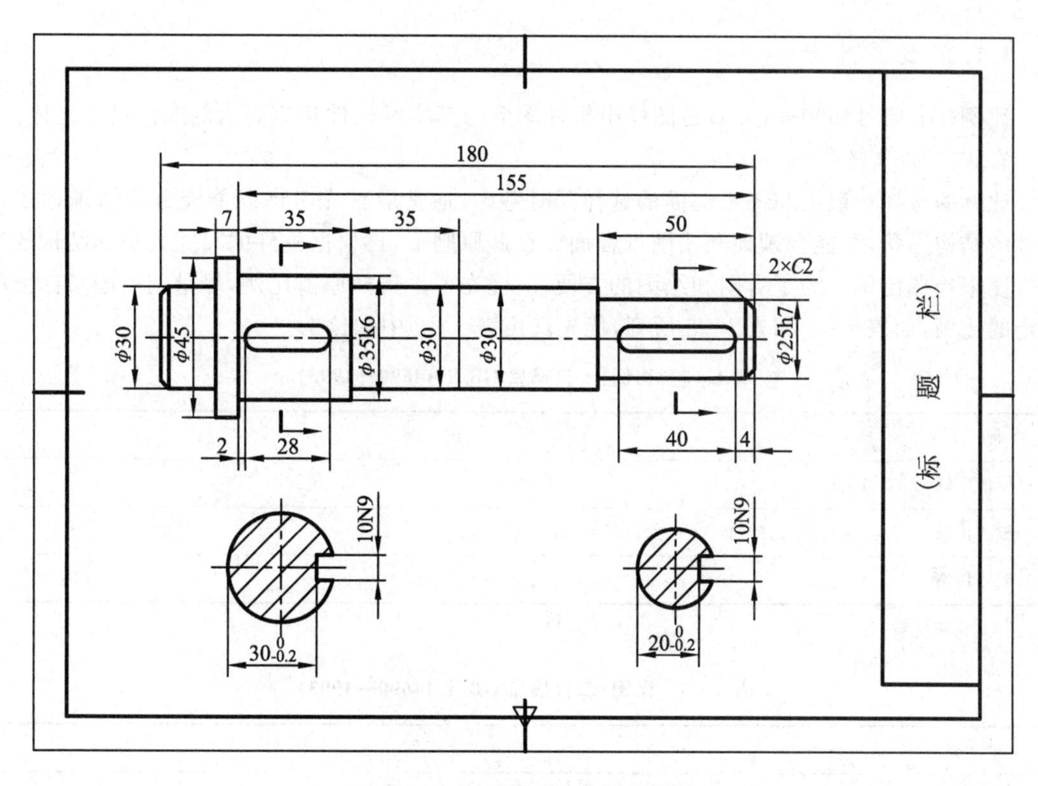

图 1-6 A4图幅横放的看图示例

① 日期 日期的签署应按 GB/T 7408—2005 中规定的3种形式之一。其中"年"用四位数,"月""日"用两位数,之间用连字符分隔、间隔分隔或不分隔,如 2016-09-30(连字符分隔),2016 09 30(间隔字符分隔),20160930(不分隔)。

② 材料标记 按照相应国家标准或规定填写所使用的材料。

③ 比例 填写绘制图样时所采用的比例。

④ 共×张第×张 应填写同一代号图样的总张数及该张在总张数中的张次。对于较复杂的零件或装配体难以在一张图纸上表示时,如某一装配体的装配图画了两张图纸,则两张图纸均应画出标题栏,填写同一"图样代号",并分别填写"共2张第1张""共2张第2张"。

必须指出,在填写张数张次时,不可将其张数与该装配体所属零件的零件图的张数一并计入总张数。但多数情况下,同一图样代号只画一张图纸,可不填写张数和张次。

⑤ 图样名称 填写图样名称时,应力求简明、规范或按约定俗称。例如,某零件的零件图,若取名为"阶梯轴",显然很繁琐,图样名称只须取为一个字"轴"即可。

⑥ 图样代号 图样代号又称为"代号"。机械图样代号一般采用隶属编号。即按产品、部件和零件之间的隶属关系进行编号。中间可用圆点、连字符或间隔字符分隔。例如,某一产品代号为"06",其中某一部件代号为"02",该部件中某一零件代号为"03",则编号是:

06·02·03(圆点分隔),06-02-03(连字符分隔),06 02 03(间隔字符分隔)。

如果是计算机辅助设计形成的CAD图样,还必须在标题栏中的"图样代号"下方填写"存储代号",其编号原则应符合 GB/T 17825.3—1999 中的规定。

⑦ 投影符号 投影符号填写第一角画法或第三角画法的投影识别符号(见 11.1.5 节)。

1.1.2 比 例

比例(GB/T 14690—1993)是图样中机件图形与其实际机件相应要素的线性尺寸之比。

1. 比例的选择

比例的选择一般应与图纸幅面的选择同时考虑,通常应首先考虑既能充分而清晰地表示机件的结构形状,又能合理地利用图纸幅面。在此原则下,再根据机件的尺寸大小和结构的复杂程度来选择比例。为了看图和绘图的方便,应优先考虑选择原值比例,尽量选用国家标准所规定的比例,如表1-2和表1-3所列,优先选用表1-2中的比例。

表1-2 比例(一)(摘自GB/T 14690—1993)

种 类	比 例
原值比例	1∶1
放大比例	5∶1,2∶1,5×10^n∶1,2×10^n∶1,1×10^n∶1
缩小比例	1∶2,1∶5,1∶10,1∶2×10^n,1∶5×10^n,1∶1×10^n

注:n为正整数。

表1-3 比例(二)(摘自GB/T 14690—1993)

种 类	比 例
放大比例	4∶1,2.5∶1,4×10^n∶1,2.5×10^n∶1
缩小比例	1∶1.5,1∶2.5,1∶3,1∶4,1∶6,1∶1.5×10^n,1∶2.5×10^n,1∶3×10^n,1∶4×10^n,1∶6×10^n

注:n为正整数。

2. 比例的标注

每张图样上都要注出所画图形采用的比例。例如1∶1,即所绘制图形与机件实际尺寸相同,叫原值比例;2∶1,即所绘制图形为机件实际尺寸的二倍,是放大比例;1∶5,即所绘制图形为机件实际尺寸的五分之一,是缩小比例。

在图样中,比例写在标题栏内。在一张图样的某个视图中,若采用与标题栏内所写比例不同,则应在该视图的上方标注出比例。

注意:无论采用什么样的比例画图,在标注尺寸时都应标注机件的实际尺寸,与图形的比例无关;还要注意角度图形不随比例的变化而变化。

在绘制较小图形时,如直径或厚度小于2 mm的孔或薄片,以及较小的锥度和斜度,可将该部分图形不按比例而夸大画出。

1.1.3 字 体

字体(GB/T 14691—1993)是图样中不可缺少的组成部分,如填写标题栏、技术要求、标注机件的实际尺寸等。因此,GB/T 14691规定了图样上和技术文件中所用的字体。书写汉字、数字和字母时必须做到:字体端正、笔画清楚、间隔均匀、排列整齐。字体的号数分为八种:1.8,2.5,3.5,5,7,10,14,20。字体的高度h=字号,字体的宽度一般为$h/\sqrt{2}$,其单位为mm。

1. 汉　字

汉字应写长仿宋体，采用国家正式公布的简化字。它具有字形端正、结构匀称、笔画粗细一致、清楚美观等特点，便于书写。汉字字体示例如下：

10 号字

字体工整 笔画清楚间隔均匀 排列整齐

7 号字

横平竖直注意起落结构均匀填满方格

(1) 基本笔画

长仿宋体的基本笔画和偏旁部首的写法如表 1－4 和表 1－5 所列，掌握其写法是写好长仿宋体字的关键。

表 1－4　长仿宋体字基本笔画

笔　画	形状及运笔方法	写法说明	字　例
横	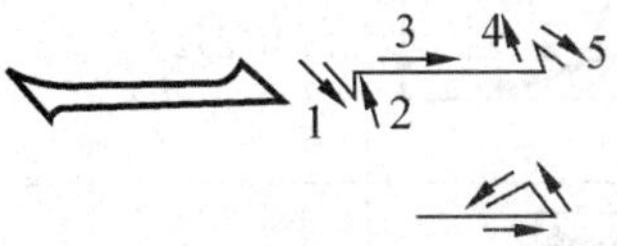 1 2 3 4 5	起笔有锋，并稍逆向挫动，而后向右行笔，稍微倾斜，收笔呈棱角，棱角可由顿挫作出	画
竖	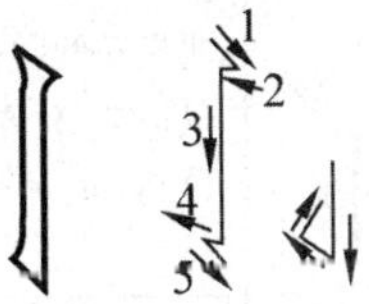 1 2 3 4 5	起笔顿挫有笔锋，收笔在左方呈棱角	体
撇	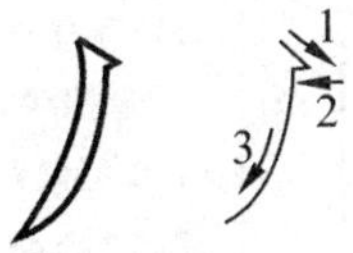 1 2 3	分斜撇、竖撇、平撇等 斜撇起笔顿挫有锋，整笔向左下方弯曲，上半部弯小，下半部弯大，收笔尖细	及
捺	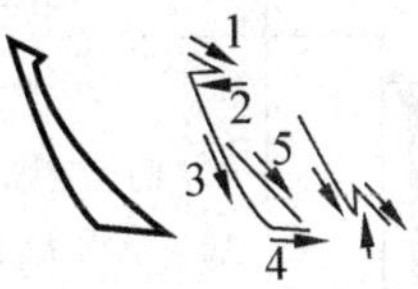 1 2 3 4 5	分斜捺、平捺 斜捺起笔顿挫有锋，向右下方作一渐粗的直线，捺角近似一长三角形	人
钩	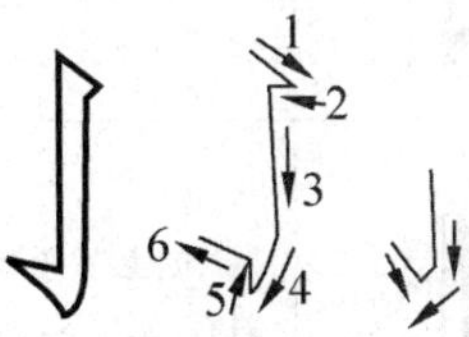 1 2 3 4 5 6	分竖钩、左弯钩、右弯钩、折弯钩 竖钩在末端向左上方作钩，钩笔可倒装	划

续表 1-4

笔画	形状及运笔方法	写法说明	字例
挑	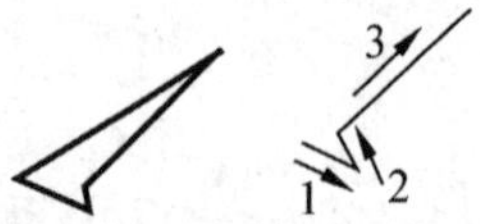 3 1 2	下笔时顿挫有锋,往右上挑去,形似楔,收笔时变尖。倾斜程度要根据它在字中的不同部位而定	均
点	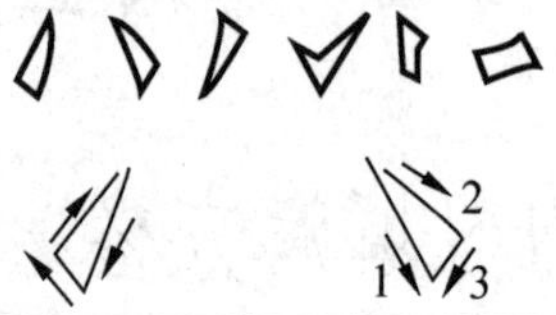 2 1 3	分左斜点、右斜点、挑点、直点 书写时起笔有锋,形如尖三角形	总

表 1-5 长仿宋体字常用偏旁部首的写法

偏旁部首	写法说明	字例	偏旁部首	写法说明	字例
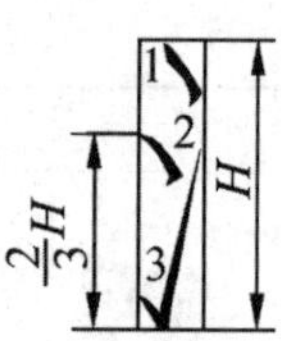 $\frac{2}{3}H$ 1 2 3 H	1处略往右靠,3末端高度大致与2平,2、3左端平齐	注	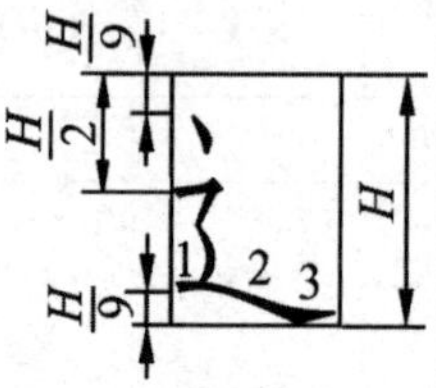 $\frac{H}{9}$ $\frac{H}{2}$ $\frac{H}{9}$ 1 2 3 H	1处略向上凸呈圆弧线,2稍直,3末端略向上翘起	边
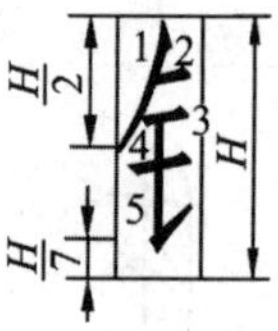 $\frac{H}{2}$ $\frac{H}{7}$ 1 2 3 4 5 H	1处大致60°,其末端处在3、4两横中间高度,2、3、4大致平行,5转角处比格子底线略高	铸	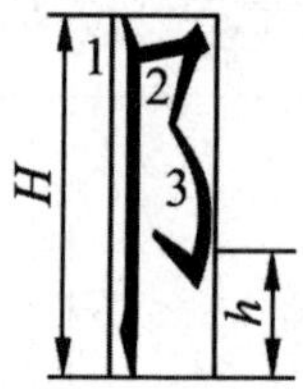 H 1 2 3 h	1处顿笔出头,3弯曲作左旁时,$h>(1/3)H$;作右旁时,$h<(1/3)H$	都
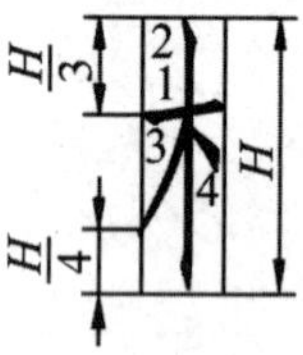 $\frac{H}{3}$ $\frac{H}{4}$ 2 1 3 4 H	1处不要过高,3的末端对齐1的左端,撇和点应与竖相接	材	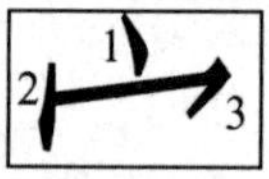 1 2 3	1为短竖点,2为长点,起端尖,稍向外弯曲,3笔倾斜45°左右,且比2略高	家
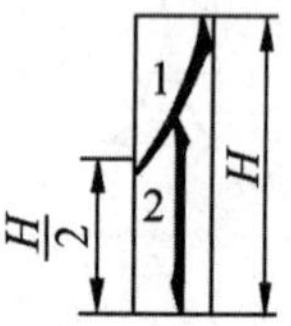 $\frac{H}{2}$ 1 2 H	1大致倾斜60°,2笔起始约在1撇的中间	作	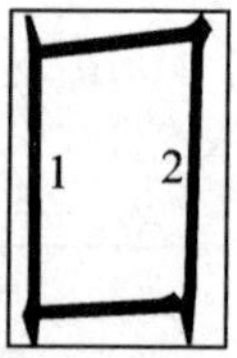 1 2	1的上下端及2的下端顿笔出头,四角笔锋顶格	图
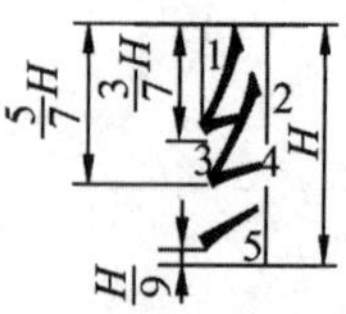 $\frac{5}{7}H$ $\frac{3}{7}H$ $\frac{H}{9}$ 1 2 3 4 5 H	1与3平行,5笔不靠格子底线,2、4、5大致平行	级	 1 2 3	1的上下端及3的右端顿笔出头,略呈倒梯形	如

(2) 整字写法

在写长仿宋体字时，为了使字写得整齐匀称，应先画出矩形格子线。其书写要领是：横平竖直、注意起落、结构均匀、填满方格。

1) 横平竖直——是对字形主要骨架的要求。根据汉字的特点，横笔手写时应从左到右平直而略微提升，才显得生动活泼而不呆板。横与横、竖与竖之间大致平行。

2) 注意起落——是对下笔和提笔的要求。即在下笔和提笔处要有尖锋和呈三角形的角，所写的字才有长仿宋体字的特色。

3) 结构匀称——是对字形结构的要求。即根据各个字的结构特点，恰当地布置其组成部分所占的部位，并注意笔画与空白的疏密，使字匀称美观。

长仿宋体字的基本结构形式有以下几种：

① 独体字——分不出偏旁部首的单一字。书写时占一个方格，笔画安排要匀称，并要注意字的重心平稳，如：中、心、尺、寸等。

② 横排列字——一个字左右可分为两部分或三部分。书写时要注意左右部分所占字宽的比例，一般可分为：

a. 左右相等，如：材、配、钻、距等；

b. 左窄右宽，如：铸、件、螺、机等；

c. 左宽右窄，如：形、断、制、部等；

d. 左中右三部分，如：例、锻、撇等。

③ 竖排列字——一个字上下可分为两部分或三部分。书写时要注意上下部分所占字高的比例，一般可分为：

a. 上下相等，如：变、要、竖、装等；

b. 上大下小，如：热、垫、旦、盈等；

c. 上小下大，如：前、置、齿、符等；

d. 上中下三部分，如：器、章、量等。

有许多横排列和竖排列的字，不能机械地划分成左右或上下几部分，如：从、动、合、齐等。书写时应注意比例恰当，上盖下托，左提右降，偏旁让主体，互相包容、穿插，有伸有让。

④ 四面框字——一个字的四周都封闭，如：图、圈、国、因等。书写时应注意四周笔画连接成框，框内部分在中间应均布。

⑤ 三面框字——一个字的三面封闭、一面开口，如：区、间、向等。书写时应把里面的笔画包住。

⑥ 两面框字——字的一部分包住另一部分，如：进、亘等。书写时两面包住而不露。

⑦ 品字形字——字由三个相同的部分组成，并且成品字形分布，如：众、森、鑫等。书写时要布局均匀，并使上部写得较大一点为宜。

4) 填满方格——是对字形大小的要求。满格指的是主要笔画的尖锋要触及格子，以保证长仿宋体字的高宽比，大小一致，并不是要求笔笔触及格子。如：国、图等，四周笔画不可与格子线重合。另外，对于笔画少的细长字和扁平字形，如：口、日、月、工等字，其左右或上下则应向格子里面适当地收进些，否则这些字显得大而不匀称。

2. 数字和字母

数字和字母分A型和B型。A型字体的笔画宽度为字高的1/14，B型字体的笔画宽度为字高的 1/10。在一张图样上,只允许采用一种形式的字体。数字和字母可写成斜体或直体。图样上多采用斜体,斜体字头向右倾斜,与水平基准线成 75°。

数字和字母示例如下:

(1) 阿拉伯数字示例

A 型字体(斜体)

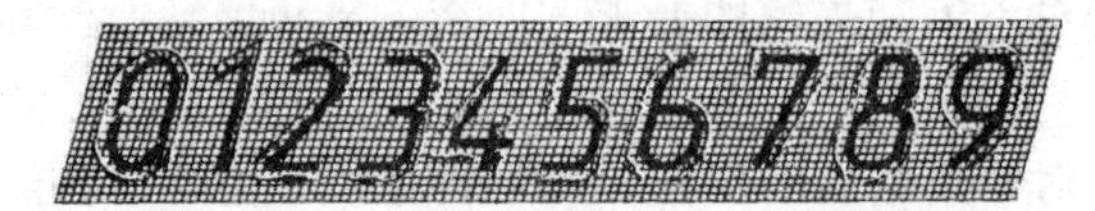

B 型字体(斜体)

(2) 罗马数字示例

A 型字体(斜体)

(3) 拉丁字母示例

B 型字体(大写斜体)

ABCDEFGHIJKLMNOP

QRSTUVWXYZ

B 型字体(小写斜体)

(4) 希腊字母示例

A 型字体(小写斜体)

αβγδεζηθϑι　φ

（5）综合应用示例

10Js(±0.003)　M24-6h　R8　5%　Ø25H6/m5

1.1.4　图线及画法

1. 图线型式

机件的图形是用各种不同粗细和类型的图线来绘制的。为了使图样统一、清晰及阅读方便，绘图时图线应采用国家标准《技术制图　图线》（GB/T 17450—1998）或《机械制图 图样画法 图线》（GB/T 4457.4—2002）中的线型。

在同一图样中，同类图线的宽度、颜色应基本一致，虚线、点画线及双点画线的线段长度和间隔应各自大致相等。

（1）GB/T 17450 中规定了 15 种基本线型，表 1-6 列出了技术制图中常用的线型。

表 1-6　常用线型（摘自 GB/T 17450—1998（部分））

代码 No.	名　称	基本线型
01	实线	d
02	虚线	3d　12d
04	点画线	0.5d　3d　24d
05	双点画线	24d　3d　0.5d　3d

注　意：

① 标准中规定了图线宽度的比率为粗线∶中粗线∶细线＝4∶2∶1。这种线宽比率是对各种专业制图中图线的宽度所规定的。

② 图线的宽度 d 的推荐系列尺寸为 0.13 mm、0.18 mm、0.25 mm、0.35 mm、0.5 mm、0.7 mm、1 mm、1.4 mm、2 mm 共 9 种。宽度为 0.13 mm 和 0.18 mm 的图线在图样中复制时往往不清楚，尽量不采用。图线宽度的选择，应根据图幅的大小和所表示机件的复杂程度以及所绘制图样的用途等因素全面考虑。

（2）在机械制图国家标准 GB/T 4457.4 中规定了 9 种线型，如表 1-7 所列。标准中规定线宽为粗线和细线两种，其线宽比率为 2∶1。图线宽度代号用 d 表示，即当粗线的宽度为 d 时，细线的宽度为 $d/2$。各种图线的应用示例如图 1-7 所示。

表 1-7　线型及应用(摘自 GB/T 4457.4—2002)

代　码	图线名称	图线线型	图线宽度	应用场合
No. 01 (实线)	粗实线	(粗实线示意，标注 d)	d(0.18～2)	可见轮廓线等
	细实线	(细实线示意)	d/2	尺寸线、尺寸界线、剖面线、过渡线等
	波浪线	(波浪线示意)	d/2	断裂处的边界线 视图与剖视图的分界线
	双折线	(双折线示意，标注 7.5d、14d、30°)	d/2	断裂处的边界线 视图与剖视图的分界线
No. 02 (虚线)	细虚线	— — — — — — — — —	d/2	不可见轮廓线
	粗虚线	— — — — — — — — —	d	允许表面处理的表示线
No. 04 (点画线)	细点画线	—— · —— · ——	d/2	轴线、中心线、对称中心线等
	粗点画线	—— · —— · ——	d	限定范围的表示线
No. 05	细双点画线	—— ·· —— ·· ——	d/2	相邻辅助零件的轮廓线 运动件极限位置的轮廓线 假想投影轮廓线 成形前的轮廓线

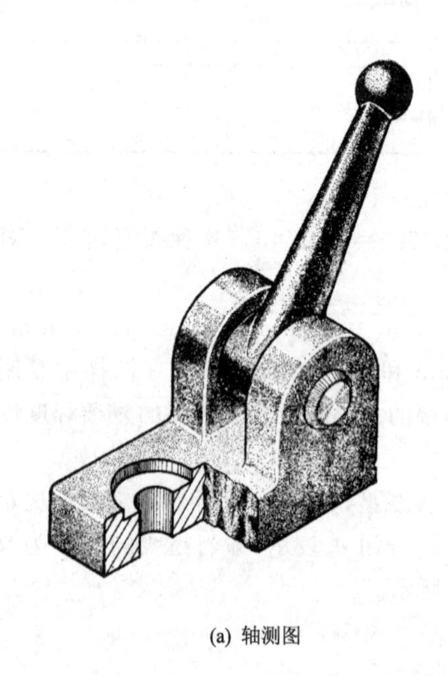

(a) 轴测图

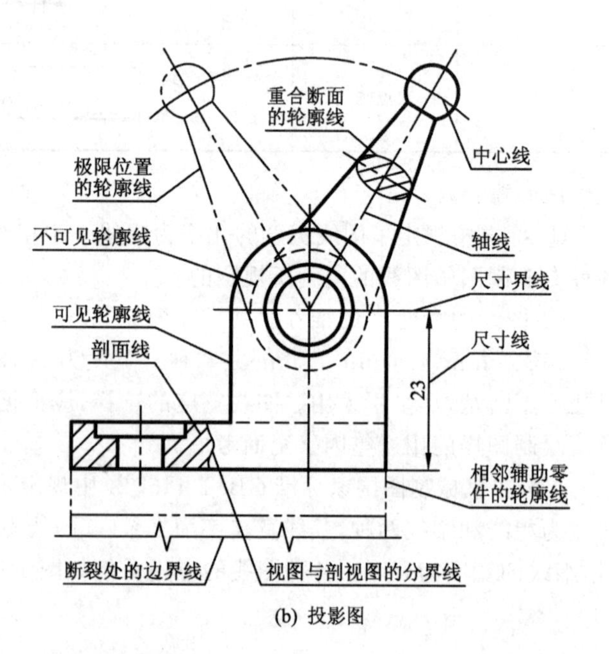

(b) 投影图

图 1-7　图线应用示例

2. 图线的画法

① 点画线的划应超出所表示图形轮廓线 3～5 mm，较小图形(圆)其中心线可用细实线代替，如图 1-8(a)所示。

② 点画线应以划相交，两端不应是点，且点不应超出所表示图形的轮廓线，如图 1-8(b)所示。

③ 图线相交应是线段相交，不得留有空隙，如图 1-9 所示。

④ 虚线为粗实线的延长线时，应留有空隙，以表示两种图线的分界处，如图 1-9 所示。

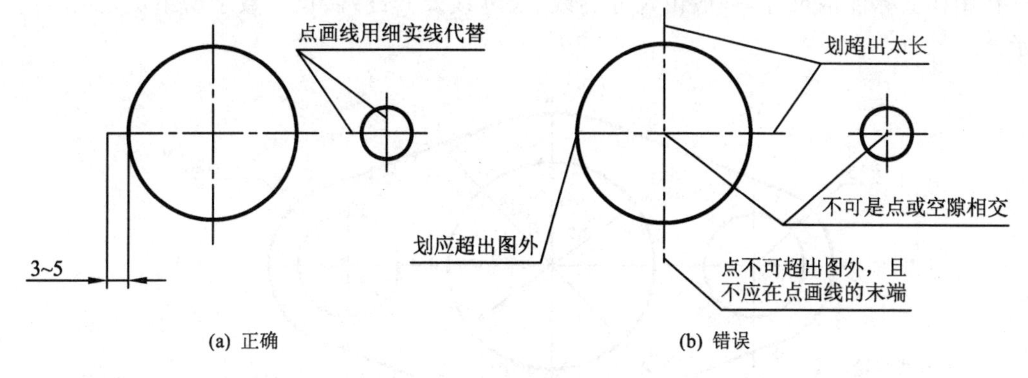

图 1-8　图线画法示例(一)

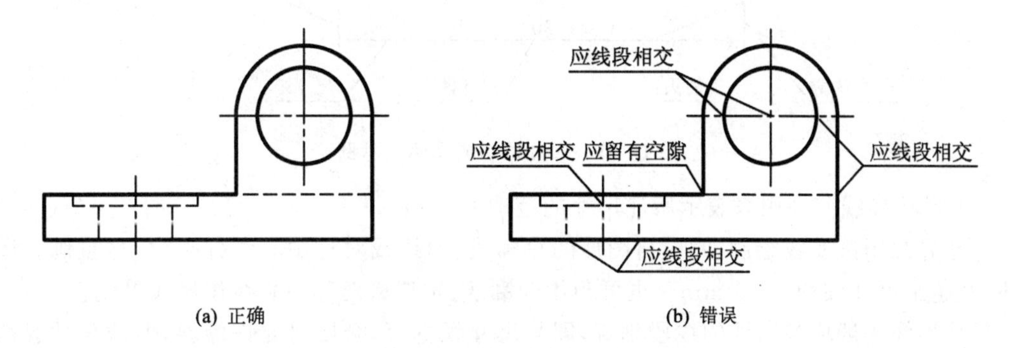

图 1-9　图线画法示例(二)

⑤ 图线与图线相切，切点处图线不可加宽，即不可相割或相离，如图 1-10 所示。

⑥ 多种图线重合，按粗实线、虚线、点画线的顺序绘制。

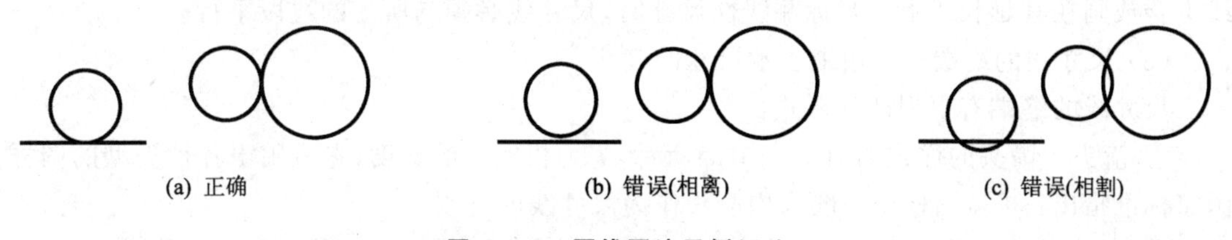

图 1-10　图线画法示例(三)

1.1.5　尺寸注法(GB/T 4458.4—2003)

图样上标注尺寸时，必须严格按国家标准中有关尺寸注法的规定进行。

1. 基本规则

① 机件中的真实大小应以图样上所注的尺寸数值为依据,与图形的大小及绘图的准确度无关。

② 在机械图样中(包括技术要求和其他说明)的尺寸以毫米为单位时,不需要标注其计量单位的代号或名称,若采用其他单位时必须注明相应的单位代号。

③ 机件的每一个尺寸,在图样中一般只注一次。

2. 尺寸的组成

在图样上标注的尺寸,一般由尺寸界线、尺寸线及其终端、尺寸数字所组成,如图1-11所示。

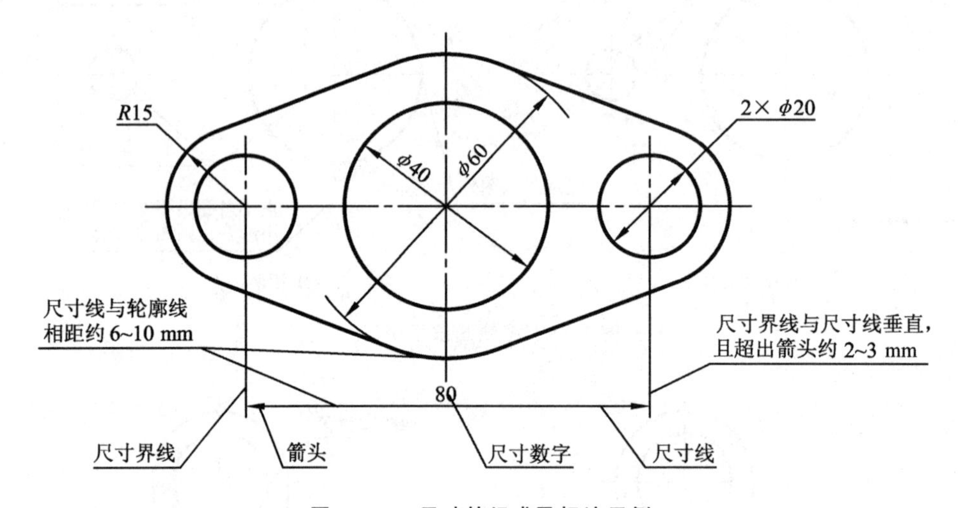

图1-11　尺寸的组成及标注示例

(1) 尺寸界线——用来表示所注尺寸的范围

尺寸界线用细实线绘制,并应自图形的轮廓线、轴线或对称中心线处引出,尽量画在图形之外,并超出尺寸线约2～3 mm。也可利用轮廓线、轴线或对称中心线作尺寸界线。

尺寸界线一般应与所注的线段垂直,即与尺寸线垂直,必要时允许倾斜,但两尺寸界线仍应平行,如图1-12所示。该图也表示有圆角的尺寸注法。

(2) 尺寸线——用来表示尺寸的度量方向

尺寸线用细实线绘制在尺寸界线之间,尺寸线不能用其他图线代替,一般也不得与其他图线重合或画在其延长线上。当标注线性尺寸时,尺寸线必须与所注的线段平行。

(3) 尺寸线的终端——用来表示尺寸的起止

尺寸线的终端有下列两种形式:

① 箭头　箭头的样式如图1-13(a)所示,d 为粗实线的宽度,它适用于各种类型的图样。国家标准指出:机械图样中一般采用箭头作为尺寸线的终端。

② 45°斜线　斜线用细实线绘制,其方向和画法如图1-13(b)所示,h 为字体高度。这种斜线仅用于尺寸线与尺寸界线相互垂直的场合,实际中建筑工程图样多采用它。在建筑图样中圆或圆弧尺寸线终端仍采用箭头。

同一张图样中只能采用一种尺寸线终端形式,且箭头的形状、大小应一致,45°斜线的长度及粗细应一致。

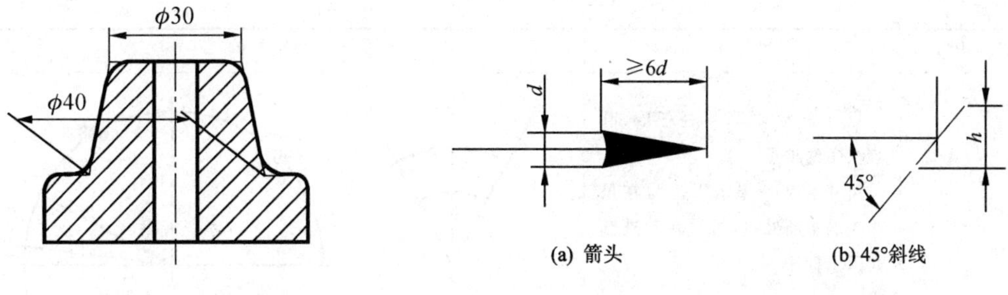

图 1－12　倾斜引出的尺寸界线　　　　**图 1－13　尺寸线终端的形式**

(4) 尺寸数字——用来表示所注机件尺寸的实际大小

线性尺寸数字一般注写在尺寸线的上方,也允许注写在尺寸线的中断处,同一张图样上数字注写方法应一致。尺寸数字采用斜体阿拉伯数字,同一张图样上数字的字号应一致。

尺寸数字的注写方向应以标题栏或看图方向符号为准,使水平的尺寸数字头朝上写在尺寸线的上方;垂直的尺寸数字头朝左写在尺寸线的左方;倾斜的尺寸数字写在尺寸线的上方,并以尺寸线为准右倾 75°(字头仍有朝上的趋势)。

注意: 尺寸数字不可被任何图线所穿过,当不可避免时,必须把图线断开。

常见的尺寸注法示例如表 1－8 所列。

表 1－8　常用的尺寸注法示例(摘自 GB/T 4458.4—2003(部分))

标注内容		说　明	示　例
线性尺寸		尺寸数字应按示例中的左图所示方向注写,在示例 30°范围内不要标注尺寸,当不可避免时采用右图的标注方法注出	30°　16　16　16　16　16　16　16
圆及圆弧尺寸	圆弧＞半圆或整圆	标注直径尺寸时,在尺寸数字前加注直径符号“ϕ”;整圆时,尺寸线完整;当圆弧＞半圆时,尺寸线超过圆心一段,且用单箭头画出	φ16　φ26　φ19
	圆弧≤半圆	标注半径尺寸时,在尺寸数字前加注半径符号“R”;尺寸线与圆心连,单箭头画出	R20　R30　R24
	大圆弧	大圆弧,圆心在图形之外时,可采用示例的方法注出尺寸	R90　SR62

续表 1-8

标注内容	说　明	示　例
角度尺寸	尺寸线为圆弧，半径任取，圆心在角的顶点 尺寸数字一律水平注写在尺寸线的中断处，也可写在其外侧或引出标注	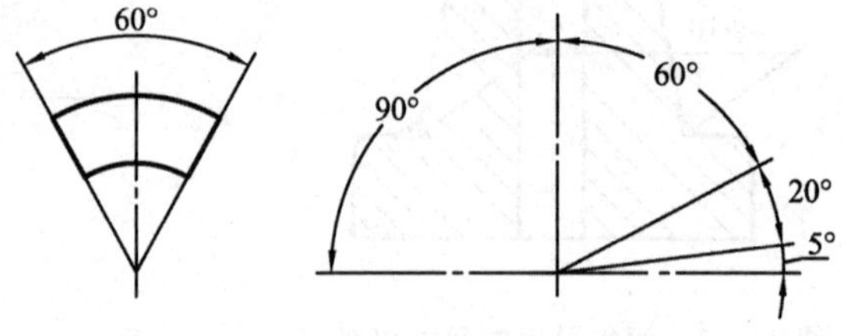 60°　90°　60°　20°　5°
圆球面尺寸	应在“ϕ”或“R”前加注表示圆球的符号“S”，当不至于引起误解时，则可省略，如示例中的右图所示	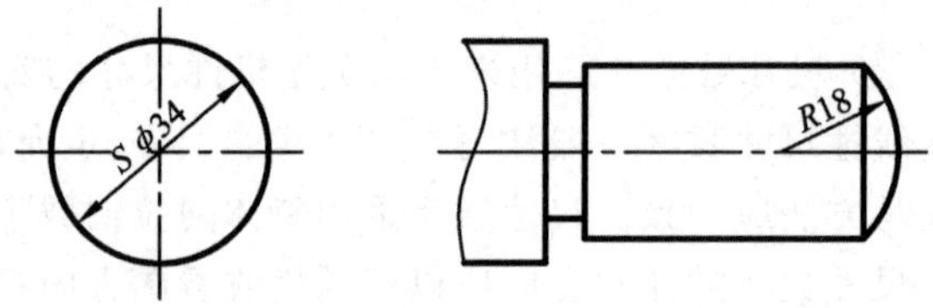 $S\phi34$　R18
小尺寸　直线尺寸	窄小直线尺寸的标注，可将箭头画在尺寸界线之外，数字写在中间或右边箭头上方，或引出标注 当多个小尺寸串列时，中间加黑圆点或 45°斜线来代替箭头	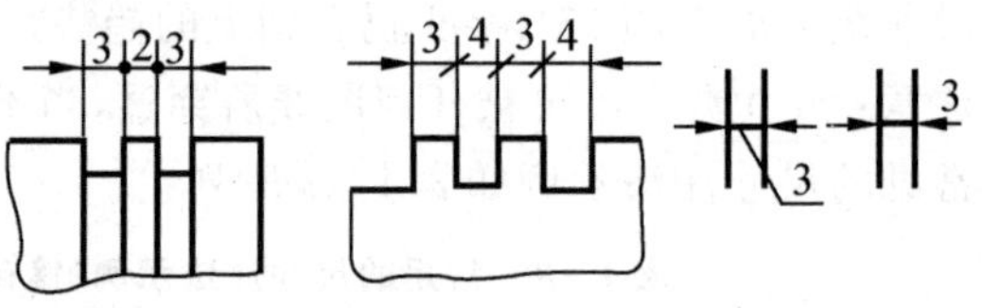 3 2 3　3 4 3 4　3　3
小尺寸　圆及圆弧	小圆弧尺寸可用引出标注	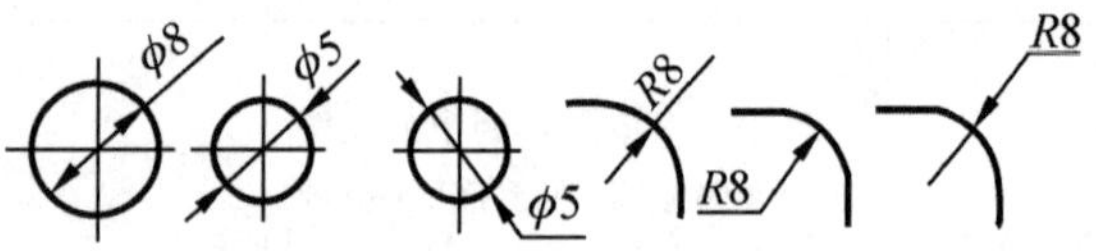 $\phi8$　$\phi5$　$\phi5$　R8　R8　R8
弦长及弧长	弦长的标注：尺寸线//该弦 弧长的标注：尺寸线为圆弧，且//该弧，尺寸数字前方注写弧长符号“⌒”	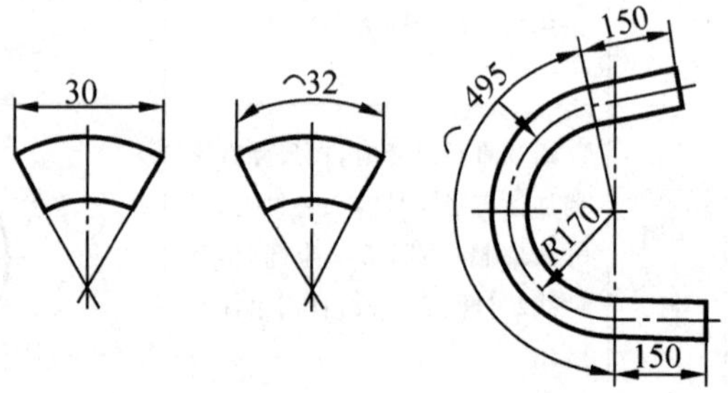 30　⌒32　⌒495　150　R170　150
对称机件仅画出一半或大于一半	尺寸线应超过对称中心线或断裂的边界线一段，且用单箭头绘制，如尺寸 54 mm 和 76 mm 注意：尺寸数字仍为实际大小	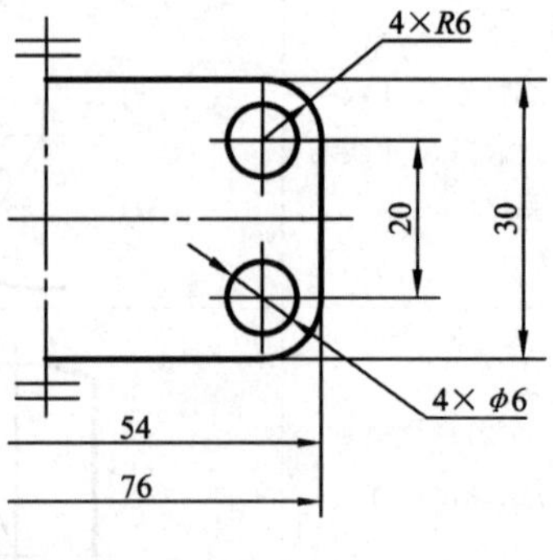 4×R6　20　30　4×$\phi6$　54　76 注：对称中心线两端的一对平行的细实线，称为对称符号，表示图形采用了对称画法。

续表 1－8

标注内容		说　明	示　例
正方形结构		断面为正方形结构的尺寸标注：可在边长尺寸数字前加注表示正方形的符号“□”，或用 14×14 的注法	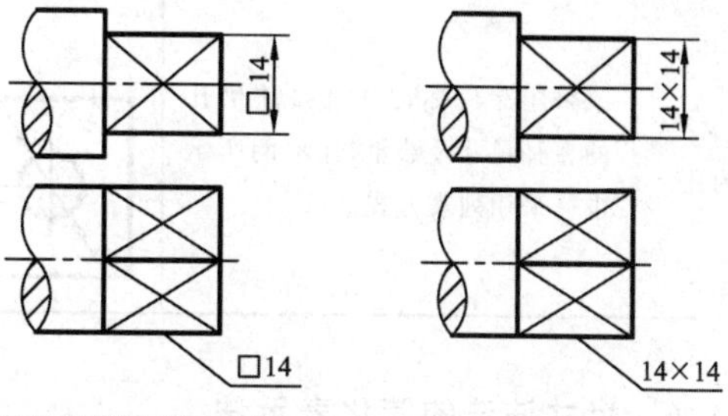 □14　14×14　□14　14×14 注：相交的细实线表示平面。
图线穿过尺寸数字时的处理方法		尺寸数字不允许任何图线穿过，当尺寸数字不可避免被图线通过时，图线应断开	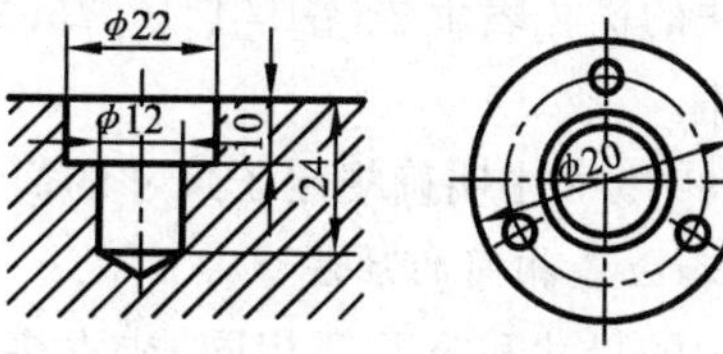 ϕ22　ϕ12　10　24　ϕ20
倒角结构	45°倒角	45°倒角可按示例中的形式标注，其中，*C* 为 45°倒角符号，其后面的数字“1”是倒角的宽度	*C*1　(或)　*C*1　2×*C*1　(或)　*C*1
	非45°倒角	非 45°的倒角应按右图所示的形式标注	30°　1.6　30°　1.6
链式排列的孔		链式排列的孔，间隔相等，其定位尺寸可采用示例中的方法标注	13　20　4×20(=80)　109
均布的孔		均匀分布的孔，可在尺寸折线的下方加注符号“EQS”(表示均匀分布)。当孔的定位和分布在图中已表示清楚时，可省略标注，如示例所示 图中 8×ϕ6 中的 8 为孔的个数	15°　8×ϕ6　EQS　ϕ36　ϕ36　8×ϕ6

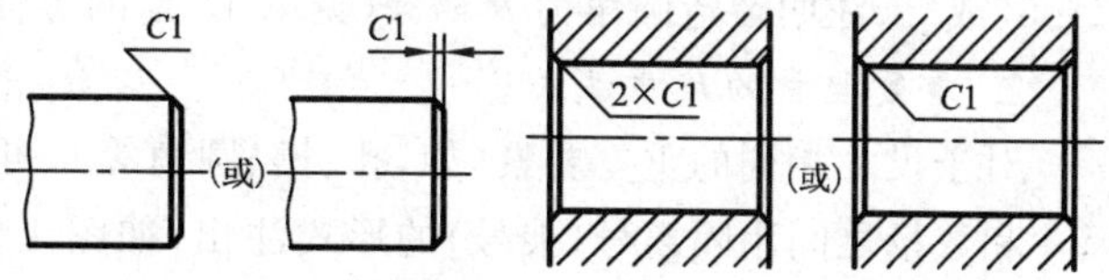

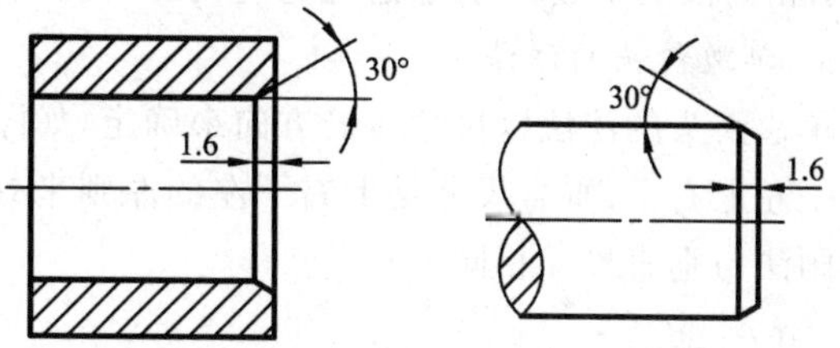

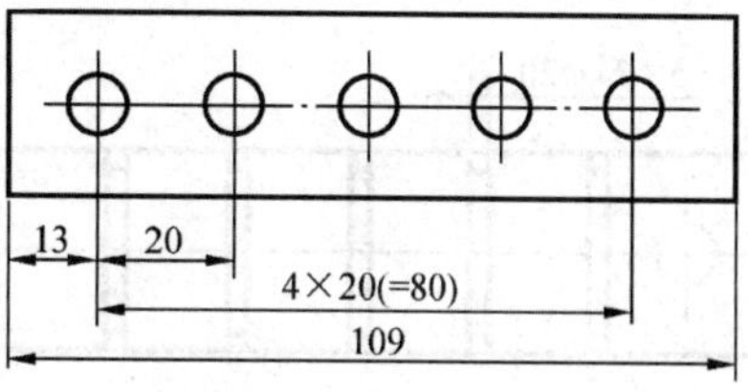

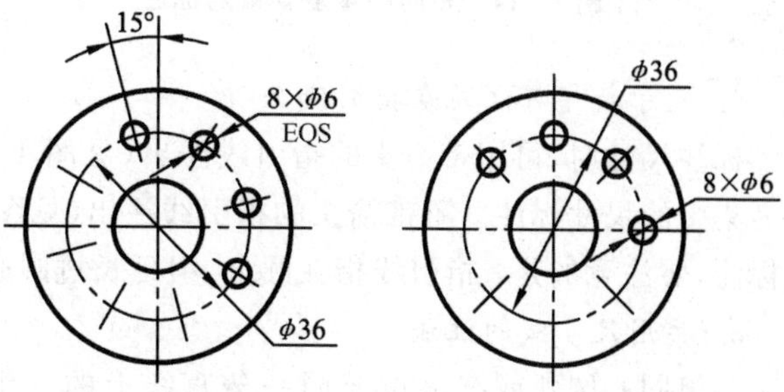

续表 1-8

标注内容	说　明	示　例
相似又重复的孔	采用涂色标记和直接注出孔的直径尺寸及数量,如示例所示也可采用列表方式表示	$3\times\phi6^{+0.02}_{0}$　$2\times\phi6^{+0.02}_{0}$　$3\times\phi7$

1.1.6　尺寸注法的简化表示法

尺寸注法的简化表示法(GB/T 16675.2—2012)是提高设计制图效率和发展工程技术语言的必由之路。

GB/T 16675.2 中明确规定了尺寸的简化注法,现摘要如下。

1. 尺寸和公差相同的注法

若图样中的尺寸和公差都相同,或占多数,则可在图样的空白处作总说明,如"未注倒角 $C1.5$"或"未注明铸造圆角为 $R4$"等(见第 13 章的零件图中所注)。

2. 重复要素的尺寸注法

对于尺寸相同的重复要素(如,孔、槽、圆角等),可以仅在一个要素上注出其尺寸和数量,尺寸和数量之间用隔离号(乘号)的形式注出,如图 1-14 所示(图中标注的尺寸,其含义是:5 表示相同槽的个数,2 表示槽的宽度,$\phi20$ 表示槽底的直径)和表 1-8 所列。

3. 单边箭头的注法

单边箭头的注法以尺寸线的方向来确定,如图 1-15 所示。绘制这种箭头时,通常按水平尺寸是左上右下、垂直尺寸是上右下左的原则来处理单边箭头的偏置方向。倾斜尺寸的单边箭头画法与垂直尺寸相同。

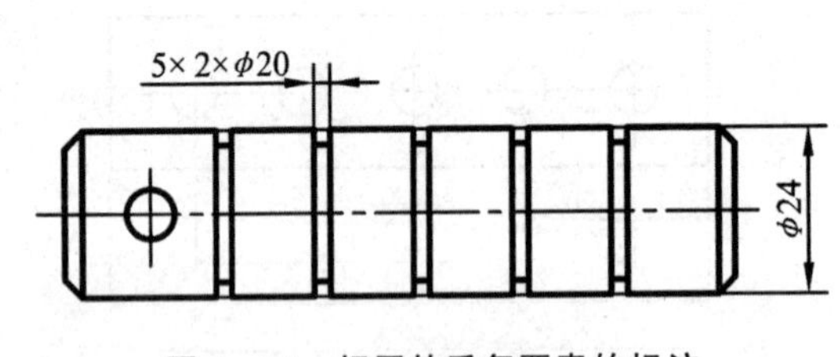

图 1-14　相同的重复要素的标注

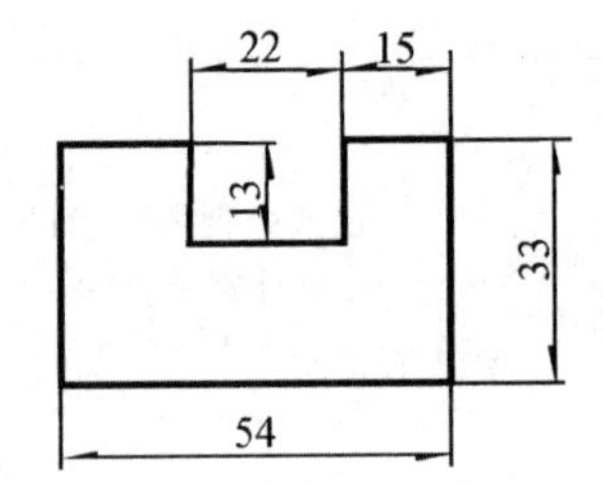

图 1-15　单边箭头注法

4. 尺寸数字可注写在指引线上

标注尺寸时,可用带箭头的指引线注出(见图 1-16(a)),这种标注形式常用于非圆图形较为集中的尺寸标注。不带箭头的指引线注出(见图 1-16(b)),常用于圆图形较为集中的尺寸标注,要注意的是:指引线指在圆上,但延长过圆心。

5. 共用尺寸线的注法

一组同心圆弧或圆心位于同一条直线上的一组不同心的圆弧,其尺寸可以按图 1-17(a)、(b)所示的形式标注。但应注意,依次注写的尺寸数值必须与箭头的指向一致。

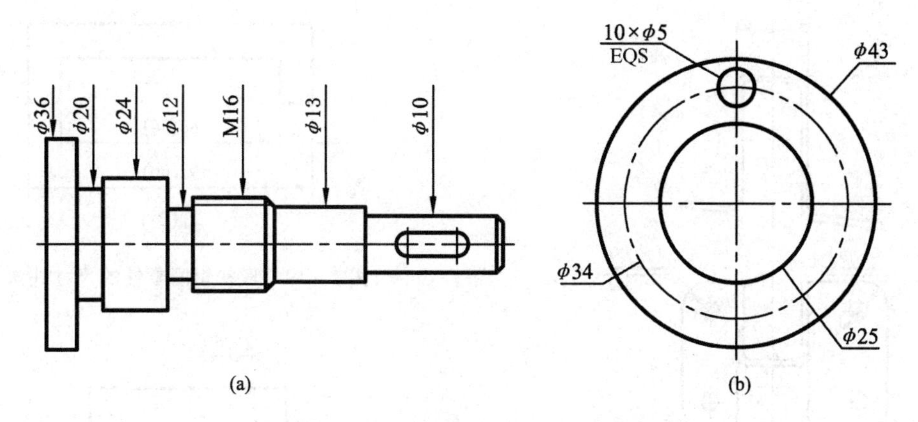

图 1-16　在指引线上标注尺寸

一组同心圆或同轴的台阶孔，其尺寸可以共用一条超出圆心或轴线的尺寸线来标注，如图 1-17(c)、(d)所示。

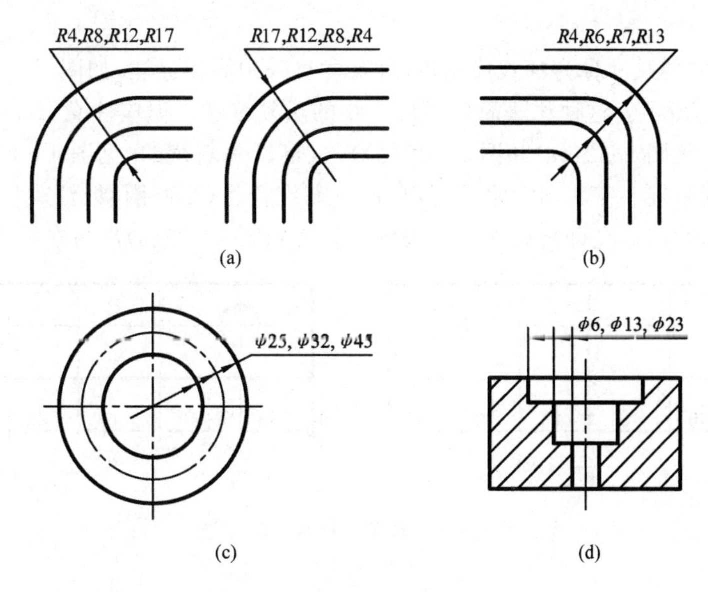

图 1-17　共用尺寸线的注法

6. 倾斜结构的尺寸简化注法

当倾斜结构需要在其失真的视图中标注真实尺寸时，应在所注真实尺寸数值的下方加画粗实线，如图 1-18 所示。

7. 形状相同零件的尺寸注法

两个形状相同但尺寸不同的零件，可以共用一张图样来表示，此时应将其中一个零件的名称和尺寸列入括号中，如图 1-19 所示。

8. 倒角尺寸注法

在不至于引起误解时，零件中的 45°倒角可以省略不画，如图 1-20 所示。其中，C 前面的“2”表示两端。

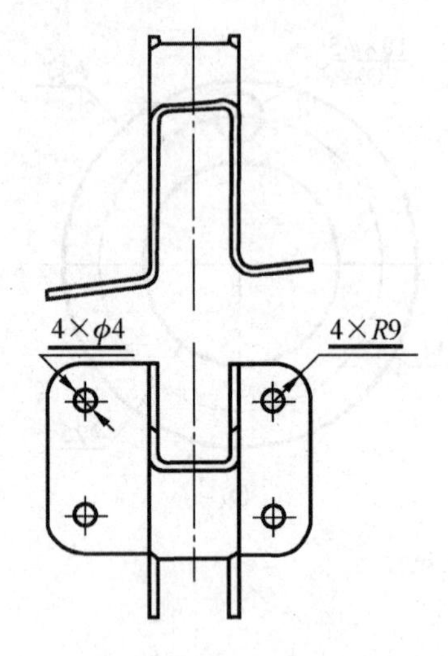

图 1-18　倾斜结构时真实尺寸的注法

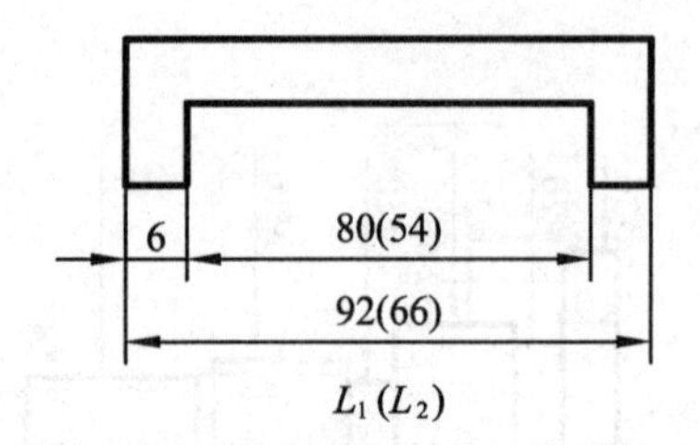

图 1-19　形状相同零件的尺寸注法

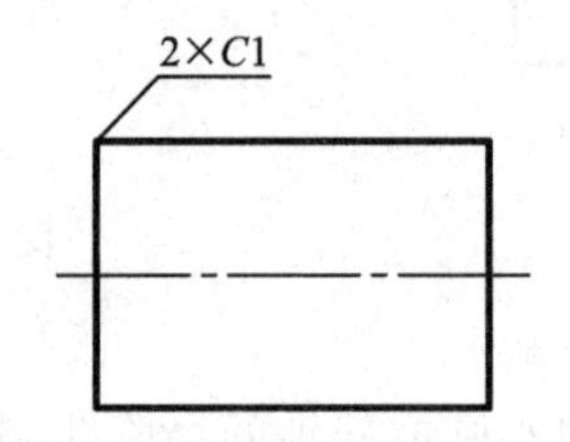

图 1-20　倒角的尺寸注法

9. 梯式尺寸的注法

同一基准出发的尺寸称为梯式尺寸,这种尺寸可采用简化标注,如图 1-21(直角坐标)和图 1-22(极坐标)所示。这种注法简化了尺寸线的重复标注。但应注意:重叠在一起的尺寸线可以是连续的(见图 1-21(a)和图 1-22(a)),也可以是断续的(见图 1-21(b)和图 1-22(b));尺寸数字靠近箭头字头向上水平写出,同一基准符号(小圆圈)处注写尺寸数字“0”。为了避免理解错误,我国也允许将尺寸数字按图 1-23 和图 1-22(a)注写在尺寸界线处。

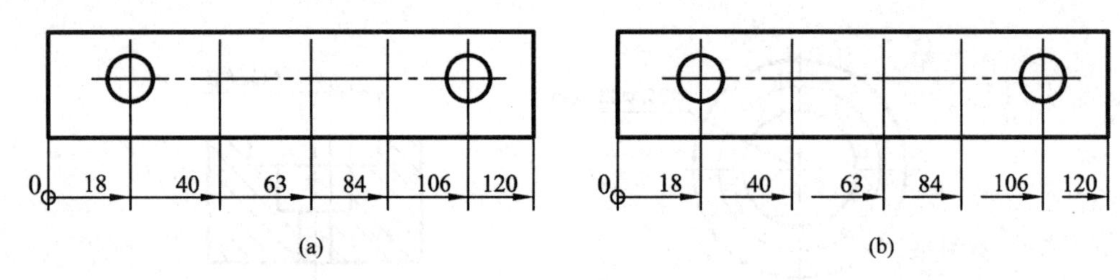

图 1-21　直角坐标尺寸的注法

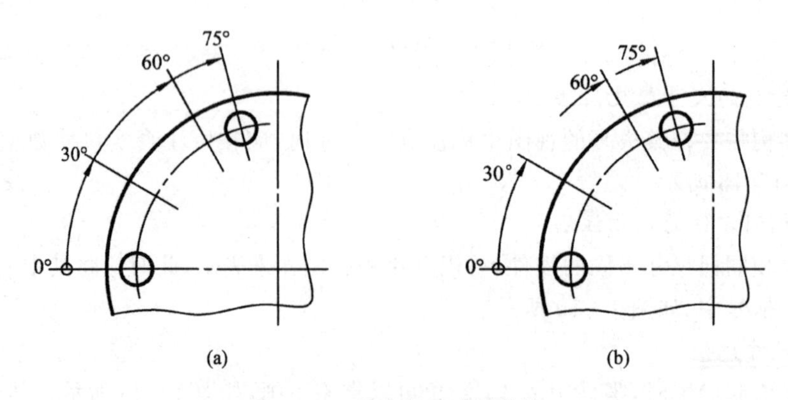

图 1-22　极坐标尺寸的注法

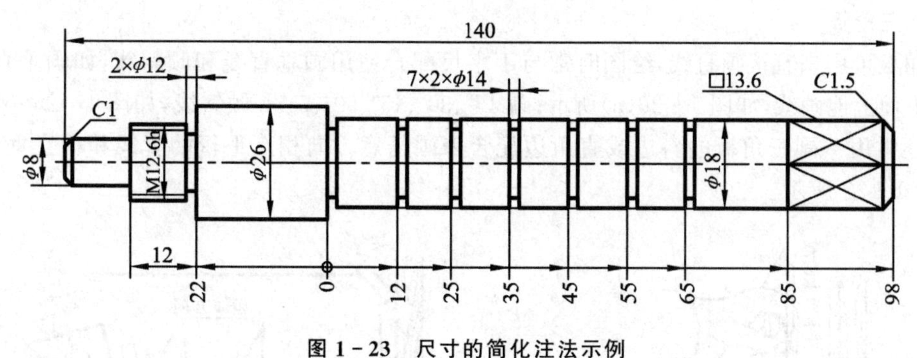

图 1 - 23　尺寸的简化注法示例

10. 孔的旁注法

孔的旁注法见第 13 章中的表 13 - 3。

1.2　绘图工具、仪器及绘图方法

工程技术人员必须做到正确、熟练地使用绘图工具和仪器，这是提高绘图速度和质量的前提。

1.2.1　仪器及使用方法

以下仅介绍几种常用绘图工具、仪器及其他绘图用品的使用知识。

1. 常用的绘图工具

(1) 图　板

图板是绘图的垫板，用来铺放和固定图纸，板面必须平整，其短边为工作边(又称导边)，应光滑平直。使用时应保证导边不损伤。在图板上将图纸放正，并用胶带纸贴牢，如图 1 - 24 所示。

(2) 丁字尺

丁字尺主要用来画水平线，它由尺头和尺身构成。尺头内侧与尺身上边必须垂直，使用时须用左手握住尺头，将尺头的内侧导边放在图板的左面导边上，推动丁字尺上、下移动(注意，尺头内侧应紧靠图板的导边)。画水平线时左手压牢尺身，铅笔的走向自左而右，如图 1 - 25 所示。丁字尺还常与三角板配合使用，来画垂直线(又叫竖线)和与 15°成倍数的斜线。

注意：画图时，严禁用丁字尺的尺身下边画水平线和画垂直线。

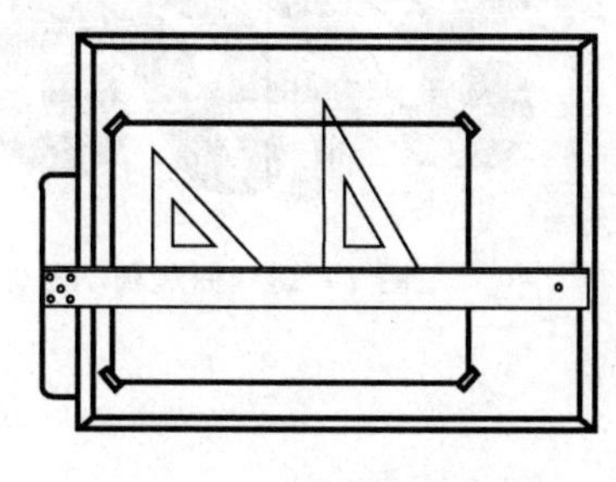

图 1 - 24　图纸贴的位置

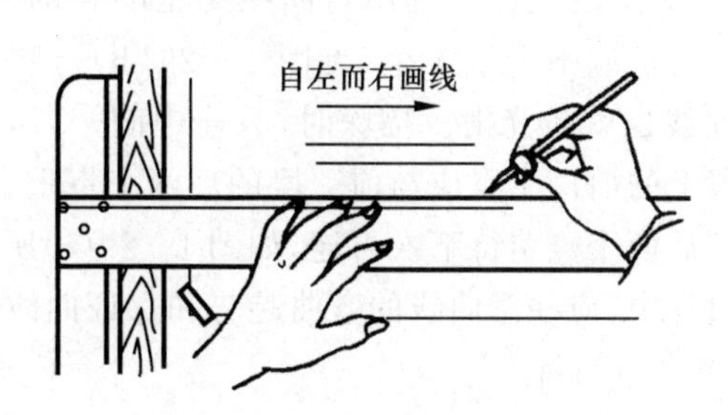

图 1 - 25　丁字尺画水平线

(3) 三角板

三角板可用来直接画直线,绘图时常与丁字尺配合使用画垂直线和倾斜线,如画垂直线时,铅笔自下而上地画线,如图 1-26(a)所示;画 15°、30°、45°、60°、75°等倾斜线,如图 1-26(b)所示。画图时还常用一副三角板的斜边或直角边配合来画任意方向相互平行的直线和相互垂直的直线,如图 1-27 所示。

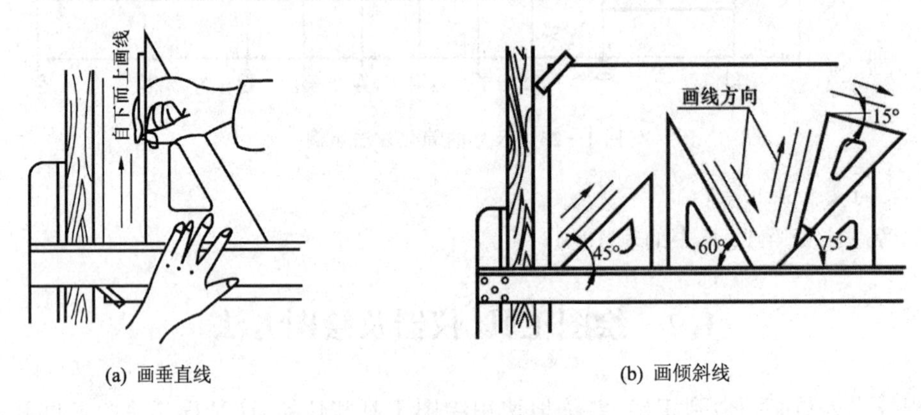

(a) 画垂直线　　(b) 画倾斜线

图 1-26　垂直线和倾斜线的画法

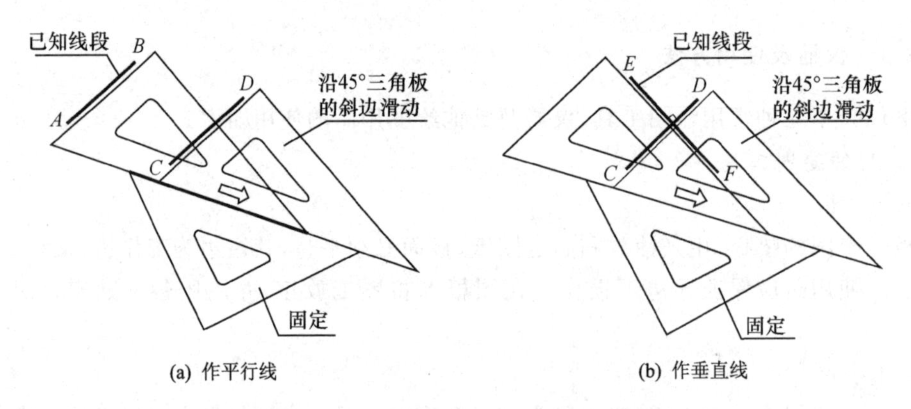

(a) 作平行线　　(b) 作垂直线

图 1-27　一副三角板作平行线和垂直线

(4) 曲线板

曲线板是用来描绘非圆曲线的工具,如图 1-28 所示。使用时,首先将需要连接成曲线的各已知点徒手轻轻地勾画出一条轮廓来(见图 1-29(a)),然后从曲线板上选用与曲线完全吻合的一段,每次吻合的点应不少于 4 个(见图 1-29(b)),吻合的点越多曲线也就越光滑。描深时,只连中间一段,即每次吻合段上的前两个点应与前一段的后两个点重合,而该段上的后两个点留待下次再连,如图 1-29(c)所示。在连接过程中,应注意曲线的弯曲趋势和保证曲线的光滑(见图 1-29(d))。

图 1-28　曲线板

2. 绘图仪器

绘图时一般采用盒装绘图仪器,以便使用和保管。成盒仪器种类很多,件数不一,现将常

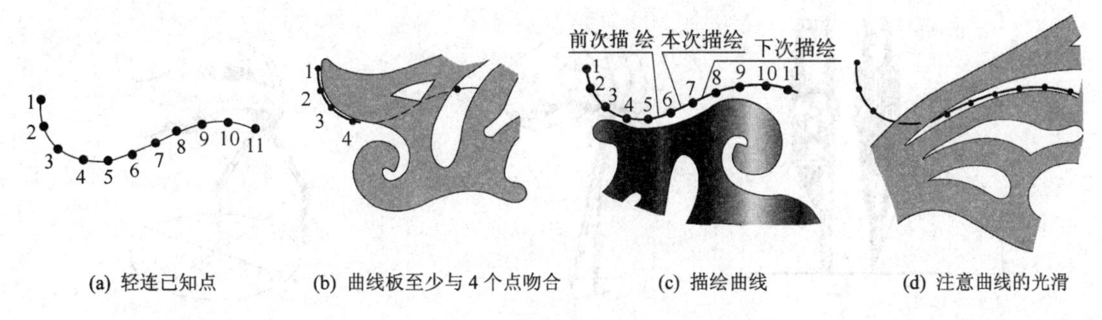

(a) 轻连已知点　(b) 曲线板至少与 4 个点吻合　(c) 描绘曲线　(d) 注意曲线的光滑

图 1-29　曲线板及其使用

用仪器介绍如下。

(1) 圆　规

圆规是用来画圆及圆弧的工具，它带有几种附件，如钢针插脚、铅芯插脚、鸭嘴插脚和延伸插杆等，如图 1-30 所示。圆规的一条腿上装有钢针，称为固定腿；另一条腿称为活动腿，具有肘形关节，可换装不同的附件。装上铅芯插脚可用来画圆，装上鸭嘴插脚可用来画墨线圆，装上钢针插脚可当分规使用，装上延伸插杆可画直径较大的圆。

圆规固定腿上的钢针有两种不同的尖端，画圆时用带有台肩支承面的一端，可防止图纸扎破；当做分规使用时，则换成锥形尖端。

用圆规画铅笔线底稿时，装用 HB 的铅芯，磨削成圆锥形或斜形，如图 1-31(a)所示。描深时则用 B(或 HB)的铅芯，形状为四棱台形，如图 1-31(b)所示。

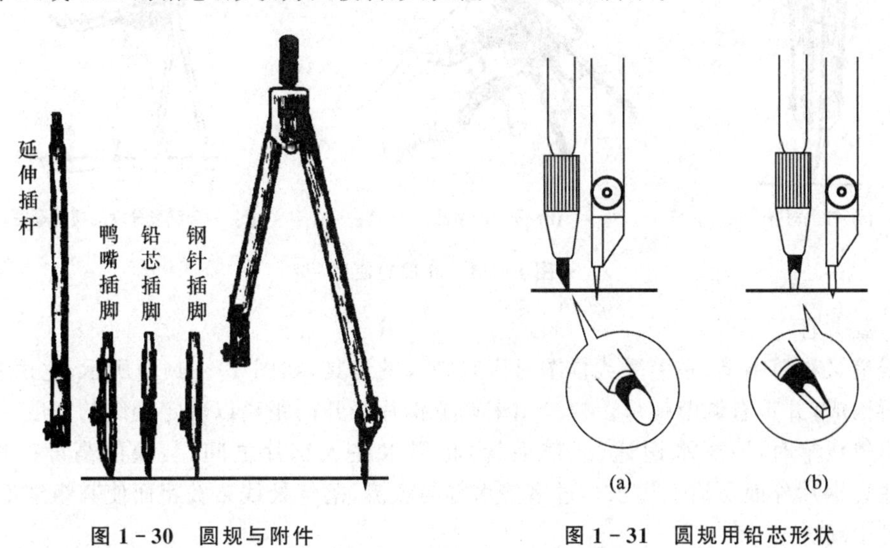

图 1-30　圆规与附件　　**图 1-31　圆规用铅芯形状**

画图时，圆规的钢针台肩的一端与铅芯笔尖平齐，如图 1-32(a)所示。圆规的使用方法如图 1-32(b)、(c)、(d)所示。

(2) 分　规

分规是用来从尺子上量取尺寸和等分线段或圆弧的工具。它的两个针尖应对齐，如图 1-33(a)所示。分规的使用如图 1-33(b)、(c)所示。

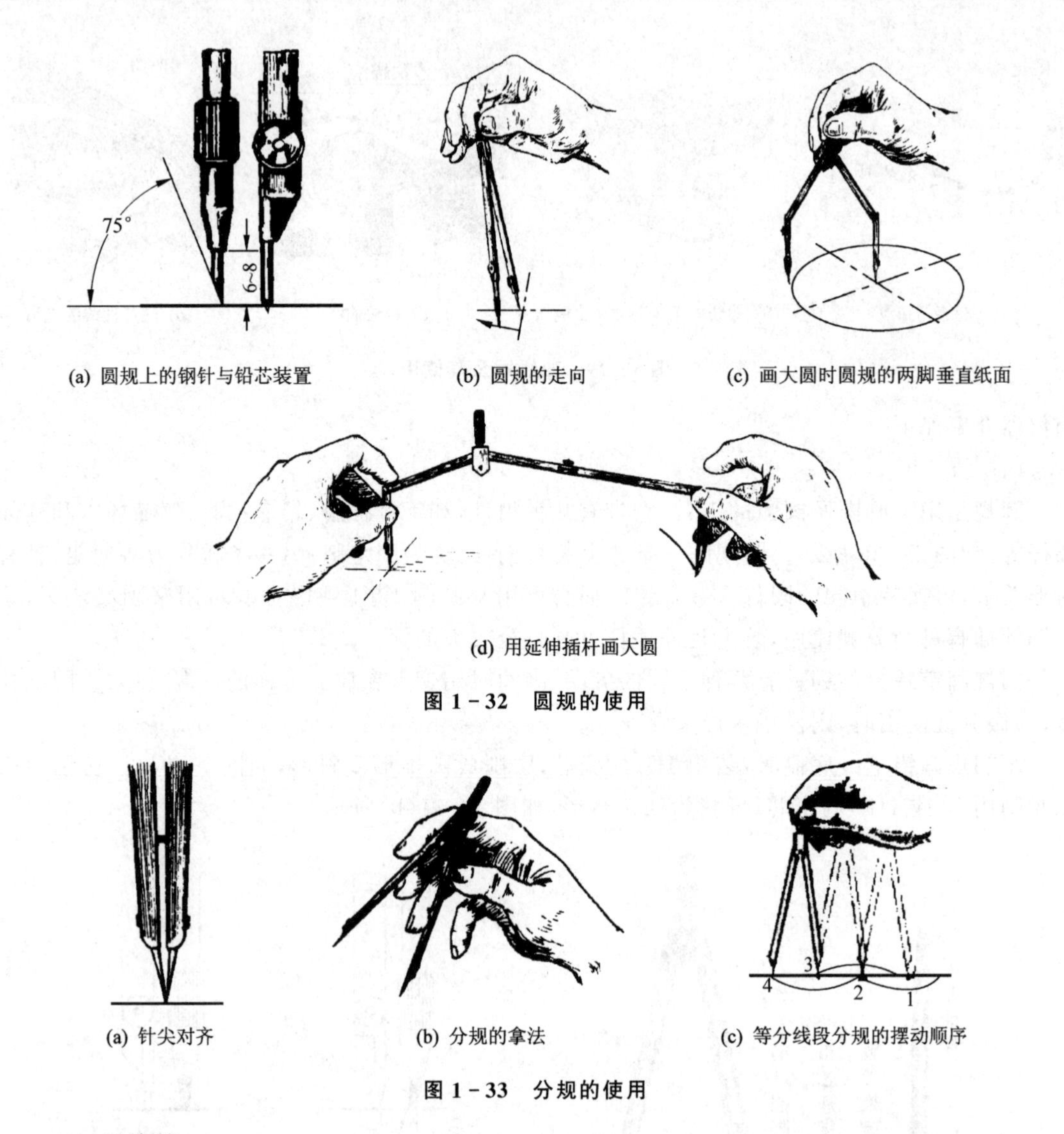

(a) 圆规上的钢针与铅芯装置　(b) 圆规的走向　(c) 画大圆时圆规的两脚垂直纸面

(d) 用延伸插杆画大圆

图 1-32　圆规的使用

(a) 针尖对齐　(b) 分规的拿法　(c) 等分线段分规的摆动顺序

图 1-33　分规的使用

(3) 墨线笔

墨线笔又称鸭嘴笔，是上墨或描图时用来画线的工具，如图 1-34(a)所示，它由笔杆和两片钢片所构成，并带有调节螺母。螺母用来调节钢片张开的距离以确定墨线的宽度。

使用墨线笔时，用蘸水钢笔(或鹅毛管)将墨水注入钢片之间，装墨的高度一般在 6～8 mm，注意钢片外面勿沾上墨水。过多墨水容易溢流，落笔处线条较粗而使其粗细不匀；过少线条容易中断。

画墨线前应在同样质量纸上试画，以校正线条的粗细。正确的执笔方法应使鸭嘴笔的两片钢片同时接触纸面，并使笔杆稍向画线方向倾斜 15°～20°，如图 1-34(b)、(c)所示，用力不宜过大，移动笔的速度不宜过快，且要均匀。

3. 绘图用品

绘图时必备的用品有：绘图纸、胶带纸、绘图铅笔、铅笔刀、橡皮等。绘图铅笔的铅芯软硬用“B”和“H”表示，B 前数值越大铅芯越软，H 前数值越大铅芯越硬。画图时常采用 B、HB、H、2H 的绘图铅笔。画底稿和写字时，采用锥状铅笔(H 或 2H 或 HB)；而描深图线时，则采

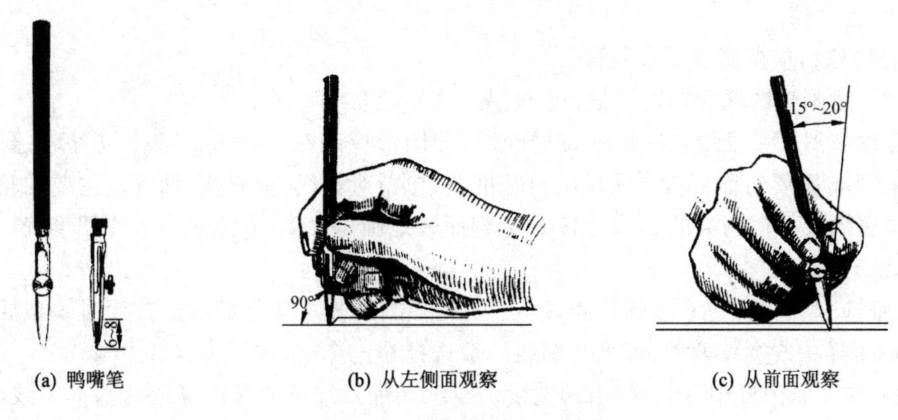

(a) 鸭嘴笔　(b) 从左侧面观察　(c) 从前面观察

图 1－34　鸭嘴笔及其使用

用铲状(接近四棱柱形)HB 的铅笔为宜。圆规上使用的铅芯应比铅笔的铅芯软一些。

削铅笔应从没有标号的一端开始,削出的笔头尺寸及削好后的形状如图 1－35 所示。绘图时应保持笔杆前后方向与纸面垂直,并向画线运动方向自然倾斜。

随着科学技术和生产的发展,新型绘图仪器、工具及设备不断出现,如一字尺、模板、各种绘图机及计算机绘图等,这对提高绘图速度和质量起到了很大的作用。

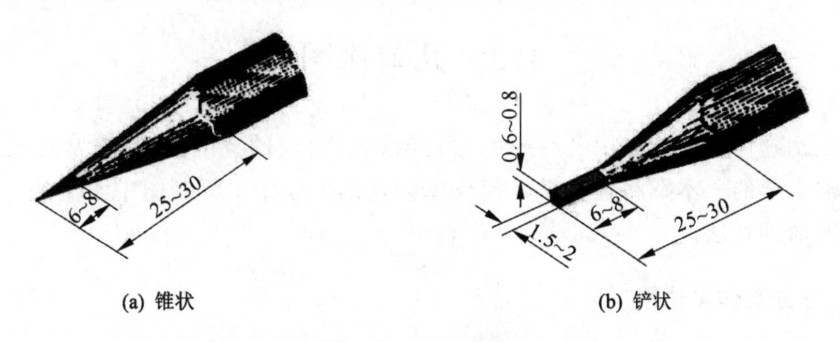

(a) 锥状　(b) 铲状

图 1－35　铅笔磨削的形状及笔头的尺寸

1.2.2　绘图工作方法

为提高图面质量和绘图速度,除了正确使用绘图工具和仪器外,还必须掌握正确的绘图方法与步骤。

1. 绘图前的准备工作

① 准备好绘图所需的工具、仪器及其他用品。

② 削磨好铅笔。

③ 用干布将图板、丁字尺及三角板等擦干净。在作图过程中应经常进行清洁,以保证图面整洁。

④ 确定画图比例,选定图纸幅面,并检查图纸的反正面,将图纸铺放在图板的左侧,并使图纸和图板的底边距离大于丁字尺的宽度,图纸的水平边与丁字尺的工作边平行,用胶带纸将其粘贴在图板上,如图 1－24 所示。

2. 铅笔图的画法

绘制铅笔图一般分两步走。

(1) 绘制底稿

绘制底稿时,应按照以下步骤进行:

① 轻轻地画出图框和标题栏框(用H或2H铅笔)。

② 合理布图画基准线。图形的布局问题,即图形应画在图纸上的适当位置,并要考虑注尺寸的地方,布图要匀称、美观;然后画出基准线(包括对称线、中心线、轴线及主要的轮廓线)。

③ 画底稿线。用削尖的H或2H铅笔细而轻地画出底稿,应注意力求作图准确。

(2) 铅笔描深

描深前应对底稿做进一步的检查,改正图中的错误,擦去多余的线。描深时线型要有粗细之分,机械图样中线宽仅两种,可见轮廓线一般选择在0.7～1 mm为宜。

注意: 在一张图样中,同类线条的宽度、长度、间隔及线条的颜色应做到基本一致,点画线也应描深。

描深的原则是:

① 先曲线后直线,先粗线后细线,先水平后垂斜;

② 丁字尺自上而下地移动,三角板自左而右地移动;

③ 铅笔的走向是画水平线时自左而右,画垂直线时自下而上且铅笔在三角尺的左边;

④ 将图形描深完成后,再来标注尺寸,写文字说明,描深图框和标题栏,并填写标题栏。

1.3 几何作图

图样上表示物体的形状是由各种不同的几何图形组成的。因此,掌握常见几何图形的作图方法是非常必要的。本章将在中学几何作图的基础上介绍工程制图中常用的一些几何作图方法和平面图形的画法。

1.3.1 等分及作多边形

1. 等分直线段

将直线 AB 五等分,其作图步骤如图1-36所示。

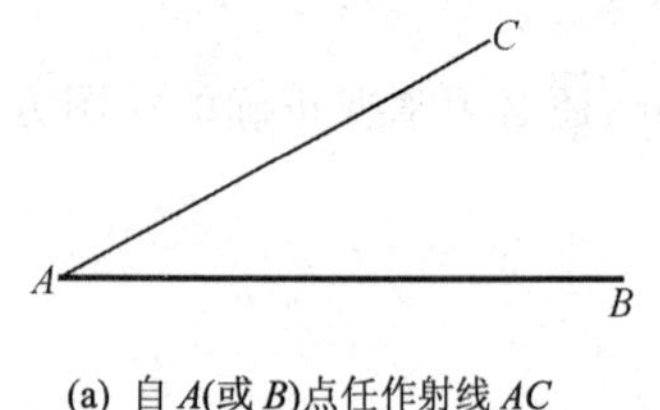

(a) 自 A(或 B)点任作射线 AC

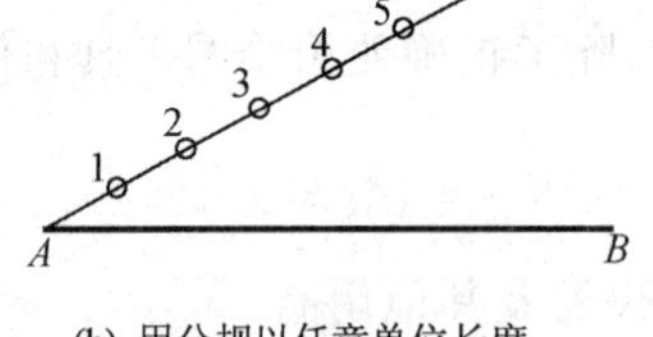

(b) 用分规以任意单位长度在 AC 上取5个分点

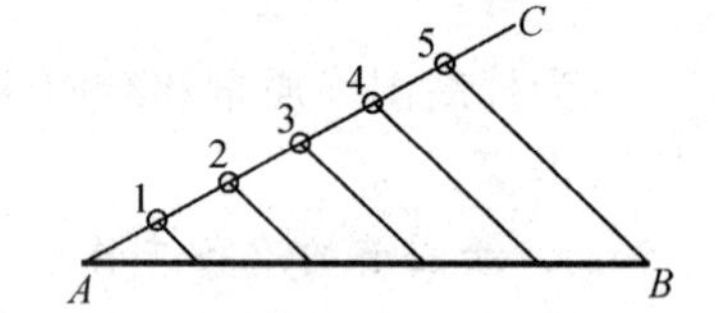

(c) 连接 $5B$,过各个分点作 $5B$ 的平行线交 AB 即得五等分

图1-36 等分直线的画图步骤

2. 等分圆周

用丁字尺和三角板将圆周分为4、6、8、12、24等份,其作图步骤如图1-37所示。

3. 作多边形

(1) 用圆规作正三边形和正六边形,如图1-38所示。

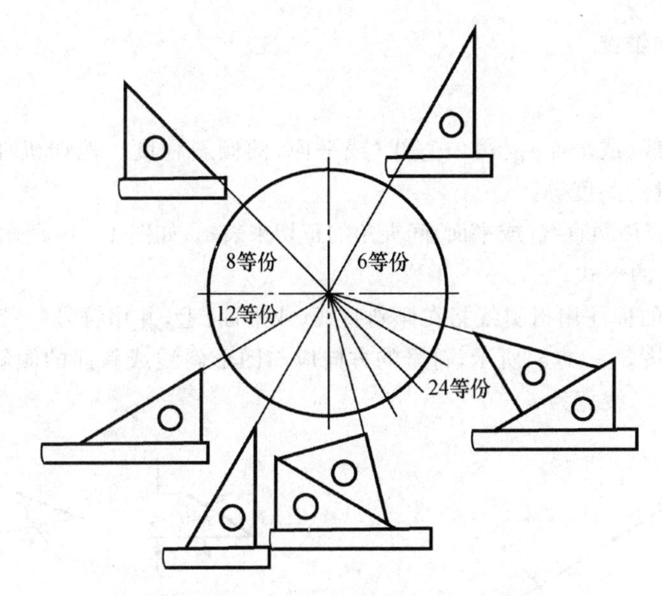

图 1-37　用丁字尺和三角板等分圆周

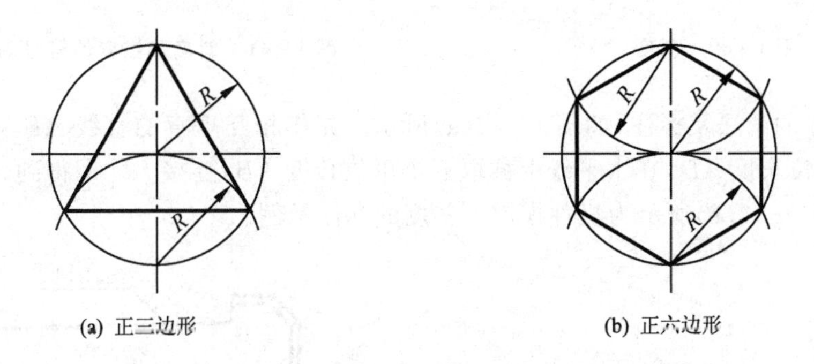

图 1-38　用圆规作多边形

(2) 用丁字尺和三角板作六边形,如图 1-39 所示。其作图方法是利用三角板的 30°或 60°角通过中心点来确定六边形的各个顶点。图 1-39 中为了清晰而没有画出六边形。

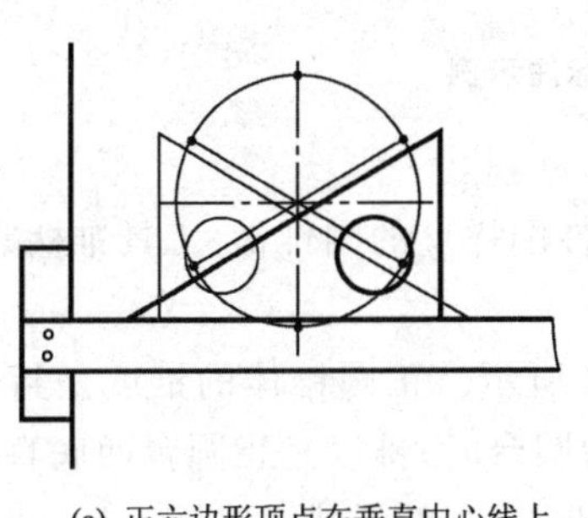

(a) 正六边形顶点在垂直中心线上

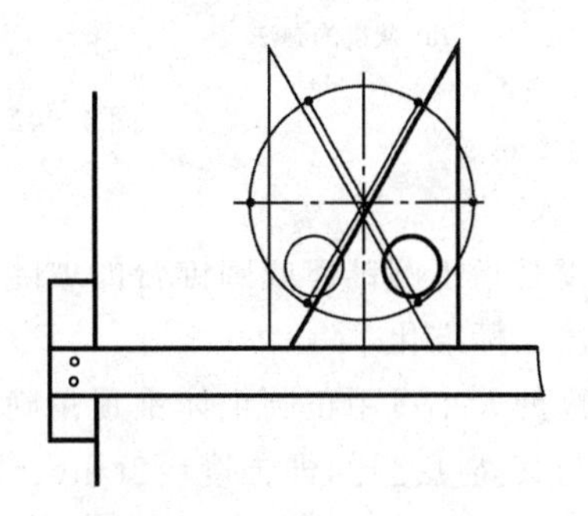

(b) 正六边形顶点在水平中心线上

图 1-39　用丁字尺和三角板作正六边形

1.3.2 斜度和锥度

1. 斜　度

斜度是指一直线(或平面)对另一直线(或平面)的倾斜程度。例如机件图样上的铸造斜度、锻造斜度和楔键的斜度等。

斜度的大小可以用两直线(或平面)间夹角的正切来表示,如图1-40所示,即斜度$=\tan\alpha=H/L$,并写成$1:n$的形式。

斜度在图样上的标注用指引线指在倾斜直线(或平面)上,并用符号"∠"来表示斜度二字,斜度符号的画法如图1-41(a)所示,符号的方向应与图形斜线或斜面的倾斜方向一致。图中h为选择字体的高度,线宽为$h/10$。

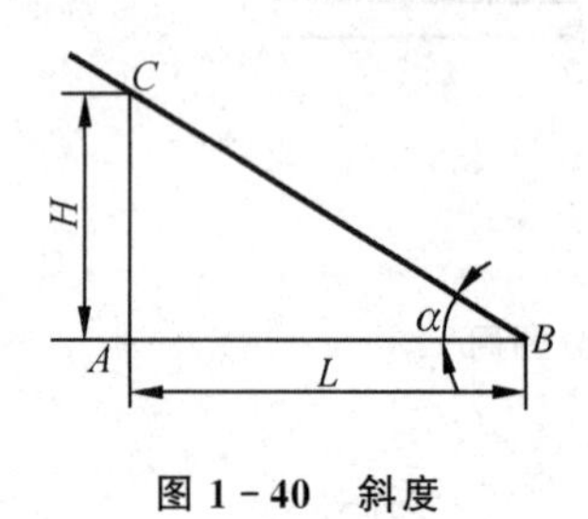

图1-40 斜度

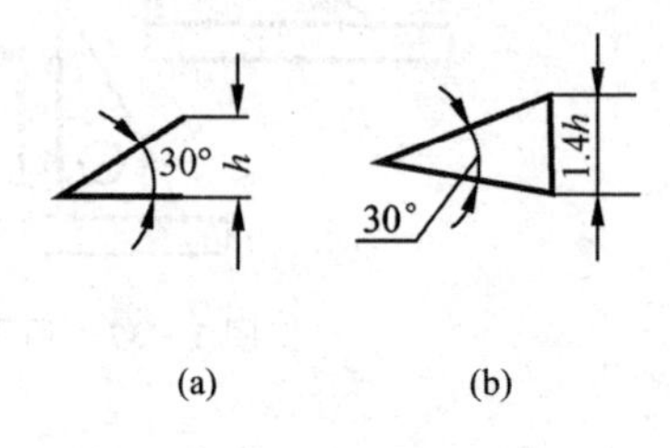

图1-41 斜度和锥度的符号画法

斜度1∶5的画法及标注,如图1-42(a)所示。先作相互垂直的直线AB和AD,在垂线上截取一个单位长度AD,在水平线上截取五个单位长度AB,连接BD即得到斜度为1∶5的倾斜直线。图1-42(b)所示为机件楔键上斜度的标注示例。

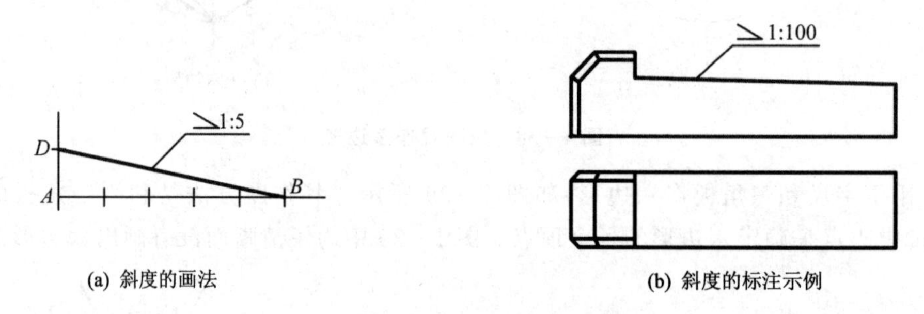

(a) 斜度的画法　　(b) 斜度的标注示例

图1-42 斜度的画法及标注示例

2. 锥　度

锥度是指正圆锥体或圆锥台的坡陡程度。例如机件图样上的圆锥销、工具锥柄等处,而且有些锥度已标准化。

锥度的大小可用正圆锥体锥顶角确定,如图1-43所示。正圆锥体的锥度是指锥体的底圆直径与其高度之比,即锥度$=2\tan(\alpha/2)=D/L$;当为圆台时,锥度是指圆台两底直径之差与其高度之比,也即锥度$=2\tan(\alpha/2)=(D-d)/l$,并写成$1:n$的形式。

锥度在图样上的标注用指引线指在圆锥的转向轮廓线上,并用符号"◁"来表示锥度二字,锥度符号的画法如图1-41(b)所示,符号的方向应与锥度的方向一致。

图1-44所示为机件上锥度的标注示例。

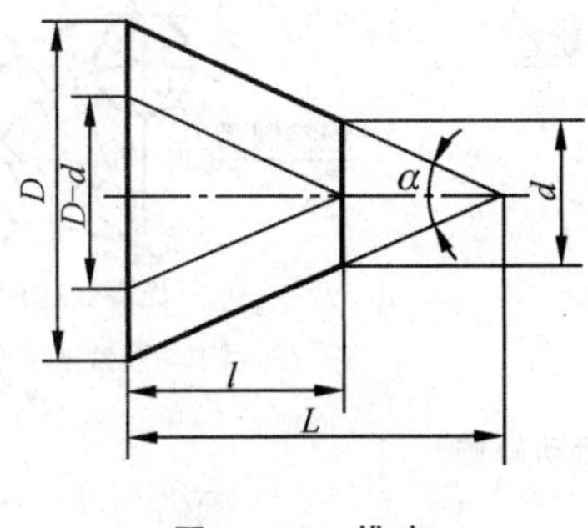

图1-43 锥度

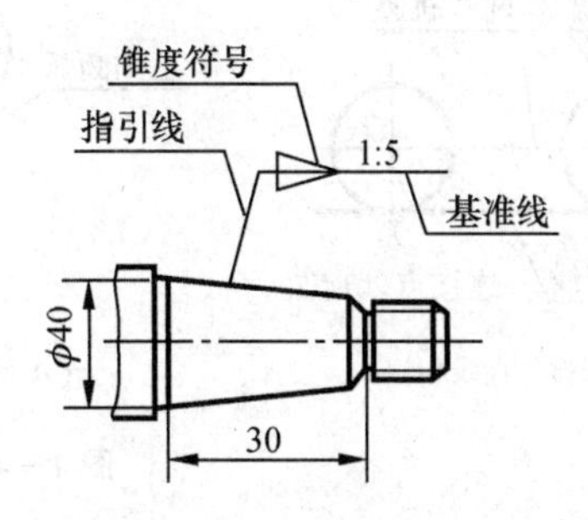

图1-44 锥度的标注示例

锥度1∶5的画法及标注如图1-45所示。先作相互垂直的直线，在垂线上对称截取一个单位长度得 a、b 两点，水平线上截取五个单位长度得 c 点，连接 ac 和 bc，即得到锥度为1∶5的参考锥度线(见图1-45(a))，然后过已知点作参考锥度线的平行线(见图1-45(b))，即得所求锥度锥体的轮廓线(见图1-45(c))。

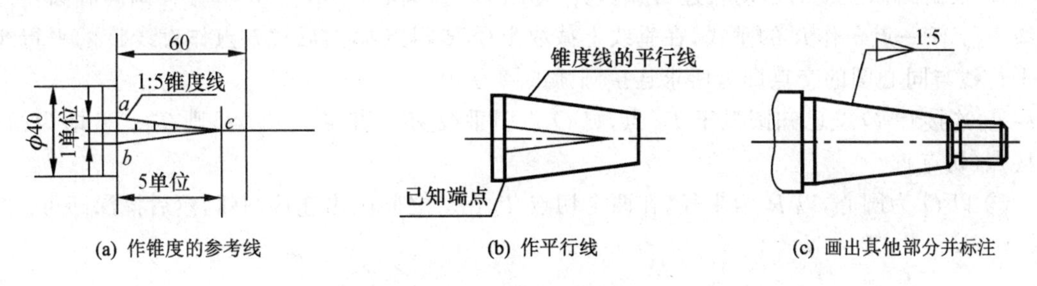

(a) 作锥度的参考线　(b) 作平行线　(c) 画出其他部分并标注

图1-45 锥度的画法及标注

1.3.3 圆弧连接

绘制机件的图形时，常常需要用圆弧去光滑连接两个已知线段(直线或圆弧)，这种作图称为圆弧连接。因此，圆弧连接的关键在于用以连接两个已知线段的圆弧其圆心、半径及连接点(切点)如何求出的问题，该圆弧称为连接圆弧。下面用运动轨迹的方法来分析圆弧连接的基本原理和作图方法。

1. 圆弧连接的运动轨迹

① 当一个半径为 R 的连接圆弧与已知直线连接(相切)时，其连接圆弧的圆心 O 的轨迹是一条直线，该线与已知直线平行且二线间的距离为半径 R，其切点 T 是过圆心作已知直线的垂线求得，如图1-46(a)所示。

② 当一个半径为 R 的连接圆弧与已知圆弧(半径为 R_1)相外切时，其连接圆弧的圆心 O 的轨迹是已知圆弧的同心圆，半径为 $R+R_1$，切点是两圆心的连线与已知圆弧的交点 T，如图1-46(b)所示。

③ 当一个半径为 R 的连接圆弧与已知圆弧(半径为 R_1)相内切时，其连接圆弧的圆心 O 的轨迹是已知圆弧的同心圆，半径为 R_1-R，切点是两圆心连线的延长线与已知圆弧的交点 T，如图1-46(c)所示。

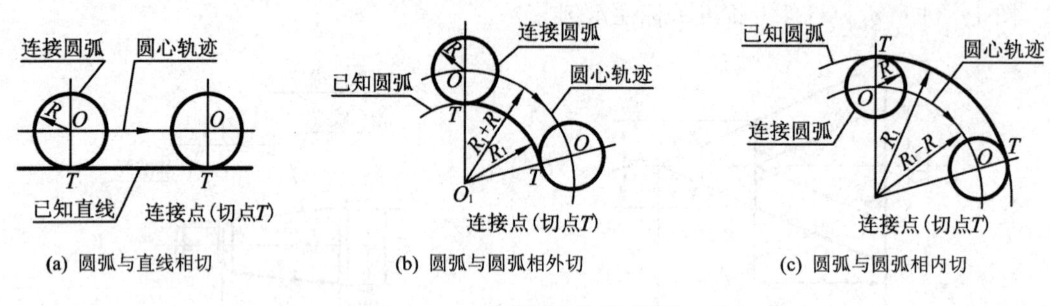

图 1-46 圆弧连接的运动轨迹

2. 圆弧连接的基本作图步骤

根据以上分析可知,无论哪种形式的圆弧连接都是先要求出连接圆弧的圆心,然后引垂线或连心线定出连接点(切点),最后画出连接圆弧。

如图 1-47 所示,已知圆 O_1 的半径为 R_1 和直线 L,用半径为 R 的连接圆弧将圆 O_1 和直线 L 连接起来。其作图过程如下:

① 根据圆弧连接的运动轨迹可知,以已知圆 O_1 为圆心,以 R_1+R 为半径画同心圆;再过直线 L 上任一点 a 作 L 的垂线,在垂线上截取半径 R 得点 b,然后过 b 点作直线 L 的平行线,而平行线与同心圆的交点即为所求连接圆弧的圆心 O;

② 连接 O_1O 交已知圆弧于 T_1 点,自 O 点引垂线交 L 直线于 T_2 点,则 T_1、T_2 即为两个连接点(切点);

③ 以 O 为圆心,以 R 为半径,在两个切点 T_1、T_2 之间画出连接圆弧,然后描深即可。

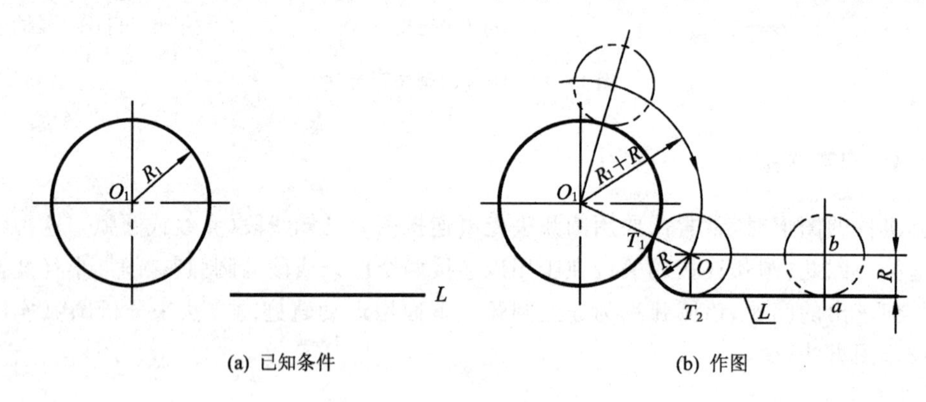

图 1-47 圆弧连接的作图步骤

综上所述,可归纳出圆弧连接的画图步骤:

① 求圆心——根据圆弧连接的作图原理,找出连接圆弧的圆心;

② 找切点——过圆心引垂线(直线与圆弧相切)或连圆心(圆弧与圆弧相外切)或连圆心并延长(圆弧与圆弧相内切);

③ 画弧——在切点间画连接圆弧;

④ 描深——为了连接光滑,一般应先描圆弧,后画直线;当几个圆弧相连接时应依次连接。

圆弧连接有几种形式,如表 1-9 和表 1-10 所列,其作图过程读者可自行分析。

表1-9　圆弧连接两直线

连接要求	作图方法和步骤		
	求圆心 O	找切点 T	切点间画连接圆弧 R
用圆弧 R 连接钝角或锐角（未画）边的直线	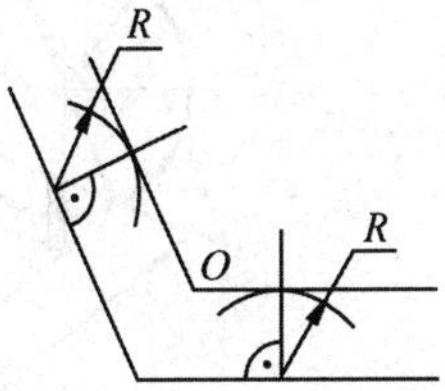 R O R	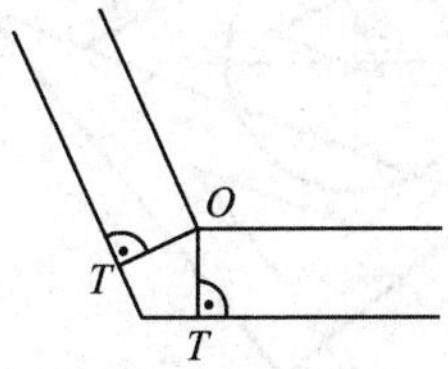 O T T	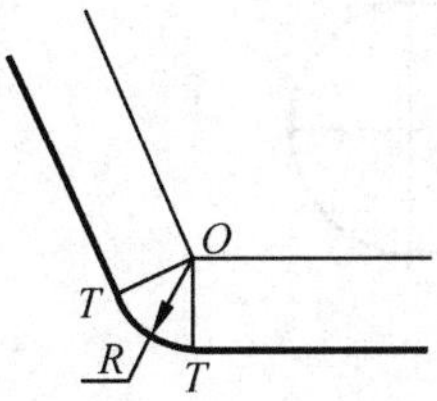 O T R T
用圆弧 R 连接直角直线	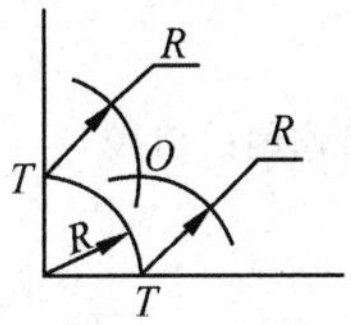 R T O R R T		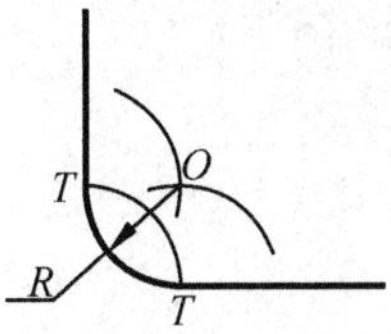 T O R T

表1-10　圆弧连接两圆弧

连接要求	作图方法和步骤		
	求圆心 O	找切点 T	切点间画连接圆弧 R
用连接圆弧 R 外连接两已知圆弧	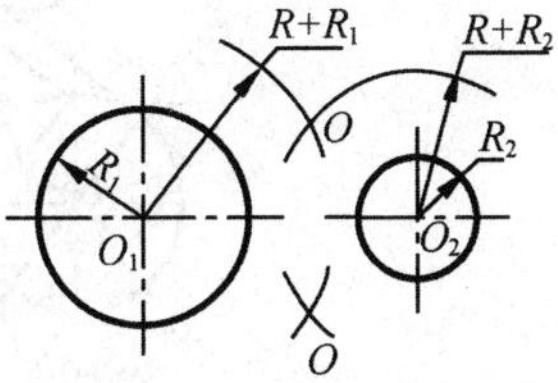 $R+R_1$ $R+R_2$ O R_2 R_1 O_1 O_2 O	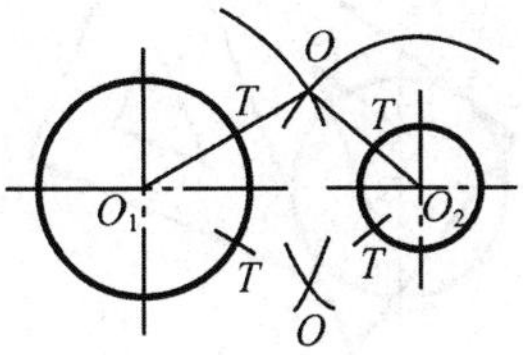 O T T O_1 O_2 T T O	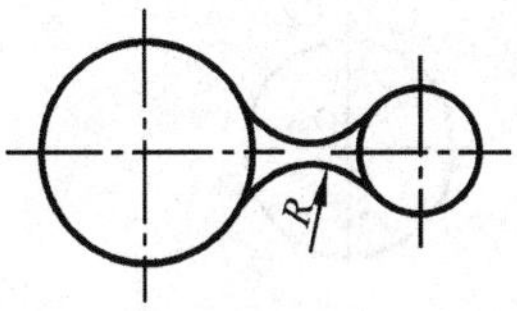 R
用连接圆弧 R 内连接两已知圆弧	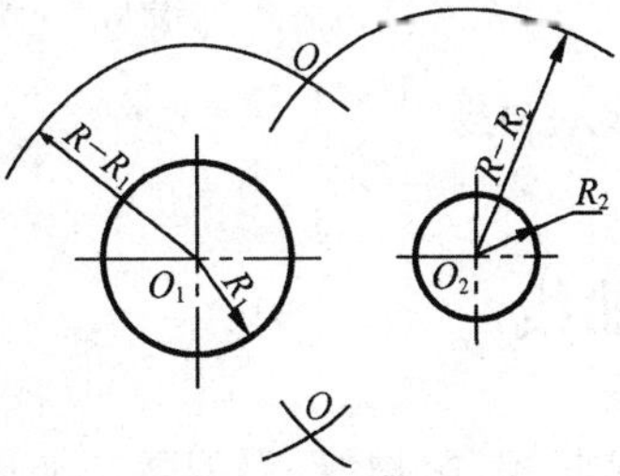 O $R-R_1$ $R-R_2$ R_2 O_1 R_1 O_2 O	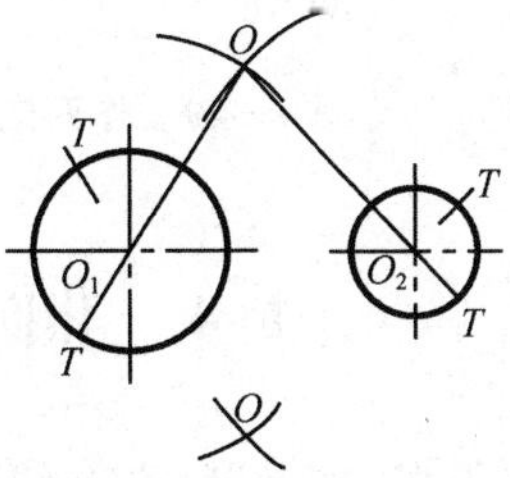 O T T O_1 O_2 T T O	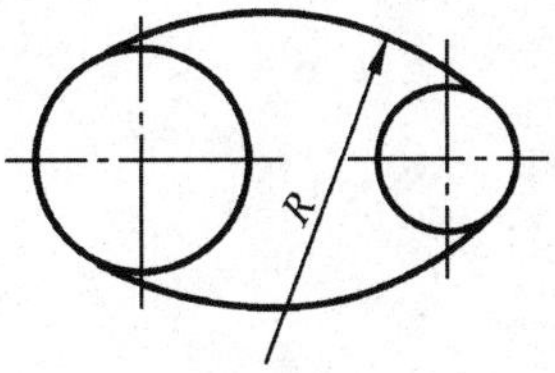 R

3. 用三角板作圆弧的切线

绘图时常常直接利用一副三角板作出切线，图1-48所示为过定点 A 作已知圆的切线，其作图步骤如下：

① 用三角板的一直角边通过已知点 A 切于圆弧的最外点，同时使其斜边紧靠在另一三角板或直尺的工作边上；

② 保持另一三角板或直尺不动，移动三角板使其另一直角边通过圆心，即可在圆周上定出切点 K；

③ 再将三角板推回到开始位置，在已知点 A 和切点 K 之间画出切线。

图1-49所示为作两已知圆的内公切线，其作图步骤与过圆外一点作圆的切线类同，读者可自行分析。作两已知圆的外公切线与作内公切线相同，这里不再重述。

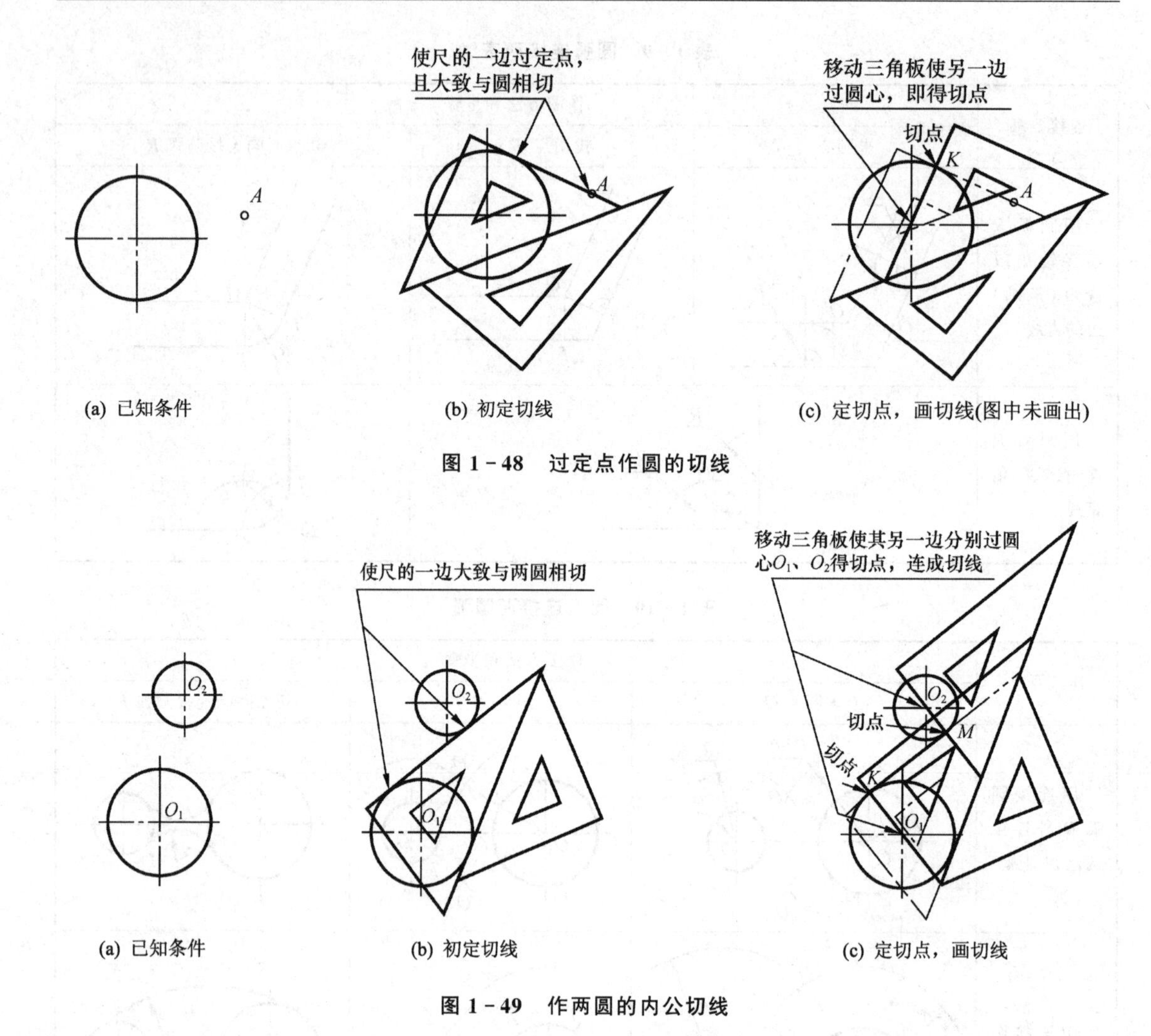

图 1-48　过定点作圆的切线

图 1-49　作两圆的内公切线

1.4　非圆曲线

工程中常见的非圆曲线很多，如椭圆、渐开线、双曲线、抛物线、涡线等。非圆曲线的特点是：曲线上各点的曲率半径不同，不能用圆规直接一次性地画出，一般先要找出曲线上的一定数量的点，然后用曲线板圆滑地连接起来。下面介绍几种常见的非圆曲线的画法。

1.4.1　椭圆的画法

椭圆画法很多，这里只介绍一种在绘图中最常用的画法——近似四心法。已知椭圆的长短轴，其画椭圆的步骤如下：

① 画两条相互垂直的中心线，在其上量取椭圆的长轴 AB 和短轴 CD；连接 AC，在其上截取 $CF=OA-OC$；再作 AF 的垂直平分线，交 AB 于 O_1 点，交 CD 的延长线于 O_2 点；然后取 O_1、O_2 关于 O 点的对称点 O_3 和 O_4，则 O_1、O_2、O_3 和 O_4 为椭圆上四段圆弧的圆心，如图 1-50(a)所示；

② 连接 O_2O_3、O_3O_4 和 O_4O_1，并适当延长，如图 1-50(b)所示；

③ 分别以 O_1、O_2、O_3 和 O_4 为圆心，以 O_1A、O_2C、O_3B 和 O_4D 为半径，依次作出四段相接的圆弧，并描深，如图 1-55(c)所示。必须指出：点 1、2、3、4 分别为椭圆上四段圆弧的切点。

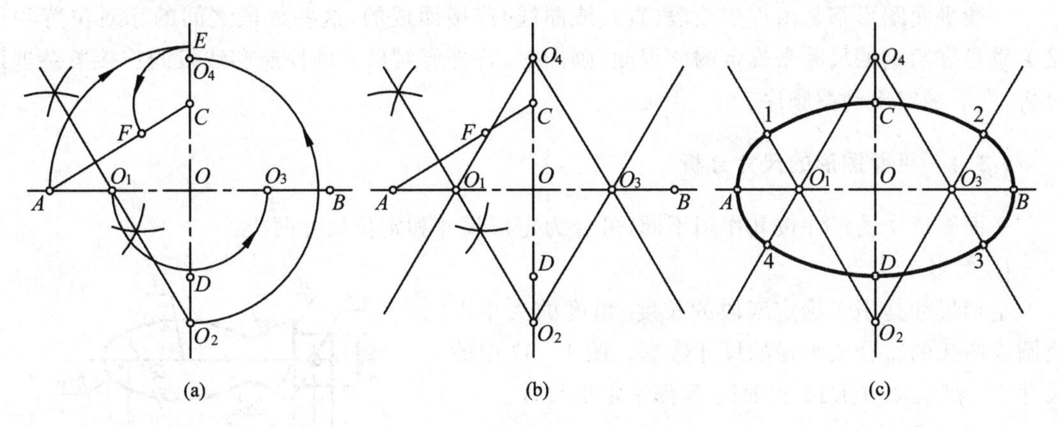

图 1-50 近似四心法画椭圆

1.4.2 圆的渐开线的画法

在平面上，一段动直线沿着一个定圆(称为基圆)作无滑动的滚动，则线上任一点的轨迹称为圆的渐开线。圆的渐开线常用来作为齿轮的齿形轮廓线的一部分，如图 1-51 所示。

已知基圆画渐开线的方法如图 1-52 所示，其作图步骤如下：

① 将基圆分成若干等份(如 1、2、3、…、12 等份)；

② 过基圆上的各个等分点作基圆的切线；

③ 再在一条切线(如过 12 点的水平切线)上，用一等份的弦长近似地代替弧长把圆周长量到切线上，得与基圆相同的等份(如切线上的 1_1、2_1、3_1、…、12_1 等分点)；

④ 自第一个分点的切线上截取圆周长的 1/12 得 A 点，自第二个分点的切线上截取圆周长的 2/12 得 B 点，依次类推，可得 C、D、…、L 各点；

⑤ 然后用曲线板把 A、B、…、L 各点依次圆滑地连接起来，即得圆的渐开线。

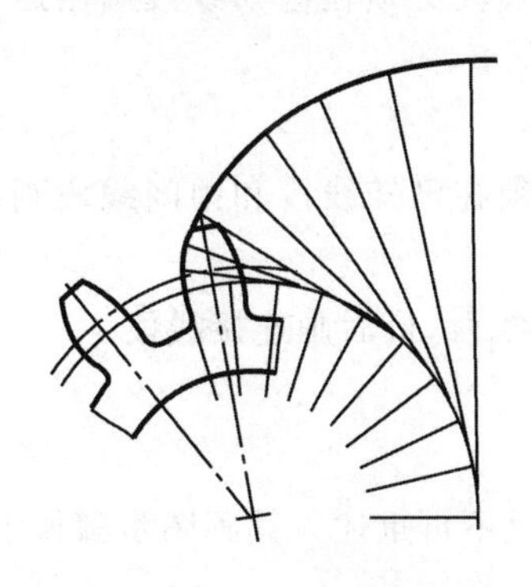

图 1-51 渐开线齿形

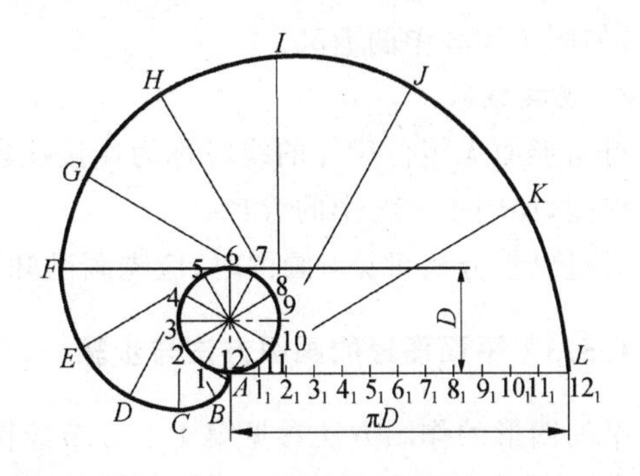

图 1-52 渐开线的画法

1.5　平面图形的画法

一般平面图形都是由许多线段(直线或曲线)连接而成的,这些线段之间的相对位置和连接关系是靠给定的尺寸来确定的。因此,画图时,首先要对尺寸的性质和线段的连接关系进行分析,然后确定出画图顺序。

1.5.1　平面图形的尺寸分析

平面图形中的尺寸按其作用不同,可分为定形尺寸和定位尺寸两类。

1. 定形尺寸

定形尺寸是用于确定线段的长度、角度的大小以及圆或圆弧的直径或半径的尺寸数据。图1-53中的尺寸15、$\phi 20$、$R10$、$R15$和$R12$等都是定形尺寸。

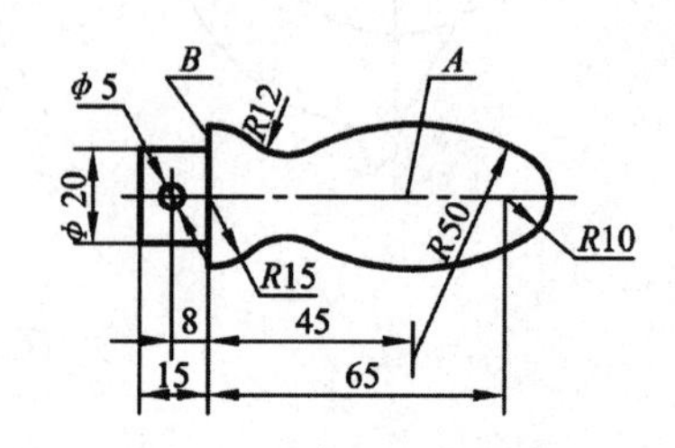

图1-53　手柄的平面图

2. 定位尺寸

定位尺寸是用于确定线段在图形中的相对位置的尺寸数据。图1-53中尺寸8、45和65都是定位尺寸。

定位尺寸通常以图形的对称线、中心线、轴线或某一轮廓线作为标注尺寸的起点,这些线称为尺寸的基准线,如图1-53中的A和B。

1.5.2　平面图形的线段分析

平面图形中的线段,根据其定形尺寸和定位尺寸是否齐全,可分为三类。

1. 已知线段

定形和定位尺寸齐全的线段称为已知线段,这种线段根据基准线可直接作图,如图1-53中的15、$\phi 5$、$\phi 20$、$R10$和$R15$。

2. 中间线段

有定形尺寸而定位尺寸不全的线段称为中间线段,这种线段必须在已知线段画出后才可作图,如图1-53中的$R50$。

3. 连接线段

有定形而无定位尺寸的线段称为连接线段,这种线段必须在已知线段和中间线段画出后方可作图,如图1-53中的$R12$。

通过以上分析可见:画图时,应先画已知线段,再画中间线段,最后画连接线段。

1.5.3　平面图形的画图方法与步骤

平面图形的作图方法参见第1.2.2节绘图工作方法,这里不再重述。其画图步骤如下:

① 画出边框及标题栏框,要细而轻,如图1-54(a)所示;

② 合理布图画基准线,如图1-54(b)所示;

③ 细而轻地画出底稿线,如图1-54(c)、(d)和(e)所示;

④ 检查、描深,并标注尺寸,如图1-54(f)所示;

⑤ 描深边框及填写标题栏。

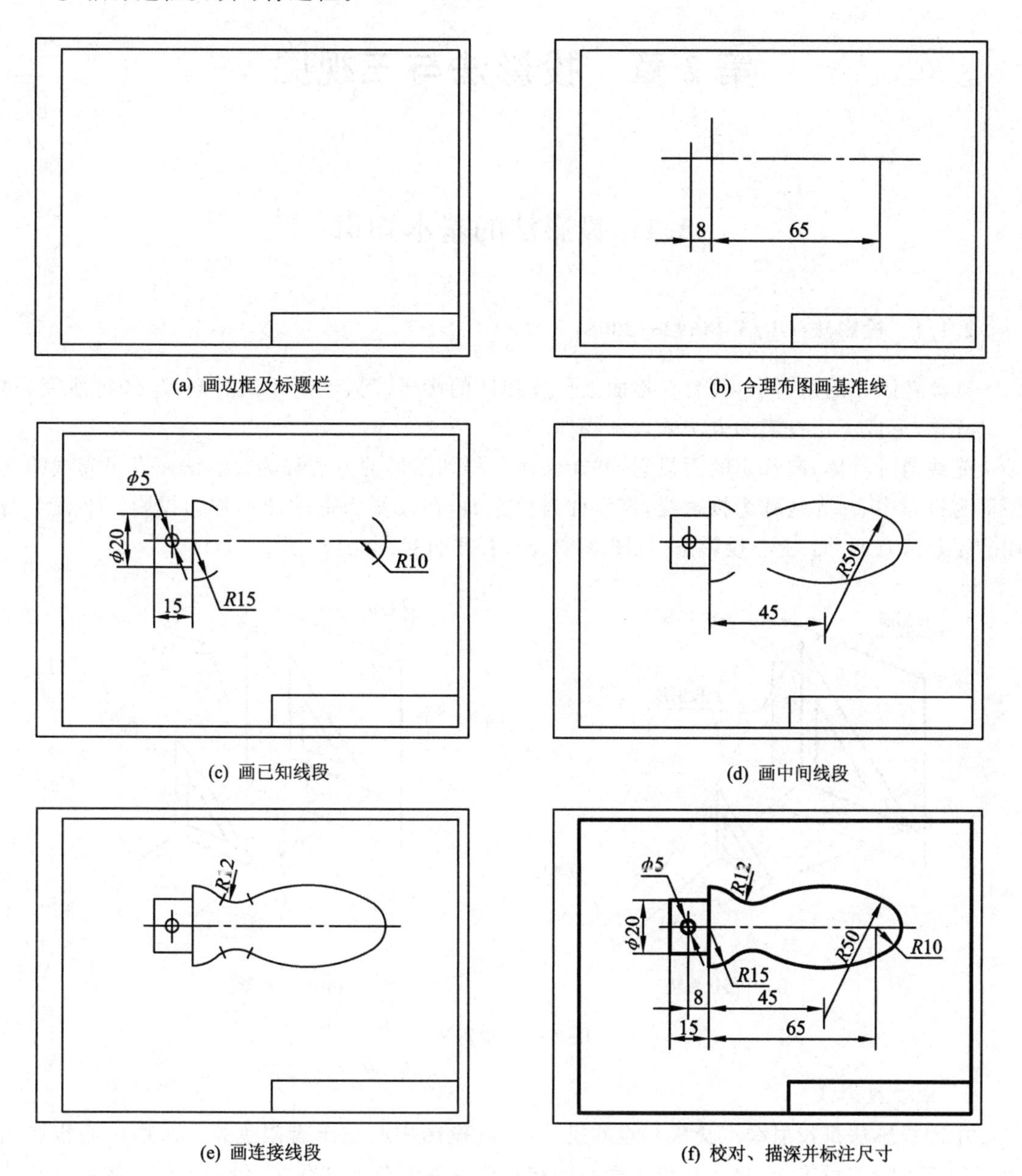

(a) 画边框及标题栏　(b) 合理布图画基准线

(c) 画已知线段　(d) 画中间线段

(e) 画连接线段　(f) 校对、描深并标注尺寸

图 1－54　平面图形的画图步骤

第2章　投影法与三视图

2.1　投影法的基本知识

2.1.1　投影法(GB/T 14692—2008)

物体在阳光的照射下,就会在地面上形成物体的影子。人们对于这种现象,经过研究,总结其规律,形成了用投影的方法来表示物体。

光线通过物体,向选定的面投射,并在该面上得到图形的方法称为投影法。发出光线的光源称为投影中心,光线称为投射线,该面称为投影面,在投影面上的图形称为投影。工程上常用的投影法有两种:中心投影法(见图2-1(a))和平行投影法(见图2-1(b))。

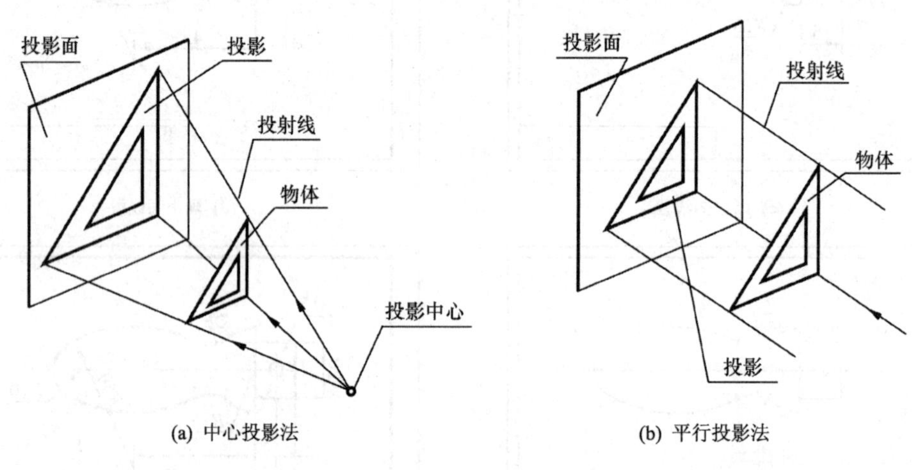

(a) 中心投影法　　(b) 平行投影法

图2-1　投影法

1. 中心投影法

中心投影法是投射线汇交成一点的投影法,其投影中心位于有限远处。采用中心投影法得到的投影随着投影面、物体和投影中心的相对位置的变化而变化,即投影不能真实地反映物体的实际形状和大小;但具有较强的立体感。因此中心投影法多用于建筑工程中画透视图,而对于机械工程中一些比较大的机床设备也常常采用中心投影法来绘制成透视图。

2. 平行投影法

平行投影法是投射线相互平行的投影法,其投影中心位于无穷远处。在平行投影法中,按投射线与投影面是否垂直,又可分为两种:

① 斜投影法　投射线与投影面倾斜的平行投影法称为斜投影法。根据斜投影法得到的图形,称为斜投影或斜投影图,如图2-2(a)所示。

② 正投影法　投射线与投影面垂直的平行投影法称为正投影法。根据正投影法得到的

图形，称为正投影或正投影图，如图2-2(b)所示。

由于正投影法的投射线相互平行且垂直于投影面，所以当空间平面图形平行于投影面时，其投影将反映该平面图形的真实形状和大小。无论物体与投影面的相对位置如何，其投影的形状和大小都不变。因此，绘制工程图样时，主要采用正投影法。

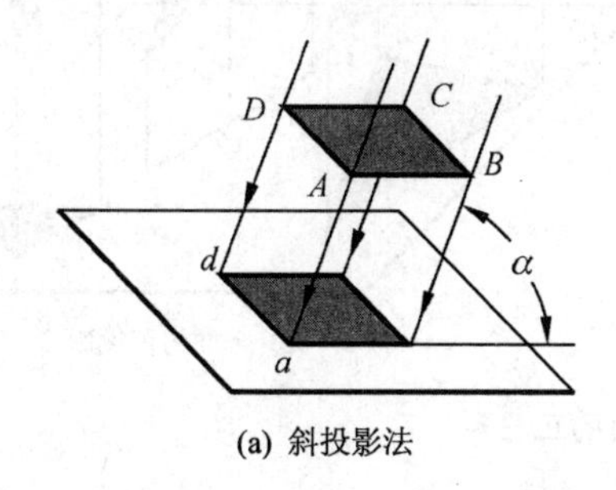

(a) 斜投影法

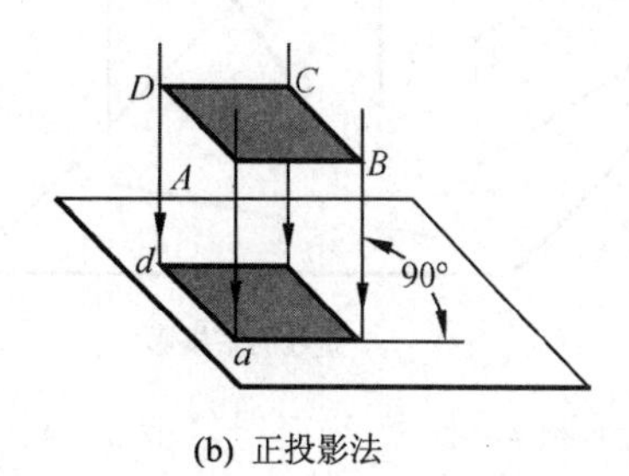

(b) 正投影法

图2-2　平行投影法

在图样中用正投影法所绘制的物体的图形称为视图。必须指出：视图并不是观察者看物体所得到的直观印象，而是把物体放在观察者与投影面之间，假想观察者的视线相互平行，且垂直于投影面，把假想视线作为投射线，把物体投射到投影面上所得到的正投影，简称投影，又称为视图。图2-3所示为用正投影法画出的物体在H投影面上的视图。

2.1.2　正投影的基本特性

由图2-3可见，画物体的视图，实际是画出该物体上所有轮廓线或面的投影。因此，要掌握物体视图的画与读，就首先要掌握直线、平面投影的画与读。

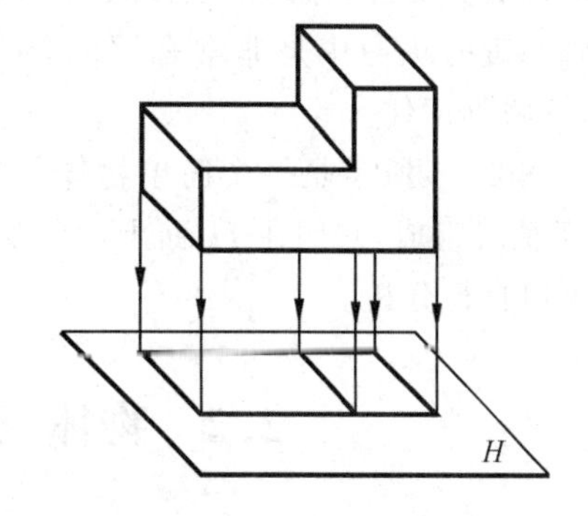

图2-3　物体的视图

1. 直　线

空间一直线相对于投影面而言，具有三种情形：平行、垂直、倾斜，如图2-4(a)所示。

在图2-4(a)中空间直线AB与投影面H是平行的，它在H面上的投影ab反映了空间直线长度，即$ab=AB$；空间直线CD与投影面H是垂直的，它在H面上投影积聚成一点，即$c(d)$；空间直线EF与投影面H是倾斜的，它在H面上的投影ef比空间直线的长度缩短了，即$ef<EF$。

由此可见，直线的投影特性为：

① 直线平行于投影面，投影长不变——真实性；

② 直线垂直于投影面，投影成一点——积聚性；

③ 直线倾斜于投影面，投影要缩短——类似性。

2. 平　面

空间一平面相对于投影面而言，也具有三种情形：平行、垂直、倾斜，如图2-4(b)所示。

在图2-4(b)中空间平面ABC与投影面H是平行的，它在H面上的投影abc反映了空间平面的真实形状和大小；空间平面DEF与投影面H是垂直的，它在H面上的投影积聚成一直线def；空间平面KMN与投影面H是倾斜的，它在H面上的投影kmn比空间平面缩小，但类似于空间平面。

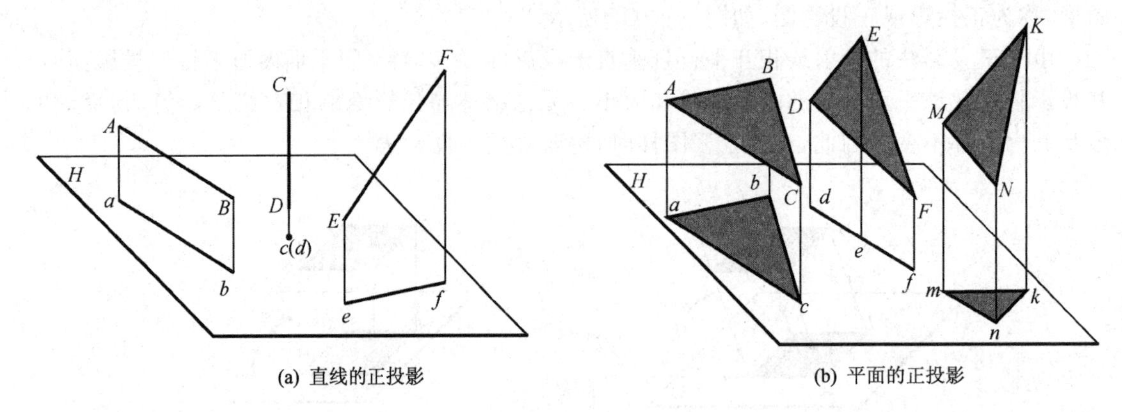

图 2－4　直线和平面的正投影

由此可见,平面的投影特性为:

① 平面平行于投影面,投影为实形——真实性;

② 平面垂直于投影面,投影成一线——积聚性;

③ 平面倾斜于投影面,投影要缩小——类似性。

由以上分析归纳出直线和平面的投影特性,即真实性、积聚性和类似性,称为正投影的基本特性。这个特性在今后的画与读的练习中是非常有用的,希望初学者理解这个特性,并将其记住。

图 2－5 所示是一个简单物体的视图,它由 7 个平面和 15 条棱线组成,它们在 H 面上的投影特性各是怎样的? 读者可以自行分析。

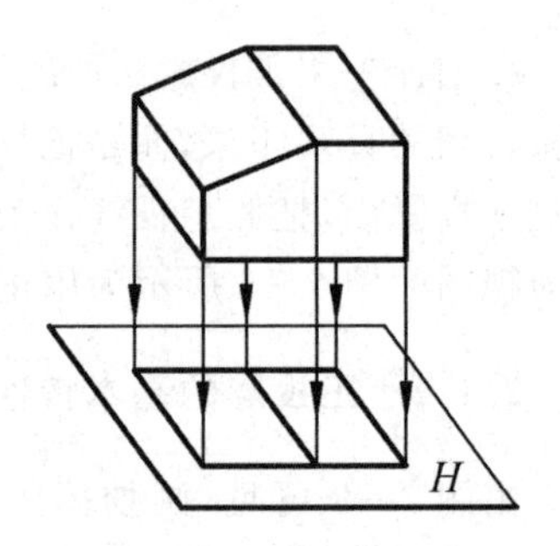

图 2－5　简单物体的视图

2.2　物体三视图的形成及其投影规律

物体的投影是视图,那么物体为什么要用三面视图来表示呢? 这是因为一个视图不能完整地表示物体的全貌。如图 2－6 所示,这是一个简单的长方体及其被切去一半后所得到的两个三棱柱体。这三个形状不同的物体,它们在投影面 V 上所得到的视图是相同的——矩形。因此,只给出一个视图不能确定空间物体的形状。也就是说这些物体的上面、侧面的形状在该视图中并没有表示清楚。所以,要表示清楚一个物体,就必须从不同的方向去看物体得到几个视图,即采用多面视图。工程中常采用三面视图表示一个物体。当然根据物体的复杂程度,可采用多于或少于三个视图来表示物体的形状。

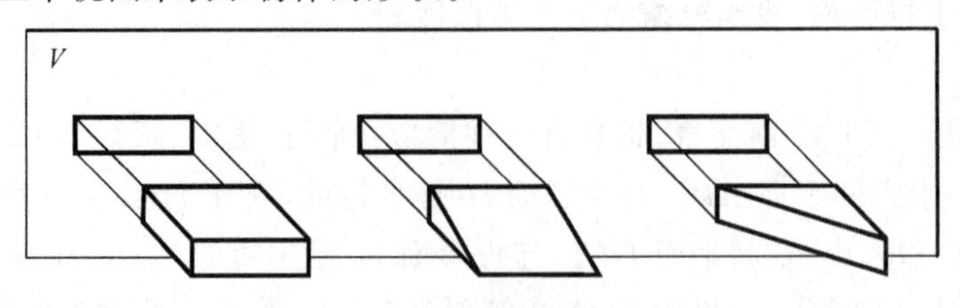

图 2－6　不同物体的相同视图

2.2.1　三视图的形成

1. 三面投影体系的建立

三面投影体系由三个相互垂直的投影面构成，如图 2-7 所示。三个投影面分别为：

① 正立投影面，简称正面，用大写字母 V 表示；

② 水平投影面，简称水平面，用大写字母 H 表示；

③ 侧立投影面，简称侧面，用大写字母 W 表示。

三个投影面之间的交线，称为投影轴，分别叫做 X 轴、Y 轴、Z 轴。三根投影轴相互垂直，并相交于一点，该点称为原点，用大写字母 O 表示。

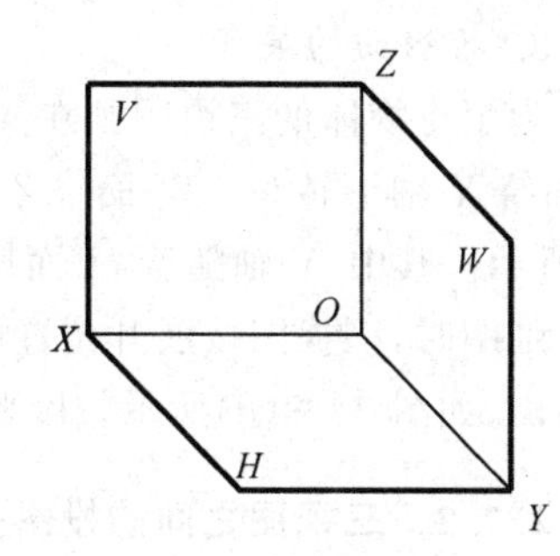

图 2-7　三面投影体系

2. 三视图的形成及名称

如图 2-8(a)所示，把物体置于三面投影体系中，注意物体上的表面要尽可能地平行于投影面。然后，从物体的三个不同的方向分别向三个投影面作正投影，即得到物体的三面视图。

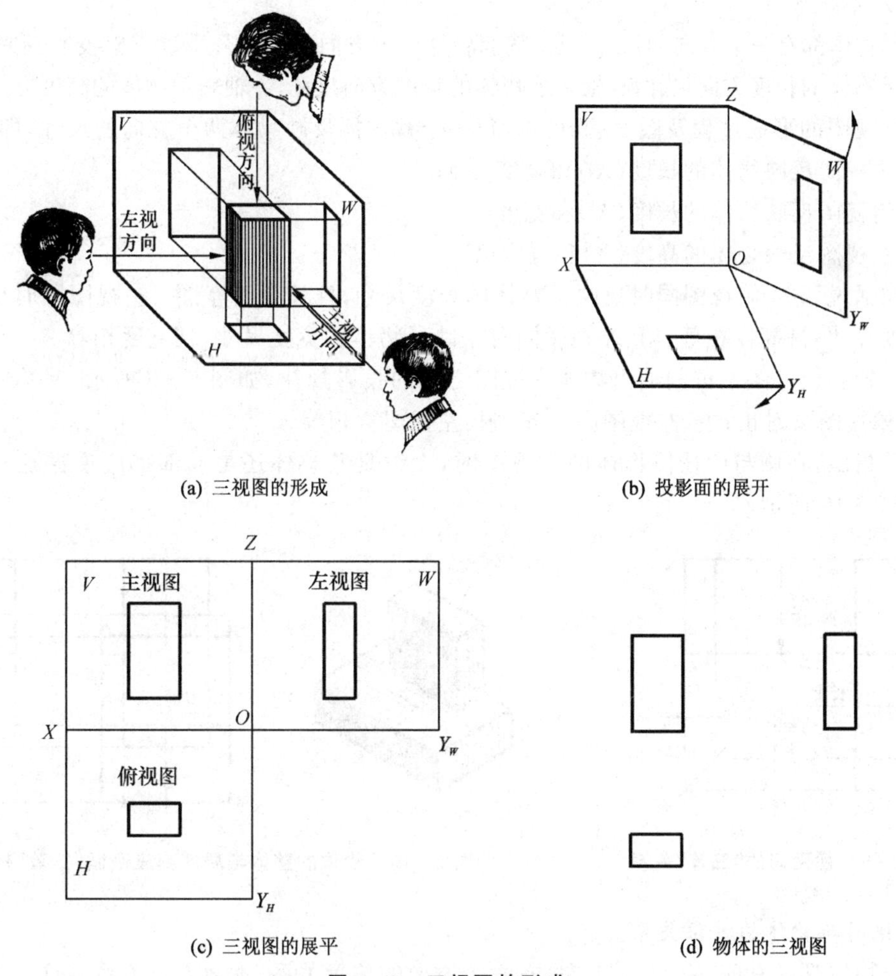

(a) 三视图的形成　(b) 投影面的展开

(c) 三视图的展平　(d) 物体的三视图

图 2-8　三视图的形成

国家标准中规定三个视图的名称是：

① 主视图——由物体的前方向后投射，在 V 面上得到的图形；

② 俯视图——由物体的上方向下投射，在 H 面上得到的图形；

③ 左视图——由物体的左方向右投射，在 W 面上得到的图形。

3. 投影面的展开

为了将物体的三视图画在同一张纸上，国家标准中规定了投影面展开的方法：V 面不动，H 面绕 X 轴下转 90°，W 面绕 Z 轴右转 90°。这样三个投影面就在一个平面上，如图 2-8(b)、(c)所示。其中，Y 轴随着 H 面旋转时，用 Y_H 表示；随着 W 面旋转时，用 Y_W 表示。

画图时，三视图按展开位置配置，视图的名称不注写，为了使图形清晰，投影面和投影轴都不画出，如图 2-8(d)所示。因此，读者应牢记各视图的名称、位置及看图方向。

2.2.2 三视图之间的投影关系

1. 位置关系

由图 2-8(d)可见，对主视图而言，俯视图在主视图的正下方，左视图在主视图的正右方。

2. 尺寸关系

任何物体都有三个方向的尺寸：长、宽、高，这三个方向的尺寸分别以三根投影轴来表示，即 X 轴表示物体的长度方向尺寸，Y 轴表示物体的宽度方向尺寸，Z 轴表示物体的高度方向尺寸。

从三视图的形成过程及图 2-9 可见，每一个视图能反映物体两个方向的尺寸，即

① 主视图反映物体的长度(X)和高度(Z)；

② 俯视图反映物体的长度(X)和宽度(Y)；

③ 左视图反映物体的高度(Z)和宽度(Y)。

换句话说：主、俯视图同时反映了物体的长度尺寸，且长度相等；主、左视图同时反映了物体的高度尺寸，且高度相等；俯、左视图同时反映了物体的宽度尺寸，且宽度相等。

由位置和尺寸关系可归纳出物体三视图之间的投影规律，如图 2-9 所示，又称"三等"规律：主、俯视图长对正；主、左视图高平齐；俯、左视图宽相等。

必须指出，在画与读任何物体的三视图时，无论是其整体还是局部都应遵循这一投影规律，如图 2-10 所示。

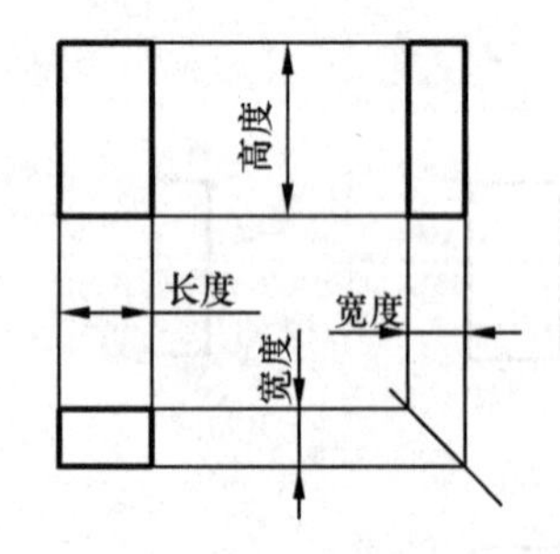

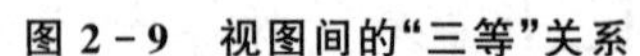

图 2-9 视图间的"三等"关系

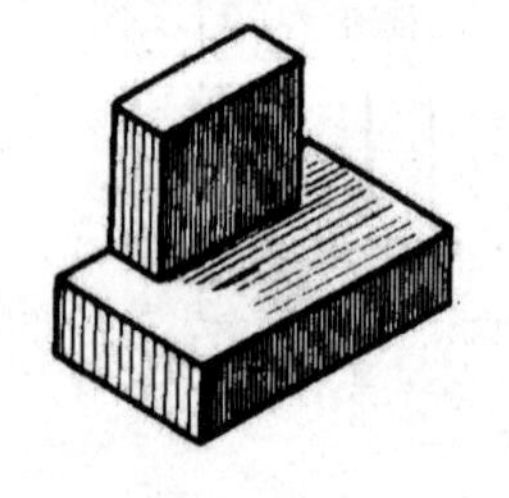
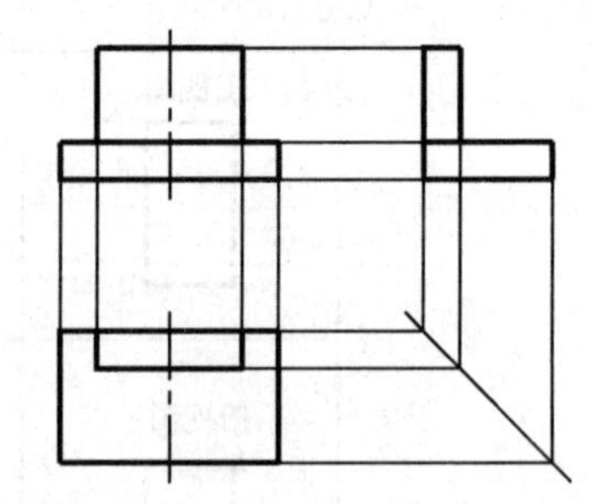

图 2-10 物体的整体与局部都应遵循"三等"规律

3. 视图与物体的方位关系

任何物体都具有前、后、上、下、左、右六个方向的位置关系，称为方位关系。这六个方位是以观察者正对着 V 面而言的，其在三视图中的对应关系如图 2-11 所示。

由图 2－11 可见，每个视图中仅能反映物体的四个方位关系，即：

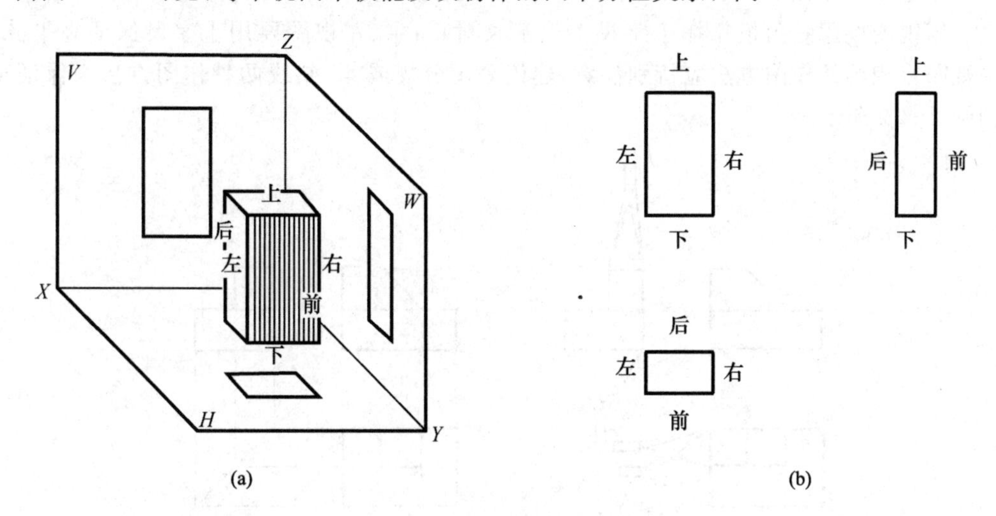

图 2－11　视图与物体的方位关系

① 主视图反映物体的上、下、左、右方位；

② 俯视图反映物体的左、右、前、后方位；

③ 左视图反映物体的上、下、前、后方位。

换句话说：主、左视图分上下；主、俯视图显左右；俯、左视图看前后。

上述这种方位关系，可用于画与读视图时分析物体各部分的相对位置。

应注意，在俯、左视图中，靠近主视图的一边为物体的后方，而远离主视图的一边为物体的前方。记住这一点尤为重要。读者必须在理解的基础上，经过画与读的反复实践，予以掌握。

2.2.3　三视图的画法

画物体的三视图要严格遵守“三等”规律和国家标准规定的内容。要学会“正对着”观察物体，以体现正投影的特点。

初学者无论是根据模型还是由轴测图来画物体的三视图，都应做到以下几点：

① 首先，选择反映物体形状特征较明显的方向作为主视图的方向，尽可能使各个视图中不可见线（细虚线）少一些，使图形更清晰。

② 布置三视图的位置时，应先画作图的起始线，即基准线（包括中心线、轴线、对称线和较大平面的轮廓线）。

布图要合理。如果在一张图纸上画一个物体的三视图，建议按以下等式大致计算后布图：

图幅的长－边框的尺寸－视图的尺寸（长＋宽）＝剩余的长度

图幅的宽－边框的尺寸－视图的尺寸（高＋宽）＝剩余的宽度

然后，将剩余的长度和宽度大致分给图幅长度和宽度方向的三个空区。如果图形不对称，先确定主、左视图下方的位置，主、俯视图右方的位置，俯、左视图后方的位置。若图形是对称的，则应先确定对称线的位置。这样，布置的三视图较为合理，匀称美观。

③ 作图线型应严格遵守国家标准的规定。底稿线用锥形铅笔（H 或 2H）来绘制，要细而轻，以便修改。底稿画完后要检查，擦去多余线，描深。

④ 要注意分析物体各部分的形状,按“三等”规律作图。

主、俯视图要用三角板靠在丁字尺上保证长对正;主、左视图要用丁字尺保证高平齐;而俯、左视图宽相等的作图方法应特别注意,建议采用分规或45°斜线两种作图方法来保证宽相等,如图2-12所示。

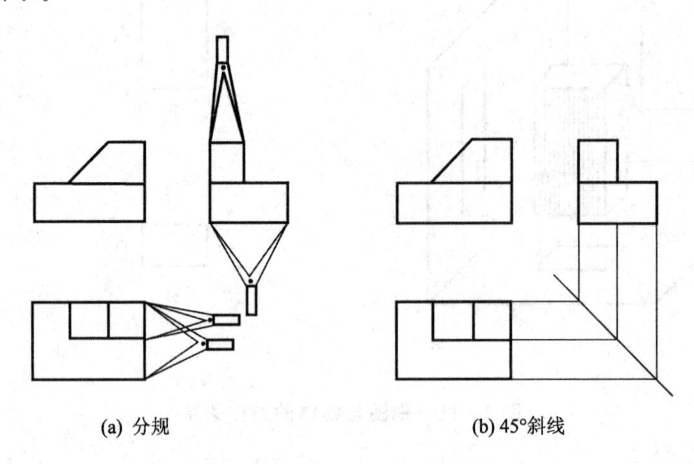

(a) 分规　　(b) 45°斜线

图2-12　宽相等的作图方法

注意:画45°斜线的起点是俯、左视图同一方位图线的延长线的交点;而采用分规作图则应注意度量的起点——是物体的前还是后。

⑤ 每一个尺寸只可度量一次,切记不可重复度量。

⑥ 凡是对称的图形,作图时尺寸应以对称线为基准对称截取。

物体三视图的画图步骤如图2-13所示。

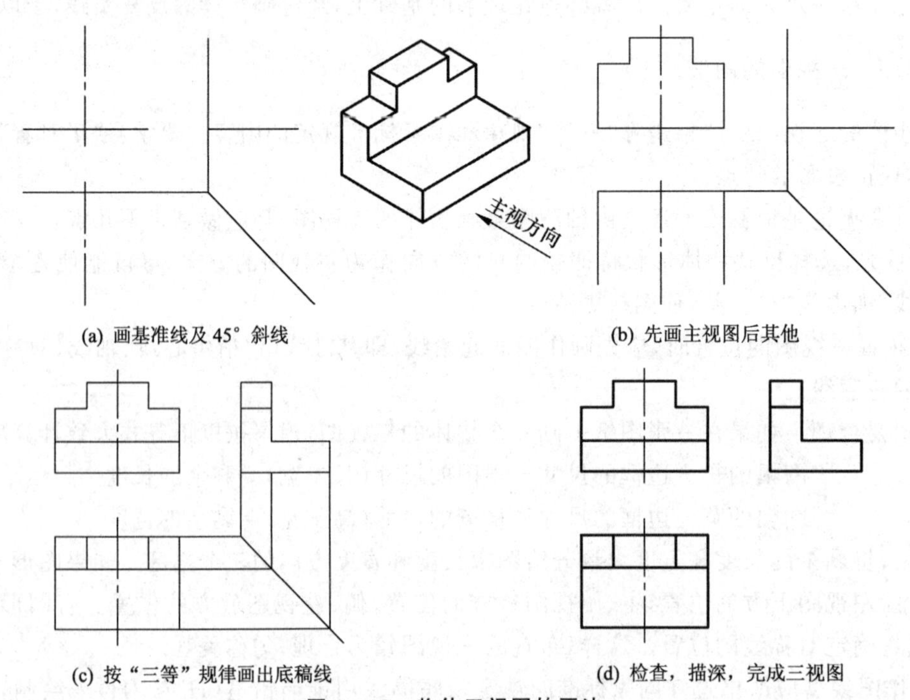

(a) 画基准线及45° 斜线　　(b) 先画主视图后其他

(c) 按“三等”规律画出底稿线　　(d) 检查,描深,完成三视图

图2-13　物体三视图的画法

第3章 点、直线、平面的投影

3.1 点的投影

点、直线、平面是构成形体的基本几何元素，研究它们的投影可为正确地表示形体和提高分析、解决空间几何问题的能力打下良好的基础。

3.1.1 点的三面投影

如图3-1(a)所示，设有一空间点A，分别向H、V、W面进行投射，得a、a'、a''三面投影。将H、W面分别按图示箭头方向旋转，使其与V面在同一平面上，即得点的三面投影图。其中，Y轴随H面旋转后，以Y_H表示；随W面旋转后，以Y_W表示，如图3-1(b)所示。通常在投影图上只画出其投影轴，不画出投影面的边界，如图3-1(c)所示。

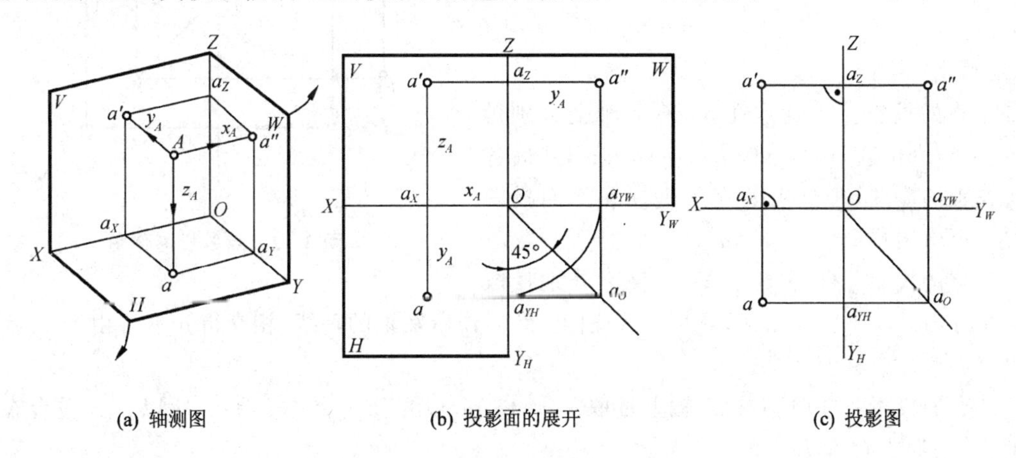

(a) 轴测图 (b) 投影面的展开 (c) 投影图

图3-1 点的三面投影图的形成

3.1.2 点的三面投影与直角坐标的关系

若把三个投影面组成的三面投影体系看作空间直角坐标体系，则H、V、W投影面即为坐标面，X、Y、Z投影轴即为坐标轴，O点即为坐标原点。由图3-1可知，A点的三个直角坐标数值x_A、y_A、z_A即为A点到三个坐标面的距离，它们与A点的投影a、a'、a''的关系如下：

$$Aa''=aa_Y=a'a_Z=Oa_X=x_A$$

$$Aa'=aa_X=a''a_Z=Oa_Y=y_A$$

$$Aa=a'a_X=a''a_Y=Oa_Z=z_A$$

由此可见，点的投影与直角坐标的关系为：

① a由Oa_X和Oa_Y，即A点的x_A、y_A两坐标确定；

② a'由Oa_X和Oa_Z，即A点的x_A、z_A两坐标确定；

③ a''由Oa_Y和Oa_Z，即 A 点的 y_A、z_A 两坐标确定。

所以点的一个投影不能确定该点空间的唯一位置，必须两个投影才行。空间点 $A(x_A, y_A, z_A)$在三投影面体系中有唯一的一组投影(a, a', a'')。

3.1.3 点的三面投影规律

① 点的正面投影和水平投影的连线垂直于 X 轴，这两个投影均反映空间点的 X 坐标；

② 点的正面投影和侧面投影的连线垂直于 Z 轴，这两个投影均反映空间点的 Z 坐标；

③ 点的水平投影到 X 轴的距离等于点的侧面投影到 Z 轴的距离，这两个投影均反映空间点的 Y 坐标。

根据点的三面投影规律，可由点的三个坐标值画出其三面投影图，也可根据点的两面投影求作第三投影。

【例 3-1】已知 A 点的坐标(20,25,15)，B 点的坐标(30,15,0)，C 点的坐标(15,0,0)，作出各点的三面投影图(见图 3-2)。

(1) 分 析

A 点在空间，B 点在 H 面上，C 点在 X 轴上。

(2) 作 图

A 点的投影：自 O 点在 X、Y、Z 轴上分别量取 $x_A=20$ mm，$y_A=25$ mm，$z_A=15$ mm，然后各作所在轴的垂线，根据点的直角坐标和三面投影的关系可求出投影点(a, a', a'')。

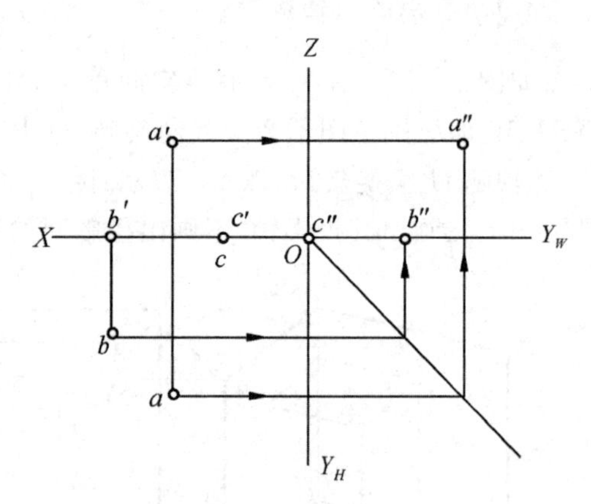

图 3-2 点的投影作图

B 点的投影：自 O 点在 X、Y 轴上分别量取 $x_B=30$ mm，$y_B=15$ mm，即得 b'在 X 轴上，然后作所在轴的垂线，相交得 b 点。由于 $z_B=0$，所以点 b''在 Y_W 轴上。

C 点的投影：自 O 点在 X 轴上量取 $x_C=15$ mm，由于 $y_C=0$，$z_C=0$，所以 c、c'重合在 X 轴上，c'' 与原点 O 重合。

3.1.4 两点的相对位置

空间点的位置可由点相对于 W、V、H 面的距离，即绝对坐标值来确定，也可由点相对于另一个点的位置即相对坐标来确定。两点的相对位置分左右、前后、上下，相对坐标是两点的同轴坐标差。通常 X 坐标值大的点位于左方，小的位于右方；Y 坐标值大的位于前方，小的位于后方；Z 坐标值大的位于上方，小的位于下方。如图 3-3 所示，已知空间两点 $A(x_A, y_A, z_A)$和 $B(x_B, y_B, z_B)$，分析点 B 相对于点 A 的位置，在 X 方向的相对坐标为(x_B-x_A)，Y 方向的相对坐标为(y_B-y_A)，Z 方向的相对坐标为(z_B-z_A)。由于 $x_A>x_B$，故 A 点在左方，B 点在右方。由于 $y_A>y_B$，故 A 点在前方，B 点在后方。由于 $z_B>z_A$，故 B 点在上方，A 点在下方。

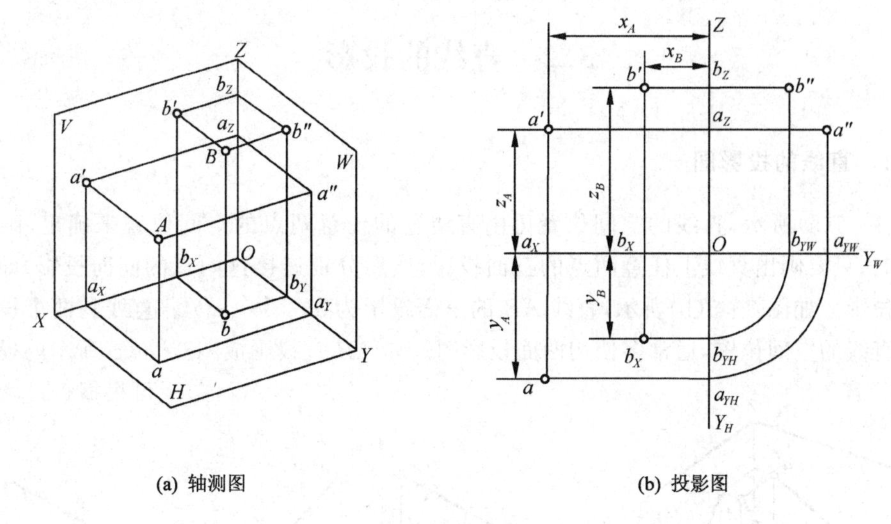

(a) 轴测图　　(b) 投影图

图 3-3　两点的相对位置

3.1.5　重影点

当两个点的某两个同轴坐标分别相等时，这两个点必处于同一条投射线上。沿这条投射线得到的这两个点的同面投影必重影于一点，则这两个点称为该投影面的重影点。图 3-4(a)所示的 C、D 两点，它们的正面投影 c'和(d')重影为一点，由于 $y_C > y_D$，所以，从前方垂直 V 面向后看时 C 是可见的，D 是不可见的。通常规定，把不可见点的投影加上括弧，如(d')。又知 C、E 两点，它们的水平投影(c)、e 重影为一点，由于 $z_E > z_C$，从上方垂直 H 面向下看时 E 是可见的，C 是不可见的。再如 C、F 两点，其侧面投影 c''、(f'')重影为一点，由于 $x_C > x_F$，从左方垂直 W 面向右看时，C 是可见的，F 是不可见的，如图 3-4(b)所示。由此可见，对正投影面、水平投影面、侧投影面的重影点，它们的可见性应分别是前遮后、上遮下、左遮右。利用重影点的投影特点可判别空间几何元素的可见性。

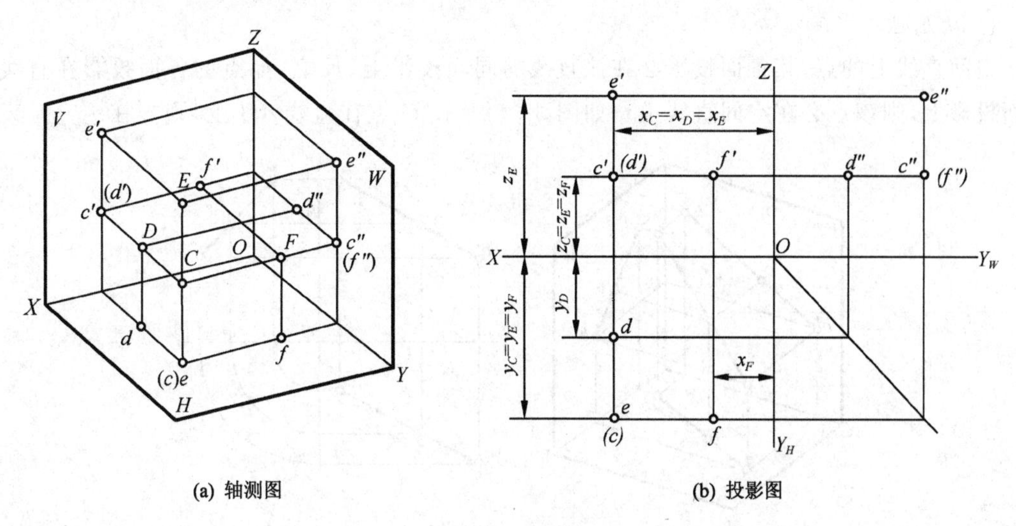

(a) 轴测图　　(b) 投影图

图 3-4　重影点

3.2　直线的投影

3.2.1　直线的投影图

如图3-5(a)所示,直线的空间位置可由直线上的任意两点的空间位置来确定,画它的三面投影图时,只要画出直线上任意两点的三面投影,然后分别连接这两点的同面投影,即是该直线的三面投影。如图3-5(b)所示,直线AB的三面投影为ab、$a'b'$、$a''b''$。直线的两个投影即完全能确定直线的空间位置,通常多使用两面投影图。如AB直线画成图3-5(c)所示的投影图。

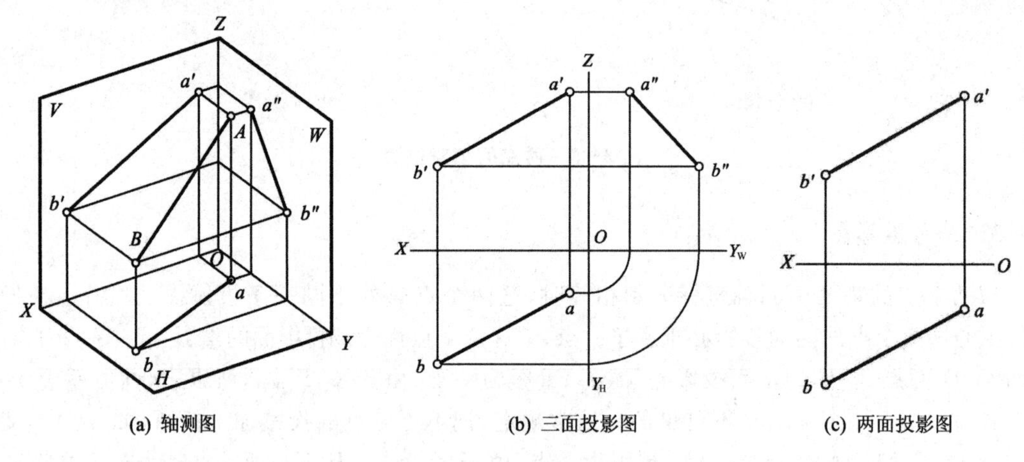

(a) 轴测图　(b) 三面投影图　(c) 两面投影图

图3-5　直线的投影图

3.2.2　直线上点的投影

根据正投影基本特性可知,当点位于直线上时,两者的投影具有从属性和定比性。

1. 从属性

空间直线上的点,其各面投影必在该直线的同面投影上;反之,如点的各面投影在直线的同面投影上,则该点必在空间直线上。如图3-6所示,C点在直线AB上,则c'在$a'b'$上,c在

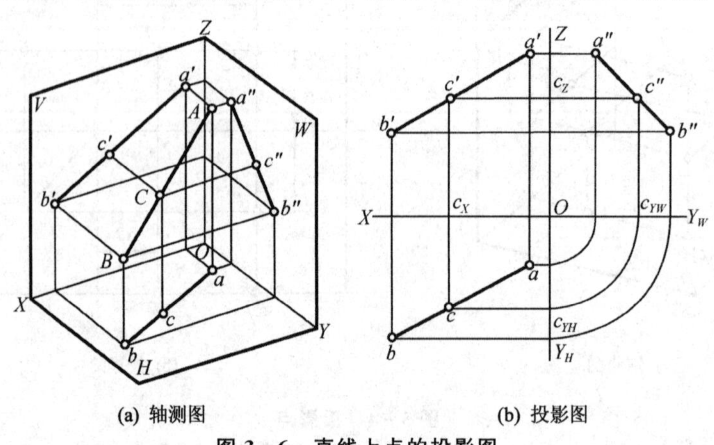

(a) 轴测图　(b) 投影图

图3-6　直线上点的投影图

ab 上，c''在 $a''b''$上。

2. 定比性

点在一条直线上，点分割直线之比等于点的各面投影分割直线的同面投影之比。例如，图 3-6 中直线 AB 上的 C 点分割直线为 AC、CB 两段，且 $AC:CB=3:2$，则 $AC:CB=ac:cb=a'c':c'b'=a''c'':c''b''=3:2$。（证明从略）

【例 3-2】已知 K 点在直线 AB 上，由已知投影 k' 求投影 k（见图 3-7）。

解：因 V 面投影 $a'k':k'b'$ 等于 H 面投影 $ak:kb$，可按如下步骤作图：

① 过 a 任作一辅助线 aB_0（用细实线）；

② 在辅助线上取 $aK_0=a'k'$，$K_0B_0=k'b'$；

③ 连 B_0b，并过 K_0 作平行于 B_0b 的直线 K_0k，此直线与 ab 的交点 k 即为所求。

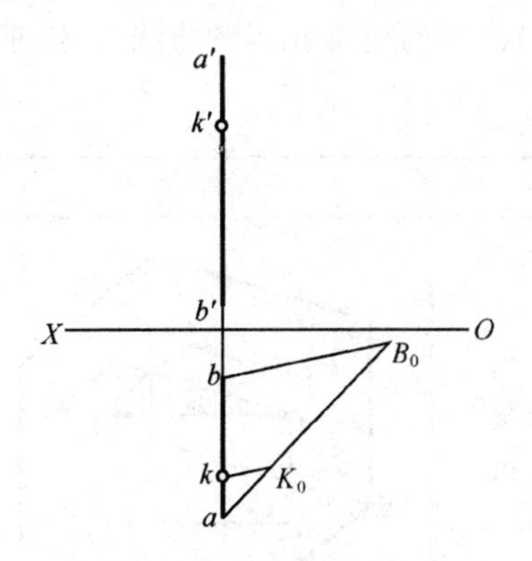

图 3-7　直线上点的投影作图(一)

图 3-8 所示为根据点在直线上的从属性和定比性，在 AB 直线上取一点 C，使 $AC:CB=3:2$ 的例子，读者可以自行分析其作图过程。

应用点分割直线成定比的投影特点也可以检查点是否在直线上，如图 3-9 所示，K 点经作图检查表明它不在线段 AB 上。

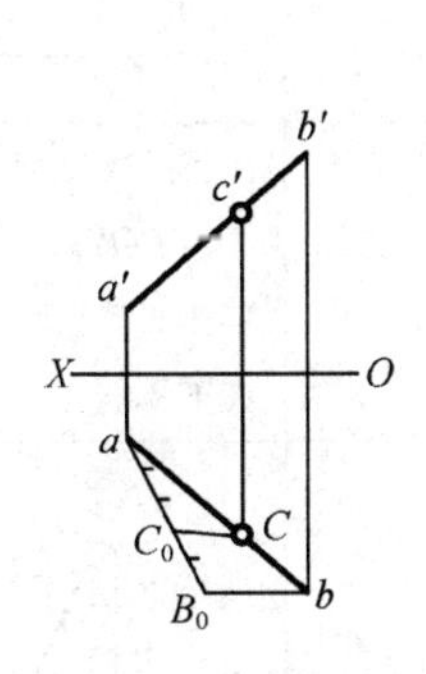

图 3-8　直线上点的投影作图(二)

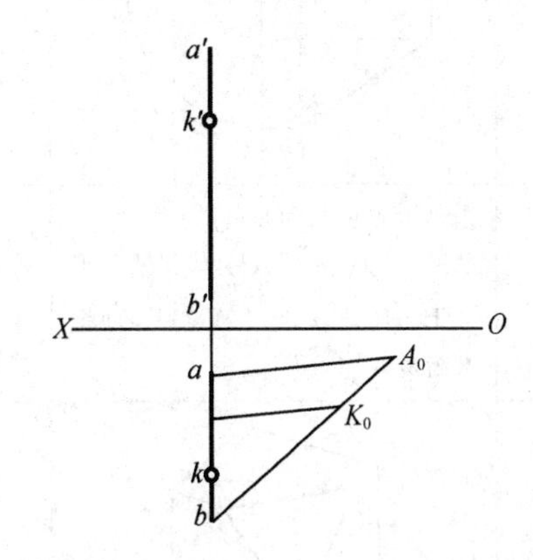

图 3-9　验证点 K 是否在直线上

3.2.3　各种位置直线的投影

在三面投影的体系中，空间直线相对于投影面的位置有三种：平行、垂直和倾斜；分别称为投影面的平行线、投影面的垂直线和一般位置直线，前两种直线又称为特殊位置直线。

1. 投影面的平行线

只平行于一个投影面的直线（该线必倾斜于另外两个投影面）称为投影面的平行线（简称平行线）。根据所平行的投影面不同，平行线又可分为三种：

平行于 H 面的直线叫水平线；平行于 V 面的直线叫正平线；平行于 W 面的直线叫侧平线。表 3-1 列出了上述三种平行线的轴测图、投影图及其投影特性等。

从表3-1中可见,投影面的平行线有如下投影特性:

① 直线在所平行的投影面上的投影反映线段的实长,如表中的水平线 AB 的 H 面投影 ab 等于 AB 的实长($ab=AB$)。

② 直线在所平行的投影面上的投影与两根投影轴的夹角,分别反映该直线与另外两个投影面的倾角。如表中水平线 AB 的 H 面投影 ab 与 OX 轴的交角 β,反映该直线对 V 面的倾角;而与 Y_H 轴的交角 γ,反映直线对 W 面的倾角。注:直线对 H、V、W 面的倾角分别用 α、β、γ 表示。

表3-1　投影面的平行线

名　称	水平线	正平线	侧平线
轴测图	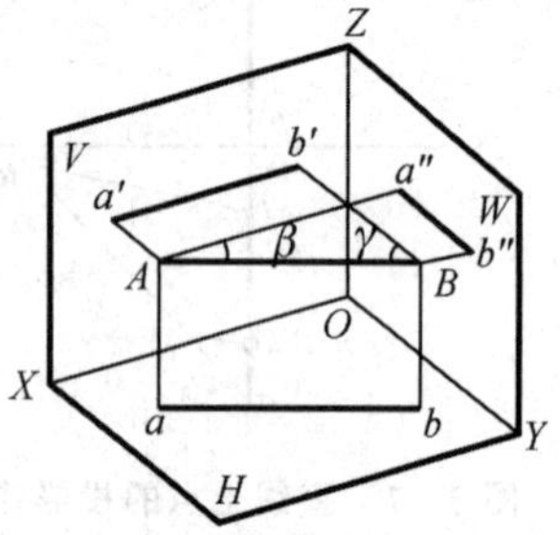	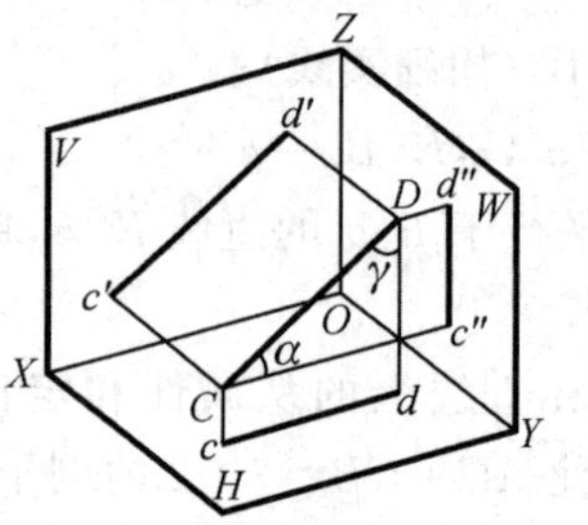	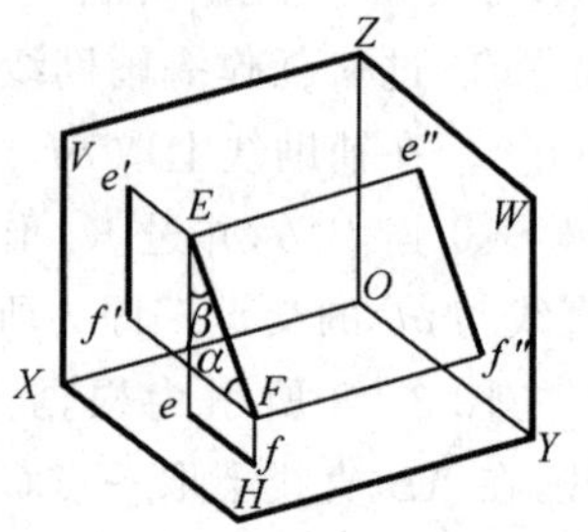
投影图	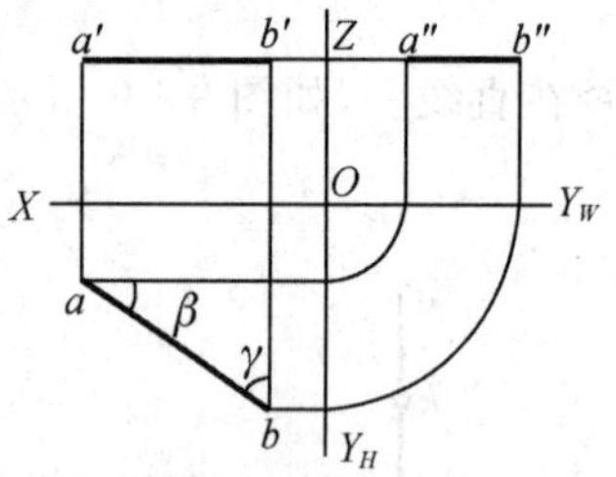	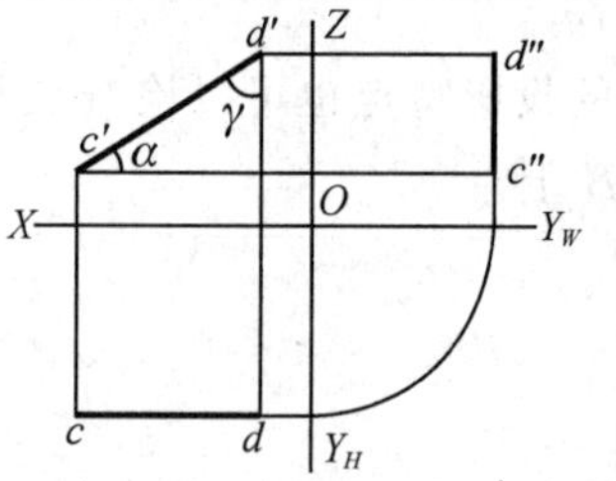	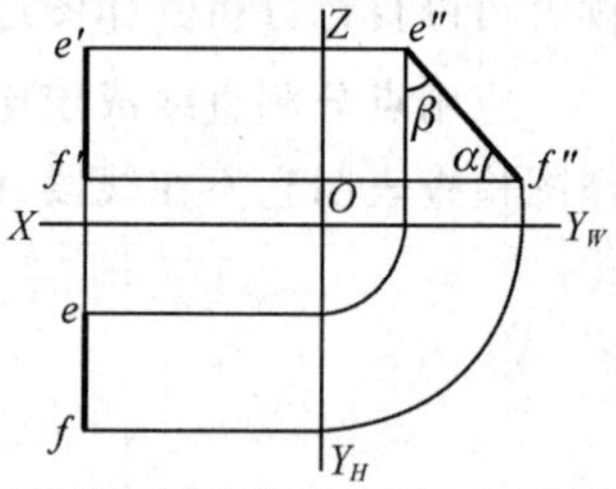
投影特性	①ab 反映实长和倾角 β、γ ②$a'b'//OX$、$a''b''//OY_W$,到轴之距等于 AB 直线到 H 面之距,且长度缩短	①$c'd'$ 反映实长和倾角 α、γ ② $cd//OX$、$c''d''//OZ$,到轴之距等于 CD 直线到 V 面之距,且长度缩短	①$e''f''$ 反映实长和倾角 α、β ②$ef//OY_H$、$e'f'//OZ$,到轴之距等于 EF 直线到 W 面之距,且长度缩短
物体上投影面平行线的投影　轴测图	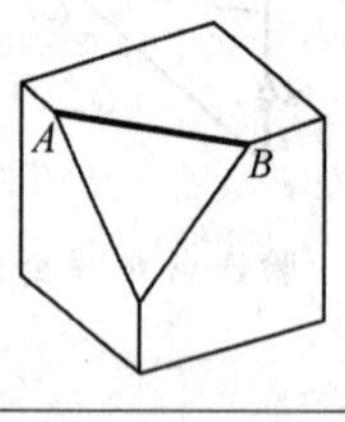	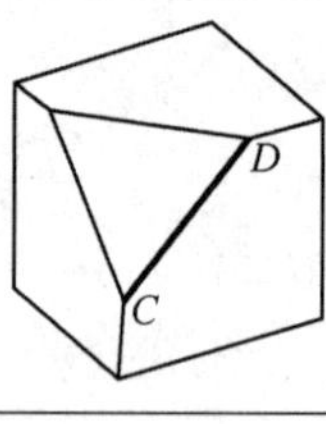	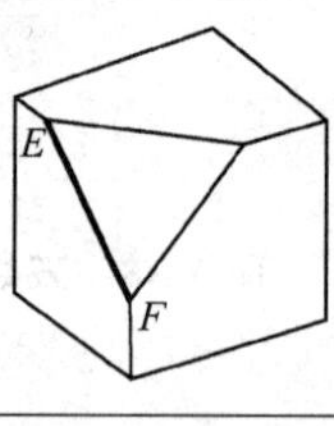
物体上投影面平行线的投影　投影图	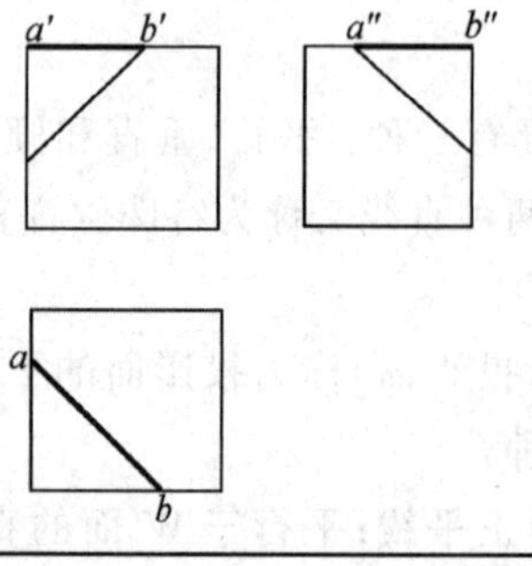	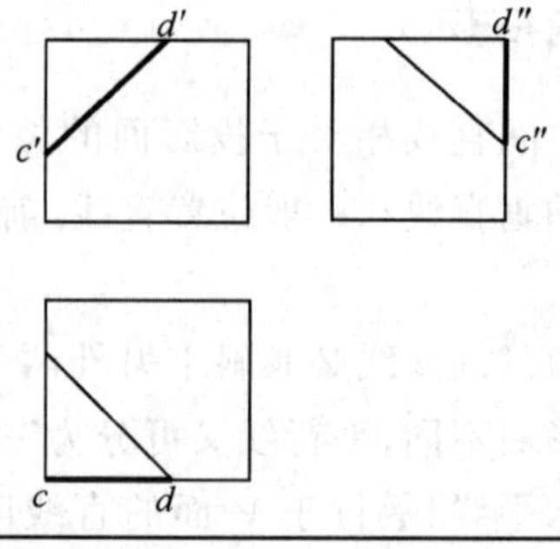	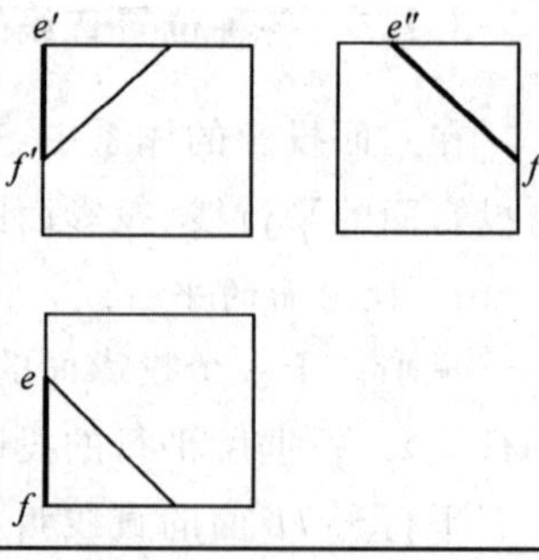

③ 直线在与其不平行的两个投影面上的投影，平行于相应的投影轴，且到投影轴之距等于空间直线到所平行的投影面之距，其投影长度小于该直线的实长。如水平线 AB 在 V 和 W 面上的投影 $a'b'<AB$、$a''b''<AB$。

表 3-1 中物体表面上的投影面平行线的轴测图和在物体三视图中的投影位置，读者可以自行分析。

2. 投影面的垂直线

只垂直于一个投影面的直线（该线必平行于另外两个投影面）称为投影面的垂直线（简称垂直线）。根据所垂直的投影面不同，垂直线也可分为三种：垂直于 V 面的直线叫正垂线；垂直于 H 面的直线叫铅垂线；垂直于 W 面的直线叫侧垂线。表 3-2 列出了上述三种投影面垂直线的轴测图、投影图及其投影特性等。

从表 3-2 中可见，投影面的垂直线有如下投影特性：

① 直线在所垂直的投影面上的投影积聚为一点，如正垂线 AB 的 V 面投影 $a'(b')$ 积聚为一点。

② 另外两个投影各垂直于一根投影轴，或者说都平行于一根投影轴。如正垂线 AB 的 H 面投影 ab 垂直于 OX 轴，W 面投影 $a''b''$ 垂直于 OZ 轴；二者都平行于 OY 轴。

③ 垂直于一个投影面的直线，必平行于另两个投影面，它在这两个投影面上的投影反映实长。如正垂线 AB 的投影 $ab=a''b''=AB$。

表 3-2 中物体表面上的投影面垂直线的轴测图和在物体三视图中的投影位置，读者可以自行分析。

3. 投影面的一般位置直线

空间直线与 V、H、W 三个投影面既不平行也不垂直，这样的直线称为投影面的一般位置直线（又称为倾斜线）。它在 V、H、W 面上的投影延长后均与投影轴相交，但其交角都不反映直线对投影面的倾角，线段的投影长度也都小于线段的实长。如图 3-6 和图 3-8 中线段 AB 即为一般位置直线，它的投影 ab、$a'b'$、$a''b''$ 均不平行各投影轴，且都小于 AB 实长。

表 3-2　投影面的垂直线

名　称	正垂线	铅垂线	侧垂线
轴测图	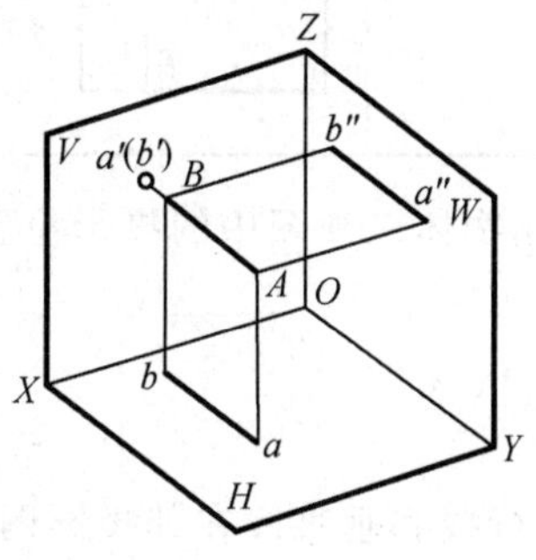	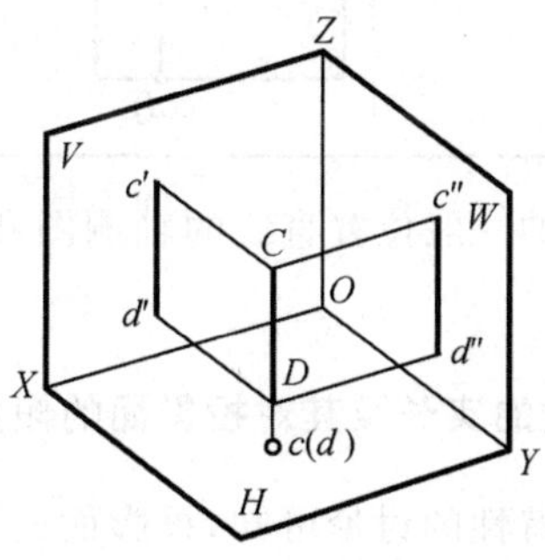	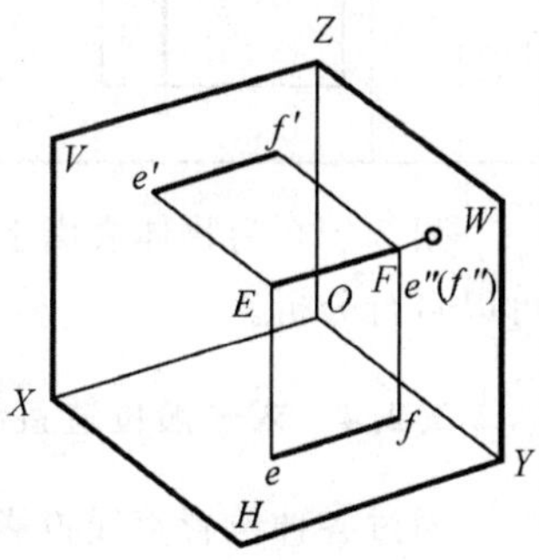

续表 3-2

名　称		正垂线	铅垂线	侧垂线
投影图		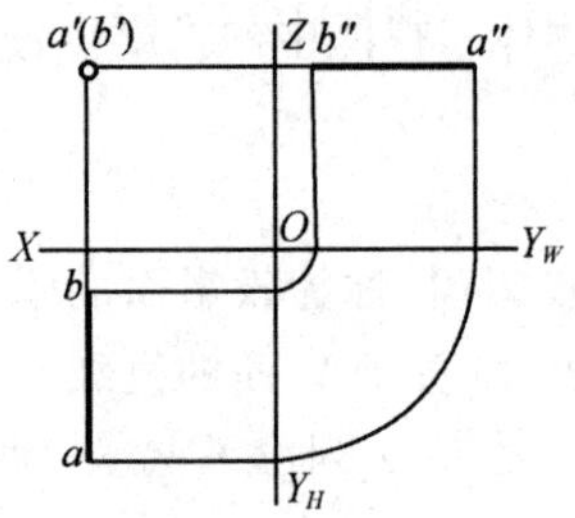 $a'(b')$ Z b'' a'' X O Y_W b a Y_H	c' Z c'' d' O d'' X Y_W $c(d)$ Y_H	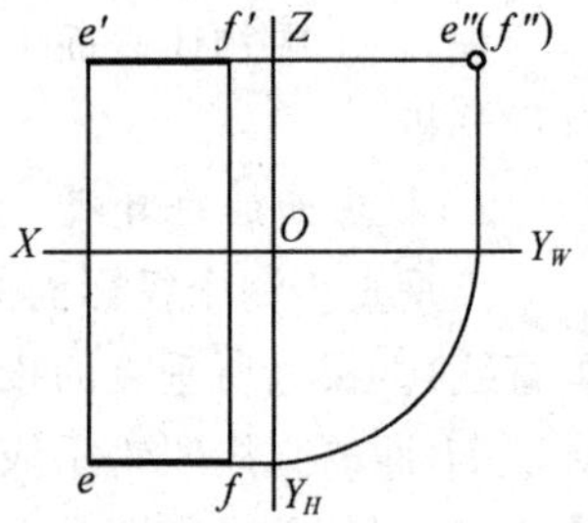 e' f' Z $e''(f'')$ X O Y_W e f Y_H
投影特性		① $a'(b')$ 积聚成一点 ② $ab//OY_H$、$a''b''//OY_W$，且反映长度，到 OY_H 和 OY_W 轴之距分别反映了 AB 直线到 W、H 面之距	① $c(d)$ 积聚成一点 ② $c'd'//c''d''//OZ$，且反映长度，到 OZ 轴之距分别反映了 CD 直线到 W、V 面之距	① $e''(f'')$ 积聚成一点 ② $ef//e'f'//OX$，且反映长度，到 OX 轴之距分别反映了 EF 直线到 V、H 面之距
物体上投影面垂直线的投影	轴测图	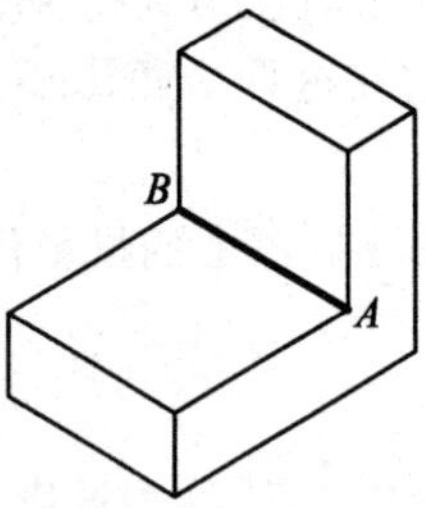 B A	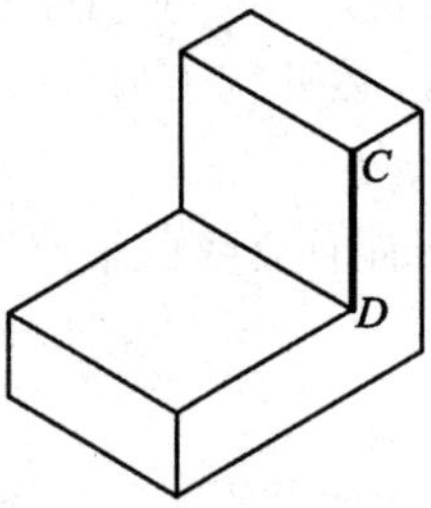 C D	E F
	投影图	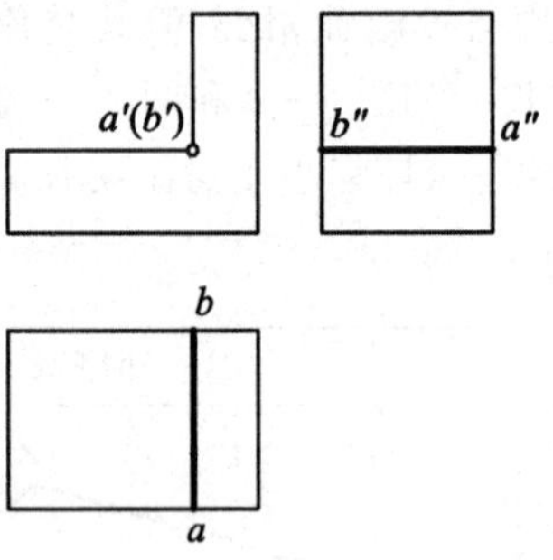 $a'(b')$ b'' a'' b a	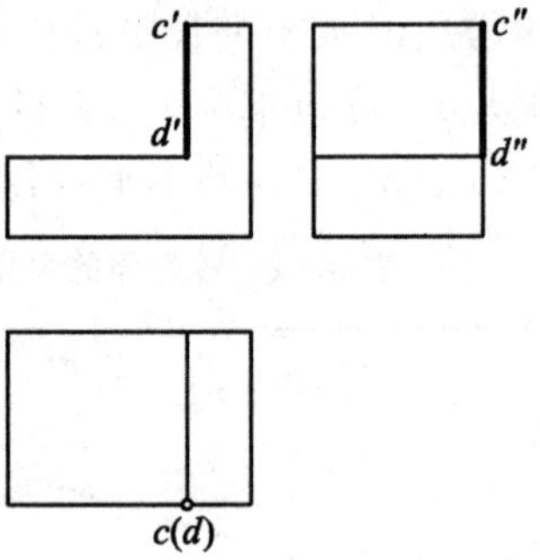 c' c'' d' d'' $c(d)$	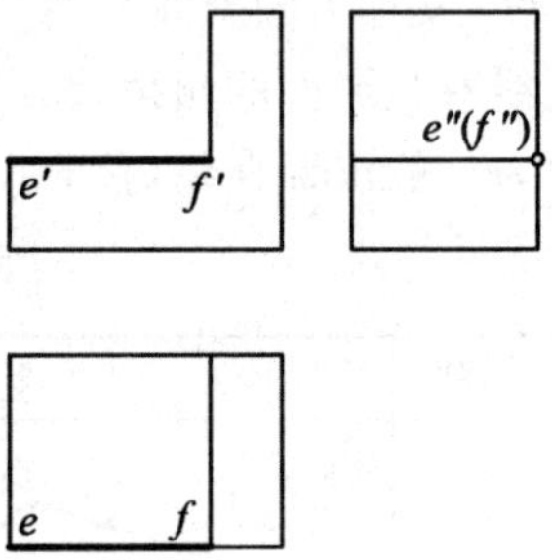 $e''(f'')$ e' f' e f

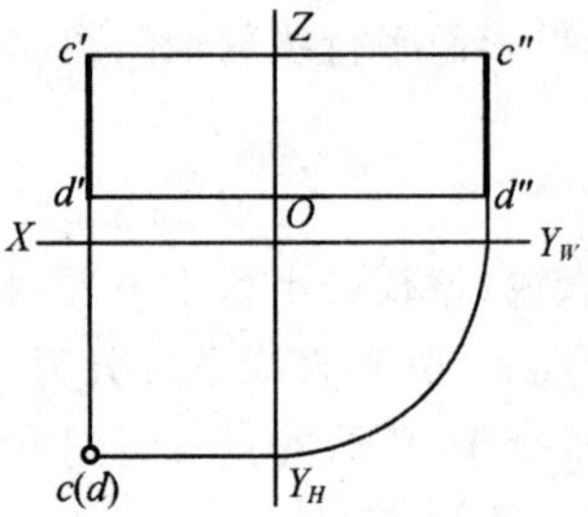

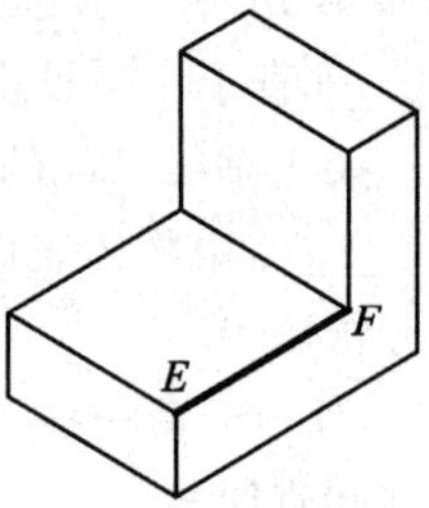

图3-10为物体表面上的一般位置直线的轴测图和在物体三视图中的投影位置，读者也可以自行分析。

3.2.4　求一般位置直线的实长及其对投影面的倾角

通过各种位置直线投影特性的讨论可知，投影面的平行线和垂直线在其投影图中均能找到它们的实长和对投影面的倾角的大小，而一般位置直线的三个投影都不反映它的实长及对投影面的倾角，须用作图法来求解。作图求解的方法很多，这里仅介绍常用的一种方法——直角三角形法。

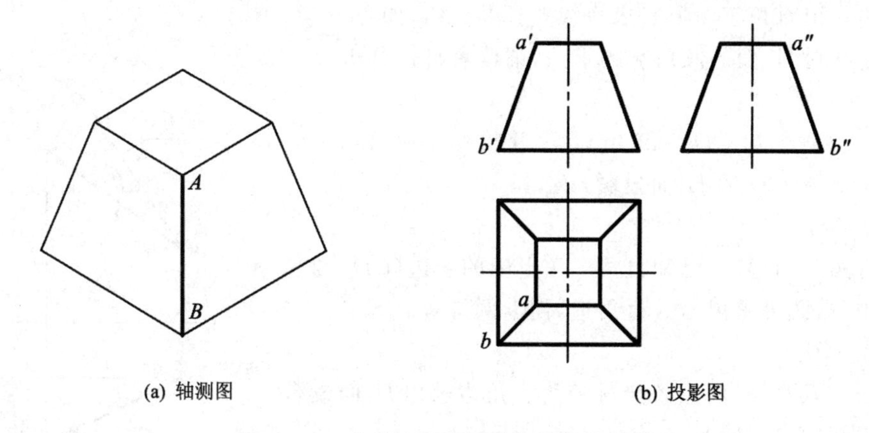

(a) 轴测图　　(b) 投影图

图 3－10　物体上投影面的倾斜线的投影

1. 基本原理

在图 3－11(a)中,已知一般位置直线 AB 的两投影 $a'b'$ 和 ab。因为投射线 Aa,Bb 都垂直于 H 面,所以 $ABba$ 是一垂直 H 面的平面,在该平面上,过 A 作直线 AB_1 平行于 ab,则 $\triangle AB_1B$ 为一直角三角形,AB_1 为一直角边($AB_1=ab$),另一直角边为 B_1B,它等于 A、B 两点 Z 坐标差的绝对值,即 $B_1B=|z_B-z_A|$。AB 与 AB_1 之间的夹角,即为 AB 直线对 H 面的倾角 α。由此可见,只要根据两面投影中已知的 ab、z_A(等于 $a'a_x$)及 z_B(等于 $b'b_x$),作出上述三角形的实形,即可求得 AB 直线的实长及其对 H 面的倾角 α。

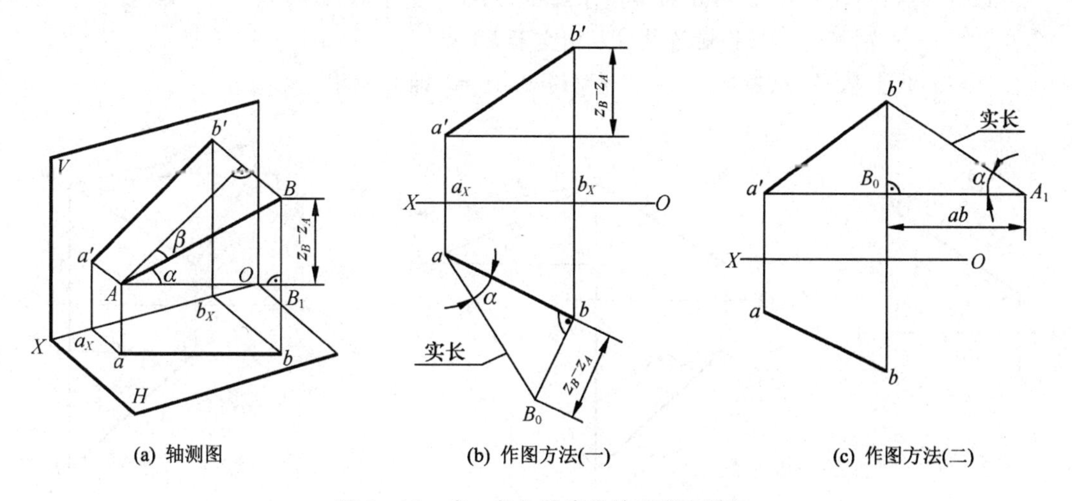

(a) 轴测图　　(b) 作图方法(一)　　(c) 作图方法(二)

图 3－11　求一般位置直线的实长和倾角

2. 作图(见图 3－11(b))

① 以 ab 为一直角边,从 b 端(或 a 端)作一直线 $bB_0\perp ab$;

② 在 bB_0 线上量取 $|z_B-z_A|$ 得 B_0 点;

③ 连 B_0a 得直角三角形 abB_0,则 aB_0 即为所求 AB 的实长,aB_0 与 ab 间的夹角即为直线 AB 对 H 面的倾角 α。

为作图简便,也可将直角三角形画在图 3－11(c)所示 A_1B_0b' 处。

按上述作图原理和方法,用 AB 的 V 面投影 $a'b'$ 为一直角边,以其两端点的 y 坐标差为另一直角边作出直角三角形来求直线实长及β角,如图3-12所示。

关于直线对W面的倾角γ的求法,请读者自行分析。

3. 应用举例

【例3-3】已知$CD=25$ mm及其投影$c'd'$和c(见图3-13(a)),求CD的H面投影cd。

(1) 分　析

根据直角三角形法,已知直角三角形中的斜边($CD=25$)及一直角边,据此可求得另一直角边,使本例得解。

(2) 作　图

方法一　以C、D两点Z坐标差为直角边求出H面投影cd之长(见图3-13(b))。

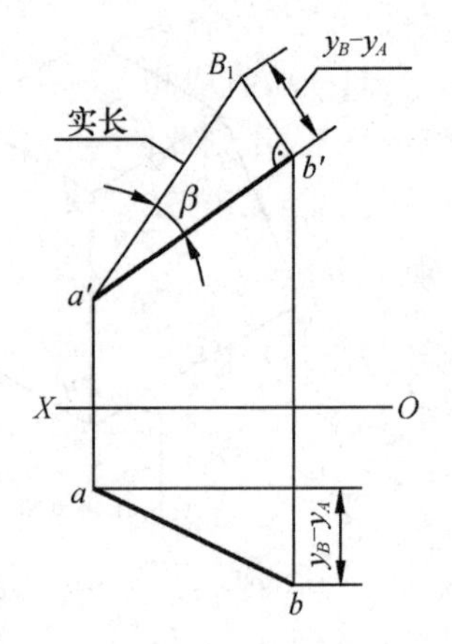

图3-12　求直线AB的实长和倾角β

① 过c'作X轴的平行线$c'm$;

② 以$CD=25$ mm为半径,d'为圆心作圆弧与$c'm$的延长线交于n,则$mn=cd$;

③ 以c为圆心,mn为半径作圆弧交投影连线dd'于d,连cd即为所求(有两解)。

方法二　以$c'd'$长为直角边求出C、D两点的y坐标差(见图3-13(c))。

① 过c'(或d')作$c'd'$的垂线$c'C_0$;

② 以d'为圆心,$CD=25$ mm为半径作圆弧与$c'C_0$交于C_0;

③ 过c作X轴平行线与投影连线dd'相交于E_0点;

④ 在dd'线上从E_0点量取$E_0d=c'C_0$得d,连cd即为所求。

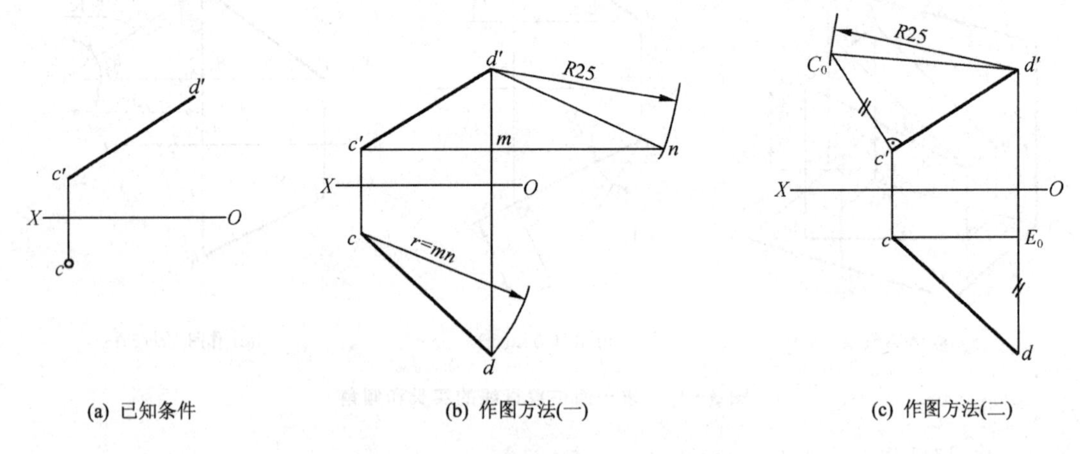

图3-13　已知直线的实长求其H投影

3.3　两直线的相对位置

空间两直线的相对位置有三种情况:平行、相交、交叉。平行和相交两直线又称为共面直线,而交叉两直线又称为异面直线。它们的投影各有不同的特点,现分述如下。

3.3.1　平行两直线

若空间两直线相互平行，则它们的各同面投影必然相互平行。反之，若两直线的各同面投影都相互平行，则此两直线在空间也必定相互平行。如图 3-14 所示，已知 AB 平行 CD，当过 AB、CD 两直线向 H 面作投射线时，可构成两平行平面 $ABba$ 和 $CDdc$，它们与 H 面的交线 ab 和 cd 也一定相互平行，即 $ab /\!/ cd$。同理，也可以证明投影 $a'b' /\!/ c'd'$，$a''b'' /\!/ c''d''$。

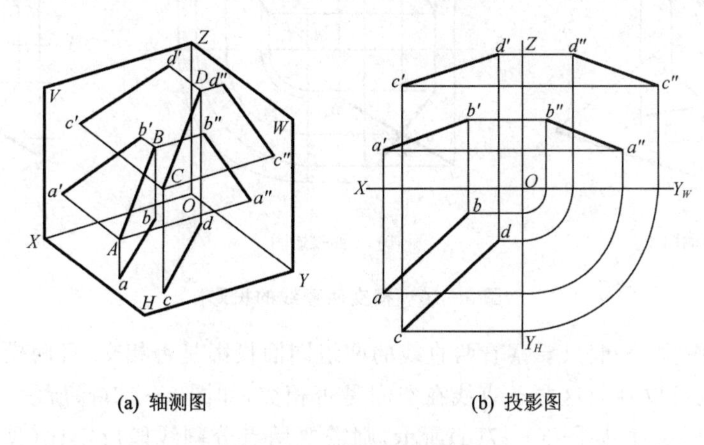

(a) 轴测图　　(b) 投影图

图 3-14　平行两直线的投影

由于空间两平行线相对于同一投影面的倾角相同，故两直线的长度之比也等于此两直线各同面投影长度之比，即 $AB : CD = ab : cd = a'b' : c'd' = a''b'' : c''d''$。

在两面投影中，一般只要两直线的每组同面投影都平行，即可反映两直线在空间互相平行。但如图 3-15 所示的两条侧面平行线，画出正面投影和水平投影并不能反映它们彼此平行与否，还必须画出其侧面投影。

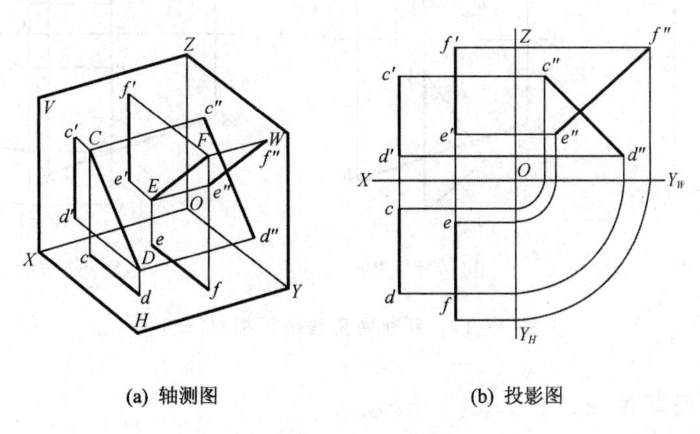

(a) 轴测图　　(b) 投影图

图 3-15　不平行两直线的投影

3.3.2　相交两直线

若空间两直线相交，则它们的各个同面投影也一定相交，且交点符合点的三面投影规律；反之，若两直线的各个同面投影都相交且交点的投影符合点的三面投影规律，则此两直线在空间必定相交。如图 3-16(a)、(b)所示，当 AB、CD 两直线相交时，则交点 K 便是 AB、CD 两直线上的共有点,根据直线与点从属性的投影特性可知,k'必在$a'b'$和$c'd'$上,即k'必是$a'b'$和$c'd'$的交点,同样k和k''也必定分别是ab、cd和$a''b''$、$c''d''$的交点。

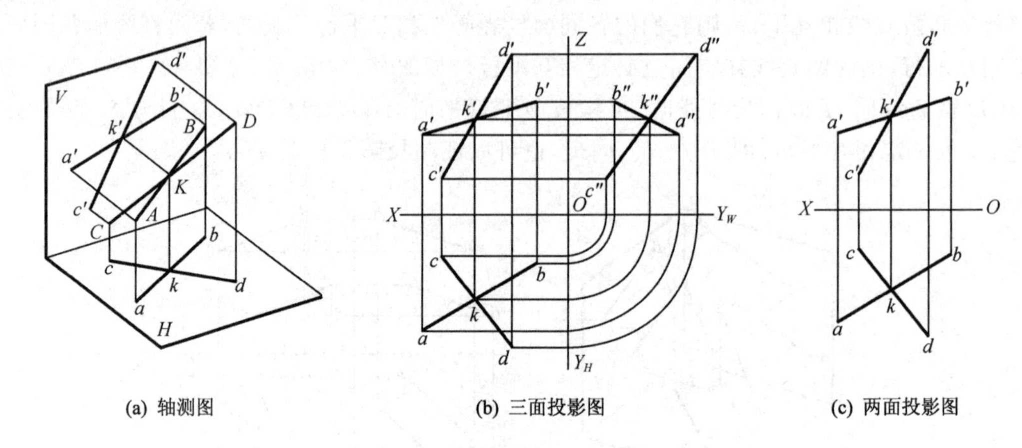

(a) 轴测图　(b) 三面投影图　(c) 两面投影图

图3-16　相交两直线的投影

在两面投影图中,一般只要察看两直线的两组同面投影是否相交,且两投影交点的连线是否垂直投影轴,就可以判断这两条直线在空间是否相交,如图3-16(c)所示。但是,当两直线之一是投影面平行线时,如图3-17(a)所示,则需要用点分割线段成定比(见图3-17(b))的方法或用求第三投影(见图3-17(c))的方法检查是否相交。经检查,K点不属EF直线上的点,而只位于GH直线上,故两直线不相交。

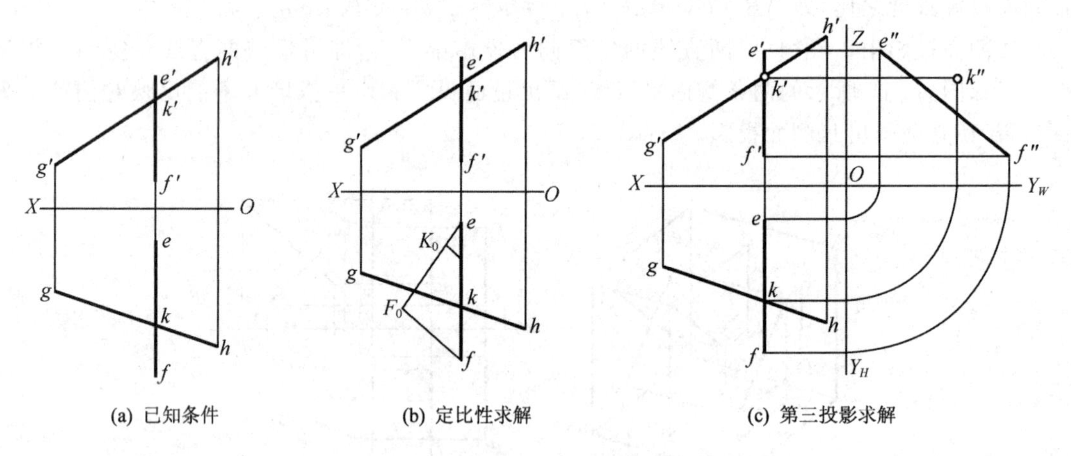

(a) 已知条件　(b) 定比性求解　(c) 第三投影求解

图3-17　判断两直线是否相交(一)

3.3.3　交叉两直线

交叉两直线在空间既不平行,又不相交。因此,两直线的各组同面投影不可能同时都平行;或各组同面投影虽相交,但交点的各面投影之间不可能符合三面投影规律。例如,图3-18(b)所示的两直线的两组同面投影虽相交,但交点投影的连线不与X轴(或Z轴)垂直,所以AB和CD两直线在空间交叉而不相交。此时,交叉两直线同面投影的交点是两直线上各自的一个点在该投影面上的重影,如图3-18(a)所示,$a'b'$与$c'd'$的交点$1'(2')$是AB直线上的点I与CD直线上的点II在V面上的重影。从图3-18(b)中的H面投影中可看出,$y_I > y_{II}$,所以点Ⅰ在点Ⅱ的前方；对 V 面来说，AB 线上点Ⅰ遮挡 CD 线上的点Ⅱ。同理可知，H 面中的3(4)点也是两直线上重影点的投影，从 V 面投影中可判别出点Ⅲ在点Ⅳ的上方；对 H 面来说，CD 线上的点Ⅲ遮挡 AB 线上的点Ⅳ。

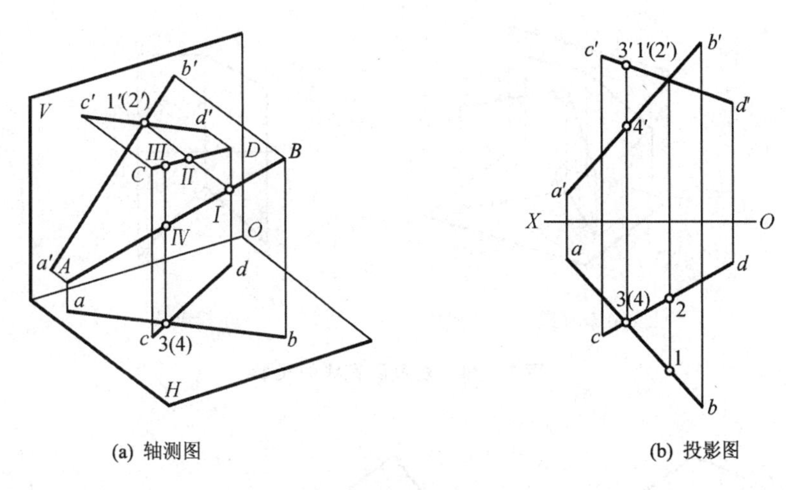

(a) 轴测图　　(b) 投影图

图 3－18　判断两直线是否相交(二)

利用交叉两直线上的重影点判别两直线相对位置的方法，是以后研究几何元素相交问题，判断投影可见与不可见的基本方法。

3.3.4　相互垂直的相交两直线的投影(直角投影)

空间两直线相互垂直有两种形式：相交垂直(称为正交)和交叉垂直。如图 3－19(a)中两锥齿轮轴线是正交，图 3－19(b)蜗杆和蜗轮的两轴线是交叉垂直。

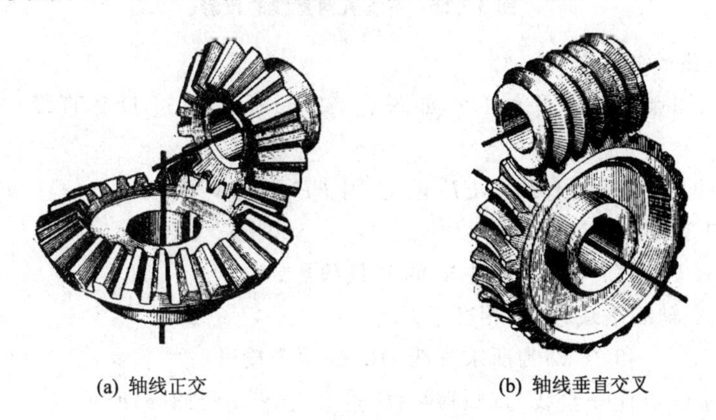
(a) 轴线正交　　(b) 轴线垂直交叉

图 3－19　垂直两直线

1. 直角投影定理

若垂直相交两直线之一是某投影面的平行线，则两直线在该投影面中的投影仍相互垂直，即反映直角的实形，故此投影特点称为直角投影定理，其证明方法如下：

如图 3－20(a)所示，已知 $AB \perp BC$，且 BC 平行于 H 面；因为 $BC \perp AB$、$BC \perp Bb$，故 BC 必垂直于平面 $ABba$，从而可知，$BC \perp ab$(交叉垂直)；又因为 $BC /\!/ bc$，所以 $ab \perp bc$。

上述定理的逆定理为：若两直线的某组同面投影相互垂直，且另一组同面投影中其中一个投影平行于投影轴,则此两直线在空间必相互垂直,如图 3 - 20(b)所示。

当两直线交叉垂直时,其投影特点也符合上述定理。

但是从图 3 - 21 所示两相交直线的投影来看,它们在空间是不垂直的。

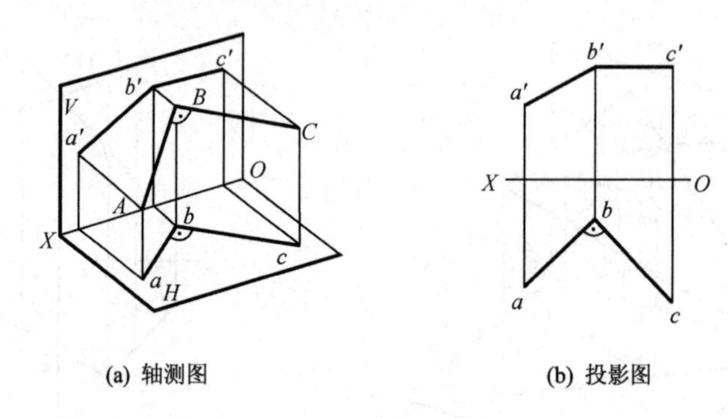

(a) 轴测图 (b) 投影图

图 3 - 20 垂直两直线的投影

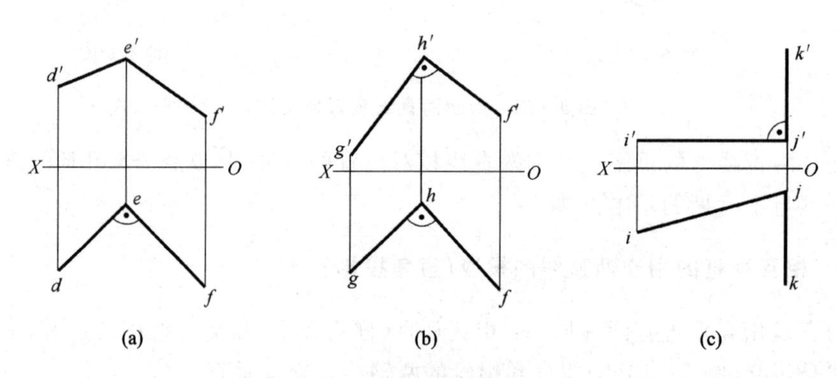

(a) (b) (c)

图 3 - 21 不垂直两直线的投影

2. 垂直两直线的基本作图

【例 3 - 4】已知点 D 及正平线 EF,如图 3 - 22(a)所示,试过 D 作直线 DK 与 EF 正交。

(1) 分 析

过已知点 D 只能作一条直线与 EF 正交,因 EF 平行 V 面,所以 $e'f' \perp d'k'$。

(2) 作图(图 3 - 22(b))

① 过 d' 作 $d'k' \perp e'f'$,k'为垂足 K 的 V 面投影;

② 过 k' 作 X 轴的垂线与 ef 相交于 k;

③ 连 dk,则 $d'k'$ 和 dk 即为所求直线 DK 的两个投影。

【例 3 - 5】过 C 点作一直线与倾斜线 AB 垂直,如图 3 - 23(a)所示。

(1) 分 析

过 C 点可作无数条直线与 AB 垂直,但根据本节所述的方法,只能作出投影面的平行线与 AB 垂直。

(2) 作 图

如图 3 - 23(b)表示,过 C 点作正平线 CF 垂直于 AB($c'f' \perp a'b'$,cf 平行于 X 轴)。如图 3 - 23(c)所示,过 C 点作水平线 CD 垂直于 AB($ab \perp cd$,$c'd'$ 平行于 X 轴)。由图 3 - 23(b)和图 3 - 23(c)可看出,正平线 CF、水平线 CD 与直线 AB 均呈交叉垂直。

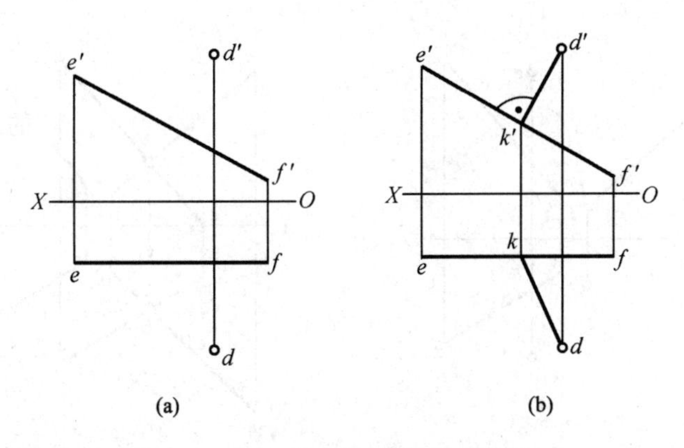

图 3 - 22　过已知点作直线与正平线正交

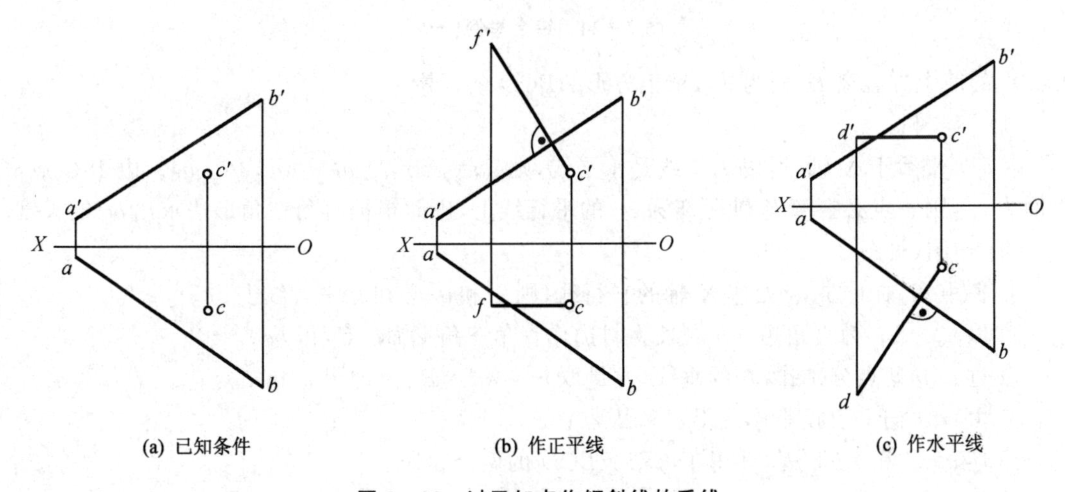

图 3 - 23　过已知点作倾斜线的垂线

3.3.5　综合题解

在综合题中，往往涉及两个以上的几何关系，解题时应根据题意作空间分析和构思，运用所学的基本理论确定作图方法，有条理地逐步解决，获得正确答案。

【例 3 - 6】已知直线 EF 平行于 CD，并与 AB 直线相交，又知 F 点在 H 面上，求图 3 - 24(a) 中 EF 和 AB 直线所缺的投影 a、f、f' 和交点 K 的投影。

(1) 分　析

因 $EF/\!/CD$，所以 $ef/\!/cd$、$e'f'/\!/c'd'$，又因 F 点在 H 面上，所以 f' 必定在 X 轴上。由于 AB 与 EF 是相交，则交点的投影连线必垂直于 X 轴。

(2) 作图(见图 3 - 24(b))

① 过 e' 作 $e'f'/\!/c'd'$，并交 X 轴于 f'；

② 过 e 作 $ef/\!/cd$，并使 ff' 垂直于 X 轴；

③ 过 $e'f'$ 与 $a'b'$ 的交点 k' 作 X 轴的垂线交 ef 于 k；

④ 连 bk 并延长与 a' 对 X 轴垂线的延长线相交得 a。

【例 3 - 7】已知图 3 - 25(a)中正方形 $ABCD$ 的 AB 边的投影 $a'b'$ 平行于 X 轴，又知点 C

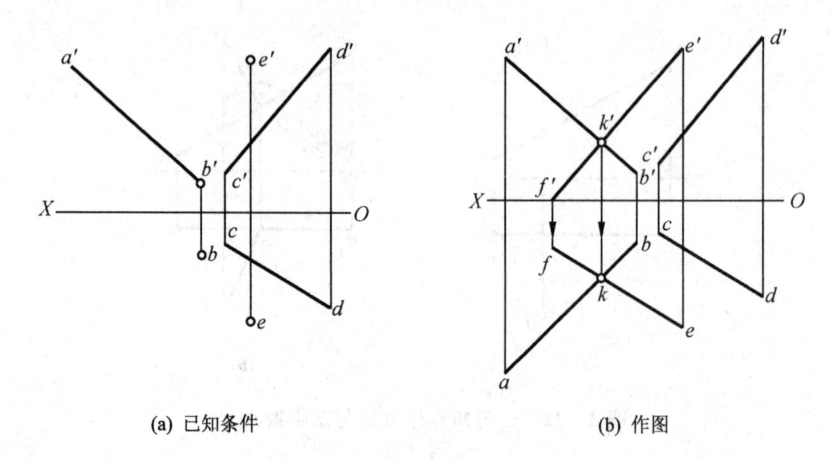

(a) 已知条件　　(b) 作图

图 3-24　综合举例(一)

在点 A 的前上方且离 H 面为 z_C，求正方形 $ABCD$ 的投影。

(1) 分　析

因 $a'b'$ 平行于 X 轴，所以 AB 线是水平线，则 $ab=AB$，且 $ab\perp ad$，$ab\perp bc$。由于 C 点离 H 面为 z_C，则 c' 点必在离 X 轴距离为 z_C 的平行线上，进而根据直角三角形法求出 bc 的长度。

(2) 作图(见图 3-25(b))

① 在距 X 轴上方 z_C 处作 X 轴的平行线，则 c' 和 d' 必在此平行线上；

② 以 z_C-z_B 为直角边，ab 之长为斜边作直角三角形 BC_0C，得 bc；

③ 过 a、b 两点分别作 ab 的垂线，并量取 $bc=ad=BC_0$，即得 c 和 d 点；

④ 由 c、d 向上引投影连线得 c' 和 d' 点；

⑤ 连 $abcd$ 和 $a'b'c'd'$，即得正方形 $ABCD$ 的两个投影。

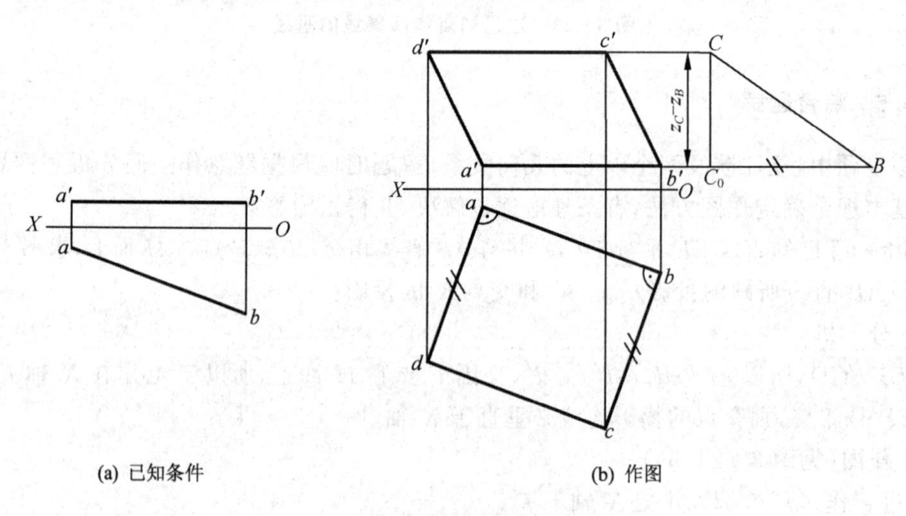

(a) 已知条件　　(b) 作图

图 3-25　综合举例(二)

3.4　平面的投影

3.4.1　平面的表示法

1. 几何元素表示平面

由初等几何可知，下列几何元素组都可以确定平面在空间的位置：

① 不在同一直线上的三个点，如图 3-26(a)所示；

② 一直线和直线外的一个点，如图 3-26(b)所示；

③ 相交两直线，如图 3-26(c)所示；

④ 平行两直线，如图 3-26(d)所示；

⑤ 任意平面图形，如三角形、平行四边形、圆形等，如图 3-26(e)所示。

图 3-26 是用各组几何元素所表示的同一平面的投影图，显然，各组几何元素是可以互相转换的，如连接 AB 即可由图 3-26(a)，转换成图 3-26(b)；再连接 CA 又可转换成图 3-26(c)；或过点 C 作线平行于 AB，可转换成图 3-26(d)。从图中看出，不在同一直线上的三个点是决定平面位置的最基本的几何元素组。

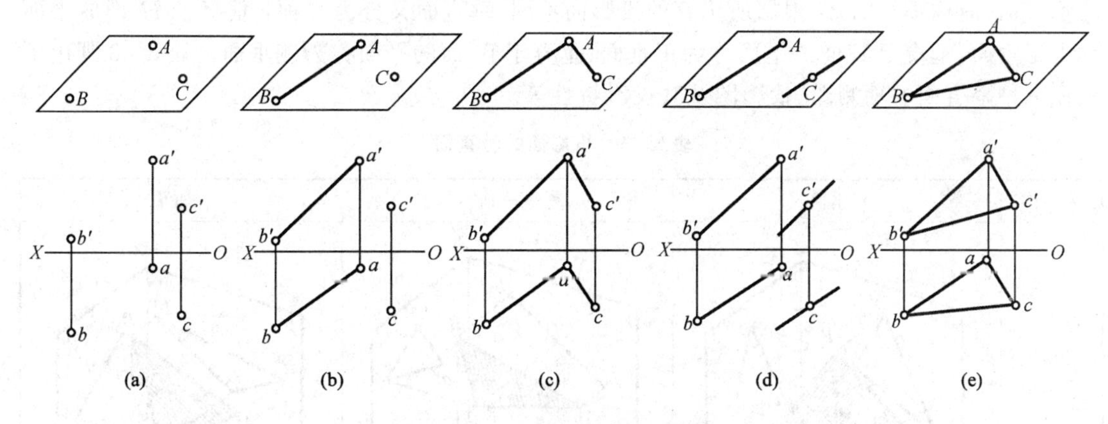

图 3-26　用几何元素表示平面

2. 用迹线表示平面

图 3-27 所示为用平面上的直线来表示平面的方法。该直线是平面与投影面的交线，称为迹线。平面 P 与 H、V、W 面的交线分别称为水平迹线、正面迹线和侧面迹线，分别用 P_H、P_V、P_W 表示。P_H、P_V、P_W 两两相交于 X、Y、Z 轴上的一点称为迹线的集合点(简称迹点)，分别用 P_X、P_Y、P_Z 表示。

由于迹线在投影面上，因此迹线在这个投影面上的投影必定与其本身重合，并用迹线符号标记，即在投影图上直接用 P_V 标记正面迹线的正面投影，用 P_H 标记水平迹线的水平投影(见图 3-27(b))，用 P_W 标记侧面迹线的侧面投影(图中未示出)。迹线的另两个投影与相应的投影轴重合，一般不再标记。这种用迹线表示的平面称为迹线平面。图 3-27(d)、(e)分别是用迹线表示的水平面和铅垂面。

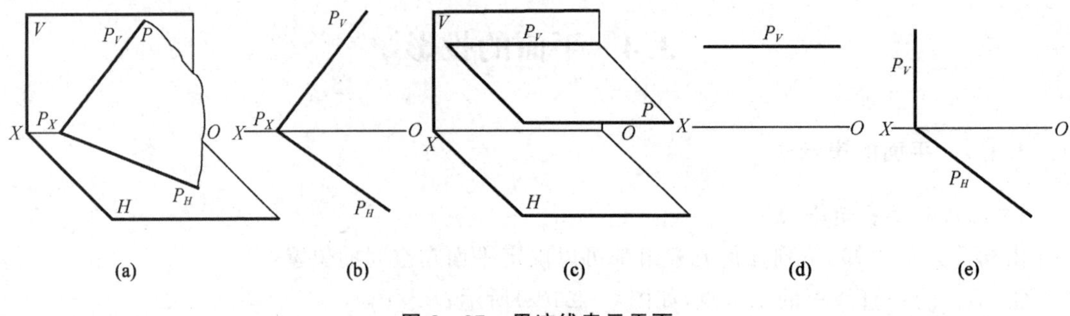

图 3-27　用迹线表示平面

3.4.2　各种位置平面的投影

平面在三面投影体系中相对于投影面的位置可分为三种：投影面的垂直面、投影面的平行面和投影面的倾斜面。其中前两种平面称为特殊位置平面，后一种平面又称为一般位置平面。

1．投影面的垂直面

只垂直于一个投影面的平面(该平面必倾斜于另外两个投影面)，这样的平面称为投影面的垂直面(简称垂直面)。根据所垂直的投影面不同，垂直面又分为三种：垂直于 H 面的平面称为铅垂面；垂直于 V 面的平面称为正垂面；垂直于 W 面的平面称为侧垂面。表 3-3 列出了上述三种垂直面的轴测图、投影图及其投影特性等。

表 3-3　投影面的垂直面

名　称	铅垂面	正垂面	侧垂面
轴测图	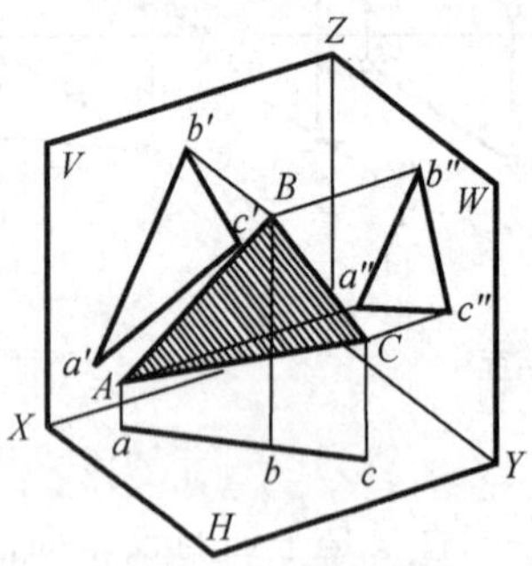	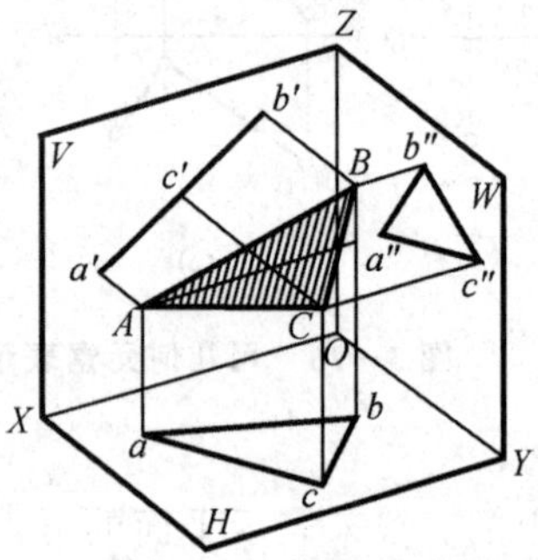	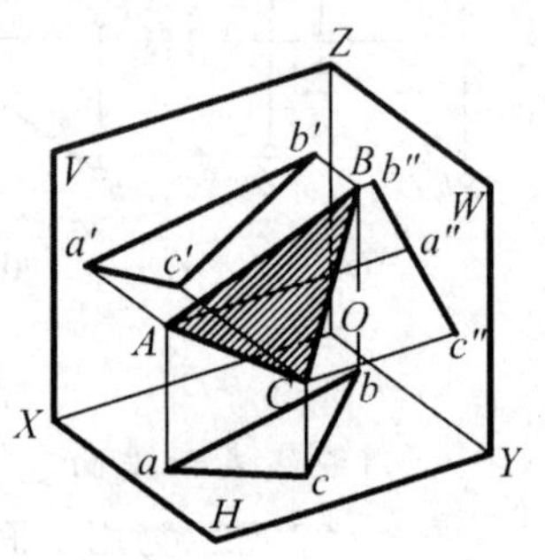
投影图	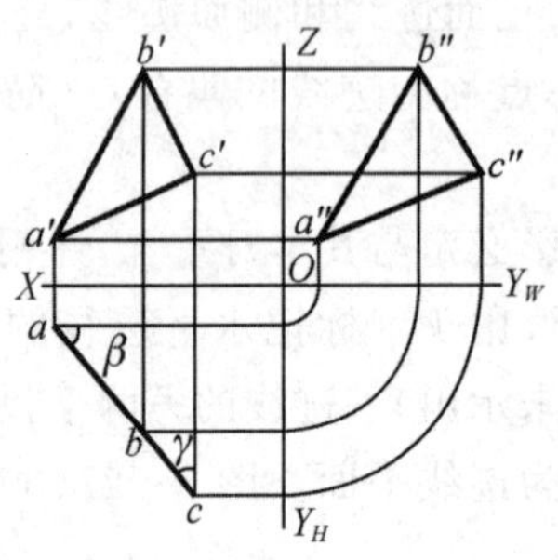	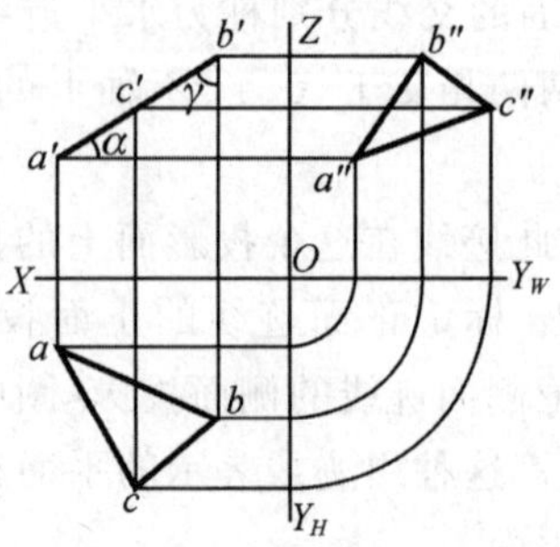	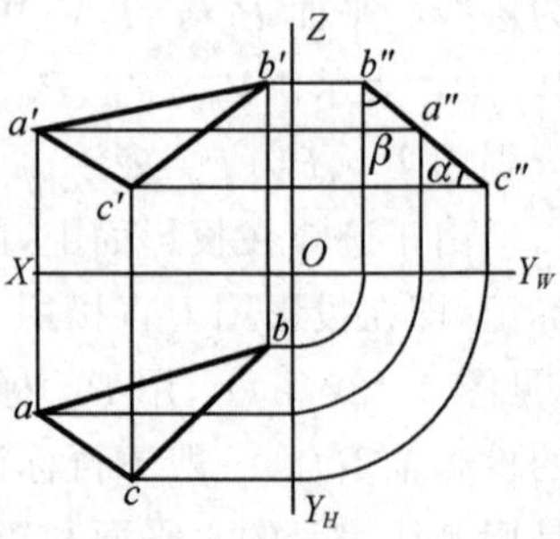

续表 3-3

名称		铅垂面	正垂面	侧垂面
投影特性		①abc 积聚成一斜直线，且反映倾角 β、γ ②$\triangle a'b'c'$、$\triangle a''b''c''$ 为 $\triangle ABC$ 的类似形，但面积缩小	①$a'b'c'$ 积聚成一斜直线，且反映倾角 α、γ ②$\triangle abc$、$\triangle a''b''c''$ 为 $\triangle ABC$ 的类似形，但面积缩小	①$a''b''c''$ 积聚成一斜直线，且反映倾角 α、β ②$\triangle abc$、$\triangle a'b'c'$ 为 $\triangle ABC$ 的类似形，但面积缩小
物体上投影面垂直面的投影	轴测图	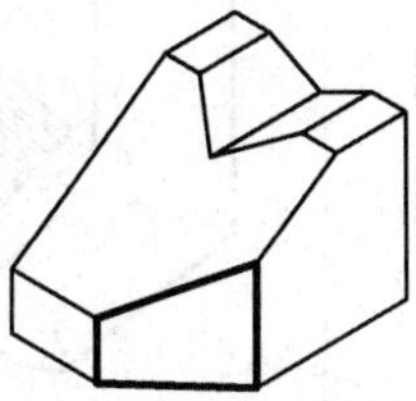	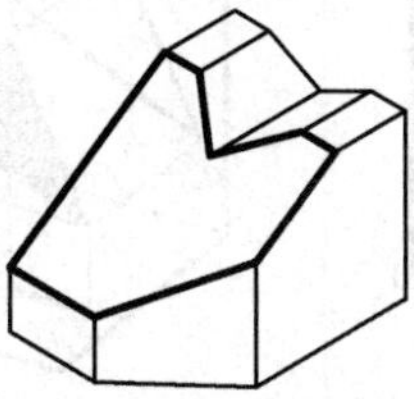	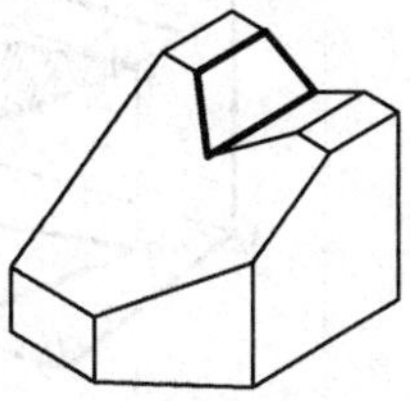
	投影图	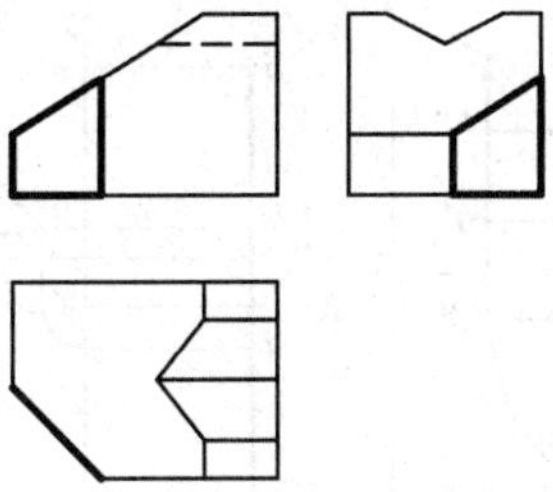	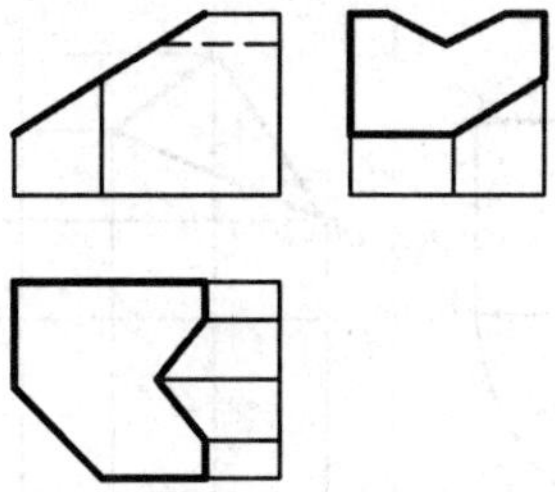	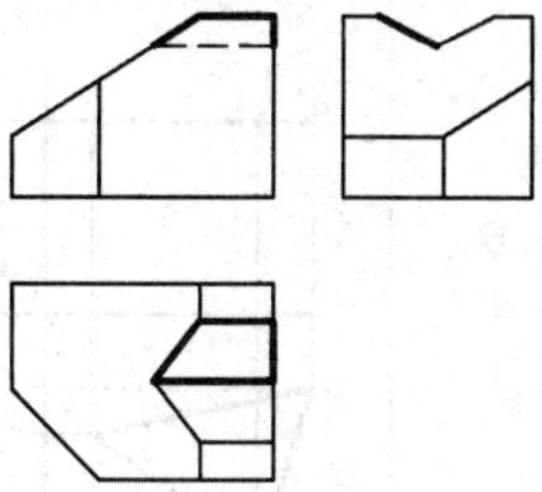

从表 3-3 中可见，投影面的垂直面有以下投影特性：

① 垂直面在它所垂直的投影面上的投影，是一条有积聚性的倾斜直线，它与两根投影轴的夹角等于空间平面与另外两个投影面的倾角。如表中的铅垂面$\triangle ABC$ 的 H 面投影 abc 是有积聚性的倾斜直线，它与 OX 轴的交角 β，反映该平面对 V 面的倾角，而与 OY_H 轴的交角 γ，反映平面对 W 面的倾角。注：平面对 H、V、W 面的倾角也分别用 α、β、γ 表示。

② 该面的其余两个投影是与空间平面图形相类似的平面图形。如铅垂面$\triangle ABC$ 在 V 和 W 面上的投影$\triangle a'b'c'$、$\triangle a''b''c''$。

表 3-3 中物体表面上的投影面垂直面的轴测图和在物体三视图中的投影位置，读者可以自行分析。

2. 投影面的平行面

只平行于一个投影面的平面（该平面必垂直于另外两投影面）称为投影面的平行面（简称为平行面）。根据其所示平行的投影面不同，平行面也可以分为三种：平行于 H 面的平面称为水平面；平行于 V 面的平面称为正平面；平行于 W 面的平面称为侧平面。表 3-4 列出了三种平行面的轴测图、投影图及其投影特性等。

从表 3-4 中可见，投影面的平行面有以下投影特性：

① 投影面的平行面在它所平行的投影面上的投影，反映空间平面的实形。如表中的水平面$\triangle ABC$ 的 H 面投影$\triangle abc$ 与$\triangle ABC$ 全等。

② 该面的其余两个投影都是积聚成线段，并均与相应的投影轴平行，或者说都垂直于一根投影轴。如水平面$\triangle ABC$ 在 V 和 W 面上的投影 $a'b'c' // OX$、$\triangle a''b''c'' // OY_W$，或都垂直于 OZ 轴。

表 3-4 中物体表面上的投影面平行面的轴测图和在物体三视图中的投影位置，读者可以

自行分析。

表 3-4　投影面的平行面

名　称	水平面	正平面	侧平面
轴测图	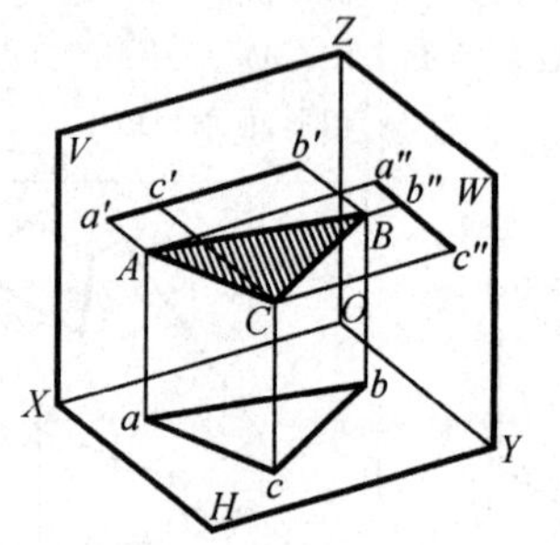	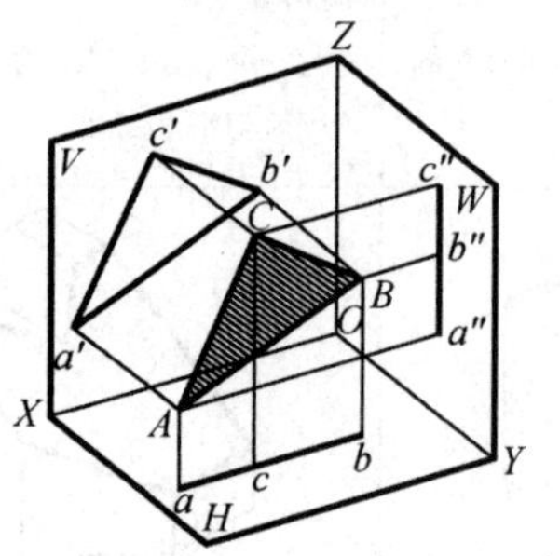	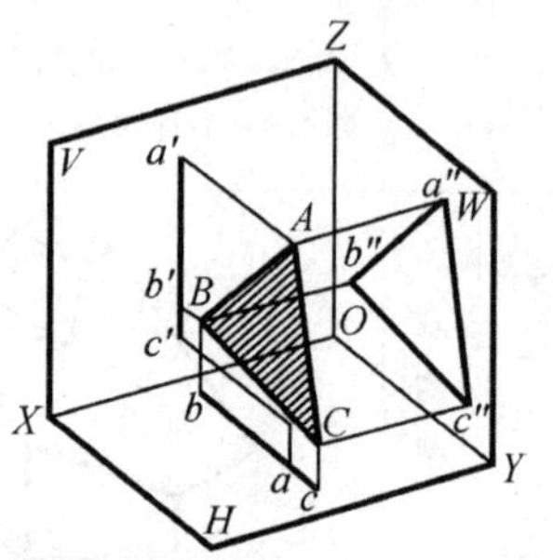
投影图	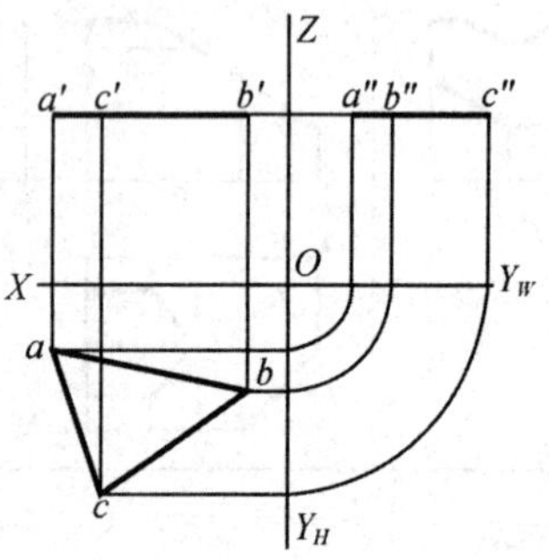	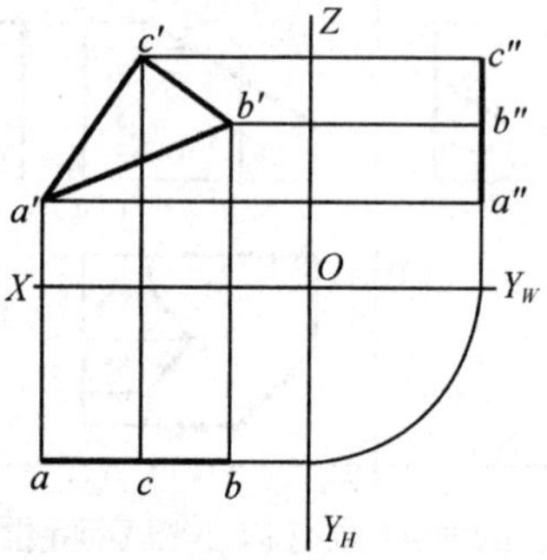	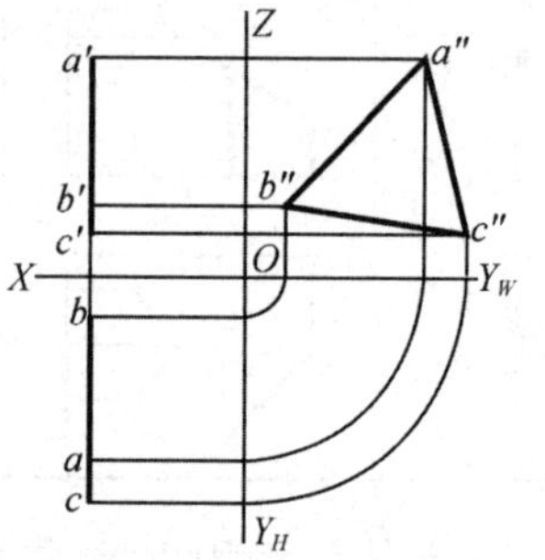
投影特性	①△*abc* 反映空间平面△*ABC* 的实形 ②*a′b′c′*、*a″b″c″* 积聚成一直线，且 *a′b′c′*//*OX*、*a″b″c″*//OY_W，到轴之距等于△*ABC* 到 *H* 面之距	①△*a′b′c′* 反映空间平面△*ABC* 的实形 ②*abc*、*a″b″c″* 积聚成一直线，且 *abc*//*OX*、*a″b″c″*//*OZ*，到轴之距等于△*ABC* 到 *V* 面之距	①△*a″b″c″* 反映空间平面△*ABC* 的实形 ②*abc*、*a′b′c′* 积聚成一直线，且 *abc*//OY_H、*a′b′c′*//*OZ*，到轴之距等于△*ABC* 到 *W* 面之距
物体上投影面平行面的投影　轴测图	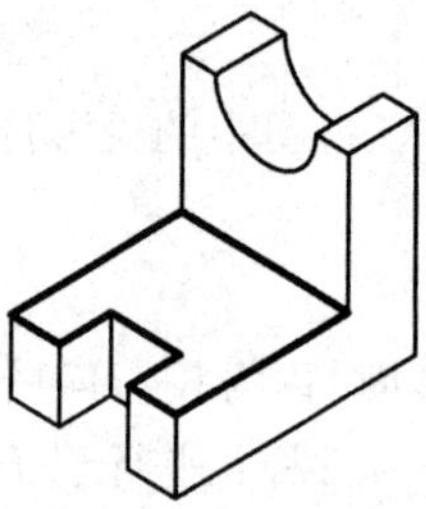	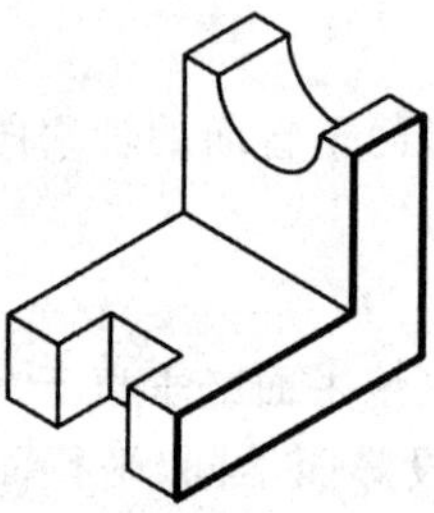	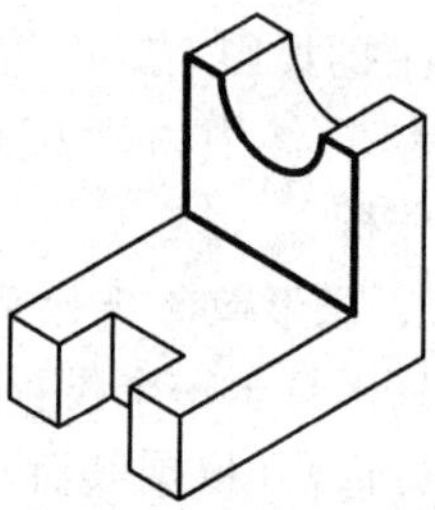
物体上投影面平行面的投影　投影图	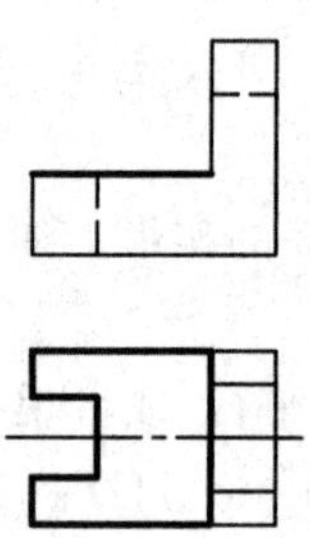	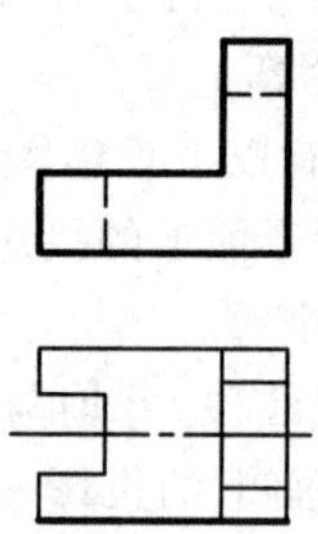	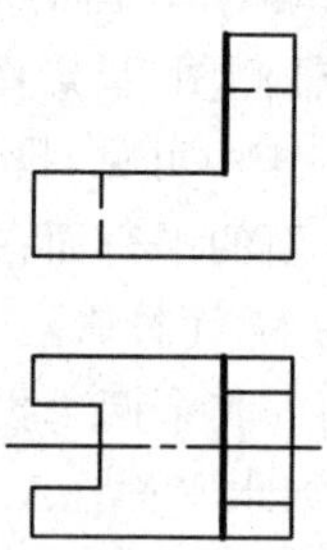

3. 投影面的倾斜面

空间与三个投影面都倾斜的平面称为投影面的倾斜面（简称倾斜面），又称为一般位置平面，如图3-28所示。因倾斜面与三个投影面都既不平行也不垂直，所以在三个投影面上的投影既不反映空间平面的实形，也没有积聚性，故也不能直接反映出该平面对投影面的倾角（见图3-28(a)）。图3-28(b)中$\triangle ABC$的三个投影$\triangle abc$、$\triangle a'b'c'$、$\triangle a''b''c''$都是空间平面$\triangle ABC$的类似形，任一个投影均不反映$\triangle ABC$的实形，也不反映其倾角α、β、γ。

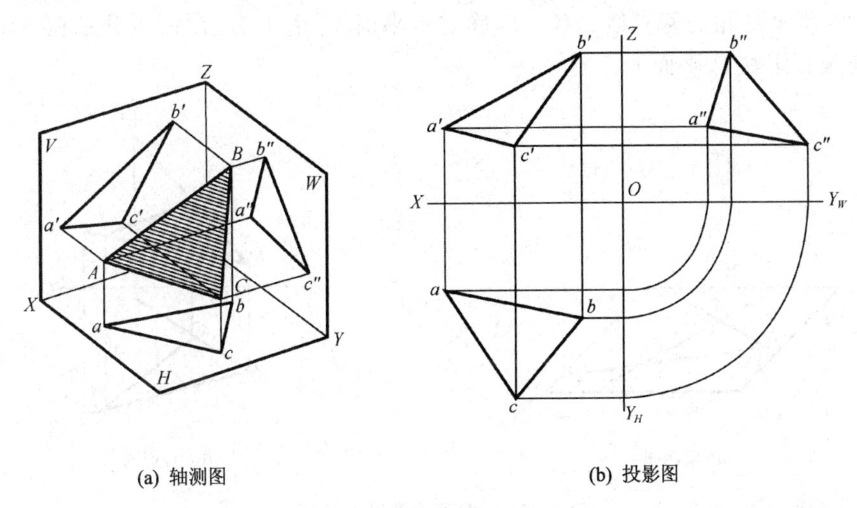

(a) 轴测图　　(b) 投影图

图3-28　一般位置平面的投影

图3-29所示为物体表面上的投影面倾斜面（一般位置平面）的轴测图和在物体三视图中的投影位置（$\triangle ABC$平面的三个投影$\triangle abc$、$\triangle a'b'c'$、$\triangle a''b''c''$），表明了倾斜面的投影特点，读者可自行分析。

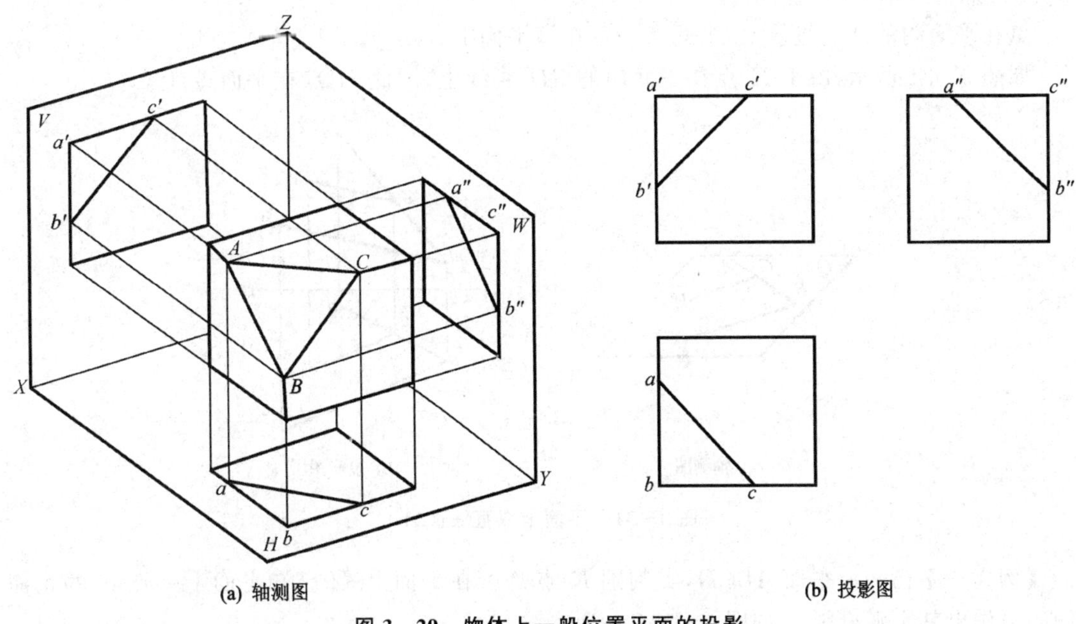

(a) 轴测图　　(b) 投影图

图3-29　物体上一般位置平面的投影

3.4.3 平面上的点和直线

在投影图上图示和图解问题时,经常要用在已知平面上取点或取线的基本作图方法。

1. 在平面上取直线和点

(1) 直线在平面上的几何条件

① 一直线若通过平面上的两个点,则此直线一定在该平面上。

图3-30所示的相交两直线 AB、BC 确定一平面 P,由于 K、L 两点分别在 AB、BC 上,所以 KL 连线必定在 P 平面上。

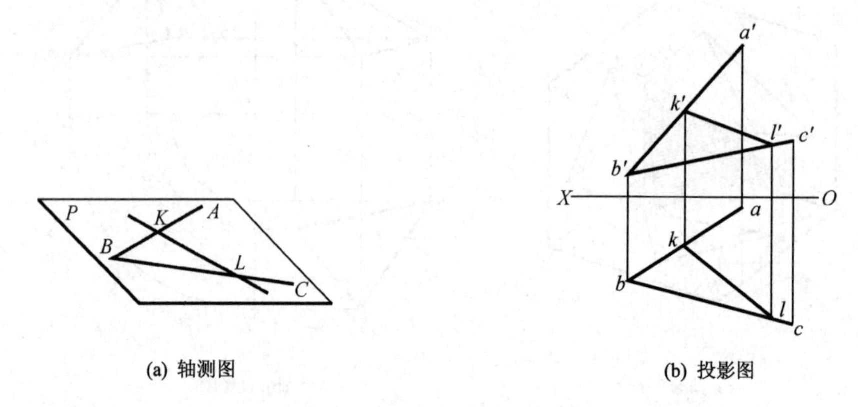

(a) 轴测图　　(b) 投影图

图3-30　平面上取直线(一)

② 一直线若通过平面上一点且平行于平面上的另一条直线,则此直线一定在该平面上。

图3-31所示相交两直线 AB、BC 确定一平面 Q。G 是 AB 上的一个点,如过点 G 作线 $GH /\!/ BC$,则 GH 一定在 Q 平面上。

(2) 点在平面上的几何条件

点在平面内的任一直线上,则此点一定在该平面上。

如图3-31所示,由于 H 点在平面内的 GH 直线上,因此 H 点在平面 Q 上。

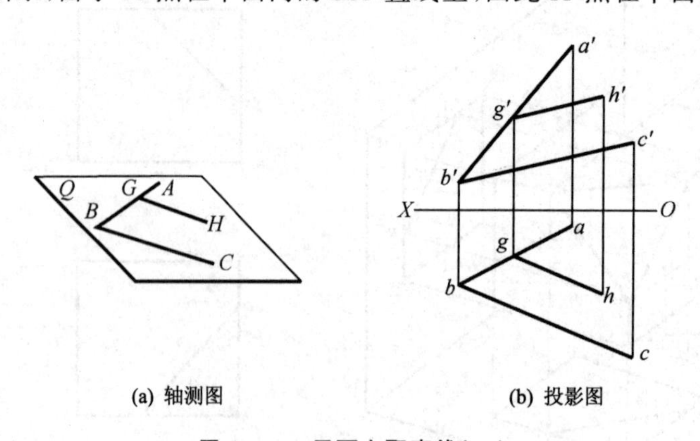

(a) 轴测图　　(b) 投影图

图3-31　平面上取直线(二)

【例3-8】已知一平面 $ABCD$,①判别 K 点是否在平面上;②已知平面上一点 E 的正面投影 e',作出其水平投影 e,如图3-32(a)所示。

(1) 分　析

判别一点是否在平面上以及在平面上取点，都必须先在平面上取直线。

(2) 作　图

① 连接 c'、k' 并延长与 $a'b'$ 交于 f'，由 $c'f'$ 求出其水平投影 cf，则 CF 是平面 $ABCD$ 上的一条直线，如 K 点在 CF 上，则 k、k' 应分别在 cf、$c'f'$ 上。从作图中得知 k 不在 cf 上，所以 K 点不在平面上，如图 3-32(b)所示。

② 连接 a'、e' 与 $c'd'$ 交于 g'，由 $a'g'$ 求出水平投影 ag，则 AG 是平面上的一条直线，又因为 E 点在平面上，则 E 应在 AG 上，所以 e 应在 ag 上，于是过 e' 作投影连线与 ag 延长线的交点 e 即为所求 E 点的水平投影。

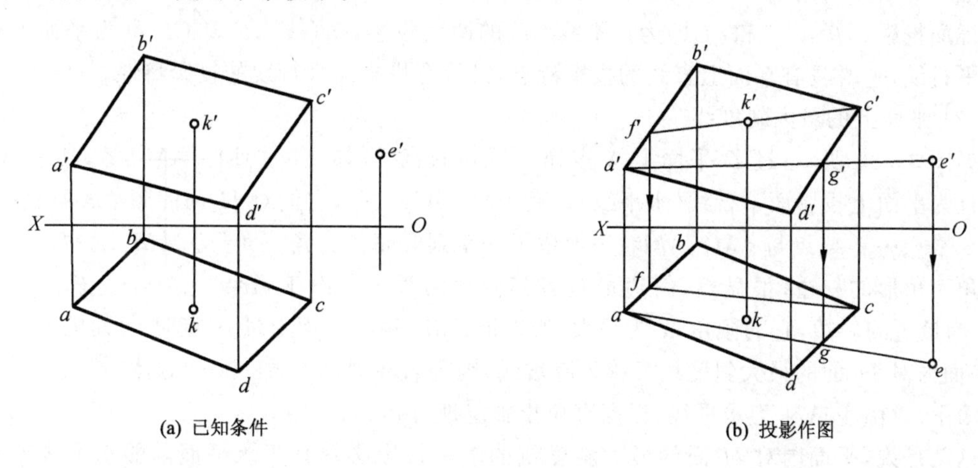

图 3-32　平面上的点

【例 3-9】已知四边形平面 $ABCD$ 的正面投影及 A、B、D 三顶点的水平投影，如图 3-33(a)所示，试补全其水平投影。

因四边形已知三个顶点的两面投影，故该平面空间位置已定，C 点在该平面上，由 c' 可在该平面上取 C。作图方法与上例相同，如图 3-33(b)所示。

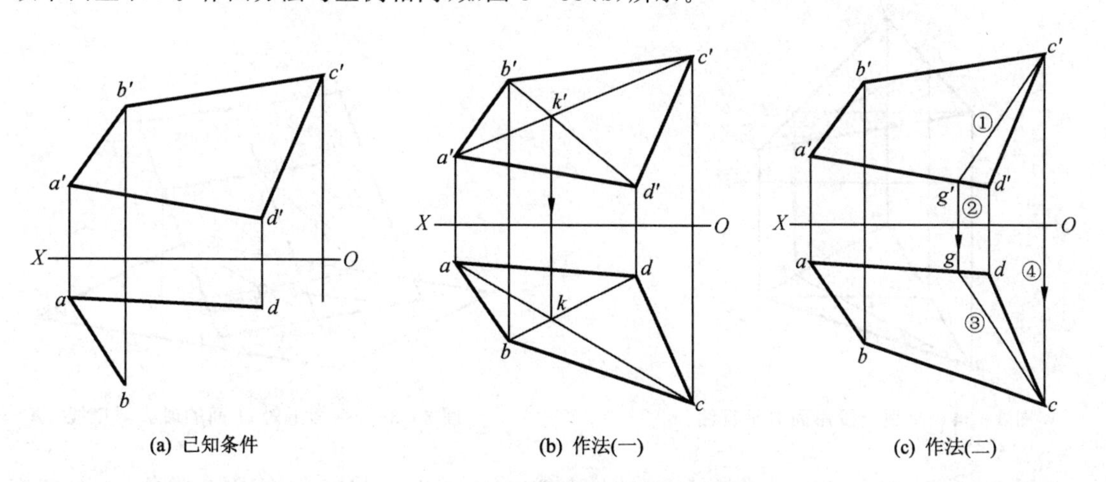

图 3-33　补全平面四边形的水平投影

本例也可按下列步骤作图，如图 3-33(c)所示：

① 过 c' 作线平行于 $a'b'$，该线与 $a'd'$ 交于 g'；

② 由 g' 向下引投影连线与 ad 交于 g；

③ 过 g 作 $gc // ab$；

④ 由 c' 向下引投影连线与 gc 交于 c；

⑤ 连 bc、cd 即为所求。

2. 平面上的特殊位置直线

(1) 平面上投影面的平行线

如图 3-34 所示，在△ABC 平面上作水平线 AE 和正平线 CF。其方法是：过 a' 作 $a'e' //$ OX 轴，再求出其水平投影 ae，$a'e'$ 和 ae 即为水平线 AE 的两面投影；过 c 作 $cf // OX$ 轴，再求出其正面投影 $c'f'$，$c'f'$ 和 cf 即为正平线 CF 的两面投影。直线 AE 和 CF 称为平面上投影面的平行线，它既具有平面上直线的投影特点，又具有投影面平行线的投影特性。

(2) 平面上的最大斜度线

如图 3-35 所示，过 P 平面上 A 点作一系列的直线，如 AN、AM_1、AM_2 等，其中 $AN //$ P_H，且为平面上投影面平行线(水平线)。而 AM_1、AM_2、…，它们对 H 面的倾角各不相同，分别为 α_1、α_2、…。A 点与 AM_1、AM_2、…形成了一系列等高的直角三角形。AM_1、AM_2、…分别为直角三角形的斜边，很显然，斜边最短者其倾角为最大。由于 $AM_1 \perp AN$($\perp P_H$)，因此，AM_1 为最短的斜边，它的倾角 α_1 为最大，所以把 AM_1 称为平面上过 A 点对 H 面的最大斜度线(平面内对 H 面的最大斜度线又称为降坡线，因为若在斜面上放一个圆球体，则该球必沿着此线滚下)。由于 AN 为水平线，根据直角投影定理可知 $am_1 \perp an$。

这就是说，平面内对 H 面的最大斜度线的水平投影必垂直于该平面内的水平线的水平投影。

从图 3-35 中还可以看出，直角△Am_1a 垂直于平面 P 与 H 面的交线 P_H，因此 α_1 为平面 P 与 H 面的二面角，所以 A 点对 H 面的最大斜度线与 H 面的倾角 α_1，即为该平面对 H 面的倾角 α。

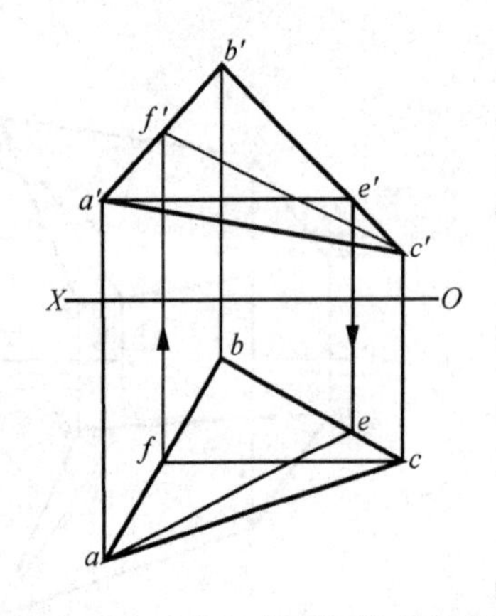

图 3-34 平面上投影面的平行线

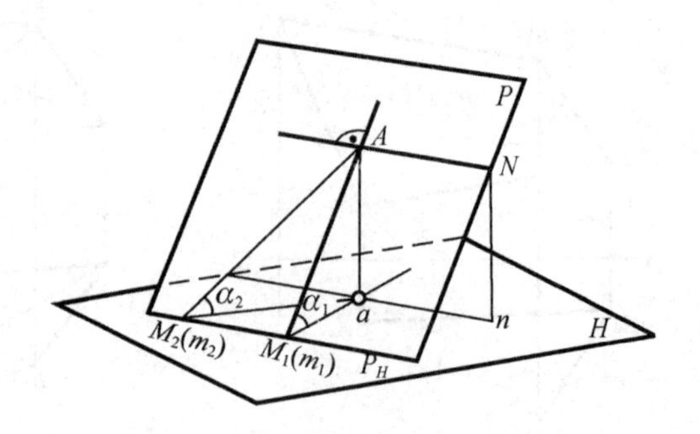

图 3-35 平面上对 H 面的最大斜度线

图 3-36 为在△ABC 内作对 H 面的最大斜度线，并求△ABC 对 H 面的倾角 α。具体方法如下：

① 作水平线 AM 的投影 $a'm'$、am；

② 过 b 点作 $bd \perp am$，再求出 $b'd'$，则求得了最大斜度线 BD 的两面投影。

③ 再利用直角三角形法求得△ABC 对 H 面的倾角 α（见图 3-36(b)）。

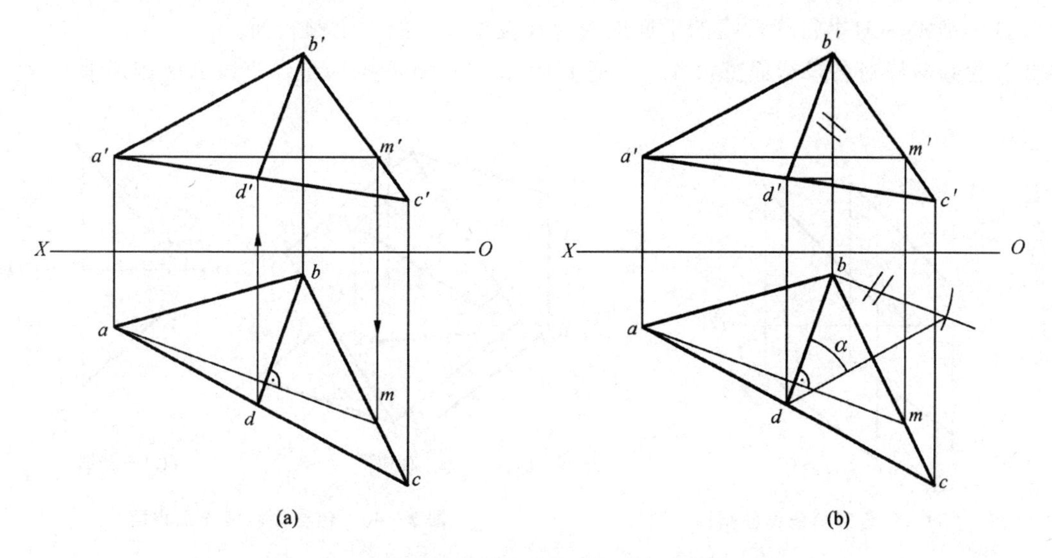

图 3-36　利用最大斜度线求平面对 H 面的倾角 α

同理：平面内对 V 面的最大斜度线的正面投影必垂直于该平面内的正平线的正面投影。平面内对 W 面的最大斜度线的侧面投影必垂直于该平面内的侧平线的侧面投影。利用这一投影特性，可求出一般位置平面对 V 和 W 面的倾角 β 和 γ。

3. 含已知点或直线作平面

包含已知点或直线作平面是在解题过程中经常用到的一种基本作图方法，特别是包含已知点或直线作投影面的垂直面，更是常用的方法。

(1) 包含已知点作平面

包含一个点可作各种位置的平面。

① 作倾斜面　包含一点可作无数个倾斜面，如图 3-37 所示，过点 A 任作两条相交直线 AB 和 AC 表示的一个倾斜面。

② 作垂直面　包含一点也可以作无数个投影面的垂直面。图 3-38 所示为过 A 点作铅垂面 P，因其水平投影有积聚性，所以只要过 H 面投影 a 点任画迹线 P_H 即可。

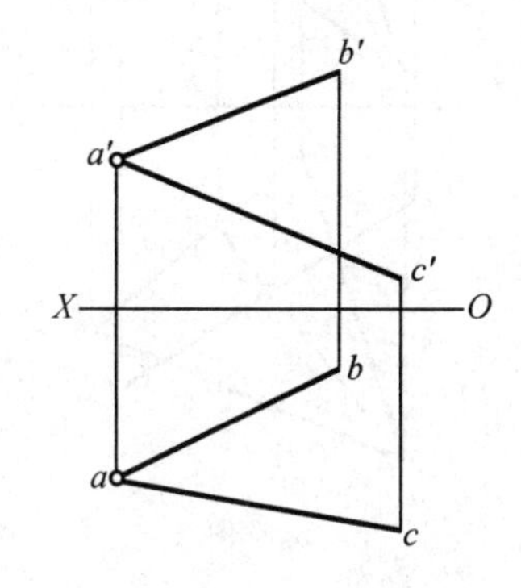

图 3-37　包含已知点作倾斜面

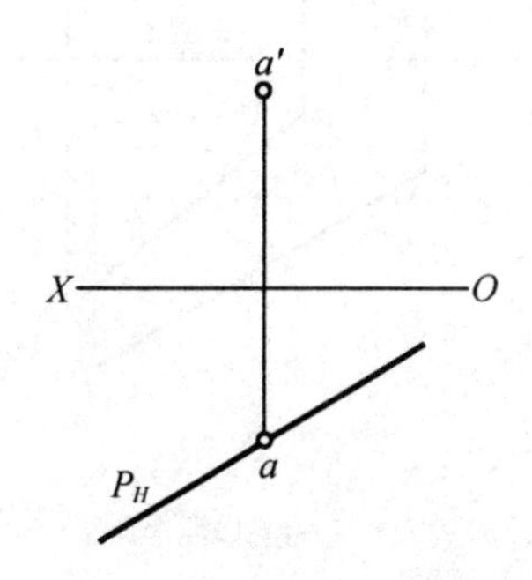

图 3-38　包含已知点作铅垂面

(2) 包含已知直线作平面

包含倾斜线可以作无数个倾斜面，如图 3-39 所示，在任意位置上作直线 EF 平行于已知直线 AB，则此一对平行线确定的平面即为包含直线 AB 的一个倾斜面。

包含倾斜线对各投影面都可作一个垂直面，图 3-40 所示为包含直线 AB 作正垂面 P。

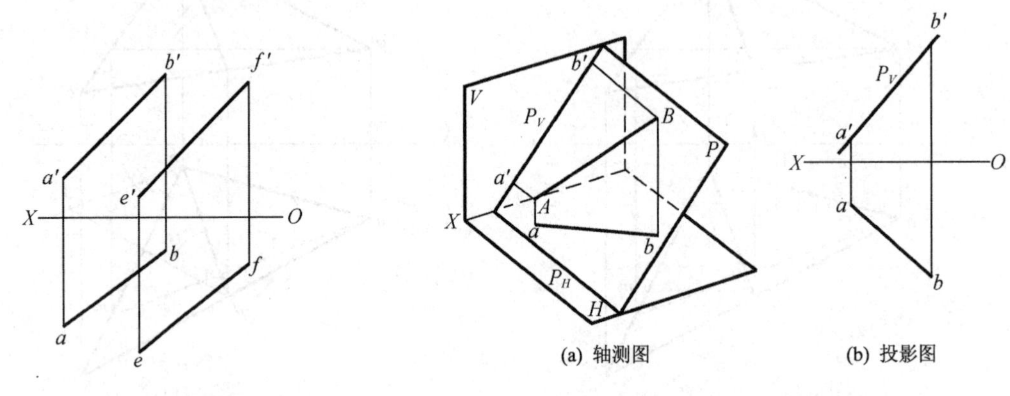

(a) 轴测图　　(b) 投影图

图 3-39　包含倾斜线作倾斜面　　图 3-40　包含倾斜线作正垂面

3.4.4 综合举例

【例 3-10】设 D 点离 H 面为 18 mm 且在△ABC 和直线 EF 上，如图 3-41(a)所示，求作 D 点的投影并补全△ABC 的水平投影。

(1) 分　析

由已知条件可知 d' 必在 $e'f'$ 上且离 X 轴为 18 mm，故可先求出 D 点的两面投影。因 D 点也是△ABC 上的点，则由 A、B、D 三点的两个投影及 c' 即可作出 C 点的 H 面投影 c。

(2) 作图(见图 3-41(b))

① 在 X 轴上方 18 mm 处作 OX 轴的平行线与 $e'f'$ 相交得 d'；

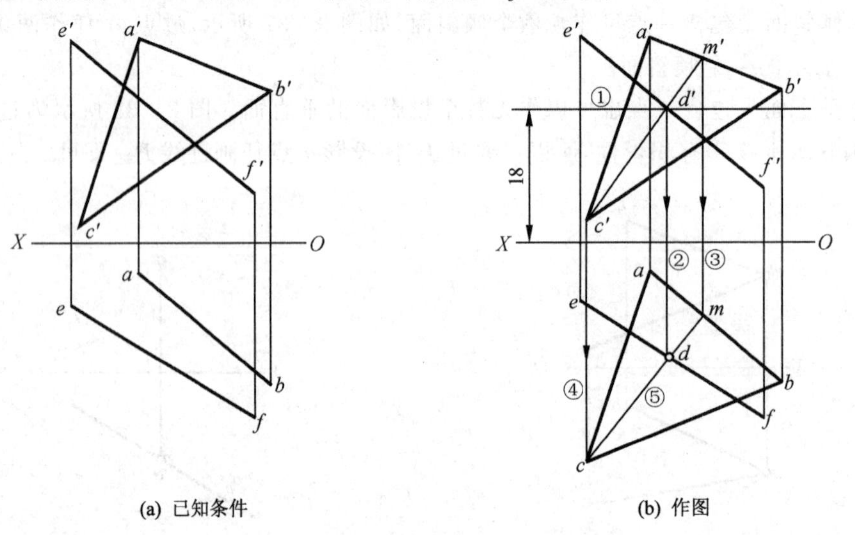

(a) 已知条件　　(b) 作图

图 3-41　综合举例(一)

② 由 d' 向下引投影连线与 ef 相交得 d；

③ 连 $c'd'$ 并延长交 $a'b'$ 于 m'，再由 m' 向下引线求出 m；

④ 连 md 并延长与过 c' 的投影连线交于 c；

⑤ 连 ac、bc 即补全△ABC 的 H 面投影。

【例 3-11】已知△DEF 内有一直线 AD，且 $z_D - z_A = 12$ mm，又知 AD 直线对 H 面的倾角 $\alpha = 45°$，如图 3-42(a)所示，求 AD 直线的投影。

(1) 分　析

因 $z_D - z_A = 12$ mm，所以 A 点必在△DEF 上且离 X 轴为 $z_A = (z_D - 12)$mm 的水平线上，$(z_D - z_A)$ 与 α 组成直角三角形，即可求得 ad，题目可解。

(2) 作图(见图 3-42(b))

① 在△$d'e'f'$ 内离 X 轴为 $z_D - 12$ 处作 $g'h'$，再由 $g'h'$ 向下引投影连线求出 gh。

② 由 $z_D - z_A = 12$ 为直角边，$\alpha = 45°$ 为其对角作直角三角形 $d'D_0A_0$，则 $A_0D_0 = ad$。

③ 以 d 为圆心，A_0D_0 为半径作圆弧交 gh 于 a。

④ 由 a 求得 a'，并连 $a'd'$、ad 即可。

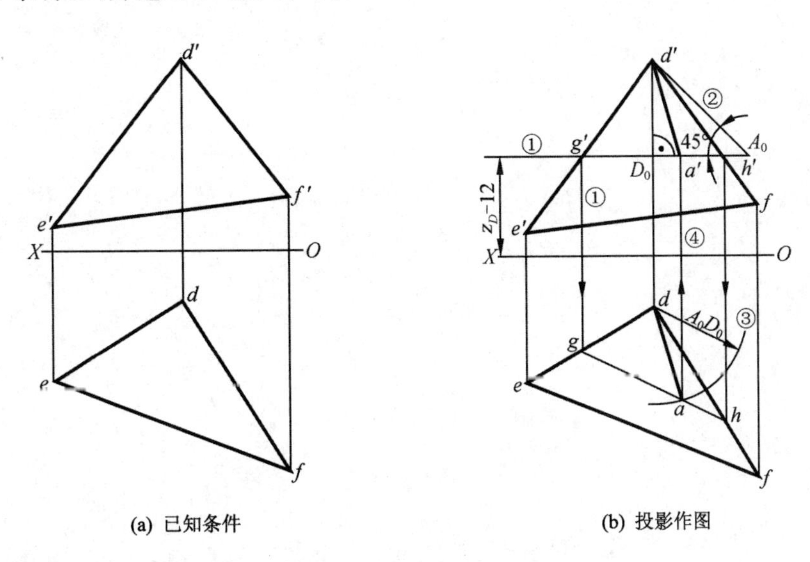

图 3-42　综合举例(二)

【例 3-12】已知直线 KL 同时垂直于△ABC 内的水平线和正平线，如图 3-43(a)所示，完成 KL 的两面投影。

(1) 分　析

因直线 KL 垂直于△ABC 内的水平线，故 KL 的水平投影 kl 必定垂直于该水平线的水平投影；又因直线 KL 垂直△ABC 内的正平线，所以 KL 的正面投影 $k'l'$ 必定垂直于该正平线的正面投影。

(2) 作图(见图 3-43(b))

① 过点 C 和点 A 在△ABC 内分别作水平线 CD (cd、$c'd'$)和正平线 AE(ae、$a'e'$)。

② 过 l 作 $kl \perp cd$；过 k' 作 $k'l' \perp a'e'$。则 $k'l'$ 及 kl 即为所求，此时直线 KL 必垂直于△ABC。

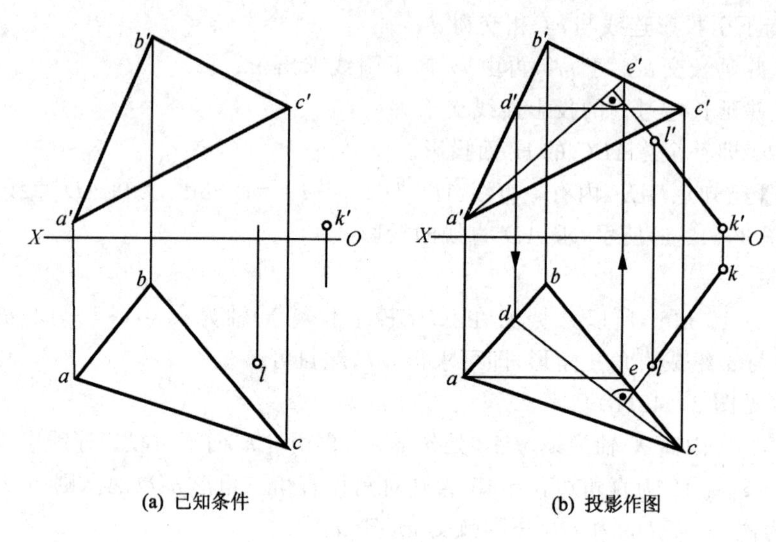

(a) 已知条件 (b) 投影作图

图 3-43 综合举例(三)

第 4 章　投影变换

4.1　概　述

从第 3 章中对直线和平面的投影分析可知，当空间直线和平面等几何元素与投影面处于平行或垂直的特殊位置时，其投影能够直接反映实长、实形或具有积聚性，这样使得图示清楚、图解方便简洁。把空间几何元素进行投影变换就是研究如何改变几何元素与投影面之间的相对位置，借助改变后的新投影来达到简便地解决空间问题的目的。最常用的投影变换的方法有两种，现介绍如下。

4.1.1　换面法

所谓换面法是在原投影面体系中，空间几何元素的位置保持不动，再设立一个新的投影面，使新投影面相对于空间直线或平面处于平行或垂直的位置，从而在新投影面上得到实长、实形或积聚性的投影，方便地解决图示图解问题。如图 4-1 所示，△CDE 为一铅垂面，其投影 $c'd'e'$、$c''d''e''$均不反映实形。设立新投影面 V_1 使它平行于△CDE 且垂直于 H 面，在新投影面 V_1 上的投影 $c_1'd_1'e_1'$即为△CDE 的实形。

4.1.2　旋转法

所谓旋转法是在原投影面体系中，投影面保持不动，将空间几何元素绕某一选定的轴旋转一个适当的角度，使它相对于其中一个投影面处于平行或垂直的位置，然后向投影面投影。如图 4-2 所示，△CDE 为一铅垂面，其投影 $c'd'e'$、$c(d)e$ 均不反映实形。将其绕过线段 CD 且垂直于 H 面的铅垂轴旋转，使其转到平行于 V 面成为正平面 CDE_1 的位置，此时△CDE 在 V 面上的新投影 $c'd'e_1'$ 即可反映实形。

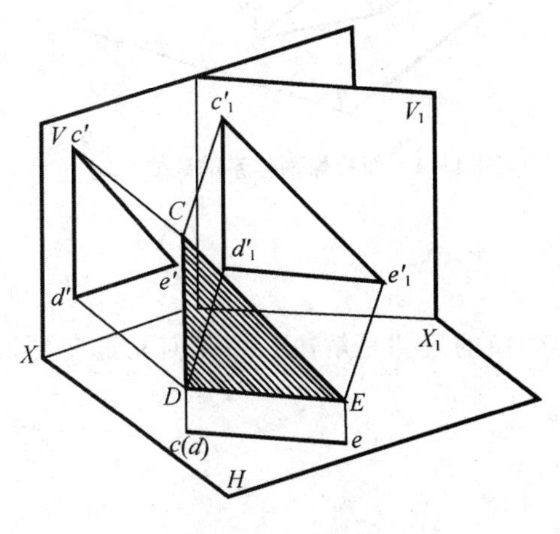

图 4-1　换面法

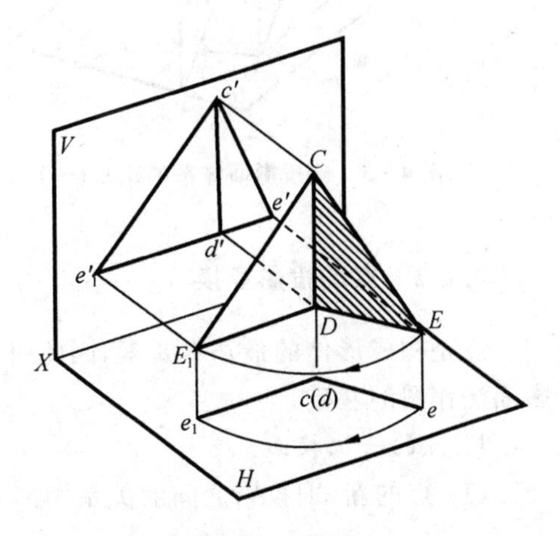

图 4-2　旋转法

无论上述哪种变换方法，都只改变空间几何元素与投影面之间的相互关系，而不改变空间几何元素之间的相互关系。

4.2 换面法

4.2.1 新投影面体系的建立

如图4-3、图4-4所示，原来的V、H两投影面体系用$X\frac{V}{H}$表示。在设立的新投影面上得到的几何元素的正投影称为新投影，用$a_1'b_1'$表示，新投影体系用$X_1\frac{V_1}{H}$表示(见图4-3)，其中，V_1面称为新投影面，H面称为保留不变投影面，X_1轴称为新轴。

设立新投影面应遵守以下三条规则：

① 新投影面必须垂直于原体系中的一个投影面；

② 新投影面必须使空间几何元素处于最有利于解题的位置；

③ 新投影面必须交替更换。例如先由V_1代替V，构成新体系$X_1\frac{V_1}{H}$再以此为基础，取H_2代替H，又构成新体系$X_2\frac{V_1}{H_2}$，依次类推，$X_3\frac{V_3}{H_2}$…根据解题需要，可进行二次或多次变换。

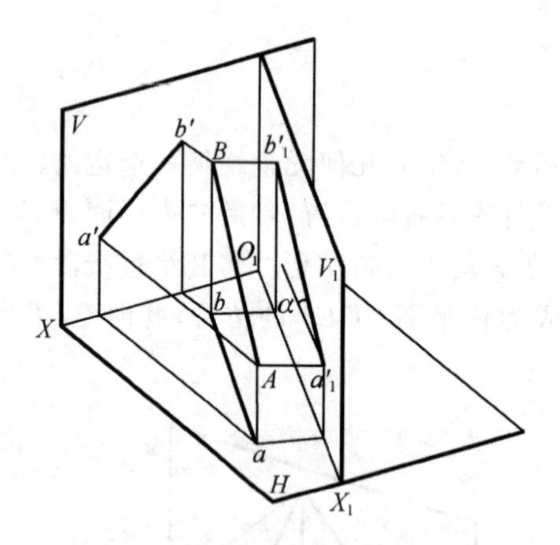

图4-3 新投影面体系的建立(一)

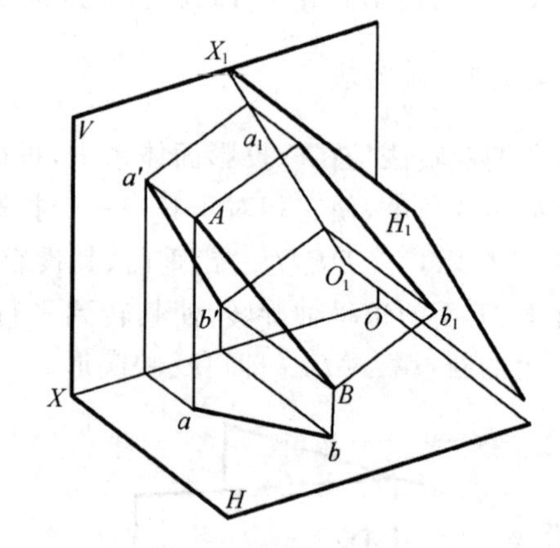

图4-4 新投影面体系的建立(二)

4.2.2 点的投影变换

点是构成形体的最基本要素，因此研究点的投影变换的规律是解决一切几何元素变更投影面法作图的基础。

1. 点的一次换面

(1) 点的新、旧投影之间的关系

图4-5所示A点的原投影体系$X\frac{V}{H}$和新投影体系$X_1\frac{V_1}{H}$中投影的情况以及新、旧投影

之间的关系。其中 a' 称为旧投影，a'_1 称为新投影。而 a 为新、旧体系所共有称为不变投影。在由 V_1 替换 V 面过程中，空间点 A 不动，点 A 的 Z 坐标在新、旧体系中是相同的，即新投影 a'_1 到新轴的距离 $a'_1a_{X_1}$ 与旧投影 a' 到旧轴的距离 $a'a_X$ 皆等于空间点 A 到 H 面的距离 z_A。写成等式为 $a'_1a_{X_1}=a'a_X=Aa=z_A$。把 a、a'、a'_1 展平画在一张图纸上的方法是，将 V_1 面绕 O_1X_1 轴旋转到与 H 面重合，再随 H 面绕 OX 轴旋转到与 V 面重合，如图 4-6(a)所示，去掉投影面边框，得到了 A 点经一次换面(变换 V 面为 V_1 面)的投影图，如图 4-6(b)所示。因 aa_{X_1}、$a'_1a_{X_1}$ 均正交于 O_1X_1 轴上的 a_{X_1} 点，所以 V_1 面绕 O_1X_1 轴旋转与 H 面重合后，a'_1和 a 的连线必垂直于 O_1X_1 轴。

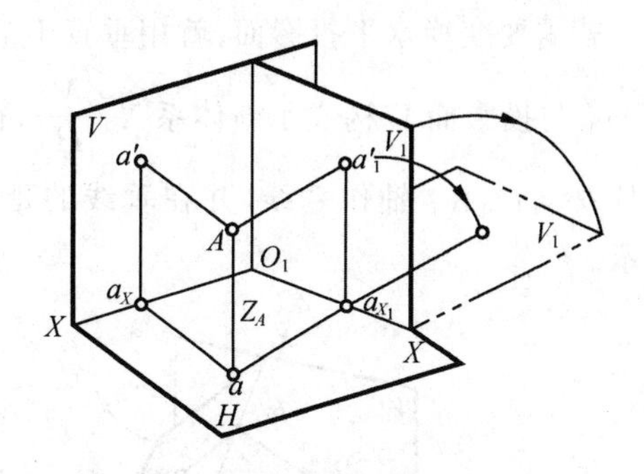

图 4-5 点的新旧投影之间的关系

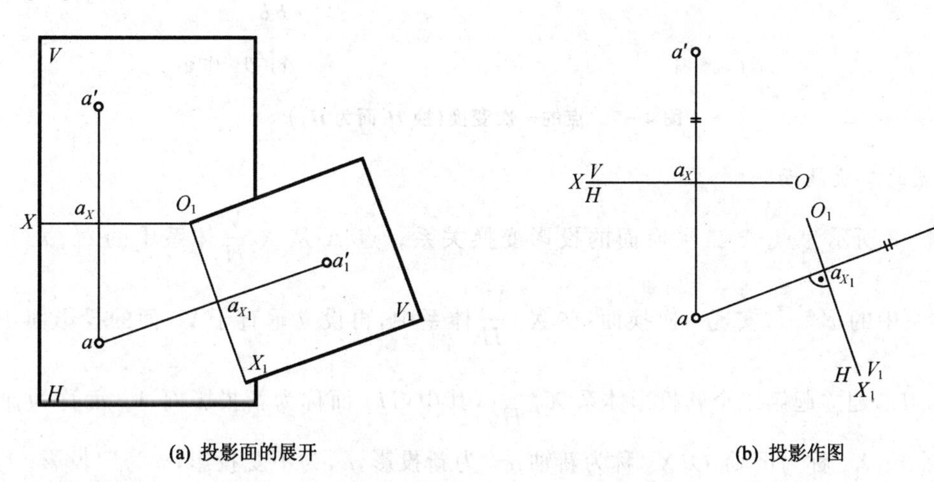

(a) 投影面的展开　　(b) 投影作图

图 4-6 点的一次变换(换 V 面为 V_1)

通过以上分析，点的变更投影面法的规律归纳如下：

① 点的新投影和点的不变投影的连线垂直于新轴，即 $a'_1a\perp O_1X_1$ 轴；

② 点的新投影到新轴的距离等于点的旧投影到旧轴的距离，即 $a'_1a_{X_1}=a'a_X$。

依据该变换规律，可从旧体系的两面投影求作出点的新投影，也可由新投影体系中点的新投影反求出点的旧投影。

(2) 作点的新投影的步骤

图 4-6(b)表明了将 $X\dfrac{V}{H}$体系中的投影 a' 变换成 $X_1\dfrac{V_1}{H}$体系中的新投影 a'_1的作图方法，其步骤如下：

① 在距离 a 适当位置画新轴 O_1X_1(新轴确定了新投影面在投影图上的位置)，因本题意中对 O_1X_1 轴没有要求，因此它的方向及距点 a 的距离可任意选取；

② 由 a 作 O_1X_1 轴的垂线 aa_{X_1}，得交点 a_{X_1}；

③ 在垂线 aa_{X_1} 延长线上截取 $a'_1a_{X_1}=a'a_X$，点 a'_1即为所求点 A 的新投影。

若需要变换水平投影面，就用垂直于V面的H_1面替换H面。如图4-7(a)所示，新投影面H_1与投影面V构成了新体系$X_1\dfrac{V}{H_1}$，得到$b_1b_{X_1}=bb_X=Bb'=y_B$。要求作新投影b_1，只要从b'向O_1X_1轴作垂线，并在垂线的延长线上量取$b_1b_{X_1}=bb_X$即可求得，如图4-7(b)所示。

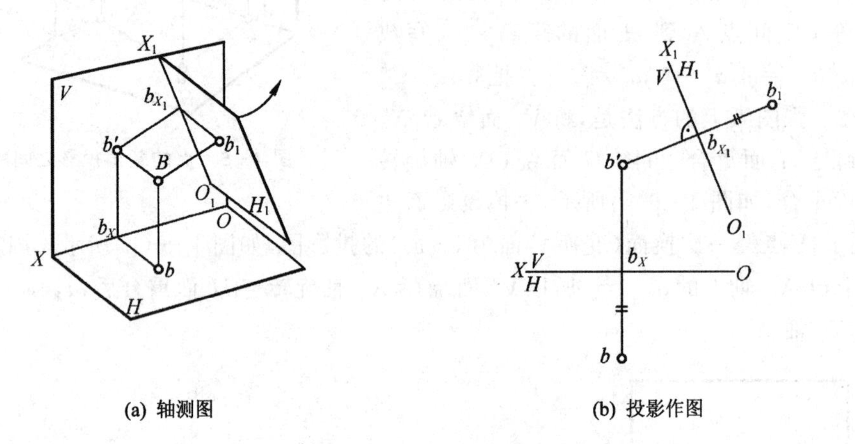

(a) 轴测图　　(b) 投影作图

图4-7　点的一次变换(换H面为H_1)

2. 点的二次换面

图4-8所示为点A二次换面的投影变换关系。点A从$X\dfrac{V}{H}$体系中的a'、a变换成$X_1\dfrac{V_1}{H}$体系中的a'_1、a'，实现一次换面；在$X_1\dfrac{V_1}{H}$体系中，再设立垂直于V_1面的投影面H_2替换投影面H，建立起第二个新投影体系$X_2\dfrac{V_1}{H_2}$，其中，H_2面称为新投影面，V_1面称为保留不变投影面；O_1X_1称为旧轴，O_2X_2称为新轴；a_2为新投影，a'_1为不变投影，a为旧投影。显然，仍存在$a'_1a_2\perp O_2X_2$及$a_2a_{X_2}=aa_{X_1}$的关系，即点的二次换面仍符合前述一次换面的变换规律，于是能作出新投影a_2。注意在作图过程中，H_2是绕O_2X_2轴旋转重合于V_1面的。由此可见，新投影面必须是交替更换。

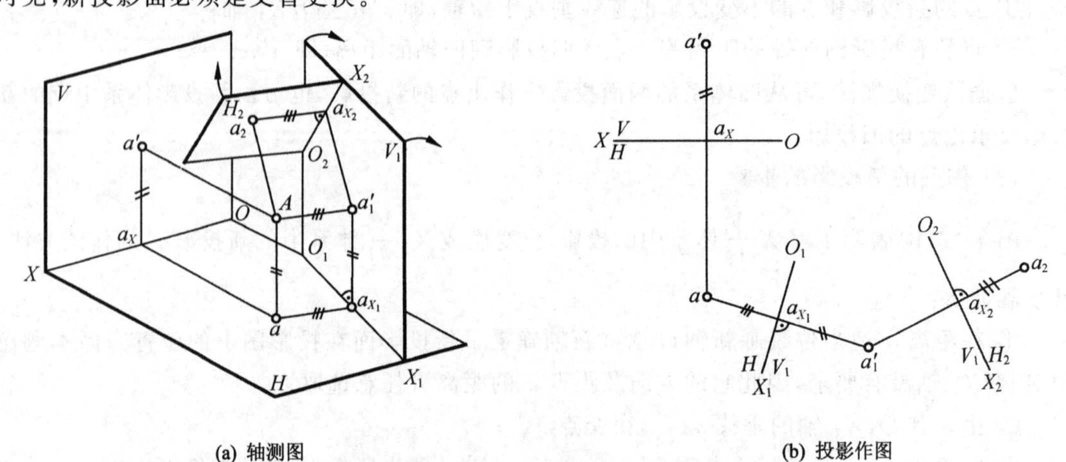

(a) 轴测图　　(b) 投影作图

图4-8　点的二次变换(换H面为H_2)

4.2.3　直线的投影变换

直线的投影变换,是由直线上任意两点的投影变换来实现的。变换后直线的新投影就是直线上两个点变换后的同面新投影的连线。

在直线的投影变换中,将直线变成新投影面的平行线或垂直线是常用的基本作图方法,现分述如下。

1. 将倾斜线变为新投影面的平行线

要使一条倾斜线变为新投影面的平行线,只要设立一个新投影面,平行于该倾斜线且垂直于原投影体系中的一个投影面,经一次变换就可以实现。

如图 4-9(a)所示,若使倾斜线 AB 变为新投影面的正平线,应设立一个垂直于 H 面且与直线 AB 平行的 V_1 面,向 V_1 面作正投影得 $a'_1b'_1$ 即为所求。作图步骤如下:

① 作新轴 $O_1X_1 /\!/ ab$,使 V_1 面与直线 AB 平行且垂直于 H 面;

② 作直线 AB 两端点的 V_1 面的投影 a'_1、b'_1;

③ 连 $a'_1b'_1$ 即为直线 AB 的新投影。

如图 4-9(b)所示,在 $X_1\dfrac{V_1}{H}$体系中直线 AB 就是 V_1 面的平行线。其投影 $ab /\!/ O_1X_1$ 轴,$a'_1b'_1$ 反映直线 AB 的实长,$a'_1b'_1$ 与 O_1X_1 轴的夹角反映了空间直线 AB 对 H 面的倾角 α。

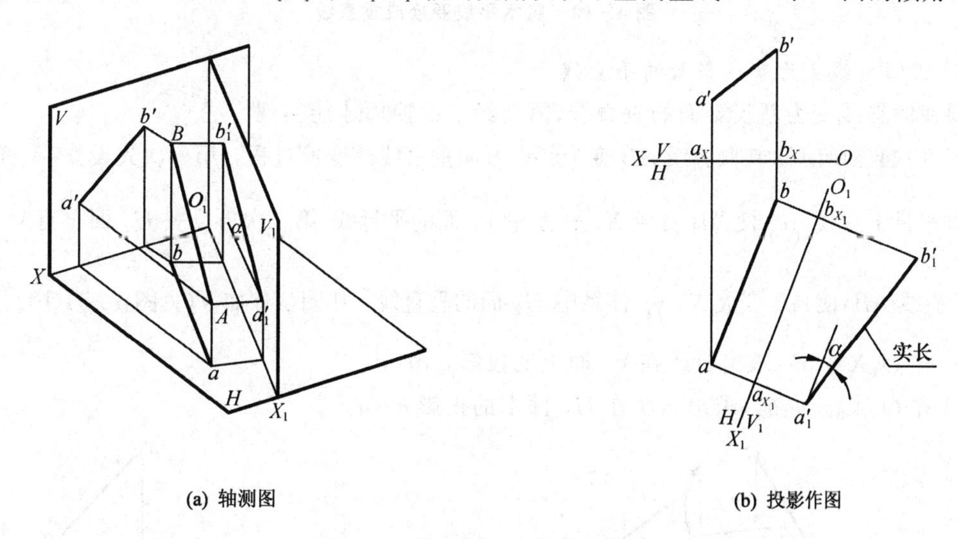

(a) 轴测图　　(b) 投影作图

图 4-9　将倾斜线变换成平行线

由上述可知,倾斜线经一次换面,变成新投影面的平行线,即可求得它的实长及对保留不变投影面的倾角。

2. 将平行线变为新投影面的垂直线

要使平行线变为新投影面的垂直线,只需设立一个既垂直于该直线又垂直于原投影体系中一个投影面的新投影面,该直线在新投影面上的投影必然积聚成一个点,经一次变换即可。

如图 4-10(a)所示,要使水平线 CD 变为新投影面的垂直线,设立 V_1 面垂直于 CD(因 $CD /\!/ H$ 面,所以 V_1 面必垂直于 H 面),则线 CD 就成为新投影体系 $X_1\dfrac{V_1}{H}$中的正垂线。其作

图步骤如下(见图4-10(b)):

① 作新轴 $O_1X_1 \perp cd$,使 V_1 面与直线 CD 垂直且垂直于 H 面;

② 延长 cd 与 O_1X_1 轴相交于 $c_{X_1}(d_{X_1})$;

③ 在 cd 延长线上量取 $c_{X_1}c'_1=c'c_X$ 或 $d_{X_1}d'_1=d'd_X$,得积聚性的新投影 $c'_1(d'_1)$点;在 $X_1\dfrac{V_1}{H}$中,直线 CD 为 V_1 面的垂直线。

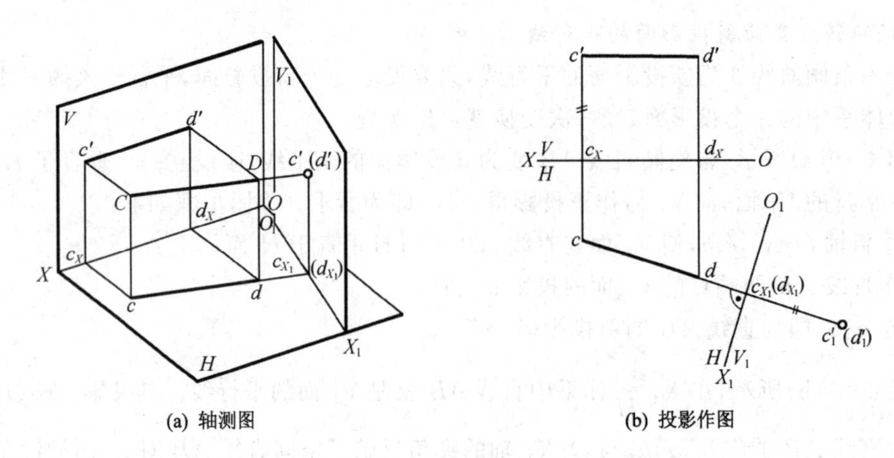

(a) 轴测图　　(b) 投影作图

图4-10　将水平线变换成垂直线

3. 将倾斜线变为新投影面的垂直线

要使倾斜线变为新投影面的垂直线,需要经二次换面才能实现。

图4-11(a)所示为将倾斜线 AB 变为新投影面垂直线的变换过程。第一次先设立 V_1 面垂直 H 面并平行于直线 AB,使 AB 变成 $X_1\dfrac{V_1}{H}$系中 V_1 面的平行线;第二次再设立 H_2 面垂直 V_1 面并垂直于直线 AB,使 AB 变成 $X_2\dfrac{V_1}{H_2}$体系中 H_2 面的垂直线。作图步骤如下(见图4-11(b)):

① 作 $O_1X_1 /\!/ ab$,求出 AB 在 V_1 面上的投影 $a'_1b'_1$;

② 作 $O_2X_2 \perp a'_1b'_1$,求出 AB 在 H_2 面上的投影 $b_2(a_2)$。

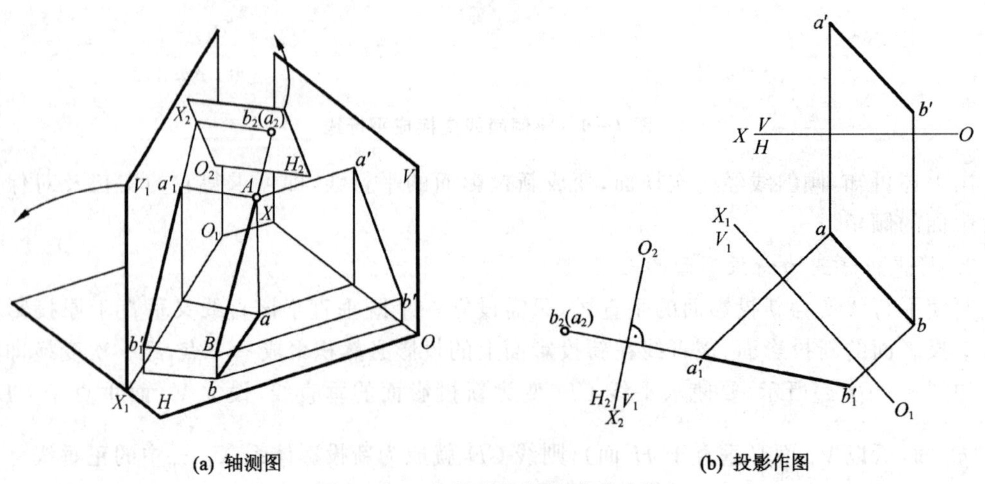

(a) 轴测图　　(b) 投影作图

图4-11　将倾斜线变换成垂直线

4.2.4　平面的投影变换

对平面进行投影变换，实际上是对该平面上不在同一直线上的三个点进行投影变换来实现。在应用中，常将平面变换成新投影面的平行面或垂直面。

1. 将倾斜面变为新投影面的垂直面

只要能作出既垂直于原投影体系中一个投影面，又垂直于空间倾斜面的新投影面，则空间倾斜面即为该新投影面的垂直面了。

如图 4-12(a)所示，根据两平面互相垂直的几何条件，作新投影面 V_1 垂直于△ABC 上的一条水平线 AD，这样 V_1 面既垂直于△ABC，又垂直于投影面 H。在 $X_1\dfrac{V_1}{H}$体系中，△ABC 在 V_1 面上新投影 $a'_1b'_1c'_1$，反映了垂直面存在一个积聚性投影的特性。作图步骤如下(见图 4-12(b))：

① 在△ABC 上作出水平线 AD($a'd'$、ad)。

② 作新轴 $X_1 \perp ad$，使 V_1 面垂直于△ABC 及 H 面。

③ 作出 A、B、C 三点的新投影 a'_1、b'_1、c'_1，它们连成一条直线，即是△ABC 在 V_1 面上的积聚性投影。这条积聚性的投影(线)与新轴 X_1 的夹角，反映了空间平面△ABC 对 H 面的倾角 α。

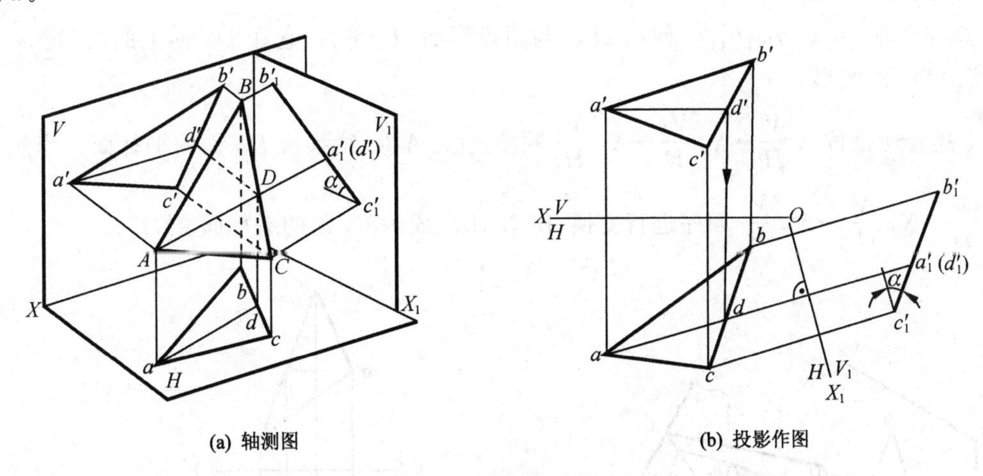

(a) 轴测图　　(b) 投影作图

图 4-12　将倾斜面变换成垂直面

2. 将垂直面变为新投影面的平行面

只要作一新投影面平行于已知的垂直面，一次变换即可以实现将垂直面变为新投影面的平行面。

图 4-13(a)所示的一个铅垂面△ABC。设立的新投影面 V_1 必定是平行于△ABC 的铅垂面，故在图 4-13(b)的投影图上先作新轴 $O_1X_1 /\!/ abc$，使 V_1 面平行于△ABC，然后作出的新投影△$a'_1b'_1c'_1$ 必定反映△ABC 的实形。

3. 将倾斜面变为新投影面的平行面

要使一个倾斜面变为新投影面的平行面，必须经过二次变换才能实现。

如图 4-14(a)所示，第一次将△ABC 变换为 $X_1\dfrac{V_1}{H}$体系中 V_1 面的垂直面；第二次将已得

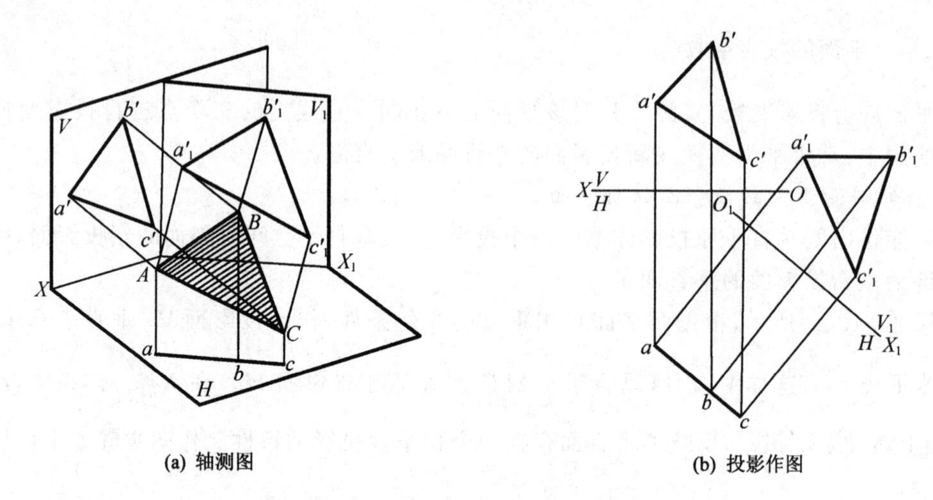

(a) 轴测图　　(b) 投影作图

图 4-13　将垂直面变换成平行面

的 V_1 面的正垂面变为 $X_2\,\frac{V_1}{H_2}$ 体系中 H_2 面的平行面。作图步骤如下(见图 4-14(b)):

① 作新轴 $O_1X_1 \perp$ 水平线 $AD(O_1X_1 \perp ad)$,使△ABC 垂直于新投影面 V_1,它在 V_1 面上的投影积聚成直线 $a'_1b'_1c'_1$;

② 作新轴 $O_2X_2 /\!/ a'_1b'_1c'_1$,使△ABC 与新投影面 H_2 平行,它在 H_2 面上的投影△$a_2b_2c_2$ 反映△ABC 的实形。

上述变换是按 $X\,\frac{V}{H} \to X_1\,\frac{V_1}{H} \to X_2\,\frac{V_1}{H_2}$ 顺序,使△ABC 变换成 H_2 面的平行面。当然也可按 $X\,\frac{V}{H} \to X_1\,\frac{V}{H_1} \to X_2\,\frac{V_2}{H_1}$ 顺序进行变换,使△ABC 成为 V_2 面的平行面。

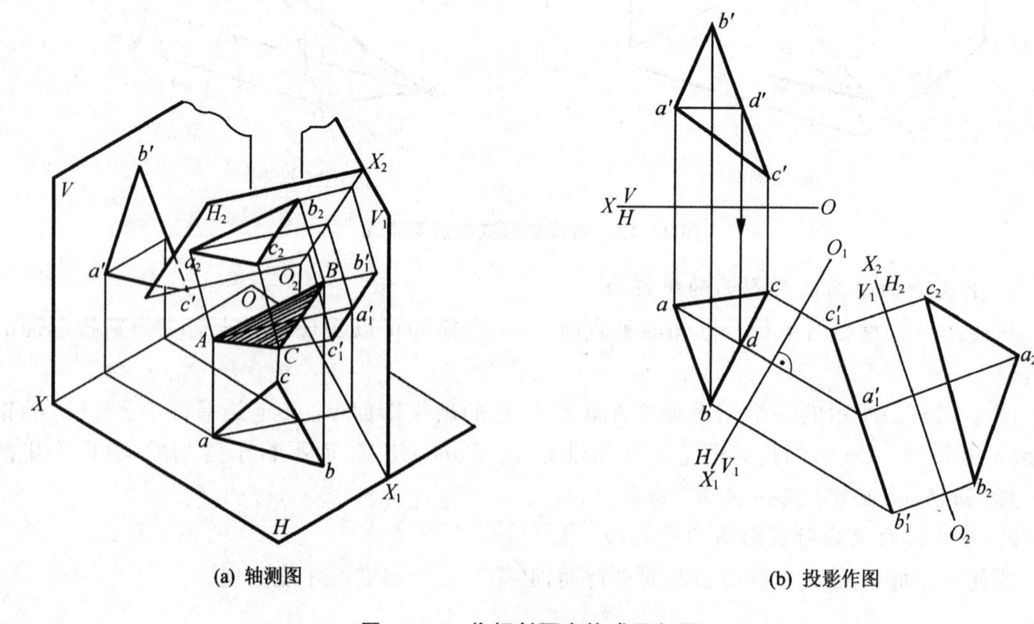

(a) 轴测图　　(b) 投影作图

图 4-14　将倾斜面变换成平行面

这一基本作图法常用来解决求一般位置平面的实形或由平面实形反求其投影等问题。

4.2.5　综合举例

【例 4－1】过 A 点作一直线 AK 与 BC 直线正交，如图 4－15(a)所示。

(1) 分　析

根据直角投影定理可知，当正交的两条直线之一为投影面的平行线时，则在该投影面中两直线的投影反映垂直关系。为此，先用换面法把 BC 直线变换成新投影面的平行线，再画出 AK 的投影。

(2) 作图(见图 4－15(b))

① 作 $O_1X_1 // bc$(设立 V_1 面平行于 BC 直线)；

② 在 V_1 面上作出 BC 及 A 点的投影 $b'_1c'_1$ 和 a'_1；

③ 过 a'_1 作 $b'_1c'_1$ 的垂线，得垂足 K 在 V_1 面投影 k'_1；

④ 由 k'_1 作 O_1X_1 轴的垂线与 bc 相交于 k，再由 k 作出 k'；

⑤ 连 $a'k'$ 及 ak，即为所求正交直线 AK 的 V、H 面的投影。

如果再要求出 AK 的实长，实际是求点 A 到直线 BC 的距离问题(见 5.4.2 节)。

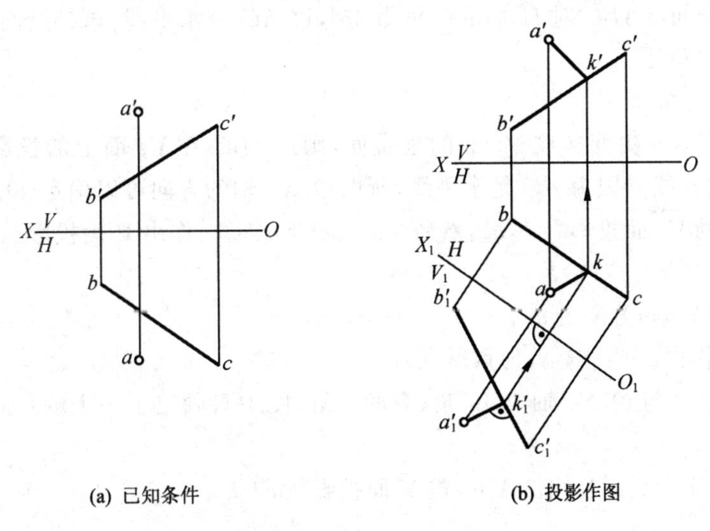

(a) 已知条件　　(b) 投影作图

图 4－15　综合举例(一)

【例 4－2】已知等边△CDE 为一铅垂面，又知 CD 的两投影 cd、$c'd'$，试补全△CDE 所缺的投影，如图 4－16(a)所示。

(1) 分　析

垂直面可通过一次变换后成为新投影面的平行面，则在新投影面中可以根据已知条件作出等边△CDE 的投影(实形)，然后再返回作出它的 V、H 面的投影。

(2) 作图(见图 4－16(b))

① 作 $O_1X_1 // cd$(投影面 V_1 平行于铅垂面△CDE)；

② 求出 CD 边在 V_1 面中的投影 $c'_1d'_1$；

③ 在 V_1 面投影中以 $c'_1d'_1$ 为边长作等边△$c'_1d'_1e'_1$；

④ 由 e'_1 返回得 H 面投影 e，再由 e 向上作 OX 轴的垂线，并量取 $e_Xe' = e_{X_1}e'_1$，即得 e'；

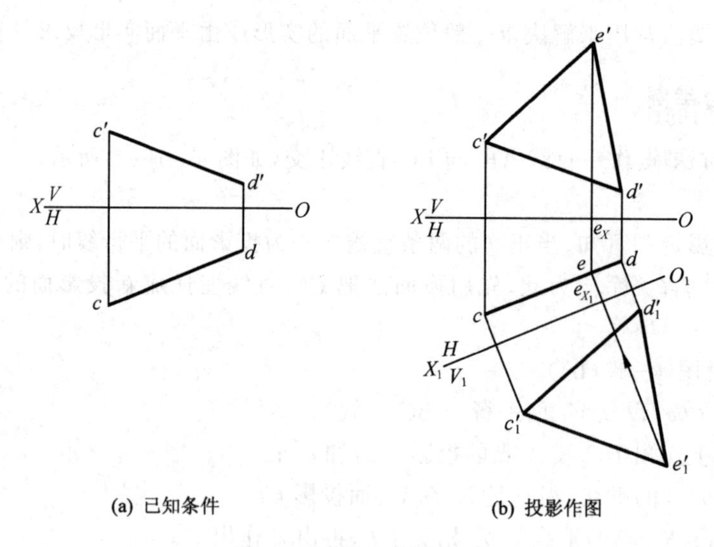

图 4-16　综合举例(二)

⑤ 连接 $c'e'$、$d'e'$，则$\triangle c'd'e'$ 和直线 cde 即为所求$\triangle CDE$ 的 V、H 面的投影。

【例 4-3】已知$\triangle ABC$ 对 H 面的倾角为 45°，边 AC 是水平线，试补全$\triangle ABC$ 的 V 面投影，如图 4-17(a)所示。

(1) 分　析

若使$\triangle ABC$ 经一次变换成 V_1 面的垂直面，则$\triangle ABC$ 在 V_1 面上的投影积聚成一条与 O_1X_1 轴成 45°的直线。因为 AC 是水平线，所以 O_1X_1 轴的方向可以确定($O_1X_1 \perp ac$)，由 a、a' 画出$\triangle ABC$ 的 V_1 面投影 $a'_1b'_1c'_1$，然后由$\triangle abc$ 及 $a'_1b'_1c'_1$ 作出 V 面投影$\triangle a'b'c'$。

(2) 作图(见图 4-17(b))

① 在适当位置画 $O_1X_1 \perp ac$；

② 由 a'、a 作出 a'_1(c'_1与 a'_1为重影点)；

③ 过 a'_1作直线与 O_1X_1 轴成 45°角(有两个解，图中只画出了一个解)，此线即为$\triangle ABC$ 的 V_1 面的投影；

④ 由$\triangle abc$ 及 $a'_1b'_1c'_1$作出$\triangle ABC$ 的 V 面投影$\triangle a'b'c'$。

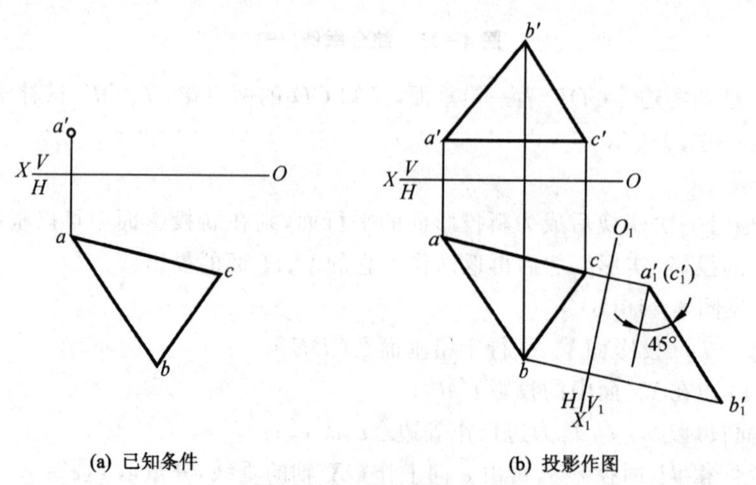

图 4-17　综合举例(三)

【例 4-4】求交叉两直线 AB、CD 间的距离，如图 4-18 所示。

(1) 分　析

交叉两直线间的距离即为它们之间的公垂线的长度。如图 4-18(a)所示，若使两交叉直线之一(如 CD)变换成新投影面的垂直线，则公垂线 KL 必平行于新投影面，其新投影既反映实长，又与另一直线(AB)在新投影面上的投影相互垂直。

(2) 作图(见图 4-18(b))

① 将直线 CD 经过二次变换成为新投影面 H_2 面的垂直线，它在 H_2 面上的投影积聚为一点 $c_2(d_2)$。直线 AB 也随之作相应的变换，其 H_2 面上的投影为 a_2b_2。

② 过 $c_2(d_2)$作$(k_2)\ l_2 \perp a_2b_2$，$(k_2)\ l_2$ 即为公垂直线 KL 在 H_2 面上的投影，也即两交叉直线 AB、CD 间距离的实长。

如要求出 KL 在 $X\dfrac{V}{H}$体系中的投影 $k'l'$、kl，可以根据$(k_2)l_2$、$k_1'l_1'$($k_1'l_1' /\!/ O_2X_2$ 轴)返回，作出(图中箭头所示)即可。

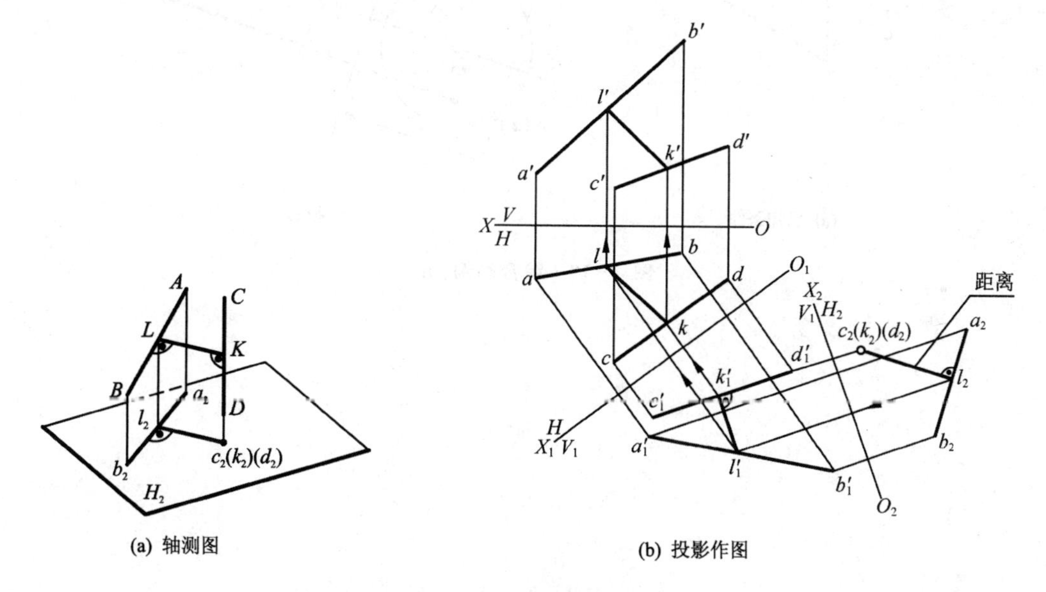

图 4-18　综合举例(四)

【例 4-5】已知直线 $AB /\!/ CD$，且相距 10 mm，试作出直线 AB 所缺的投影，如图 4-19(a)所示。

(1) 分　析

相距 CD 直线 10 mm 的直线有无数条，它们的轨迹为以直线 CD 为轴，半径为 10 mm 的圆柱面。如使直线 CD 经两次换面变成为新投影面的垂直线，就可作出该圆柱面的积聚性的投影，从而根据已知投影 a 就可很容易地确定出直线 AB 在圆柱面上的位置。

(2) 作图(见图 4-19(b))

① 作 $O_1X_1 /\!/ cd$，并作出在 V_1 面上的投影 $c_1'd_1'$；再作 $O_2X_2 \perp c_1'd_1'$，并作出 CD 在 H_2 面上的积聚性的投影 $d_2(c_2)$。

② 在 H_2 面的投影中，以 $d_2(c_2)$为圆心、10 mm 为半径画圆，并作 O_2X_2 轴的平行线，使两线之间的距离 S 等于 a 到 O_1X_1 轴的距离。该平行线与圆相交得 a_2 点(有两个解，本例只

作出一个解)。

③ 由 a_2 及 a 求得 a'_1,再由 a 及 a'_1 求得 a'。然后分别过 a'_1、a 及 a' 作 $a'_1b'_1 /\!/ c'_1d'_1$、$ab /\!/ cd$ 和 $a'b' /\!/ c'd'$,则 ab 及 $a'b'$ 即为所求。

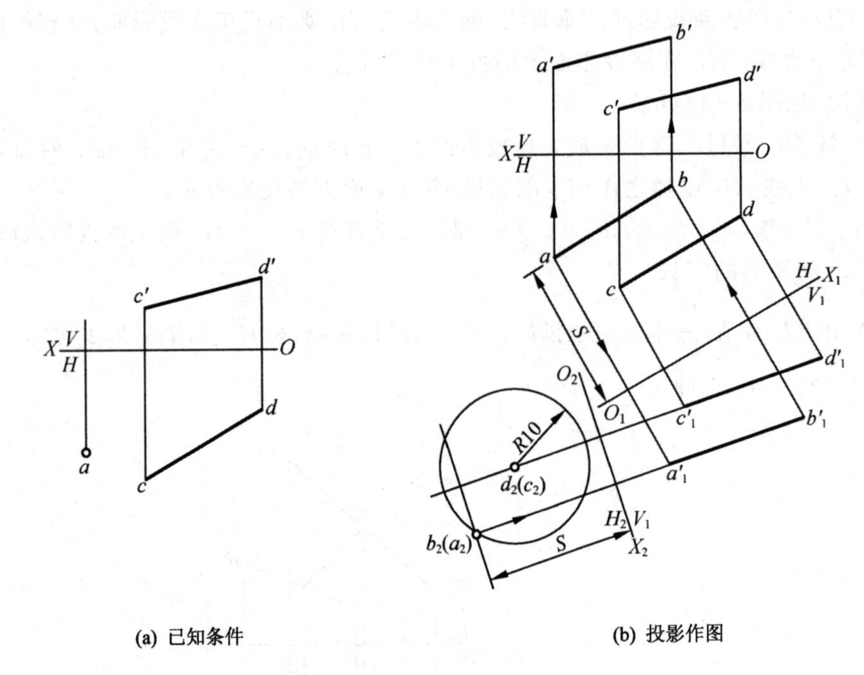

(a) 已知条件　　(b) 投影作图

图 4-19　综合举例(五)

第5章 直线、平面的相互关系

5.1 平行关系

5.1.1 直线与平面平行

1. 几何条件

若一直线平行于平面上的任一直线，则此直线与该平面相互平行。在图5-1(a)中，因为直线EF平行于$\triangle ABC$上的一直线AD，所以EF与$\triangle ABC$相互平行。图5-1(b)则表明了直线EF与$\triangle ABC$相互平行的投影图，其中$e'f' /\!/ a'd'$、$ef /\!/ ad$。

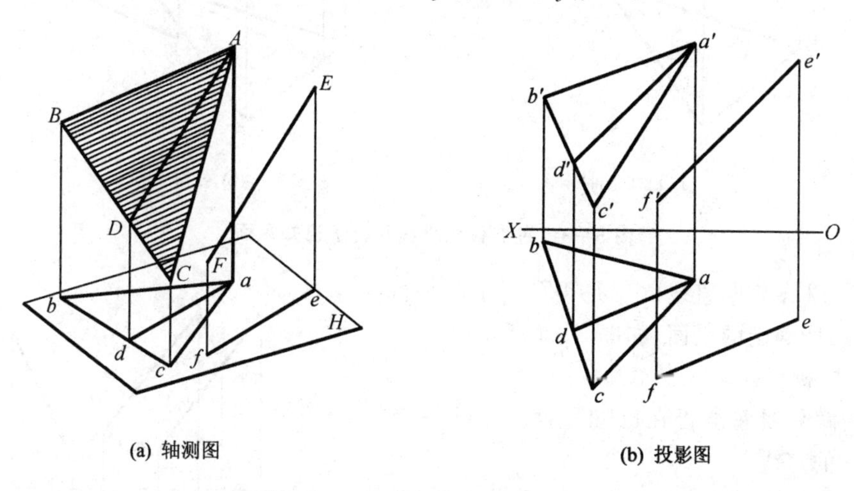

(a) 轴测图　　(b) 投影图

图5-1 直线与平面的平行(一)

2. 特殊位置情况

若直线与投影面的垂直面相互平行，则直线的投影平行于平面具有积聚性的同面投影。同一投影面的垂直线和垂直面必然相互平行，如图5-2所示。

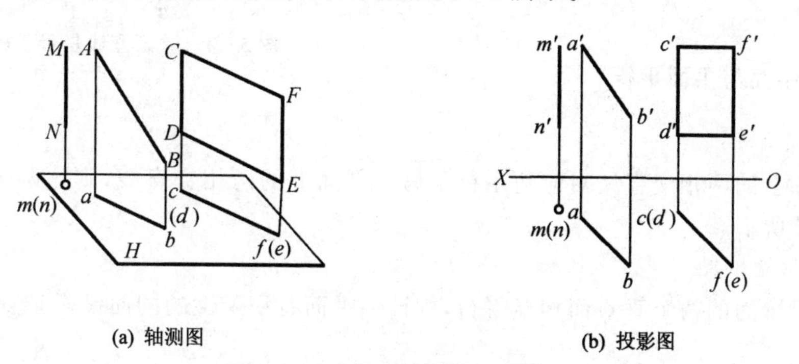

(a) 轴测图　　(b) 投影图

图5-2 直线与平面的平行(二)

【例5-1】过已知点A作一条水平线AG平行于已知平面△DEF,如图5-3(a)所示。

(1) 分　析

过A点可以作无数条平行于△DEF的直线,但其中只有一条水平线,因为△DEF上的所有水平线的方向都是一致的。

(2) 作　图

在△DEF上取一条水平线DK($d'k'$、dk),过点A作$AG//DK$,即$ag//dk$、$a'g'//d'k'$,则AG为一条水平线且平行于△DEF(见图5-3(b))。

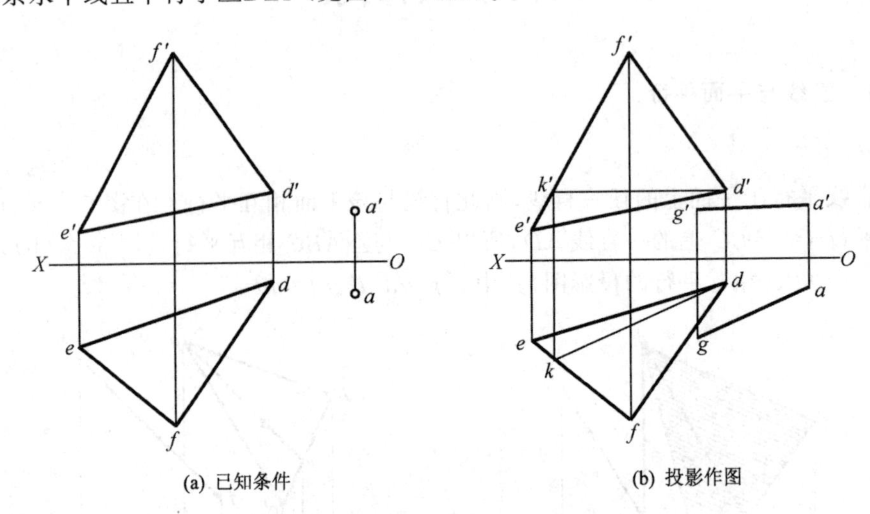

(a) 已知条件　　(b) 投影作图

图5-3　过点作水平线平行于已知平面

【例5-2】试判断直线KL是否平行于两平行线(AB、CD)所确定的平面,如图5-4所示。

(1) 分　析

本题的解只要看能否在已知平面上取出一条平行于KL的直线。

(2) 作　图

在已知平面上过点A作AE直线,使$a'e'//k'l'$,作出AE直线的H面投影ae。由作图可见,因ae不平行于kl,所于直线KL不平行于两平行线所确定的平面。

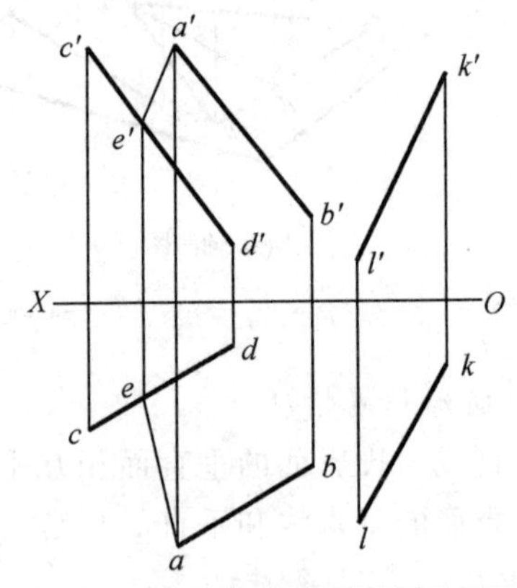

图5-4　验证直线是否平行于平面

5.1.2　平面与平面平行

1. 几何条件

若一平面上的两相交直线对应地平行于另一平面上的两相交直线,则这两个平面相互平行,如图5-5所示。

2. 特殊位置情况

若同一投影面的两个垂直面相互平行,则该两平面有积聚性的同面投影必然相互平行,如图5-6所示。

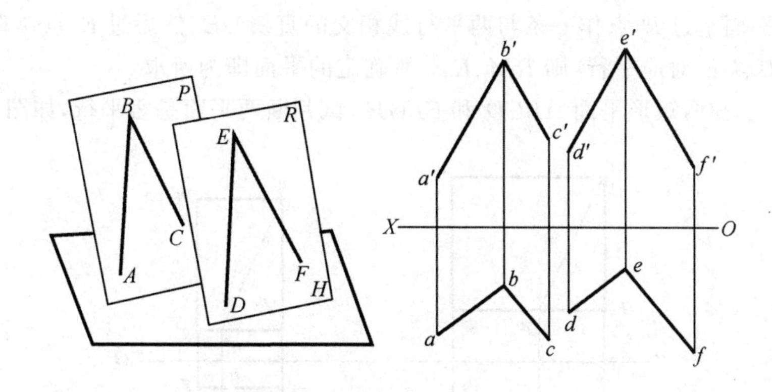

图 5－5　平面与平面平行(一)

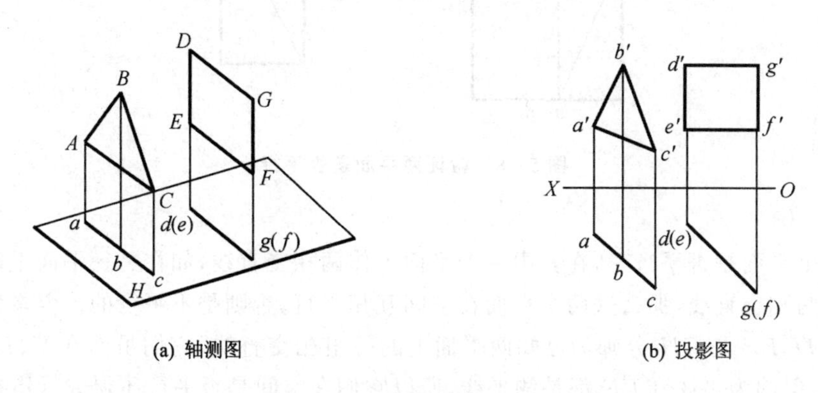

(a) 轴测图　(b) 投影图

图 5－6　平面与平面平行(二)

【例 5－3】过 K 点作一平面平行于两平行线（$AB // CD$）所确定的平面，如图 5－7(a)所示。

（1）分　析

过已知点作两条相交直线对应平行于已知平面上的任意两条相交直线即可。

（2）作图(见图 5－7(b))

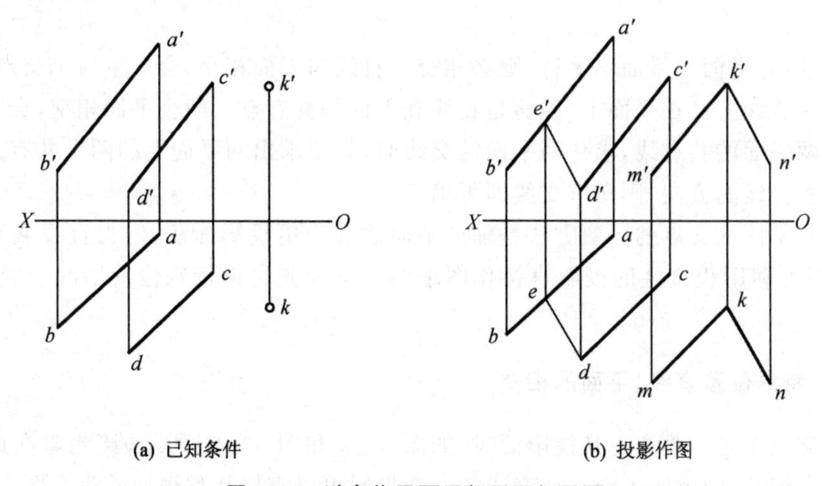

(a) 已知条件　(b) 投影作图

图 5－7　过点作平面平行于已知平面

先在已知平面上过 D 点作一条与两平行线相交的直线 DE，然后过 K 点作直线 KM、KN 分别与直线 AB、DE 对应平行，则 KM、KN 所确定的平面即为所求。

【例 5-4】已知两矩形平面 $ABCD$ 和 $EFGH$，试判断两平面是否平行，如图 5-8 所示。

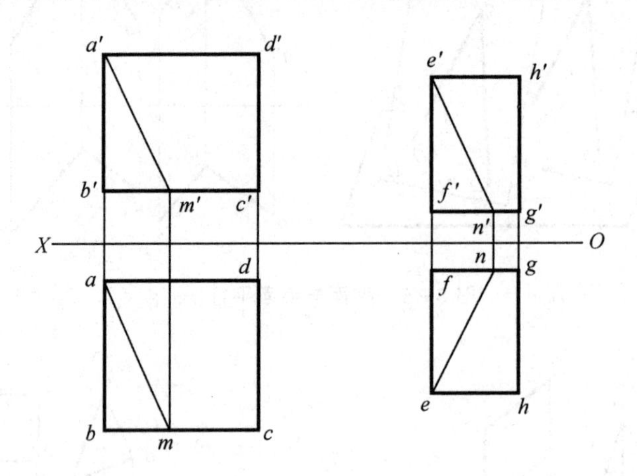

图 5-8　验证两平面是否平行

(1) 分　析

判断两个平面是否平行时，在其中一个平面上作两相交直线，如在另一平面上能找到与它对应平行的两相交直线，那么这两个平面在空间互相平行；否则是不平行的。但本例属特殊情况，AB 与 AD、EF 与 EH 分别为已知两平面上的一组相交直线，它们虽然在 V、H 面中的投影对应平行，但因为 AB 和 EF 都是侧平线，所以它们在空间是否平行还须进行检查。

(2) 作图(见图 5-8)

在矩形 $ABCD$ 内任意作辅助线 AM($a'm'$ 和 am)，在矩形 $EFGH$ 上过 E 点作辅助线 EN，使 $e'n' /\!/ a'm'$，再由 $e'n'$ 向下引线作出 en，由图可见，en 不平行于 am，故 EN 不平行于 AM，所以两个矩形平面在空间是不平行的。

5.2　相交关系

直线与平面、平面与平面不平行，则必相交。直线与平面相交，会产生一个交点，又称贯穿点。该点既在直线上又在平面上，因而是直线和平面的共有点。两个平面相交，会产生一条交线。该线是两平面的共有线，求作两平面的交线时，只要求出两平面上的两个共有点或者求出一个共有点和交线的方向，则所求交线即可确定。

求直线与平面的交点的一般方法是辅助平面法和变更投影面法，但当直线或平面处于特殊位置时，则可利用积聚性的投影直接作图求解。下面先讨论特殊位置情况下交点、交线的求法。

5.2.1　特殊位置直线、平面的相交

当两相交元素之一垂直于某投影面时，如图 5-9 和图 5-10 所示，该元素在此投影面上的投影具有积聚性，因此所求交点或交线的一个投影可以直接从积聚性的投影图上定出，然后利用点的投影规律和在平面上取点、取线或在直线上取点的方法求得交点或交线的另一个

投影。

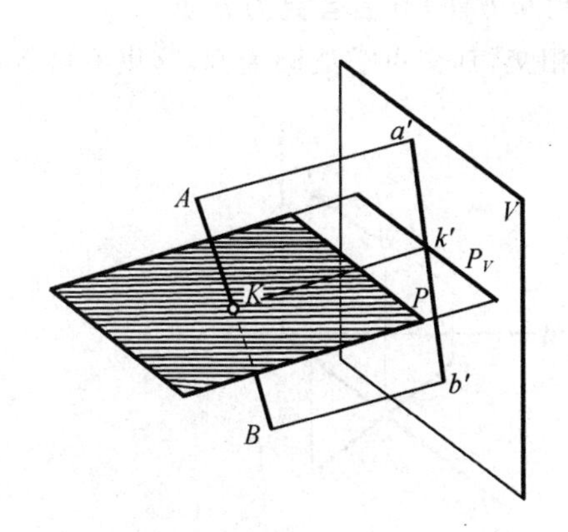

图5-9 直线与平面相交

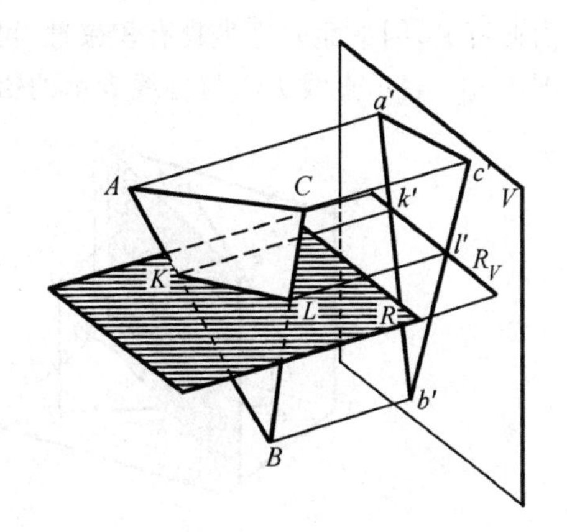

图5-10 两平面相交

1. 直线与平面相交

【例5-5】求作直线MN与铅垂面△ABC的交点K，如图5-11所示。

(1) 分 析

一般位置直线MN与具有积聚性的铅垂面△ABC相交，由于交点是直线MN与铅垂面的共有点，所以它的水平投影一定是直线的水平投影与铅垂面具有积聚性的水平投影的交点k，由k可求出k'。

(2) 作 图

abc与mn的交点即为K点的H面投影k，由k向上引投影连线与$m'n'$相交得k'，则$K(k',k)$点即为所求交点。

求出交点后，为了使图形清晰，还需要在线、面投影的重叠部分判别它们的可见性，交点是直线与平面可见与不可见部分的分界点。

判别可见性的一般方法是，利用相交元素的一个"重影点"来判别。当图形在投射方向上的位置比较明显时，也可以用"直观"的办法判定。

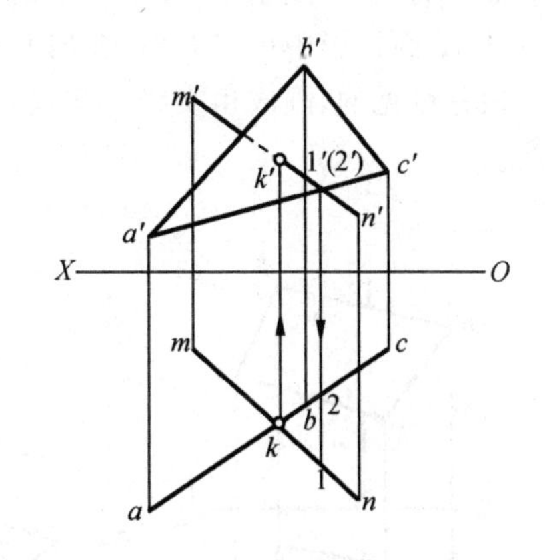

图5-11 求直线与铅垂面的交点(一)

本例中，在H面投影上，因平面的投影具有积聚性，故不需要判别其可见性。在V面投影上判别可见性，则要在V面上取直线和平面的一个重影点来判别。在图5-11中，直线MN与△ABC各边均交叉，选取$m'n'$与$a'c'$的重影点$1'(2')$。I点在MN上，II点在△ABC的AC边上，作出I、II两点的H面投影1、2，比较其Y坐标的大小，由H面投影中可以看出$Y_I > Y_{II}$，即I点在前，II点在后。当由前而后向V面投影时，I点可见，II点不可见，也就是说在$1'(2')$重影处是直线位于平面之前，所以交点k'的右边一段$k'n'$是可见的，画成粗实线；而另一段自k'至边$a'b'$的部分是不可见的，画成细虚线。

另外，该例中V面投影上判别可见性，还可以根据水平投影图中MN与△ABC的相对位置来确定。因为 NK 位于△ABC 平面之前,所以交点 k'右边一段 $k'n'$是可见的。

由此可见,因平面的投影具有积聚性,可见性的判断方法,其后者更为方便。

图 5 - 12 表示直线 EF 与迹线表示的铅垂面 P 相交,其交点求法同上例,这里不再重述。

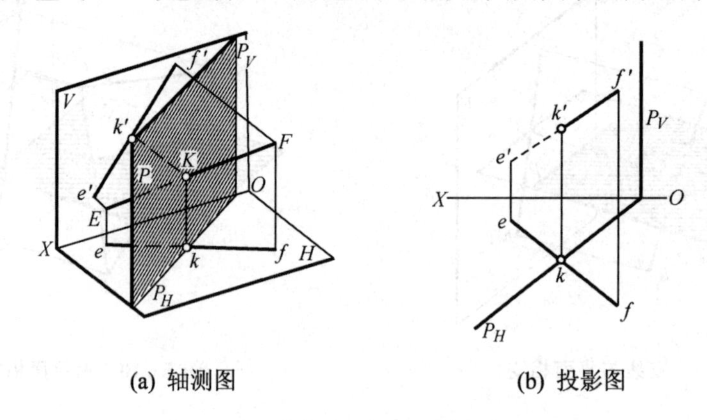

图 5 - 12 求直线与铅垂面的交点(二)

【例 5 - 6】求作铅垂线 EF 与四边形 $ABCD$ 的交点 K,如图 5 - 13 所示。

(1) 分 析

铅垂线 EF 的 H 面投影积聚成一点 $e(f)$,交点 K 是直线 EF 上的一个点,其 H 面投影 k 必定重影于 $e(f)$。又因交点 K 也是四边形 $ABCD$ 平面上的点,所以通过作辅助线 AG 可求出另一投影 k'。

(2) 作图(见图 5 - 13(c))

在 H 面上直接作出 (k),连 $a(k)$并延长交 bc 于 g;作出 AG 的 V 面投影 $a'g'$,$a'g'$与$e'f'$的交点 k'即为所求交点 K 的 V 面投影。

从 H 面投影中可以看出,在向 V 面投影时,直线 EF 在线 AD 之前,则在 V 面投影中 $e'k'$这一段是可见的,画成粗实线。交点 k'的另一段 $k'f'$被平面挡住的部分为不可见的,画成细虚线。

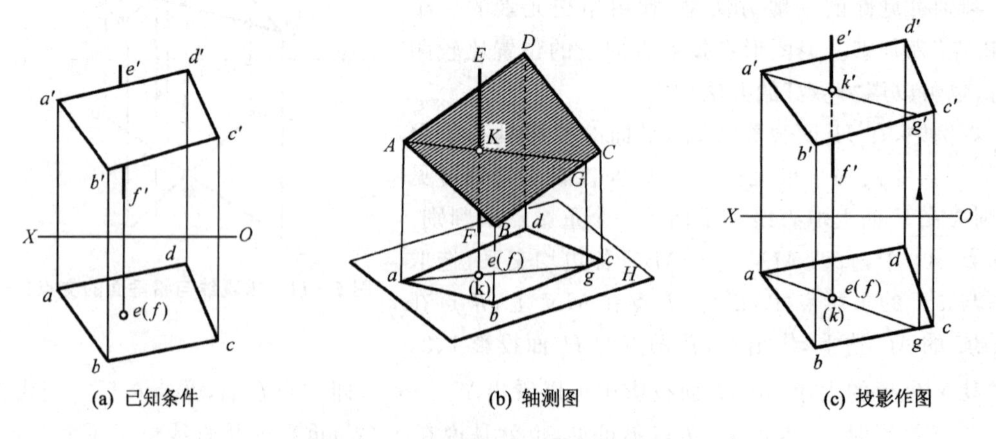

图 5 - 13 求铅垂线与倾斜面的交点

2. 平面与平面相交

【例 5 - 7】求作铅垂面△ABC 与倾斜面△DEF 的交线 KL,如图 5 - 14 所示。

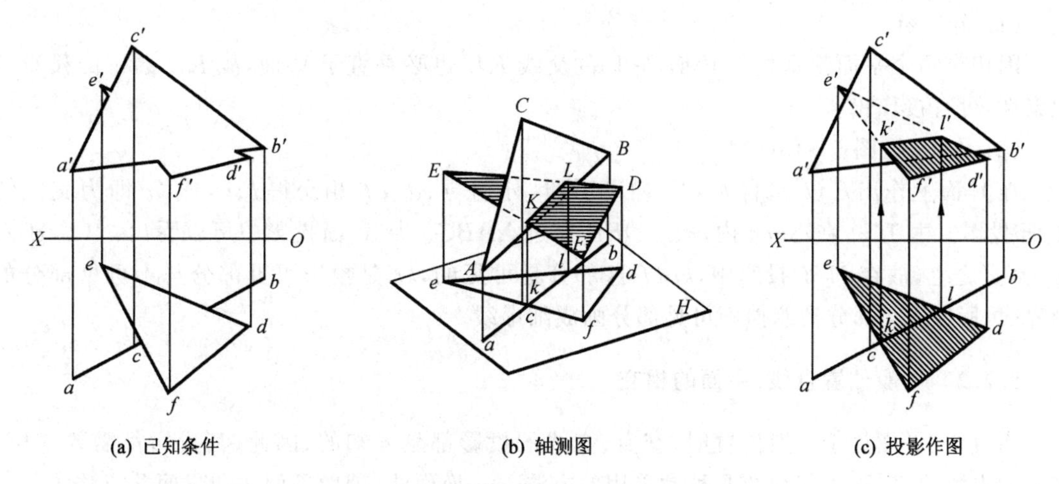

(a) 已知条件　　　　　　　　(b) 轴测图　　　　　　　　(c) 投影作图

图 5-14　求铅垂面与倾斜面的交线

(1) 分　析

铅垂面△ABC 的水平投影有积聚性，故交线的水平投影必定在 abc 上；又因交线也在△DEF 上，由此可作出交线的正面投影。

(2) 作图（见图 5-14(c)）

可用上述求交点的方法作出△DEF 的 EF 边和 ED 边与铅垂直面△ABC 的交点 $K(k,k')$、$L(l,l')$，连线 $KL(kl,k'l')$即为所求的两个平面的交线。

交线是可见与不可见部分的分界线。从水平投影中明显地看出，投影 $dlkf$ 在积聚性的投影 abc 之前，故在 V 面投影中 $d'l'k'f'$ 为可见的，应画成粗实线；而交线另一边△DEF 的 EKL 部分被△ABC 挡住的区域为不可见部分，应画成细虚线。值得注意的是，可见与不可见只发生在相交元素之间的重叠区域，不重叠部分不存在可见性问题，重叠轮廓线范围以外的线条要用粗实线画出。

【例 5-8】求作水平面△ABC 与正垂面△DEF 的交线 KL，如图 5-15 所示。

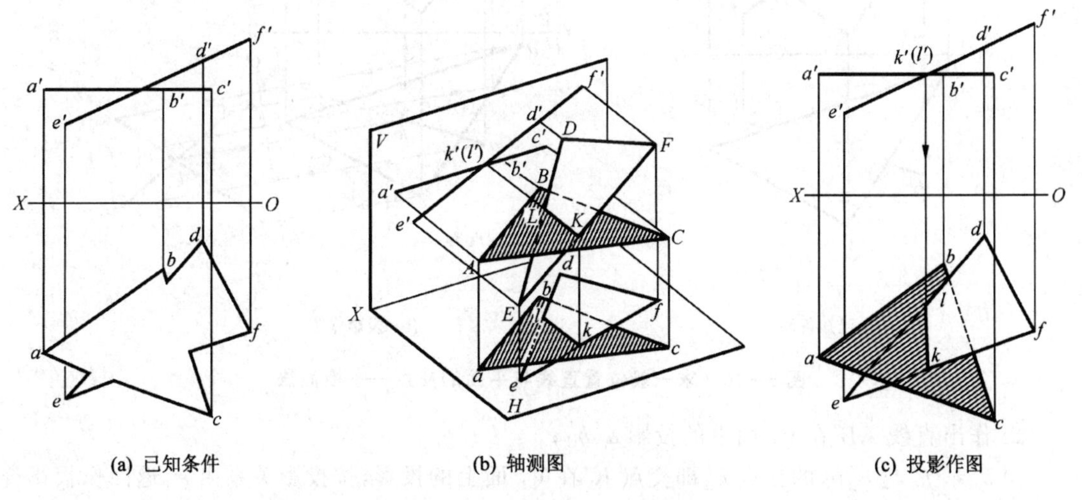

(a) 已知条件　　　　　　　　(b) 轴测图　　　　　　　　(c) 投影作图

图 5-15　求水平面与正垂面的交线

(1) 分　析

因相交两个平面都垂直于 V 面,它们的交线 KL 也必垂直于 V 面,故 KL 的正面投影有积聚性,可直接作出。

(2) 作图(见图 5-15(c))

在 V 面上作出 $k'(l')$,自 $k'(l')$ 向下引线,分别与 ed、ef 相交得 l、k,连 kl 即为交线的 H 面投影。由于 kl 在△abc 内,故△DEF 穿过△ABC。从 V 面投影中可以看出 $k'(l')d'f'$ 在 $a'b'c'$ 之上,故在 H 面投影中,$kldf$ 这部分是可见的,kl 是投影可见部分与不可见部分的分界线,所以 kle 部分被遮挡不可见部分画成细虚线。

5.2.2 一般位置直线、平面的相交

当直线、平面处于一般位置时,交点、交线的投影都是未知的,因此,其投影都需要求解。求解的方法很多,这里仅介绍几种常采用的方法——换面法、辅助平面法和三面共点法等。

1. 倾斜线与倾斜面相交

【例 5-9】图 5-16(a)所示的直线 AB 与△DEF 均为一般位置,用换面法和辅助平面法来求其交点。

(1) 换面法

由前述可知,用换面法先将一般位置的直线或平面变成垂直于投影面的位置,以便解题。由于用平面的积聚性投影解题简单(参阅图 5-11 及图 5-12),故常采用变换平面的方法。图 5-16(b)所示为本例的解题步骤,具体如下:

① 将△DEF 经一次变换成 V_1 面的垂直面,则△DEF 在 V_1 面上的投影 $d'_1e'_1f'_1$ 积聚成直线;

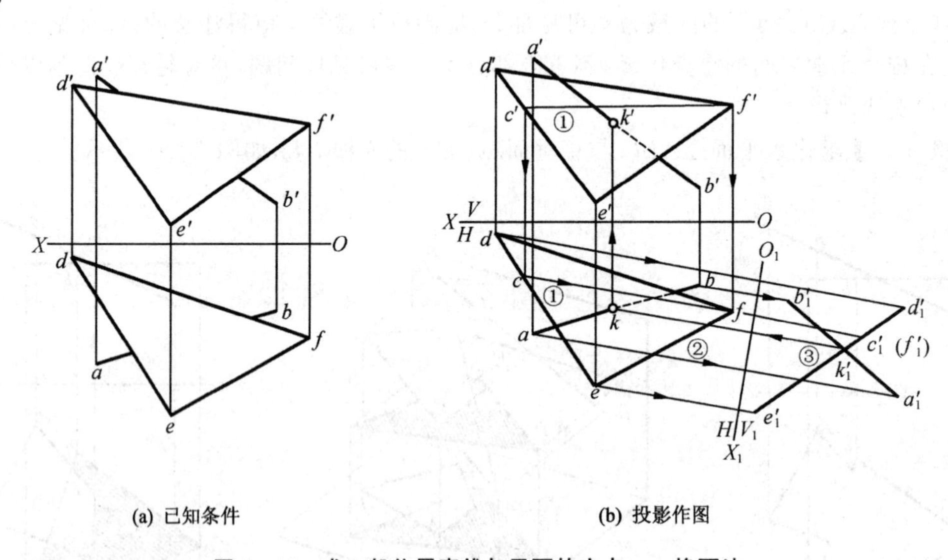

图 5-16 求一般位置直线与平面的交点——换面法

② 作出直线 AB 在 V_1 面上的投影 $a'_1b'_1$;

③ $d'_1e'_1f'_1$ 与 $a'_1b'_1$ 的交点 k'_1 即交点 K 在 V_1 面上的投影,按投影关系由 k'_1 返回作投影连线与 ab 相交得 k,再由 k 向上引投影连线与 $a'b'$ 相交得 k'。

可见性的判断是:H 面投影中的可见性,先在 H 面上找重影点,然后从 V_1 面投影中直

接判别，而 V 面投影中的可见性则需要用 V 面上的重影点的 Y 坐标值的大小来判别。

(2) 辅助平面法

为了解决一般位置直线与平面的相交问题，采用这种方法作图时应按照以下四个步骤进行：

第一步，包含已知直线作一辅助平面；

第二步，求辅助平面与已知平面的交线；

第三步，求此交线与已知直线的交点；

第四步，判别其可见性。

为了作图简便，所作的辅助平面通常采用特殊位置平面(迹线表示)。

1) 分　析

辅助平面法的基本原理，如图 5-17(b)所示。假设包含直线 AB 作一辅助平面 R，由于直线 AB 与 $\triangle DEF$ 相交，则包含直线 AB 的辅助平面 R 也必与 $\triangle DEF$ 相交，其交线为 MN。因交线 MN 和直线 AB 同在 R 平面上，它们必定相交于一点 K，又因交线 MN 也是 $\triangle DEF$ 上的直线，所以 K 点是 $\triangle DEF$ 和直线 AB 的共有点(交点)。

2) 作　图

根据上述原理可归纳出用辅助平面法求直线与平面交点的作图步骤如图 5-17(c) 所示，具体如下：

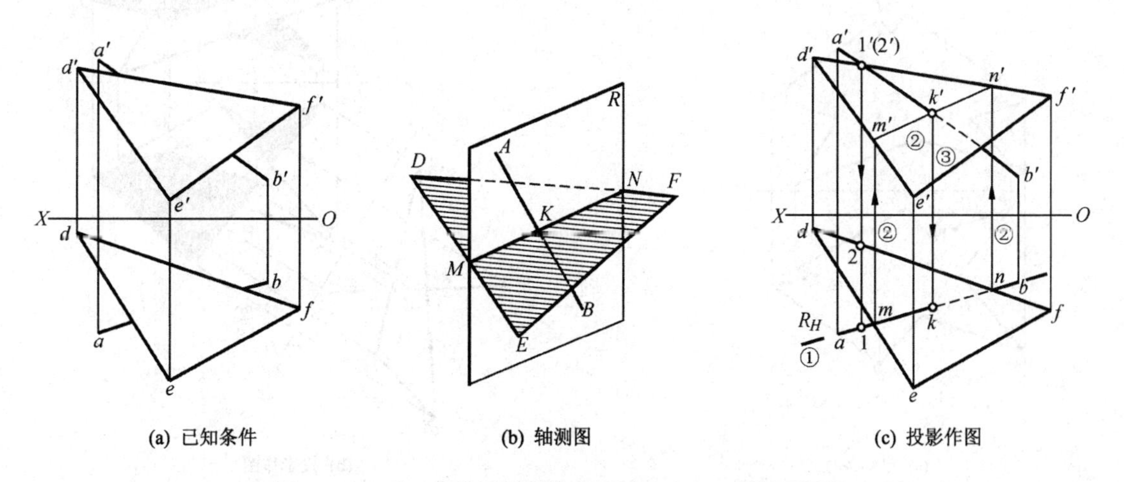

(a) 已知条件　(b) 轴测图　(c) 投影作图

图 5-17　求一般位置直线与平面的交点——辅助平面法

① 包含直线 AB 作辅助铅垂面 R(R_H 与 ab 相重合)。

② 求出辅助平面 R 与已知平面 $\triangle DEF$ 的交线 MN(它的 H 面投影是 mn，V 面投影是 $m'n'$)。

③ 求出交线 MN 与直线 AB 的交点 K，即为已知直线 AB 与已知平面 $\triangle DEF$ 的交点(V 面投影中 $m'n'$ 与 $a'b'$ 的交点 k' 及由此向下引线所得的 k)。

最后判别可见性。判别 V 面投影中的可见性可在 V 面上取一个重影点，比较 Y 坐标的大小确定两直线的前后关系；判别 H 面投影中的可见性可在 H 面上取一个重影点，比较 Z 坐标的大小确定其上下关系，从而区分出 H 面投影中的可见与不可见部分。

2．两倾斜面相交

一般位置的平面与平面的相交问题，也可以采用换面法、辅助平面法来求作交线或采用三面共点法。

【例5-10】图5-18所示的一般位置平面△DEF与△ABC相交，求其交线KL。具体作图方法如下：

(1) 换面法

将两个倾斜面之一变换成垂直面(参见图5-14)，然后利用其投影的积聚性求交线。

① 将△ABC变换成V_1面的垂直面，则△ABC在V_1面上的投影积聚成$a'_1b'_1c'_1$直线；

② 作出△DEF在V_1面上的投影△$d'_1e'_1f'_1$；

③ $e'_1d'_1$和$e'_1f'_1$分别与$a'_1d'_1c'_1$相交得k'_1和l'_1，连$k'_1l'_1$即为交线KL在V_1面上的投影；

④ 因KL是△DEF上的直线，所以由$k'_1l'_1$返回到H面投影△def上，得交线的H面投影kl及由此向上引线得$k'l'$。

在判别H面中的可见性时，可直接从V_1面中看出，而V面投影中的可见性仍需用重影点的方法来判别。

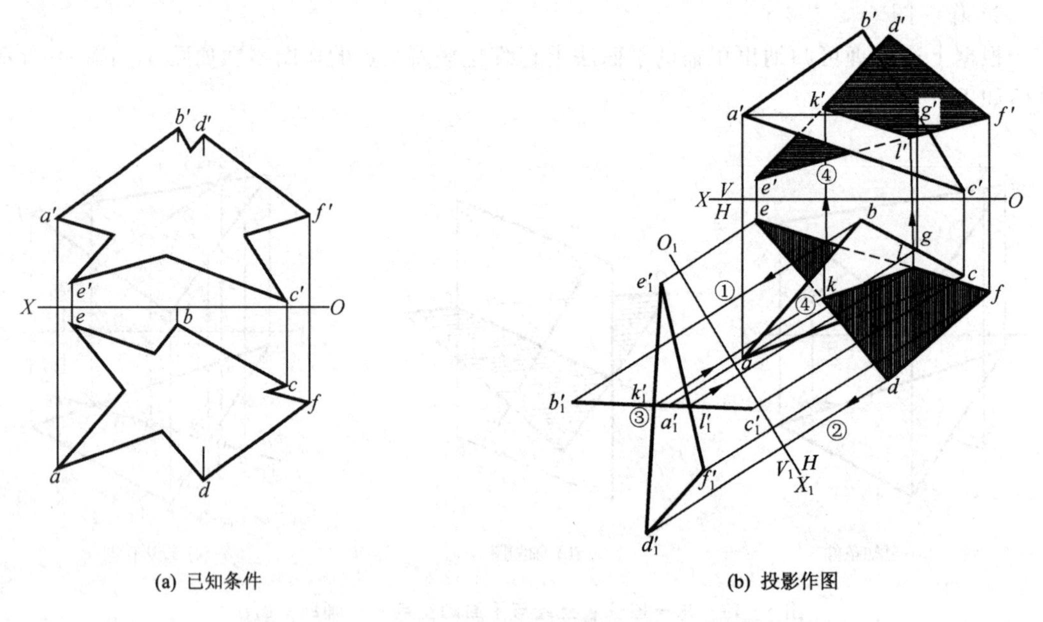

图5-18　求一般位置平面与平面的交线——换面法

(2) 辅助平面法

分析：因为两个平面的交线是其共有线，可由两个共有点来确定，所以常按求一般位置直线与平面的交点的前三个步骤，在一平面内任取两条直线(或在两个平面内各取一条直线)，分别作辅助平面求出两直线与另一平面的交点，连接两交点即为此两个平面的交线。由于直线在两个平面内可以任取，故可借助于平面上的任意两条边线来做辅助平面。

图5-19所示的一般位置平面△DEF与△ABC相交，求其交线KL。利用辅助平面法求解的具体作图方法如下：

① 作辅助平面——正垂直面P_V、R_V分别求出△DEF上的边DE、EF与△ABC的交点$K(k,k')$和$L(l,l')$；

② 连线 $k'l'$ 和 kl 即为所求两个平面的交线 KL 的两个投影；

③ 判别可见性(利用重影点，方法与上例相同，读者可以自行分析)，完成作图，如图 5－19(c)所示。

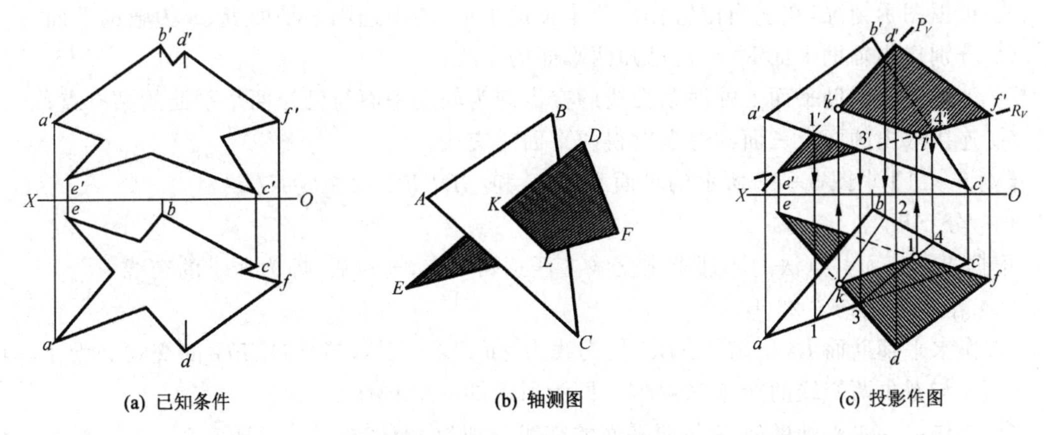

(a) 已知条件　　(b) 轴测图　　(c) 投影作图

图 5－19　求一般位置平面与平面的交线——辅助平面法

在求作相交两平面的交线时，应注意以下几点：

① 相交两图形平面有一定的范围，所以在投影图中交线应表示在相交两图形的重叠范围内；

② 两直接相交的图形平面相交的形式有两种，一是一个平面完全穿过另一个平面，称为全交(见图 5－19(b))，二是两平面互相穿过，称为互交(见图 5－20)，两种相交形式的交线求解方法相同；

③ 在用辅助平面法求解时，为使交点落在图形重叠范围内，作图前应先对所取边线进行观察选择，一般所选边线的两面投影应与另一平面的两面投影都有重叠部分，这样它与另一平面的交点一般会落在图形重叠范围内；否则，交点会落在重叠范围以外。图 5－19 中，边线 DE、EF 的两面投影与△ABC 的两面投影均在图形重叠范围内，故交线可以顺利作出。

如图 5－21 所示，BC 的 H 面投影 bc 与△def 不重叠，故 BC 与△DEF 的交点 M 落在了图形重叠范围以外，因此须求出 L 点，连 KL 是所求交线(图形的共有部分)。M 点虽在△DEF 边线范围以外，但仍然是两平面交线上的点。

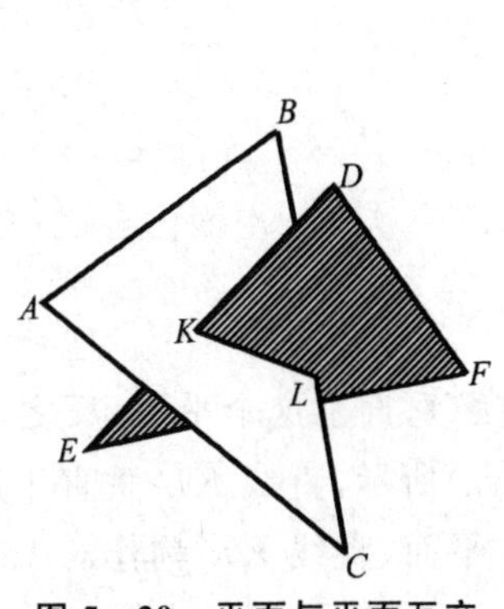

图 5－20　平面与平面互交

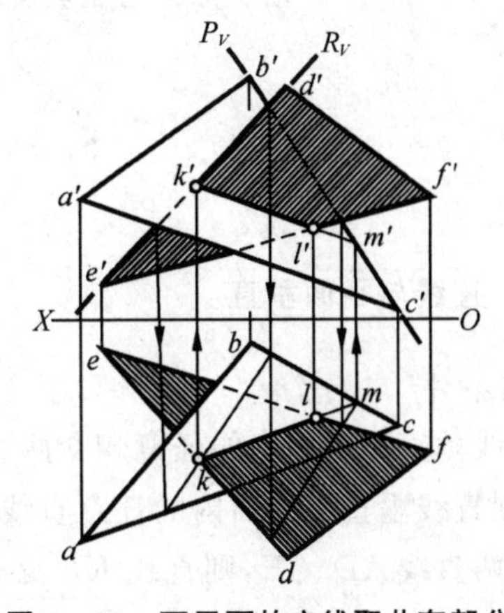

图 5－21　两平面的交线取共有部分

(3) 三面共点法

图 5－22(a)所示的平面△*ABC* 和四边形 *DEFG*,两个图形平面不直接相交,因此不便于应用辅助平面法作图,可应用三面共点法求解。该方法的作图步骤如下:

① 根据图示情况,在适当位置作出两个辅助平面(图中选取水平面 *R*、*S* 为辅助平面);

② 分别作出辅助平面 *R*、*S* 与已知两平面的交线;

③ 处于同一辅助平面上的两条交线的交点即为辅助平面与已知两个平面的共有点;

④ 连接求出的两个三面共有点即得两平面的交线。

【例 5－11】求图 5－22 所示的平面△*ABC* 和□*DEFG* 的交线 *KL*。

(1) 分　析

根据以上三面共点法的原理求出交线上任意两个点,连接后,即为所求的交线。

(2) 作图(见图 5－22(b))

① 作水平辅助面 *R*,*R* 与△*ABC* 的交线为 *ⅠⅡ*(12、1′2′),与□*DEFG* 的交线为 *ⅢⅣ*(34,3′4′),*ⅠⅡ* 与 *ⅢⅣ* 两交线的交点 *K*(*k*,*k*′)即为所求的一个共有点。

② 再作另一水平辅助面 *S* 与两平面的交线分别为 *ⅤⅥ*(56、5′6′),*ⅦⅧ*(78,7′8′)该两交线的交点 *L*(*l*,*l*′)即为所求的另一个共有点。

③ 然后连接两个共有点的同面投影得 *kl*、*k*′*l*′,即为所求交线 *KL* 的两面投影。

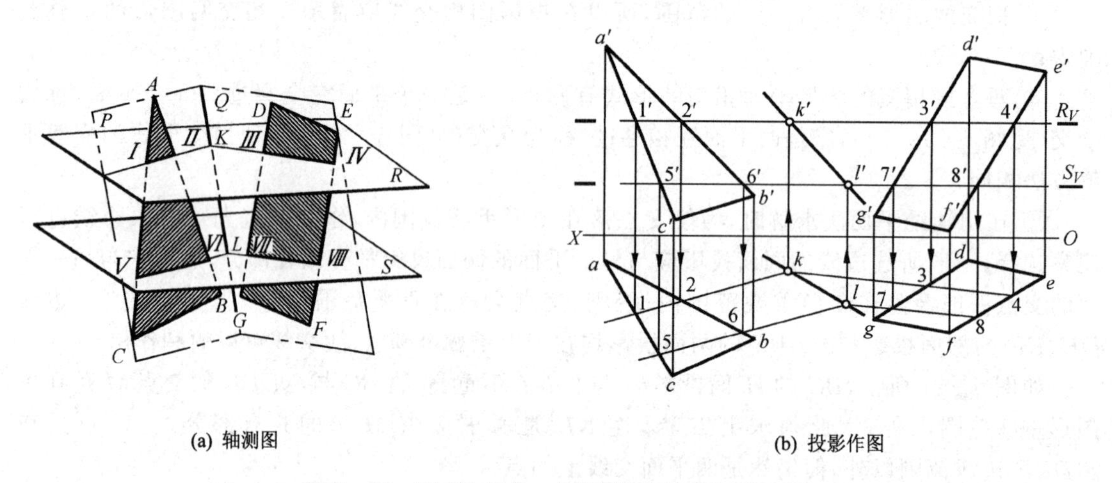

(a) 轴测图　　(b) 投影作图

图 5－22　三面共点求一般位置平面与平面的交线

5.3　垂直关系

5.3.1　直线与平面垂直

1. 几何条件

若一直线垂直于平面内的任意相交两直线,则此直线必垂直于这个平面;反之,若直线垂直于平面,则直线垂直于平面内的任意直线。如图 5－23(a)所示,直线 *KL* 垂直于△*ABC* 平面内的相交两直线 *AD*、*CE*,则直线 *KL* 必垂直于△*ABC* 平面,直线 *KL* 称作△*ABC* 的垂线或法线。

2. 投影特点

若直线垂直于平面，必垂直于平面内的投影面的平行线。根据直角投影定理，垂线的正面投影垂直于平面内的正平线的正面投影；垂线的水平投影垂直于平面内的水平线的水平投影。例如，在图 5-23(b)中，$\triangle ABC$ 的垂线 KL 的正面投影 $k'l'$ 必垂直于 $\triangle ABC$ 内的正平线 CE 的正面投影 $c'e'$（$k'l' \perp c'e'$）；KL 的水平投影 kl 必垂直于 $\triangle ABC$ 内的水平线 AD 的水平投影 ad（$kl \perp ad$）。

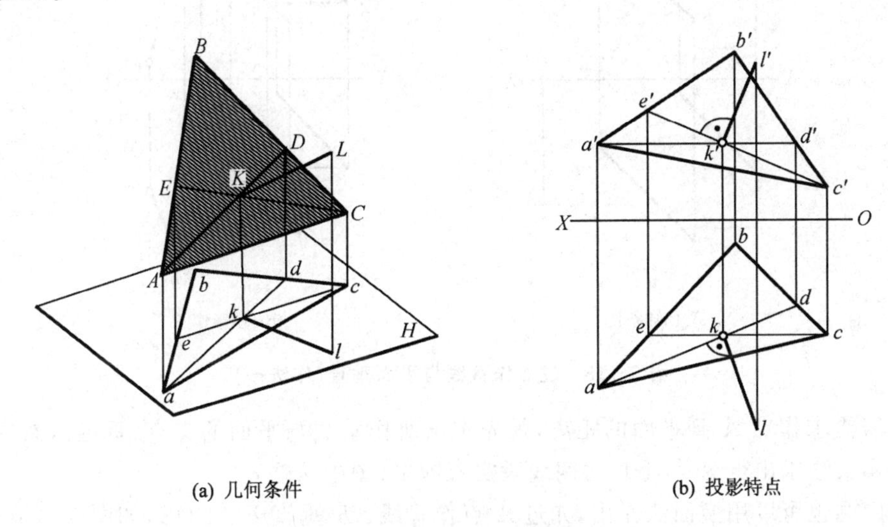

(a) 几何条件　(b) 投影特点

图 5-23　直线与平面垂直

若直线垂直于投影面的垂直面，则直线必平行于该平面所垂直的投影面，在该投影面上直线的投影垂直于平面的积聚性投影。例如，在图 5-24 中，直线 AB 与垂直于 H 面的矩形 $CDEF$ 相互垂直，则 AB 必为水平线，且 $ab \perp c(d)e(f)$。

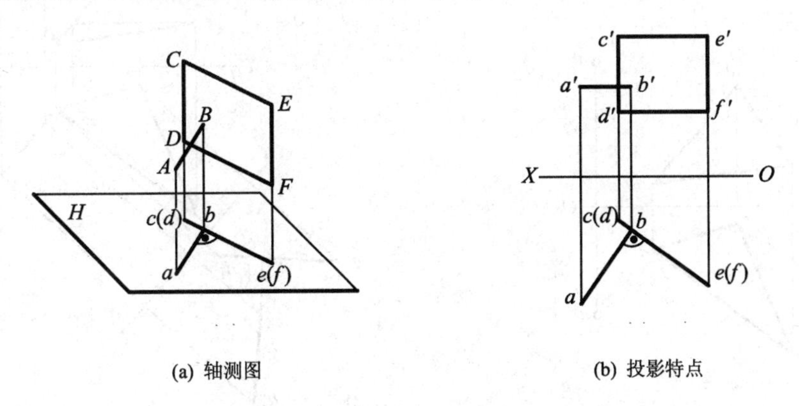

(a) 轴测图　(b) 投影特点

图 5-24　直线与垂直面相互垂直

3. 基本作图方法

在解决直线与平面垂直的问题时，常用如下两个基本作图方法。

(1) 过已知点作一直线垂直于已知平面

分析：如图 5-25(a)给出了点 A 及平行二直线（CD、EF）所确定的平面。过 A 点只能作一条直线与已知平面垂直。具体作图如下（见图 5-25(b)）：

① 过C点在平面内作正平线CM和水平线CN；

② 过点a'作$a'b' \perp c'm'$，过点a作$ab \perp cn$，由投影ab和$a'b'$所确定的直线AB即为所求的平面的垂线。

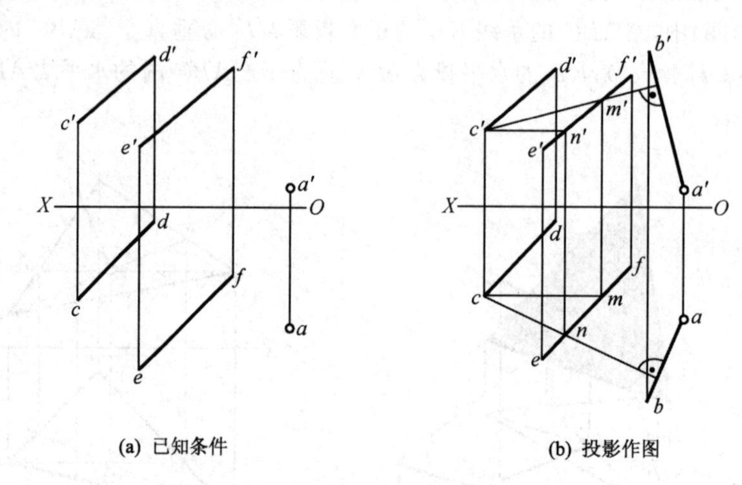

(a) 已知条件　　(b) 投影作图

图5-25　过点作直线与平面垂直(作法一)

如果需要求作点A到平面的距离，须先求出所作垂线与平面的交点(垂足)，然后用直角三角形求实长法求出点A与垂足之间线段实长即可(图中从略)。

上述问题也可以用换面法作出，如过A点作直线AF垂直于$\triangle CDE$，如图5-26(a)所示，可按图5-26(b)中所示的步骤作图，读者可以对照图形分析其作图过程。

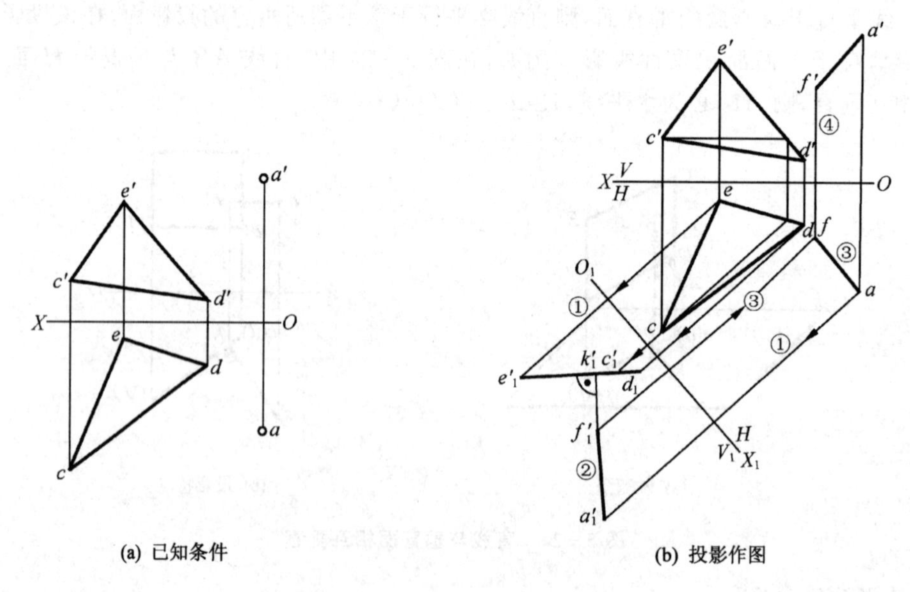

(a) 已知条件　　(b) 投影作图

图5-26　过点作直线与平面垂直(作法二)

当给出的平面$\triangle DEF$为铅垂面时，如图5-27所示，则过A点所作的垂直于铅垂面的直线AB必定是水平线，它的水平投影垂直于铅垂面的水平投影($ab \perp def$)，而它的正面投影平行于OX轴($a'b' /\!/ OX$)。因此，作图时可直接画出AB的两面投影，不必在平面内再做辅助线。

(2) 过已知点作平面垂直于已知直线

过一个点只能作一个平面垂直于已知直线，图5-28所示为过已知点A作平面与直线BC垂直，具体作图步骤如下(见图5-28(b))：

① 过A点作正平线$AD(ad,a'd')$，使AD的正面投影$a'd' \perp b'c'$；

② 过A点再作水平线$AE(ae,a'e')$，使AE的水平投影$ae \perp bc$。

AD、AE所确定的平面即为过A点垂直于直线BC的平面。

图5-29示出了采用换面法作图的详细步骤，读者可以对照图形分析其作图过程。

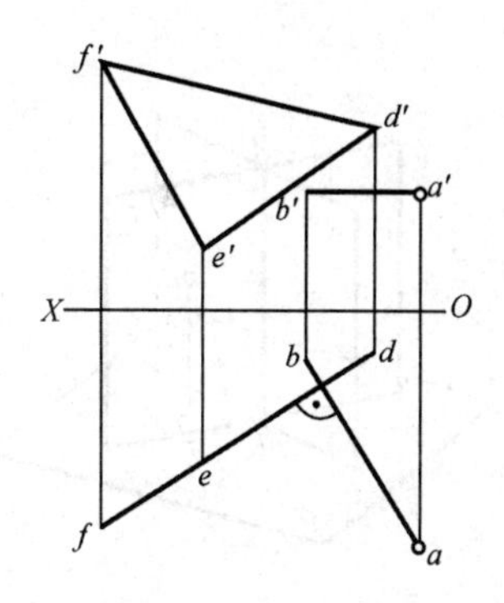

图5-27　过点作直线垂直于铅垂面

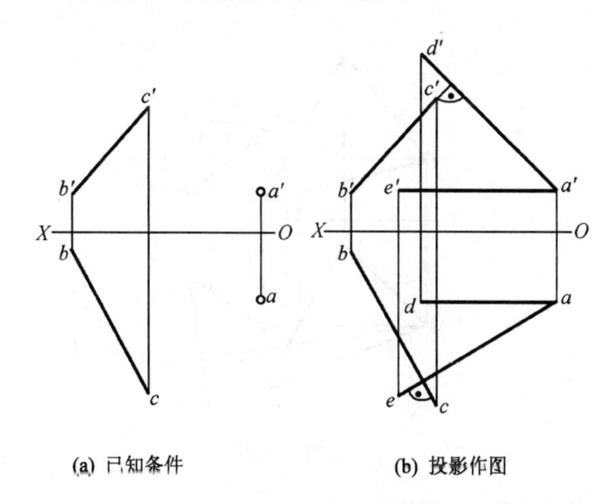

图5-28　过点作平面垂直于直线(作法一)

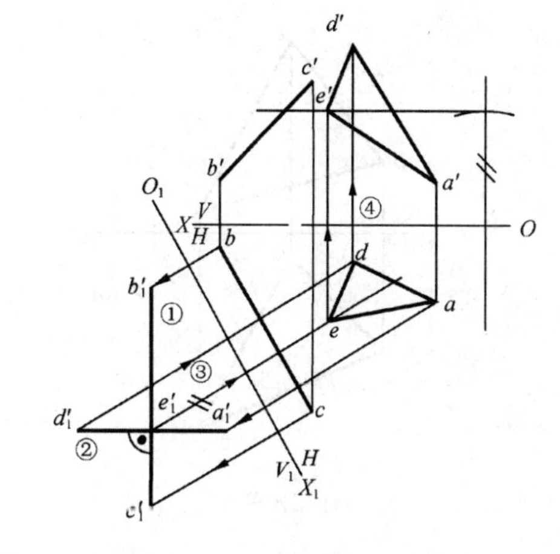

图5-29　过点作平面垂直于直线(作法二)

5.3.2　平面与平面垂直

两个平面垂直的几何条件是：若一直线垂直于一个平面，则包含这条直线的所有平面都垂直于该平面。由此可知，直线垂直于平面是平面与平面垂直的必要条件。如图5-30所示，由于直线AK垂直于P平面，则包含AK的Q、R平面都垂直于P平面。如在Q平面上取一点B向P面作垂线BE，则BE一定在Q平面内。

若相互垂直的两个平面都同时垂直于某一个投影面，则两个平面的有积聚性的同面投影必互相垂直，如图5-31所示。

【例5-12】过点A作一平面垂直于已知平面$\triangle DEF$，如图5-32(a)所示。

根据上述几何条件，应按下列步骤作图(见图5-32(b))：

① 先过A点作$\triangle DEF$的垂线AB，为此使$a'b'$垂直于$\triangle DEF$内的正平线DM的正面投影($a'b' \perp d'm'$)，使ab垂直于$\triangle DEF$内的水平线DN的水平投影($ab \perp dn$)；

② 再过A点任作一直线AC，则两条相交直线AC、AB所确定的平面即为所求$\triangle DEF$的垂直面之一。

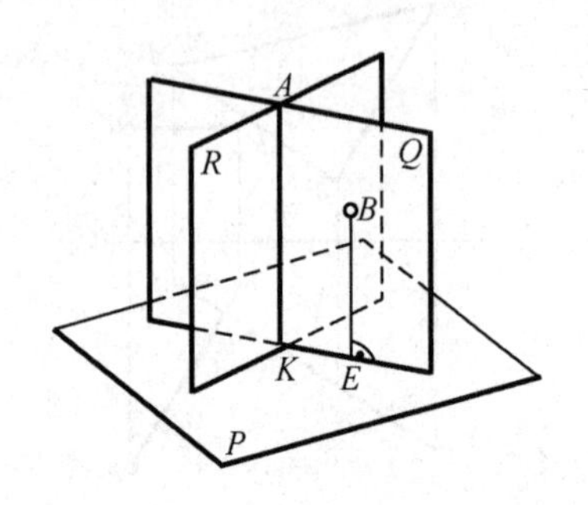

图 5-30　两平面垂直的几何条件

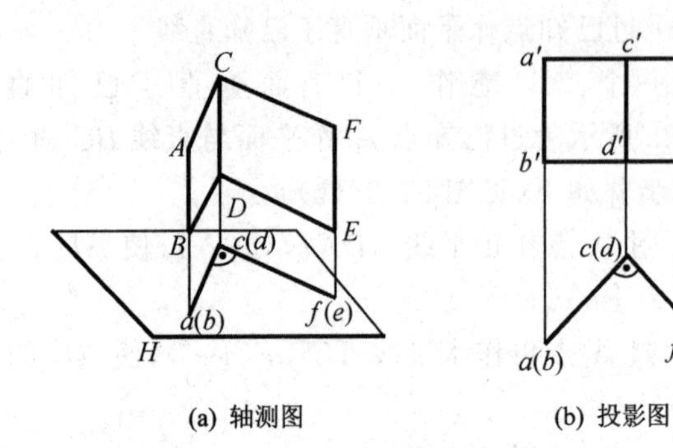

(a) 轴测图　　(b) 投影图

图 5-31　两投影面垂直面相互垂直

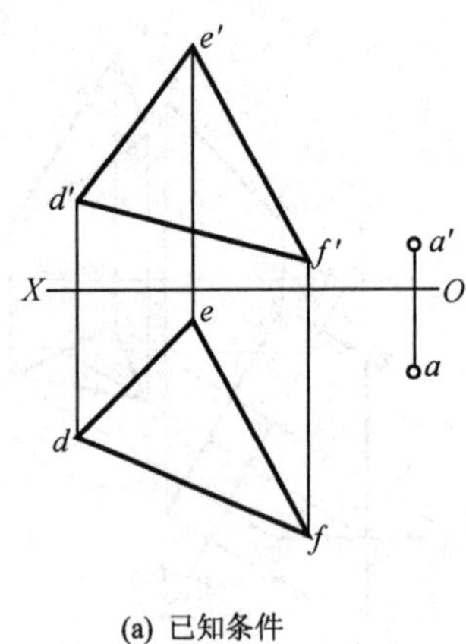

(a) 已知条件

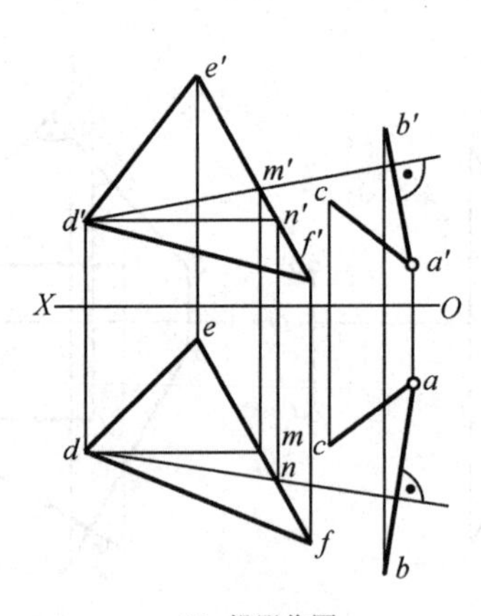

(b) 投影作图

图 5-32　过点作平面垂直于已知平面

【例 5-13】试作图验证图 5-33(a)所示的两个平面在空间是否相互垂直。

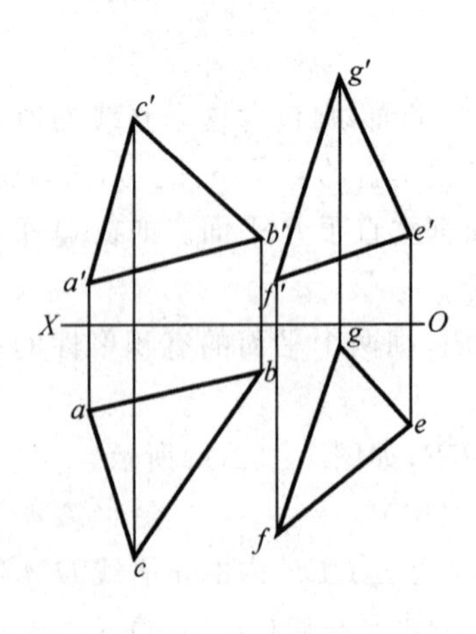

(a) 已知条件

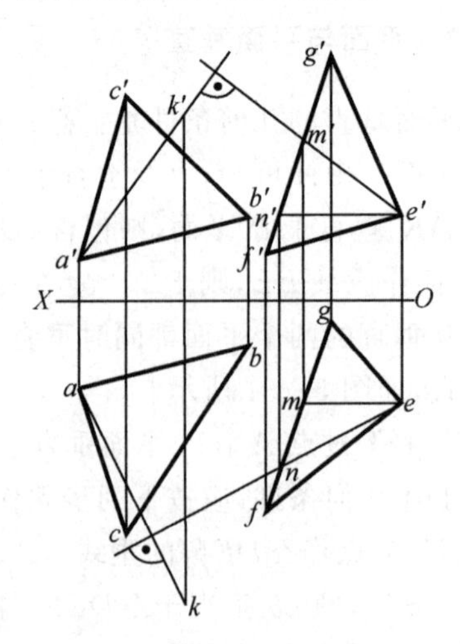

(b) 投影作图

图 5-33　验证两个平面是否垂直

分析：假设过△ABC 的顶点 A 作△EFG 的垂线 AK，若该垂线在△ABC 平面上，则两平面互相垂直，反之则两平面不垂直。具体作图方法如图 5－33(b)所示。

① 过△EFG 的顶点 E 在△EFG 内作正平线 EM 和水平线 EN。

② 过△ABC 的顶点 A 作垂线 AK，即过 a' 和 a 分别作 $a'k' \perp e'm'$，$ak \perp en$。

从图中明显看出 AK 不在△ABC 平面内，故两个平面不垂直。

5.4　综合题解

综合性图示图解问题的一般作图步骤是：

① 按题意作空间分析。根据给定的投影图及条件，想象已知几何元素和要求，以及几何元素在空间的自身形状及其相互间的关系。

② 几何关系分析。应用有关的几何定理和条件(如几何元素平行、垂直的几何定理，确定空间直线、平面的几何条件等)，推理确定求解问题的方法步骤。

③ 应用已学的各种基本作图方法进行图解作图。

④ 对题解进行讨论或证明。如讨论本题有几解？解题的方法有几种？

5.4.1　定位问题

【例 5－14】已知直线 CD、EF、GH 的两面投影，求作一直线 AB 平行于直线 CD，且与直线 EF、GH 都相交，如图 5－34(a)所示。

(1) 分　析

所求直线 AB 必在平行于 CD 的平面上，该平面可以包含交叉两直线 EF、GH 之一作出，如图 5－34(b)所示包含 EF 作平行面，则另一直线(如 GH)必与这个平面相交，如图示交点 A；过交点 A 作的平行于 CD 的直线必在所作的平行面上与 EF 交于点 B，连线 AB 即为所求。

(2) 作图(见图 5－34(c))

① 包含直线 EF 作平面 KEF，平行于直线 CD；

② 求直线 GH 与平面 KEF 的交点 A；

③ 过点 A 作直线平行于 CD，并与直线 EF 相交于点 B，则 AB 为所求的直线。

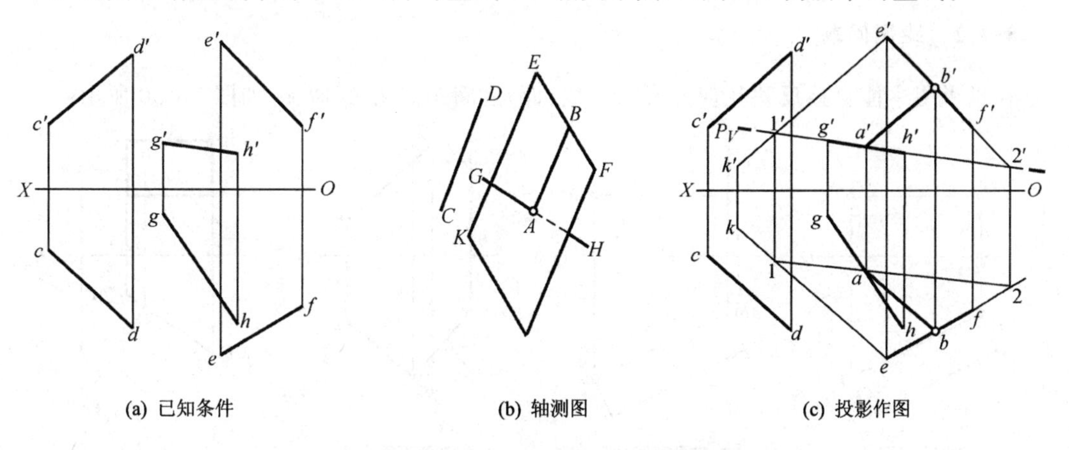

图 5－34　作直线与一直线平行并与另两直线相交

*【例 5-15】求作直线 MK 与交叉两直线 AB、CD 正交，如图 5-35(a)所示。(参考)

(1) 分 析

如图 5-35(b)所示，可以包含其中一直线 CD 作平面 P 平行另一直线 AB，则垂直于 P 面的所有直线都与 AB、CD 垂直，自 AB 上的任意一点 A 作 P 面的垂线 AH，求出垂足 E，过点 E 作平行于直线 AB 且在 P 面上的直线 EF，EF 与 CD 同在平面 P 上，必交于一点 K。过点 K 作直线 AE 的平行线交 AB 于 M 点，MK 即为所求。

(2) 作图(见图 5-35(c))

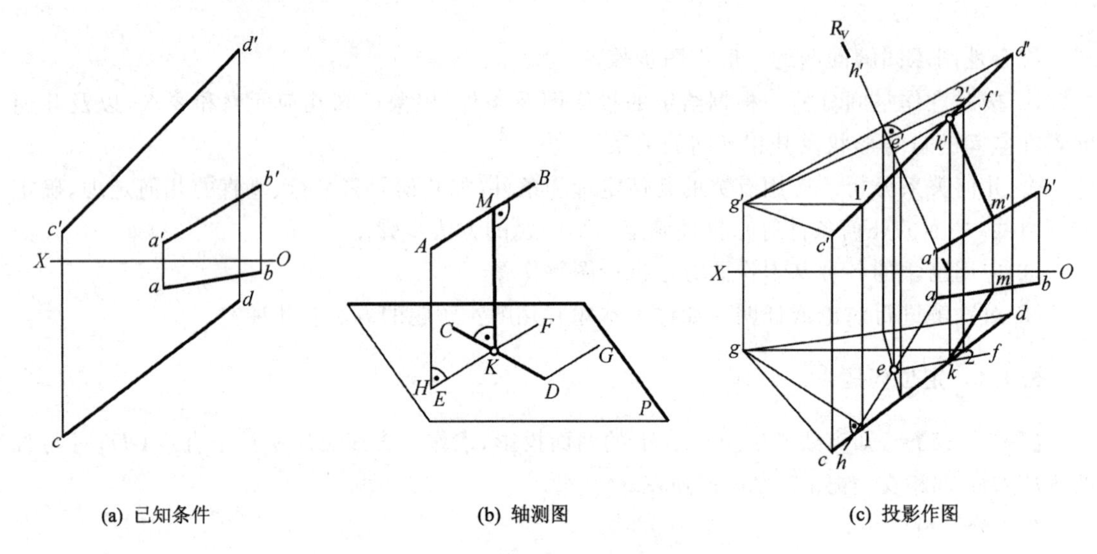

(a) 已知条件 (b) 轴测图 (c) 投影作图

图 5-35 作直线与交叉两直线正交

① 过 D 点作直线 $DG/\!/AB$，两相交直线 DG、DC 确定的平面 $P(\triangle CDG)$平行于 AB。

② 过点 A 作直线 $AH \perp P$ 面。为此，使 AH 垂直于 P 面上的水平线 $G\text{I}$ 和正平线 $G\text{II}$。

③ 用辅助平面 R_V 求出 AH 与 P 平面的交点 E，E 即垂足。

④ 过垂足 E 作直线 $EF/\!/AB$，EF 与 CD 交于 K。

⑤ 由点 K 作 $KM/\!/AE$，KM 交 AB 于点 M，MK 与交叉两直线 AB、CD 均正交，即为所求。

5.4.2 距离问题

在投影图中能直接反映几何元素(点、线、面)之间距离 L 的情况，如图 5-36 所示。

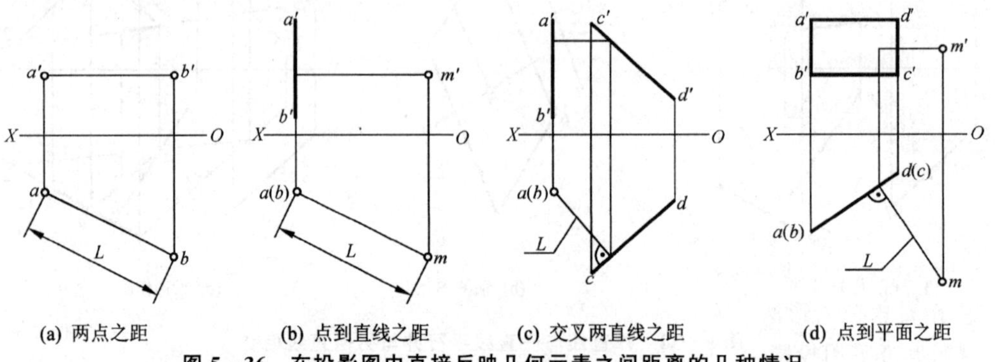

(a) 两点之距 (b) 点到直线之距 (c) 交叉两直线之距 (d) 点到平面之距

图 5-36 在投影图中直接反映几何元素之间距离的几种情况

在求解几何元素之间的距离问题时，应首先分析考虑怎样转化成图5-36这种直接反映距离的情况。以下是常见的几个求解距离问题的例子，分别阐述如下。

1. 点至直线间的距离

【例5-16】求C点到直线AB的距离，如图5-37(a)所示。

(1) 分 析

如图5-37(b)所示，过点C作平面P垂直于直线AB，求出直线AB与平面P的交点(垂足)K，连直线段CK，即为所求点至直线的距离。

(2) 作图(见图5-37(c))

① 过C点作正平线CD，使$c'd' \perp a'b'$，再过点C作水平线CE，使$ce \perp ab$，则CD和CE两相交直线组成的平面$P(DCE)$一定垂直于AB；

② 求出AB和平面$P(DCE)$的交点$K(k,k')$；

③ 连线ck、$c'k'$即为CK的两投影，再用直角三角形法求出其实长，即为C点到AB直线的距离。

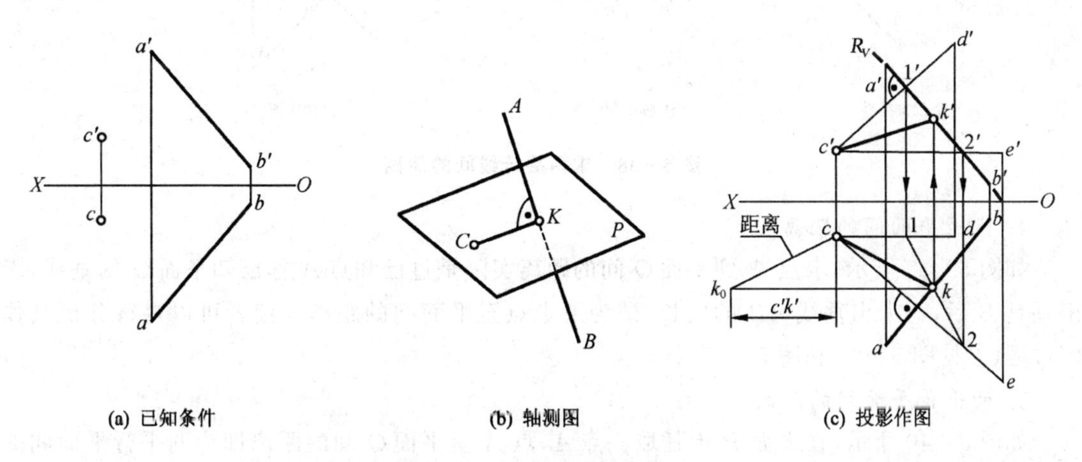

图5-37 求点到直线的距离

此例也可以采用换面法求解，如经过两次变换投影面的方法即可求得距离的实长。读者可自行分析其求解过程。

2. 两平行直线间的距离

【例5-17】求作两平行直线AB和CD间的距离，如图5-38(a)所示。

(1) 分 析

如图5-38(b)所示，在直线AB上任取一点E，过点E作平面垂直于直线CD，其交点为F，则EF即为两平行直线间的距离。

(2) 作图(见图5-38(c))

① 在直线AB上任取一点$E(e,e')$，过点E作直线AB的垂面P，P由相交两直线EM、EN确定，EM为水平线，EN为正平线，图中$em \perp cd$(或ab)，$e'n' \perp c'd'$(或$a'b'$)；

② 求出直线CD与垂面$P(\triangle EMN)$的交点$F(f,f')$，连$EF(ef,e'f')$，ef、$e'f'$即为两平行线间的距离的投影；

③ 用直角三角形法求出线段$EF(ef,e'f')$的实长，即为所求的距离。

此例也可采用投影变换的方法求解，如经过两次换面法即可求得距离的实长。读者可自行分析其求解过程。

3. 两交叉直线间的距离

求交叉两直线间的距离实际是求两直线间的公垂线的实长，如图 5－35 中所作的直线 $MK(mk, m'k')$ 即为交叉两直线 AB、CD 的公垂线，在此基础上再求出直线 MK 的实长，即为所求两交叉直线间的距离。当然，此题同样可以用投影变换来求解(参见图 4－18)，这里不再重述。

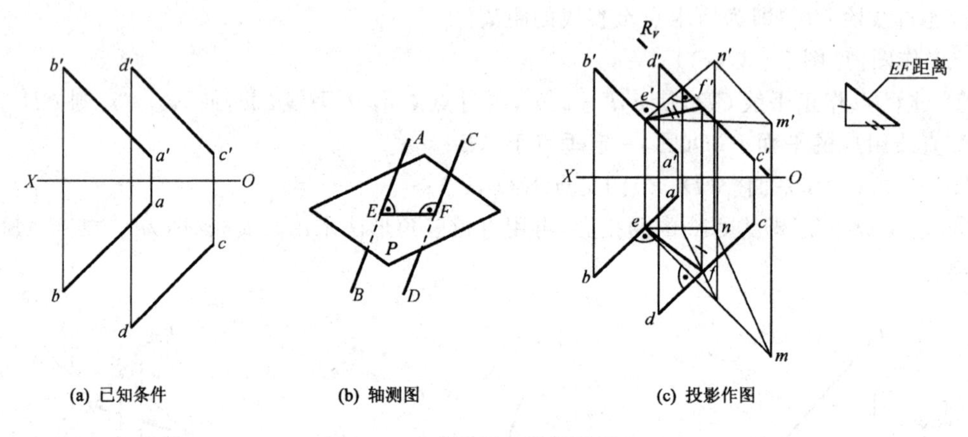

(a) 已知条件　(b) 轴测图　(c) 投影作图

图 5－38　求两平行线间的距离

4. 点至平面间的距离

如图 5－39 所示，求点 A 到平面 Q 间的距离实际是过已知点 A 作已知平面 Q 的垂线，求出垂足 B 后，再求出垂线 AB 的实长，即为所求点至平面间的距离。读者可以自行分析其作图过程(参见图 5－26 和图 5－27)。

5. 两平行平面间的距离

如图 5－40 所示，在平面 P 上任取一点 A，点 A 至平面 Q 间的距离即为两平行平面间的距离，具体解题思路同上段所述。

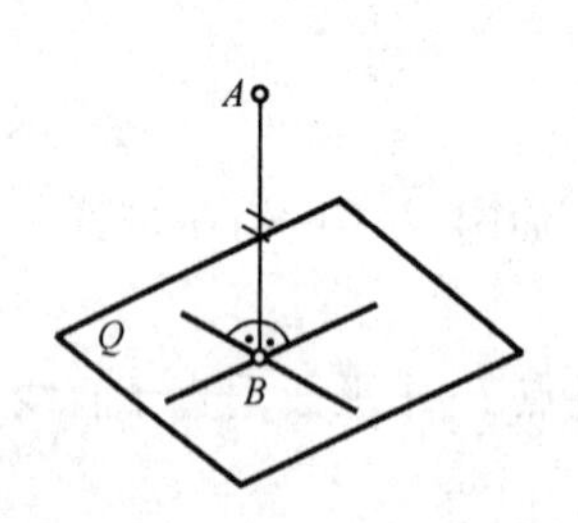

图 5－39　点至平面间的距离

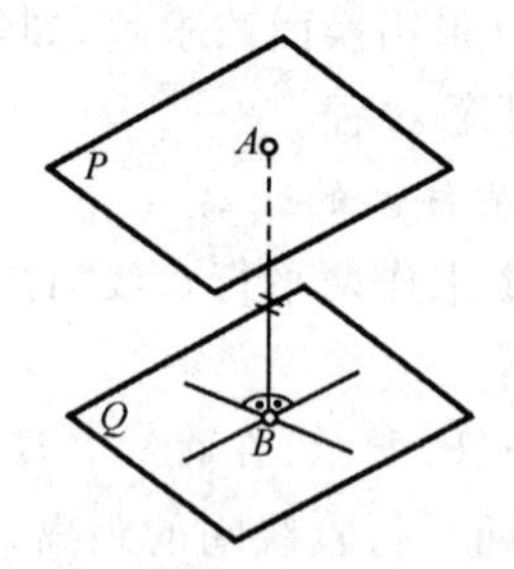

图 5－40　两平行平面间的距离

5.4.3　角度问题

角度问题分为两种情况：一种是直线、平面对投影面的倾角 α、β、γ 等(前面有关章节已述)；另一种是直线、平面彼此相交形成的夹角，在投影图中可直接反映其夹角的情况，如图 5－41 所示。在求解几何元素之间的夹角问题时，应首先分析考虑怎样转化成这种直接反映夹角的情况。以下是常见的几个求解夹角问题的情况，分别阐述如下。

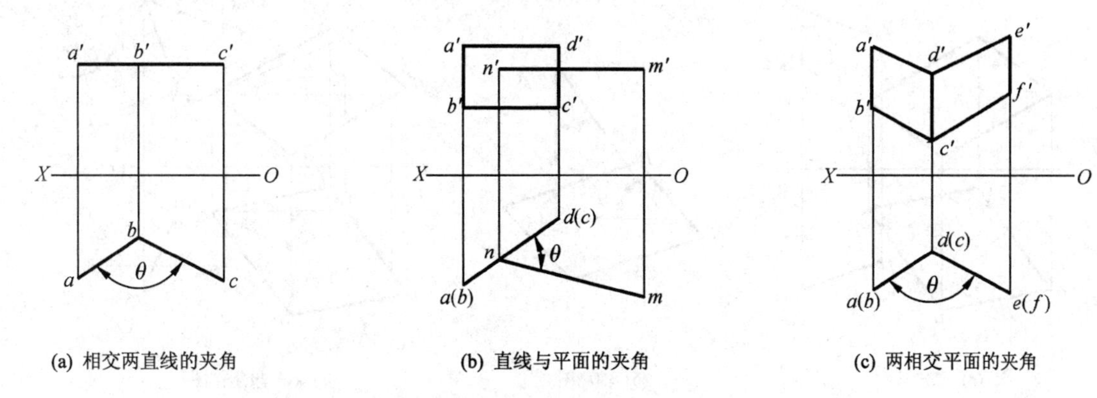

(a) 相交两直线的夹角　(b) 直线与平面的夹角　(c) 两相交平面的夹角

图5-41　在投影图中直接反映几何元素之间夹角的几种情况

1. 两相交直线间的夹角

求两相交直线间的夹角问题的实际是求相交两直线所确定平面的实形。如图5-42(a)所示，任作直线EF与两相交直线AB、AC相交，这样就构成平面$\triangle AEF$；利用投影变换或直角三角形法求得$\triangle AEF$的实形；则$\triangle AEF$实形中的$\angle EAF$便是所求两相交直线间的夹角θ。具体作图过程读者可参阅前面有关章节所述内容。

*2. 直线与平面间的夹角

初等几何曾定义：直线和它在平面上的投影所成的锐角，称为该直线与该平面间的夹角。如图5-42(b)所示，任取直线AB上的一点A，由点A作平面P的垂线AM，求出直线AM和AB的夹角δ，δ的余角便是直线与平面间的夹角θ。

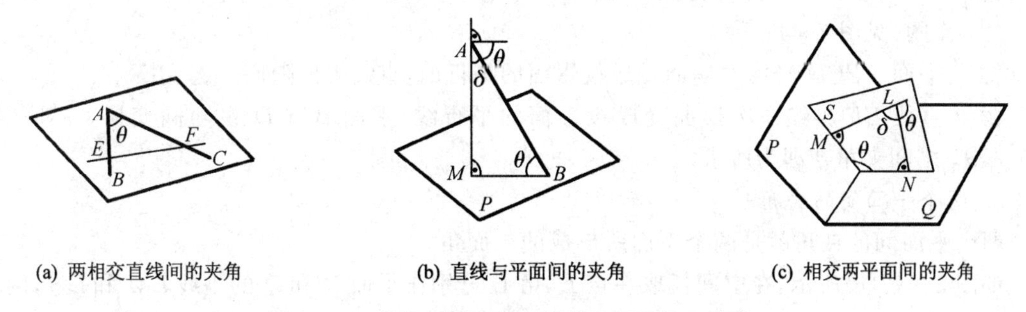

(a) 两相交直线间的夹角　(b) 直线与平面间的夹角　(c) 相交两平面间的夹角

图5-42　空间几何元素之间夹角问题的几种情况

【例5-18】求直线EF与平面$ABCD$的夹角θ，如图5-43(a)所示。

解法一

(1) 分　析

如图5-43(b)所示，从直线EF上任取一点E，过E作平面$ABCD$的垂线EG，EF与平面$ABCD$的夹角θ为直线EF和EG夹角δ的余角，求出δ角即可得出θ角。而求δ角的大小可归结为求$\triangle FEG$的实形。

(2) 作图(见图5-43(c))

① 过E点作直线EG垂直于平面$ABCD$。为此，先在平面$ABCD$上过C点作水平线$C\,\mathrm{I}$和正平线$C\,\mathrm{II}$，使$eg \perp c1$，$e'g' \perp c'2'$。

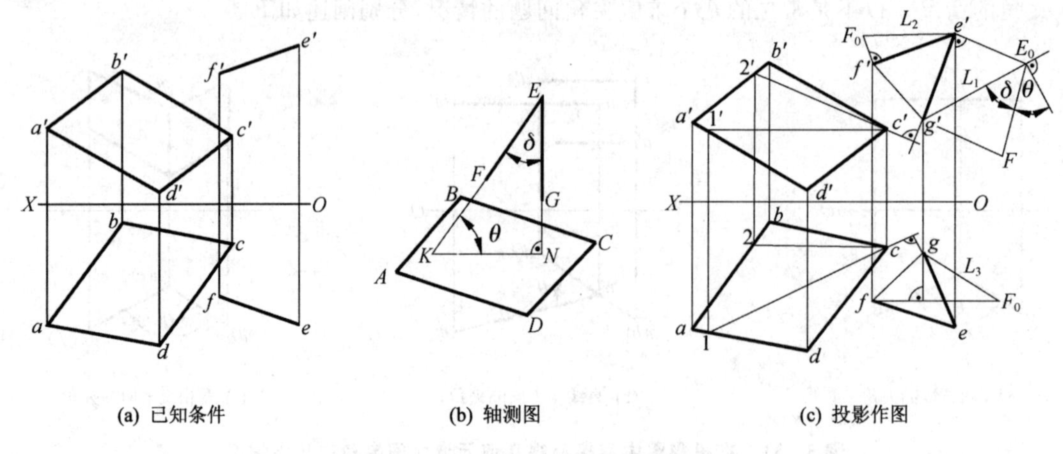

(a) 已知条件　　(b) 轴测图　　(c) 投影作图

图 5-43　求直线与平面间的夹角

② 求$\angle FEG$的实形。连接 F、G，构成$\triangle FEG$，用直角三角形法分别求出三条边的实长(L_1、L_2、L_3)组成$\triangle FEG$的实形，所得的δ角即为 EF 和 EG 的夹角。

③ EF 与$\square ABCD$的夹角θ为δ的余角，即$\theta=90°-\delta$。

解法二——换面法

(1) 分　析

作一新投影面与直线 EF 平行，且与平面 $ABCD$ 垂直，则在该新投影面上的投影反映θ角。由于平面 $ABCD$ 处于一般位置，所以先将它变为投影面平行面的位置，这要变换两次投影面，然后作新投影面 V_3 平行于直线 EF，并垂直于平面 $ABCD(a_2b_2c_2d_2)$，EF 与 $ABCD$ 所成夹角θ即为所求，本题需三次变换才能得解。

(2) 作图(见图 5-44(b))

① 将平面 $ABCD$ 经两次换面变成投影面的平行面，直线 EF 随同一起变换。

② 将直线 EF 再经一次换面变成投影面的平行线，平面 $ABCD$ 也随同变换。$e'_3f'_3$ 与 $a'_3b'_3c'_3d'_3$ 之间夹角θ即为所求。

3. 两个平面间的夹角

两个平面间的夹角就是两个平面所形成的二面角。

如图 5-42(c)所示，在空间任取一点 L，由 L 分别作平面 P 和 Q 的垂线 LM 和 LN，两相交直线 LM 和 LN 所确定的平面 S 是 P、Q 两个平面的公垂面，即是二面角所在的平面，求出两相交直线 LM 和 LN 的夹角δ，δ的补角便是两个平面的夹角θ(二面角)。

【例 5-19】求作具有公共边 BC 的两三角形$\triangle ABC$和$\triangle BCD$的夹角θ，如图 5-45 所示。

(1) 分　析

解题的思路已在前讨论过，如图 5-42(c)所示，作图从略。现用第二种方法即换面法求解。

当两个平面的交线垂直于某一个投影面时，则两个平面在该投影面上的投影为两相交的直线，它们之间的夹角为两个平面的二面角，即所求的夹角θ(见图 5-45(a))，为此，需将公共边 BC 变成投影面的垂直线。

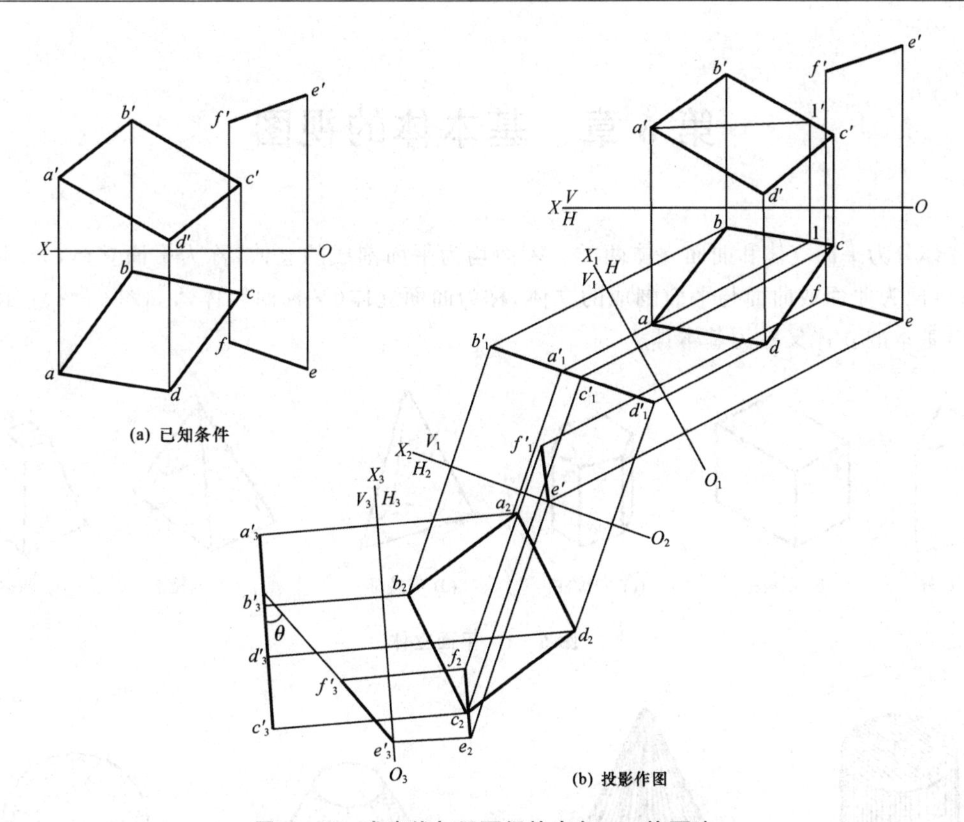

图 5-44　求直线与平面间的夹角——换面法

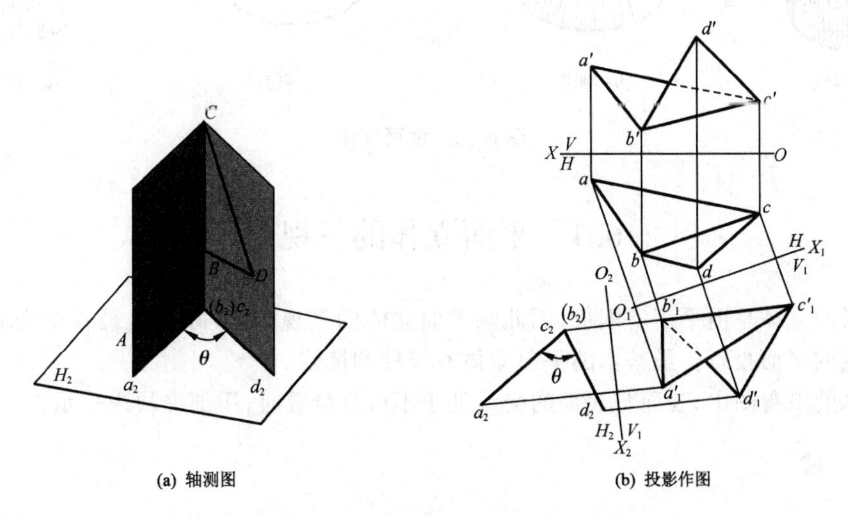

图 5-45　求平面与平面间的夹角

(2) 作图(见图 5-45(b))

① 将公共边一般位置直线 BC 经两次换面变成投影面的垂直线,平面随同一起变换。

② $\triangle ABC$ 和 $\triangle BCD$ 的积聚性投影 $a_2(b_2)c_2$ 和 $(b_2)c_2d_2$ 两直线的夹角 θ 即为所求。

从以上两例看出,用换面法图解空间几何问题,常感方法简捷,图示清晰。许多较复杂的图解问题,用换面法解之,可化难为易。

第 6 章　基本体的视图

立体分为平面立体和曲面立体两类。表面均为平面围成的立体，称为平面立体，如图 6－1 所示；表面为曲面或曲面与平面围成的立体，称为曲面立体（又称回转体），如图 6－2 所示。这两类最基本的立体又称为基本体。

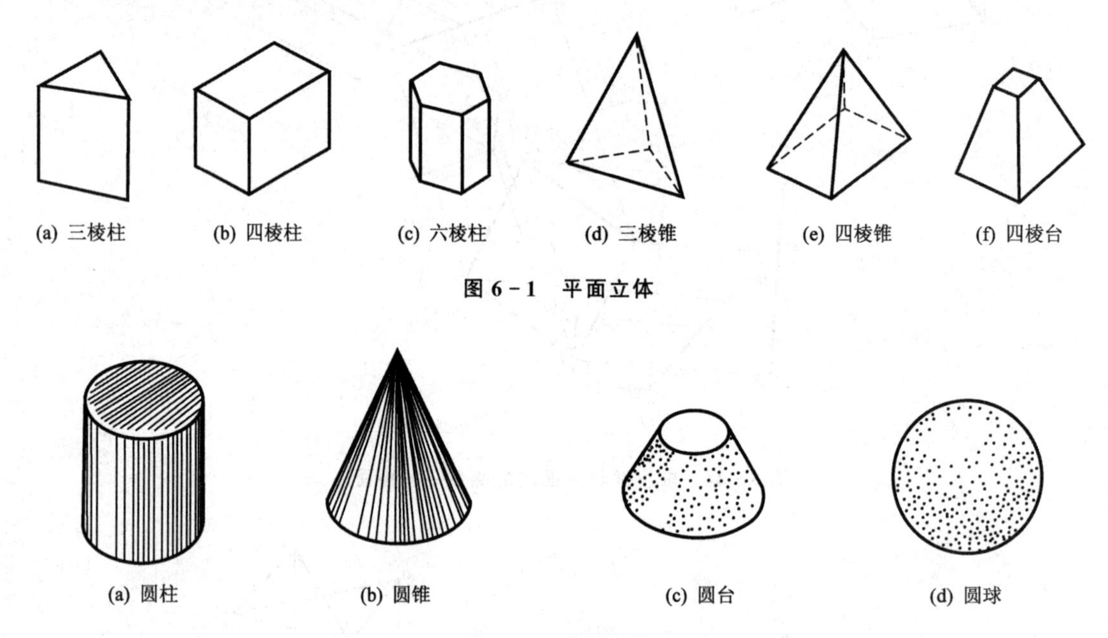

图 6－1　平面立体

图 6－2　曲面立体

6.1　平面立体的三视图

由于平面立体是由平面所围成，因此画平面立体的三视图，实际上是画各个表面（棱面）、棱线和顶点的三面投影。最基本的平面立体有棱柱和棱锥。

在立体的三视图中，表面与表面的交线处于不可见位置时，用细虚线来表示。

6.1.1　棱　柱

1. 棱柱的三视图

棱柱是由棱面及上、下底面所围成的（见图 6－1），两棱面的交线为棱线，各棱线均互相平行，棱柱的棱线与上、下底面垂直时，称为直棱柱。当底为正多边形时，称为正棱柱。如正六棱柱，由六个棱面和上、下底面所围成；六个棱面是全等的长方形；上、下底面是全等的正六边形；六条棱线互相平行，且与上、下底面垂直。画三视图时，通常使棱线垂直于某一投影面，并使棱柱上尽可能多的表面平行于投影面，图 6－3(a)所示为正六棱柱三视图形成的轴测图。

图中所示正六棱柱的棱线垂直于 H 面，顶、底两面平行于 H 面，前、后两棱面平行于 V 面。图 6-3(b)所示是正六棱柱的三视图，其画图步骤如图 6-4 所示。

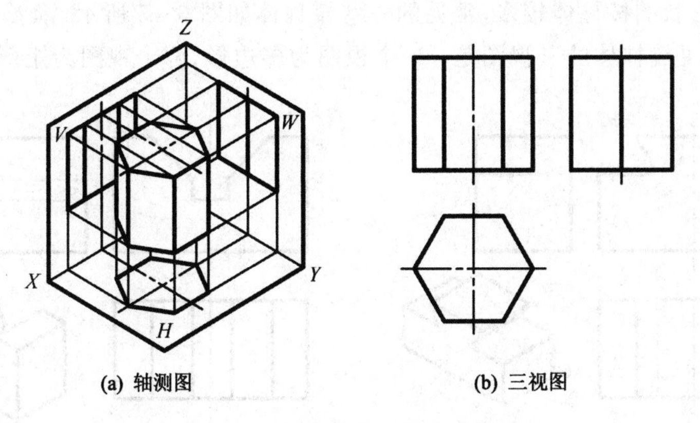

(a) 轴测图　　(b) 三视图

图 6-3　正六棱柱三视图的形成

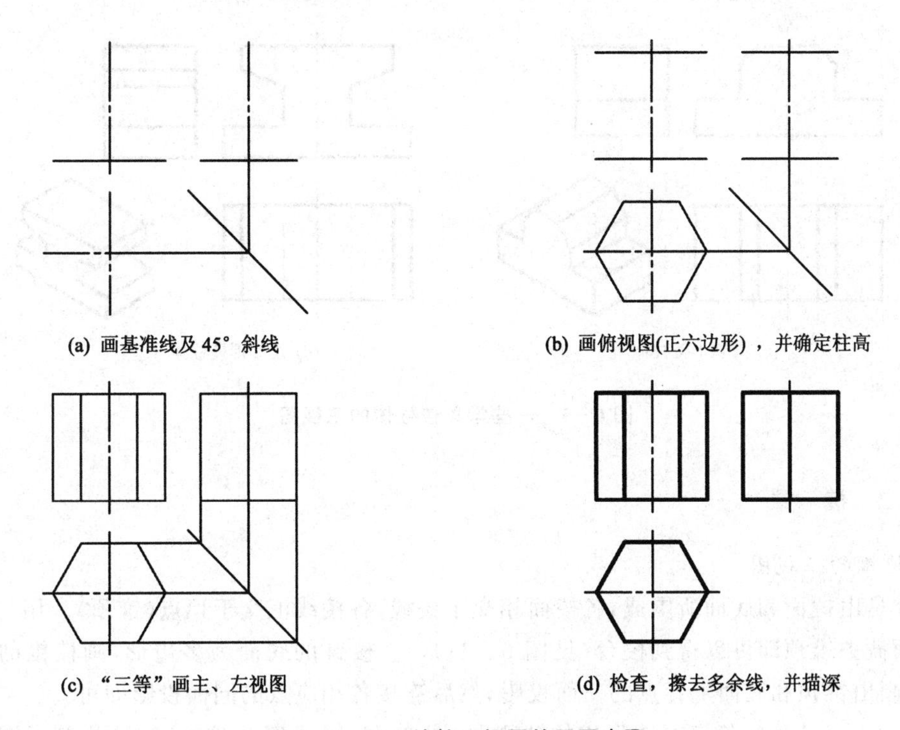

(a) 画基准线及 45° 斜线　　(b) 画俯视图(正六边形)，并确定柱高

(c) “三等”画主、左视图　　(d) 检查，擦去多余线，并描深

图 6-4　正六棱柱三视图的画图步骤

2. 视图分析

为了看懂正六棱柱的三视图，对图线和线框作如下分析：

主视图中上、下两条水平的直线是顶、底两平面具有积聚性的投影；三个线框表示前面三个棱面(可见面)的 V 面投影，并与后面三个棱面(不可见面)的投影重影，其中间的线框反映棱面的实形，而左右两个线框具有类似性。俯视图是正六边形线框，它反映顶、底两面的实形(顶面可见面、底面不可见)；六边形的六条边分别是六个棱面具有积聚性的投影。左视图是两个长方形的线框，表示左边前、后两个棱面(可见面)的 W 面投影，并与右边前、后两个棱面(不可见面)的投影重影,都具有类似性;上、下两条水平直线是顶、底两面具有积聚性的投影;前、后两条竖线是前、后两个棱面的积聚性的投影。

实际中各种形状的棱柱体较多,常见的一些棱柱体如图6-5所示,读者可以自行分析。

由图6-5可见棱柱体的三视图是:一个视图为多边形,两个视图为矩形所组成。

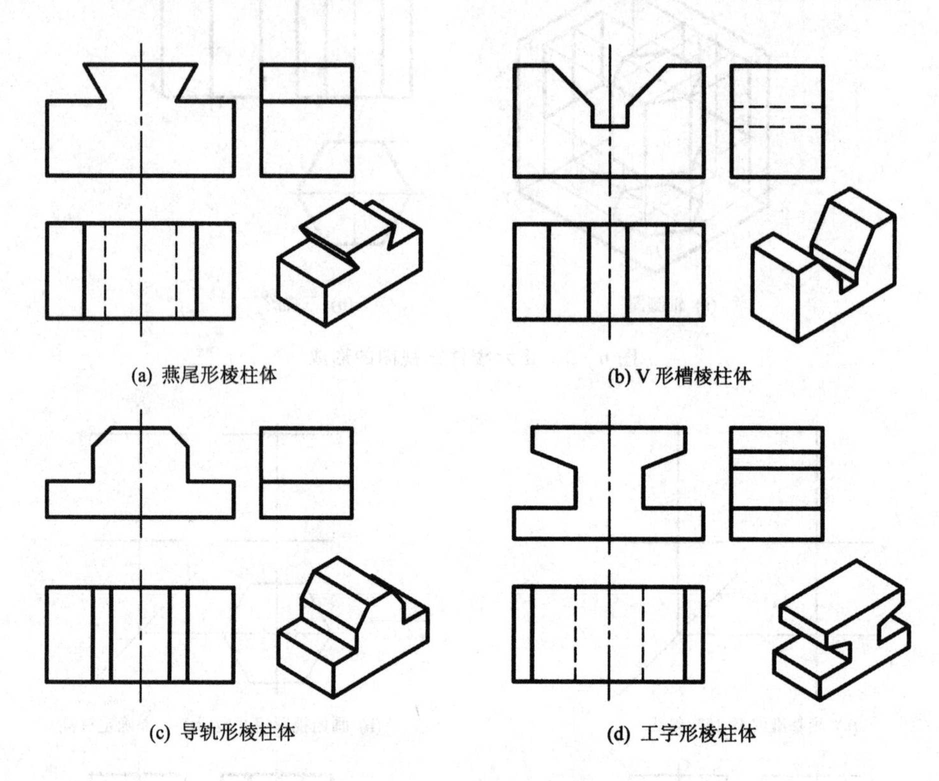

(a) 燕尾形棱柱体　(b) V形槽棱柱体　(c) 导轨形棱柱体　(d) 工字形棱柱体

图6-5　一些常见棱柱体的三视图

6.1.2　棱　锥

1. 棱锥的三视图

棱锥是由棱面和底面所围成,各棱面相交于棱线,各棱线汇交于顶点(锥顶)。用与底面平行的平面截去锥顶即可以得到棱台(见图6-1(f))。棱锥的底面为多边形,画棱锥的三视图时,只要画出锥顶和底面上各点的三面投影,然后连接各相应点的同面投影即可。

图6-6(a)为四棱锥三视图形成的轴测图,图6-6(b)为四棱锥的三视图,其画图步骤如图6-7所示。

2. 视图分析

由图6-6(a)可知,四棱锥的底平行于H面,左、右两棱面垂直于V面,前、后两棱面垂直于W面。在其三视图中:主视图是等腰三角形,两腰是左、右两棱面具有积聚性的投影,三角形的底边是四棱锥底面具有积聚性的投影,三角形线框是前、后两棱面(前棱面可见、后棱面不可见)的V面投影的重影(具有类似性);俯视图中,矩形线框反映底面(不可见面)的实形,四个三角形线框为四个棱面(可见面)的H面投影(具有类似性);左视图也是等腰三角形,两腰和底边分别是前、后两棱面和底面具有积聚性的投影,三角形线框是左、右两棱面(左棱面可

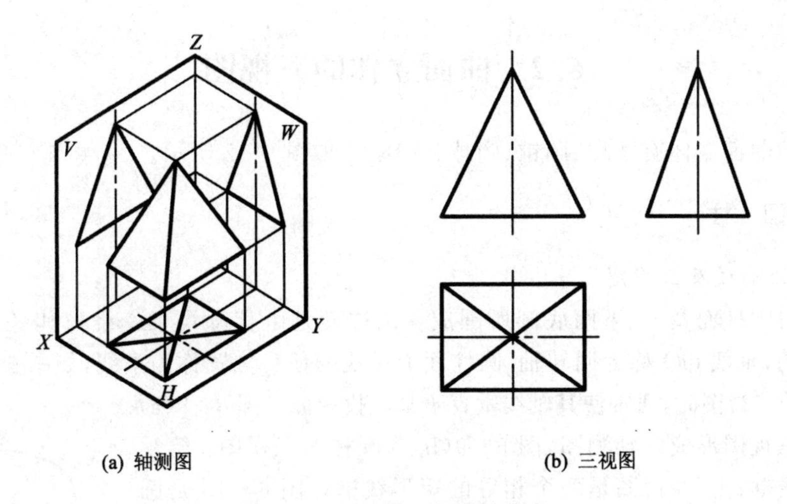

(a) 轴测图　　(b) 三视图

图 6 - 6　四棱锥三视图的形成

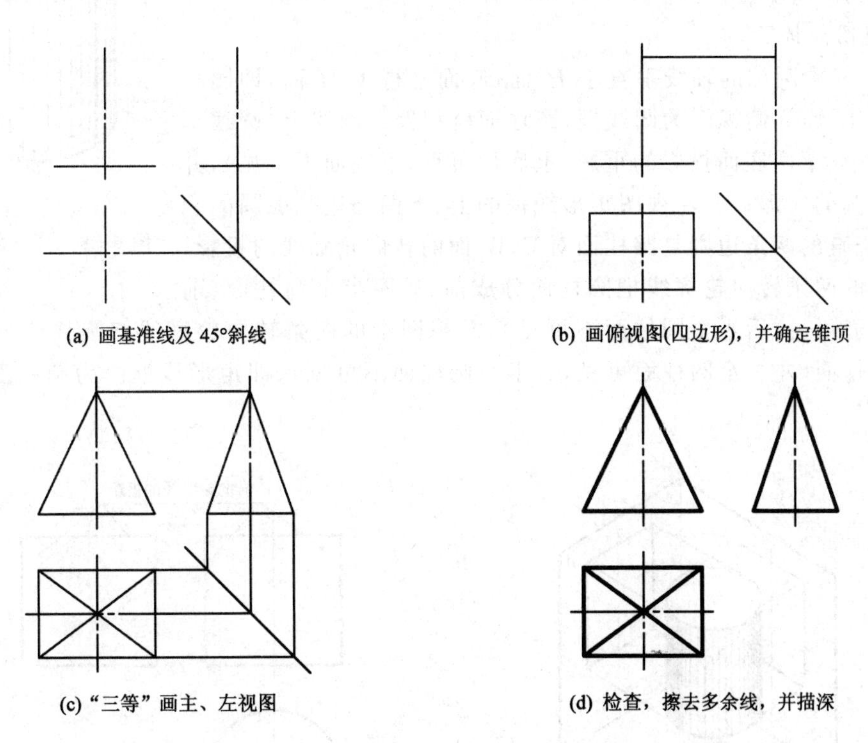

(a) 画基准线及 45°斜线　　(b) 画俯视图(四边形)，并确定锥顶

(c)“三等”画主、左视图　　(d) 检查，擦去多余线，并描深

图 6 - 7　四棱锥三视图的画图步骤

见、右棱面不可见)的 W 面投影的重影(具有类似性)。由图可见，四棱锥的四条棱线与三个投影面都倾斜，具有类似性，为一般位置直线。

由此可见，棱锥的三视图特点是：三个视图都有三角形，其中之一是多边形(棱锥底的投影)包围着多个三角形。

6.2　曲面立体的三视图

最基本的曲面立体有圆柱、圆锥、圆球、圆环等，如图6-2所示。

6.2.1　圆　柱

1. 圆柱的形成及三视图

圆柱是由圆柱面及上、下两底圆所围成。圆柱面是由直母线 AB 绕与其平行的轴线 OO 回转而形成的，轴线 OO 称为回转轴，圆柱面上母线的任一位置称为素线，如图6-8所示。

画圆柱的三视图时，通常使其轴线垂直于某一投影面。图6-9(a)所示为圆柱三视图形成的轴测图，图6-9(b)为圆柱的三视图：俯视图是一个圆线框；主、左视图是两个相等的矩形线框。图6-10是圆柱三视图的画图步骤。

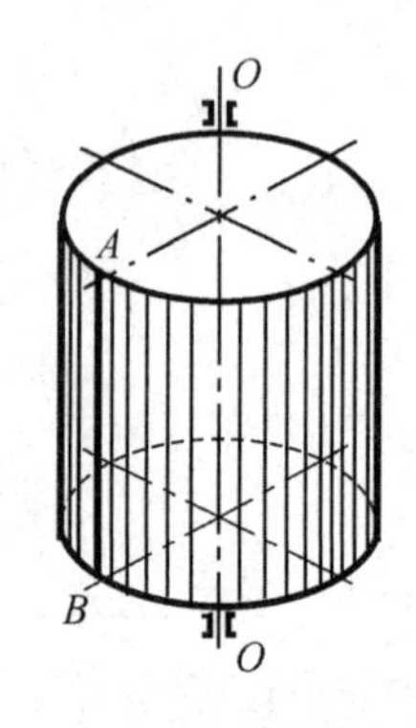

图6-8　圆柱面的形成

2. 视图分析

图6-9中圆柱的轴线垂直于 H 面，底面平行于 H 面，即圆柱面垂直于 H 面。俯视图为圆线框，圆柱面就积聚在圆线上，圆线框内是圆柱上、下两底面投影的重影(上底面可见，下底面不可见)，并且反映底圆的实形；主、左视图矩形线框的上、下两条边是底圆的积聚投影，竖直的两条边则是圆柱面对 V、W 面的转向轮廓线的投影，主视图中的两条转向轮廓线把圆柱面分成前、后两半个圆柱面(前半个圆柱面可见，后半个圆柱面不可见)，左视图中的两条转向轮廓线把圆柱面分成左、右两半个圆柱面(左半个圆柱面可见，右半个圆柱面不可见)，即矩形线框内为圆柱面的 V、W 面投影。

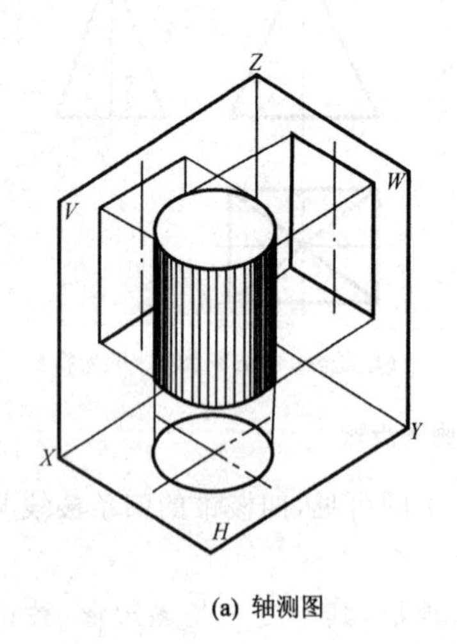

(a) 轴测图

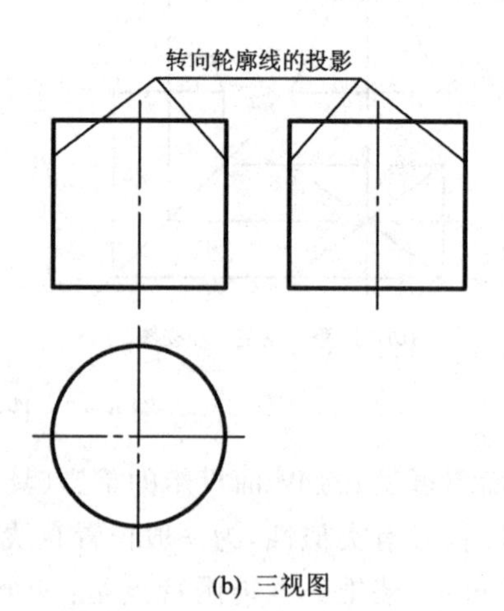

(b) 三视图

图6-9　圆柱三视图的形成

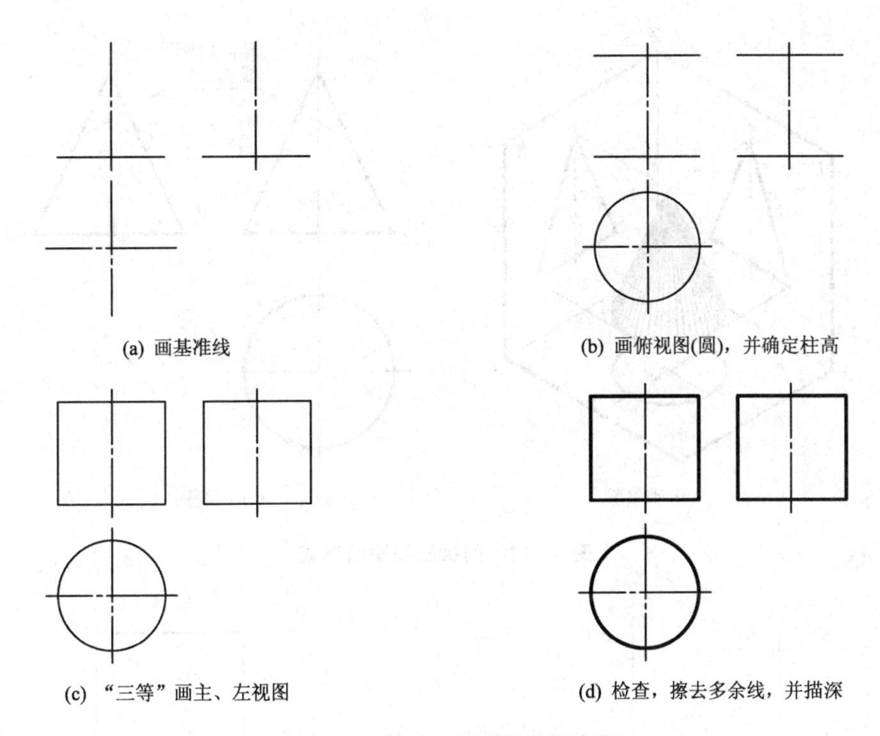

(a) 画基准线　　(b) 画俯视图(圆)，并确定柱高

(c) "三等"画主、左视图　　(d) 检查，擦去多余线，并描深

图 6-10　圆柱三视图的画图步骤

6.2.2　圆　锥

1. 圆锥的形成及三视图

圆锥是由圆锥面和底面圆所围成。圆锥面可看作由一条直母线 SA 绕与它相交的轴线 OO 回转而形成的，如图 6-11 所示。所以圆锥面上所有素线都相交于锥顶，如果用垂直于圆锥轴线的平面将圆锥顶切去所得的交线均为圆。这些圆越靠近锥顶，圆的直径越小，反之则越大。圆锥被平面切去锥顶即为圆锥台(见图 6-2(c))。

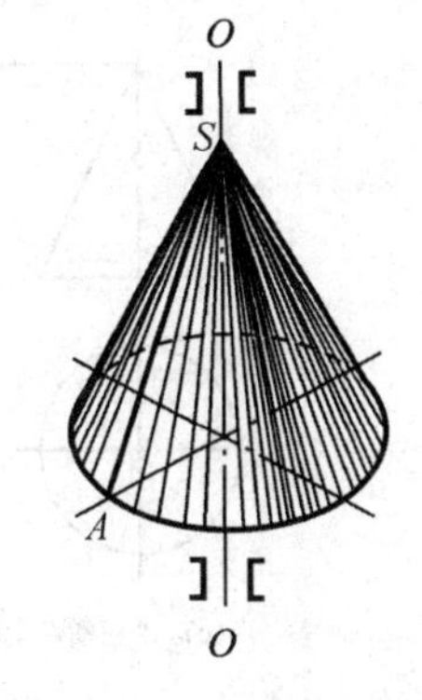

图 6-11　圆锥面的形成

画圆锥的三视图时，通常也将轴线垂直于某一投影面，如图 6-12(a)为圆锥三视图形成的轴测图，图 6-12(b)为圆锥的三视图：俯视图是一个圆，主、左视图是两个全等的等腰三角形。图 6-13 为圆锥三视图的画图步骤。

2. 视图分析

图 6-12 中圆锥的轴线垂直于 H 面，底面平行于 H 面。俯视图的圆线框，是圆锥面和底面圆投影的重影(锥面可见，底面圆不可见)，并且反映底面圆的实形；主、左视图的等腰三角形线框的底边是底面圆的积聚投影，两条腰则是圆锥面对 V、W 面的转向轮廓线的投影；主视图中的两条转向轮廓线把圆锥面分成前、后两半个圆锥面(前半个圆锥面可见，后半个圆锥面不可见)，左视图中的两条转向轮廓线把圆锥面分成左、右两半个圆锥面(左半个圆锥面可见，右半个圆锥面不可见)；等腰三角形线框内为圆锥面的 V、W 面投影。

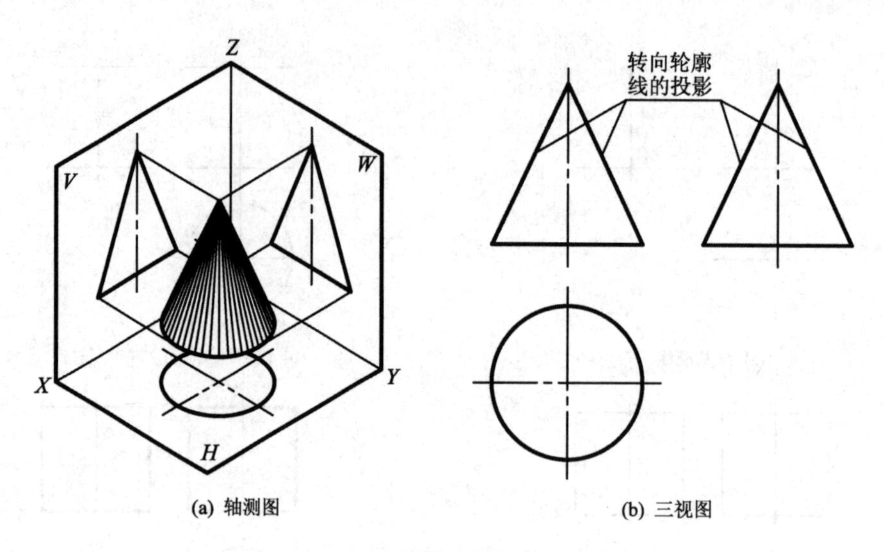

(a) 轴测图　　(b) 三视图

图 6-12　圆锥三视图的形成

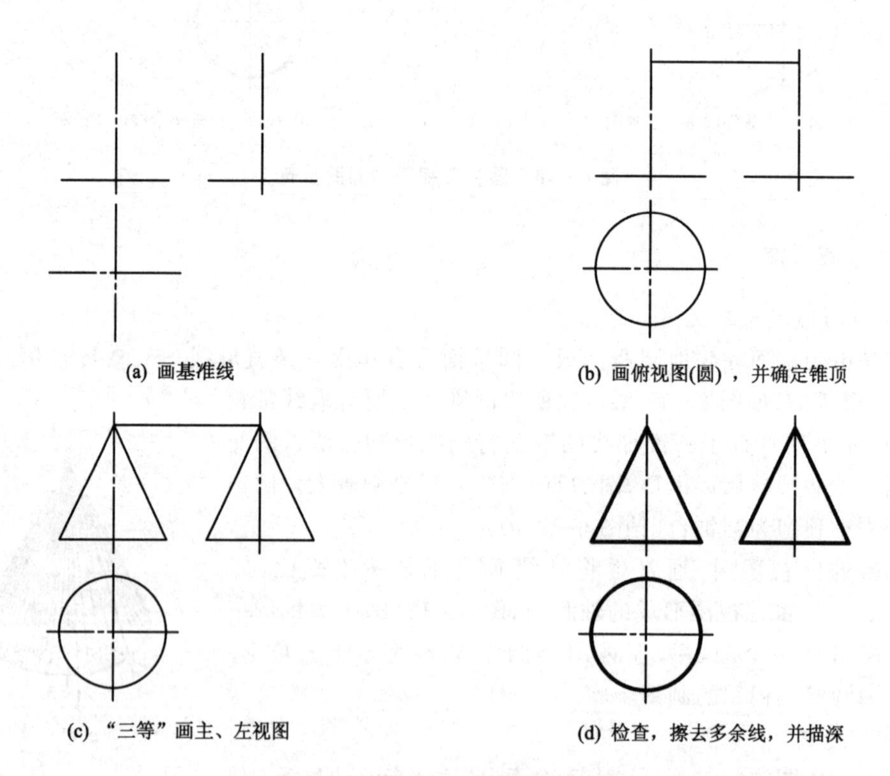

(a) 画基准线　　(b) 画俯视图(圆)，并确定锥顶

(c) "三等"画主、左视图　　(d) 检查，擦去多余线，并描深

图 6-13　圆锥三视图的画图步骤

6.2.3　圆　球

1. 圆球的形成及三视图

圆球是由球面围成的，圆球面可看作一圆(母线)围绕它的任一直径回转而成，这任一直径都可作为圆球的回转轴线，如图 6-14 所示的 AB 或 CD 直径。母线上任意一点的旋转轨迹都是圆。

图 6－15(a)为圆球三视图形成的轴测图，图 6－15(b)是圆球的三视图，可见圆球的三视图是三个直径相等的圆。其画图步骤是画相互垂直的中心线(基准线)，再以圆球的直径画出三个直径相等的圆即可。

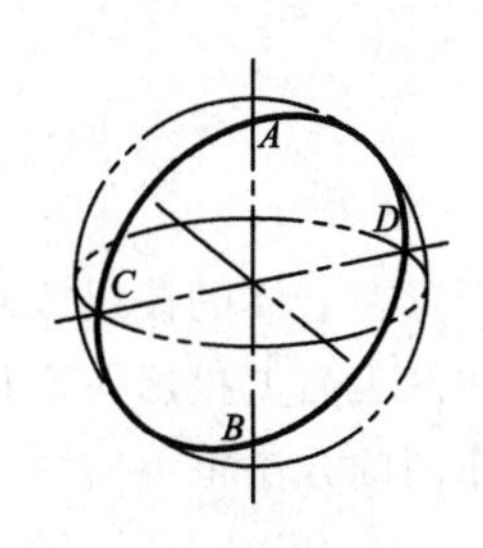

图 6－14　圆球面的形成

2. 视图分析

图 6－15 中，虽然圆球的各个视图都是圆，但各个圆的含义不同。主视图的圆是球面上平行于 V 面最大的转向轮廓线圆，该圆把球面分成前、后两半个球面(前半个球面可见，后半个球面不可见)；俯视图的圆是球面上平行于 H 面最大的转向轮廓线圆，该圆把球面分成上、下两半个球面(上半个球面可见，下半个球面不可见)；左视图的圆是球面上平行于 W 面最大的转向轮廓线圆，该圆把球面分成左、右两半个球面(左半个球面可见，右半个球面不可见)。这三个转向轮廓线圆的其他投影都与圆的相应中心线重合。

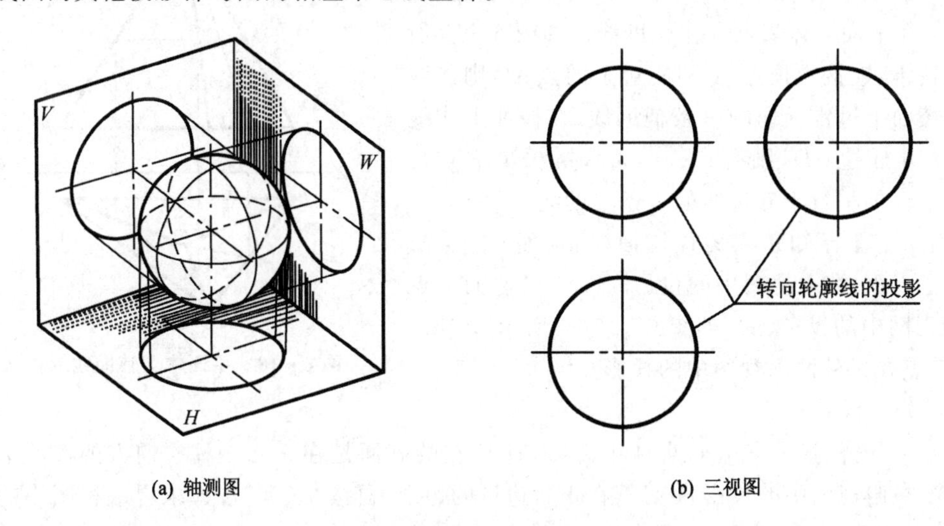

(a) 轴测图　　(b) 三视图

图 6－15　圆球三视图的形成

图 6－16 和图 6－17 示出了半圆球和四分之一圆球的三视图，请读者自行分析。

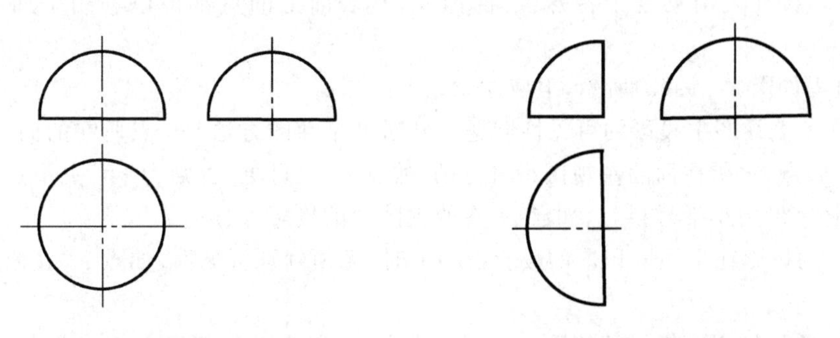

图 6－16　半圆球的三视图　　图 6－17　1/4 圆球的三视图

综上所述，在曲面立体的视图中都具有转向轮廓线，该线在一个视图中为粗实线，而在另外两个视图中不画线，但其位置是在点画线上。这是曲面立体视图的一大特点，记住这一规律对今后的看图是非常重要。

6.3 基本体表面上点、线的投影

点在立体的棱线或转向轮廓线上,点的各投影必在棱线或转向轮廓线的同面投影上;点在立体的表面上投影一定位于立体表面的同面投影上。由于点在立体上的位置不同,所以其取点作图的方法也不同。

6.3.1 平面立体表面上的点

点在平面立体的表面上按其位置不同有三种形式:点在棱线上、在具有积聚性的面上、在倾斜面(一般位置平面)上。当点位于前两种形式时,按"三等"规律可直接求解;当点在第三种形式时,应采用在平面上取线的方法来求解,称为辅助线法,其方法是:在平面立体表面上作辅助线。如图6-18所示的三棱锥,连接锥顶点A和底边上的点M,则连线AM是棱面上过锥顶作的一条辅助线;在棱面上作线EN平行于底边CD,则有$e'n'/\!/c'd'$,$en/\!/cd$,EN是在棱面上作的平行于底边线的一条辅助线。

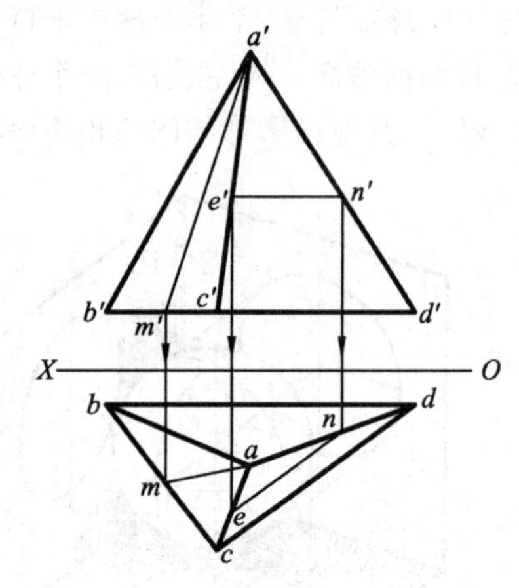

图6-18 平面体上辅助线的作法

【例6-1】已知正六棱柱棱面(铅垂面)上点M和棱线上点K在主视图中的投影m'、k'及底面上点N在俯视图中的投影(n),如图6-19(a)所示,求M、N、K三点在另外两面视图中的投影。

(1) 分　析

由点m'的位置及它是可见的可知,点M所在的表面是在正六棱柱左前方的棱面上。因此,点M在俯视图中的投影m必落在正六边形的边上,再按"三等"规律求得左视图中的投影m''。点N和K读者可以自行分析。

(2) 作　图

由于正六棱柱表面均处于特殊位置,因此,其表面上的点都可以利用平面的积聚性来作图。

作图过程如图6-19(b)所示,但应注意以下两点:

① 点在各个视图中投影的可见性问题。判断可见性的方法是:点所在的面可见,点的投影即可见。如点M所在面的左视图是可见的,故点m''也可见;否则为不可见。点在视图中为不可见时,将字母用小括号括起,如点N在俯视图中的投影点(n)。

② 当点的投影在平面所积聚的投影(线)上时,无须判别可见性,如点M在俯视图中的投影点m。

【例6-2】已知正三棱锥棱棱面(倾斜面)上点M和棱线上点K在主视图中的投影m'、k'以及棱面上点N在俯视图中的投影n,如图6-20(a)所示,求M、N、K三点在另外两面视图中的投影。

(1) 分　析

由点m'的位置及它是可见的可知,点M所在的表面是在正三棱锥左前方的棱面(倾斜

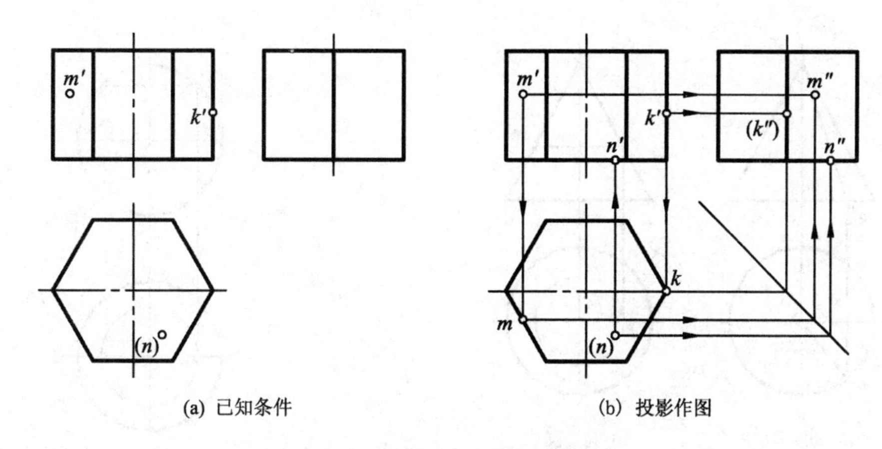

(a) 已知条件　　　　(b) 投影作图

图 6－19　正六棱柱的表面上取点

面)上。因此,点 M 在另外两面视图中的投影要用辅助线($S\,Ⅰ$ 或 $M\,Ⅱ$)法求解,而点 N 和 K 则可以按“三等”规律直接求得另外两面视图中的投影,读者可以自行分析。

(2) 作　图

由于正三棱锥的表面有倾斜面和特殊位置平面,因此,其表面上的点应采用不同的方法来作图。其作图过程如图 6－20(b)和(c)所示,但应注意一点：辅助线应取在点所在的面上。

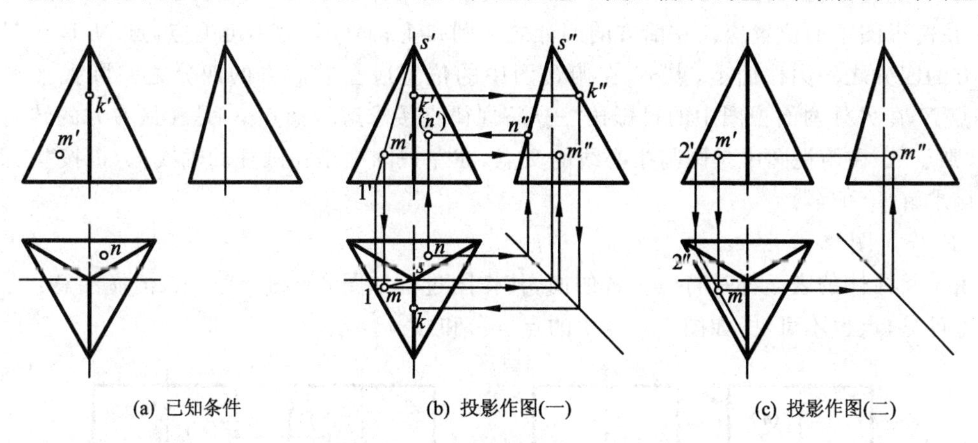

(a) 已知条件　　　　(b) 投影作图(一)　　　　(c) 投影作图(二)

图 6－20　正三棱锥的表面上取点

6.3.2　曲面立体表面上的点

点在曲面立体的表面上按其位置不同也有三种形式：点在转向轮廓线上、在具有积聚性的面上、在一般位置面(圆锥面和圆球面)上。当点位于前两种形式时,按“三等”规律可以直接求解;当点在第三种形式时,应在圆锥和圆球表面上作辅助线求解。在圆锥表面上可以作两种辅助线：一种是过锥顶作直线,称为辅助素线法,如图 6－21(a)中直线 OM;另一种是在锥面上取平行于某一投影面的圆,称为辅助圆法,如图 6－21(b)中过点 E 的水平圆。在圆球表面上作辅助线,作图最简便的方法是在圆球面上取平行于某一投影面的圆,如图 6－22 中过点 E 的水平圆。

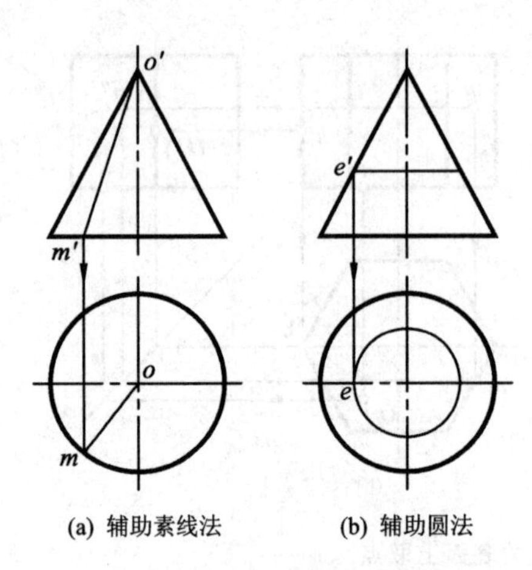

图 6-21 圆锥面上辅助线的作法

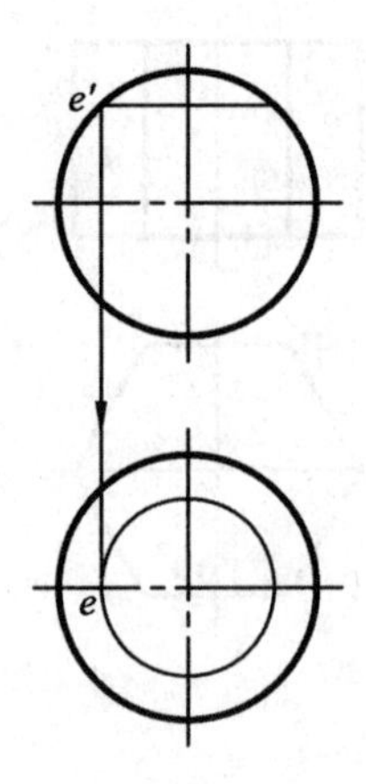

图 6-22 圆球面上辅助线的作法

【例 6-3】已知圆柱面(铅垂面)上的点 M 和 N,以及转向轮廓线上点 K 在主视图中的投影 m'、(n')、k',如图 6-23(a)所示,求 M、N、K 三点在另外两面视图中的投影。

(1) 分 析

由点 m' 的位置及它是可见的可知,点 M 是在圆柱体左前方的四分之一圆柱面上,因此,点 M 在俯视图中的位置应在左前方的四分之一圆弧上;而 (n') 为不可见点,点 N 是在圆柱体右后方的四分之一圆柱面上,点 N 在俯视图中的位置应在右后方的四分之一圆弧上。故点 M 和点 N 在另外两面视图中的投影按"三等"规律直接求解。而点 K 是在最右方的转向轮廓线上,则点 K 在俯视图中是圆与中心线的交点,在左视图中是在圆柱的轴线上,也按"三等"规律直接求解 k 和 (k'')。

(2) 作 图

由于圆柱体的表面都是特殊位置的面,其作图过程如图 6-23(b)所示,但应注意:点所在的面不可见,点也不可见,如图 6-23 中的点 (n'') 和 (k'')。

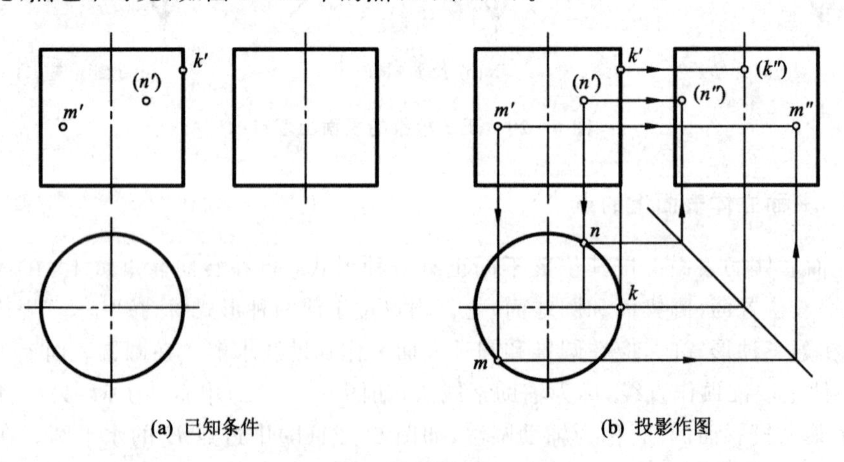

图 6-23 圆柱的表面上取点

【例 6-4】已知圆锥面上的点 M 和转向轮廓线上点 K 在主视图中的投影 m'、k',以及底面圆上点 N 在俯视图中的投影 (n),如图 6-24(a)所示,求 M、N、K 三点在另外两面视图中的投影。

(1) 分　析

由点 m'的位置及它是可见的可知，点 M 是在圆锥体左前方的四分之一圆锥面上，因此，点 M 在俯视图中的位置应在左前方的四分之一圆内，由于圆锥体的表面没有积聚性，可以采用辅助素线法或辅助圆法求解。而点(n)为不可见点，点 N 是在圆锥体的底面圆上，而点 K 在左视图的转向轮廓线上。故点 N 和点 K 在另外两面视图中的投影按“三等”规律直接求解。

(2) 作　图

作图过程如图 6－24(b)和(c)所示，其中点 N 和点 K 的求法读者可以自行分析。而点 M 的求解方法有两种：

方法一：辅助素线法。如图 6－24(b)所示，自圆锥的顶点 S 过点 M 引素线 $S\,Ⅰ$（该素线称为辅助素线），求得素线 $S\,Ⅰ$ 在各个视图中的位置，则点 M 在各个视图中的投影必落在 $S\,Ⅰ$ 线的同面投影上，再利用“三等”规律即可求得。

方法二：辅助圆法。如图 6－24(c)所示，过点 M 作水平圆为辅助线，该圆线在俯视图中反映了圆的实形，左视图中为一条水平的直线，则点 M 在各个视图中的投影必落在该圆线的同面投影上，再利用“三等”规律即可求得。

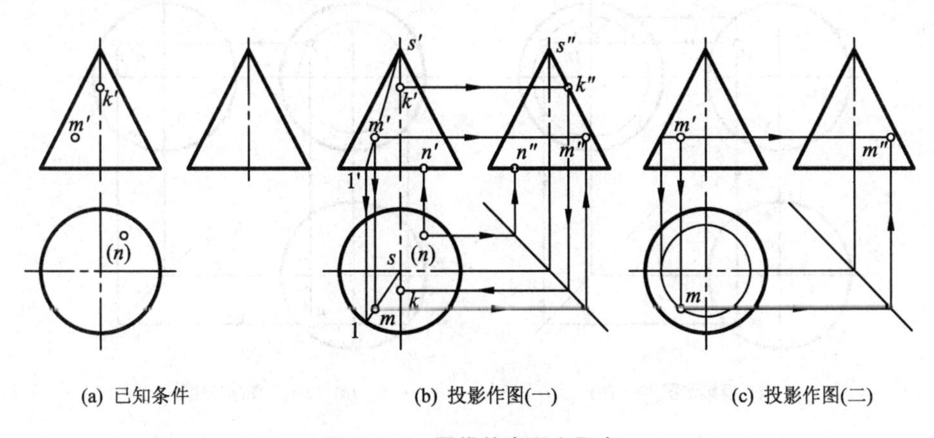

(a) 已知条件　(b) 投影作图(一)　(c) 投影作图(二)

图 6－24　圆锥的表面上取点

【例 6－5】已知圆球面上的点 N 和转向轮廓线上的点 M 在主视图中的投影 n'、m'，如图 6－25(a)所示，求 M、N 两点在另外两面视图中的投影。

(1) 分　析

由于点 M 的主视图中的投影点 m' 在转向轮廓线上，点 M 在俯视图的投影点 m 必然落在水平中心线上，其左视图中的投影点 m'' 应在垂直中心线上，按“三等”规律可以直接求解。又因为点 M 在下半个圆球面上，故它在俯视图中的投影为不可见的，即为点(m)。而根据点 N 在主视图中 n' 的位置可知，点 N 是在右前上方八分之一圆球面上，故点 N 在左视图中的投影为不可见的，即为点(n'')。但由于圆球的表面无直线，则求点 N 在各个视图中的位置要用取辅助线(平行于某个投影面的圆)的方法来求解，如图 6－22 所示。

(2) 作　图

作图过程如图 6－25(b)所示，在圆球表面上取辅助线(水平圆)，该圆在俯视图中反映圆的实形，左视图中为一条水平的直线，则点 N 在各个视图中的投影必然落在该圆的同面投影上,再利用“三等”规律即可求得。

另外,图 6-25(c)、(d)是在圆球面上取辅助线(侧平圆和正平圆)的作图方法,读者可以自行分析。

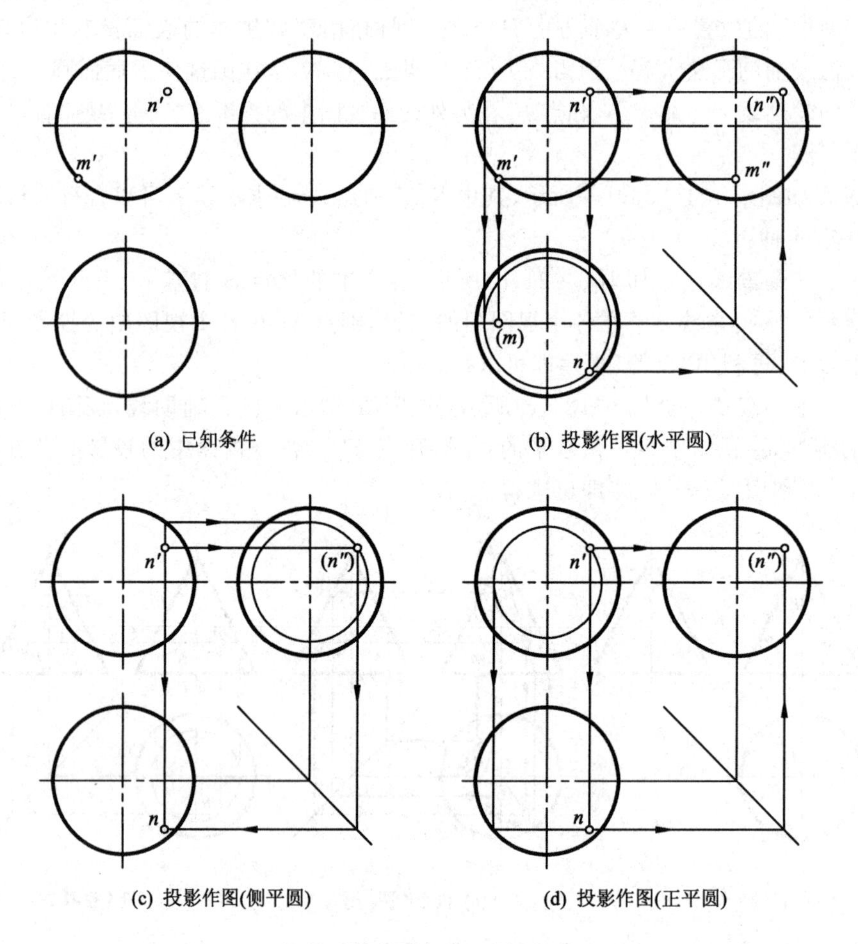

图 6-25　圆球的表面上取点

6.3.3　基本体表面上取线作图

线是点的集合。作出线上若干个点的投影,依次光滑连接这些点的同面投影就会得到线的各面投影。通常作图过程是:

① 先求出线上两个端点的投影;

② 作线的投影可见部分与不可见部分的分界点的投影;

③ 再求若干个一般点的投影;

④ 依次光滑连接各个点的投影,即得相应线的投影(可见线画粗实线;不可见线画细虚线)。

【例 6-6】已知三棱柱棱面上的折线 MKN 的正面投影 $m'k'n'$,如图 6-26(a)所示,求该折线的 H、W 面投影。

作图过程(见图 6-26(b)):先作出垂直面 ABB_1A_1 上点 M 的水平投影 m,再由 m' 和 m

求作m''。同理由n'作n，再作出(n'')。因为分界点K在棱线上，所以在该棱线的相应投影上直接求出(k)和k''。而后，连接各点的同面投影即可（注意$(n'')k''$不可见，画细虚线）。

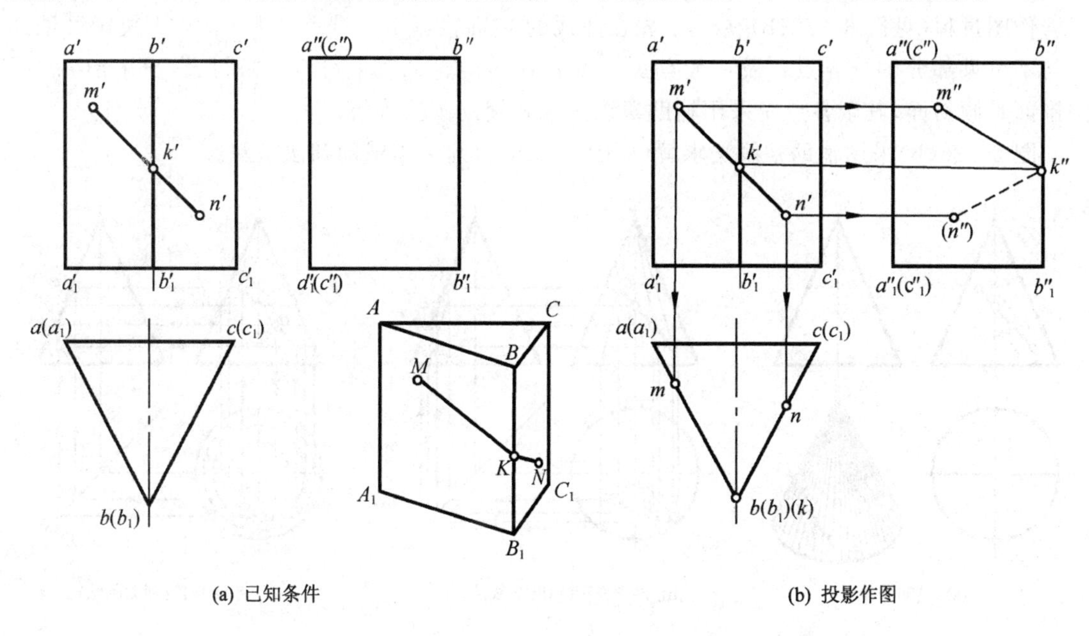

(a) 已知条件　　(b) 投影作图

图6-26 三棱柱的表面上取线

【例6-7】已知圆柱面上的曲线的V面投影，如图6-27所示，求作该线的H、W面投影。

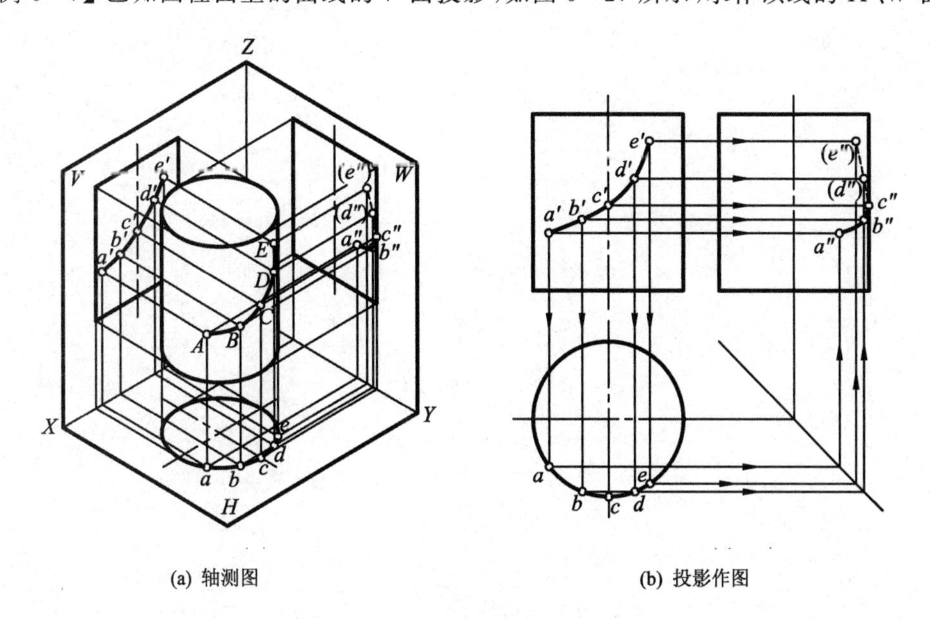

(a) 轴测图　　(b) 投影作图

图6-27 在圆柱的表面上取线

其作图过程是：先在该曲线的V面投影上取端点a'和e'，W面投影可见部分与不可见部分的分界点c'及一般点b'、d'；再在圆柱面的积聚性的水平投影圆上作出这些点的水平投影a、b、c、d、e，按点的三面投影规律求作a''、b''、c''、(d'')和(e'')。最后依次连接各点的W面投影（不可见部分画虚线）。

【例6-8】已知圆锥面上的曲线的V面投影,如图6-28(a)所示,求作该线的H、W面投影。

作图过程(见图6-28(b)、(c)):先在曲线的V面投影上取端点a'和e',W面投影可见部分与不可见部分的分界点c'及一般点b'。点c'在转向轮廓线上可直接求得c'',再求出c。因圆锥面是倾斜面,其余各点应采用辅助素线法或者辅助圆法求解。

图6-28(b)采用辅助素线法求解,而图6-28(c)则采用辅助圆法求解。

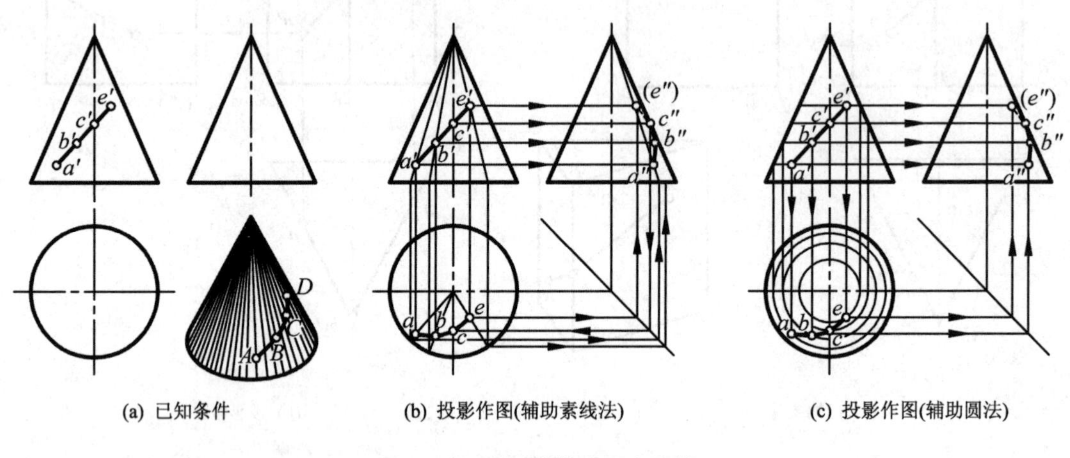

图6-28　在圆锥的表面上取线

第7章　切割体的视图

用平面(称为截平面)将基本体切去某些部分后而得到的形体称为切割体,如图7-1所示。截平面与基本体表面产生的交线,称为截交线。掌握截交线的特点及画法,将有助于正确地分析和画出切割体的三视图。

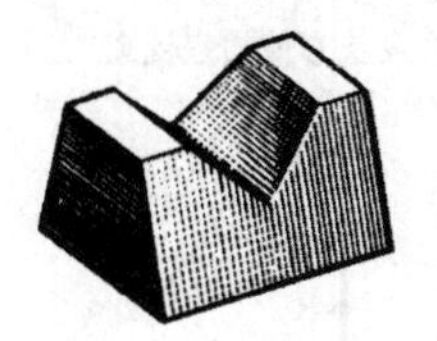
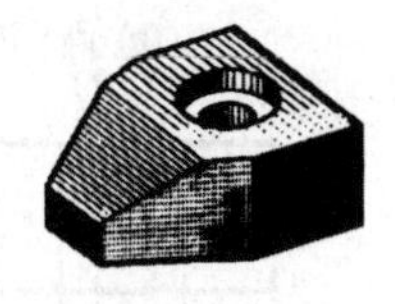

(a) 平面切割体

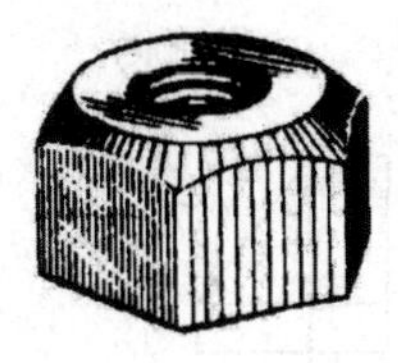

(b) 曲面切割体

图7-1　切割体的示例

7.1　平面切割体的视图

平面立体被截平面切去某些部分后所得到的形体称为平面切割体,如图7-1(a)所示。由于截平面、立体形状以及它们与投影面的相对位置不同,截得的交线(截平面的边)在空间的位置也不同,但平面切割体的截交线均为直线,且该直线围成了封闭的多边形。正确地掌握截交线的形状及投影特点是画好平面切割体视图的关键。

7.1.1　平面切割体三视图的画法

平面切割体三视图的一般画图步骤如下:

1. 空间分析

要分析所画切割体是由何种基本体(平面立体)被切割而成的;用什么位置的截平面在立体的哪个位置切割的;切割后的立体出现了哪些新的面和线等。

2. 画图的一般步骤

先画出基本体的三视图;再分别在其视图上确定截平面的位置;逐个画出切割产生的新面和线的投影;修改描深成切割体的三视图。

【例7-1】画出平面切割体的三视图,如图7-2所示。

【例7-2】画出平面切割体的三视图,如图7-3所示。

【例7-3】画出平面切割体的三视图,如图7-4所示。

注意: 图7-4中的点 A 的水平投影 a,是利用过点 A 作平行于 CB 线的辅助线求得的。

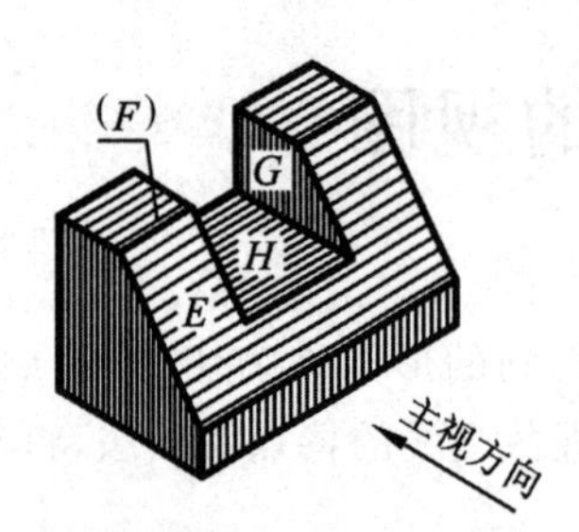

(a) 形体分析：长方体上用侧垂面 E 切去前上角，中间开槽(槽由 F、G、H 面所围成)

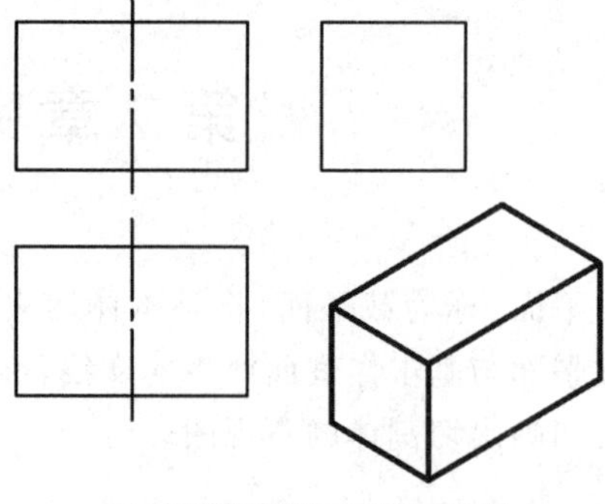

(b) 画基准线及长方体的三视图

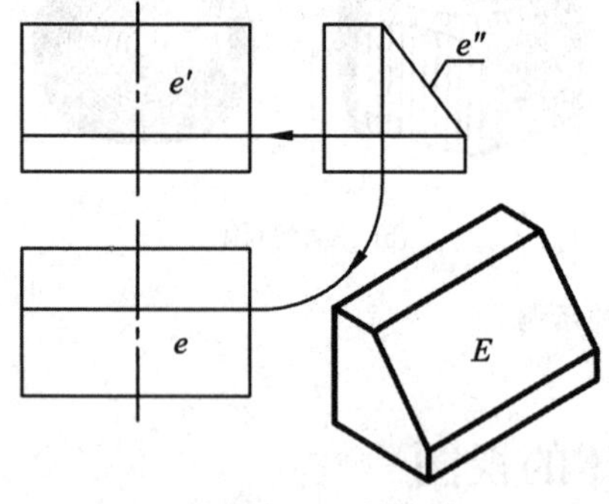

(c) 画侧垂面 E 的投影

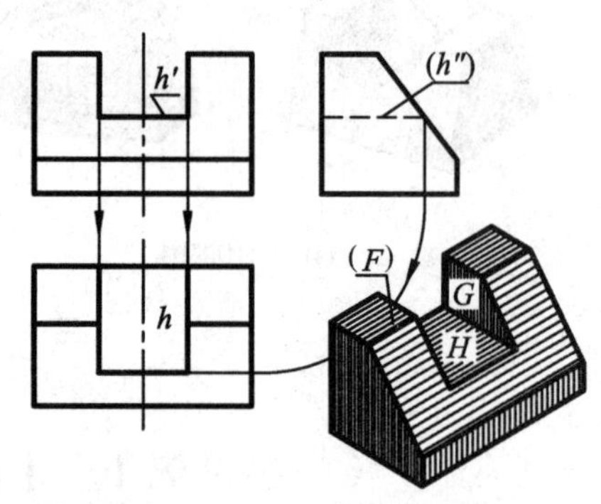

(d) 画中间槽的投影，并描深三视图

图 7-2　平面切割体三视图的画法示例(一)

(a) 形体分析：在长方体上切去左前角和左上角，得铅垂面 E 和正垂面 F(交线 AB 为倾斜线)

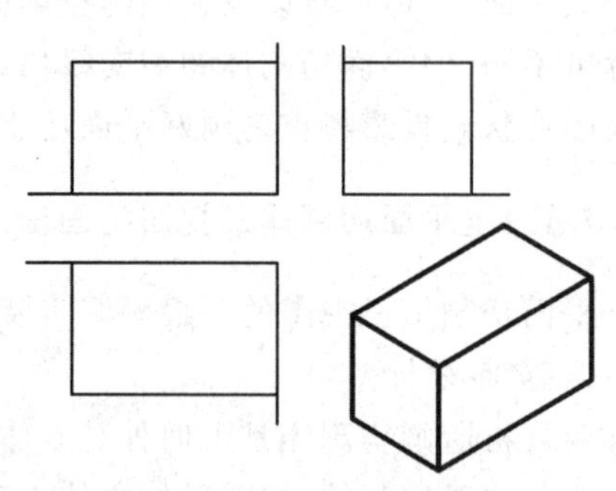

(b) 画基准线及长方体的三视图

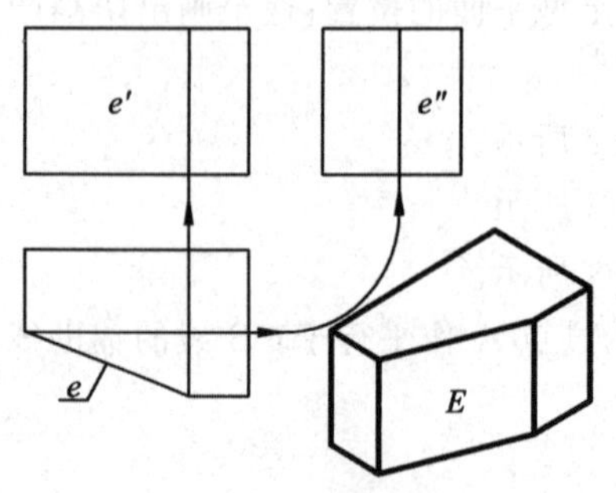

(c) 画铅垂面 E 的投影

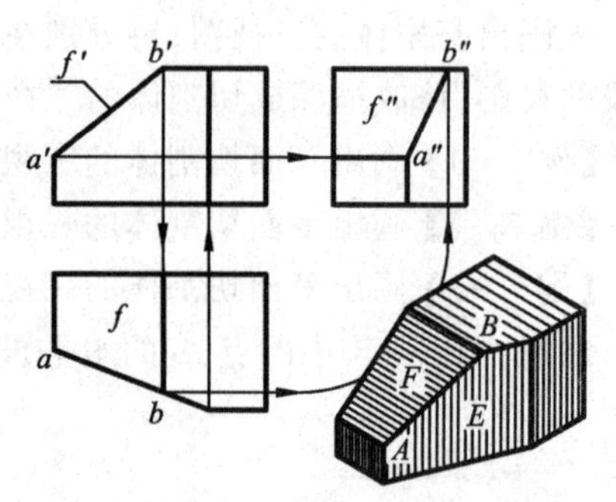

(d) 画正垂面 F 的投影，并描深三视图

图 7-3　平面切割体三视图的画法示例(二)

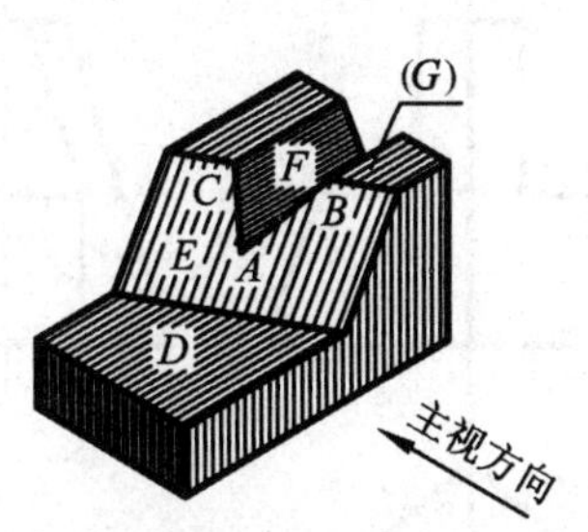

(a) 形体分析：在长方体左上方切出 D、E 两面角，右上方开 V 形槽(槽由 F、G 两侧垂面所围成)，交线 AB 和 AC 为倾斜线

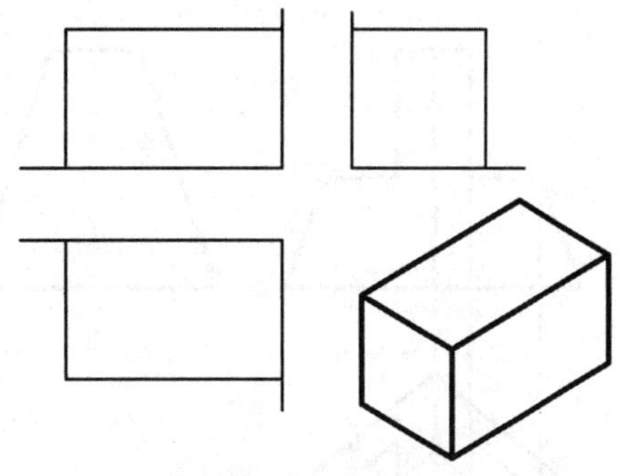

(b) 画基准线及长方体的三视图

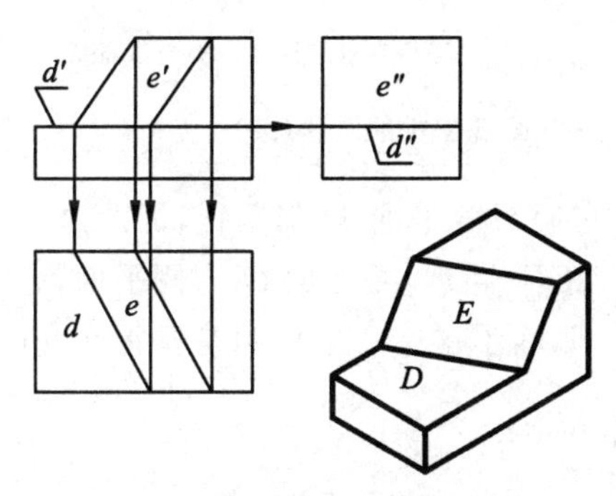

(c) 画两面角 D、E 的投影

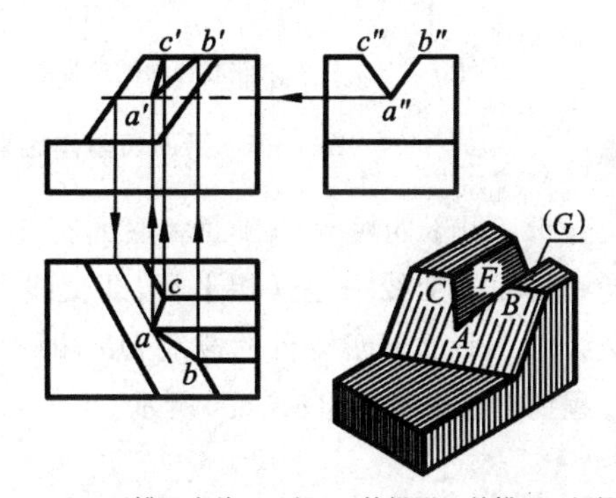

(d) 画 V 形槽及交线 AB 和 AC 的投影，并描深三视图

图 7 - 4　平面切割体三视图的画法示例(三)

7.1.2　补画平面切割体视图中的漏线

【例 7 - 4】已知四棱台的不完整视图(见图 7 - 5(a))，完成其俯、左视图。

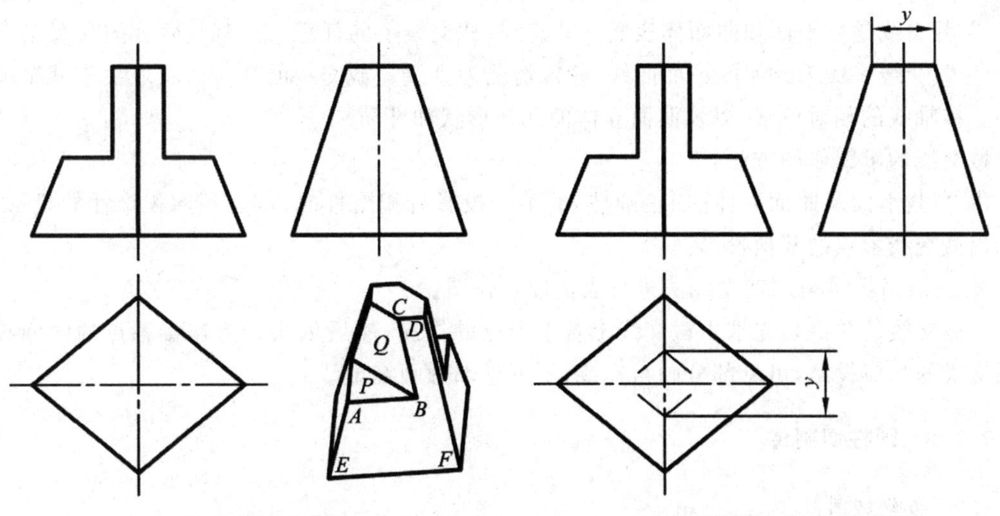

(a) 已知条件　　(b) "宽相等"求顶面的俯视图

图 7 - 5　平面切割体的画法示例——补画视图中的漏线

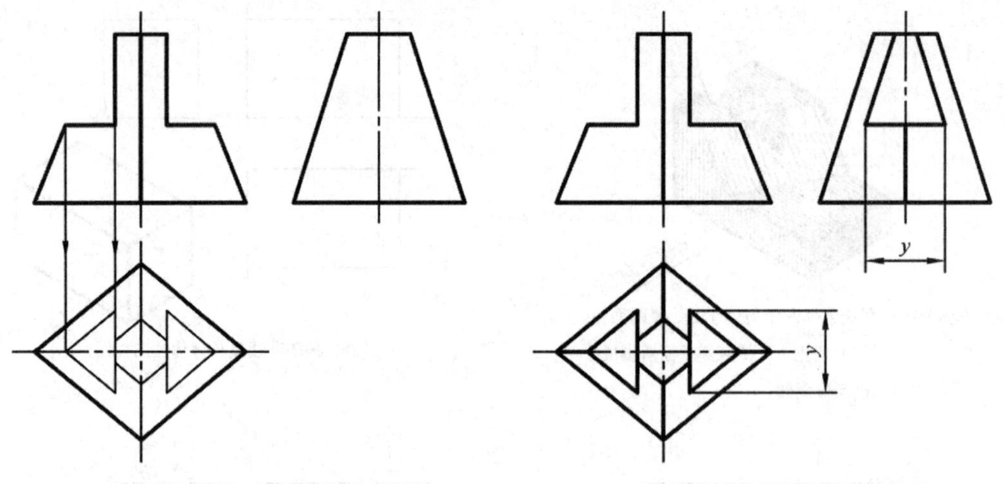

(c) “长对正”求左右台面的俯视图　　(d) “三等”求左视图，检查并描深

图7-5　平面切割体的画法示例——补画视图中的漏线(续)

分析：由于四棱台的顶面和底面都是水平面，它们与截平面 P 都平行，因此这三个平面与同一棱面的交线一定互相平行，即交线 $AB/\!/CD/\!/EF$；同理，截平面 Q 为侧平面，它与棱面的交线 BC 平行于四棱台的棱线 DF，即 $BC/\!/DF$。明确了这一点对作图是非常有利的，其作图过程如图7-5(b)、(c)、(d)所示。

7.2　曲面切割体的视图

曲面立体被截平面切去某些部分后所得的形体称为曲面切割体，如图7-1(b)所示。

画曲面切割体的三视图时，一般也是先对基本体和截平面进行分析，明确基本体被切割后产生的截交线的形状及空间位置，然后按步骤画出曲面切割体的视图。截平面截切曲面立体时表面产生的截交线，具有如下特性：

① 截交线是截平面和曲面体表面的共有线，截交线上的任意一点都是两者的共有点。

② 截交线一般为封闭的平面曲线，特殊情况为直线。截交线的几何形状取决于截平面与曲面立体轴线的相对位置，以及曲面立体的几何形状和性质。

截交线的求解作图方法：

① 当截平面及曲面立体(如正圆柱)的某个投影有积聚性时，则可利用积聚性的投影，直接求出截交线上点的其他投影。

② 一般情况下采用辅助线法进行表面取点作图。

求截交线的关键是先求出截交线上若干个点的投影，然后依次光滑连接各点的同面投影成截交线的相应投影，可见部分画粗实线，不可见部分画细虚线。

7.2.1　圆柱切割体

1. 平面截切圆柱体

圆柱体表面截交线的形状取决于截平面相对于圆柱体轴线的位置，有以下三种情况：当截平面平行于圆柱的轴线切割圆柱体时，在圆柱面上截得直线（素线），截交线为一矩形；当截平面垂直于圆柱的轴线切割圆柱体时，截交线为一个圆；当截平面倾斜于圆柱的轴线切割圆柱体时，截交线为椭圆曲线，如表 7－1 所列。

表 7－1　圆柱截交线的三种形式

截平面的位置	平行于轴线	垂直于轴线	倾斜于轴线
截交线的形状	矩　形	圆	椭　圆
轴测图	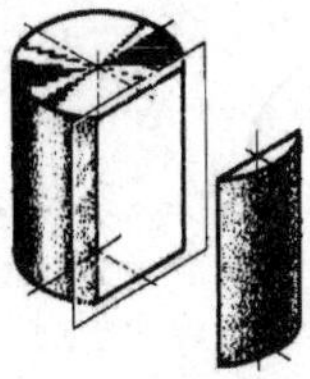	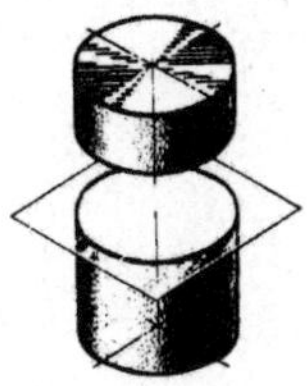	
三视图及动画	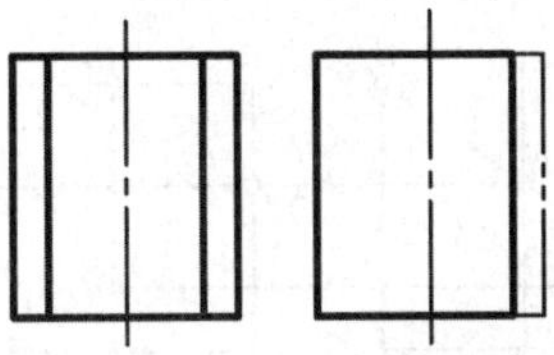 	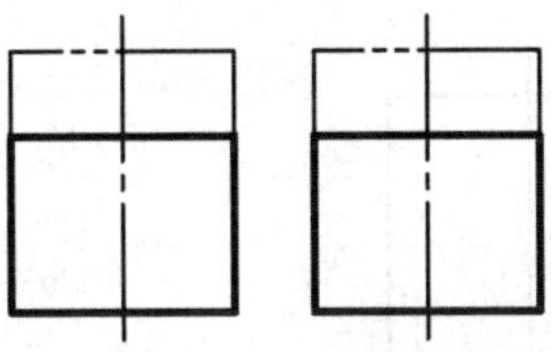 	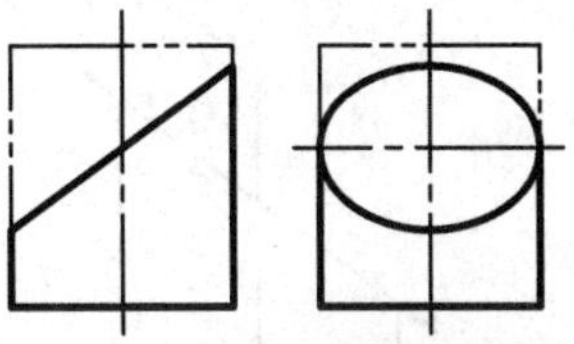 

2. 圆柱切割体三视图的画法

画圆柱切割体三视图的一般方法步骤：

① 用细线画出圆柱基本体的三视图及截平面（含截交线）的已知投影。

② 求作截交线上的特殊点、一般点的三面投影。特殊点是指截交线上的最高点、最低点、最前点、最后点、最左点、最右点和截交线的某个投影可见部分与不可见部分的分界点，以及椭圆长、短轴的端点，这些点常在圆柱体的转向轮廓线上。

③ 依次连接点的同面投影成截交线的相应投影，不可见部分画成细虚线。

④ 按图线要求描深即得圆柱切割体的三视图。

【例 7－5】已知截平面 P 斜切圆柱体，如图 7－6(a)所示。其三视图的作图步骤如下：

① 画出圆柱体的三视图，如图 7－6(b)所示。

② 画截平面的积聚投影，如图 7－6(c)所示。

③ 求截交线上的特殊点　特殊点包括六个方位上的点（最高、最低点，最左、最右点，最前、最后点）或椭圆轴的端点，这些点常常在圆柱的转向轮廓线上。图 7－6(d)所示的截交线椭圆上的最高点 Ⅴ（也是最右点）、最低点 Ⅰ（也是最左点）、最前点 Ⅲ 和最后点 Ⅶ，它们均位于圆柱的四条转向轮廓线上，因此其在俯视图中的投影 1、3、5、7 是已知的。然后按“三等”规律求得这些点的其他投影。

④ 求截交线上的一般点　一般点利用圆柱体的积聚性视图来求解，在俯视图中定出 2、4、6、8 点，然后向上引垂线，得 2′(8′)、4′(6′)点，最后按“三等”规律求得 2″、4″、6″、8″各点，如图 7－6(e)所示。

⑤ 在左视图上圆滑连接各点，即得截交线在其视图中的投影，并描深，如图 7－6(f)所示。

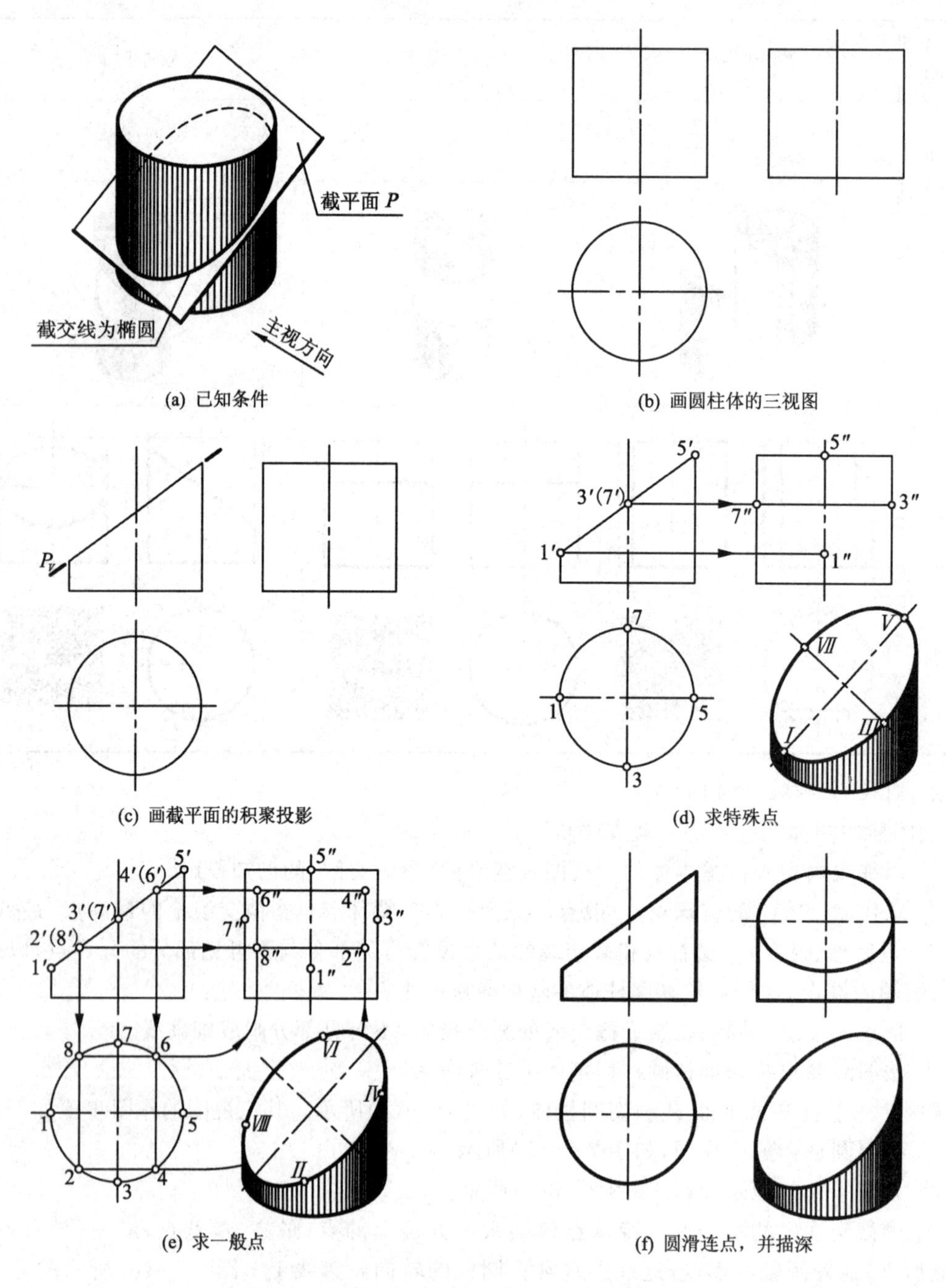

(a) 已知条件　(b) 画圆柱体的三视图

(c) 画截平面的积聚投影　(d) 求特殊点

(e) 求一般点　(f) 圆滑连点，并描深

图 7－6　圆柱切割体三视图的画图步骤示例(一)

【例 7－6】已知截平面平行于圆柱轴线的圆柱切割体，如图 7－7(a)所示，画出其三视图。

分析：两个均平行于圆柱轴线的截平面，在圆柱体的左上方切出两层呈台阶式的缺口，每个缺口都产生了一个新的矩形平面。正确绘制各矩形平面的投影，是画该圆柱切割体三视图的关键。其作图步骤如图 7-7(b)、(c)、(d)所示。

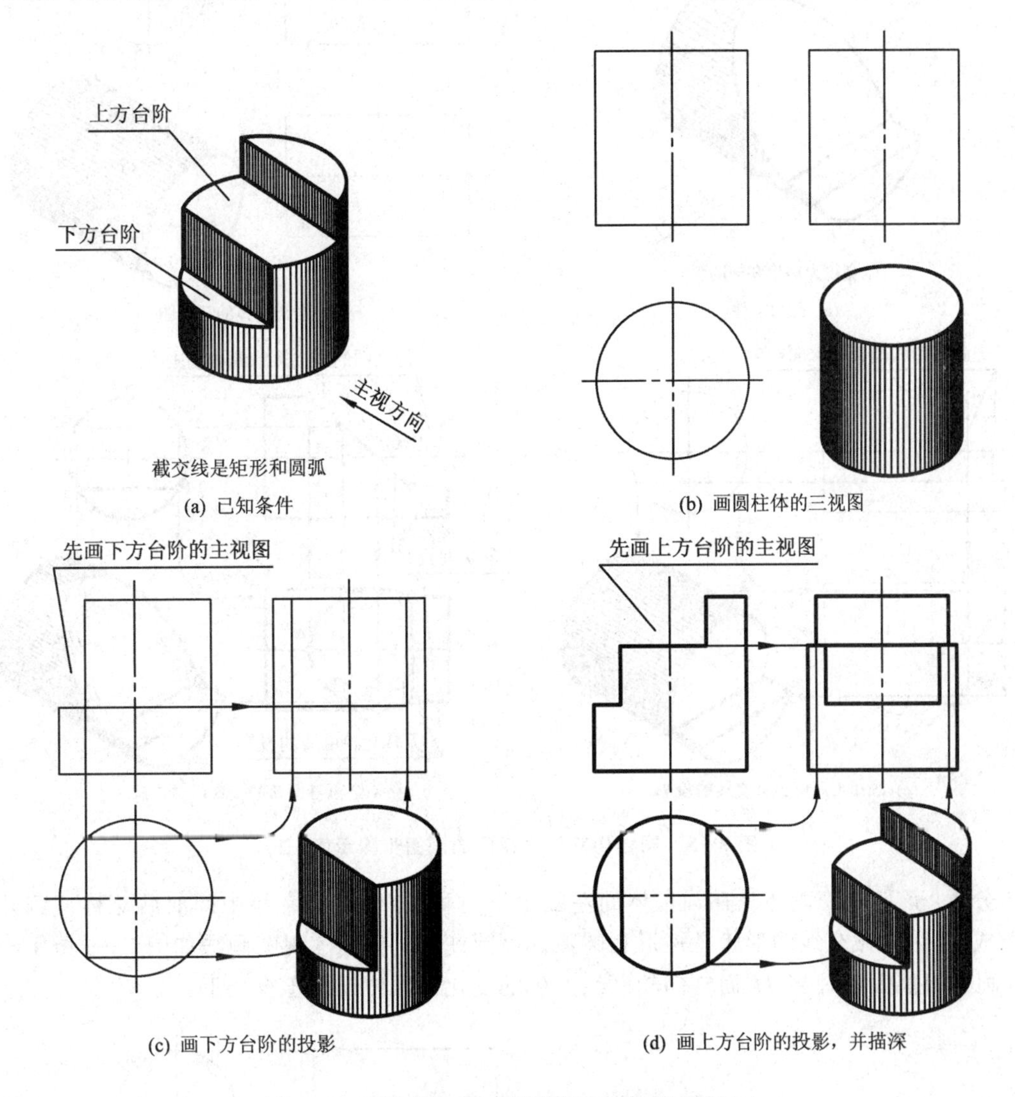

图 7-7　圆柱切割体三视图的画图步骤示例(二)

【例 7-7】已知截平面平行于圆柱的轴线和倾斜于圆柱的轴线组合切割圆柱体，如图 7-8(a)所示，画出其三视图。

分析：对于组合切割圆柱体产生的组合截交线，应逐个对截交线进行求解作图，且各段截交线要正确地接合。如图 7-8(c)所示是求作矩形截交线；而图 7-8(d)所示是求作部分椭圆截交线，作图的关键是正确求出特殊点在圆柱切割体俯视图上的投影，即 1、2、4、6 和 7 各点的位置，并注意分析圆柱被切割后它对 V、H 面转向轮廓线产生的变化。其求解过程如图 7-8 所示(图中 Ⅲ、Ⅴ为一般点)。

【例 7-8】已知平行和垂直于圆柱轴线的截平面对称组合切割圆柱后产生的圆柱切割体，如图 7-9(a)所示，画出其三视图。

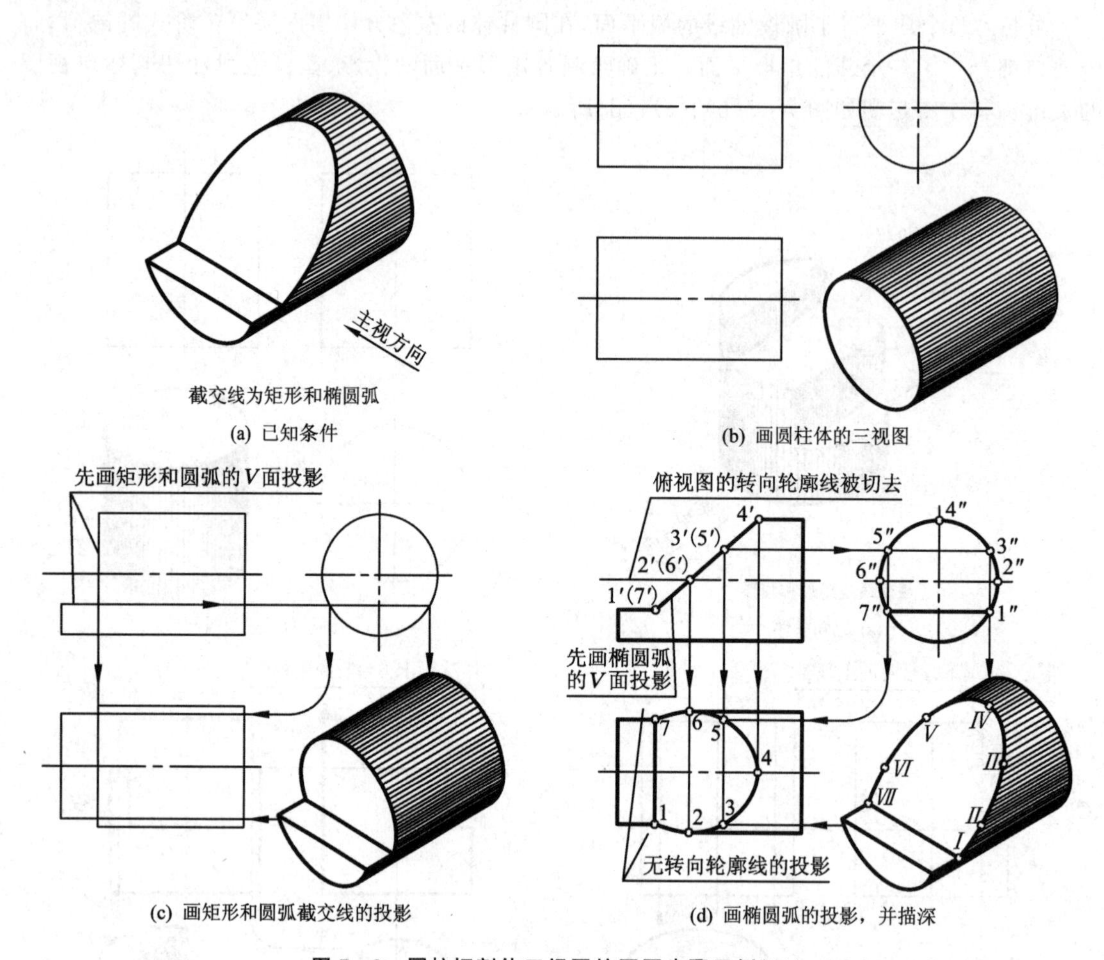

(a) 已知条件

(b) 画圆柱体的三视图

(c) 画矩形和圆弧截交线的投影

(d) 画椭圆弧的投影，并描深

图 7-8 圆柱切割体三视图的画图步骤示例(三)

分析：该圆柱切割体是在圆柱体的左端上下对称切割，以及右端中间前后对称切割开槽而形成的，因此截交线的形状是矩形和圆弧。该圆柱切割体的三视图画法如图 7-9 所示。注意：圆柱切割后它对 V、H 面转向轮廓线产生的变化。具体画图步骤如下：

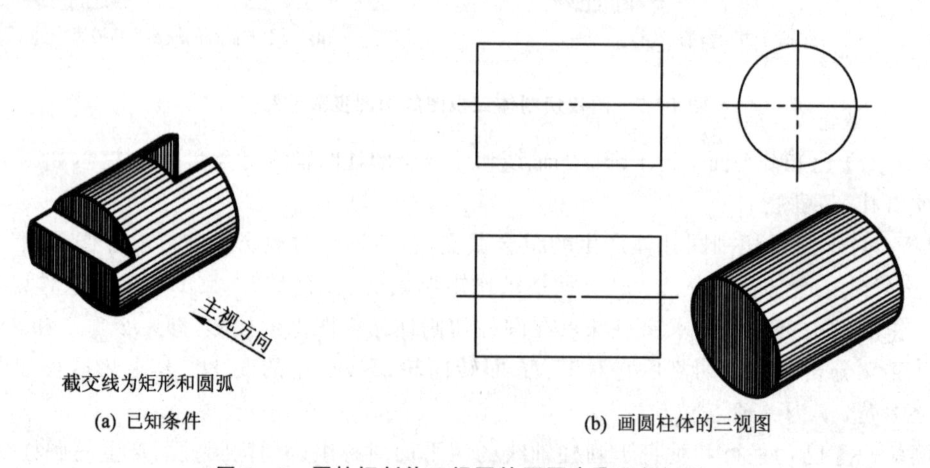

(a) 已知条件

(b) 画圆柱体的三视图

图 7-9 圆柱切割体三视图的画图步骤示例(四)

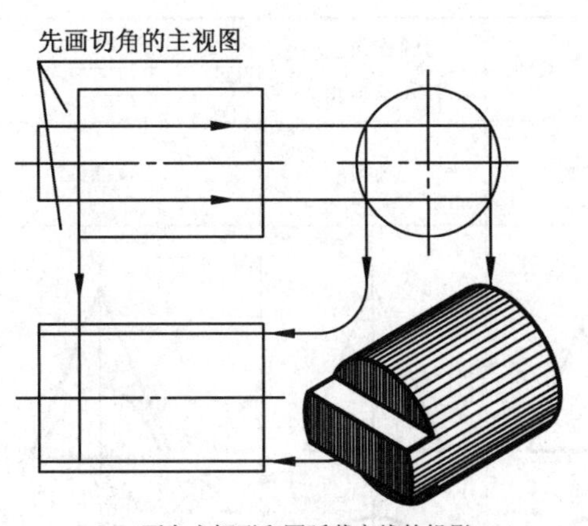

(c) 画左方矩形和圆弧截交线的投影

无转向轮廓线的投影

先画槽的俯视图

主视图的转向轮廓线被切去

(d) 画右方矩形和圆弧的投影，并描深

图 7－9　圆柱切割体三视图的画图步骤示例(四)(续)

① 用细实线画圆柱体的三视图,如图 7－9(b)所示。

② 画左端上、下对称切割产生的截交线(水平面矩形和侧平面圆弧),如图 7－9(c)所示。

③ 画右端中间前后对称切割产生的截交线(正平面矩形和侧平面双圆弧),并描深各图线完成三视图,如图 7－9(d)所示。

7.2.2　圆锥切割体

1. 平面截切圆锥体

圆锥的截交线形状取决于截平面相对于圆锥体轴线的位置,如表 7－2 所列。

表 7－2　圆锥截交线的几种形式

截平面的位置	垂直于轴线	过锥顶点	平行于任一素线	与圆锥面上所有素线都相交	平行于轴线
截交线的形状	圆	三角形	抛物线	椭圆	双曲线
轴测图及动画					

续表 7-2

截平面的位置	垂直于轴线	过锥顶点	平行于任一素线	与圆锥面上所有素线都相交	平行于轴线
截交线的形状	圆	三角形	抛物线	椭圆	双曲线
视图	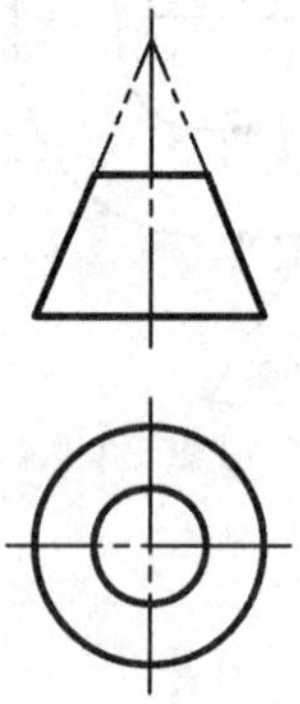	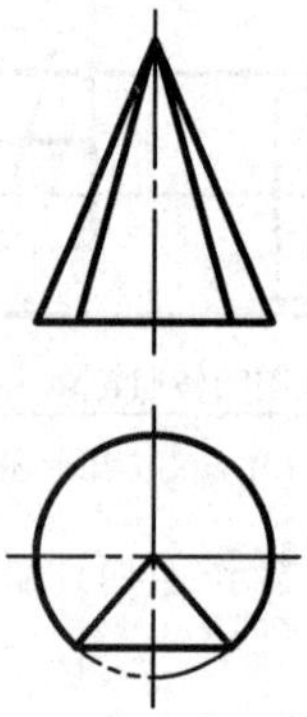	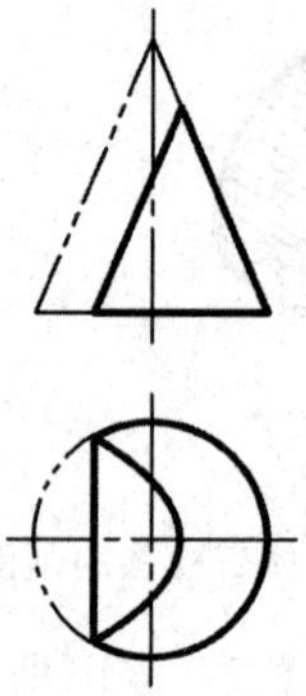	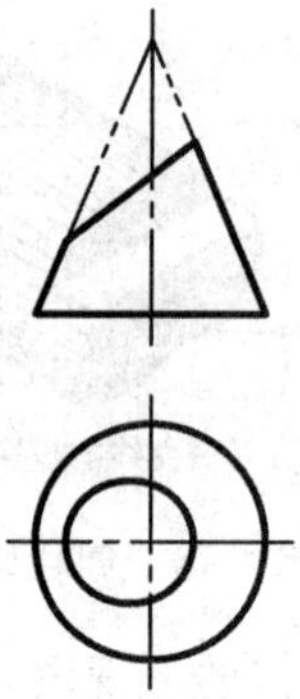	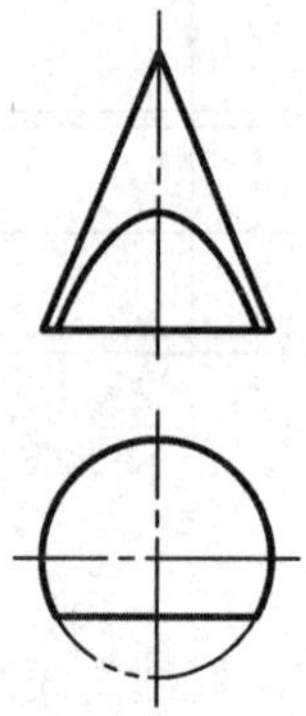

2. 圆锥切割体三视图画法

画圆锥切割体三视图的一般方法步骤:

① 用细线画出圆锥基本体的三视图及截平面(含截交线)的已知投影。

② 求作截交线上的特殊点(见圆柱切割体的画图步骤②中的含义)的三面投影。

③ 求一般位置点的三面投影,常用辅助圆法或辅助素线法。

④ 依次连接各点的同面投影成截交线的相应投影,不可见部分画成细虚线。

⑤ 正确地画出圆锥切割体的外形轮廓线,按图线要求描深,完成圆锥切割体的三视图。

【例 7-9】已知截平面 P(正平面)截切圆锥体,如图 7-10(a)所示,完成其三视图。

分析:因为截平面 P 平行于圆锥体的轴线,其截交线为双曲线。该双曲线在俯、左两个视图中的投影都在截平面的积聚性投影上,仅需要求作主视图中双曲线的投影。求解作图的关键是:正确地求出特殊点 Ⅰ、Ⅲ、Ⅴ的投影;再用辅助水平面求一般点 Ⅱ、Ⅳ的投影。若要使双曲线的求解形状更准确,一般点应适当地多取几个。

作图过程如下:

① 画出圆锥体的三视图,如图 7-10(b)所示。

② 画出正平面截切后在俯、左视图中的投影,如图 7-10(c)所示。

③ 求截交线上的特殊点 从左视图中的 $3''$引水平的直线,画出最高点 Ⅲ 在主视图中的投影 $3'$;而最低点 Ⅰ、Ⅴ在主视图上的投影 $1'$、$5'$,是从俯视图中的点 1、5 向上引垂线求出的,如图 7-10(d)所示。

④ 求截交线上的一般点 一般点 Ⅱ、Ⅳ是用辅助平面 R(水平面 R 与圆锥体表面的交线为圆)与截平面 P 相交求得的,如 Ⅱ、Ⅳ两点的正面投影 $2'$、$4'$可以从俯视图中的 2、4 点向上引垂线求出,如图 7-10(e)所示。

⑤ 圆滑连接主视图中各个点,即为双曲线在主视图的投影,按图线要求描深各线,完成圆锥切割体的三视图,如图 7-10(f)所示。

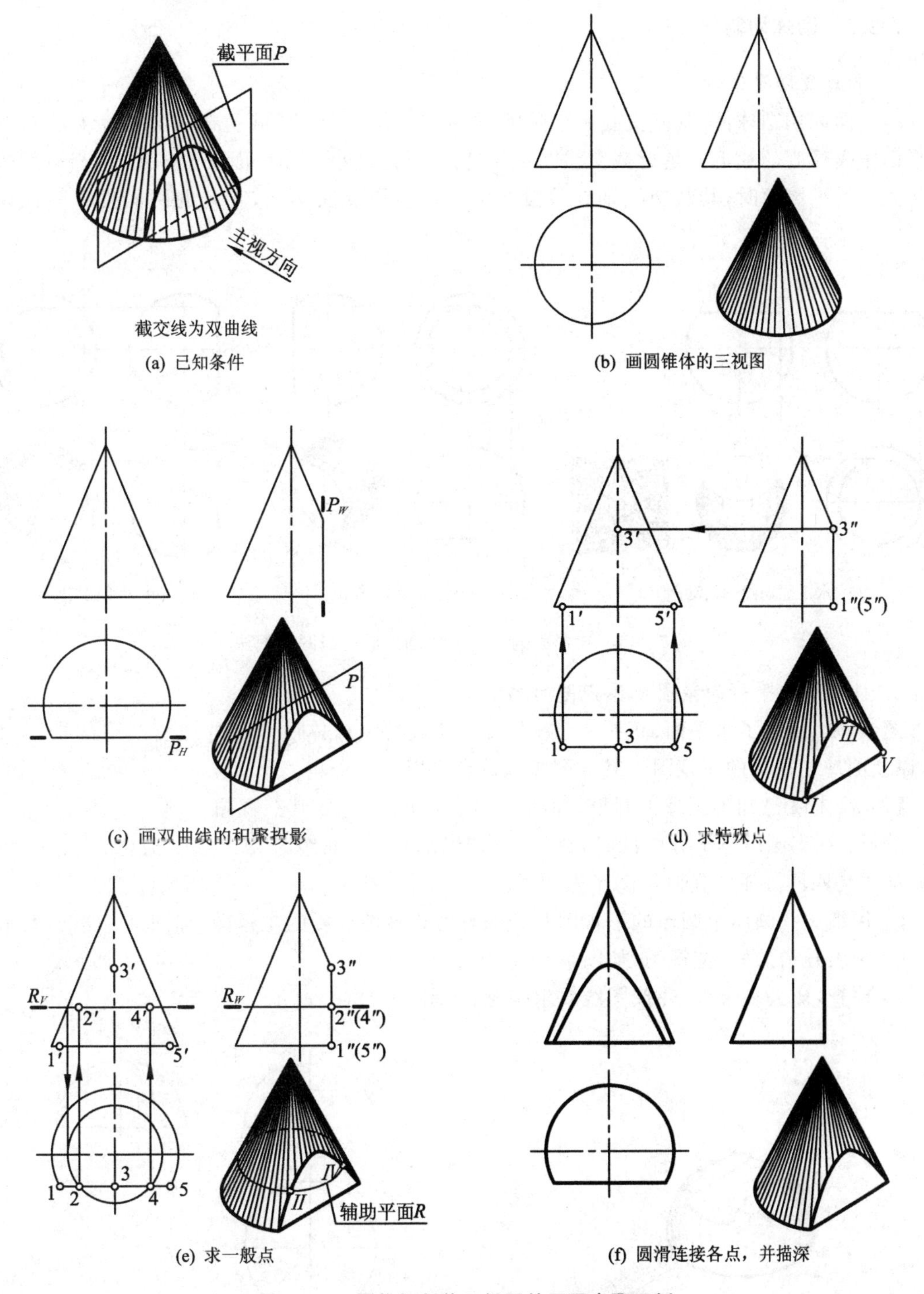

图 7 - 10　圆锥切割体三视图的画图步骤示例

7.2.3 圆球切割体

1. 平面截切圆球体

截平面截切圆球体,其截交线一定是圆,如图 7-11 所示,且截交线圆的直径大小取决于截平面距离球心的远近。越近截交线圆直径越大,反之越小。在三面投影体系中,当截平面平行于某一个投影面时,其截交线圆在该投影面上的投影反映实形,其余的两面投影都具有积聚性。

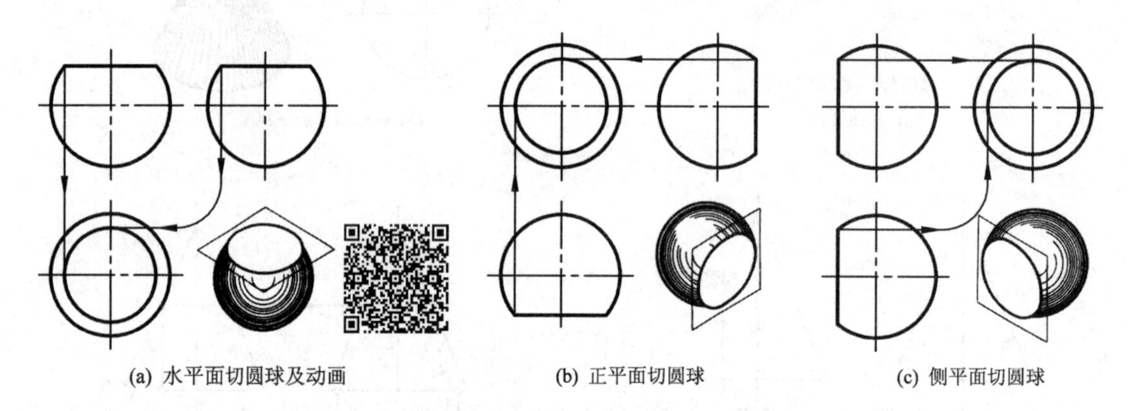

(a) 水平面切圆球及动画　　(b) 正平面切圆球　　(c) 侧平面切圆球

图 7-11　投影面的平行面切圆球截交线圆的画法

2. 投影面的平行面截圆球体视图的画法

图 7-11 示出了水平面、正平面、侧平面分别截切圆球体所产生的截交线圆的投影的画法,以及圆球切割体的三视图。其作图步骤读者可以自行分析。

【例 7-10】已知半圆球上开槽,如图 7-12(a)所示,完成其三视图。

分析:在半圆球体上方中间处,由三个投影面的平行面组合切出一个通槽(左右对称)。其截交线是四段圆弧。具体作图步骤如下:

① 用细实线画出半圆球的三视图及开槽具有积聚性投影的主视图,如图 7-12(b)所示。

② 画出开槽的俯、左视图,如图 7-12(c)所示。

③ 检查,擦去多余线,并按图线要求描深,如图 7-12(d)所示。

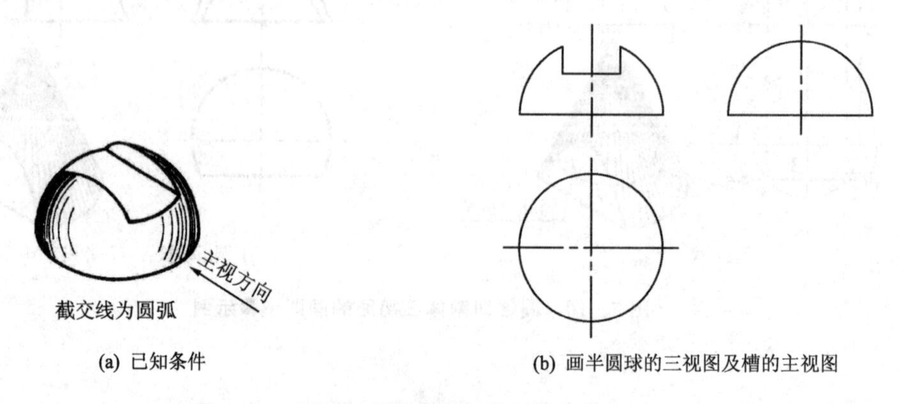

(a) 已知条件　　(b) 画半圆球的三视图及槽的主视图

图 7-12　圆球切割体三视图的画图步骤示例

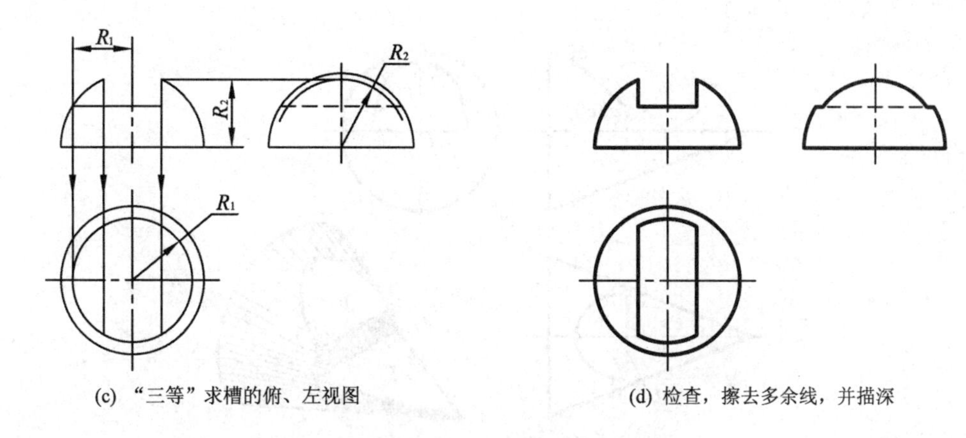

(c) "三等"求槽的俯、左视图　　　(d) 检查，擦去多余线，并描深

图 7－12　圆球切割体三视图的画图步骤示例(续)

当圆球被截平面为投影面的垂直面切割时，截交线圆在所垂直的投影面上的投影为一条直线，在另外两个投影面中的投影为椭圆，图 7－13 示出了圆球被正垂面切割后的圆球切割体三视图的画法，其画图步骤读者可以自行分析。**注意**：图中未求一般点。

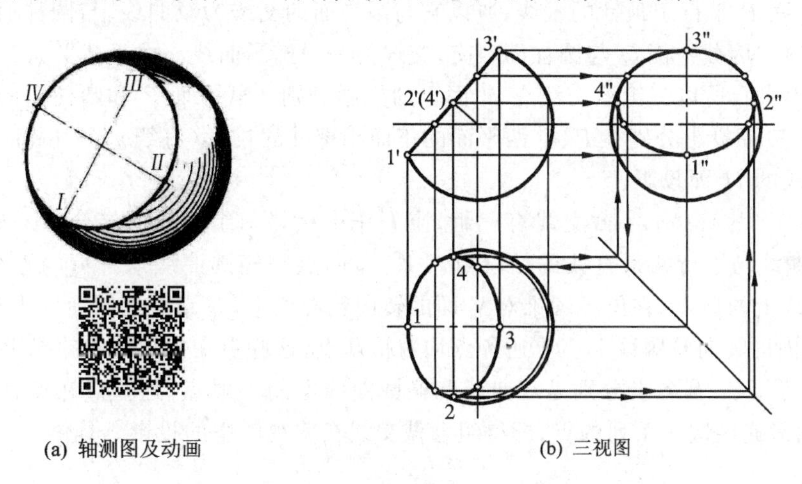

(a) 轴测图及动画　　　(b) 三视图

图 7－13　圆球切割体及三视图

7.2.4　综合题解

【例 7－11】画出平面 P、Q、R 组合切割圆锥体的三视图，如图 7－14 所示。

分析：P 平面为水平面且过锥顶沿圆锥体的轴线切开圆锥，截交线是直线，其水平投影恰是圆锥对 H 面的转向轮廓线的投影；Q 平面为侧平面，垂直于圆锥的轴线切圆锥的截交线为圆的一部分，在 W 面投影反映圆弧面的实形；R 平面为正垂面，倾斜于圆锥的轴线切圆锥的截交线为椭圆弧。

作图：按各截平面产生的截交线逐个求解作图。特别是正确地求作各部分截交线上的特殊点的投影。如 R 截平面产生的椭圆截交线上的特殊点 A、B、C。具体作图步骤读者可以自行分析。

【例 7－12】求作顶针上的表面交线，如图 7－15 所示。

分析：顶针的基本形体是由同轴的圆锥和圆柱体组成的(见图 7－15(a))。上部被一个水

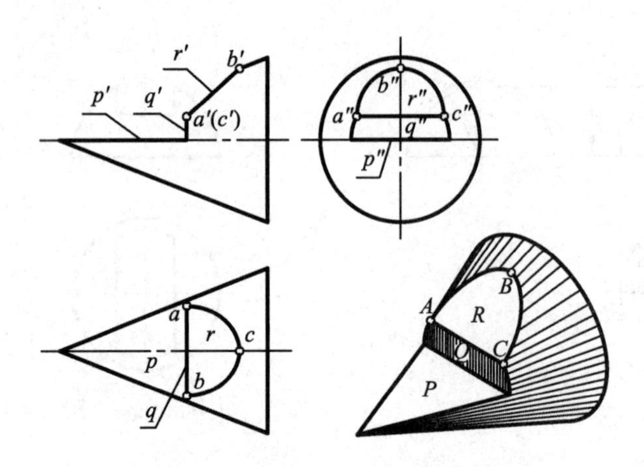

截交线为直线、圆弧和椭圆弧

图 7-14　圆锥切割体及三视图

平截平面 P 和一个正垂面 Q 切去一部分，表面上共出现三组截交线和一条 P 面与 Q 面的交线，由于截平面 P 平行于顶针的轴线，所以它与圆锥面的交线为双曲线，与圆柱面的交线为两条平行的直线。因截平面 Q 与圆柱面斜交，交线为一段椭圆曲线。由于截平面 P 和圆柱的轴线都垂直于 W 面，所以三组截交线在 W 面上的投影分别在截平面 P 和圆柱面的积聚性的投影上，它们的 V 面投影分别在 P、Q 两平面的正面积聚性的投影(直线)上。因此，本例只须求作三组截交线的 H 面投影。

作图(见图 7-15(b))：截交线有三组，应先作出相邻两组交线的结合点。如图中的Ⅰ、Ⅴ两点是双曲线与平行两条直线的结合点。Ⅵ、Ⅹ两点是椭圆曲线与平行两直线的结合点。Ⅲ点是双曲线上的顶点，它位于圆锥对 V 面的转向轮廓线上，Ⅷ点是椭圆曲线上最右点，它位于圆柱对 V 面的转向轮廓线上。上述各点均为特殊点，这些点在俯视图中的投影是 1、3、5、6、8、10。而Ⅱ、Ⅳ、Ⅶ、Ⅸ各点分别是双曲线和椭圆曲线上的一般点，这些点在俯视图中投影是 2、4、7、9。圆滑连接这一系列的点，即得组合截交线在俯视图中的投影。具体作图步骤读者可以自行分析。

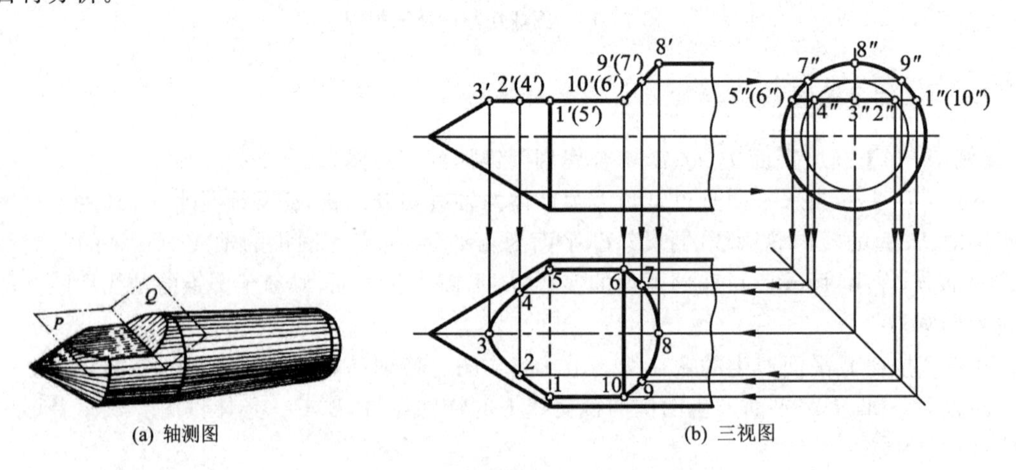

(a) 轴测图　　(b) 三视图

图 7-15　顶针切割体及三视图

必须指出，在求解组合切割体的截交线时，当一个截平面同时切割多个基本形体时，得到的截交线框内没有可见的轮廓线（见顶针的俯视图中 1 - 3 - 5 - 6 - 10 线框）。

【例 7 - 13】求作连杆头表面交线的投影，如图 7 - 16 所示。

分析：图 7 - 16(a)的连杆头是由同轴的圆球、圆锥和圆柱体三部分所组成。其中，圆球和圆锥体相切，并且前后均被平行于轴线的两个平面切去一部分，故产生了由圆弧和双曲线相接而围成的封闭的平面图形。由于截平面为正平面，所以截交线的 H 面与 W 面的投影分别在截平面的积聚性的投影上，因此本例只须求作截交线的 V 面投影。其作图步骤如下（见图 7 - 16(b)、(c)）：

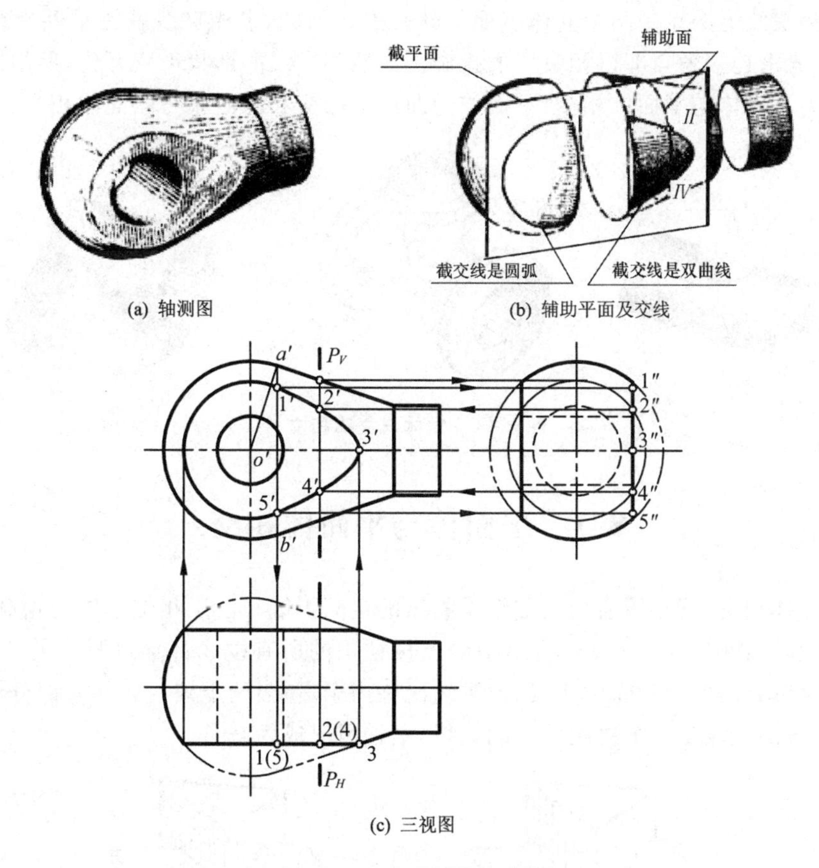

(a) 轴测图　(b) 辅助平面及交线

(c) 三视图

图 7 - 16　连杆头及三视图

① 画圆球的截交线圆并确定圆与双曲线的结合点 Ⅰ、Ⅴ：截交线圆的半径可以自 H 面投影中直接量取。Ⅰ、Ⅴ两点既在截交线圆上又在圆锥与圆球相切的切线圆上，此切线圆在 V 面投影中，由 o' 向圆锥两条轮廓线分别作垂线得到 a'、b' 两点，连接 a'、b' 的细实线即为切线圆的正面投影。也即为圆球面与圆锥面的截交线的分界处，左边为截交线圆的投影，右边为双曲线的投影，截交线圆与细实线 $a'b'$ 的交点 1′、5′就是结合点 Ⅰ、Ⅴ的正面投影。

② 求圆锥部分截交线（双曲线）的投影：顶点Ⅲ的 V 面投影 3′，是从 H 面投影 3 向上作投影连线与正面投影的轴线相交得 3′。而Ⅱ和Ⅳ两点的正面投影 2′、4′是在圆锥上作辅助圆求取 2″、4″后得出。

③ 按 1′- 2′- 3′- 4′- 5′圆滑连线，得截交线（双曲线）的在主视图中的投影。

第8章　相交立体的视图

立体与立体相交（又称相贯）其表面会产生交线，该交线称为相贯线，相交的立体称为相贯体。由于相交立体的形状和相交时的相对位置不同，所产生的相贯线也是各式各样，如图8-1所示。相贯线一般情况下是封闭的空间图形，且是相交立体表面的共有线，也是两个立体表面的分界线。相贯线上的点是两个立体表面的共有点。因此，求相贯线就是求共有线上的共有点，然后依次光滑连接各点即得相贯线的投影。虽然相贯线的形状千变万化，但根据其相交的基本体可分为平面体与平面体相交、平面体与曲面体相交和曲面体与曲面体相交。

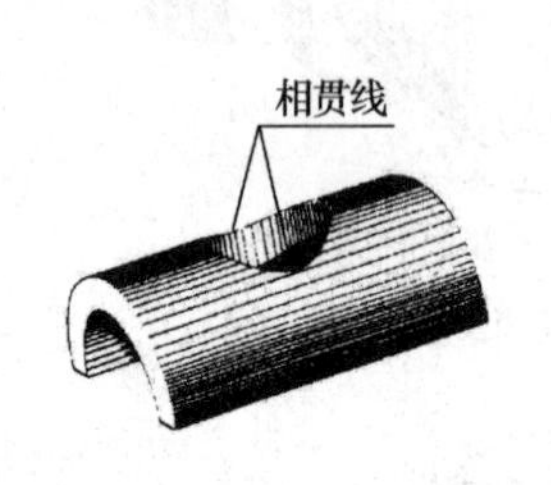

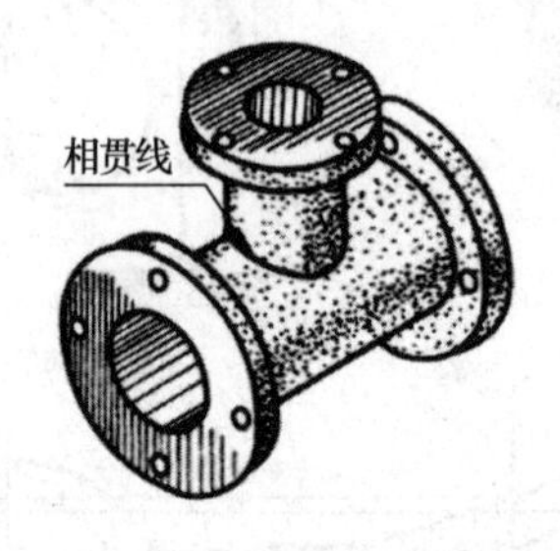

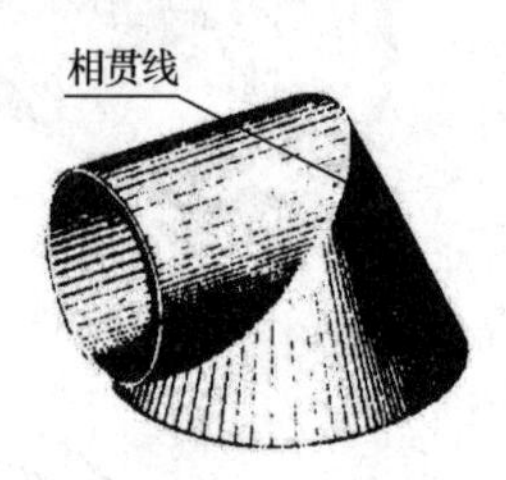

图8-1　立体与立体相交

8.1　平面体与平面体相交

两个平面体相交，其立体表面的交线是封闭的空间折线。由于相交立体的相对位置不同，表面交线有两种情况（见图8-2），当水平的三棱柱Ⅰ的所有棱线都穿过竖直的三棱柱Ⅱ时，所得的交线是分开的两个封闭的折线，这种情况称为全贯；当两个棱柱各有一部分棱线穿过另一部分时，所得的交线是一个封闭的空间折线，这种情况成为互贯。

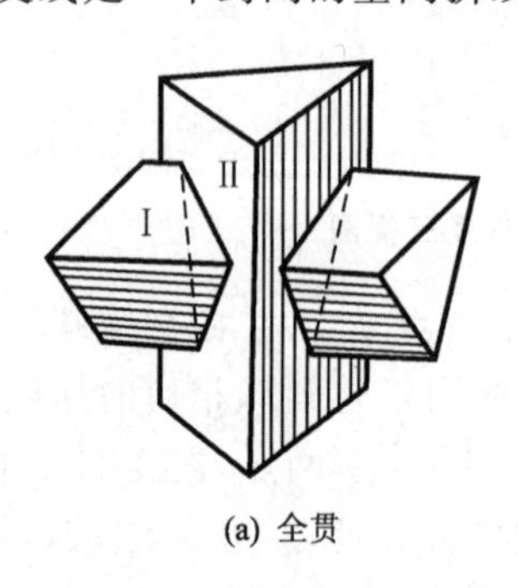

(a) 全贯

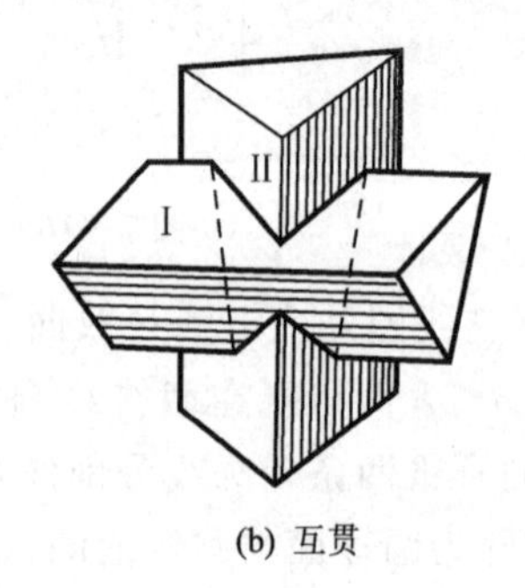

(b) 互贯

图8-2　平面体相交的两种形式

由于折线的各个顶点是一个平面体的棱线与另一个平面体表面的交点，折线的各条线段是平面体表面（棱面）的交线。因此，求平面体与平面体相交的立体表面交线的方法有两种：棱线法——求棱线与棱面的交点；棱面法——求棱面与棱面的交线。

【例 8-1】求两个三棱柱相交的表面交线，如图 8-3 所示。

分析及作图：

(1) 根据俯视图可知，两个棱柱为互贯形式

斜放三棱柱的棱线 AA_1、CC_1 与竖放三棱柱的表面相交；竖放三棱柱仅 M 棱线与斜放三棱柱的表面相交。

(2) 求各棱线对另一立体表面的交点

由于竖放三棱柱的三个棱面均是铅垂面，所以斜放三棱柱的棱线 AA_1、CC_1 对棱面 KM 和 MN 的交点为 Ⅰ、Ⅱ 和 Ⅲ、Ⅳ，利用棱面 KM 和 MN 在俯视图中的积聚性直接求得。而竖放棱柱的棱线 M 与斜放三棱柱棱面的交点，可用辅助平面法或面上取线的方法求出。包含棱线 M 作辅助平面(正平面)P，求出辅助平面 P 与斜放棱柱的交线 DE、FG，它们与棱线 M 的交点为 Ⅴ、Ⅵ。

(3)确定连接顺序

交线的每一段线段都是相交立体间棱面的共有线，连接点成线时应注意：只有当两点既位于一个立体的同一棱面上，又位于另一立体的同一棱面上时，才可用直线将它们连接起来。所以图 8-3 中点的连接顺序为 $1'-5'-2'-4'-6'-3'-1'$。

(4) 判断交线的可见性

交线上的某一段线段，只有同时位于两个立体的可见棱面上，该线段才可见，否则为不可见。如图 8-3 中的 $1'-5'-2'$ 和 $4'-6'-3'$ 都为可见线，而 $1'-3'$ 和 $2'-4'$ 为不可见线。

(5) 检查棱线的变化，并判断可见性

两立体相交后成为一体，体内是无线的。所以棱线 AA_1、CC_1 在交点 Ⅰ、Ⅱ 之间和交点 Ⅲ、Ⅳ 之间无线段，棱线 M 在交点 Ⅴ、Ⅵ 之间也没有线段，棱线 K 和 N 在主视图中被斜放三棱柱挡住的部分应该画成细虚线。

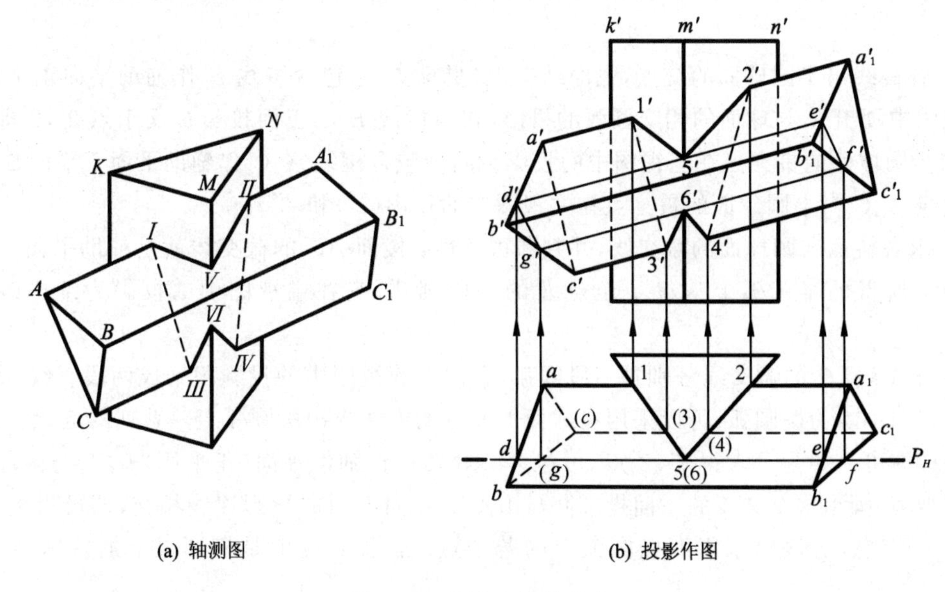

(a) 轴测图　　(b) 投影作图

图 8-3　两个三棱柱相交

8.2 平面体与曲面体相交

平面体与曲面体相交的立体表面的交线是平面体的各个棱面与曲面体表面相交的各段相贯线(与截交线类同)的组合。各段相贯线的结合点是平面体的棱线与曲面体表面的交点(又称为贯穿点),如图 8-4 所示。因此,求平面体与曲面体相交的立体表面的交线,可把平面体的表面看成是平面切割曲面体,求其表面的截交线与贯穿点。

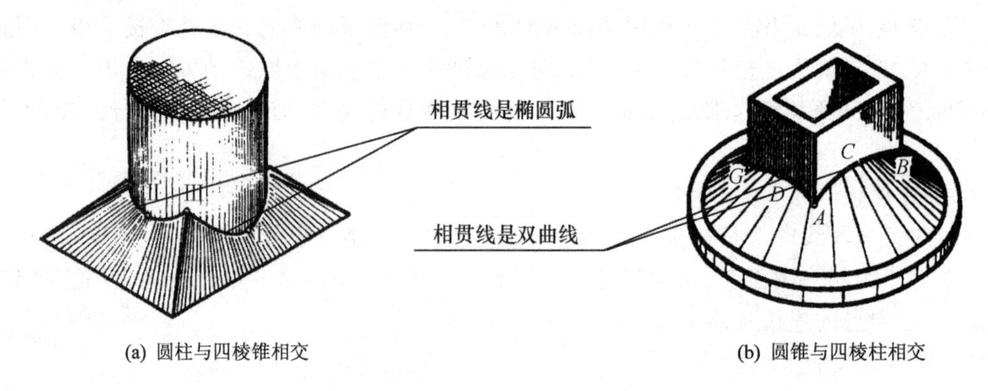

(a) 圆柱与四棱锥相交　　(b) 圆锥与四棱柱相交

图 8-4　平面体与曲面体相交

【例 8-2】求三棱柱与半圆球体相交的表面交线,如图 8-5 所示。

分析及作图:

① 由图 8-5(a)所示,三棱柱与半圆球体相交的立体表面交线由三部分组成:棱面 AB、BC、CA 与圆球相交产生三条圆弧截交线;棱面 CA 是正平面,它与圆球面相交所得的圆弧在主视图中反映实形,而棱面 AB、BC 是铅垂面,它与圆球面相交所得的圆弧在主视图中为椭圆弧。

② 各棱线与半圆球面的交点,也即结合点(贯穿点):包含棱线 B 作辅助平面正平面 R,在主视图中画出 R 与球面的相交圆弧的投影,它与棱线 B 的正面投影 b' 交于点 $2'$,$2'$ 即是棱线 B 对半圆球面的贯穿点在主视图中的投影。同理包含棱线 A、C 作辅助平面正平面 S,可以求得棱线 A、C 对半圆球面的贯穿点在主视图中的投影$(1')$和$(3')$。

③ 求各棱面与圆球面的截交线,并判断可见性:棱面 AC 的截交线就是辅助平面 S 与圆球面相交所得的半圆弧上从点 Ⅰ 至点 Ⅲ 的一段圆弧,它在主视图中的投影为细虚线圆弧$(1')(3')$。

棱面 AB、BC 的截交线分别是一段圆弧,它们在俯视图中的投影积聚成两段直线 ab、bc,而在主视图中均为椭圆弧,可以采用在球面上取点的方法求出椭圆弧上一系列的点,然后依次圆滑连接即可。如为了求得 $7'$、$8'$点,可包含 7、8 两点作辅助平面(正平面)T,T 与圆球面相交于一半圆,画出这个圆弧的正面投影并与由点 7、8 向上引的投影连线相交,即可得到 $7'$、$8'$ 两点。采用同样方法可求得两椭圆弧上的若干点。注意:点Ⅳ是椭圆弧上的特殊点(最高点 $4'$)。

两圆弧可见与不可见部分的分界点分别是 $5'$、$6'$点,点 Ⅴ 和 Ⅵ 分别是圆球面在主视图中转向轮廓线与棱面 AB 和 BC 的交点。只有当交线同时位于两个立体的可见表面上时,其投影才可见。所以棱面 AB 的椭圆弧只有 $5'-7'-2'$ 部分是可见的，而棱面 BC 上的椭圆弧只有 $2'-8'-6'$ 部分可见，而 $(1')-5'$ 和 $(3')-6'$ 部分为不可见线。

④ 画出形体的轮廓线，并判断可见性：两立体相交后成为一体，在主视图中，半圆球的转向轮廓线在 $5'$ 和 $6'$ 两点之间不存在，其余部分为可见的。棱线 A、B、C 在主视图中，应分别画至贯穿点 $(1')$、$2'$ 和 $(3')$，并且棱线 A、C 被圆球体在主视图中的转向轮廓线挡住的部分应画成细虚线。

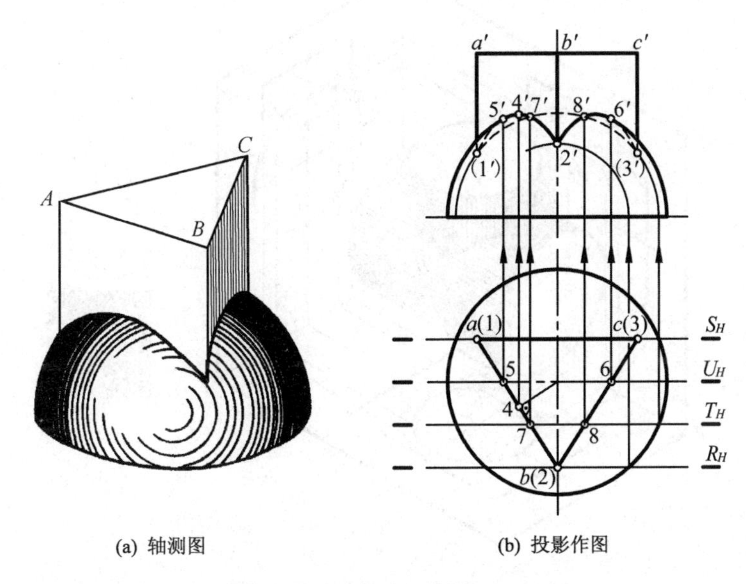

(a) 轴测图　　(b) 投影作图

图 8-5　三棱柱与半圆球体相交

8.3　曲面体与曲面体相交

一般情况下，两个曲面立体相交，其相贯线是一条封闭的空间曲线；只有在特殊情况下才是平面曲线或者是直线。

曲面立体相交三视图的画图步骤是：

① 用细实线画出相交曲面立体主形体的三视图。分析相交曲面体及相贯线的特点。

② 求相贯线上特殊点的投影。特殊点的含义相同于前述截交线，且特殊点多位于曲面体的转向轮廓线上。

③ 求作适当数量的一般点。使绘制的相贯线的各投影光滑正确。同时要用粗实线、细虚线分别绘制可见和不可见部分。可见性的判别原则是：只有同时位于两个立体可见表面上的相贯线部分，其投影才可见；否则为不可见。

④ 按图线要求描深各线，完成曲面体相交形体的三视图。

问题的关键是求曲面立体相交相贯线的投影。求相贯线的投影与画截交线一样，同样应考虑先求特殊点，再求一般点。求出两曲面体表面上一系列的共有点，圆滑连接各点即成。求这一系列的共有点，常采用的方法是：取点作图法和辅助平面法。

8.3.1　圆柱与圆柱相交

1. 两个圆柱直径不等正交

【例 8-3】求两个圆柱体的轴线正交的表面相贯线，如图 8-6 所示。

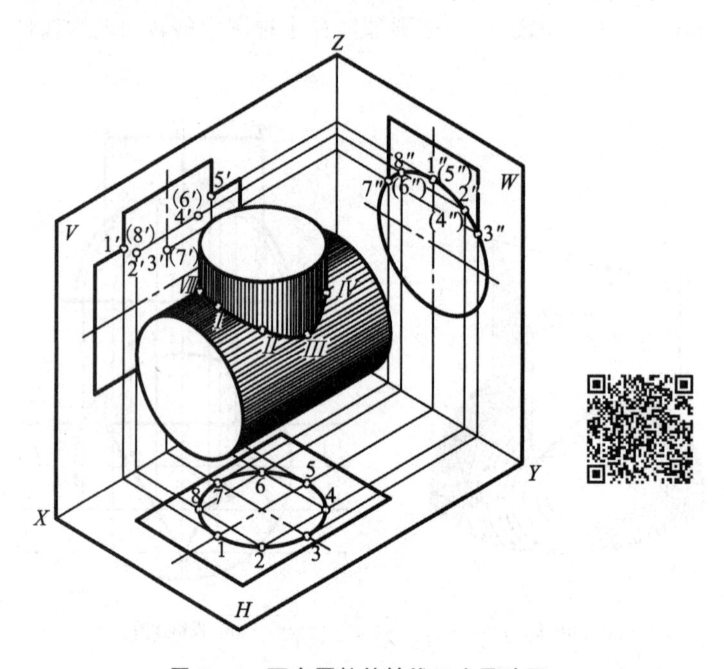

图 8-6　两个圆柱的轴线正交及动画

分析：图 8-6 所示的两个圆柱体的轴线正交，其轴线分别垂直于 H 面和 W 面，因此俯视图中相贯线的投影重合在小圆柱面的积聚性投影(圆)上；左视图中相贯线的投影重合在小圆柱的两条转向轮廓线之间大圆柱面的积聚性投影(圆)上。因此，根据已知相贯线的两面投影，可作出它的 V 面投影。

(1) 取点法作图

利用圆柱面的积聚性的投影求解作图步骤如下：

① 求特殊点　图 8-7(b)所示的相贯线上 Ⅰ、Ⅴ两点分别位于两个圆柱对 V 面的转向轮廓线上，是相贯线上的最高点，也分别是相贯线上的最左点和最右点。Ⅲ、Ⅶ两点分别位于小圆柱对 W 面的转向轮廓线上，它们是相贯线上的最低点，也分别是相贯线上的最前点和最后点。在投影图上可直接作投影连线求得 1′、3′、5′、7′。

② 求一般点　先在俯视图中的小圆柱的投影圆上，适当地确定出若干个一般点的投影，如图 8-7(c)中的 2、4、6、8 等点，再按点在曲面立体表面上的作图方法，作出 W 面上的投影 2″(4″)、8″(6″)和点的 V 面上的投影 2′(8′)、4′(6′)。

实际求解一般点时，也可以用辅助平面法求解。用辅助平面 Q 平行于正交的两个圆柱的轴线假想将其切开，平面 Q 与两个圆柱表面的截交线都为矩形，两个矩形(二者的素线)相交产生的交点，即为相贯线上的一般点，如图 8-8 所示。由于点既在大圆柱的表面上，又在小圆柱的表面上，也在辅助平面 Q 上，所以辅助平面法实际是利用了三面共点的原理，求出相贯线上一系列的共有点。

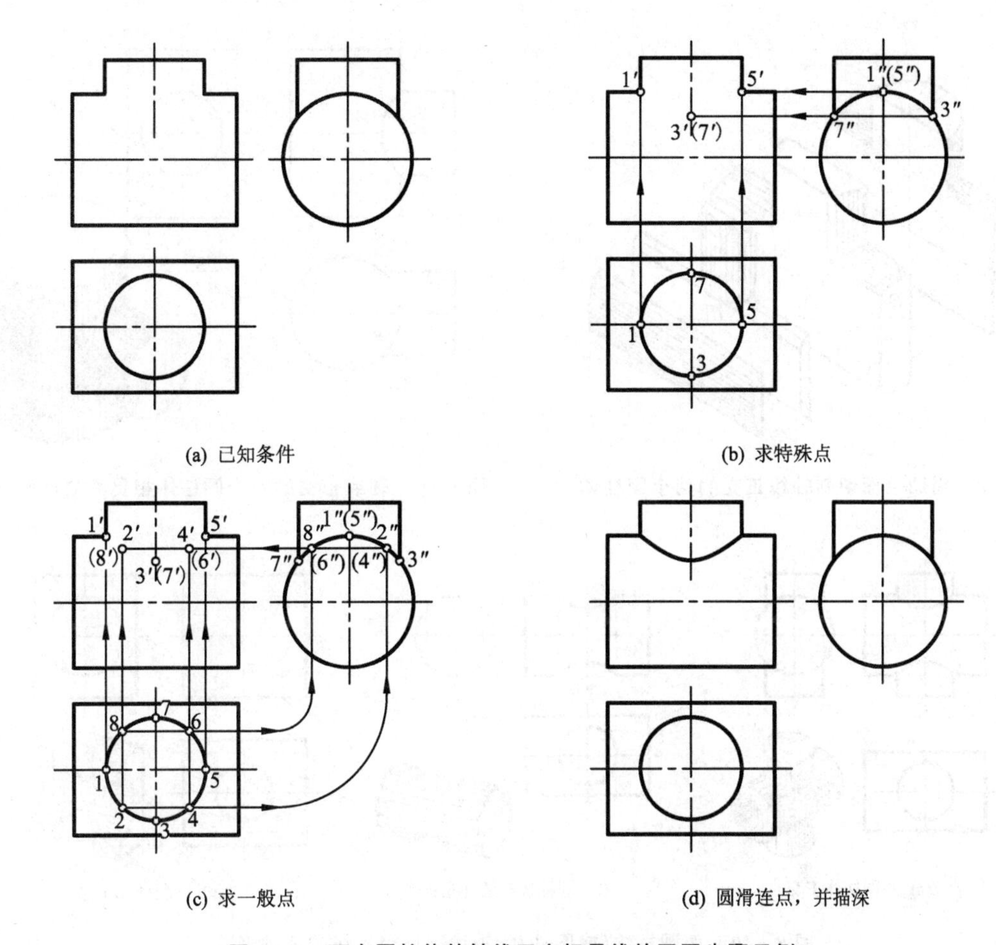

(a) 已知条件　　(b) 求特殊点

(c) 求一般点　　(d) 圆滑连点，并描深

图 8－7　两个圆柱体的轴线正交相贯线的画图步骤示例

③ 判断可见性及圆滑连接　由于该相贯线前后两部分对称，且形状相同，所以在 V 面投影中可见与不可见部分重合，按 1′－2′－3′－4′－5′的顺序用粗实线圆滑地连接起来。

④ 按图线要求描深各图线，完成两圆柱正交立体的三视图，如图 8－7(d)所示。

(2) 两圆柱的轴线正交相贯线的近似画法

在实际画图时，当两圆柱体的轴线正交，且直径相差比较大时，其相贯线的投影可以用近似画法——圆弧来代替。圆弧的半径 $R=\phi/2$(ϕ 为大圆柱体的直径)，圆心在小圆柱体的轴线上，圆弧凸向大圆柱体的轴线，如图 8－9 所示。

(3) 轴线正交内、外圆柱面的相贯线

由于圆柱体有实体圆柱和空心圆柱之分，因此圆柱面又有外圆柱面和内圆柱面之别。故两圆柱面相交会产生三种情况：

① 两个外圆柱面相交，即两个圆柱体相交，如图 8－10(a)所示；

② 外圆柱面与内圆柱面相交，即圆柱体与圆柱孔相交，如图 8－10(b)所示；

③ 两个内圆柱面相交，即圆柱孔与圆柱孔相交，如图 8－10(c)所示。

在这三种情况下相贯线的形状、性质均相同，其求法也无差异，所不同的是圆柱体与圆柱孔相交或两圆柱孔相交时，其转向轮廓线和相贯线有可见性问题。

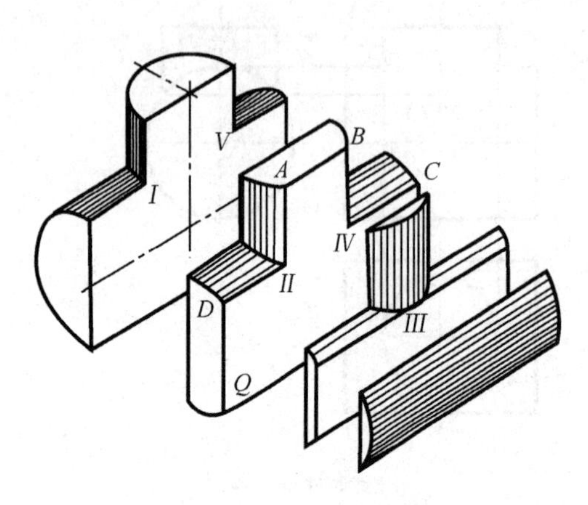

图 8-8　辅助平面切割轴线正交的两个圆柱体

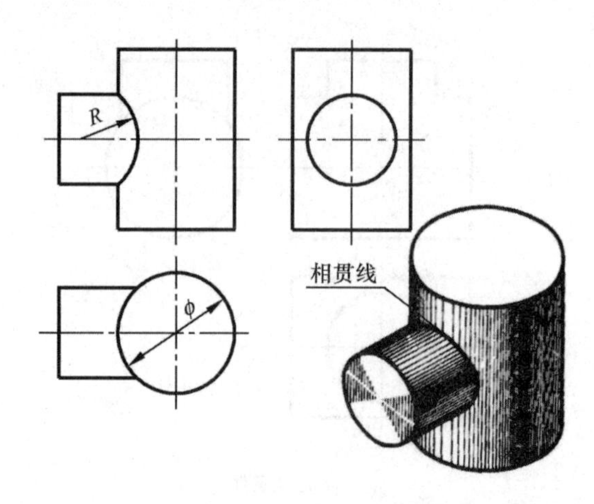

图 8-9　轴线正交的两个圆柱体相贯线的近似画法

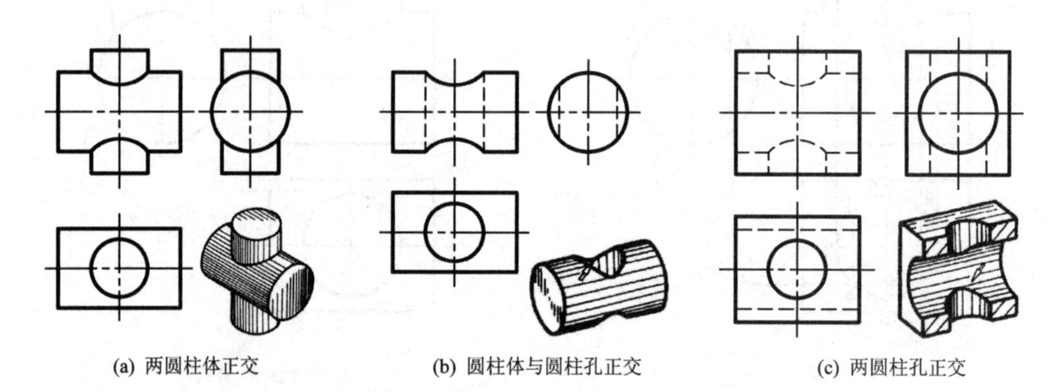

(a) 两圆柱体正交　(b) 圆柱体与圆柱孔正交　(c) 两圆柱孔正交

图 8-10　两圆柱体(或圆柱孔)轴线正交相贯线的三种形式

图 8-11 为轴线正交的两圆柱面相贯,其相贯线的综合示例,读者可自行分析。

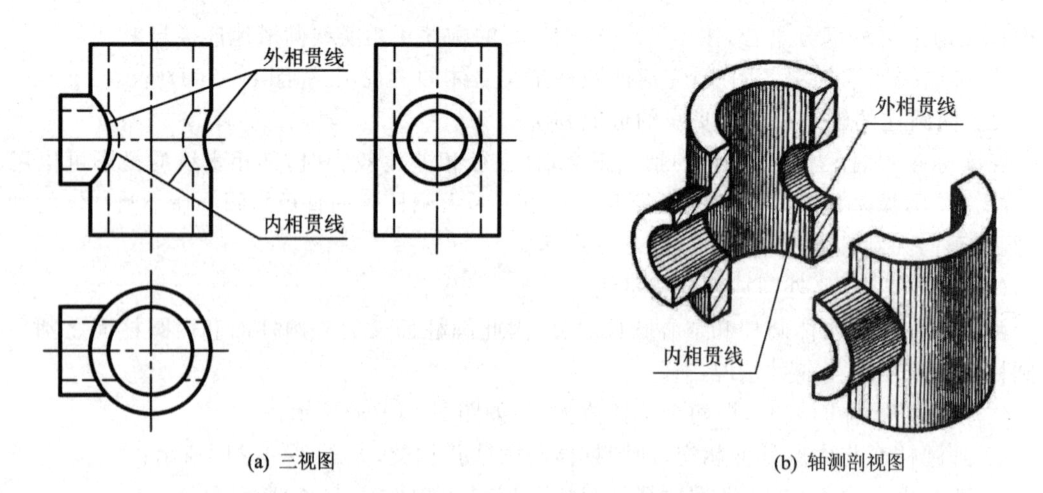

(a) 三视图　(b) 轴测剖视图

图 8-11　两圆柱体(或圆柱孔)轴线正交相贯线的示例

2. 两圆柱直径相等正交

当两圆柱体直径相等时，其相贯线由两条空间曲线变为两条平面曲线——椭圆，如图 8 - 12 所示。当两圆柱体的轴线平行于 V 面时，这两个椭圆所在的平面都垂直于 V 面，故其正面投影成为相交的两条直线，而水平投影和侧面投影为圆。

图 8 - 13 所示为两圆柱直径相等时，内外表面相交相贯线的画法。其相贯线的形状、性质、求法与图 8 - 12 类同，所不同的是相贯线有可见性的问题，读者可自行分析。

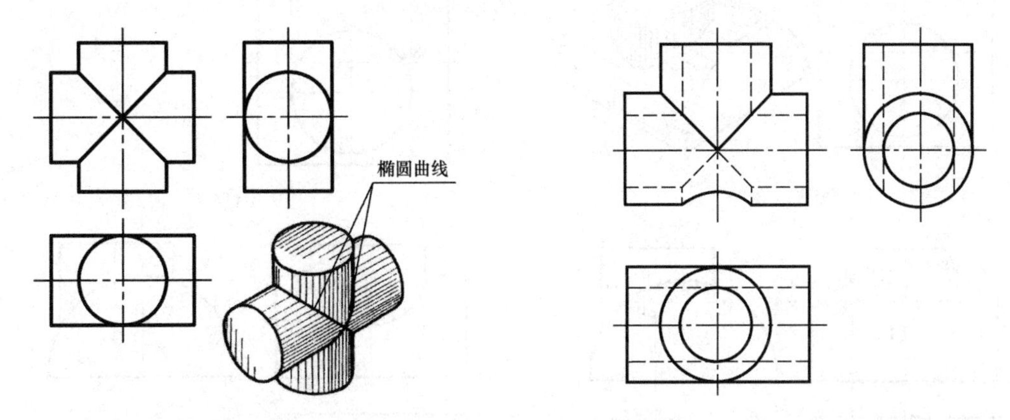

图 8 - 12　两个圆柱直径相等正交相贯线的示例　　**图 8 - 13　两个圆柱直径相等正交内外相贯线的示例**

3. 轴线交叉垂直两圆柱的相贯线

【例 8 - 4】求轴线交叉垂直的两个圆柱体相交的相贯线，如图 8 - 14(a)所示。

由于两圆柱体的轴线垂直交叉，所以相贯线前后不对称，其 V 面投影不重合，这一点与两个圆柱体的轴线正交时是不同的，但其相贯线的求作方法与轴线正交的基本相同。

具体画图步骤如下：

(1) 求特殊点

小圆柱体对 V 面转向轮廓线上的点 Ⅰ、Ⅴ 的 V 面投影 $1'$、$5'$，由 $1''$、$5''$ 向左作投影连线得到；大圆柱体对 V 面转向轮廓线上的点 Ⅵ、Ⅷ 的 V 面投影 $(6')$、$(8')$，由 6、8 向上作投影连线得到；由左视图中小圆柱体转向轮廓线上的点 $3''$、$7''$ 向左作投影连线得 $3'$、$(7')$。点Ⅰ、点Ⅴ为最左、最右点；点Ⅲ、点Ⅶ为最前、最后点；点Ⅵ、点Ⅷ为最高点；点Ⅲ为最低点，如图 8 - 14(b)所示。

(2) 求一般点

在俯视图中，由小圆柱体的投影圆上确定一般点 Ⅱ、Ⅳ，根据投影规律可求得 $2''$、$(4'')$ 和 $2'$、$4'$，如图 8 - 14(c)所示。

(3) 判别可见性，并圆滑连接各点

由俯视图可知，点 Ⅰ、Ⅱ、Ⅲ、Ⅳ、Ⅴ 在前半个小圆柱体上，点 Ⅴ、Ⅵ、Ⅶ、Ⅷ、Ⅰ 在后半个小圆柱体上，由此 $1'$、$5'$ 为 V 面投影中相贯线上可见与不可见的分界点。曲线 $1'$-$2'$-$3'$-$4'$-$5'$ 为可见，画成粗实线；曲线 $5'$-$(6')$-$(7')$-$(8')$-$1'$ 为不可见，画成细虚线。连线时应注意 $5'$ 与 $(6')$ 相连、$8'$ 与 $1'$ 相连，如图 8 - 14(d)中放大图所示。

(4) 完成三视图

按图线要求描深各线，完成两个圆柱体的轴线交叉垂直相交立体的三视图(见图 8 - 14(d))。

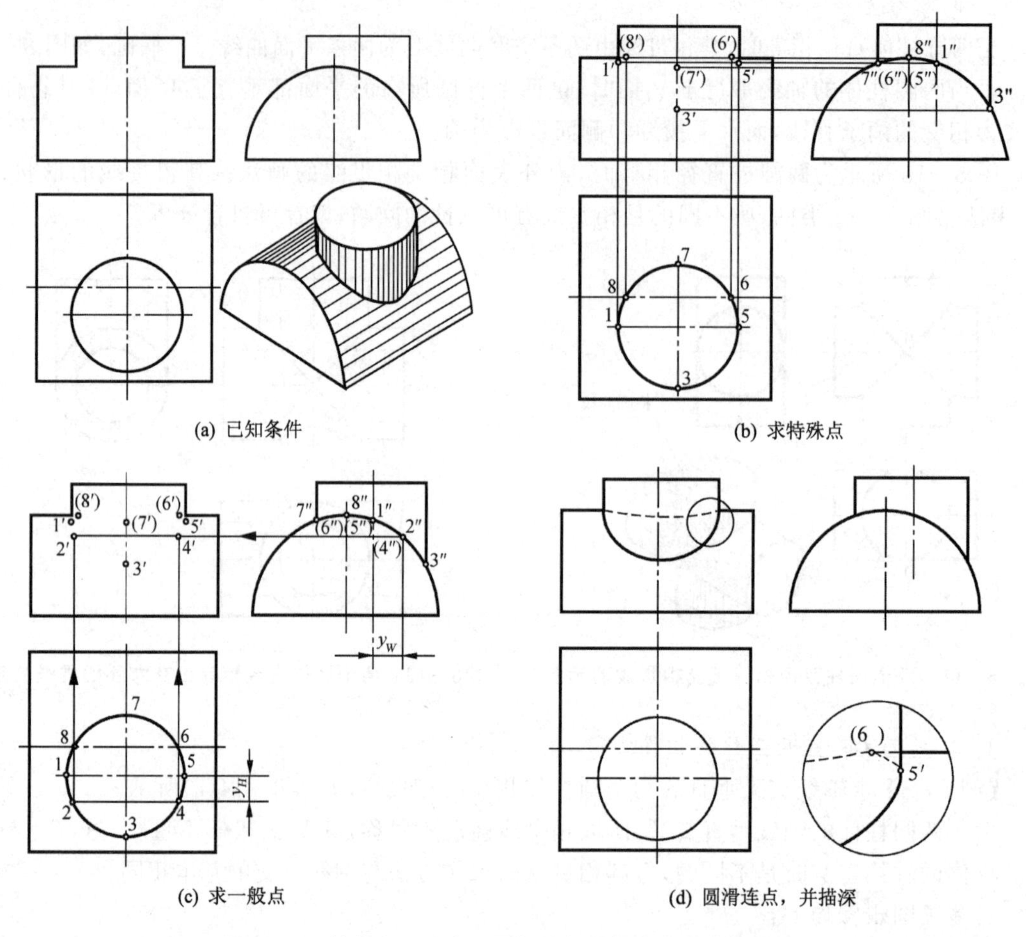

(a) 已知条件　　(b) 求特殊点

(c) 求一般点　　(d) 圆滑连点，并描深

图 8－14　轴线交叉垂直两圆柱体相贯线的画图步骤示例

8.3.2　圆柱与圆锥正交

1. 圆柱与圆锥的轴线正交相贯线的求法

当圆柱与圆锥体的轴线正交时,其表面产生的相贯线仍然是封闭的空间曲线。以下通过例题加以说明。

【例 8－5】求圆柱与圆锥台的轴线正交的三视图,如图 8－15(a)所示。

分析：圆柱与圆锥台的轴线正交,由于圆锥面没有积聚性,故求解其相贯线可用辅助平面法,即三面共点的原理(辅助平面 P 和两形体的表面)。为使作图简便,选择辅助平面的原则是：应使截交线的投影为圆或直线,通常多选用投影面的平行面作为辅助平面。如求圆柱与圆锥(轴线正交)的相贯线时,所设辅助平面应平行于圆柱的轴线,同时垂直于圆锥的轴线的水平面,如图 8－15(b)所示。这样,辅助水平面与圆柱体表面的截交线是一个矩形,与圆锥体表面的截交线是一个圆,矩形(素线)与圆的交点即相贯线上的共有点。

图 8－16 所示是圆柱与圆锥体的轴线正交时三视图的画法,其具体画图步骤如下：

(1) 画出相交立体的三视图,并分析相贯线的投影(见图 8－16(a))

相贯线的左视图积聚在圆柱面的投影上,在主、俯视图中的投影需要求出。

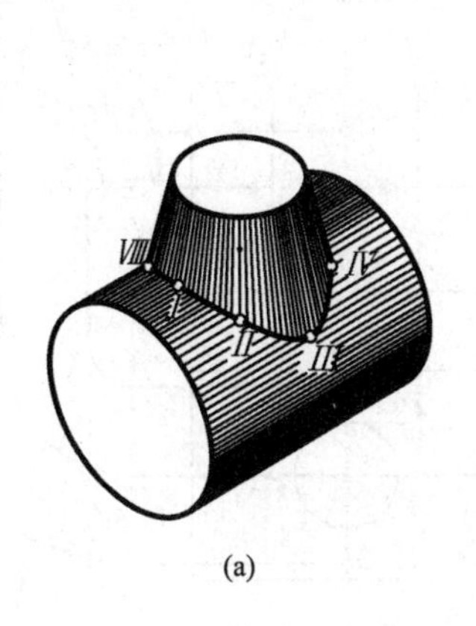

(a)

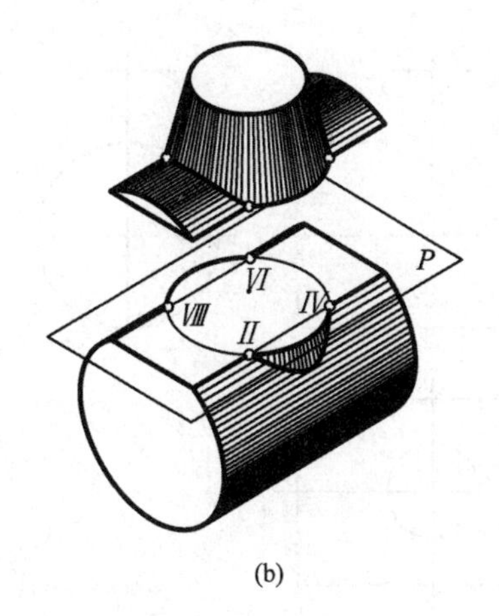

(b)

图 8-15　圆柱与圆锥的轴线正交

(2) 求特殊点 Ⅰ、Ⅲ、Ⅴ、Ⅶ

圆柱与圆锥体对 V 面转向轮廓线的交点是相贯线上的最左点 Ⅰ 和最右点 Ⅴ(也是最高点),它们在主视图上的投影为 1′、5′,由 1′、5′点向下引垂线即可求得点 Ⅰ、Ⅴ在俯视图中的投影点 1、5,该两点在左视图上的投影点 1″、(5″)为圆与轴线的交点;圆锥对 W 面转向轮廓线与圆的交点是相贯线上的最前点 Ⅲ 和最后点 Ⅶ(也是最低点)、它们在左视图上的投影点为 3″、7″,由 3″、7″两点向左作投影连线得 3′、(7′)两点,在由主、左视图引投影线求得点 Ⅲ、Ⅶ在俯视图中的投影点 3、7,如图 8-16(b)所示。

(3) 求一般点 Ⅱ、Ⅳ、Ⅵ、Ⅷ

在主、左视图中的最高点和最低点之间作辅助水平面 P(见图 8-15(b)),P 平面在左视图中投影与圆的交点 2″、(4″)和(6″)、8″是一般点在左视图中的投影,按“三等”规律在俯视图中画截交线矩形(素线)和圆,两线产生的交点,即为一般点在俯视图中的投影 2、4、6、8,在由该四个点向上引垂线与 P 平面的正面投影相交求得 2′(8′)、4′(6′),如图 8-16(c)所示。

(4) 圆滑连接各点,并判别可见性

由俯视图可知,点 Ⅰ、Ⅱ、Ⅲ、Ⅳ、Ⅴ在前半个圆柱面和圆锥面上,点 Ⅴ、Ⅵ、Ⅶ、Ⅷ、Ⅰ 在后半个圆柱面和圆锥面上,由此可知 1′、5′为 V 面投影中相贯线上可见与不可见的分界点。曲线 1′-2′-3′-4′-5′为可见,画成粗实线;曲线 5′-(6′)-(7′)-(8′)-1′为不可见,画成细虚线,但由于相贯线的前后是对称的,故仅画出粗实线,如图 8-16(d)所示。

(5) 按图线要求描深各图线,完成圆柱与圆锥体的轴线正交立体的三视图(见图 8-16(d))。

图 8-17 所示为圆柱与圆锥体的轴线正交时求作相贯线的另一例子,其求作相贯线的作图方法步骤与图 8-16 类同,只是相贯线的形状不同,读者可以自行分析。要注意的是:点 Ⅲ 和点 Ⅶ的求解是用辅助平面 P 通过圆柱体的轴线切割而得到的。

2. 轴线正交的圆柱与圆锥相贯线的变化趋势

图 8-18 所示为轴线正交的圆柱与圆锥,随着圆柱体直径的大小不同,相贯线在两条轴线共同平行的投影面上,其投影的形状或弯曲趋向也会有所不同。图 8-18(a)所示圆柱全贯入圆锥,主视图中两条相贯线(左、右各一条)由圆柱向圆锥的轴线方向弯曲,并随圆柱直径的增大,相贯线逐渐弯近圆锥的轴线;而图 8-18(b)所示圆锥全贯入圆柱,主视图中两条线(上、下各一条)由圆锥向圆柱的轴线方向弯曲,并随圆柱直径的减小,相贯线逐渐弯近圆柱的轴线;

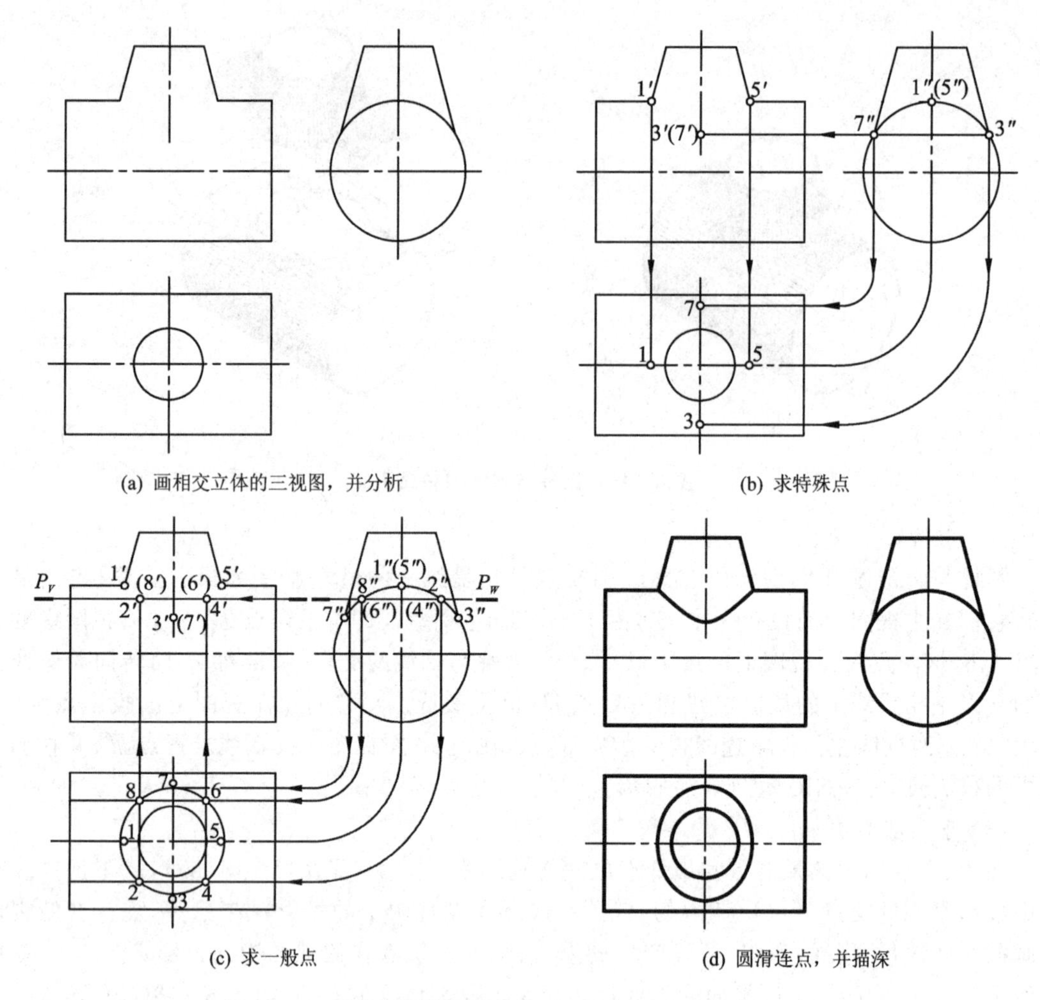

(a) 画相交立体的三视图，并分析　　(b) 求特殊点

(c) 求一般点　　(d) 圆滑连点，并描深

图 8-16　圆柱与圆锥台的轴线正交三视图的画图步骤示例

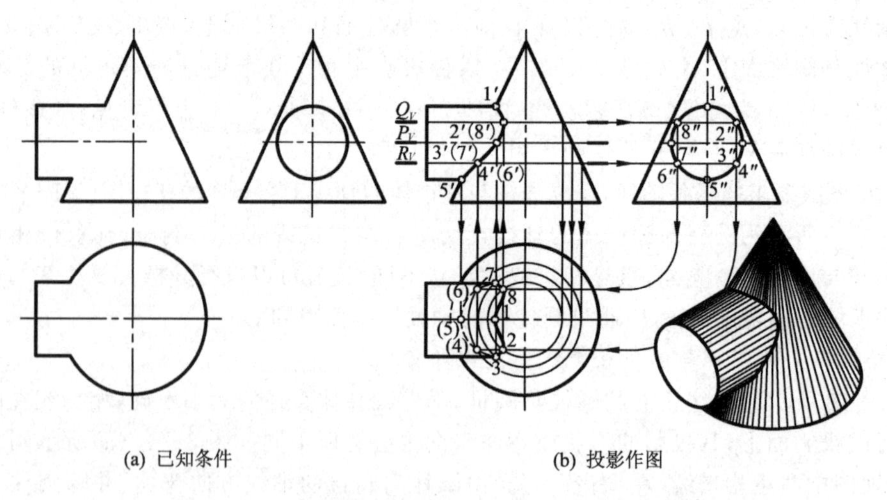

(a) 已知条件　　(b) 投影作图

图 8-17　圆柱与圆锥的轴线正交相贯线的画法示例

图 8 - 18(c)所示为圆柱与圆锥互贯，并且圆柱面与圆锥面共同内切于一个圆球面，此时相贯线成为两条平面曲线(椭圆)，并同时垂直于 V 面，其 V 面投影积聚成两条直线。以上相贯线的三种情况，其投影如图 8 - 18 中的箭头所指。

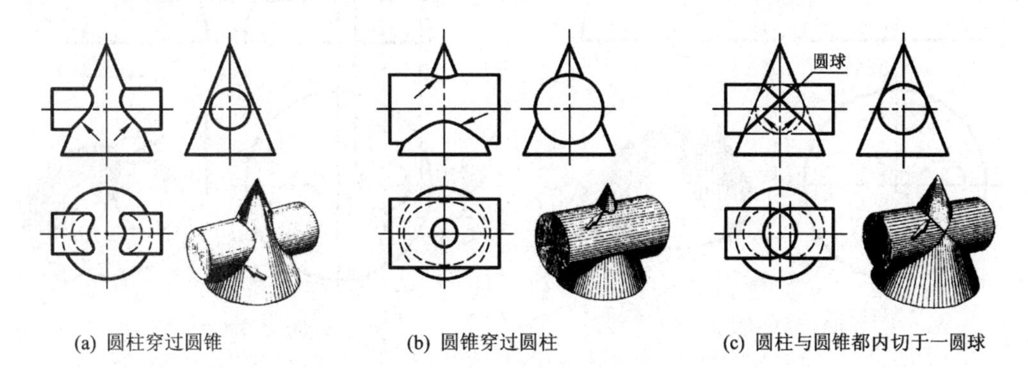

(a) 圆柱穿过圆锥　(b) 圆锥穿过圆柱　(c) 圆柱与圆锥都内切于一圆球

图 8 - 18　圆柱与圆锥的轴线正交相贯线的三种形式

8.3.3　圆柱或圆锥与圆球相交

圆柱或圆锥与圆球相交，一般情况下其相贯线为封闭的空间曲线。

【例 8 - 6】求作圆锥台与半圆球相交的相贯线，如图 8 - 19 所示。

分析：圆锥台的轴线垂直于 H 面，且位于半圆球左边及前后对称平面上，其相贯线为前后对称的封闭的空间曲线。由于圆锥面和圆球面的各面投影都没有积聚性，所以求作它们的相贯线需要用辅助平面法。具体作图步骤如下：

(1) 求特殊点

如图 8 - 19(b)所示，Ⅰ、Ⅳ两点分别是相贯线上的最低点和最高点，它们同时位于圆锥面和圆球面对 V 面的转向轮廓线上，因此其 V 面投影为两立体转向轮廓线的交点 1′、4′。由 1′、4′ 分别向下和向右引投影连线，直接作出其 H 面投影 1、4 与 W 面投影 1″、(4″)。

位于圆锥台对 W 面转向廓线上的Ⅲ、Ⅴ点，是区分相贯线 W 面投影中可见与不可见部分的分界点。这两个点的各面投影要借助于通过圆锥轴线的辅助侧平面 Q 求出。侧平面 Q 与圆锥台的交线即是圆锥面对 W 面的两条转向轮廓线；而与半圆球的交线为半圆，它的半径 R 可从 V 面或 H 面投影中直接量取。上述两条转向轮廓线与半圆的 W 面投影的交点 3″、5″即为点Ⅲ、Ⅴ的 W 面投影，根据投影规律可求出 3′、(5′)和 3、5。

(2) 求一般点

在 V 面投影 1′ 和 3′之间作辅助水平面 P 分别与圆锥台和半圆球相交，如图 8 - 19(c)所示，在 H 面投影中分别画出该截平面与圆锥台和半圆球的截面交线圆，它们的交点 2、6 即为相贯线与 P 平面的交点Ⅱ、Ⅵ的水平投影，由 2、6 向上作投影连线与 P_V 相交，即得Ⅱ、Ⅵ两点的 V 面投影 2′、(6′)。由 2、6 及 2′、(6′)便可求出 W 面投影 2″、6″。用同样方法在Ⅲ、Ⅴ两点和Ⅳ点之间再求一次一般点(图中未示出)。

(3) 判断可见性及圆滑连接各点

相贯线的 V、H 面投影均为可见，用粗实线连接。在 W 面投影中，3″- 2″- 1″- 6″- 5″段在左半个圆锥面上为可见，用粗实线绘制；3″-(4″)- 5″段在右半个圆锥面上为不可见，用细虚线连接，如图 8 - 19(d)所示。

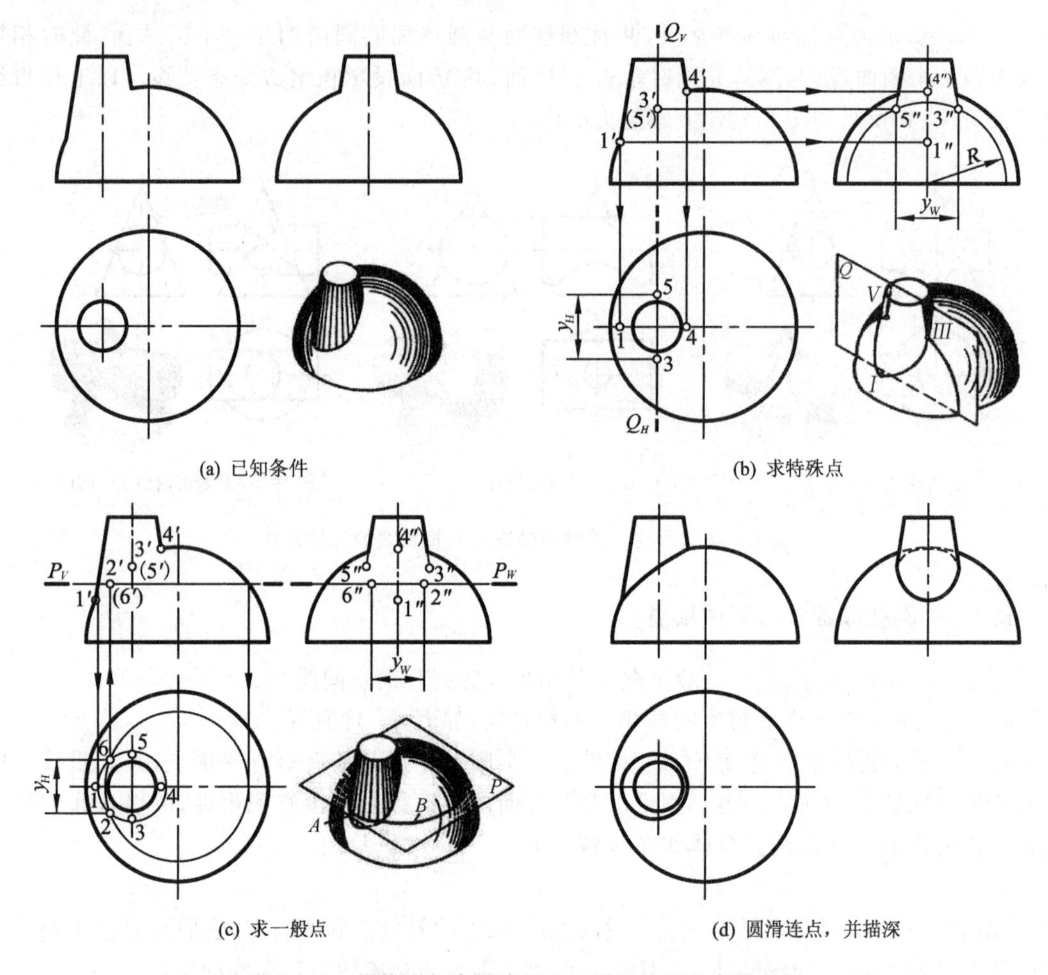

(a) 已知条件　　(b) 求特殊点

(c) 求一般点　　(d) 圆滑连点，并描深

图 8-19　圆锥台与半圆球相交三视图的画图步骤示例

(4) 按图线要求描深各图线，完成圆锥台与半圆球相交立体的三视图(见图 8-19(d))。

【例 8-7】求作圆柱与半圆球相交的相贯线，如图 8-20 所示。

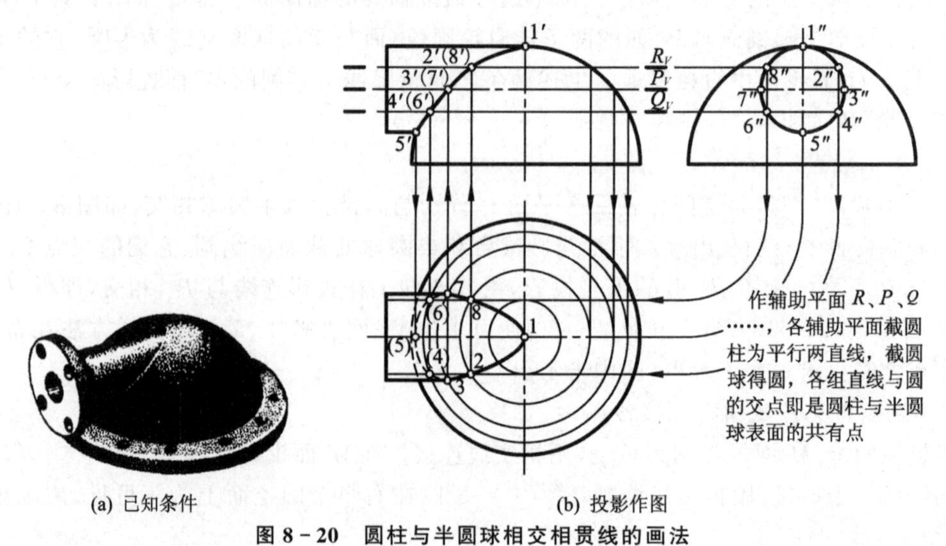

(a) 已知条件　　(b) 投影作图

图 8-20　圆柱与半圆球相交相贯线的画法

分析：图 8－20(a)是一个盖子，可以把其形体简化成一个圆柱与半个圆球相交(见图 8－21)，其外表面的相贯线是一条封闭的空间曲线。在此例中，相贯线上的点可用图 8－21所示的任何一种辅助平面来求出。具体画图方法如图 8－20(b)所示，读者可以自行分析。要注意的是：点Ⅲ和点Ⅶ的求解是用辅助平面 P 通过圆柱的轴线切割得到的。

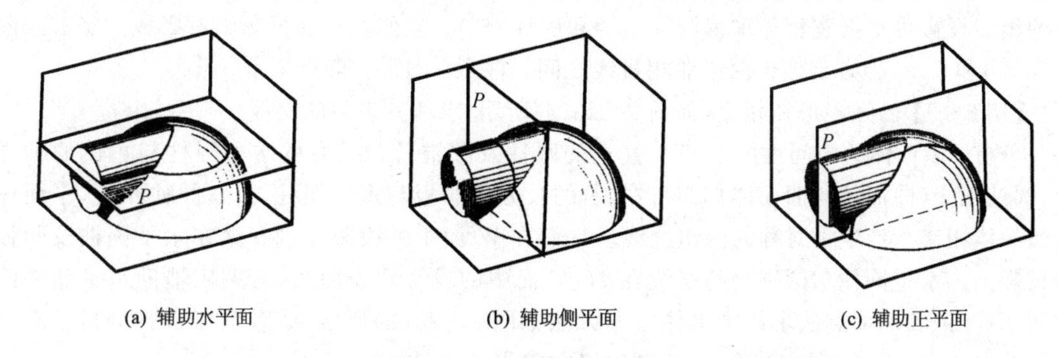

(a) 辅助水平面　(b) 辅助侧平面　(c) 辅助正平面

图 8－21　求圆柱与半圆球相交相贯线辅助平面的选择

8.3.4　多形体相交

三个或三个以上的立体相交称为多形体相交，其表面形成的交线称为组合相贯线。组合相贯线的各段相贯线，分别是两个立体表面的交线；而两段相贯线的结合点，则必定是相贯体上三个表面的共有点。由于相交的多个形体各异，故交线也常常比较复杂，但求解作图的方法仍然相同，重要的是掌握分析问题的方法。

【例 8－8】求图 8－22 所示的多形体相交的相贯线。

分析：由图 8－22(a)所示的三视图可见，多形体是由三个圆柱体Ⅰ、Ⅱ、Ⅲ相交组成的，如图 8－22(b)所示。其中圆柱Ⅰ与Ⅱ是叠加关系，没有交线；圆柱Ⅰ与Ⅲ、Ⅱ与Ⅲ都是正交关系，存在着相贯线需要求解。另外，圆柱Ⅱ的左端面与圆柱Ⅲ也是相交关系，存在着交线(直线)。

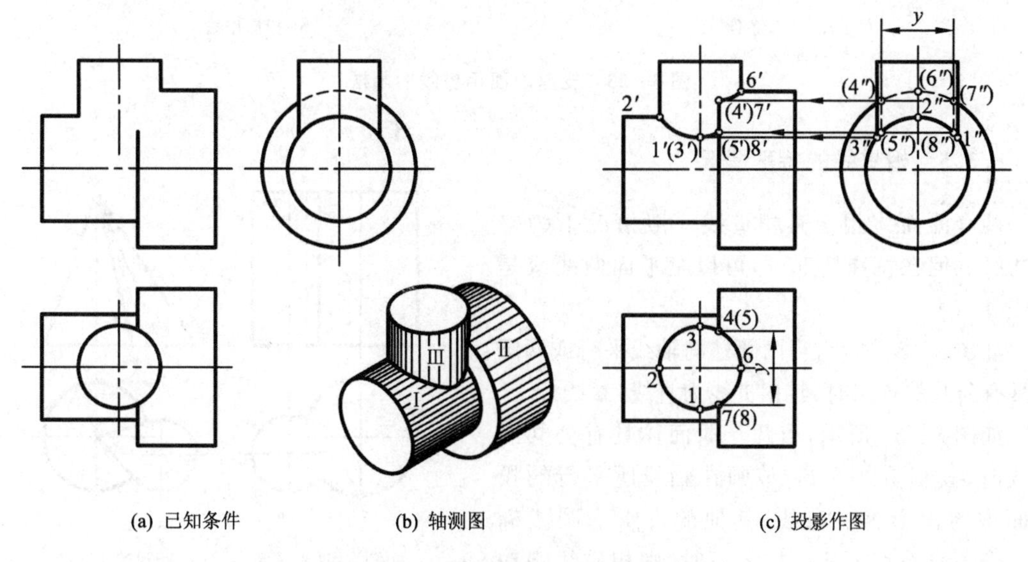

(a) 已知条件　(b) 轴测图　(c) 投影作图

图 8－22　三个圆柱体相交相贯线的画法

作图：按上述分析，逐个求出各个形体之间的交线，如图 8 - 22(c)所示。由于圆柱Ⅰ、Ⅱ在左视图上有积聚性，圆柱Ⅲ在俯视图上有积聚性，因此可利用投影的积聚性及点的三面投影之间的关系，很简便地求出圆柱Ⅰ与Ⅲ之间的表面交线和圆柱Ⅱ与Ⅲ之间的表面交线，圆柱Ⅱ的左端面(平面)与圆柱Ⅲ的表面交线是两条铅垂线，它们的水平投影积聚成点 4(5)和点 7(8)，它们的侧面投影可根据宽相等求得(4″)(5″)和(7″)(8″)。它们的正面投影则重影成一竖直线段(4′)(5′)和 7′8′，且必定位于两段曲相贯线之间。注意：图中一般点未求。

【例 8 - 9】已知多形体相交，如图 8 - 23(a)所示，求作其表面的交线。

分析：多形体的中间主体是三个叠立的圆柱及圆锥台，左、右的水平圆柱与主体的圆锥台、圆柱正交(曲面体与曲面体相交)；左、右的长方体肋板与水平圆柱、直立圆柱相交(平面体与曲面体相交)，产生了对称的两组交线。它们在 W 面中的投影分别积聚在水平圆柱及肋板的投影上。水平圆柱与圆锥台的交线在 H、V 面中的投影均为曲线，可采用辅助水平截平面或利用柱、锥表面取点法求作。具体作图方法如图 8 - 23(b)所示，读者可以自行分析。图中点 V 为最高点，点 I、III 为结合点，作图时必须求出。

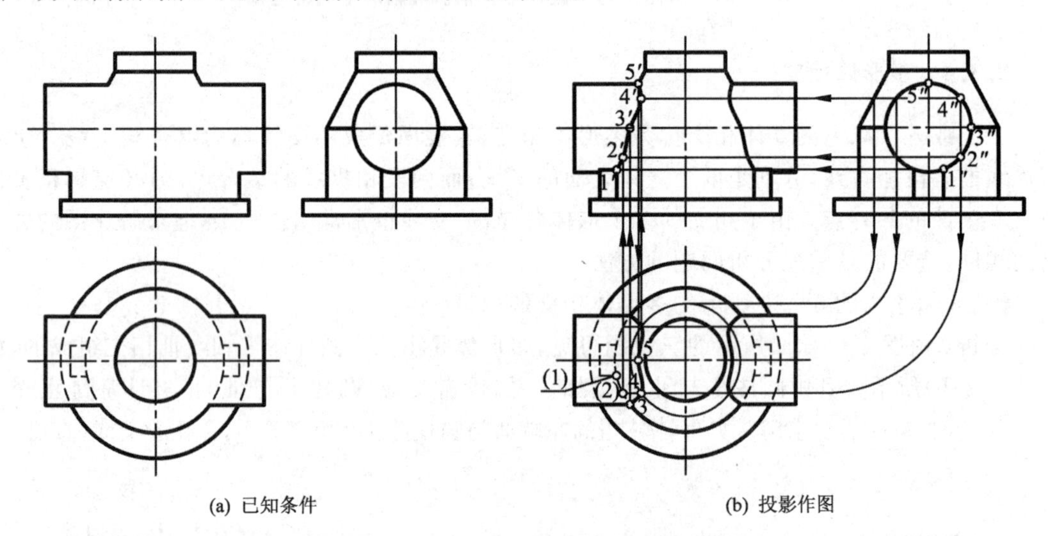

(a) 已知条件　　(b) 投影作图

图 8 - 23　支座表面相贯线的画法

8.3.5　相贯线的特殊情况

两个曲面体相交其相贯线一般情况下为空间曲线。但在特殊情况下，可以是平面曲线或是直线。

如图 8 - 24 所示，当两圆柱的轴线平行或两圆锥具有公共的顶点时，其相贯线为直线(素线)。

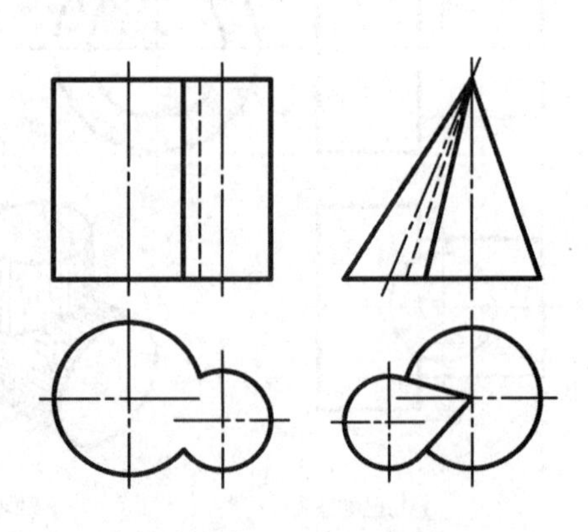

(a) 两圆柱的轴线平行　　(b) 两圆锥共顶点

图 8 - 24　相贯线的特殊情况(一)

如图 8 - 25 所示，当两个曲面体具有公共的轴线时，其相贯线为圆，该圆在轴线所平行的投影面中的投影为一直线，其他的投影为圆或椭圆。当轴线垂直于某一投影面时，则相贯线圆在该投影面上的投影反映圆的实形，其余两面投影积聚成直线，并分别垂直于轴线的相应投影。

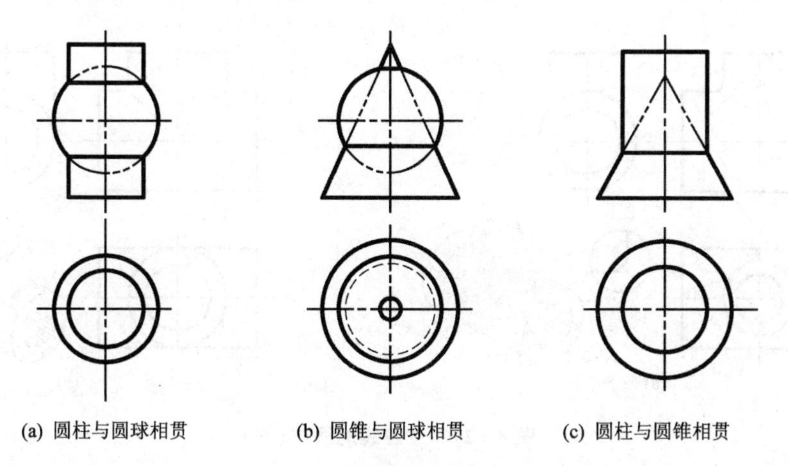

(a) 圆柱与圆球相贯　(b) 圆锥与圆球相贯　(c) 圆柱与圆锥相贯

图 8-25　相贯线的特殊情况(二)

如图 8-26 所示，当圆柱与圆柱、圆柱与圆锥的轴线正交(或斜交)，并具有公共的内切球时，其相贯线为椭圆，该椭圆在相交立体的轴线所平行的投影面中的投影为一直线，其他的投影为圆或椭圆。

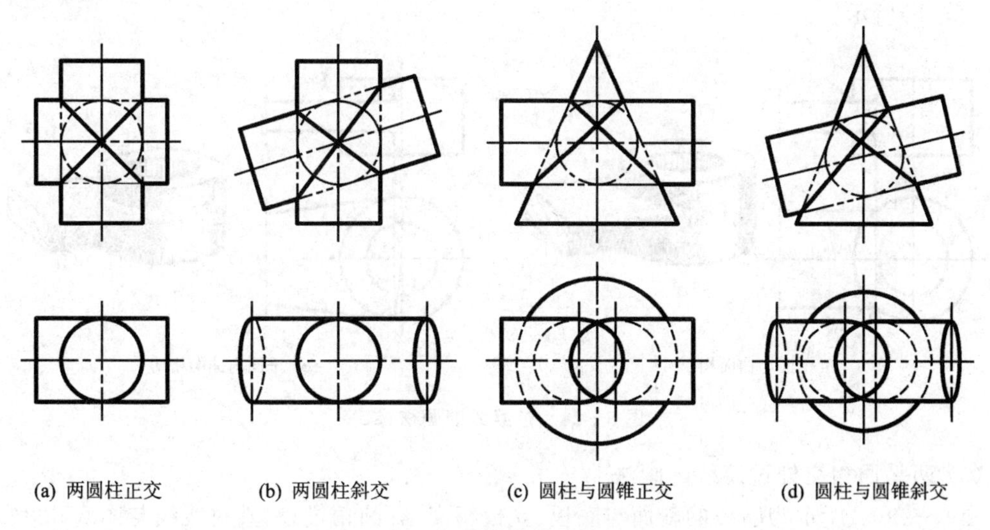

(a) 两圆柱正交　(b) 两圆柱斜交　(c) 圆柱与圆锥正交　(d) 圆柱与圆锥斜交

图 8-26　相贯线的特殊情况(三)

8.3.6　过渡线和相贯线的模糊画法

1. 过渡线

在铸造机件和锻造机件上，形体两表面的相交处一般都有小圆角圆滑过渡。受圆角的影响表面的交线变得很不明显。为了看图时便于区分不同的表面，仍应画出这条交线，且用细实线绘制，这条交线称为过渡线(GB/T 4458.1—2002)。

(1) 两曲面相交处过渡线的画法

当两个曲面相交处有圆角过渡时，过渡线的画法与相贯线的画法相同，但过渡线的两端与小圆角的弧线间应留有空隙，如图 8-27(a)所示。当两个相交曲面的轮廓线相切时，其过渡线在切点处应画成断开形式,如图 8-27(b)所示。

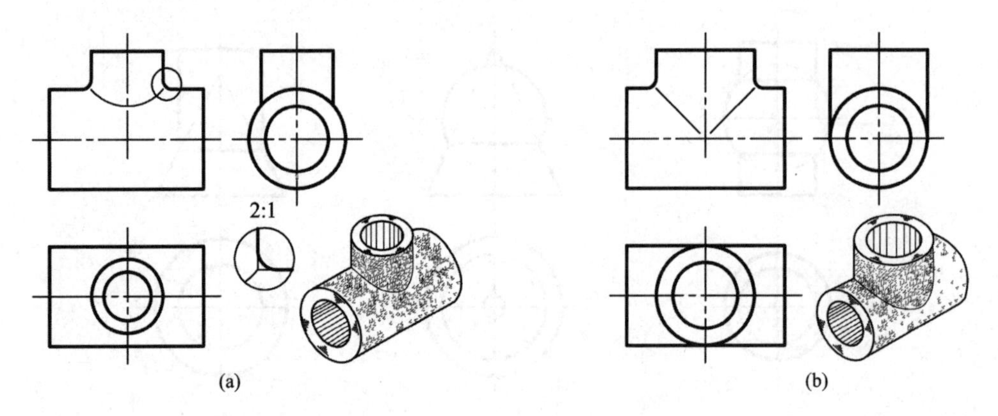

图 8-27　过渡线的画法(一)

(2) 平面与曲面相交处过渡线的画法

平面与曲面相交处的交线为直线,有圆角(R_1)过渡时的画法如图 8-28(a)所示。由于圆角 R 的影响,上、下水平面的正面投影(直线的端部)应顺着 R 圆弧的方向弯曲。平面与曲面相切时,无圆角过渡问题,只是按 R 圆弧的方向将轮廓线端部画成向外弯曲的小弧线,如图 8-28(b)所示。

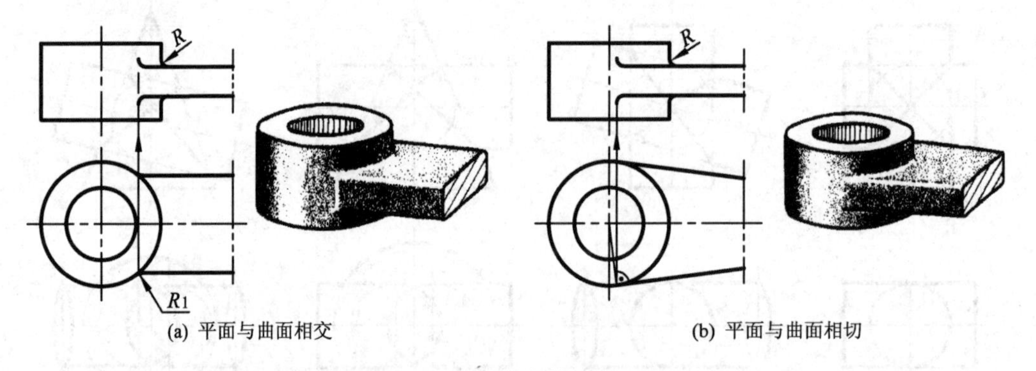

(a) 平面与曲面相交　　(b) 平面与曲面相切

图 8-28　过渡线的画法(二)

(3) 两平面相交处过渡线的画法

图 8-29(a)所示为肋板的斜面与底板、立板相交,有圆角过渡,其过渡线与图 8-28(a)类似。图 8-29(b)所示为肋板的斜面与底板左端面圆角和立板的上端面圆角相切,其过渡线的画法与图 8-28(b)类似。

2. 相贯线的模糊画法

当形体相交,在不至于引起误解时,视图中的相贯线、过渡线可以简化。例如用圆弧来代替相贯线(见图 8-9)或直线代替相贯线(见图 8-31(b));也可采用模糊画法来表示相贯线(GB/T 16675.1—2012),如图 8-30 所示。

采用模糊画法应注意以下几点问题:

① 带有相贯结构的形体,应在不影响表示形体相贯状态(所谓相贯状态是指相贯形体的形状、大小和相对位置)的前提下,才可采用模糊画法表示相贯线。

② 当采用模糊画法使得图形产生分离等现象,而给绘图和读图带来困难时,应避免采用

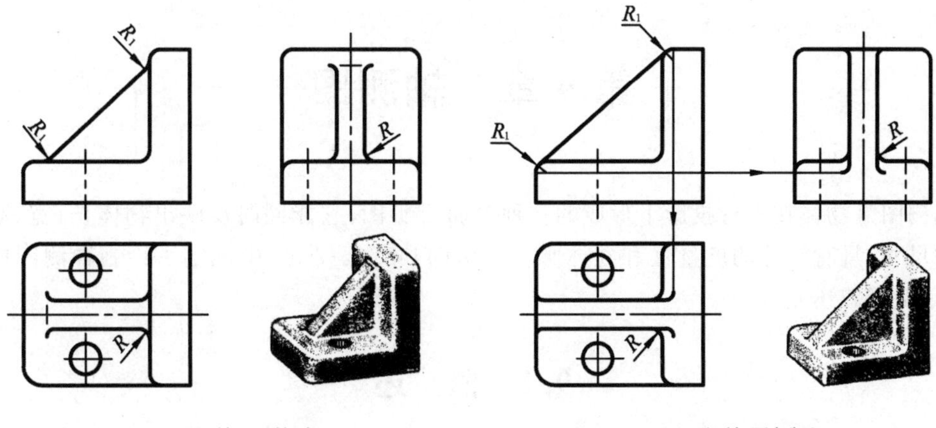

(a) 平面与平面相交　　(b) 平面与圆角相切

图 8-29　过渡线的画法(三)

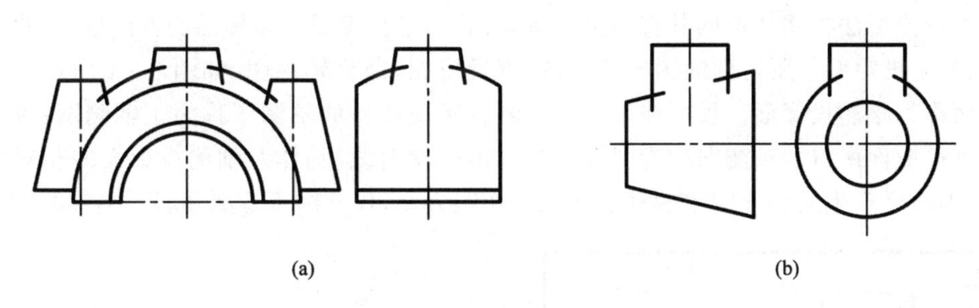

(a)　　(b)

图 8-30　相贯线的模糊画法

模糊画法,此时可以用其他简化画法。图 8-31 所示为内外圆柱面正交的相贯情况,如果采用图 8-31(a)所示的模糊画法,将会出现图形分离和圆柱孔的轮廓线超出圆柱体的外轮廓等现象,此时改用图 8-31(b)所示的直线来代替相贯线画图既简便又直观。

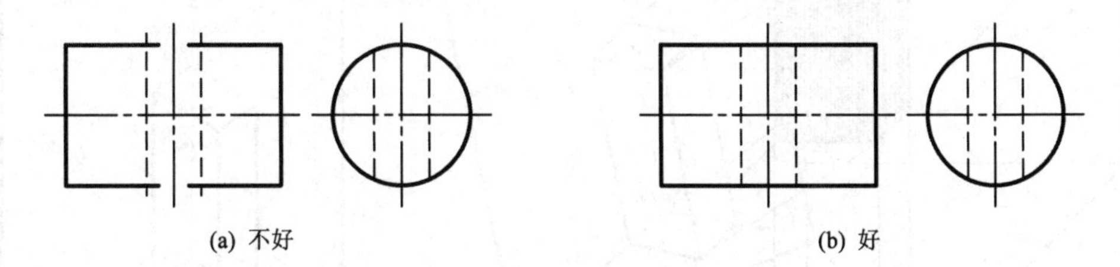

(a) 不好　　(b) 好

图 8-31　不宜采用模糊画法的情况

③ 在同一张图样的不同视图中,可根据相贯状况用不同的简化画法来表示相贯线。图 8-32 所示的形体(图中采用剖视图表示了形体,见第 11 章),其主视图中的相贯区域是用直线表示了相贯线,而左视图中则采用了模糊画法来表示相贯线,从而不仅减少了绘图工作量,也方便了读图。

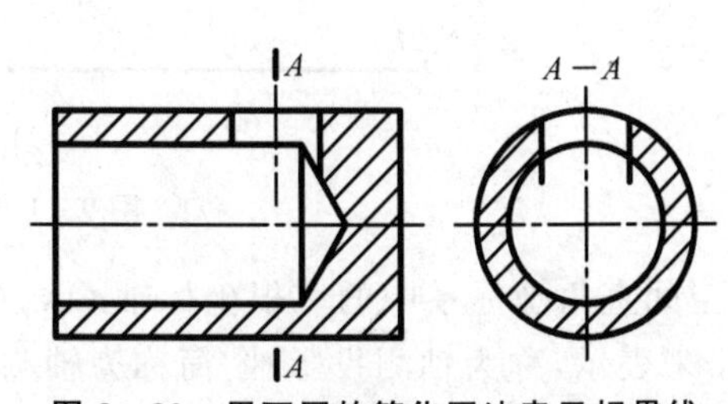

图 8-32　用不同的简化画法表示相贯线

第 9 章　轴测图

轴测图是物体在平行投影下形成的一种单面投影图，它能同时反映出物体长、宽、高三个方向的尺寸，具有较好的度量性和立体感。GB/T4458.3—2013 中规定了绘制轴测图的基本方法，现摘要叙述。

9.1　概　述

9.1.1　基本知识

用平行投影法将物体连同其直角坐标系，沿着不平行于任一坐标面的方向投射（投射方向为 S）到单一投影面上所得到的图形，称为轴测投影图，简称轴测图，如图 9-1 所示。这个单一投影面称为轴测投影面。投射线垂直于轴测投影面所得的轴测图称为正轴测图；投射线倾斜于轴测投影面所得的轴测图称为斜轴测图。由于投射线、物体及轴测投影面的相对位置变化无穷，因而所产生的轴测图也多种多样。为作图方便，仅介绍正等测和斜二测轴测图。

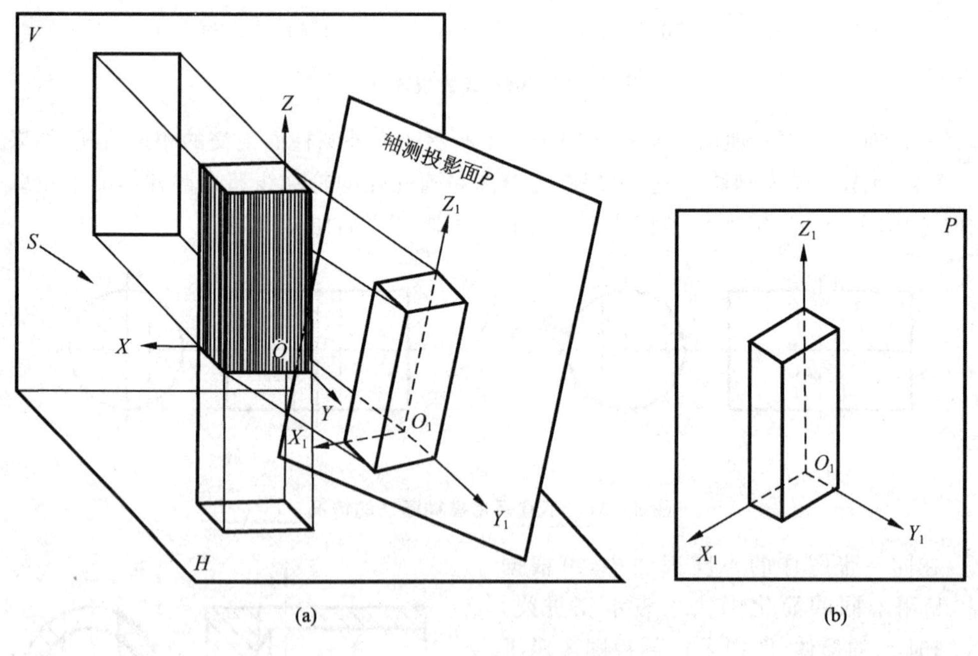

图 9-1　轴测图的形成

空间直角坐标系中的三根坐标轴 OX、OY、OZ 在轴测投影面上的投影用 O_1X_1、O_1Y_1、O_1Z_1 来表示，称为轴测投影轴，简称为轴测轴。两根轴测轴之间的夹角，称为轴间角。而直角坐标轴的轴测投影的单位长度与相应的直角坐标轴上的单位长度之比，称为轴向伸缩系数。

9.1.2　轴测图的基本性质

① 物体上凡是与坐标轴平行的线段，称为轴向线段，其轴测投影必与相应的轴测轴平行。

② 物体上相互平行的线段，其轴测投影也相互平行。

9.2　基本体的正等测

正等轴测图(简称正等测)是三个轴向伸缩系数均相等的正轴测投影，此时的三根轴测轴的轴间角是 120°。

图 9-2 所示的正立方体，令其后面的三根棱线为它内在的直角坐标轴系。先将该正立方体从图 9-2(a)的位置绕 Z 轴旋转 45°，成为图 9-2(b)所示的位置，再向前倾斜到正立方体的对角线 OA 垂直于轴测投影面 P，成为图 9-2(c)所示的位置。此位置正立方体的三个坐标轴与轴测投影面 P 有相同的夹角，然后向轴测投影面 P 进行正投影，就得到了正立方体的正等测。其轴间角均为 120°，这是因为三根坐标轴与轴测投影面的倾角相同。它们的轴测投影都缩短，轴向伸缩系数为 0.82，如图 9-3(a)所示。但为了作图方便，常取轴向伸缩系数为 1，称为简化伸缩系数。即轴向线段按 1∶1 来量取尺寸。三根轴测轴的画法如图 9-3(b)所示。

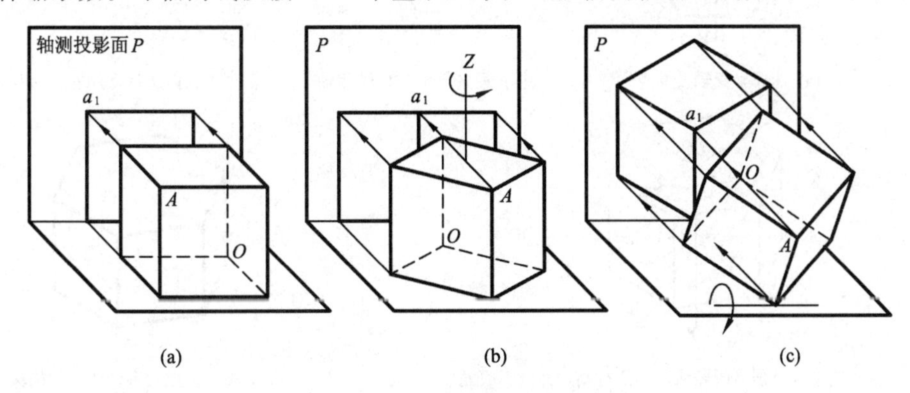

图 9-2　正等测的形成

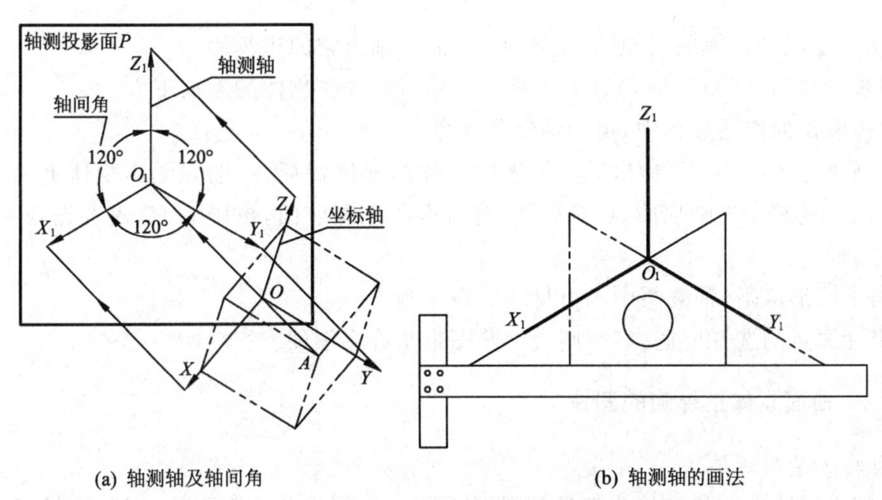

(a) 轴测轴及轴间角　　(b) 轴测轴的画法

图 9-3　正等测的轴测轴、轴间角及轴测轴的画法

9.2.1　平面立体正等测的画法

画平面立体正等测，一般先在物体上选定适当的坐标原点及三根坐标轴，然后把物体上某些点，根据视图中的坐标，确定它们在轴测坐标系中的位置，进而画出物体上某些线和面，并逐步完成全图。

【例 9-1】已知正六棱柱的视图(见图 9-4(a))，画出它的正等测。

作图步骤如图 9-4(b)、(c)、(d)、(e)所示。为了作图方便，把坐标原点选在上底面的中心 O。

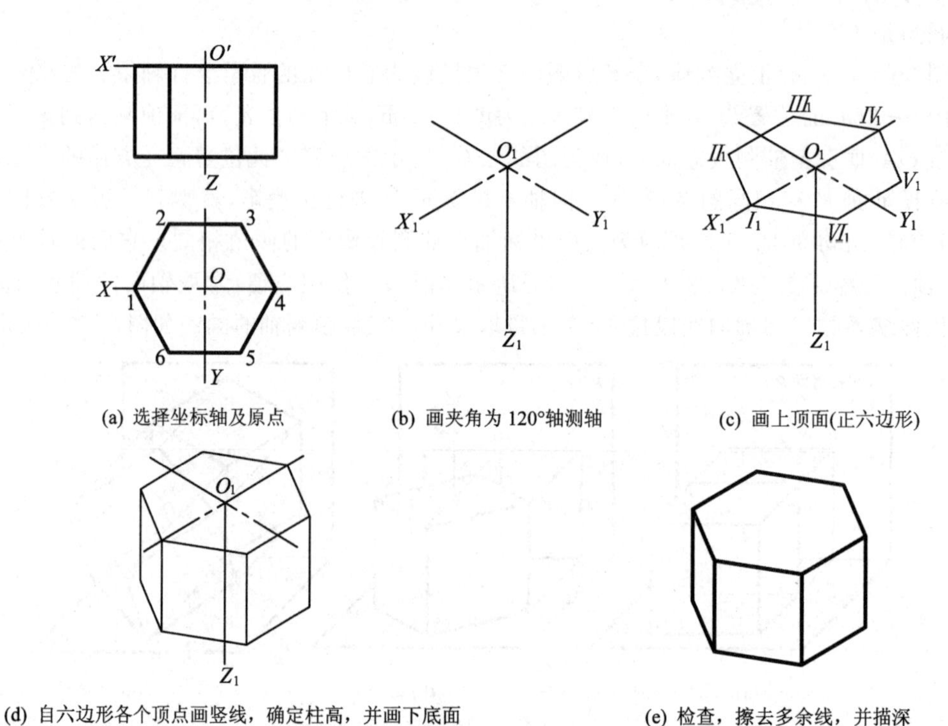

(a) 选择坐标轴及原点　(b) 画夹角为 120°轴测轴　(c) 画上顶面(正六边形)

(d) 自六边形各个顶点画竖线，确定柱高，并画下底面　(e) 检查，擦去多余线，并描深

图 9-4　正六棱柱正等测的作图步骤

【例 9-2】已知物体的三视图(见图 9-5(a))，画出它的正等测。

作图步骤如图 9-5(b)、(c)、(d)所示。坐标原点选在物体的左前下方。

从上述两例的作图过程中，可归纳以下几点：

① 画平面立体的正等测时，应分析平面立体的形体特征，一般先画出物体上一个主要表面的轴测图。通常是先画顶面，再画底面；有时需要先画前面，再画后面，或者先画左(右)面，再画右(左)面。

② 为了图形清晰，轴测图中不可见线一般不画出。

③ 坐标原点的选择要适当，否则会给画图带来许多不便。

9.2.2　曲面立体正等测的画法

1. 圆的正等测的画法

平行于坐标面的圆的正等测都是椭圆，如图 9-6 所示。各椭圆除了长、短轴的方向不同

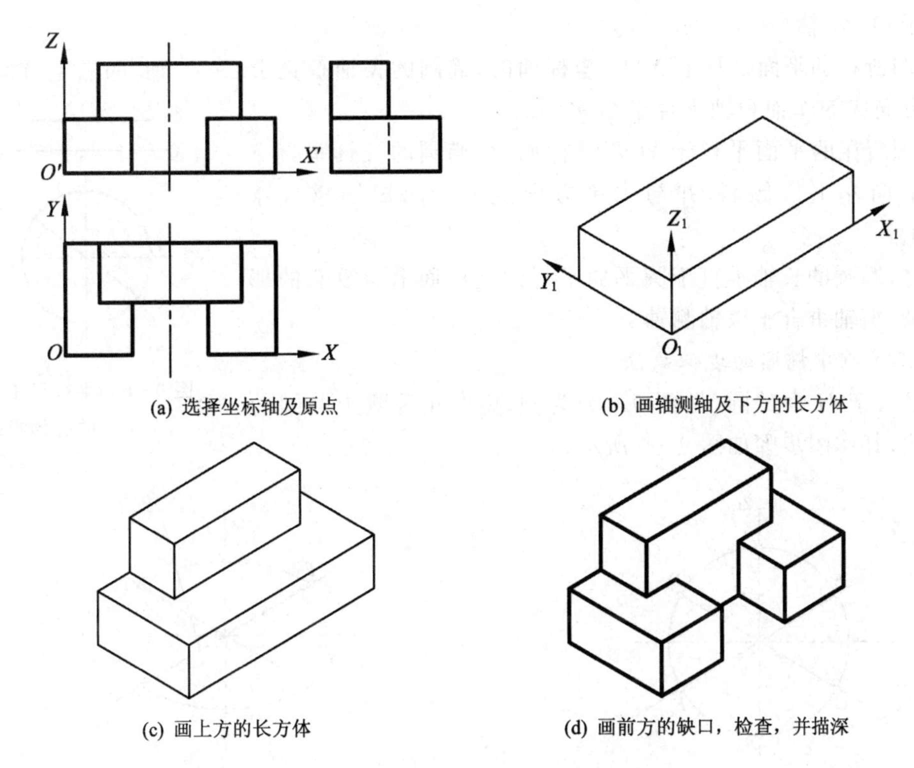

(a) 选择坐标轴及原点　　(b) 画轴测轴及下方的长方体

(c) 画上方的长方体　　(d) 画前方的缺口，检查，并描深

图 9－5　物体正等测图的画图步骤

外，画图方法是一样的。图 9－7 为三种不同位置圆柱的正等测。

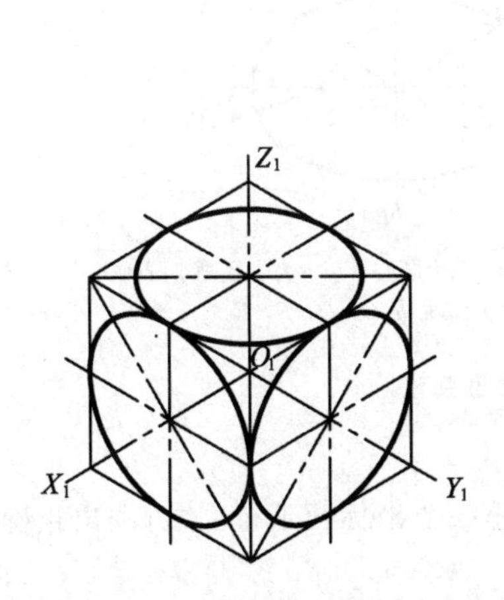

图 9－6　平行坐标面的圆的正等测

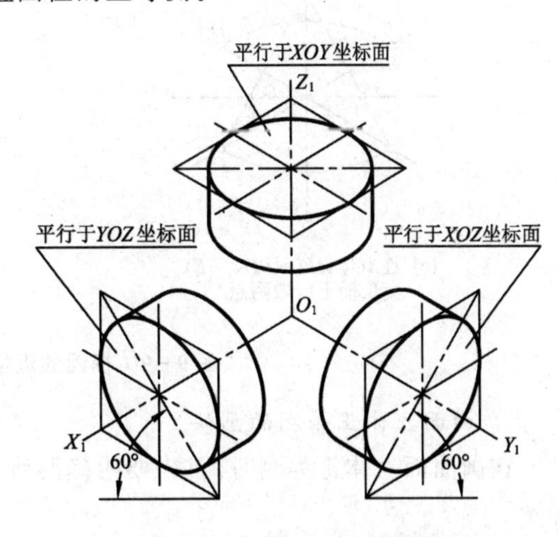

图 9－7　底面平行坐标面的圆柱的正等测

作圆的正等测时，必须搞清椭圆的长短轴方向。分析图 9－7 可知，图中的菱形为与圆相外切的正方形的轴测投影，椭圆长轴方向与菱形的长对角线重合，而短轴方向垂直于长轴，即与菱形的短对角线重合。

通过分析还可看出，椭圆的长、短轴方向与轴测轴有关，即

① 圆所在的平面平行于 XOY 坐标面时，椭圆的长轴垂直于 O_1Z_1 轴，成水平位置，而短

轴重合于 O_1Z_1 轴。

② 圆所在的平面平行于 XOZ 坐标面时,椭圆的长轴垂直于 O_1Y_1 轴,向右上方倾斜,并与水平方向成 60°,而短轴重合于 O_1Y_1 轴。

③ 圆所在的平面平行于 YOZ 坐标面时,椭圆的长轴垂直于 O_1X_1 轴,向左上方倾斜,并与水平方向成 60°,而短轴重合于 O_1X_1 轴。

总之,椭圆的长轴垂直于圆平面平行的坐标面上所没有的那根轴测轴,短轴重合于该轴测轴。

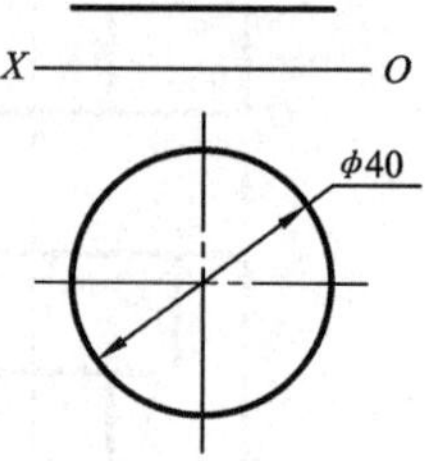

图 9-8　平行于 H 面的圆的投影

2. 正等测中椭圆的近似画法

以平行于 H 面的圆(见图 9-8)为例,说明正等测中椭圆的近似画法,其作图步骤如图 9-9 所示。

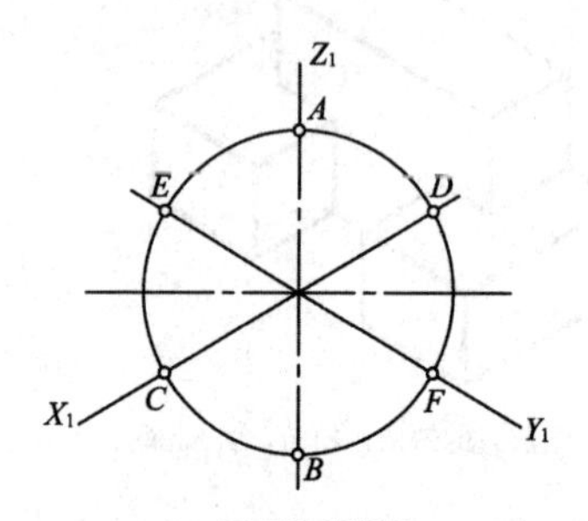

(a) 画圆及轴测轴

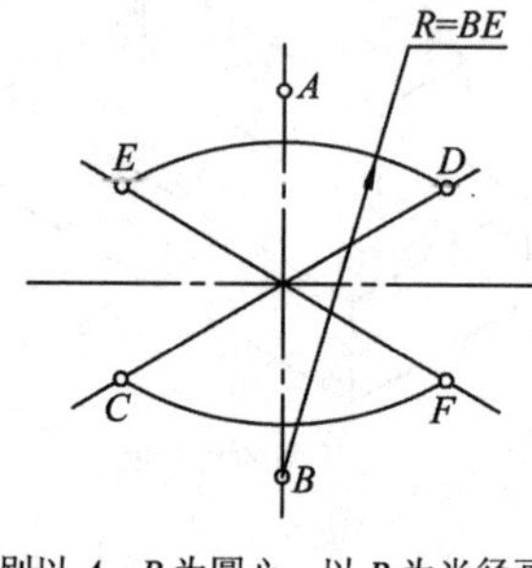

(b) 分别以 A、B 为圆心,以 R 为半径画大圆弧

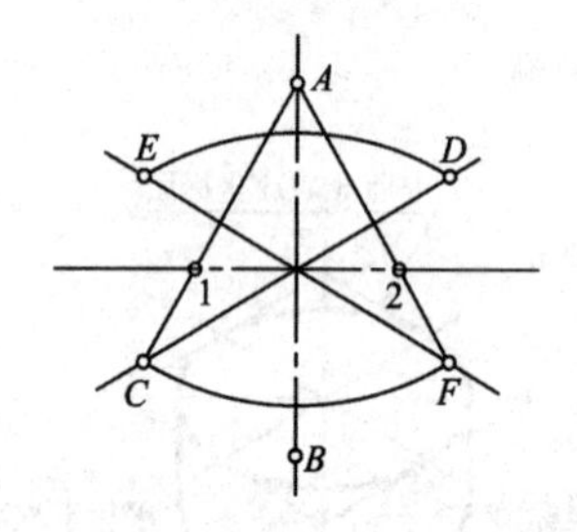

(c) 连 AC、AF(或 BD、BE)交长轴于1、2两点

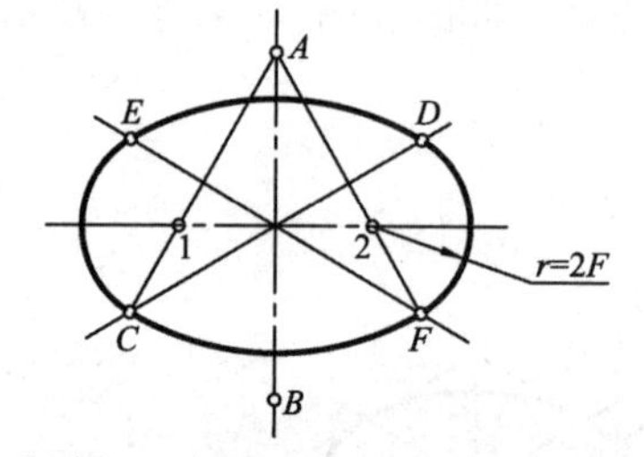

(d) 分别以1、2为圆心,以 r 为半径画小圆弧。大小圆弧的切点是 C、D、E、F

图 9-9　椭圆的近似画法——四心圆弧法

3. 曲面立体正等测的画法

在画曲面立体正等测时,首先要明确圆所在的平面与哪一个坐标面平行,才可画出正确的椭圆。

图 9-10 和图 9-11 分别为圆柱及圆台正等测的画图步骤,读者可自行分析。

4. 平板圆角的画法

物体上的底板、凸台、凸缘等部分的转角处,常做成圆角结构。在画轴测图时,圆角均为椭圆弧,其画法如图 9-12 所示。

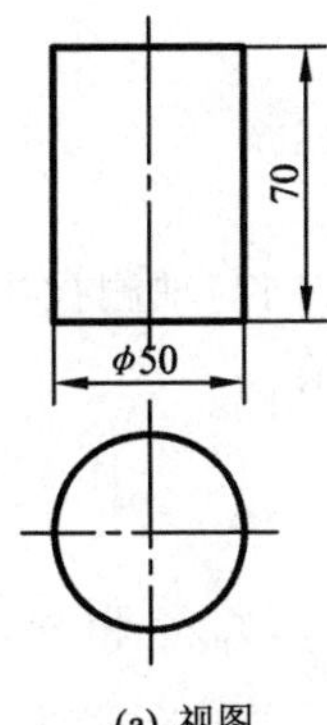

(a) 视图

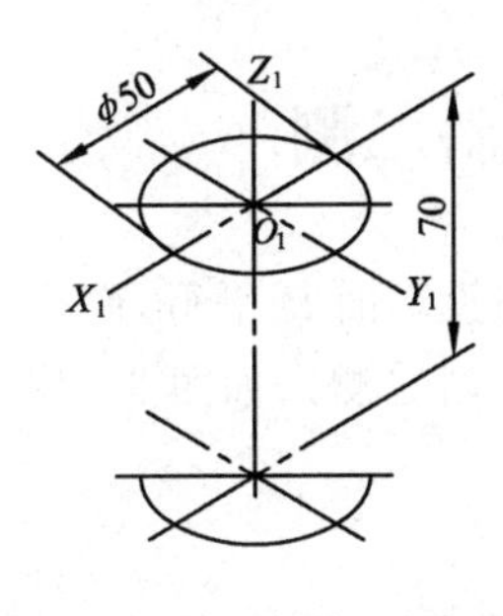

(b) 画轴测轴及上、下两底椭圆(注意：下底画半个椭圆)

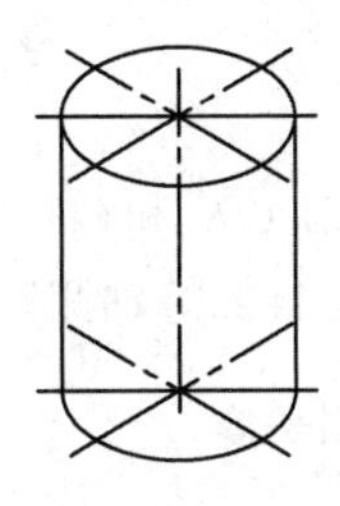

(c) 画两底椭圆的公切线(注意切点)

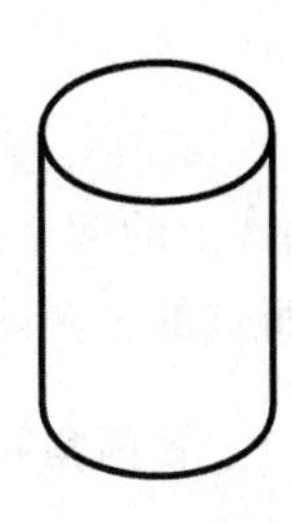

(d) 描深

图 9-10　圆柱正等测的画法

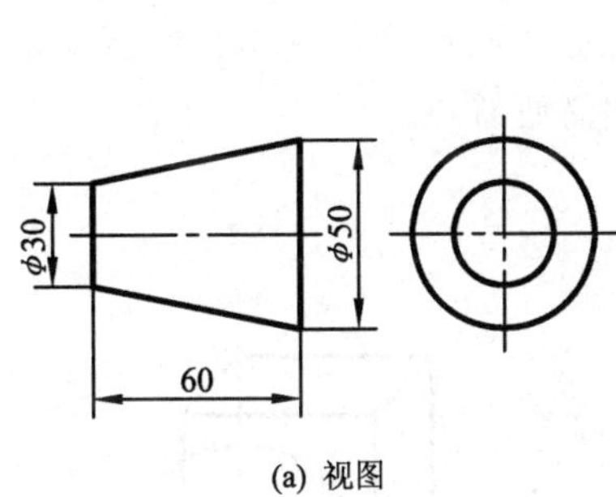

(a) 视图

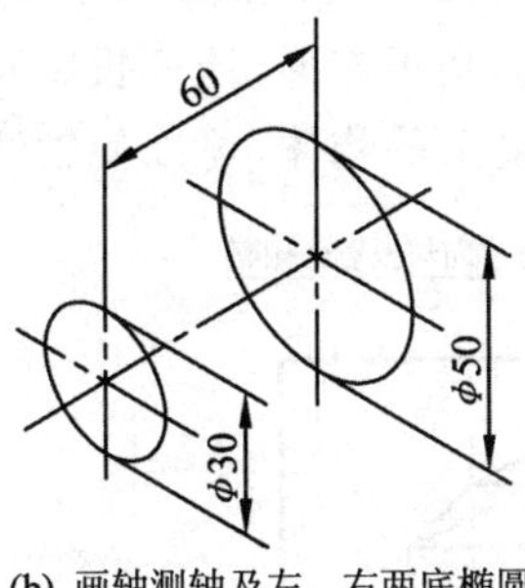

(b) 画轴测轴及左、右两底椭圆

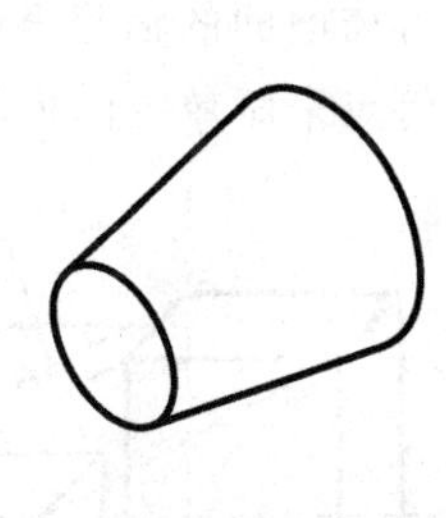

(c) 画两椭圆的公切线，并描深(注意切点)

图 9-11　圆台正等测的画法

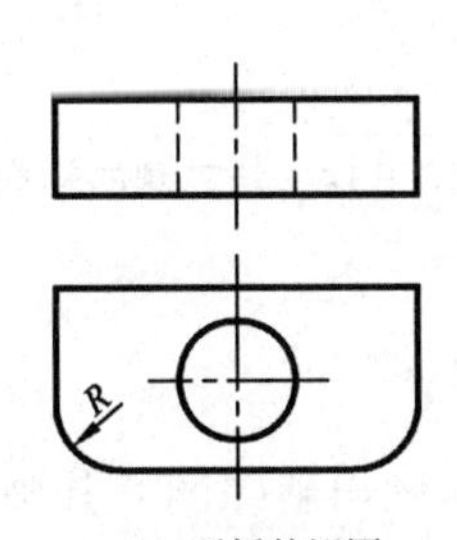

(a) 平板的视图

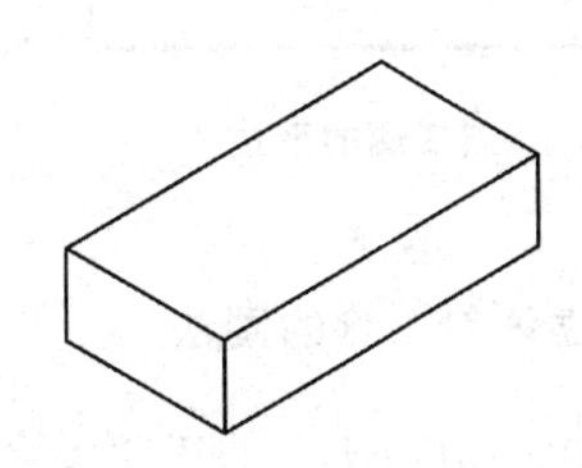

(b) 画长方体

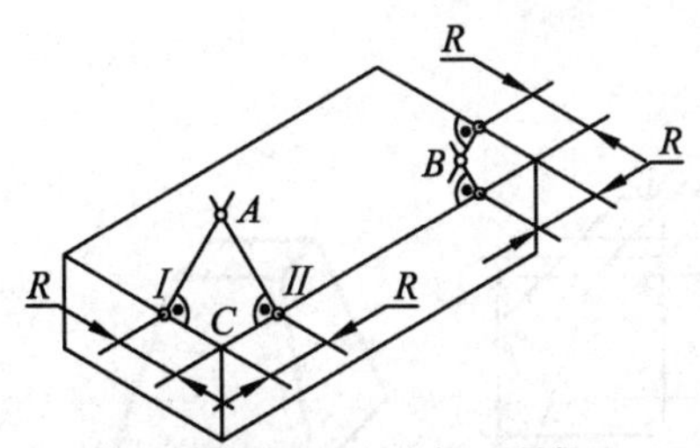

(c) 在平板的角点 C，以半径 R 量得 I、II 两点，并分别过 I、II点作棱的垂线，两垂线的交点 A 即为大椭圆弧的圆心。同理可得另一小椭圆弧的圆心 B

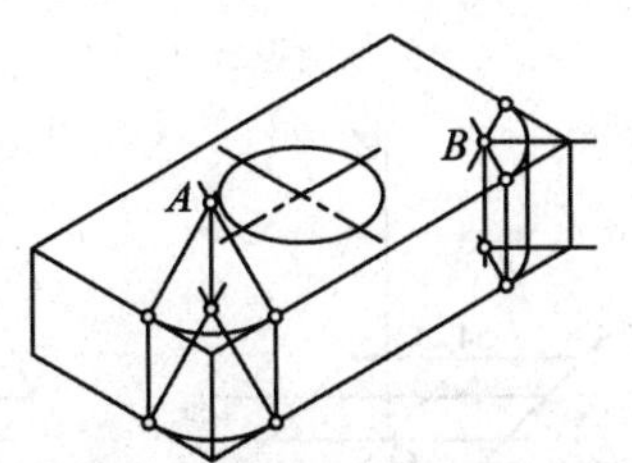

(d) 分别以 A、B 为圆心，以垂线的长度为半径，在两垂足之间画弧，将圆心和切点下移一个物体的高度，再画弧，并在右侧两弧间画外公切线，而后画出圆柱孔

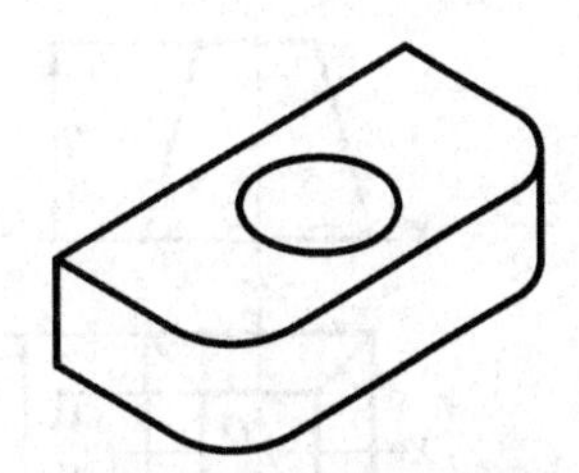

(e) 检查，擦去多余线，并描深

图 9-12　平板圆角正等测的画法

9.3　斜二测

当物体上的两个坐标轴 OX 和 OZ 与轴测投影面 P 平行,而投射方向与轴测投影面 P 倾斜时,所得到的轴测图就是斜二等轴测图(简称斜二测),如图 9-13 所示。

9.3.1　轴间角和轴测长度

在斜二测中,由于 XOZ 坐标面平行于轴测投影面 P,所以 O_1X_1 与 O_1Z_1 相互垂直且轴测投影长度不变,即轴间角 $\angle X_1O_1Z_1=90°$ 及 X_1、Z_1 方向的尺寸都等于实际长度;而 Y_1 的方向和轴向伸缩系数是随着投射方向的变化而变化的,在这无数个变化中以轴间角 $\angle X_1O_1Y_1=\angle Y_1O_1Z_1=135°$,即 O_1Y_1 右倾 45°,$Y_1=(1/2)Y$ 直观效果最佳,如图 9-14 所示。

在斜二测中,凡是平行于 XOZ 坐标面的平面,其轴测投影均反映实形,如图 9-13 所示的正立方体前面的轴测投影仍是正方形,这一投影特点是平行投影的基本特性所决定的。利用这一特点来画单方向形状复杂的物体,可以使轴测图简便易画。

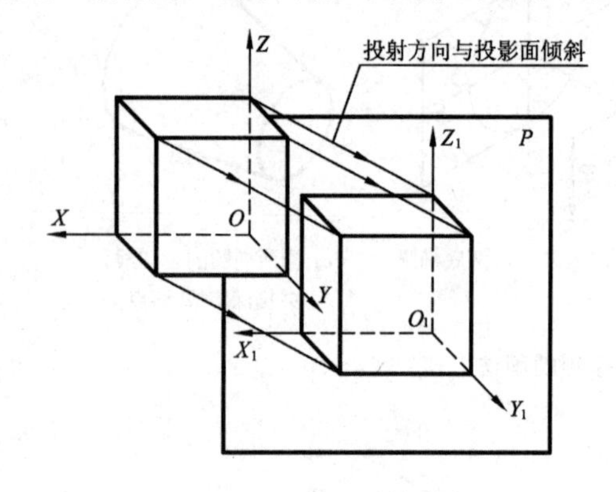

图 9-13　斜二测的形成

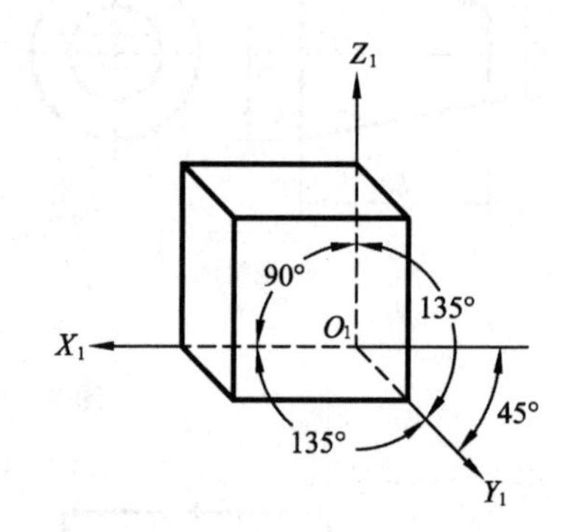

图 9-14　斜二测的轴间角及轴测长度

9.3.2　平面立体斜二测的画法

例如,已知图 9-15(a)所示的正四棱台的两面视图,画出斜二测。其画图过程如图 9-15(b)、(c)、(d)所示。

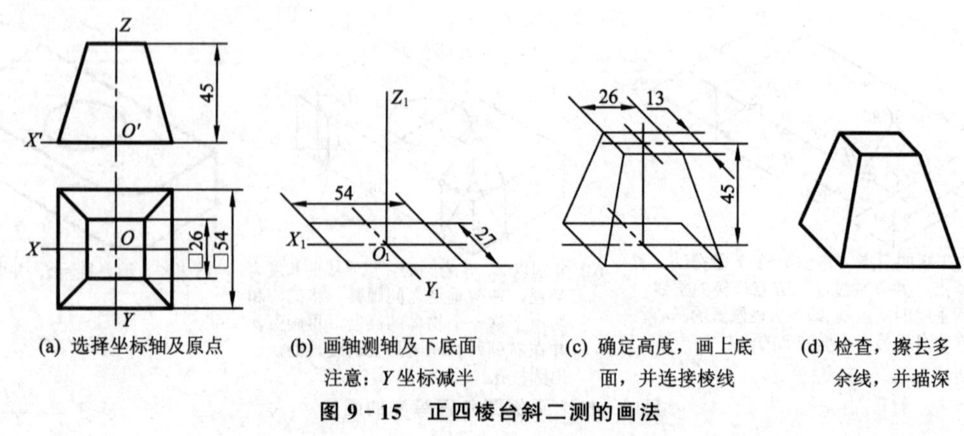

(a) 选择坐标轴及原点　(b) 画轴测轴及下底面 注意:Y坐标减半　(c) 确定高度,画上底面,并连接棱线　(d) 检查,擦去多余线,并描深

图 9-15　正四棱台斜二测的画法

9.3.3　曲面立体斜二测的画法

由于平行于 V 面的圆其轴测图仍是一个圆，且大小等于圆的直径，因此，当物体上具有较多的且平行于一个方向的圆时，画斜二测比画正等测简便，图 9－16 所示为斜二测的应用实例。

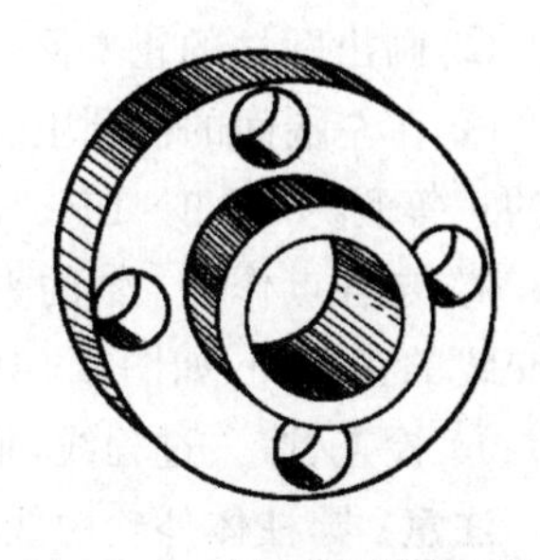

图 9－16　斜二测应用实例

图 9－17 和图 9－18 分别为圆柱及圆台斜二测的画法，读者可自行分析。

实际上，为了避免绘图的繁琐，平行于 W 面的圆，在绘制斜二测时，可将 X_1 轴当成 Y_1 轴，这样绘制的斜二测，只是方向不同，其形状并未改变。

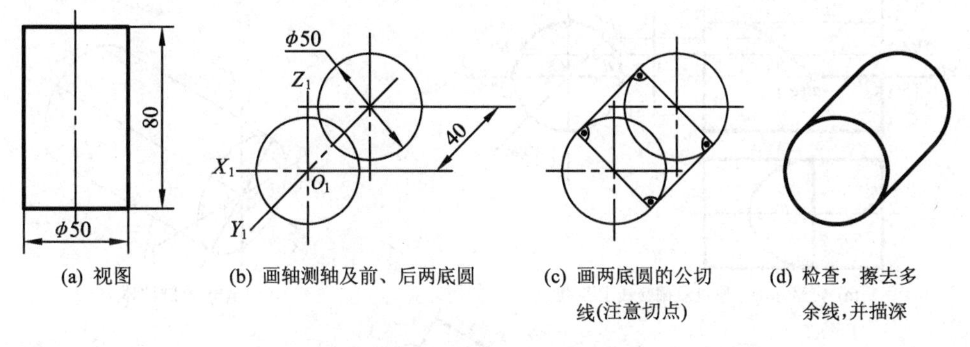

图 9－17　圆柱斜二测的画法

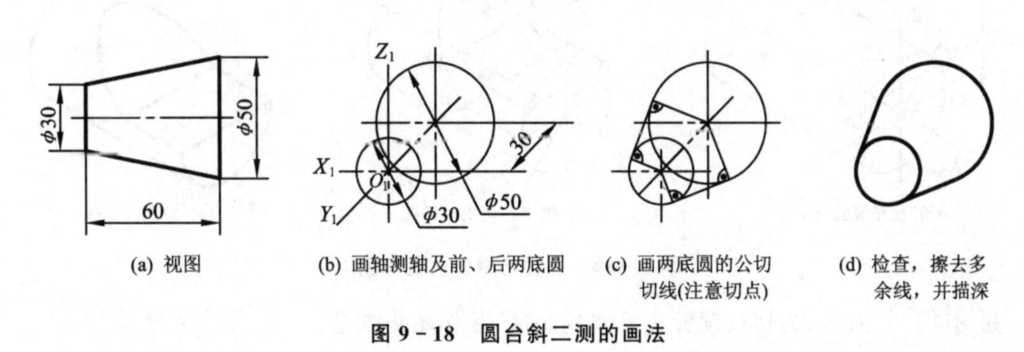

图 9－18　圆台斜二测的画法

9.4　轴测图中截交线和相贯线的画法

9.4.1　轴测图中截交线的画法

轴测图中截交线的绘制，通常采用坐标定点法或辅助平面法。这两种方法都是在轴测图中求作截交线的基本作图方法。

平面与曲面立体表面的交线，可以用坐标定点法作图。所谓坐标定点法是首先在正投影图求出截交线上的若干个点，并分别定出它们的三个坐标尺寸，然后在轴测图中画出这些点的轴测投影，最后光滑地连接各点。图 9－19 所示为圆柱切割体正等测的绘制过程，作图步骤如下：

① 在视图中定出形体的坐标轴，并在截交线上取一系列的点(要注意取特殊点)，如

图 9－19(a)所示。

② 画出圆柱的正等测，如图 9－19(b)所示。

③ 在左端面的椭圆上，按视图中的 Z 坐标画出 Y_1 轴的平行线，此线与椭圆相交得端面各点的正等测，如图 9－19(c)所示。

④ 自各点作 X_1 轴的平行线，并取各点的 X 坐标，即得各点的正等测，依次连接各点，得截交线的正等测，如图 9－19(d)所示。

⑤ 检查、擦去过程线，描深切割体的正等测，如图 9－19(e)所示。

注意：圆柱体外轮廓线上的点 F_1 的确定是先在左视图上作 45°斜线后，再在主视图中量得 F 点的 X 坐标求出的。

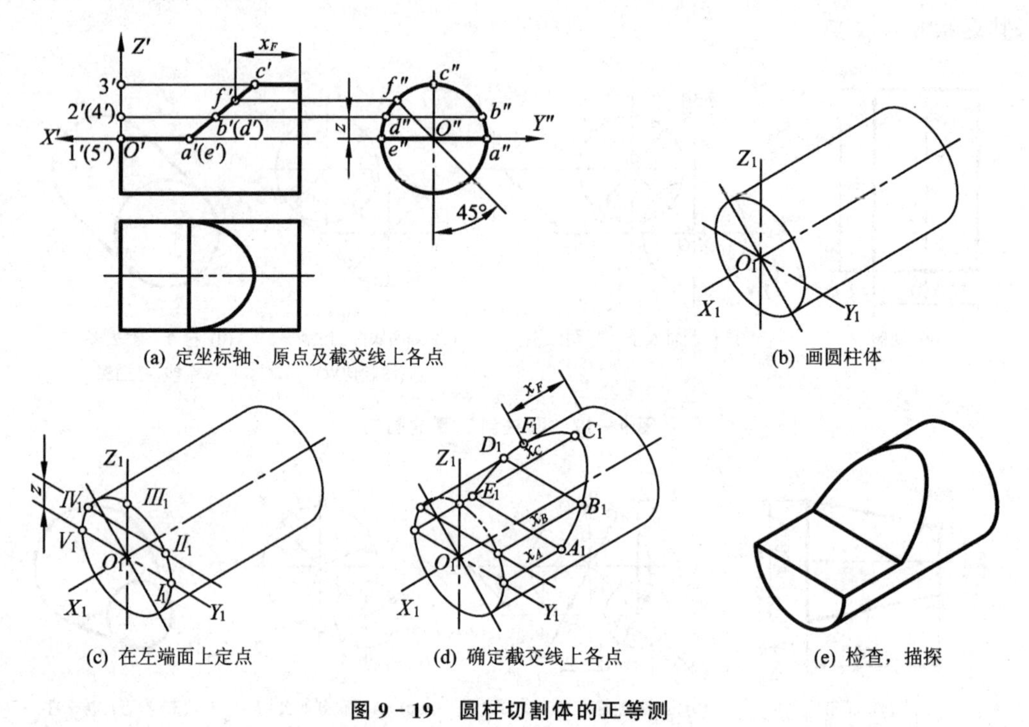

(a) 定坐标轴、原点及截交线上各点 (b) 画圆柱体

(c) 在左端面上定点 (d) 确定截交线上各点 (e) 检查，描探

图 9－19 圆柱切割体的正等测

如图 9－20 所示，为切口顶针正等测的画法，其作图步骤是：

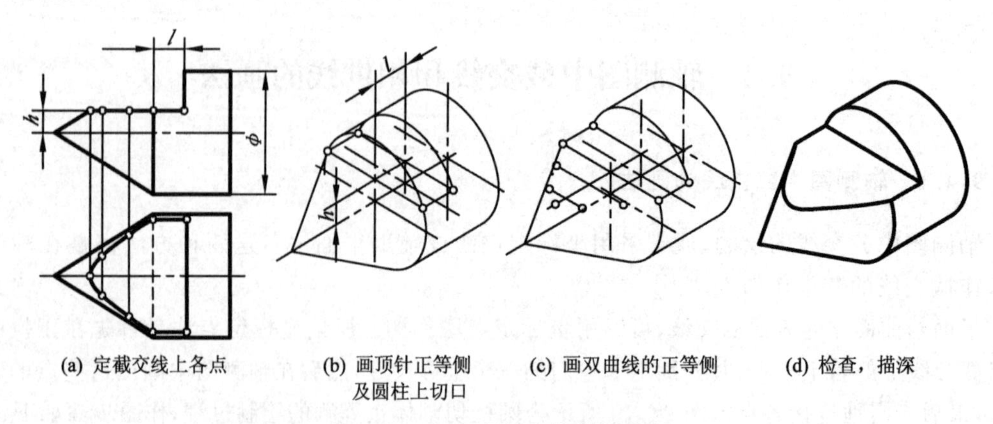

(a) 定截交线上各点 (b) 画顶针正等侧及圆柱上切口 (c) 画双曲线的正等侧 (d) 检查，描深

图 9－20 切口顶针正等测的画法

① 在视图中定出截交线上一系列点的坐标，如图 9－20(a)所示；

② 画出顶针的正等测及圆柱部分平切口(矩形和圆弧)的正等则，如图 9－20(b)所示；

③ 用坐标定点法画出双曲线上的各个点，并圆滑连接(为了使图形清晰，图中并未连接)，如图 9－20(c)所示；

④ 检查，描深，完成后的正等测如图 9－20(d)所示。

9.4.2　轴测图中相贯线的画法

轴测图中相贯线的绘制与截交线的画法相同，通常也采用坐标定点法或辅助平面法。

如图 9－21 所示的圆柱与半圆球相交，首先画出圆柱与半圆球的视图，并准确地求出其表面的交线(相贯线)，然后画出两个立体的正等测，最后按视图中相贯线上各点的坐标值(如图中 A 点坐标 x_A、y_A、z_A)画出各点的正等测投影(如 A_1)，光滑地连接各点即为相贯线的正等测。

应注意的是：要作出轴测图中相贯线的一些特殊点，这对正确地画出相贯线的轴测图很有帮助，图 9－21(a)所示视图中的 Ⅰ、Ⅱ、Ⅲ、Ⅳ 和 Ⅴ 各点，分别是图 9－21(b)轴测图上轴向共轭直径的端点($Ⅰ_1$ 和 $Ⅱ_1$)及长、短轴上的端点($Ⅲ_1$、$Ⅳ_1$ 和 $Ⅴ_1$)。在正等测图中，这些点所在素线的位置容易确定，只须量取它们的 Z 坐标即可得到。

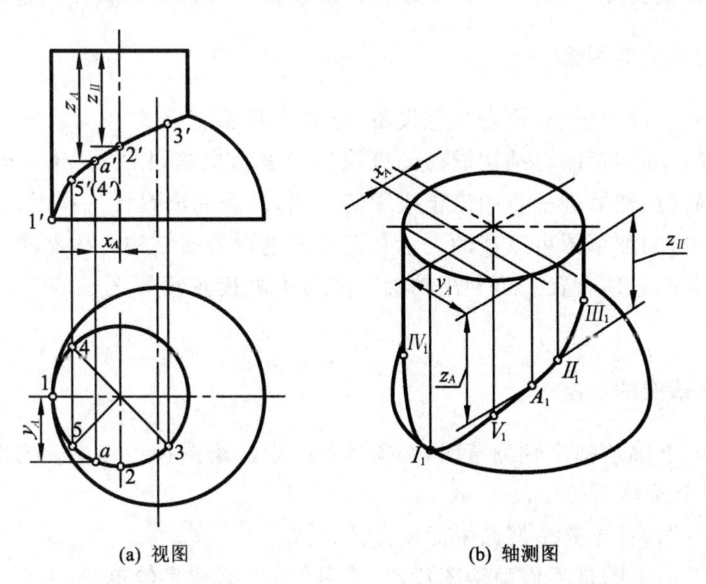

(a) 视图　　(b) 轴测图

图 9－21　坐标定点法绘制圆柱与半圆球相贯的轴测图

辅助平面法就是根据三面共点的原理求作两相交表面的共有线的方法，即用辅助平面切割两相贯体，得出两组截交线，它们的交点即为相贯线上的点。在轴测图中利用辅助平面法求作相贯线，一般只适用于直素线形成的曲面立体和平面立体。在没有准确的正投影图而欲画出上述形体相贯线的轴测图时，此方法最为方便。

图 9－22 所示为辅助平面法求作圆柱与一个半圆柱相贯正等测的典型例子，作图步骤如下：

① 根据尺寸画出圆柱与半圆柱的正等测，如图 9－22(a)所示。

② 过两圆柱的轴线作辅助截平面 P，截两圆柱表面得两条素线 A_1 和 A_2，它们的交点 I 即为相贯线上的点，如图 9－22(b)所示。

③ 在距离平面 P 为 y 处作平行于 P 的平面 R，得素线其交点为Ⅱ和Ⅲ。同理，作出点Ⅳ和Ⅴ。

④ 将求出的各点按Ⅴ、Ⅰ、Ⅱ、Ⅳ和Ⅲ的顺序圆滑连接,即得所求。

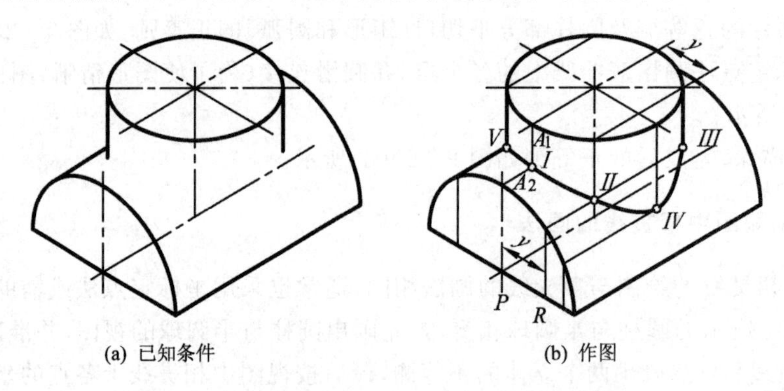

(a) 已知条件　　(b) 作图

图 9-22　辅助平面法绘制两个圆柱相贯的轴测图

9.5　轴测草图的画法

轴测草图也称轴测徒手图,是不借助任何绘图仪器工具,用目测、徒手绘制的轴测图。

9.5.1　轴测草图的用途

轴测草图是表示设计思想、记录先进设备、指导工程施工非常有用的图形。例如,在生产设计过程中,可先用轴测草图将结构设计的概貌初步表示出来,以供设计人员评价、筛选及设计可行性分析及研讨,然后进一步画出正投影的草图,最后完成设计工作图。

在技术交流中,轴测草图可以帮助表示和记录先进设备或结构。机器测绘中,常用它来记录零件的相对位置或总体布置。可利用轴测草图向不能读正投影图的施工人员作产品介绍、施工说明等。

9.5.2　轴测草图的绘制

要熟练、清晰、准确地画出轴测草图,必须具备一定的绘图技巧和正确的绘图方法。

1. 徒手绘制平面草图的方法

要画好轴测草图,首先要掌握画平面草图的技法。

徒手绘制的平面草图是不借助绘图仪器、工具,用目测徒手绘制的图样。在机器的测绘、讨论设计方案和技术交流中,常常需要绘制草图。因此,徒手绘制图样也是一项基本技能。徒手绘图与仪器绘图一样,也必须做到:图形正确、图线清晰、比例匀称、字体工整。

(1) 直线的画法

在画水平直线时,草图纸应稍微斜放,一般画较短的水平直线要转动手腕自左而右地画出,如图 9-23 所示。执笔要稳定有劲,铅笔向运动方向稍斜,小手指靠着纸面,眼要时刻注意直线的终点,以免线条倾斜。当直线较长时,应移动手臂画出。由于手臂的运动,有可能把直线画成很大的圆弧,因此画长直线的步骤应如图 9-24 所示,具体操作步骤如下。

① 在要画线的两端作出标记。

② 在两标记点之间,轻轻地试画几下,以校正视线及手势。

③ 在两端点之间轻轻地画上二至三条较长的线,把两端点连起来,这时的眼光应看着画

线方向，同时把刚才试画的缺陷修正。

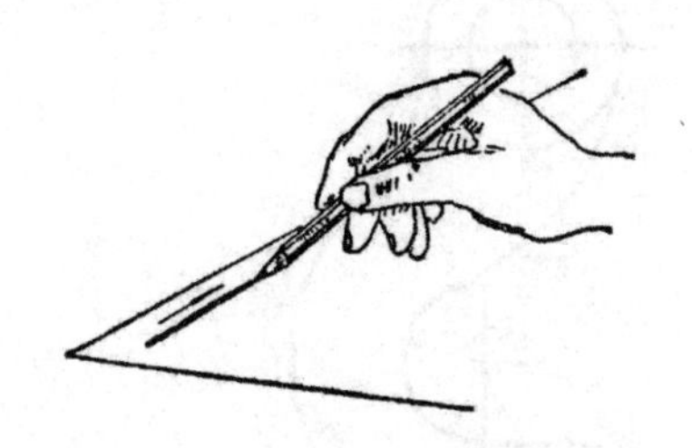

图 9-23　草图上水平直线的画法

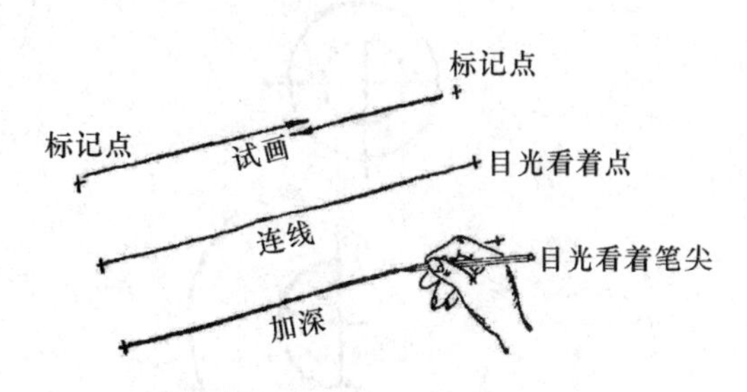

图 9-24　草图上长直线的画法

④ 加深，即可得到光滑均匀的直线。

在画垂直的直线时，可以将图纸转到最顺手的位置，运笔方向与写字相同，即自上而下的画线，如图 9-25 所示；也可以转动图纸与水平直线一样画出。斜方向直线的画法如图 9-26 所示。为了便于控制图形大小、比例和视图之间的关系，可以用方格纸画草图。此时，应尽量使主要的垂直线和水平线与格线重合，以提高画草图的速度与质量。

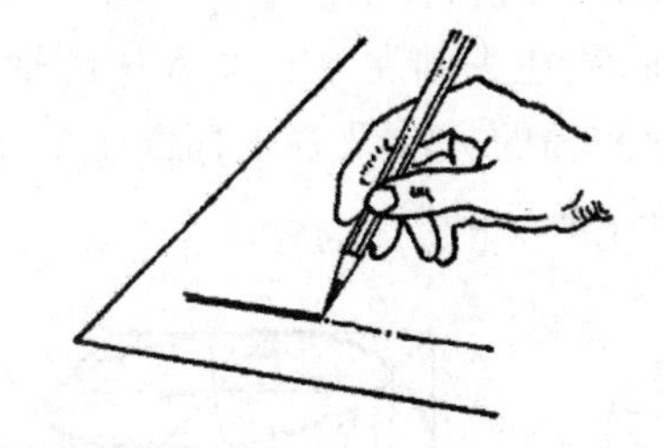

图 9-25　草图上垂直直线的画法

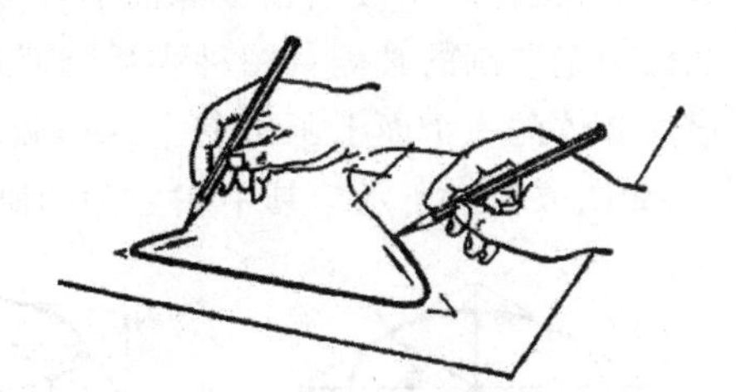

图 9-26　草图上斜直线的画法

(2) 圆和曲线的画法

画圆时应先定圆心，过圆心画互相垂直的中心线，用目测估计半径的大小后，以半径的大小自圆心在两条中心线上取等距的四个点，然后过各个点徒手连成圆，如图 9-27(a)所示。当画较大的圆时，可以过圆心多作几条直径线，在其上找点后再连成圆，如图 9-27(b)所示。

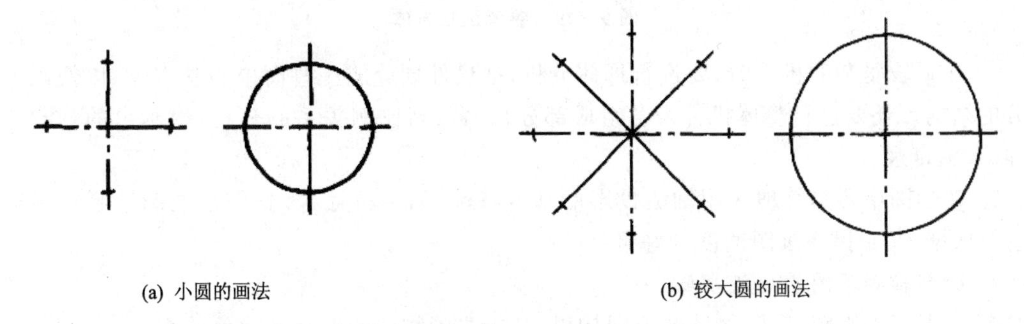

(a) 小圆的画法　　(b) 较大圆的画法

图 9-27　草图上圆的画法

(3) 圆弧连接

先按目测比例画出已知圆弧，如图 9-28(a)所示，然后再徒手绘制将各连接圆弧与已知圆弧圆滑连接，如图 9-28(b)所示。

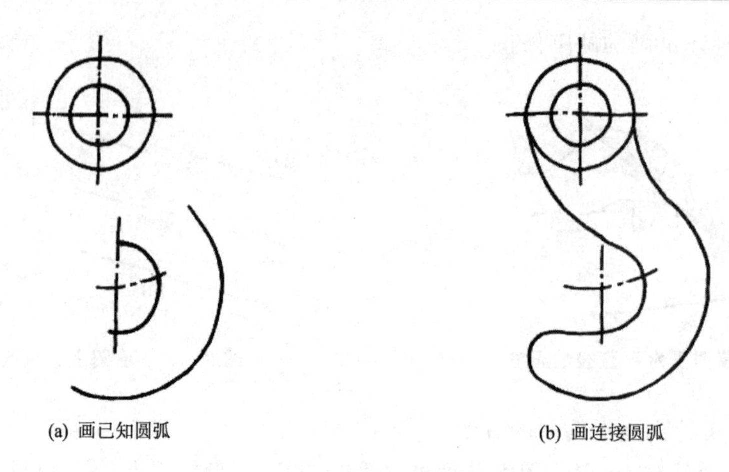
(a) 画已知圆弧　　　　(b) 画连接圆弧

图 9-28　草图上圆弧连接的画法

2. 绘制轴测草图的方法

① 必须熟练地掌握各种轴测图的基本理论和画图方法,如各种轴测图的轴间角、轴向伸缩系数(或简化伸缩系数)、各坐标面上轴测椭圆长短轴的方向和大小。

在已确定要画的轴测草图种类后,画轴测草图之前,往往先画一个正立方体的轴测草图,并在该立方体的三个面上画出三个内切椭圆,以作为轴测轴的方向及各坐标面上的投影椭圆的参考,如图 9-29 所示。其中正二测的画法本书未做详细介绍。

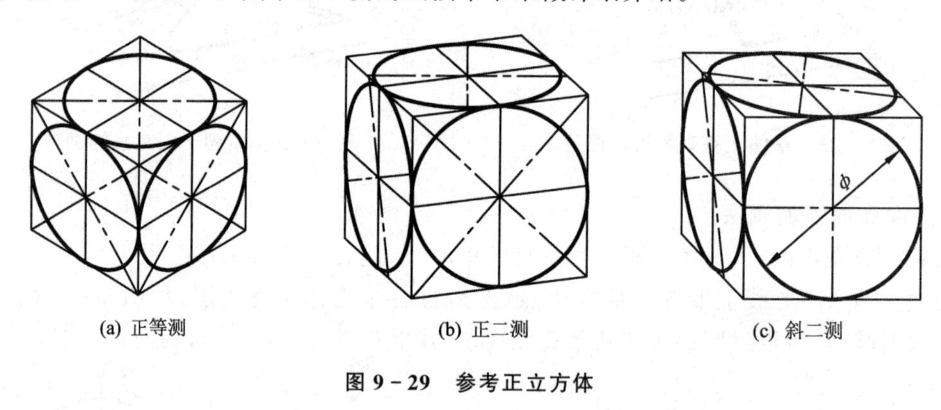

(a) 正等测　　　　(b) 正二测　　　　(c) 斜二测

图 9-29　参考正立方体

② 在画较复杂的机件时,要进行形体分析,把机件划分成一些简单的基本体,以便画出各部分的结构。还要进行整体机件及各组成部分长、宽、高比例关系的分析,使画出的轴测草图更准确、更直观。

③ 在画图中要熟练地运用轴测投影的基本特性,如平行性等,它们是准确绘制轴测草图的重要依据,又是提高画图速度的好帮手。

3. 绘制轴测草图的一般步骤

① 根据正投影图、实际物体或空间构思,分析要画物体的形状和比例关系;

② 选择要用的轴测图种类;

③ 确定物体的表示方案,以更好、更多地表示出物体的内外结构形状为原则;

④ 选择适当大小的图纸,在图纸的某一角落画出参考正立方体的轴测草图;

⑤ 进行具体作图。

第 二 篇

机械制图

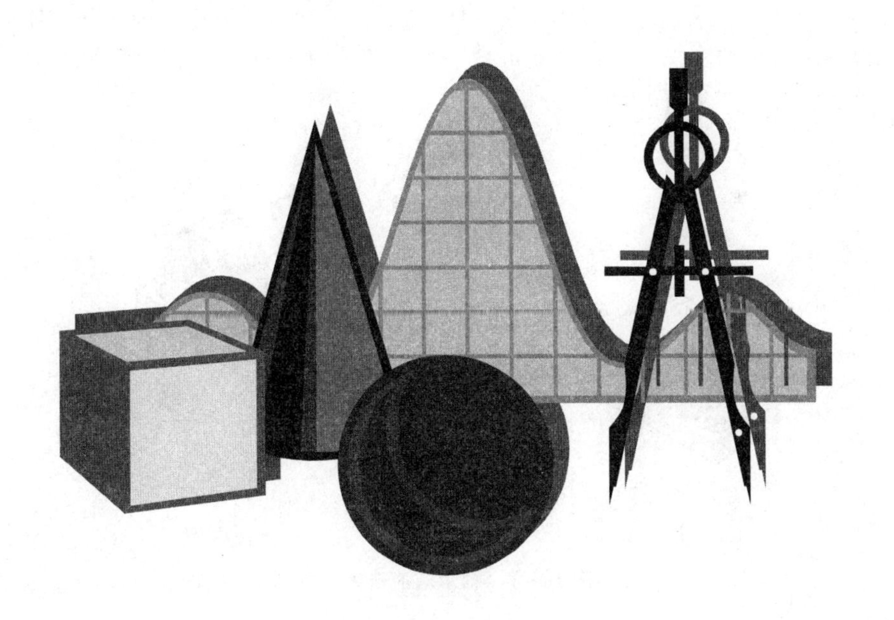

第10章 组合体

由两个或两个以上简单的基本体所组成的形体称为组合体。本章重点讨论组合体三视图的画法、尺寸的标注和读图。

10.1 组合体的形体分析

10.1.1 形体分析

任何复杂的组合体,都可看成是由若干个简单的基本体组合而成。图 10-1(a)所示的轴承座可看成是由两个尺寸不同的四棱柱和一个半圆柱体叠加起来后,再挖去了三个圆柱体而成的,如图 10-1(b)、(c)所示。因此,画组合体的三视图时,可采用"先分后合"的方法,也即先把组合体假想地分解成若干个简单的基本体,然后按其相对位置逐个画出基本体的三视图,综合起来得到组合体的三视图。这样就可把一个复杂的问题分解成几个简单的问题。这种由复杂到简单后综合的方法,称为形体分析。

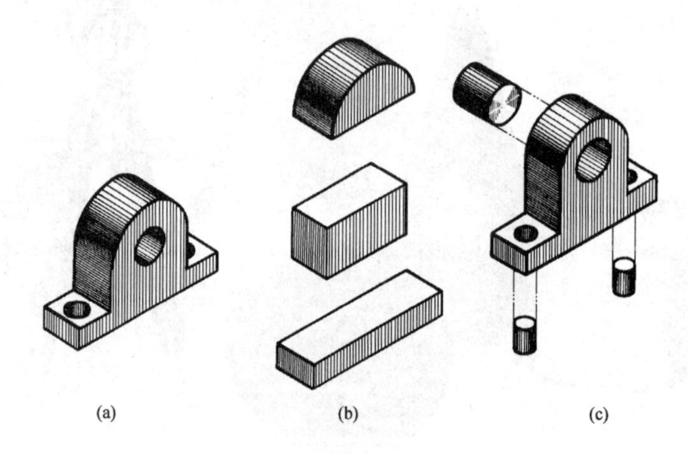

图 10-1 轴承座的形体分析

10.1.2 组合体的组合方式及表面连接

组合体的组合方式一般可分为叠加和切割两种,而表面的连接形式有平齐、相切和相交。

只有注意组合体的组合方式和表面连接形式,才能在画图时不多画、漏画线;在读图时,才易看懂视图并想象出整体的形状。

1. 组合方式

(1) 叠 加

两个简单的基本形体如以平面相接触,就是叠加,如图 10-2 和图 10-3 所示。画这类组合体的视图,实际是按各个简单的基本形体的相对位置逐一进行投影组合而成。

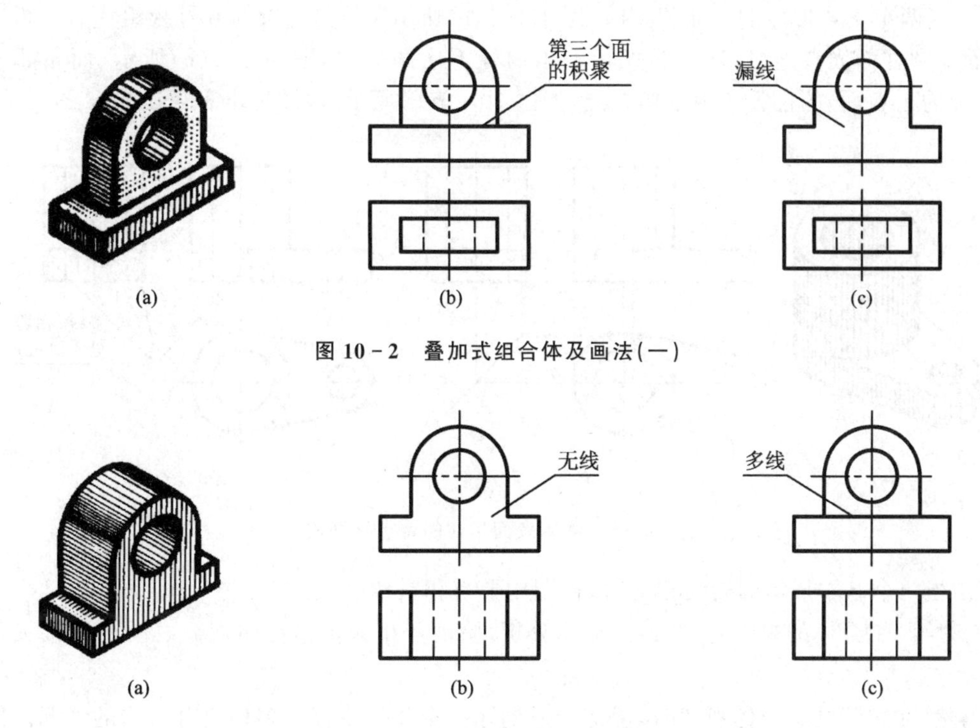

图 10-2　叠加式组合体及画法(一)

图 10-3　叠加式组合体及画法(二)

(2) 切　割

如图 10-4(a)所示的物体,可以看成是一个长方体被平面切割而成的(见图 10-4(b))。画图时,可先画完整的长方体三视图,然后逐一画出被切部分的投影,如图 10-4(c)、(d)所示。

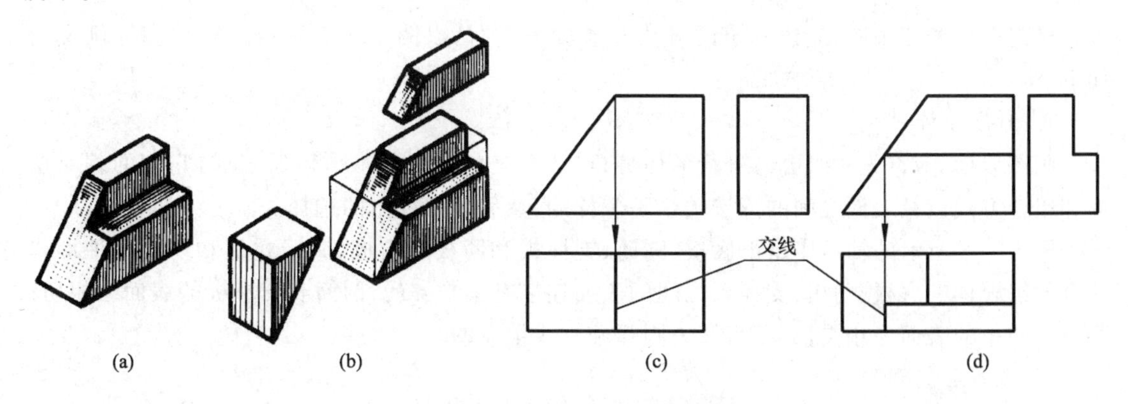

图 10-4　切割式组合体及画法

2. 表面连接

① 当两个基本形体的表面不平齐时,视图中的相邻线框之间应有线隔开,该线是第三个面的积聚投影(见图 10-2(b)),而图 10-2(c)是漏画线;或两线框平面的交线(见图 10-4(c)和(d)),此交线实际是切平面与立体表面产生的截交线。

② 当两个基本形体的表面平齐时,视图中间不应画线,如图 10-3(b)所示,而图 10-3(c)是多画线。

③ 当两个基本形体的表面相切时,图 10－5(a)所示物体是由圆筒和耳板组成。耳板前后两表面与圆柱面光滑连接,这就是相切。相切处不应画线,如图 10－5(c)所示;而相邻平面(如耳板的上表面)的投影应画至切点处,如图 10－5(b)所示,该图示出了切点的求法。

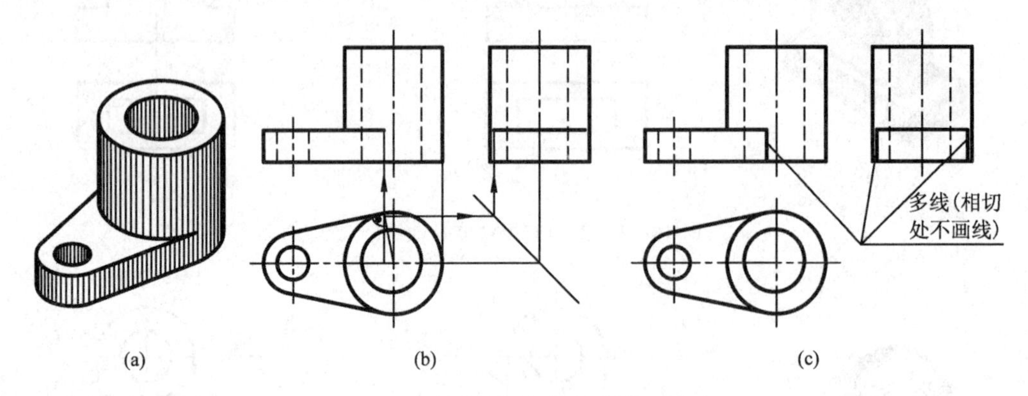

图 10－5　物体表面相切的特点及画法

④ 当两个基本形体的表面相交时,视图中要有相贯线。

总之,画组合体的视图时,要通过形体分析,搞清各相邻基本形体表面之间的连接关系和组合方式。

当然,在实际画组合体视图时,常常会遇到在一个物体上存在多种组合形式的情况。但无论物体的结构多么复杂,其相邻的两个基本形体表面之间的连接都是单一的,只要善于观察和正确地运用形体分析作图,总能画出完整的视图。

10.2　组合体三视图的画法

画组合体的三视图,应按一定的方法和步骤来进行,以图 10－6 所示的轴承座为例说明如下。

1. 形体分析

画图以前,应首先对组合体进行形体分析,了解是由哪些基本形体所组成,它们的相对位置和组合方式以及表面之间的连接关系是怎样的,然后考虑视图的选择。

图 10－6 所示的轴承座是由底板、圆筒、支撑板和肋板所组成,属于叠加和切割两种形式综合的组合体。底板、肋板、支撑板之间的表面连接是不平齐的;圆筒和支撑板的表面为相切;圆筒与肋板的表面为相贯,其相贯线为圆弧和直线组成的。

2. 选择主视图

主视图应能明显地反映出组合体的主要特征(形状和位置特征),并尽可能使主要面平行于投影面,以便获得实形;同时考虑到组合体的自然放置位置,还要兼顾其他视图的清晰性以及视图中虚线要少。图 10－6(a)的轴承座,从箭头方向看去所得的视图,满足了上述基本要求,可以作为主视图。主视图的投射方向选定以后,俯视图和左视图也就随着确定了。

3. 选比例,定图幅

画图比例应根据所画组合体的大小和复杂程度,按国家标准规定来选定作图比例和图幅。尽量选用 1∶1 的比例作图。

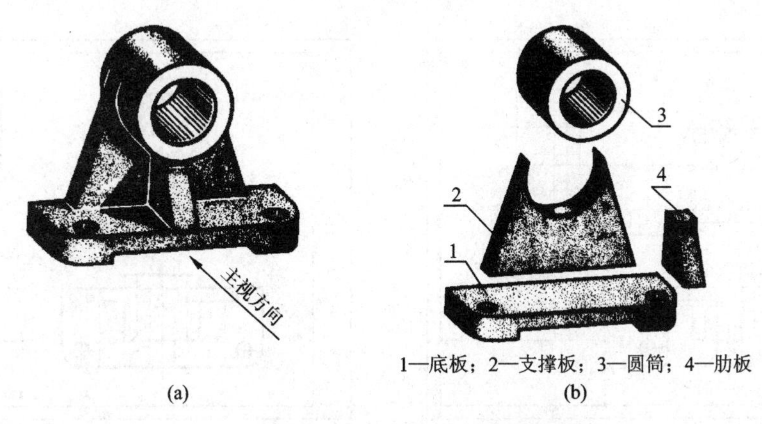

(a) (b)

图 10-6 轴承座的形体分析及视图选择

4. 合理布图，画基准线

按选定的比例，根据组合体的长、宽、高，并考虑到留有标注尺寸的地方，合理地布图。具体的布图方法见第 2.2.3 节。

按照第 2 章所讲述的布置视图的方法合理地布局三视图，画出其基准线的位置，如图 10-7(a) 所示。

5. 画底稿线

轴承座三视图的画图步骤如图 10-7 所示。

为了迅速而正确地画出组合体的三视图，画底稿时，除了应遵循第 1 章第 1.5 节中平面图形的画法之外，还应注意以下几点：

① 从反映特征的视图入手，先画主要部分，后画次要部分，如图 10-7(b)、(c)所示；

② 画每一部分，都应先画反映形状特征的视图；

③ 先画圆及圆弧，后画直线；

④ 要三个视图结合起来画图，避免孤立地完成一个视图后再画其他的视图。

6. 检查，描深

底稿完成后，应认真地进行检查。用模型或轴测图与三视图进行反复对照，核对各组成部分的投影对应关系正确与否，分析相邻两个基本形体衔接处的画法有无错误，是否多画线或漏画线，然后描深完成全图，如图 10-7(d)所示。

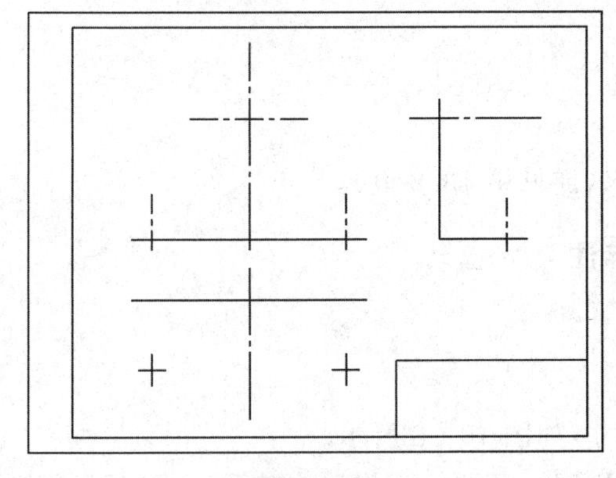

(a) 布图画基准线

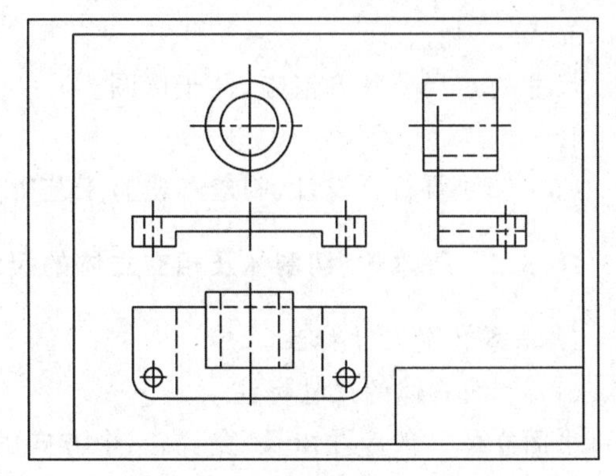

(b) 画圆筒及底板

图 10-7 轴承座三视图的画图步骤

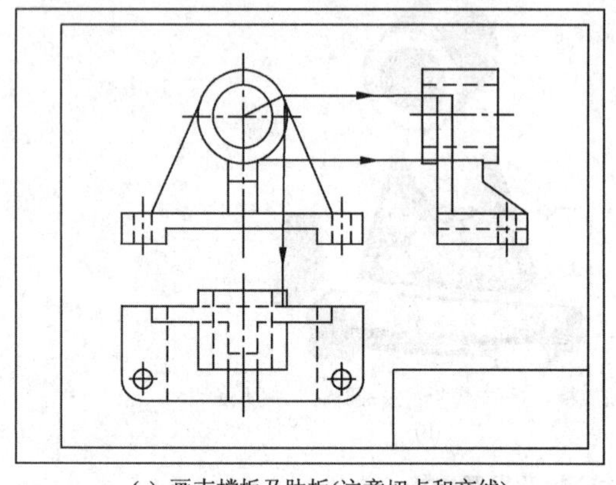

(c) 画支撑板及肋板(注意切点和交线)

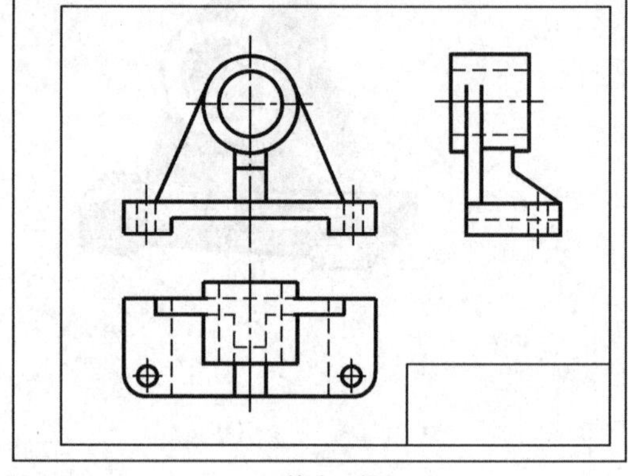

(d) 检查、描深

图 10－7　轴承座三视图的画图步骤(续)

7. 标尺寸和描边框

标注尺寸(见图 10－21),描深边框,填写标题栏,至此轴承座的三视图作图完成。

10.3　组合体的尺寸标注

图形只能表示物体的形状,而物体的大小则要根据视图上所标注的尺寸来确定。视图中的尺寸是加工机件的重要依据,因此,组合体的尺寸必须认真注写。

10.3.1　组合体视图尺寸标注的基本要求

1. 完　整

尺寸要能完全确定出物体各部分形状的大小和位置,因此必须完整,不可遗漏和重复。其最有效的方法是先对组合体进行形体分析,而后根据各基本体的形状及其相对位置分别标注定形、定位和总体三类尺寸(见 10.3.3 节)。

2. 正　确

尺寸数值要准确无误,尺寸的注法要严格地遵守国家标准《机械制图》(GB/T 4458.4)的有关规定(见第 1.1.5 节)。

3. 清　晰

尺寸的布局要整齐清晰,便于读图。

4. 合　理

所注尺寸要符合设计、制造和检验工艺等要求(详见第 13.2 节)。

10.3.2　基本体、切割体及相交立体的尺寸标注

1. 基本体的尺寸标注

(1) 平面立体的尺寸标注

平面立体一般应注出长、宽、高三个方向的尺寸,如图 10－8 所示。

棱柱、棱锥及棱台的尺寸,除了应标注出高度尺寸外,还要标注出确定其顶面或底面形状的尺寸,但根据需要可以有不同的标注方法,图 10－8(f)中标注了正六边形的对角距或标注其对边

距，而图 10-8(g)中的正三棱锥则标注其底面三角形外接圆的直径或底边的高线的大小。

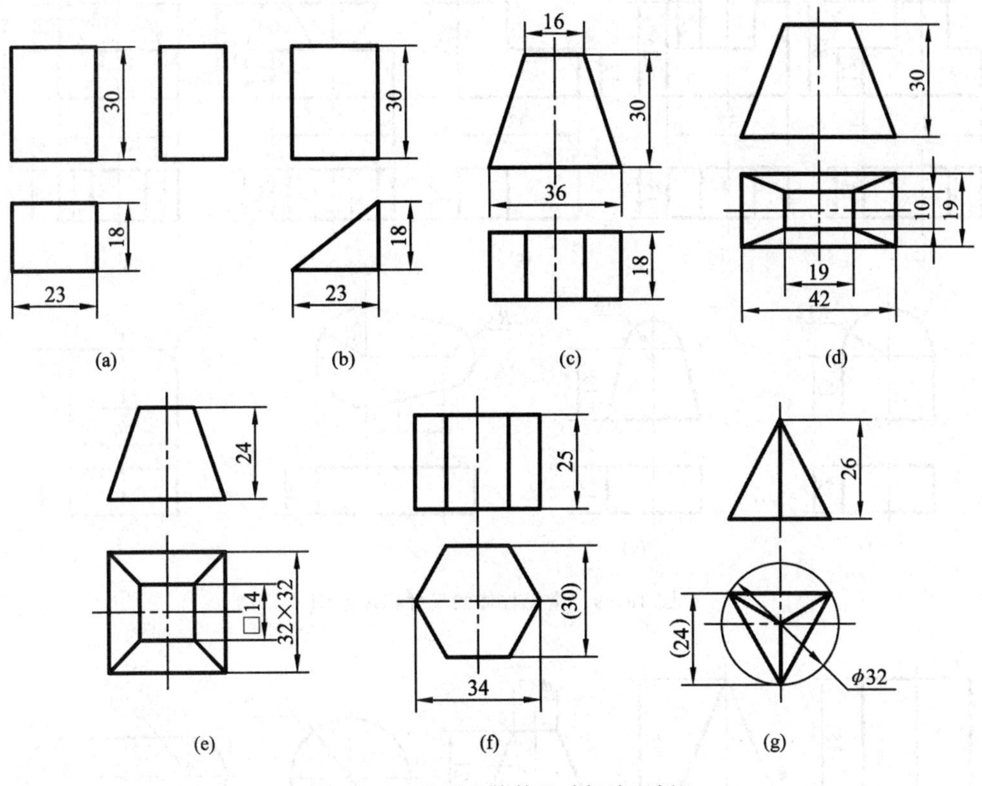

图 10-8　平面立体的尺寸标注示例

(2) 常见柱体的尺寸标注

在机件上各种各样的柱体是最为常见的，标注这类柱体的尺寸时，为了读图方便，常在能反映柱体形状特征的视图中集中标注出两个方向的尺寸，但也可以根据需要有不同的标注方法，如图 10-9 所示。

(3) 曲面立体的尺寸标注

对于曲面立体来说，通常只要注出直径尺寸(径向尺寸)和轴向尺寸(高度尺寸)，并在直径尺寸数字前加注直径符号“ϕ”，如图 10-10 所示。

应注意的是，圆柱和圆锥(圆锥台)的直径尺寸注在非圆的视图中；圆球只注直径尺寸，且在直径符号前加注字母“S”以表示“圆球”。这样的标注形式，有时只用一个视图即可表示形体的形状和大小(见图 10-10)。

2. 切割体的尺寸标注

在标注切割体的尺寸时，除了标注出基本体的定形尺寸外，还应标注出确定截平面位置的定位尺寸，如图 10-11 中的尺寸 6 mm、8 mm、12 mm、15 mm。由于形体与截平面的相对位置确定后，其截交线也就完全确定了，因此对截交线不应再标注尺寸。

3. 相交立体的尺寸标注

与切割体的尺寸标注方法一样，相交立体除了注出相交基本体的定形尺寸外，还应注出确定相交基本体的相对位置的定位尺寸，如图 10-12 中的尺寸 12 mm、15 mm、18 mm、20 mm。当定形和定位尺寸标注完整后，则相交的基本体的相贯线即被唯一确定，因此对相贯线也无须

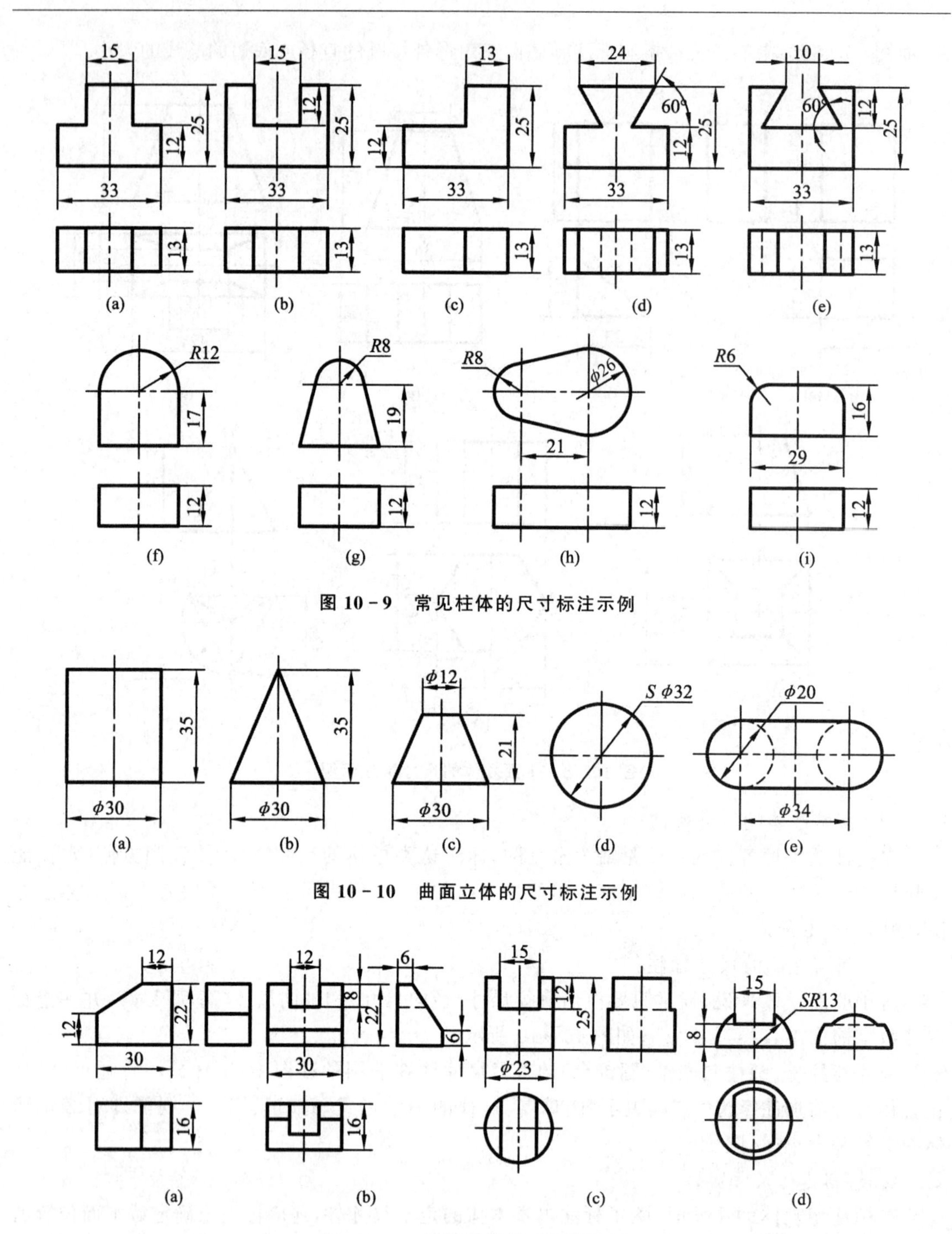

图 10-9 常见柱体的尺寸标注示例

图 10-10 曲面立体的尺寸标注示例

图 10-11 切割体的尺寸标注示例

再标注尺寸。

4. 机件上常见结构的尺寸标注

图 10-13 列出了机件上常见结构(如端盖、底板和法兰盘等)的尺寸标注方法。从图中可以看出,在板上用作穿螺栓的孔、槽等的中心距都应注出,而且由于板的基本形状和孔、槽的分布形式不同,其中心距定位尺寸的标注形式也不一样。

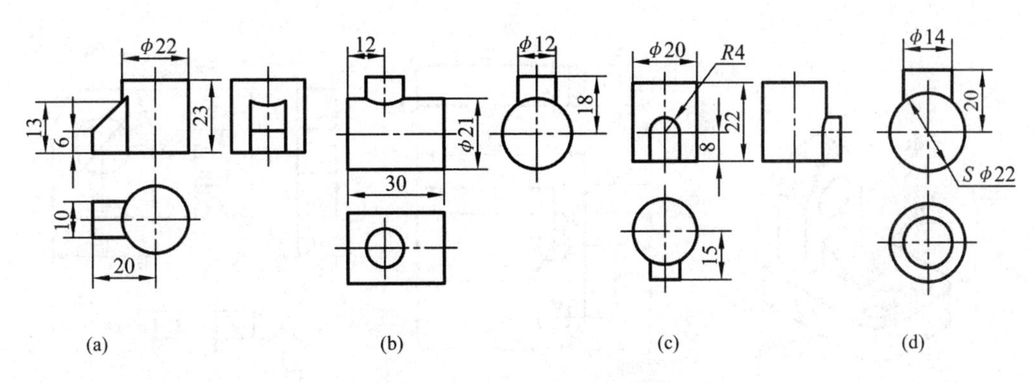

图 10-12　相交立体的尺寸标注示例

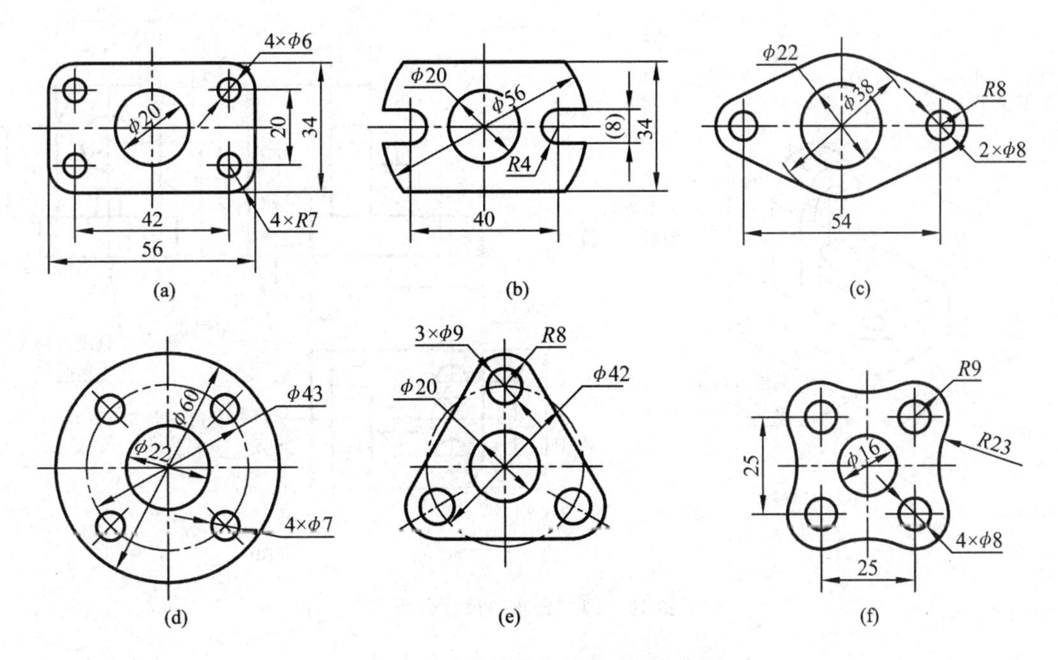

图 10-13　常见结构的尺寸标注示例

10.3.3　组合体的尺寸标注

1. 组合体尺寸标注的种类

(1) 定形尺寸

定形尺寸是指确定组合体各组成部分的形状大小的尺寸，即各基本体的基本尺寸。如图 10-14(a)所示的支座是由底板、立板和肋板三部分组成，其各个部分的基本尺寸如图 10-14(b)所示。

(2) 定位尺寸

定位尺寸是指确定组合体各组成部分的相对位置的尺寸。

为了确定组合体各组成部分之间的相对位置，应注出其 X、Y、Z 三个方向的位置尺寸，如图 10-15(a)所示。但有时由于各个基本形体在视图中的相对位置已能确定，也可省略某个方向的定位尺寸，如图 10-15(b)、(c)、(d)所示。

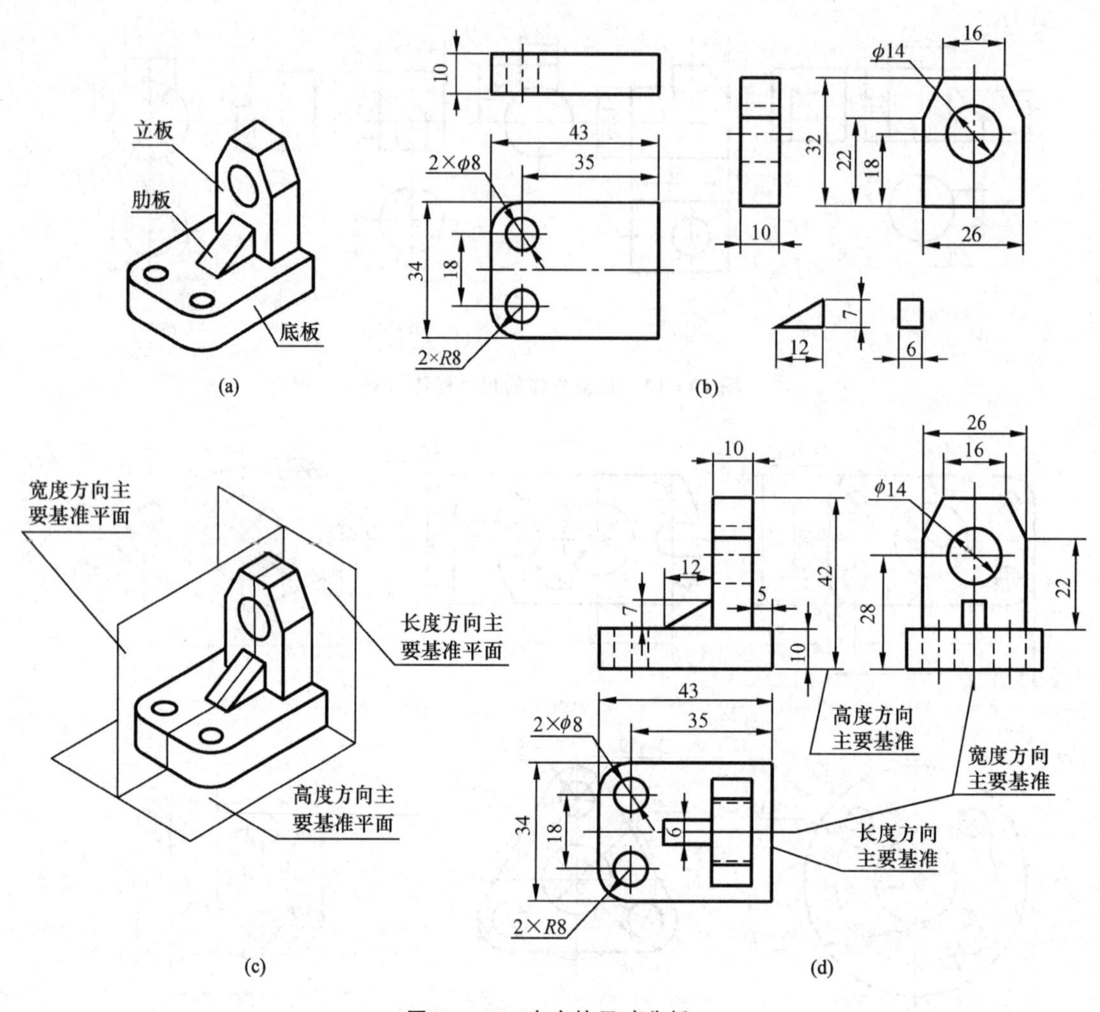

(a)　(b)　(c)　(d)

图 10－14　支座的尺寸分析

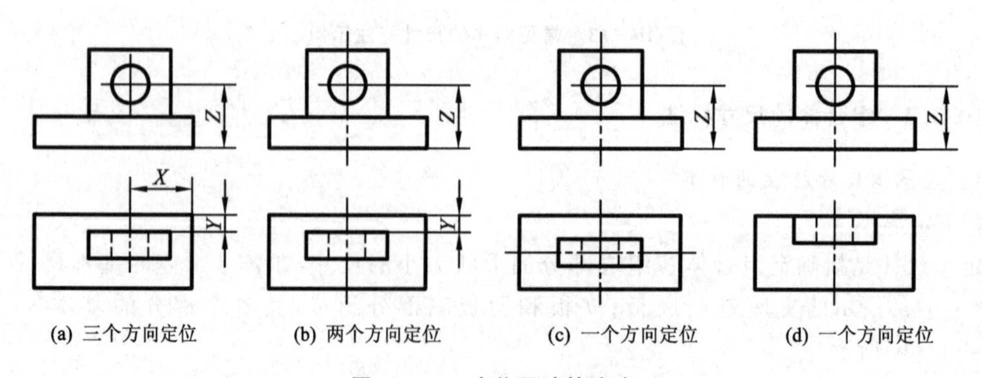

(a) 三个方向定位　(b) 两个方向定位　(c) 一个方向定位　(d) 一个方向定位

图 10－15　定位尺寸的注法

如图 10－14(d)中左视图的尺寸 28 mm 是支座上孔的轴线在高度方向的定位尺寸(以下底面注出)；主视图中的尺寸 5 mm 是立板与底板在长度方向的定位尺寸(以底板的右端面注出)；俯视图中的 18 mm 是两个圆柱孔在宽度方向的定位尺寸(以前后对称线注出)，而尺寸 35 mm 是两个圆柱孔在长度方向的定位尺寸(以底板的右端面注出)。其他基本形体的定位尺寸,由于在对称线(面)上,如立板上孔和肋板的前后位置,故不需注出;或者基本形体的表面平齐和紧靠着,如立板的左端面与肋板的右端面为接触面,故可省略其定位尺寸。

(3) 总体尺寸

所谓总体尺寸是指确定组合体外形大小的总长、总宽、总高的尺寸。图 10 - 14(d)中的尺寸支座的总长为 43 mm、总宽为 34 mm 和总高为 42 mm,其尺寸尽量注在两个视图之间。

当注出了总体尺寸后,有些定形尺寸可以省略,如在图 10 - 14(d)中总高尺寸 42 mm 注出后,省略了立板的尺寸高 32 mm。有些定形尺寸也是总体尺寸,如尺寸 43 mm 和 34 mm 是底板的定形尺寸,也是支座的总长和总宽尺寸。

注意: 对于总体方向上具有圆及圆弧结构时,为了明确圆及圆弧的中心和孔的轴线的确切位置,通常把总体尺寸只注到中心线的位置,而不注出该方向的总体尺寸,如图 10 - 16(b)所示的尺寸 53 mm。

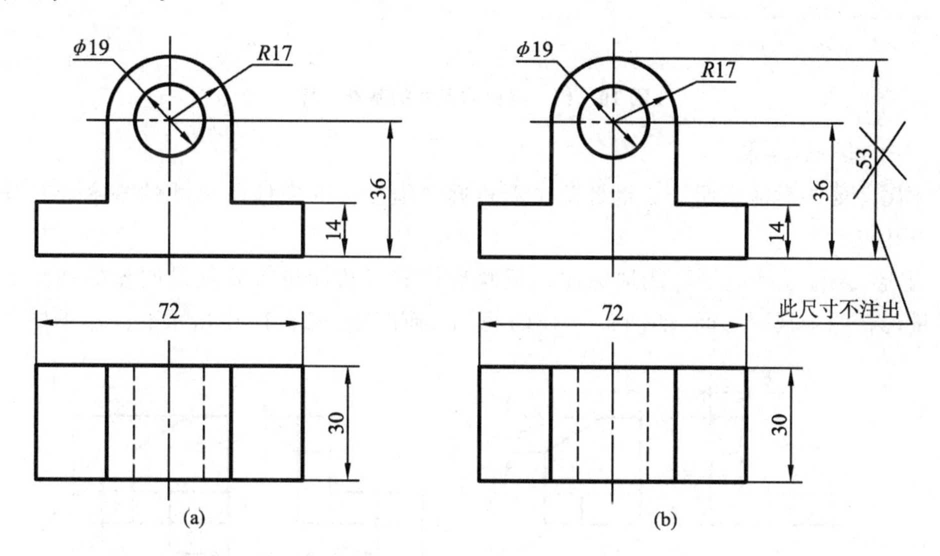

图 10 - 16　总体尺寸的标注

2. 尺寸基准的确定

标注尺寸的开始位置称为尺寸基准,即度量尺寸的起点。在视图上标注尺寸时,首先要确定尺寸基准。

组合体具有长、宽、高三个方向的尺寸,标注每一个方向的尺寸都应选择好基准,以便从基准出发确定各部分形体之间的定位尺寸,如图 10 - 14(c)所示,选择了底板的右端面,前后对称面和底板的下底面分别为支座的长、宽、高三个方向的尺寸基准(称为主要基准)。有时除了三个方向都应有一个主要基准外,还需要有几个辅助基准(为了测量的方便),如图 10 - 17(a)所示,高度方向尺寸以底面为主要基准,而以顶面为辅助基准来确定槽的深度为 8 mm。在图 10 - 17(b)中,轴线方向(长度)尺寸是以右端面为主要基准,而以左端面为辅助基准来确定孔的深度为7 mm;其直径方向(径向)尺寸,如 ϕ20 mm、ϕ30 mm 和 ϕ10 mm 是以轴线和圆心为径向基准。

注意: 辅助基准与主要基准之间必须有尺寸相联系,如图 10 - 17 中的尺寸 25 mm 和 30 mm。

综上所述,组合体的尺寸基准的确定,常常选用其对称线(面)、底平面、端面、轴线或圆的中心线等几何元素作为尺寸基准。

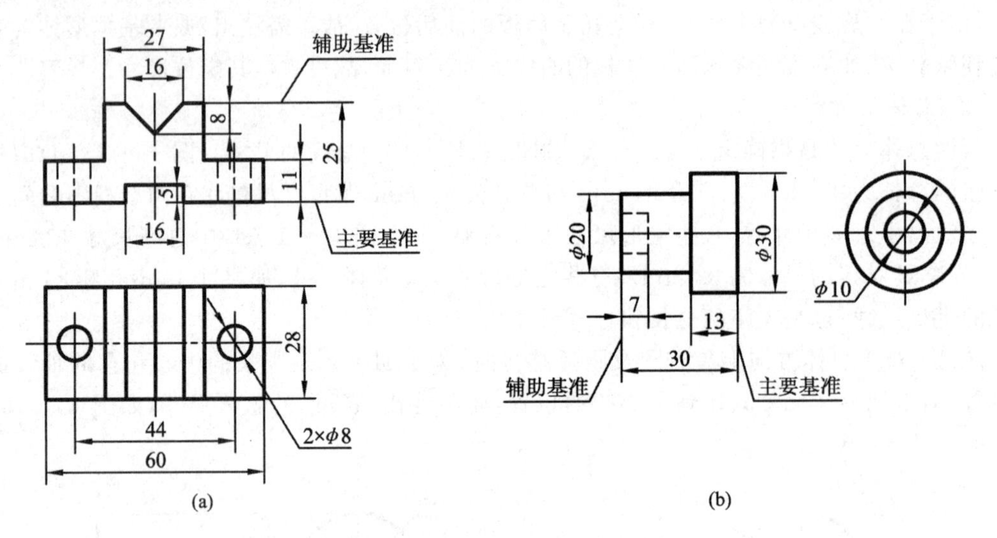

图 10-17 组合体尺寸的基准选择

3. 尺寸布局的要求

标注尺寸要注意清晰明了。因此除了严格遵守国家标准中标注尺寸的基本规则外,还应注意以下几点:

① 定形、定位尺寸应尽可能地标注在反映形体的形状和位置特征最明显的视图上,总体尺寸尽量注在两个视图之间,如图 10-18(a)所示;而图 10-18(b)中所示的注法不好。

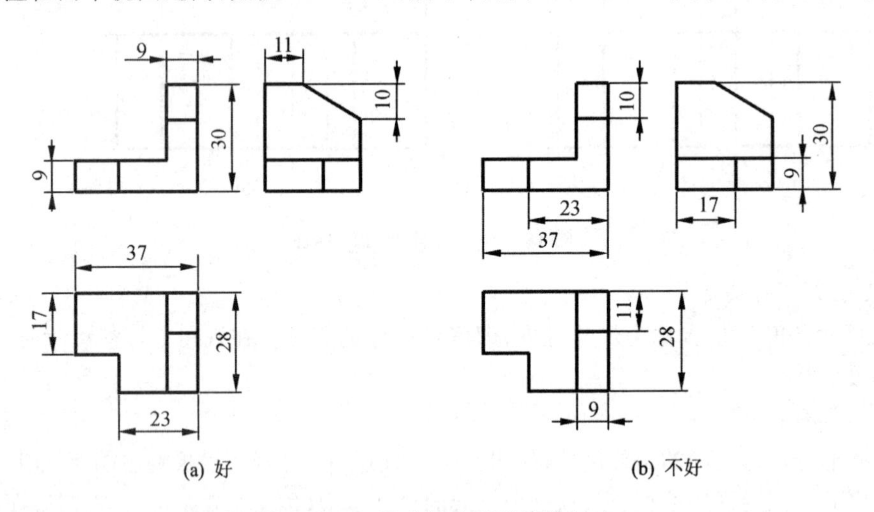

图 10-18 尺寸标注清晰比较(一)

② 同一基本体的定形尺寸和两个方向的定位尺寸尽量标注在一个视图中,如图 10-19 中底板孔的定形、定位尺寸,以及上方 U 型槽的定形、定位尺寸。

③ 尺寸应尽量布置在视图的外面,以避免尺寸线和数字与轮廓线交错重叠。但当视图内有足够的地方能清晰地标注出尺寸时,也允许标注在视图之内,如图 10-19(a)所示的尺寸 $R6$。

④ 当两个或者两个以上的曲面立体具有公共的轴线(称为同轴复合回转体)时,其径向尺寸一般应标注在非圆的视图中,而圆弧的半径尺寸则必须标注在反映圆弧的视图中,如图 10-20(a)所示;而图 10-20(b)中的标注方法不好且不允许。

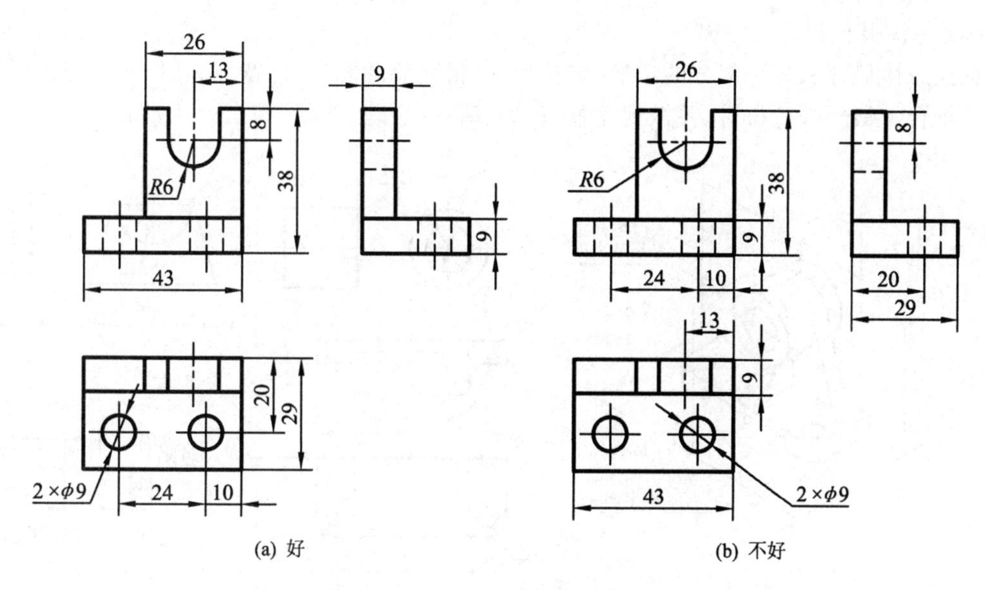

(a) 好　　(b) 不好

图 10-19　尺寸标注清晰比较(二)

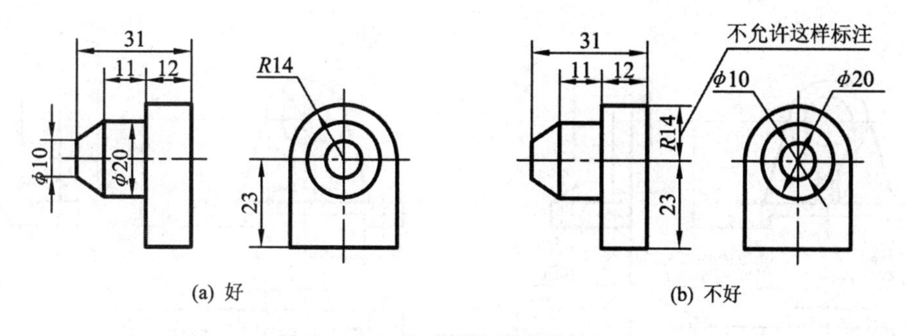

(a) 好　　(b) 不好

图 10-20　尺寸标注清晰比较(三)

⑤ 同一方向平行的并列尺寸，应使较小的尺寸在内(靠近视图)，大的尺寸依次向外排列，以免尺寸线、尺寸界线互相交错，尺寸线与轮廓线、尺寸线之间的间隔一般在6～10 mm，如图10-18至图10-20所示。而同一方向的串列尺寸，箭头应互相对齐排列在一条直线上，见图10-19中的尺寸24 mm和10 mm以及图10-20中的尺寸12 mm和11 mm。

4. 尺寸标注示例

进行组合体的尺寸标注时，应先进行形体分析，选择尺寸的基准；再完整地注出定形、定位、总体尺寸；然后进行核对。现以轴承座的尺寸标注为例(见图10-21)说明其尺寸标注的步骤。

(1) 形体分析

运用形体分析法将轴承座分解为底板、圆筒、支承板、肋板四个部分(见图10-6(b))，并标注出各个基本形体的尺寸，如图10-21(b)所示。

(2) 选择基准

根据轴承座的结构特点，长度方向以左右对称平面为基准，高度方向以底板的下底面为基准，而宽度方向则是以底板和支承板的后端面为基准，如图10-21(a)、(c)所示。

(3) 标注出定位尺寸

从基准出发，标注确定这四个部分的相对位置尺寸，如图10-21(c)所示。

(4) 标注其他尺寸,并核对

标注总体尺寸和各个部分的定形、定位尺寸,但此例的总长、总宽、总高尺寸均与定形和定位尺寸重合。最后进行核对,并做到完整、正确、清晰、合理,如图10-21(d)所示。

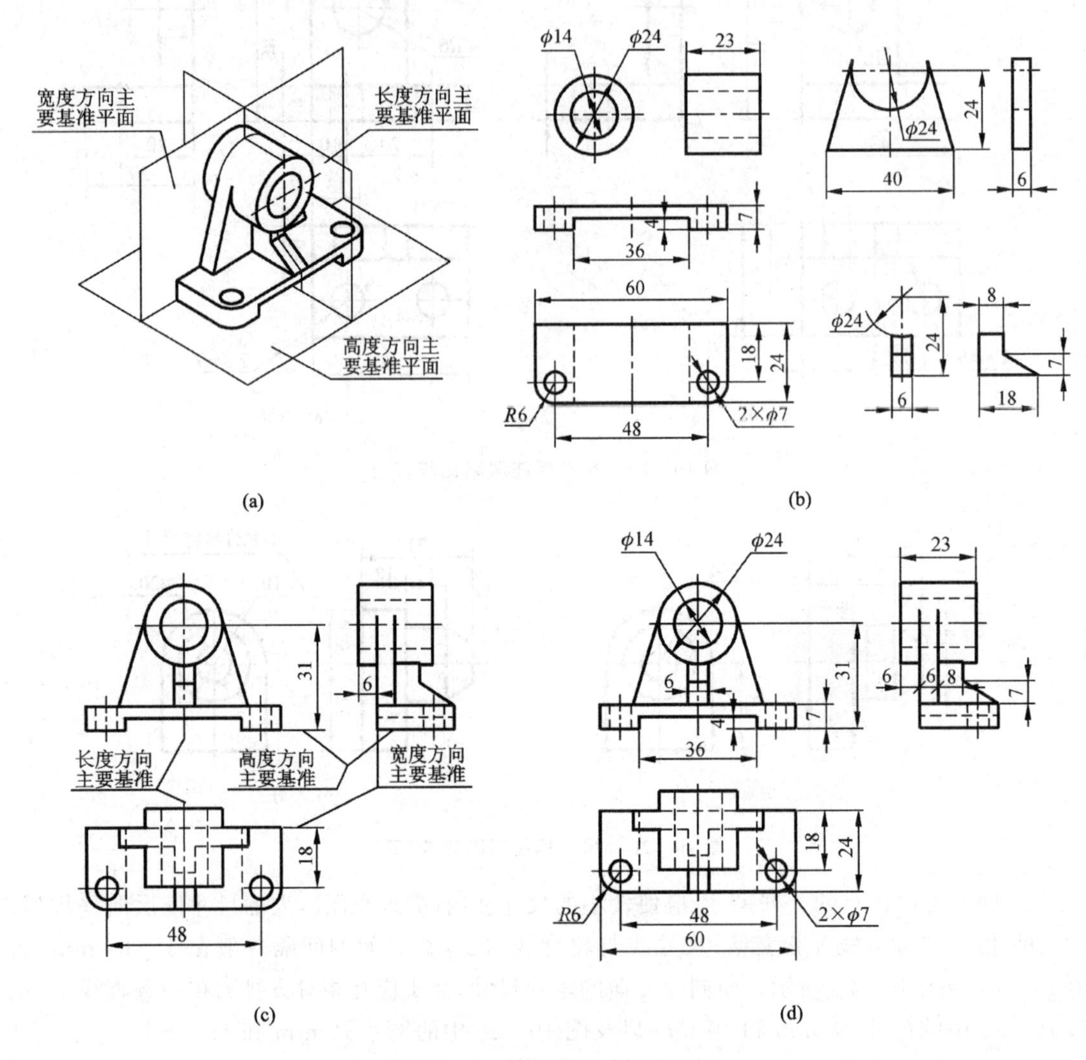

图10-21　轴承座尺寸标注示例

图10-14为支座的尺寸标注示例,读者可以自行分析尺寸的标注是否符合尺寸标注的原则。

10.4　读组合体的视图

10.4.1　读图是画图的逆过程

画图是运用正投影规律将物体画成若干个视图来表示物体形状的过程,如图10-22所示。看图是根据视图想象空间物体形状的过程,如图10-23所示。使正面不动,将水平面上转90°,侧面左转90°,如图中箭头所指的方向,然后由各个视图向空间引投射线,即将各个视图向空间拉出，则同一点的三条投射线必相遇（如图中 A 点所示），即物体上所有的点，都将有过其三个投影所引的返回空间的投射线汇交而得到复原。由于这种投影的可逆性，随着视图上各点的"旋转归位"，就可想象出整个物体的形状。由此可见，看图是画图的逆过程，要注意"画"与"读"的结合。

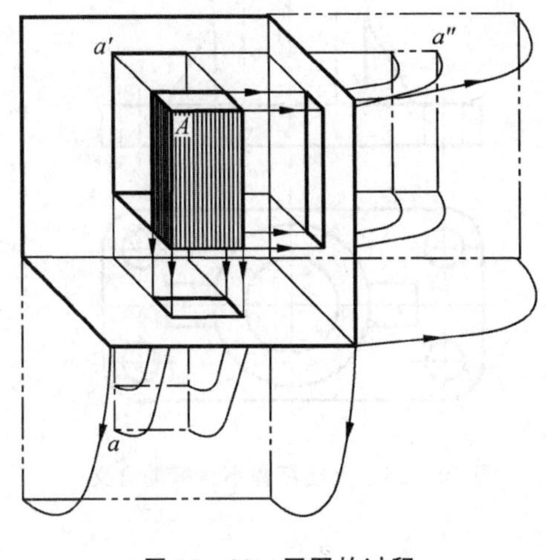

图 10 - 22　画图的过程

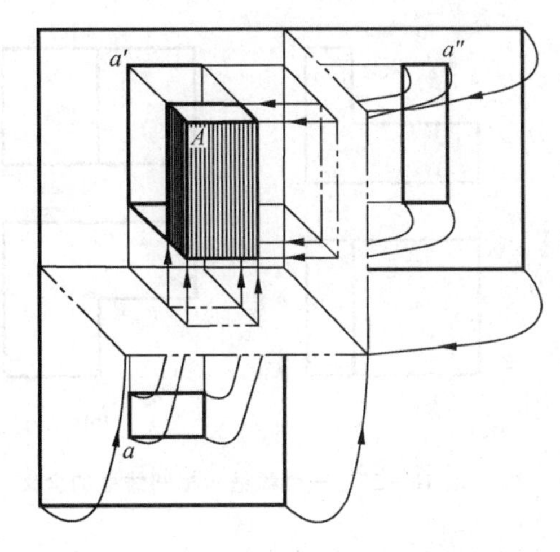

图 10 - 23　看图的过程

10.4.2　读图时应注意的几点问题

1. 要搞清图线的空间含义

物体表面上的线与视图中的图线有着一一对应的关系，视图中的每一条粗实线（或细虚线）的含义如图 10 - 24 所示。有以下几种情况：

① 物体上垂直于投影面的平面或曲面的投影。

② 物体上表面交线的投影。

③ 物体上曲面转向轮廓线的投影。

④ 视图中的细点画线则表示物体的中心线、轴线和图形的对称线。

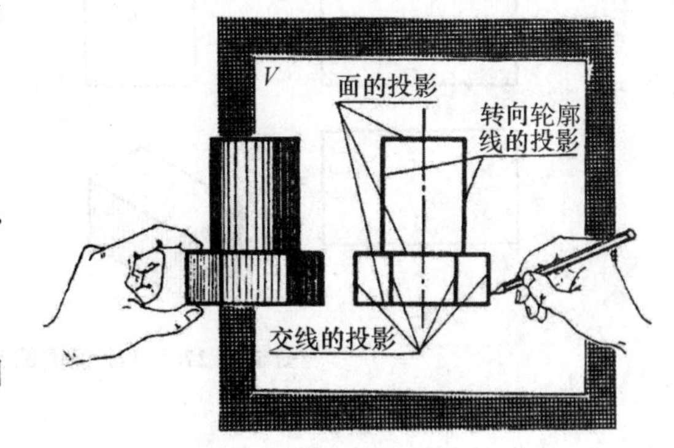

图 10 - 24　图线的含义

2. 要搞清线框的空间含义

视图是由若干个封闭的线框构成的，因此，搞清线框的含义对看图是十分重要的。

① 视图中一个封闭的线框表示物体上的一个或多个表面（平面或曲面），图 10 - 25(a)所示主视图中的封闭线框是物体上的前、后两个表面（平面）的投影；而图 10 - 25(b)所示俯视图中的封闭线框则是物体上的上、下两个表面的投影。

② 视图中相邻的两个封闭线框表示物体上位置不同的两个面。图 10 - 25(a)所示俯视图所示的两个矩形线框为物体上一高一低的两个平面；而图 10 - 25(b)所示主视图中的两个线框则表示物体上一前一后的两个平面。

③ 视图中一个大线框套着小线框则表示大形体上凸起或凹下的小形体。如图 10－26 所示,俯视图中的大线框带有圆角的四棱柱,而四个小圆线框则表示在四棱柱上挖出四个小圆柱孔;中间两组相接的线框则表示在四棱柱上凸起一个圆筒和两个肋板。

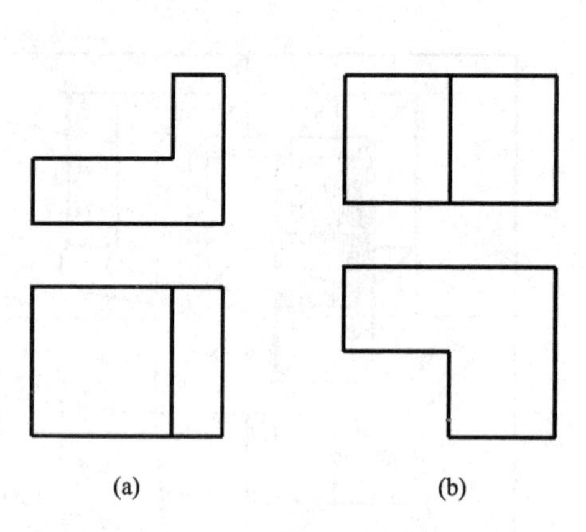

图 10－25　一个线框和相邻线框的含义

图 10－26　大线框套小线框的含义

3. 要几个视图联系起来识读

在无尺寸的情况下,只看一个视图是不能确定物体的形状的。如图 10－27 中,若只看主、俯两个视图,物体的形状难以确定,随着左视图的不同,所表示的物体可以是长方体、四分之一圆柱体和三棱柱等。再如图 10－28 中的主、左两个视图完全相同,而俯视图不同,所表示的物体也不相同。

因此,看图时不能只看一个视图,而要多个视图联系起来识读,才能正确地想象出物体的形状。

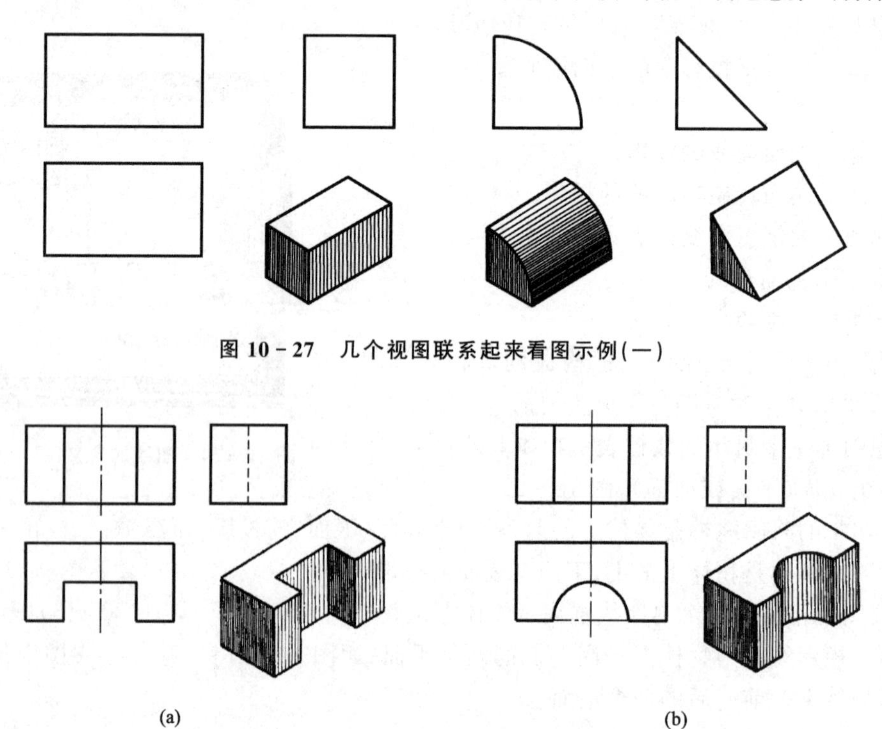

图 10－27　几个视图联系起来看图示例(一)

图 10－28　几个视图联系起来看图示例(二)

4. 要善于构想形状和组合造型

图 10－29(a)所示为物体的一个视图。根据这一个视图，可以想象出多个不同形状的组合形体，如图 10－29(b)、(c)、(d)、(e)所示。

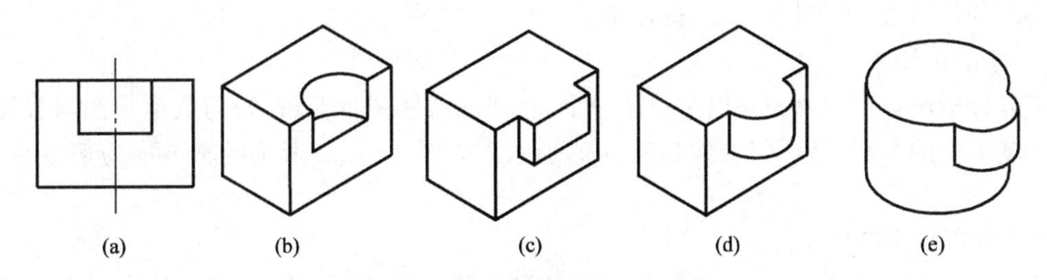

图 10－29　构想形状和组合造型

5. 要善于抓特征图

形体的特征包括形状和位置的特征、整体和局部的特征，如图 10－30 所示的组合体，左视图的线框 1″和俯视图的线框 2 都反映了局部的形状特征，而主视图则反映了整体特征。而图 10－31 所示的组合体，主视图中的圆和矩形是凸起，还是凹进？由左视图可明显地看出，故左视图是反映位置特征的视图。

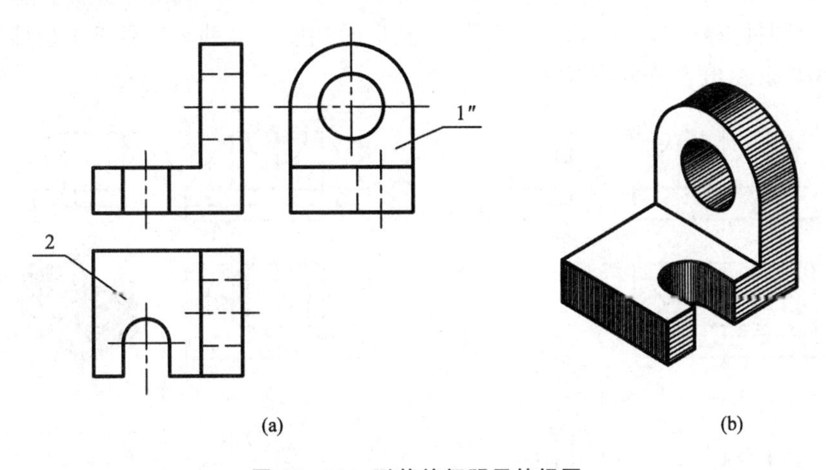

图 10－30　形状特征明显的视图

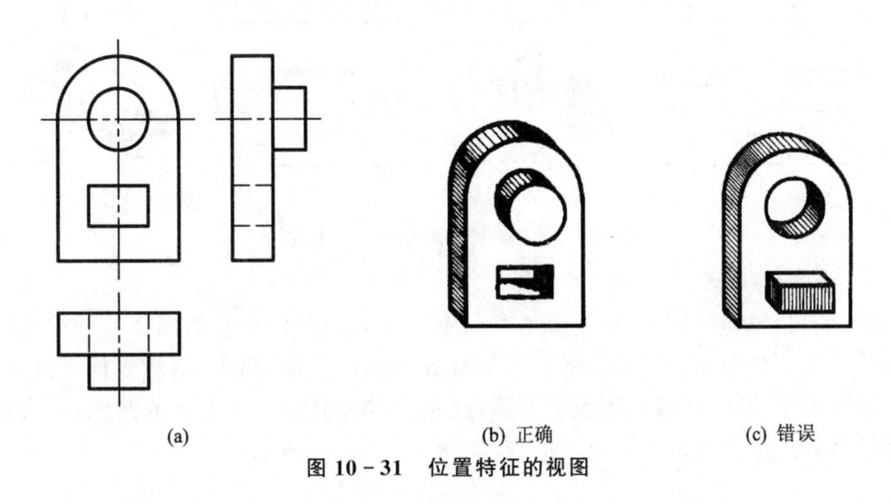

图 10－31　位置特征的视图

10.4.3 读图的基本方法及步骤

组合体读图的基本方法有两种：形体分析法和线面分析法。形体分析法用于叠加式的组合体，而线面分析法用于切割式的组合体。

1. 形体分析法

形体分析法读图的要领是以主视图为主，将视图按实线框分解，再与其他视图对投影，想象各个基本体的形状，然后组合想出整体的形状。以图10－32所示的轴承座为例分析看图步骤。

(1) 分析视图抓特征

抓特征就是抓特征视图，一般情况下整体特征图为主视图。将主视图按实线框分解，如图10－32(a)主视图可分解成四个线框。根据实线框构想简单基本体的形状。

(2) 分析线框对投影，想形状

根据主视图中的线框，按“三等”规律进行形体分析，抓住每一部分的特征视图，分别想象出各个简单基本体的形状。如图10－32(a)的主视图中的线框1′和2′较明显地反映了Ⅰ、Ⅱ两个基本形体的形状特征，而左视图中的线框3″则明显地反映了Ⅲ基本形体的形状特征。经过对投影分析想象出各个部分的结构形状，如图10－32(b)、(c)、(d)所示。Ⅰ基本形体为一个上方开有半圆柱形槽的长方体；Ⅱ基本形体是两个三棱柱体(肋板)；Ⅲ基本形体则是一个L形的底板，在其上挖出了两个小圆柱孔。

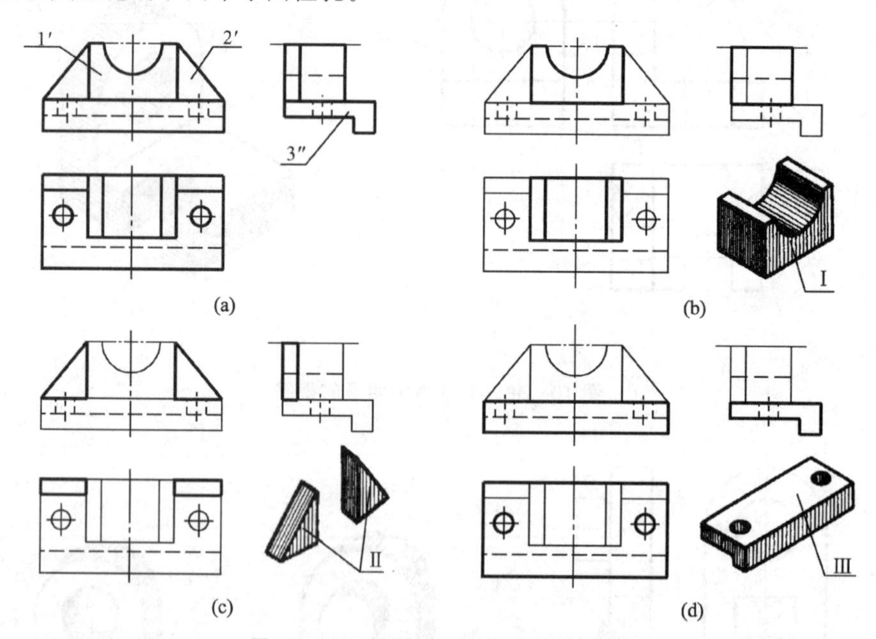

图10－32　轴承座的形体分析法看图

(3) 综合归纳想整体

在综合归纳想整体时，要分析各个基本形体之间的相对位置及表面连接关系，完整、正确地想象出整体来。如图10－33(a)所示，长方体在底板的上面、后方，且后表面平齐，两个基本形体的对称面重合；两个肋板在底板的上面，且左右对称分布在长方体的两侧，后表面也是平齐的。通过分析想象出轴承座的整体形状，如图10－33(b)所示。

2. 线面分析法

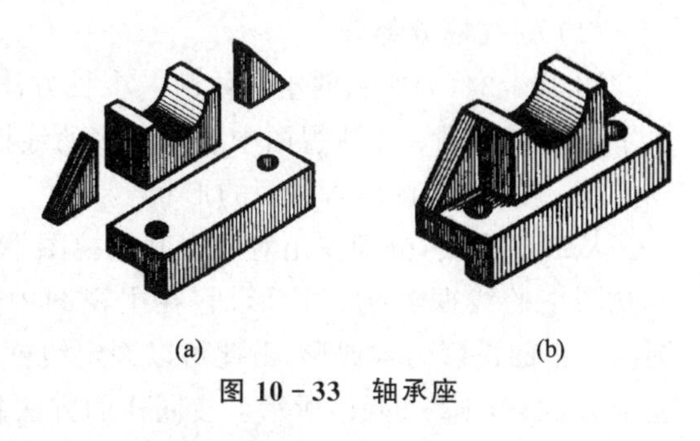

图 10－33　轴承座

线面分析法读图，主要用于读切割式的组合形体的视图。从线和面的角度去分析物体的视图及构成组合形体各部分的形状与相对位置的方法称为线面分析法。读图时，应用线、面的正投影特性；线、面的空间位置关系；视图之间相联系的线、线框的含义，进而确定由它们所描述的空间物体的表面、线条的形状及相对位置，想象出物体的形状。现以图 10－34 为例，说明用线面分析法看图的步骤。

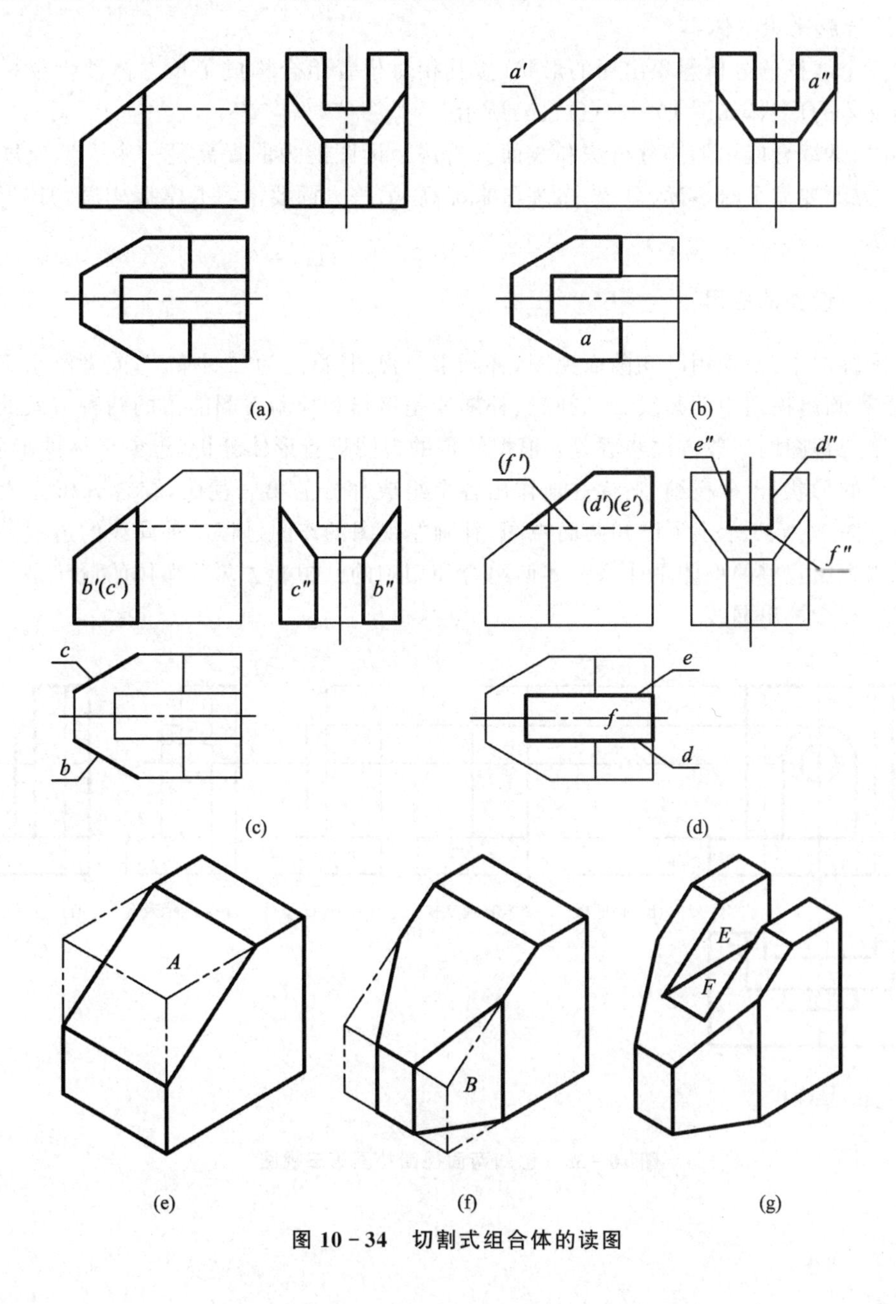

图 10－34　切割式组合体的读图

(1) 划线框分部分

图 10-34(a)所示的组合体由一个长方体被一个正垂面、两个铅垂面、两个正平面和一个水平面切割而成。先找视图中边数最多的线框(如俯视图中的 a 线框),如图 10-34(b)所示。

(2) 按线框对投影,想面的形状

从线框出发,分别找出对应在其他视图中的投影,从而确定各个面的形状及空间位置。如俯视图中的线框 a 为十边形,它在主视图中的投影积聚为一条斜线 a',而在俯视图和左视图(a'')中的投影为类似形,由此可以判定线框 a 表示的面为一个正垂面,它的位置在长方体的左上方,如图 10-34(e)所示。按同样的方法看线框 b'和 c'(见图 10-34(c))、线框 d'和 e'及线框 f (见图 10-34(d))。

(3) 综合起来想整体

根据几个线框的分析想象出面的形状,按其相对位置组合构成了长方体被六个平面切割后构成的物体的形状,如图 10-34(f)、(g)所示。

读图时,常综合应用形体分析法和线面分析法。读图能力的提高是一个人形象思维开发的过程,一方面要靠平时多读、多想、多练习来提高,另一方面要学习并掌握构思物体形状的正确思维方法。

10.4.4 读图的应用

在读图练习中,常采用已知两面视图,补画第三视图,称之为“二补三”;或者给出不完整的视图,要求补画出视图中的漏线。二补三、补漏线是培养和检验看图能力的两种有效的方法。

补画第三视图的一般方法步骤是:根据给定的视图进行形体分析,想象形体的形状;先补画主要部分的形状,再分析细节;逐一地作出各个组成部分的第三视图,综合分析完成整体的第三视图。图 10-35 示出了已知两面视图,补画左视图的作图过程。补漏线的过程是从不完整的视图构想出完整的形体是什么?如何组合和切割的?想切去部分形体的形状是什么?之后按“三等”规律补出漏线。

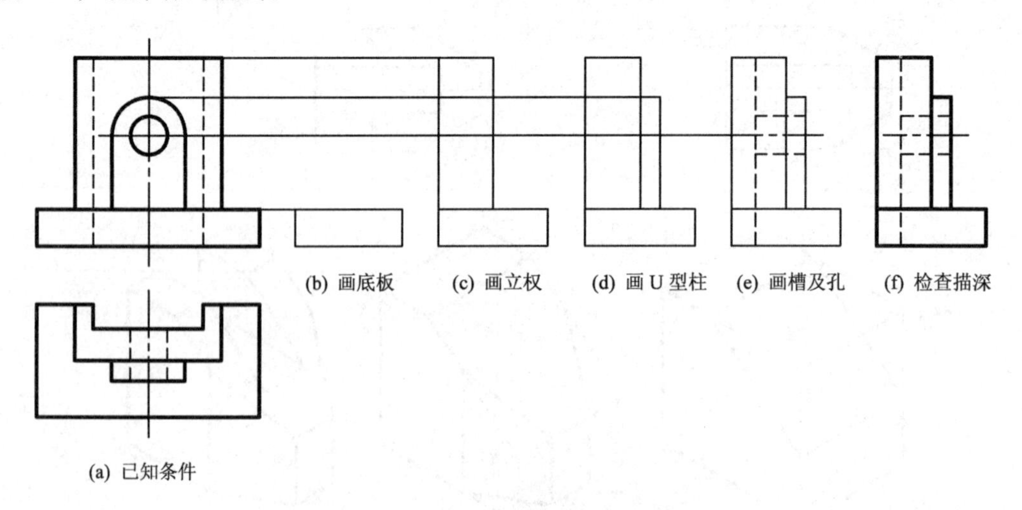

图 10-35 已知两面视图补画第三视图

必须指出，补画出第三视图后，应进行认真检查。其方法是：根据三个视图进一步想象物体的形状。除了检查各个组成部分的形状、各个基本形体之间的相对位置和组合方式外，还应分析遗漏和多画的图线，确认无误后，用标准的线型描深。

再如图 10－36(a)所示，已知轴承盖的主、左视图，补画出俯视图。

一般情况下，在组合体的各个组成部分的形状比较明显时，采用形体分析法来读懂视图是非常简单的。但对于组合体或局部形状较复杂时，就必须采用线面分析法来认识形体。

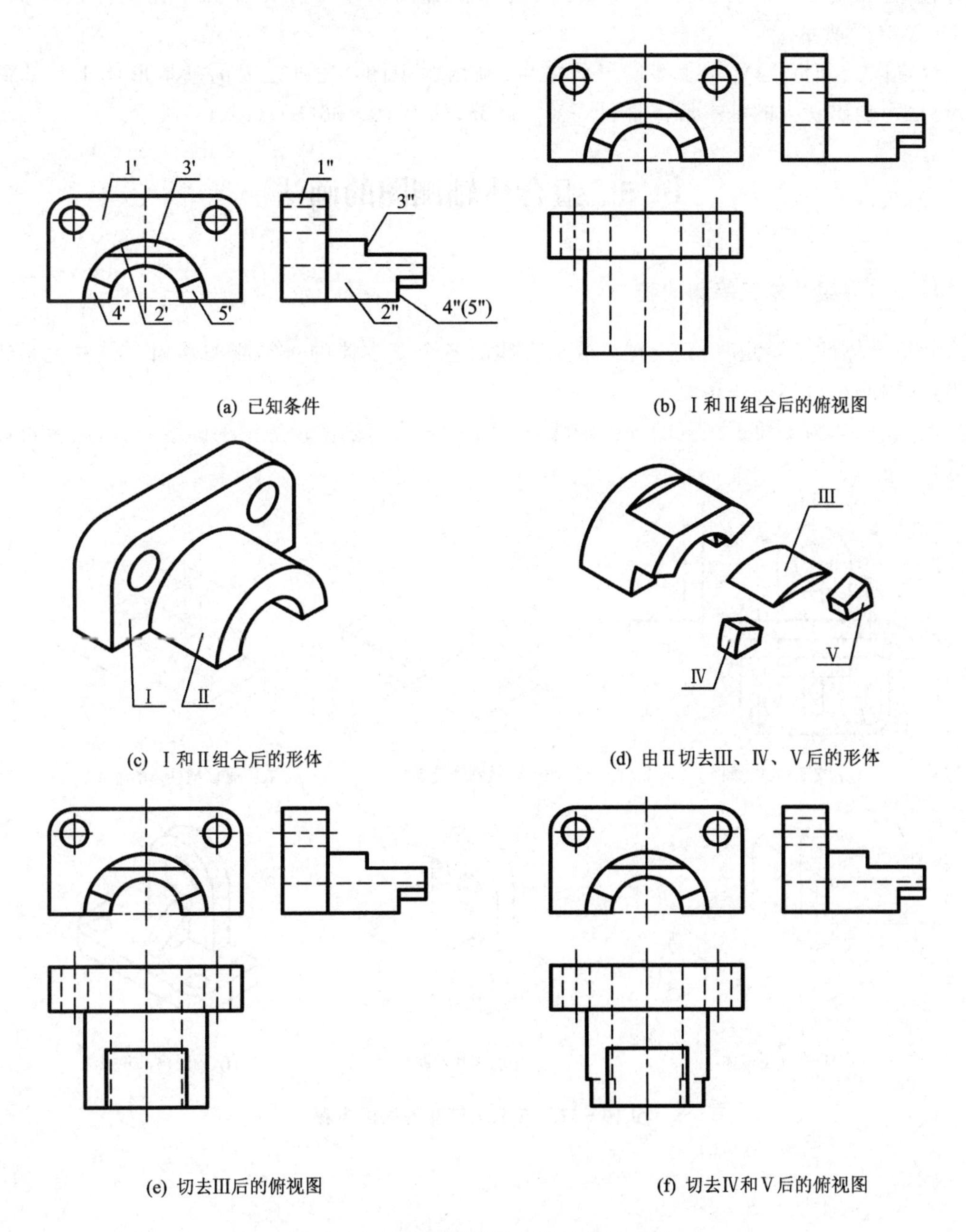

(a) 已知条件

(b) Ⅰ和Ⅱ组合后的俯视图

(c) Ⅰ和Ⅱ组合后的形体

(d) 由Ⅱ切去Ⅲ、Ⅳ、Ⅴ后的形体

(e) 切去Ⅲ后的俯视图

(f) 切去Ⅳ和Ⅴ后的俯视图

图 10－36　已知两面视图补画第三视图

如读图 10-36(a)的视图时,把形体分析法和线面分析法相结合,就很容易读懂轴承盖。先由主、左视图读懂形体：主视图中线框 1′所示的图形,高平齐在左视图中对应 1″的矩形线框,因此可以确定该基本形体是一个带圆角的四棱柱体Ⅰ,其上方左右有两个圆柱孔,下方中间处为一个半圆柱孔。由主视图中的半圆 2′对照左视图中线框 2″的形状,可知该部分的基本形体是半圆筒Ⅱ。Ⅰ和Ⅱ组合后的形体如图 10-36(c)所示。3′、4′、5′线框则需要通过线面分析来确定该部分的形状,这三个线框从左视图中可以看出其前后位置,3″线框在 4″和 5″线框的后方,它们是从半圆筒上切去一块弓形柱体Ⅲ和两块扇形柱体Ⅳ和Ⅴ而产生的平面,如图 10-36(d)所示。

经过以上分析,读懂轴承盖的形状之后,画出俯视图：先画主要的基本形体Ⅰ和Ⅱ两部分,再逐一画出切去的基本形体Ⅲ、Ⅳ、Ⅴ三部分,如图 10-36(b)、(e)、(f)所示。

10.5 组合体轴测图的画法

10.5.1 组合体正等测的画法

画组合体的正等测时,只要把组成组合体的各个基本体的正等测按其相对位置关系组合起来,即构成组合体的正等测。

图 10-37 为支架正等测的画图步骤,图 10-38 为切割体正等测的画图步骤,读者可以自行分析。

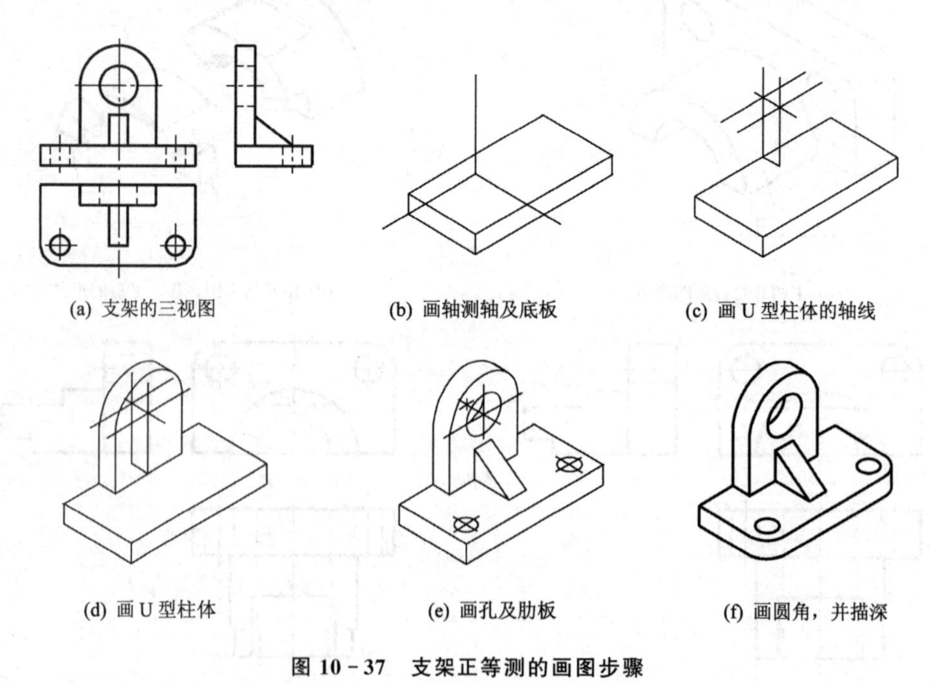

(a) 支架的三视图　(b) 画轴测轴及底板　(c) 画 U 型柱体的轴线

(d) 画 U 型柱体　(e) 画孔及肋板　(f) 画圆角，并描深

图 10-37 支架正等测的画图步骤

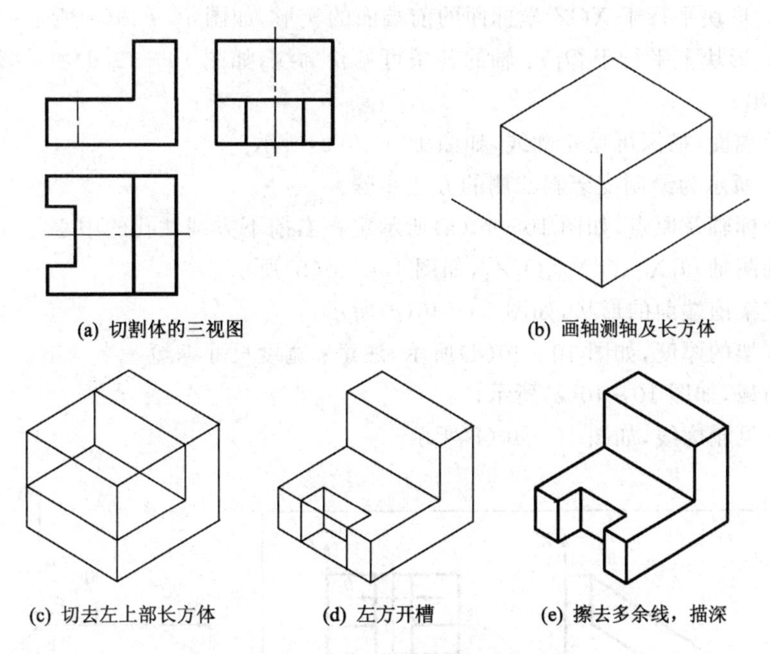

(a) 切割体的三视图　(b) 画轴测轴及长方体

(c) 切去左上部长方体　(d) 左方开槽　(e) 擦去多余线，描深

图 10-38　切割体正等测的画图步骤

10.5.2　组合体斜二测的画法

图 10-39 所示为绘制 V 形块斜二测的方法步骤：

① 定出坐标轴及原点，图 10-39(a)所示定在前下方，左右对称位置；

② 画出轴测轴 O_1X_1、O_1Y_1、O_1Z_1，如图 10-39(b)所示；

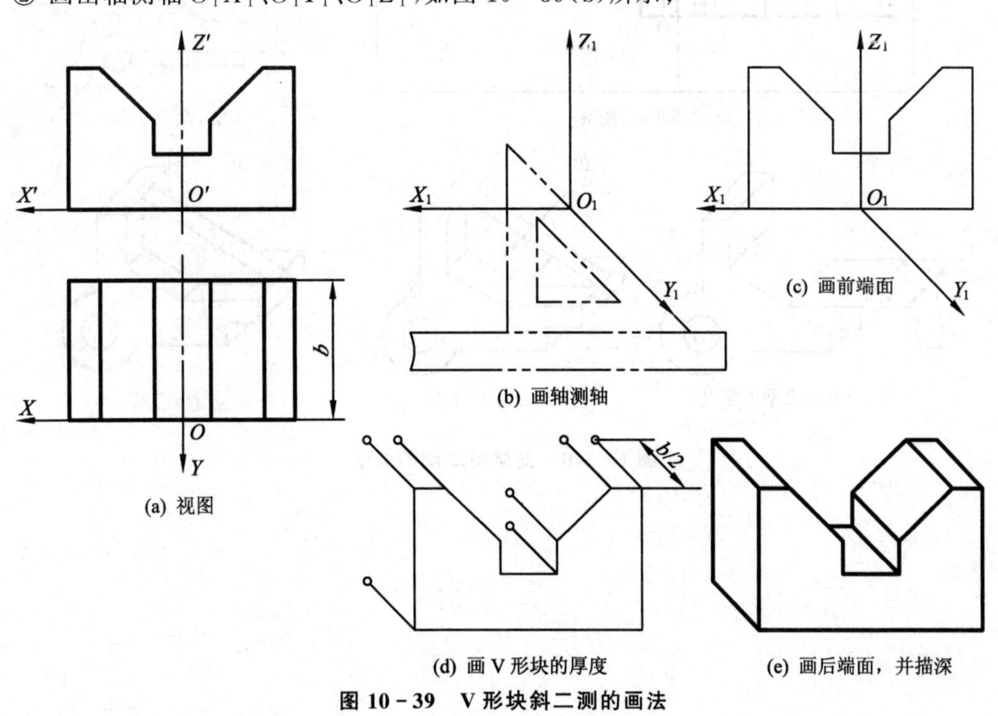

(a) 视图　(b) 画轴测轴　(c) 画前端面

(d) 画 V 形块的厚度　(e) 画后端面，并描深

图 10-39　V 形块斜二测的画法

③ 画出 V 形块平行于 XOZ 坐标面的前端面的实形，如图 10－39(c)所示；

④ 画出 V 形块上平行于 O_1Y_1 轴的各条可见轮廓线，如图 10－39(d)所示，**注意**：宽度尺寸缩短一半画出；

⑤ 连接后端面，描深可见轮廓线，如图 10－39(e)所示。

图 10－40 所示为绘制支架斜二测的方法步骤：

① 定出坐标轴及原点，如图 10－40(a)所示定在右前下方圆柱孔的中心位置；

② 画出轴测轴 O_1X_1、O_1Y_1、O_1Z_1，如图 10－40(b)所示；

③ 画出支架前端面的形状，如图 10－40(c)所示；

④ 画出支架的厚度，如图 10－40(d)所示，**注意**：宽度尺寸缩短一半画出；

⑤ 画出肋板，如图 10－40(e)所示；

⑥ 描深可见轮廓线，如图 10－40(f)所示。

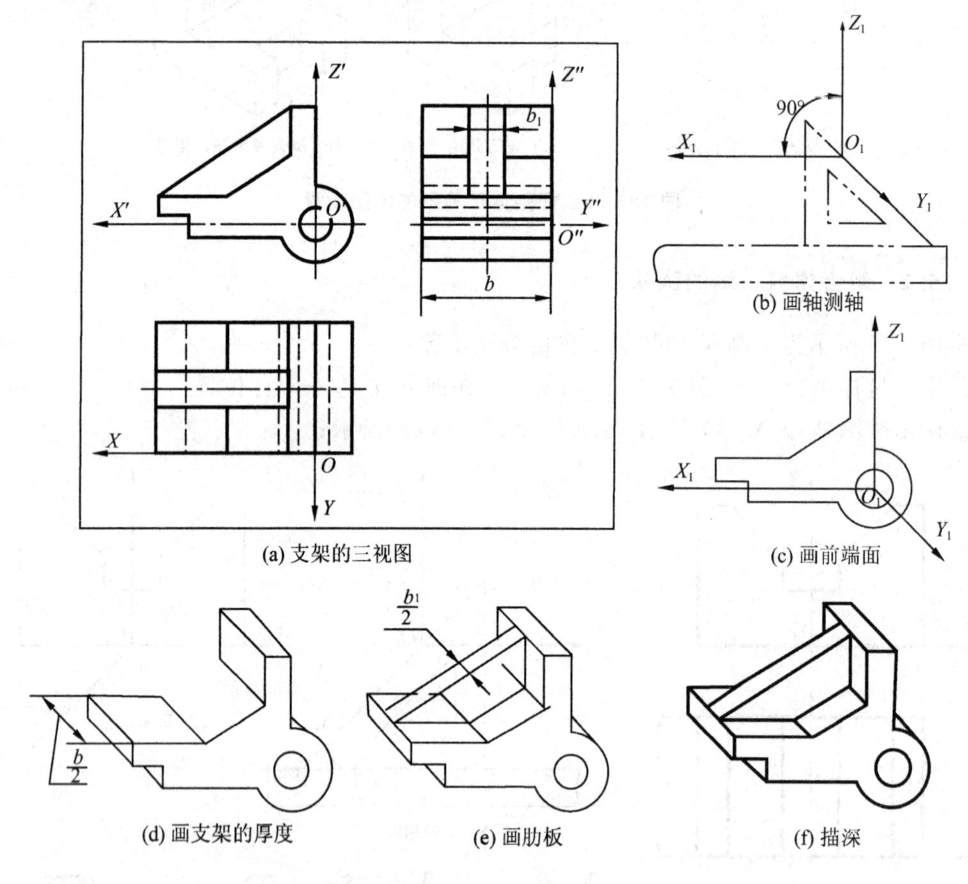

图 10－40　支架斜二测的画法

第11章 机件的表示法

在生产实际中，机件的结构形状是多种多样的。对结构形状比较复杂的机件，如果仍采用前面介绍的两个或三个视图，就难以将机件的内外形状正确、完整、清晰地表示出来。因此，国家标准技术制图 GB/T 17451～17452—1998、GB/T 17453—2005 和国家标准机械制图 GB/T 4458.1—2002 等中规定了视图、剖视图和断面图等多种表示法。绘图时，必须根据机件的结构特点及其复杂程度来采用不同的表示法。本章着重介绍一些常用的表示法。

11.1 视 图

技术图样应采用正投影法绘制，并优先采用第一角画法（见 11.1.5 节）。视图主要是用来表示机件的外部结构和形状的图形（俗称外形视图），一般只画出机件的可见部分，必要时用细虚线表示其不可见部分。

视图（GB/T 17451—1998、GB/T 4458.1—2002）通常有基本视图、向视图、局部视图和斜视图。

11.1.1 基本视图

1. 基本视图的产生

在原有三个投影面（V、H、W）的基础上，再增加三个投影面构成一个正六面体系，如图 11-1 所示。国家标准将这正六面体的六个面规定为基本投影面。把机件放置在正六面体系中，分别向六个基本投影面投射所得到的六个视图称为基本视图，即在原有的主、俯、左三个视图的基础上，又增加了右、仰、后三个视图，如图 11-2 所示。

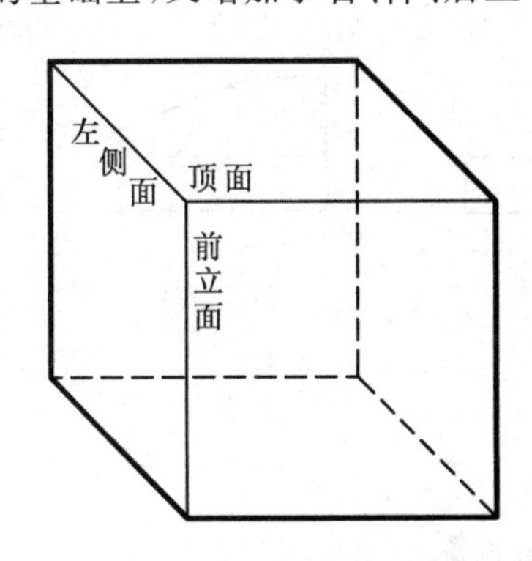

图 11-1 六个基本投影面

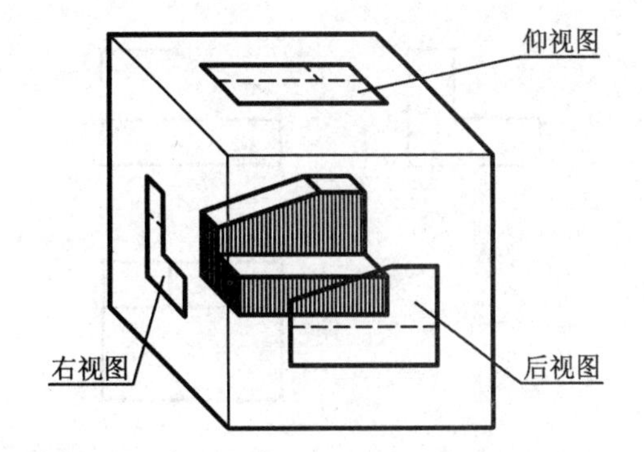

图 11-2 右、仰、后视图的形成

右视图——由物体的右方向左投射，在左侧面上所得到的视图；

仰视图——由物体的下方向上投射，在顶面上所得到的视图；

后视图——由物体的后方向前投射，在前立面上所得到的视图。

2. 六个基本视图的配置及投影规律

六个投影面的展开如图 11-3 所示。国家标准规定：六个基本视图若按展开的位置配置时,一律不标注视图的名称,如图11-4所示。

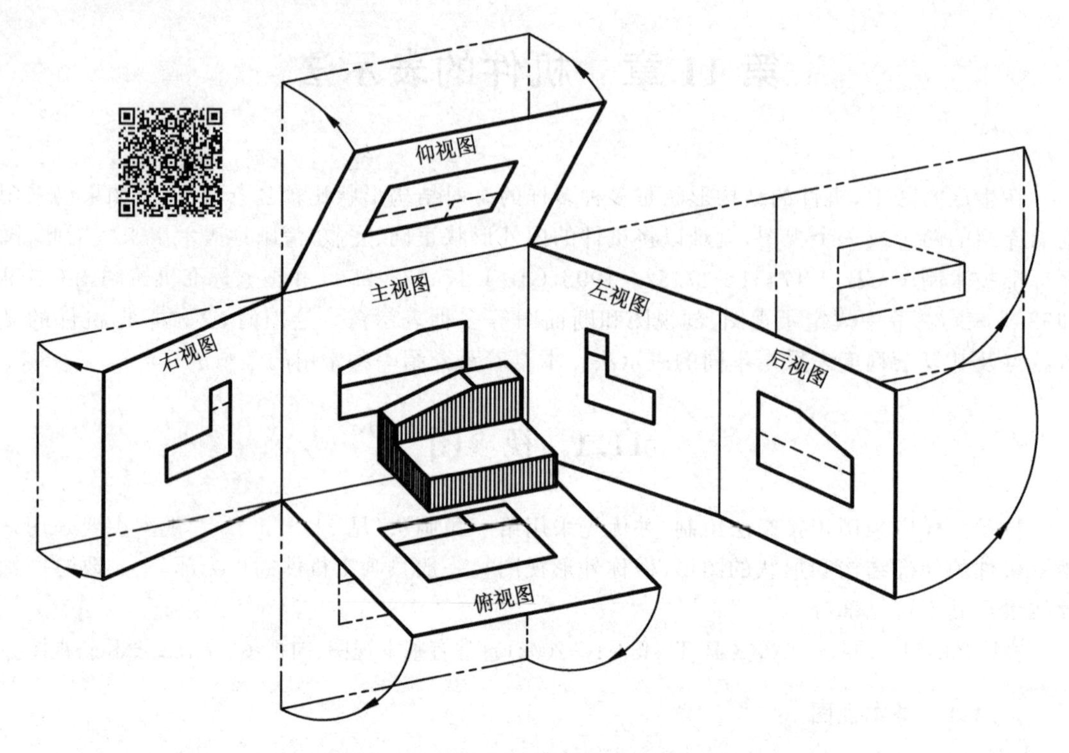

图11-3　六个基本投影面的展开及动画

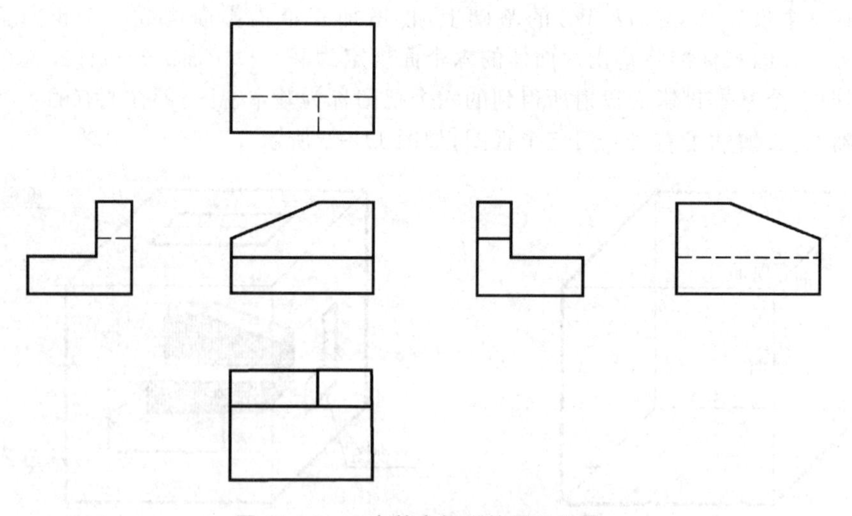

图11-4　六个基本视图的展开位置

六个基本视图之间仍然符合"三等"规律,即

主、俯、仰、后四个视图长度相等;

主、左、右、后四个视图高度平齐;

俯、仰、左、右四个视图宽度一致。

注意: 除后视图外,各个视图的里边(靠近主视图的一边)都为机件的后面,而离主视图远的一边为机件的前面,即里后外前。

3. 基本视图的应用

国家标准中规定：绘制机件的图样时，应首先考虑看图方便，根据机件的结构特点，选用适当的表示法，在完整清晰地表示机件形状的前提下，力求画图简便。也就是说，不是任何机件都需要画出六个基本视图，应根据机件的结构特点按需要进行选择其中的几个视图，选择的原则是：

① 选择表示物体信息量最多的那个方向作为主视图方向，通常是物体的工作位置、加工位置、安装位置以及反映形体特征的方向；

② 在物体表示清楚的前提下，应使视图（包括剖视图和断面图）的数量为最少；

③ 视图中一般只画机件的可见部分，必要时才用细虚线表示物体的不可见轮廓；

④ 避免不必要的重复表示。

在表示机件的形状时，一般是优先考虑选用主、俯、左三个基本视图，然后再考虑选用其他的基本视图。

如图 11－5 所示的机件，支架选用主、俯、左三视图后又增加了一个后视图，以表示清楚后板面的构成形状，并避免了在主视图上出现过多的虚线。又如图 11－6(a)所示，为机件的主、俯、左三视图，可以看出从主、左两个视图已能将其各个部分的形状表示清楚。这里的俯视图就显得多余，故俯视图可以省略不画。但在左视图上要表示出机件的左、右两边圆柱孔的形状，这样就必然使虚线与实线交叠，很不清晰。如果采用一个右视图来表示机件右边的形状，同时左视图中右边孔的形状虚线省略不画，如图 11－6(b)所示。显然，采用了主、左、右三个视图表示该机件要比主、俯、左三视图更清楚。

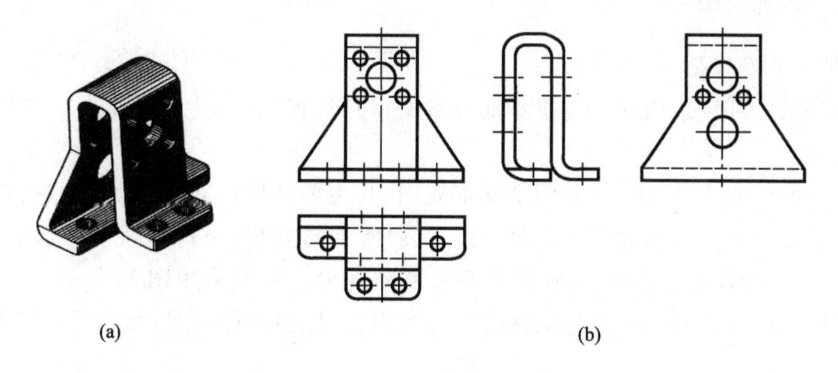

(a)　　(b)

图 11－5　基本视图选择示例(一)

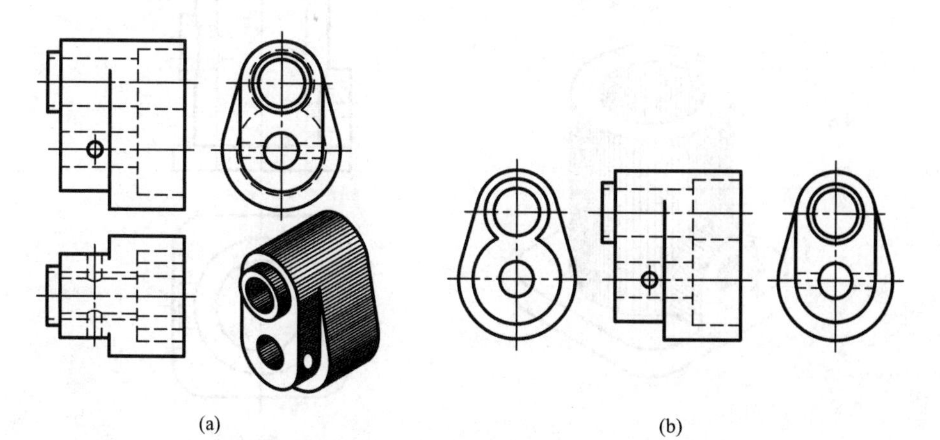

(a)　　(b)

图 11－6　基本视图选择示例(二)

11.1.2　向视图

为了布局的合理和节约图纸,视图常常不按展开的位置画出,这种不按展开位置画出的基本视图,称为向视图。

向视图应进行视图的标注,即在向视图的上方标注出视图的名称——大写拉丁"字母",在相应的视图附近用箭头指明投射方向,并标注相同的字母,如图 11-7 所示。

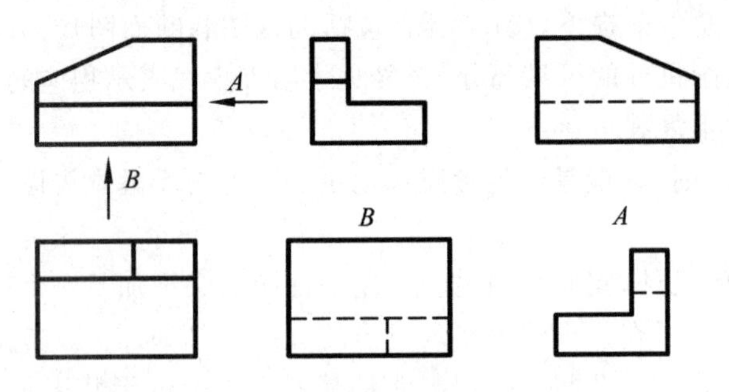

图 11-7　向视图的配置及标注示例

必须指出,向视图是基本视图的另一种表示方式,是移位配置的基本视图。也就是说向视图的投射方向应与基本视图的投射方向一一对应。

11.1.3　局部视图

1. 局部视图的形成

将机件的某一部分结构向基本投影面投射所得到的视图,称为局部视图。常用来表示机件的局部外形。

图 11-8 所示的机件,用主、俯两个基本视图,其主要结构已表示清楚,但左、右两个凸台的形状并未表示清楚。若因此而采用图 11-9(a)所示的方案(一),再画一个基本视图(左视图)和一个 A 向视图(外形视图),则许多地方重复表示。如果采用图 11-9(b)所示的方案(二),画出基本视图的一部分(右边的两个局部视图)。比较两种方案,其方案(二)则可以做到事半功倍。

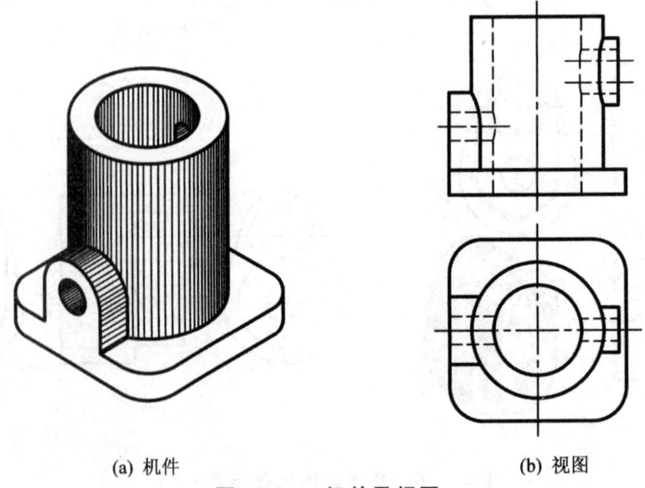

(a) 机件　　(b) 视图

图 11-8　机件及视图

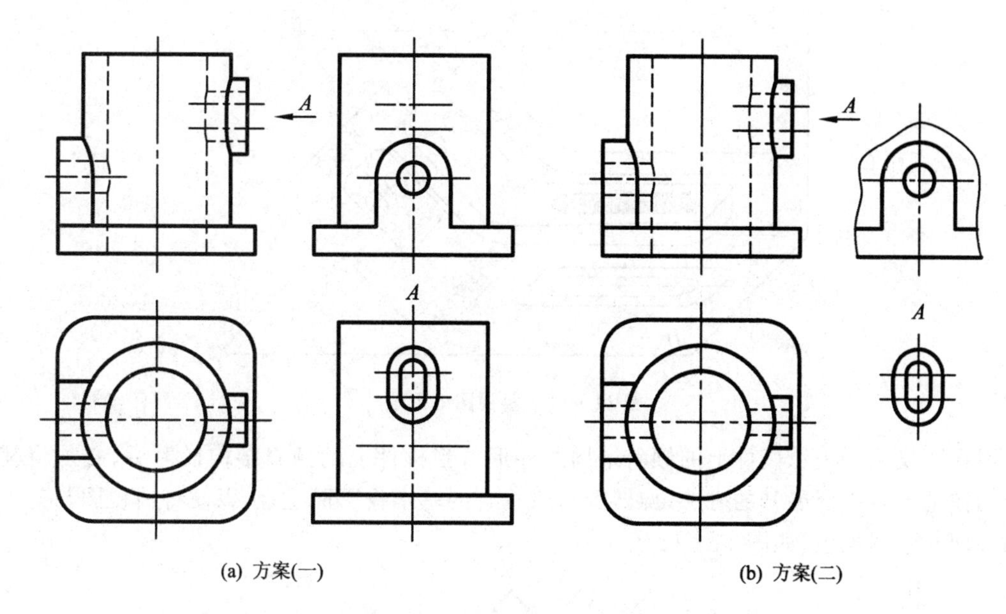

(a) 方案(一)　　(b) 方案(二)

图 11 - 9　机件的表示方案比较

2. 局部视图的画法及标注

局部视图是以波浪线(或双折线)表示断裂的边界线(如图 11 - 9(b)所示)。当所表示的局部结构具有完整封闭的外轮廓线时,以其外轮廓画出,波浪线省略不画,如图 11 - 9(b)方案(二)中的"A"局部视图。局部视图画在符合投影关系的位置、中间又无其他的图形隔开时,不需要进行视图的标注;否则必须标注,其标注方法同向视图。

局部视图还可采用第三角画法(见 11.1.5 节)来绘制。按第三角画法绘制的局部视图,为了与第一角画法加以区分,国家标准规定:采用第三角画法绘制局部视图时,局部视图与相应的视图之间必须用细点画线或细实线相连,如图 11 - 10 所示。

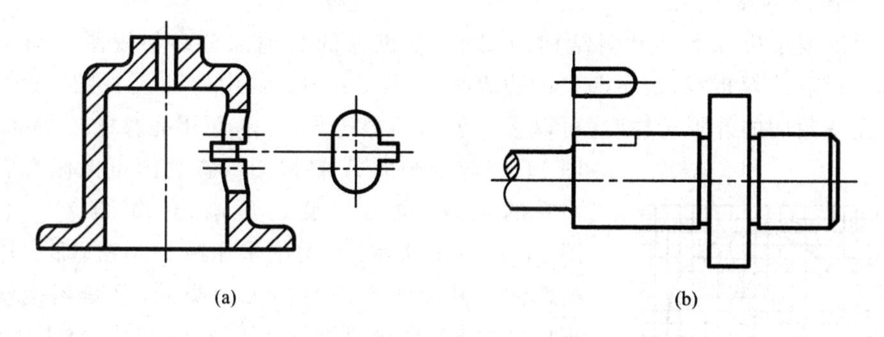

(a)　　(b)

图 11 - 10　局部视图按第三角画法的示例

11.1.4　斜视图

1. 斜视图的形成

当机件上的某些倾斜结构不平行于任何基本投影面时,在其基本投影面上的投影不能反映实形,这样会给画图和读图带来不便。为此,设立一个平行于倾斜结构的辅助投影面,并将倾斜结构向该投影面进行投射(正投影)所得到的视图称为斜视图,如图 11 - 11 所示。

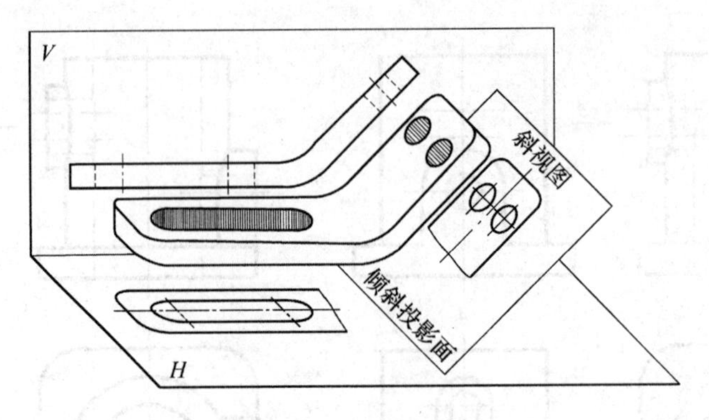

图 11-11　斜视图的形成

斜视图仅用于表示机件上的倾斜结构的外形。当机件上的倾斜结构投射后,必须将辅助投影面按基本投影面展开的方法,旋转到与所垂直的基本投影面重合,以便将斜视图与基本视图画在同一张图纸上,如图 11-12 所示。

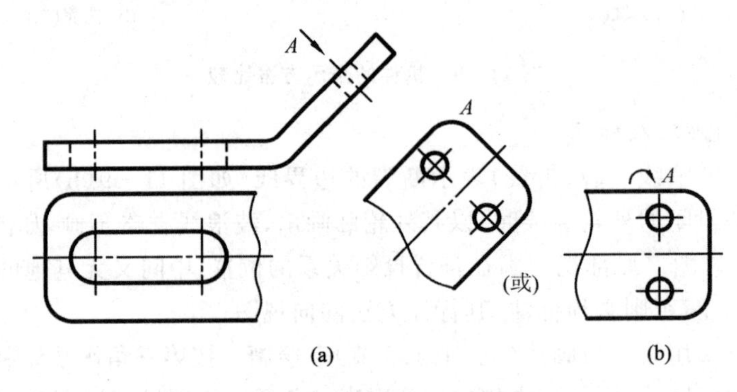

图 11-12　局部视图和斜视图的应用示例(一)

2. 斜视图的画法及标注

斜视图仅表示机件上的倾斜结构的实形,故机件的其他部分在斜视图中可以断去不画,并用波浪线(或双折线)表示断裂的边界线,如图 11-12(a)中的 A 斜视图。若机件倾斜结构具有完整封闭的外形轮廓时,可以省略表示断裂边界的线,而用完整的外轮廓画出,如图 11-14(a)中的 A 斜视图。斜视图可以画在符合投影关系的位置,也可以旋正后画出(如图 11-12(b)和图 11-14(b)所示)。无论采用哪种画法,都应进行视图的标注。其标注方法与向视图类同,只是当把斜视图旋正后画出时,要在斜视图上方名称(大写拉丁字母)边上画出旋转符号,字母应靠近箭头一端,也允许将旋转角度标注在字母之后。角度值是实际旋转角的大小,箭头方向表示旋转的实际方向。旋转符号的尺寸和比例(GB/T 17451 的规定),如图 11-13 所示。

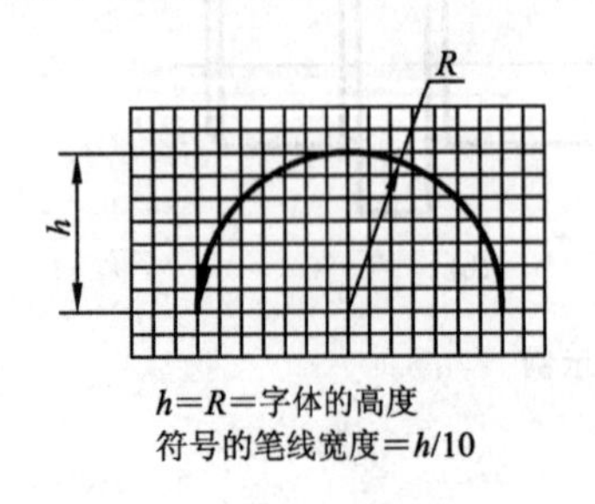

图 11-13　旋转符号

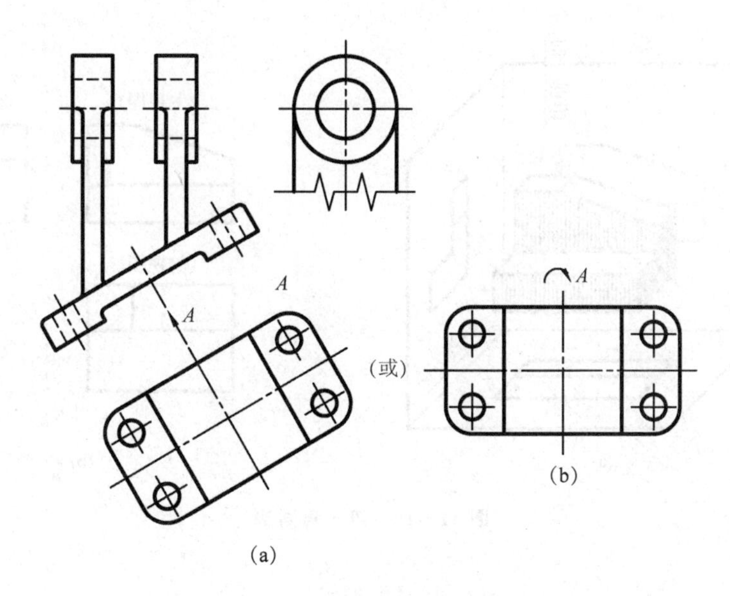

图 11－14　局部视图和斜视图的应用示例(二)

11.1.5　第三角画法简介

世界各国都采用正投影法来绘制机械图样。ISO 国际标准中规定：在表示机件的结构时，第一角画法和第三角画法等效使用。

我国技术制图国家标准 GB/T 14692—2008 中规定：绘制图样时应优先采用第一角画法，必要时(按合同规定)才允许采用第三角画法。为了适应国际科学技术交流的需要，对第三角画法特点简介如下：将三面投影体系中的三个相互垂直的投影面在空间无限延伸，它会将空间分隔成八个部分(又称八个分角)，也即第一分角、第二分角、……、第八分角，如图 11－15 所示。

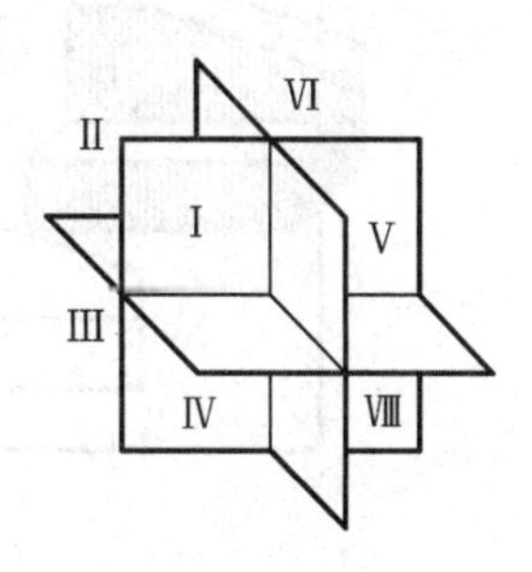

图 11－15　八个分角

第一角画法是将物体置于第一分角内，使其处于观察者与投影面之间，即保持人—物—面的位置关系来得到正投影的方法，如图 11－16(a)所示。而第三角画法是将物体置于第三分角内，使投影面处于观察者与物体之间，即保持人—面—物的位置关系来得到正投影的方法，如图 11－17(a)所示。用该方法画视图就如同隔着玻璃观察物体而在玻璃上描绘它的形状一样。图 11－16(b)和图 11－17(b)是用上述两种投影原理画出的同一机件的三面视图。

第一角画法和第三角画法都是采用正投影法，各视图之间仍然保持“长对正、高平齐、宽相等”的对应关系。GB/T 16948—1997 中规定，无论采用第一角画法还是采用第三角画法，所得到的六个基本视图的名称是相同的，即统一称为主视图、俯视图、左视图、右视图、仰视图、后视图。这两种画法的主要区别如下：

1. 视图的配置不同

当采用两种不同的画法时，由于机件所处的分角不同，在投射过程中观察者、物体和投影面之间的位置也不同，因此，展开到同一图面上后，视图的配置也就有所不同。

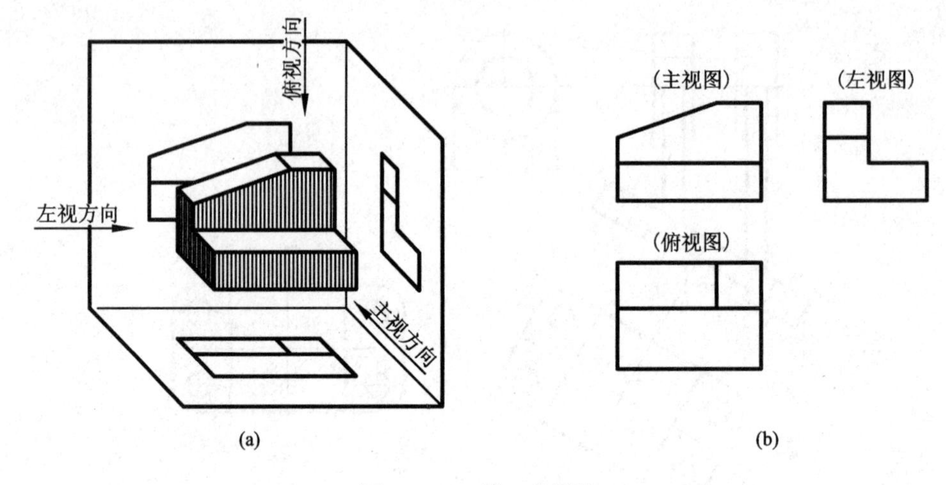

图 11-16　第一角画法

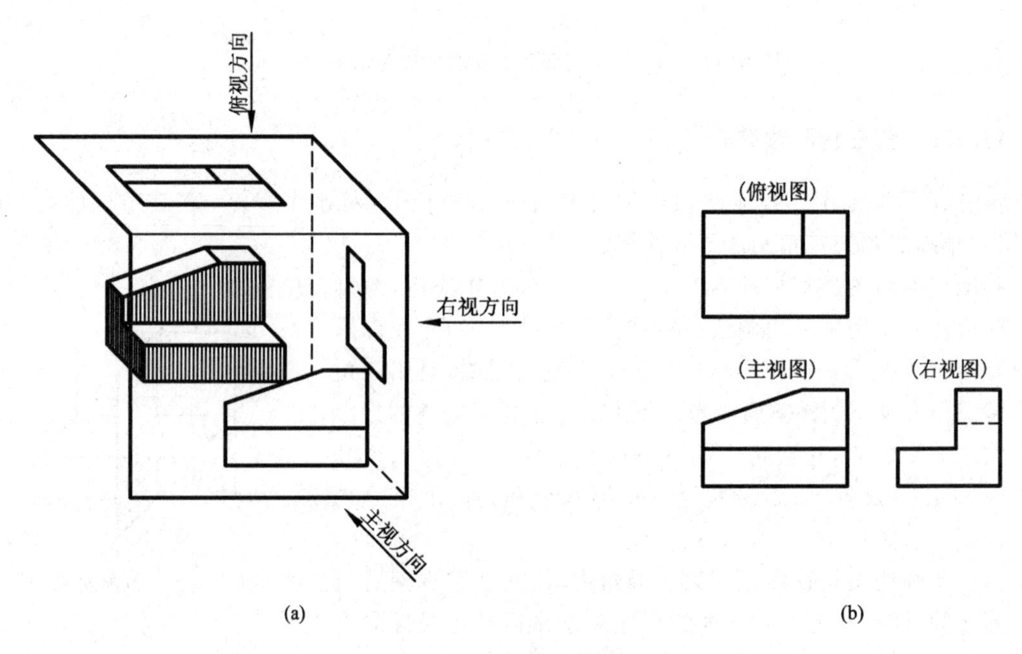

图 11-17　第三角画法

第三角画法规定，投影面展开时前立投影面不动，顶面向上旋转 90°，左侧面向前旋转 90°，底面向下旋转 90°，后立投影面随着右侧面一起旋转与前立投影面在一个平面上，如图 11-18 所示。各个视图的配置如图 11-19 所示。国家标准中规定：六个基本视图按展开的位置配置时，一律不标注视图的名称，图 11-19 中标注出了各个视图的名称是为了便于读者理解。

2. 前后的位置不同

由于视图的配置位置不同，各视图中表示物体上的方位也不同。

在第一角画法中的俯视图、左视图、仰视图、右视图，其靠近主视图的一边(里边)为物体的后面，即里后外前；而在第三角画法中则是靠近主视图的一边(里边)为物体的前面，即里前外

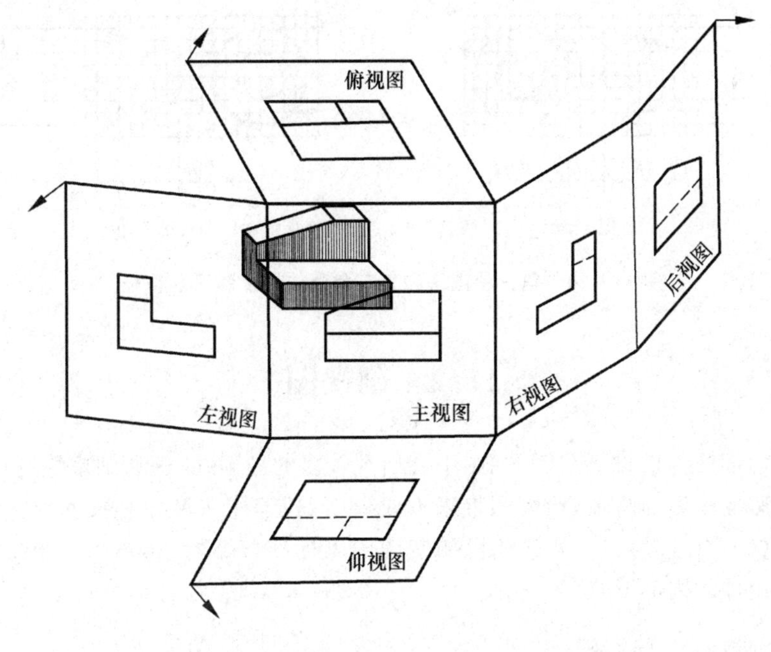

图 11-18　第三角画法——投影面的展开

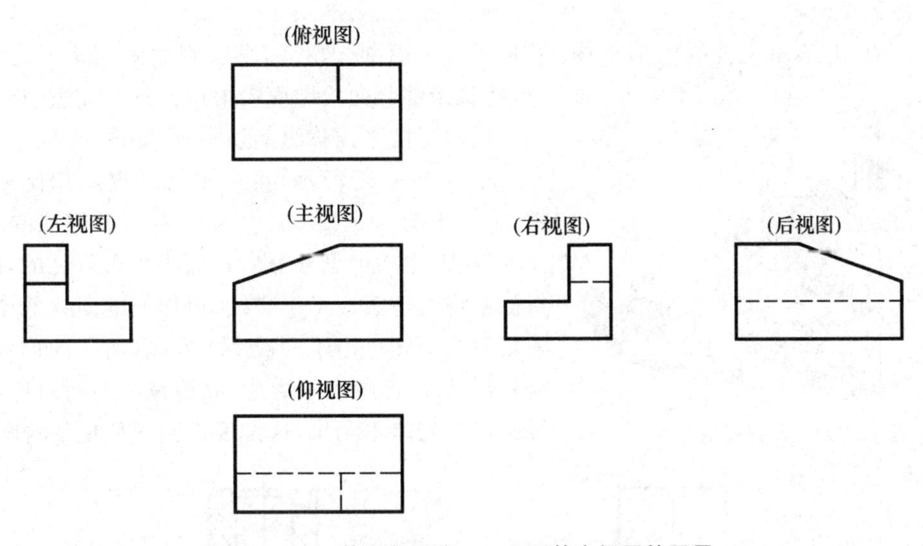

图 11-19　第三角画法——六面基本视图的配置

后，两者正好相反。

GB/T 14692 中规定了第一角画法和第三角画法的投影识别符号的画法及尺寸，如图 11-20 所示的圆台。图中 h 为图样中尺寸字体的高度，$H=2h$，d 为图样中粗实线的宽度。

GB/T 14689 中规定了投影识别符号的标注位置及绘制方法。投影识别符号用粗实线来绘制，并画在标题栏中图样名称及代号的下方。国家标准中规定：在绘制工程图样时需优先采用第一角画法，且当采用第一角画法时，不需要标注投影识别符号；但当采用第三角画法时，必须画出第三角画法的投影识别符号。

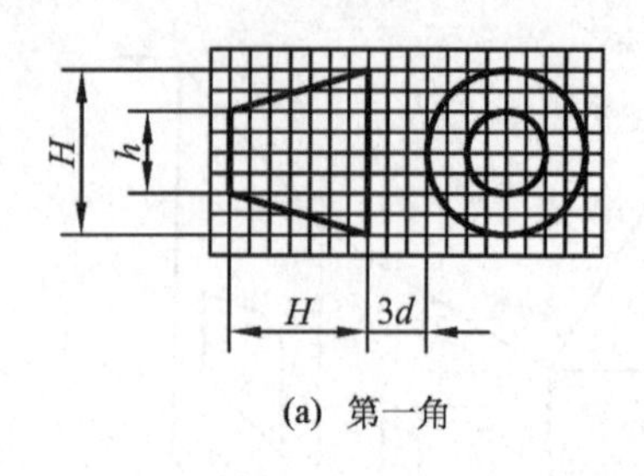

(a) 第一角

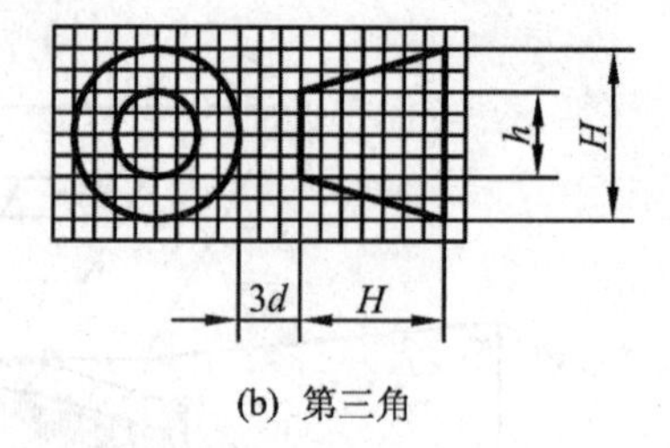

(b) 第三角

图 11-20　第一角画法和第三角画法的投影识别符号

11.2　剖视图

当机件的内部结构比较复杂时,视图中会出现较多的细虚线,这些细虚线与可见轮廓线交叠在一起将会影响图形的清晰,给看图带来不便,也不利于标注尺寸和技术要求。因此,技术制图国家标准(GB/T 17452—1998)和机械制图国家标准(GB/T 4458.6—2002)中规定采用剖视图来表示机件的内部形状。

11.2.1　剖视的基本概念

1. 剖视图的定义

为了清晰地表示机件的内部结构,用假想的平面剖开机件,移去观察者与平面之间的部分,将其余部分向投影面投射所得到的图形,称为剖视图。这假想的平面称为剖切平面,如图 11-21 所示。

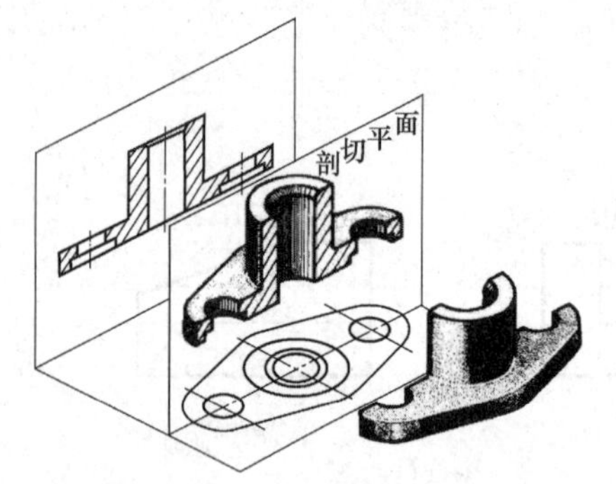

图 11-21　剖视图的形成

如图 11-22 所示,将视图与剖视图相比较,不难看出,由于图 11-22(b)主视图采用了剖视的表示方法,在视图中不可见部分的轮廓线变为可见的,图中原有的细虚线改画成了粗实线,再加上剖面线的作用,使图形更为清晰。由于主视图中左、右两孔的形状(加上直径尺寸 ϕ)已经表示清楚,故俯视图上所对应的细虚线圆可以省略不画出,这样反而使图形更加清晰明了。

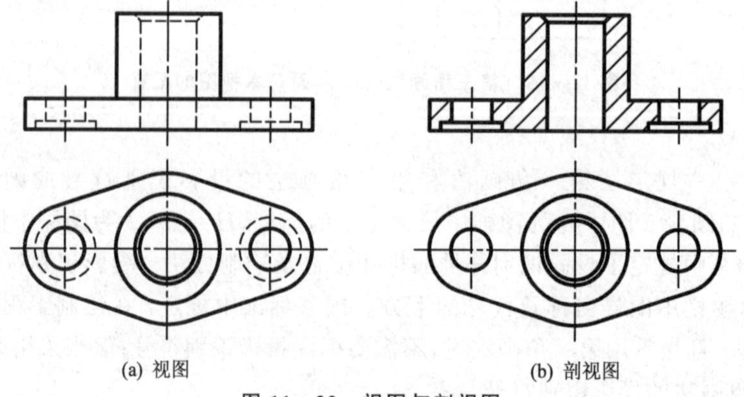

(a) 视图　　(b) 剖视图

图 11-22　视图与剖视图

2. 剖面区域的表示法(GB/T 17453—2005 和 GB/T 4457.5—2013)

剖切平面与机件内、外表面的交线所围成的图形,称为剖断面(又称剖面区域),其剖断面的轮廓线即为截交线。在剖断面上应画出剖面符号,表 11 - 1 列出了部分不同材料的剖面符号,其中的斜线均为与水平方向成 45°的细实线。

表 11 - 1　剖面区域的表示法(摘自 GB/T 4457.5—2013(部分))

材　料	剖面符号	材　料	剖面符号	材　料	剖面符号
金属材料		型砂、填砂、粉末冶金、砂轮、硬质合金刀片		木材纵断面	
非金属材料		木质胶合板(不分层数)		木材横断面	
钢筋混凝土		混凝土		基础周围的泥土	
普通砖		液　体		玻璃及供观察用的其他透明材料	

机械工程中的机件多为金属材料制造而成,其剖面区域中的剖面符号应按国家标准 GB/T 17453 和 GB/T 4457.5 中的规定来绘制。在同一机件的剖视图、断面图中的无论哪个区域内,都应画成间隔相等、方向相同且与主要轮廓线或对称线成 45°的平行的细实线,称为剖面线,如图 11　23 所示。必须注意:同一机件的剖面线不可以方向相反。

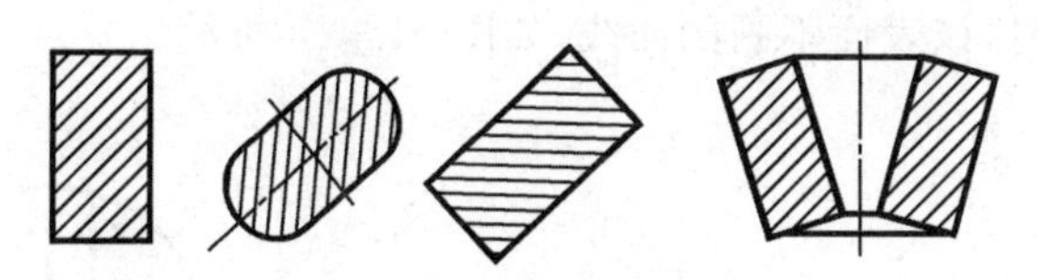

图 11 - 23　剖面线的角度

当机件上的局部倾斜结构的轮廓线正好在 45°或接近于 45°时,则该图形的剖面线可以画成与主要轮廓线成适当角度,如 30°的平行线,但其倾斜方向和间隔仍与其他图形中的剖面线一致,如图 11 - 24 和图 11 - 43(a)所示。

如果机件上仅需要画出被剖切后的一部分图形,其边界又不画断裂边界线时,则应将剖面线绘制整齐,如图 11 - 25 所示。

技术制图国家标准 GB/T 17453 中规定,当不需要表示材料类别时,可以采用通用剖面线来表示剖面区域。所谓通用剖面线,即机械制图国家标准 GB/T 4457.5 中的金属材料的剖面符号。GB/T 17453 中还规定剖断面(剖面区域)可用点阵或涂色来代替剖面线,如图 11 - 26 所示,这种画法常用于计算机绘制的图样中。

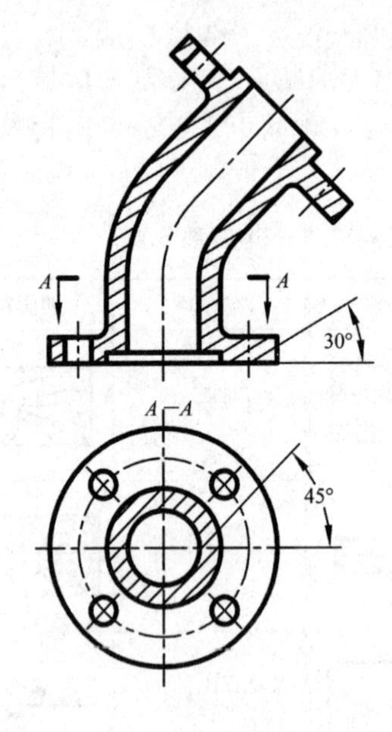

图 11-24　与主要轮廓线成适当角度的剖面线的应用示例

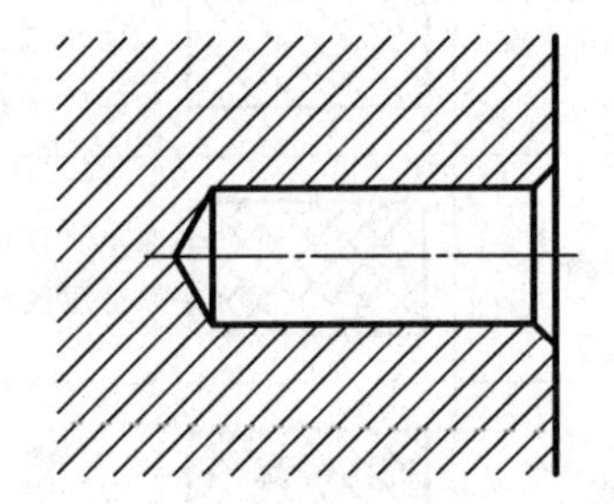

图 11-25　剖面区域无断裂边界线时的剖面线的画法

3. 剖视图的标注

(1) 剖视图标注的三要素

① 剖切线——表示剖切面位置的线,用细点画线绘制。

② 剖切符号——表示剖切面的起、讫和转折位置时,用短粗实线绘制;表示投射方向(箭头)的符号,箭头与短粗实线垂直组成剖切符号。

注意:在选择剖切面的位置时,一般不允许与图形的轮廓线重合。必要时,也允许紧贴机件的表面进行剖切,此时,该表面不画剖面线,如图 11-27 所示。

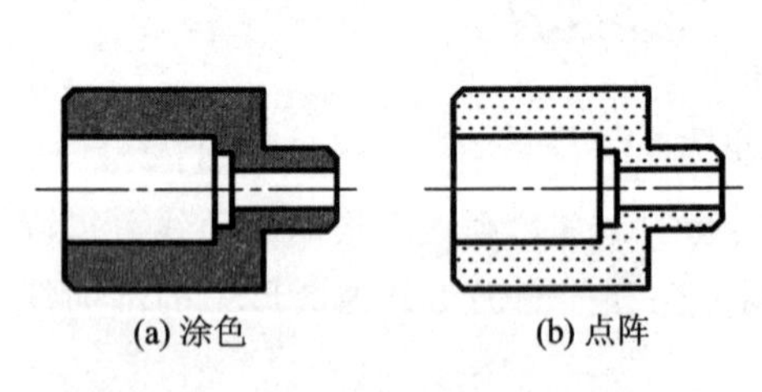

图 11-26　剖面区域用涂色或点阵表示

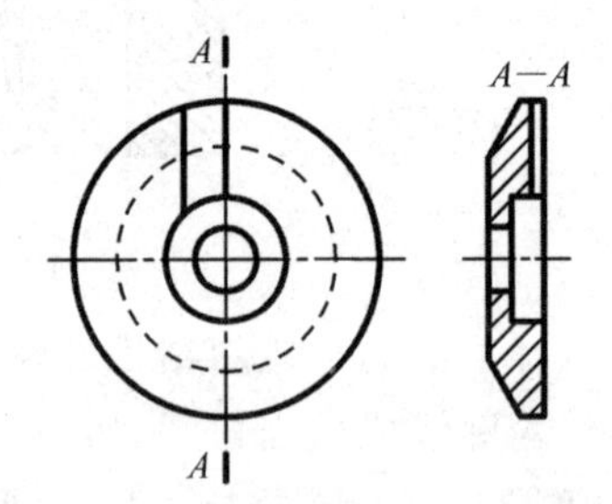

图 11-27　沿机件表面剖切的剖视图

③ 字母——注在剖视图的上方,用以表示剖视图名称的大写拉丁字母"×—×"。为了便于查找和读图,在剖切符号边上注写相同的字母。

以上三要素的组合标注如图 11-28 所示。

(2) 剖视图的标注方法

① 完整的标注如图 11-37、图 11-38、图 11-40 和图 11-43~图 11-47 所示;

② 当剖视图按投影关系配置,中间又无其他图形隔开时,可以省略箭头,如图 11-33、

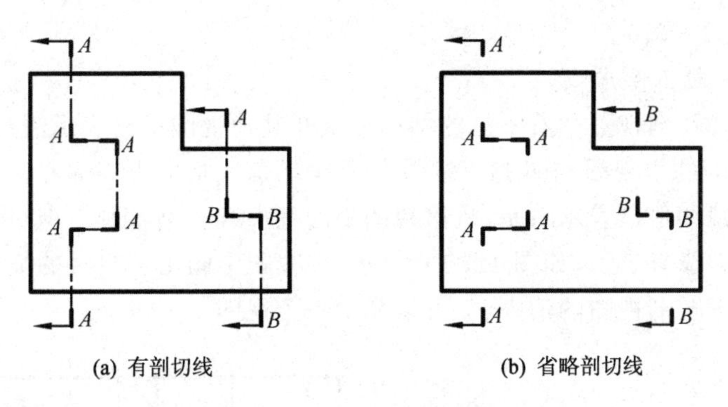

(a) 有剖切线　　(b) 省略剖切线

图 11-28　剖视图的标注

图 11-39、图 11-41 和图 11-42 所示；

③ 当单一剖切平面通过机件的对称平面或基本对称平面，并且剖视图按投影关系配置时，中间又无其他图形隔开，可以省略全部标注，如图 11-22、图 11-29～图 11-32 所示；

④ 单一剖切面的局部剖视图一般情况下不标注，如图 11-34～图 11-37 所示。

11.2.2　画剖视图应注意的几点问题

1. 各次的剖切互不干扰

因为剖切是假想的，所以当一个视图采用剖视图时，不可以影响其他视图的画法，如图 11-29 中俯视图的错误画法。

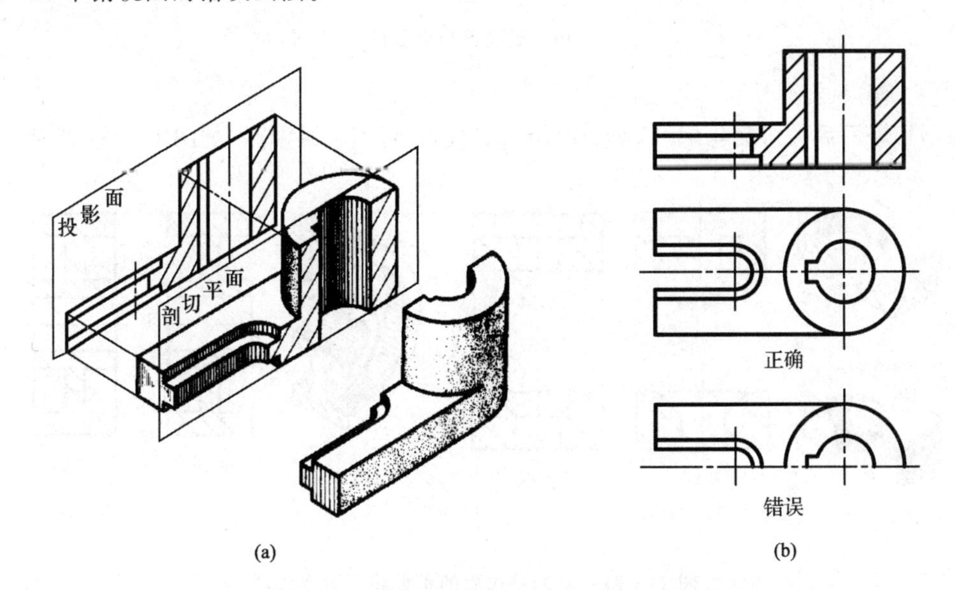

(a)　　(b)

图 11-29　剖视图不可以影响其他视图的画法

2. 被剖到的结构虚线变实线

剖切平面切到的结构应由视图中的不可见轮廓细虚线变成剖视图中的可见轮廓粗实线。如图 11-22 所示。

3. 剖切平面要过点画线或垂直于轮廓线

剖切的目的是为了得到机件内部的实形，因此，剖切平面要过点画线（见图 11-29）或垂直于轮廓线(见图 11-37)。

4. 剖视图中一般不画虚线

为了使图形清晰,剖视图中看不见的结构形状在其他视图中已表示清楚时,细虚线一般不画出。图 11-22(b)的主视图和图 11-29 主视图中下部底板的上表面在该视图中都有不可见轮廓线,该结构在视图中已表示清楚,故该视图中的细虚线省略不画。但对尚未表示清楚的结构形状,仍可用细虚线来表示,如图 11-30 所示,主视图中画出了少量的细虚线表示了下方连接板的高度,既不影响剖视图的清晰,又可以减少一个视图。

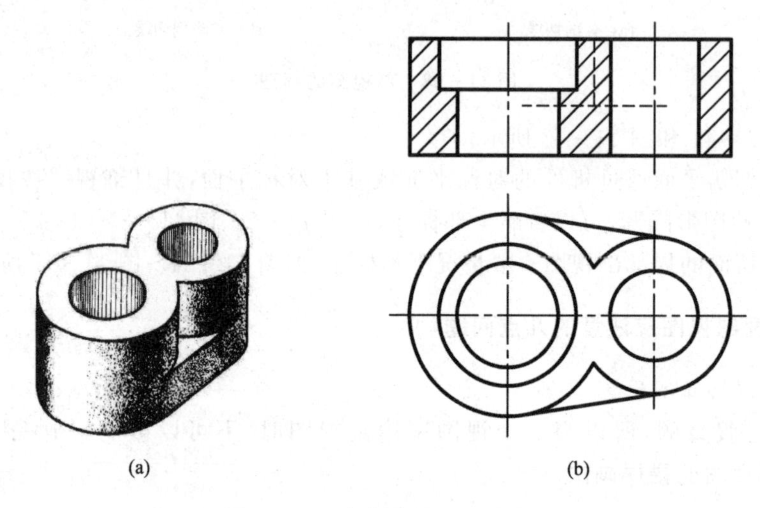

图 11-30 剖视图中必要的虚线

5. 不可漏画轮廓线

在剖切平面后的可见轮廓线,应全部用粗实线画出,不可以漏画,如图 11-31 所示。

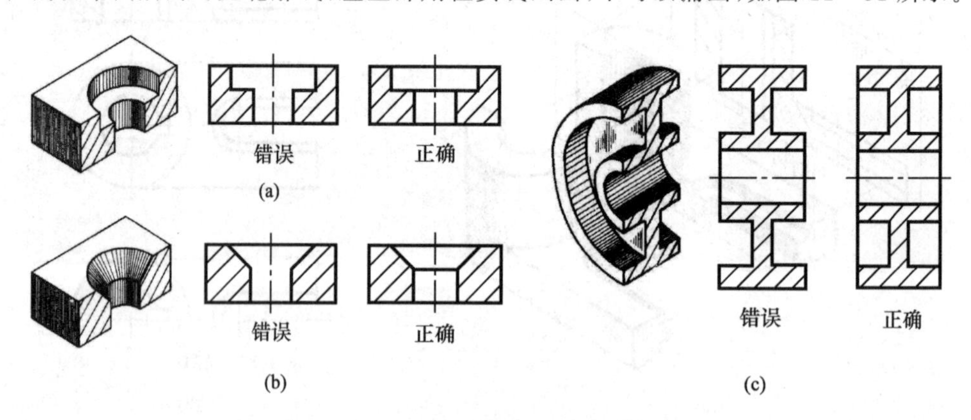

图 11-31 剖切平面后的可见线不可漏画

11.2.3 剖视图的种类

按剖切平面剖开机件的范围不同,剖视图可分为全剖视图、半剖视图和局部剖视图三种。

1. 全剖视图

用剖切平面将机件全部剖开后所得到的剖视图,称为全剖视图。

当机件的外形简单或外形已经在其他视图中表示清楚时，为了表示机件的内部结构常采用全剖视图。如图 11－32(a)所示的主视图。

2. 半剖视图

当机件具有对称平面，且内外结构都需要表示时，在向对称平面所平行的投影面上投射所得到的图形，应以对称中心线为界，一半画成表示机件内部结构的剖视图，而另一半则画成表示机件外部形状的外形视图，这种剖视图称为半剖视图，如图 11－32(a)中的俯视图和左视图。

在半剖视图中，被剖去的部分一般是：主视图剖去右前方的 1/4，左视图剖去左前方的 1/4，俯视图剖去前上方的 1/4，如图 11－32(b)所示。

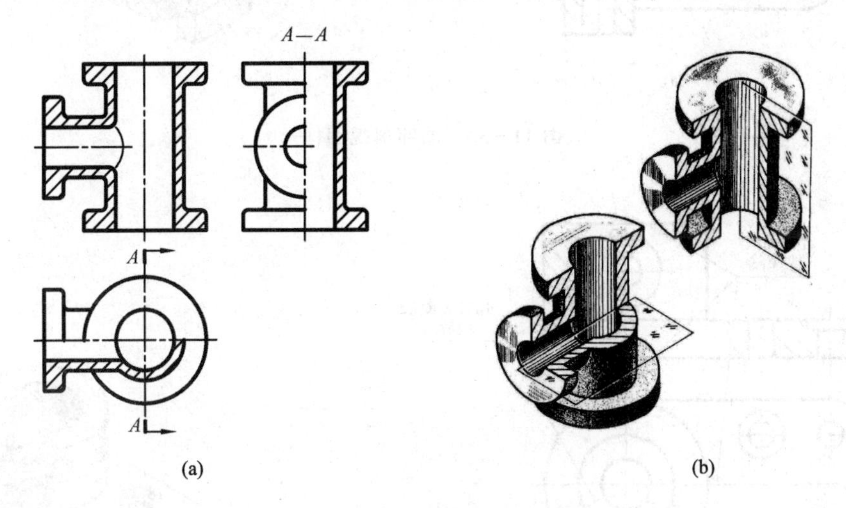

图 11－32　全剖视图和半剖视图

在画和读半剖视图时，应注意以下几点：

① 半剖视图是以对称线(点画线)为界，一半画成外形视图(内腔细虚线不画)，一半画成内部结构的剖视图；

② 读图时，画外形视图的一半，其内部结构与画剖视图的一半相同(镜像过来)；而画内部结构的剖视图的一半，其外形与画外形视图的一半相同(镜像过来)；

③ 半剖视图中虽然有一半是机件的外形视图，但在标注剖切平面的剖切位置时，与全部剖开机件的全剖视图的标注方法完全相同，如图 11－32(a)所示；

④ 对称的机件，在对称线上有棱线时，不允许采用半剖视图来表示，这是因为半剖视图是以对称线为界进行画图的。

3. 局部剖视图

用剖切平面将机件局部地剖开所得到的剖视图，称为局部剖视图，如图 11－33 所示。

局部剖视图用于内外结构都需表示且不对称的机件以及实心件上的局部结构，如图 11－33 和图 11－35 所示；或对称线上有棱线，而不宜采用半剖视图的机件，如图 11－36 所示。

国家标准规定，局部剖视图中剖与不剖部分的分界线是波浪线。因此，画图时首先要考虑波浪线画在何处。但波浪线不允许超出被切部位的轮廓线，不允许穿通孔而过，如图 11－34 所示；不允许与任何轮廓线重合，如图 11－35 所示。

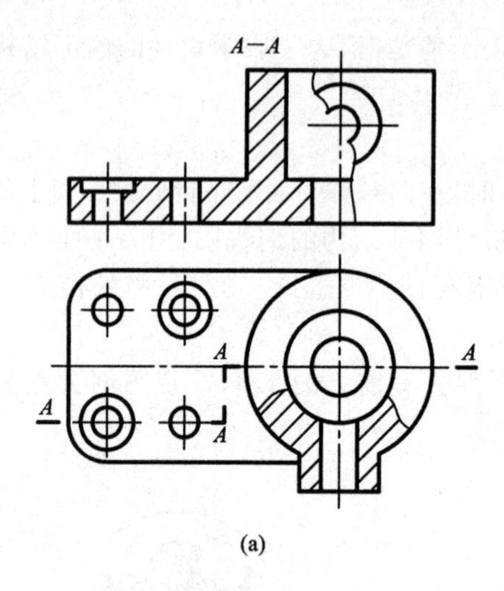

(a)

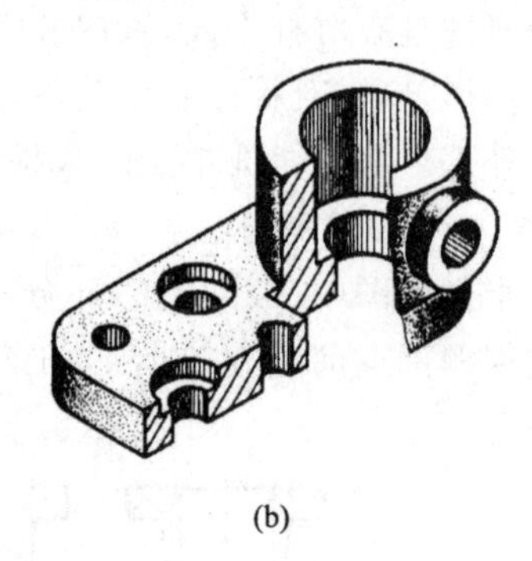

(b)

图 11-33 局部剖视图(一)

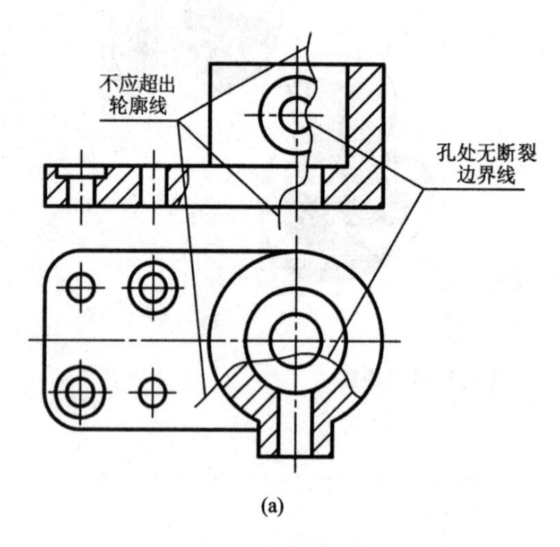

(a)

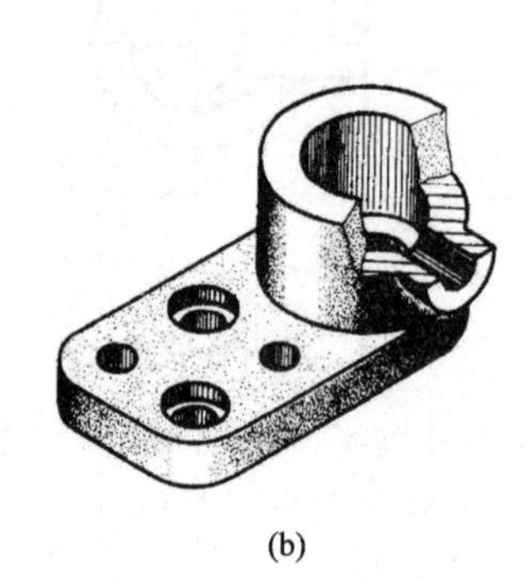

(b)

图 11-34 局部剖视图(二)——波浪线的画法

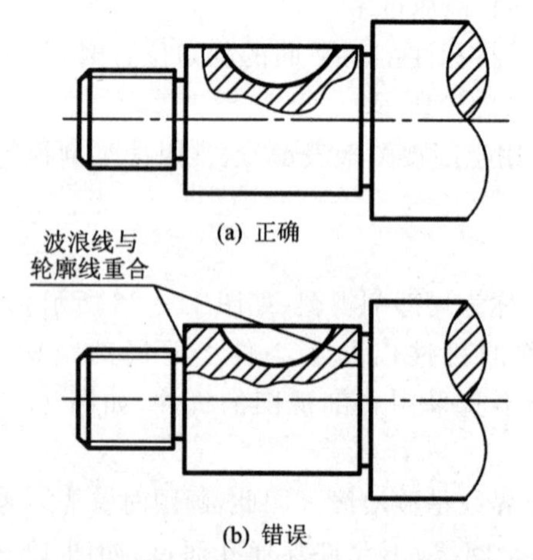

图 11-35 局部剖视图(三)——波浪线的画法

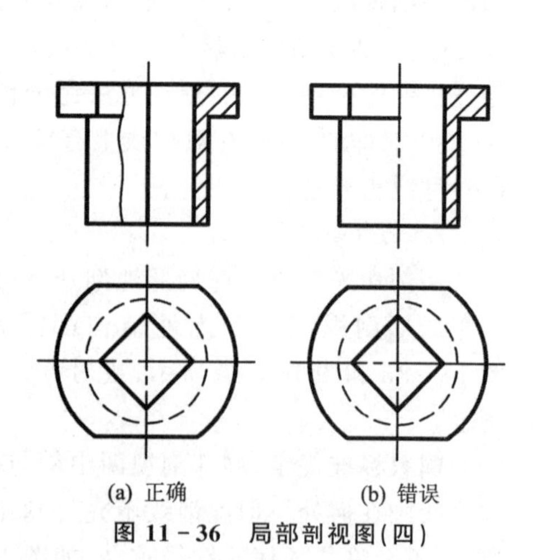

图 11-36 局部剖视图(四)

11.2.4　剖切面的种类

由于机件的结构形状不同，表示它们的形状所采用的剖切面也不一样，剖切面包括剖切平面和剖切柱面。GB/T 17452 中将剖切面的分类体系分为三类，这三类剖切面在三种剖视图中均可以采用。

1. 单一剖切面

用一个剖切面剖开机件的方法，称为单一剖切面，如图 11－22、图 11－29～图 11－32 所示。单一剖切面又分为正剖切平面（平行于基本投影面的剖切平面）、斜剖切平面和剖切柱面。

图 11－37 所示的 $A—A$ 剖视图为不平行于任何基本投影面的单一斜剖切平面（垂直面）剖开的机件，经旋转后绘制的局部剖视图。有时根据机件的结构特点，还可采用单一剖切柱面，图 11－38 所示为采用单一剖切柱面画出的全剖视图和半剖视图。

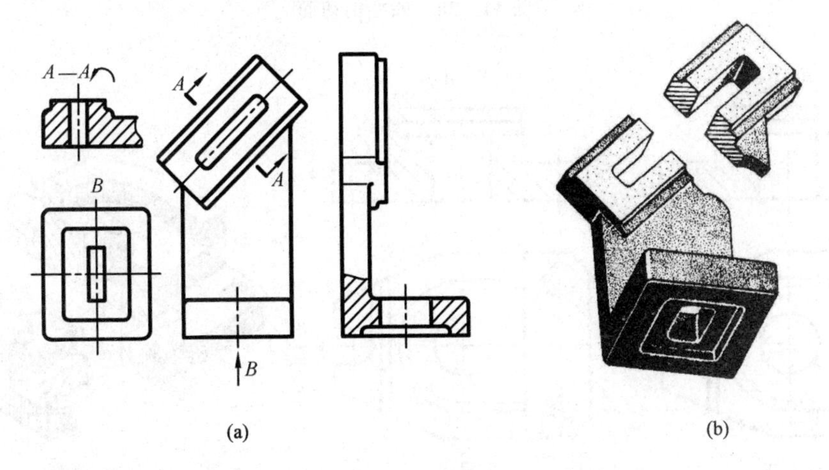

图 11－37　单一剖切面剖开机件的局部剖视图

必须指出两点：

① 同斜视图一样，斜剖切平面剖开机件的结构，既可以按符合投影关系配置，也可以旋正后画出。当旋正后画出时，也要加注旋转符号（见图 11－37）；

② 剖切柱面剖得的剖视图，一般采用展开画法，此时，剖视图与视图之间会出现“三等不等”的投影规律，标注名称时应加注“展开”二字（见图 11－38）。

2. 几个平行的剖切面

用两个或两个以上平行的剖切平面剖开机件的方法，称为平行剖切面。图 11－39～图 11－43(a)所示都是采用相互平行的剖切面剖切后得到的全剖视图示例，而图 11－33(a)和图 11－43(b)是采用平行剖切平面剖切后绘制的局部剖视图。

采用几个平行的剖切平面的剖切方法绘制剖视图时，应注意以下几点：

① 要正确地选择剖切平面的位置，在剖视图内不可以出现不完整的要素。图 11－39(b)和图 11－40(b)所示的全剖视图中出现了不完整的孔和肋板。若在图形中出现不完整的要素时，应适当地调配剖切平面的位置，图 11－39(a)和图 11－40(a)所示为调整后的剖切平面的位置及正确的全剖视图。

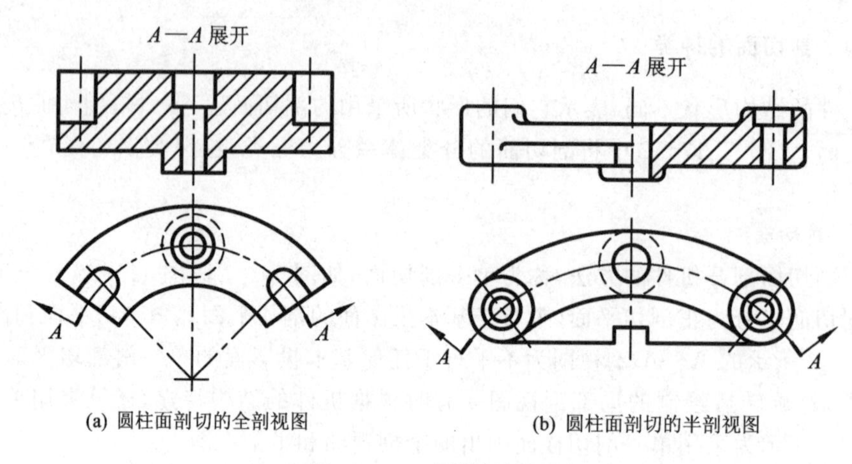

图 11-38 圆柱剖切面

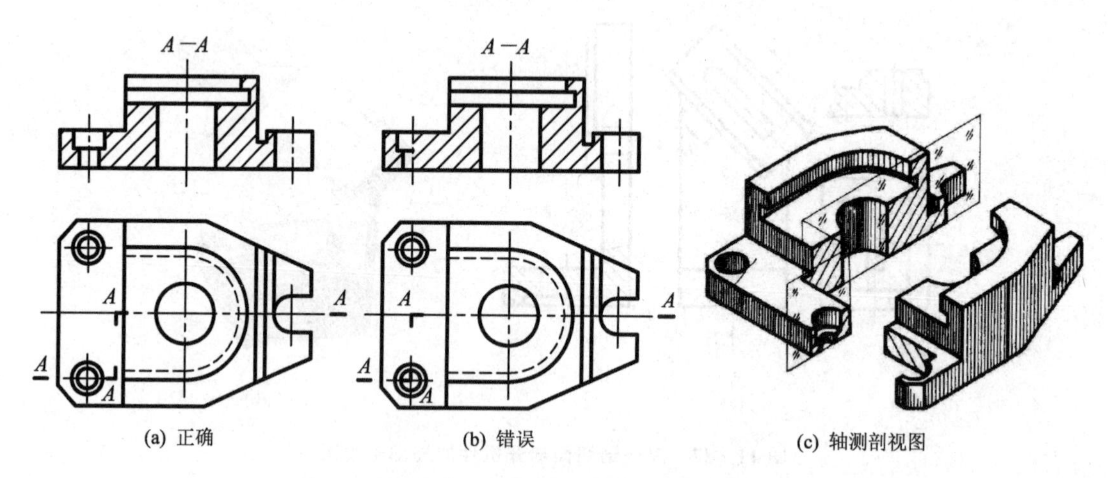

图 11-39 几个平行剖切平面的全剖视图示例(一)

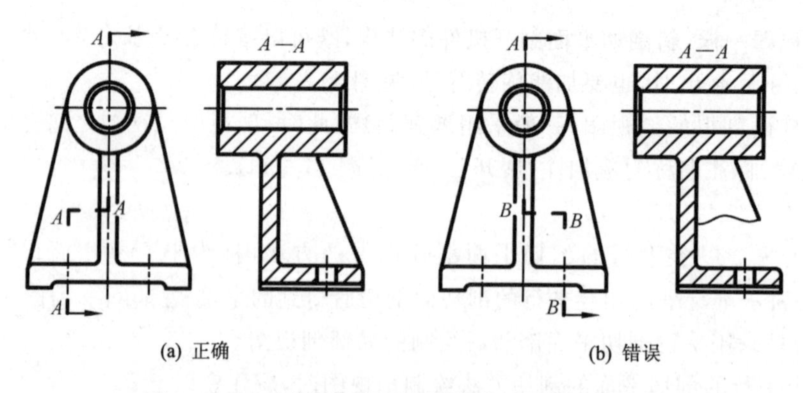

图 11-40 几个平行剖切平面的全剖视图示例(二)

② 当机件上的两个要素在图形上具有公共对称线(面)或轴线时,应以对称线(面)或轴线各画一半,如图 11-41 中的 A—A 全剖视图。

③ 剖切平面的转折处不应画线。采用几个平行的剖切平面剖开机件所绘制的剖视图规定要画在同一个图形上,所以不能在剖视图中画出各剖切平面转折的交线,图 11-42(c)中是

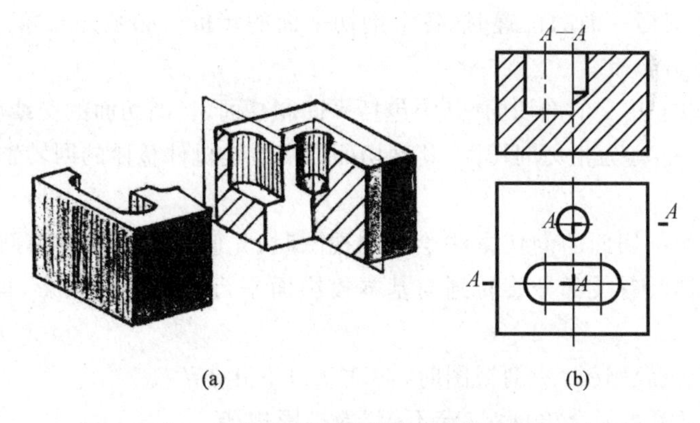

图 11-41　几个平行剖切平面的全剖视图示例(三)

错误画法(多线)。

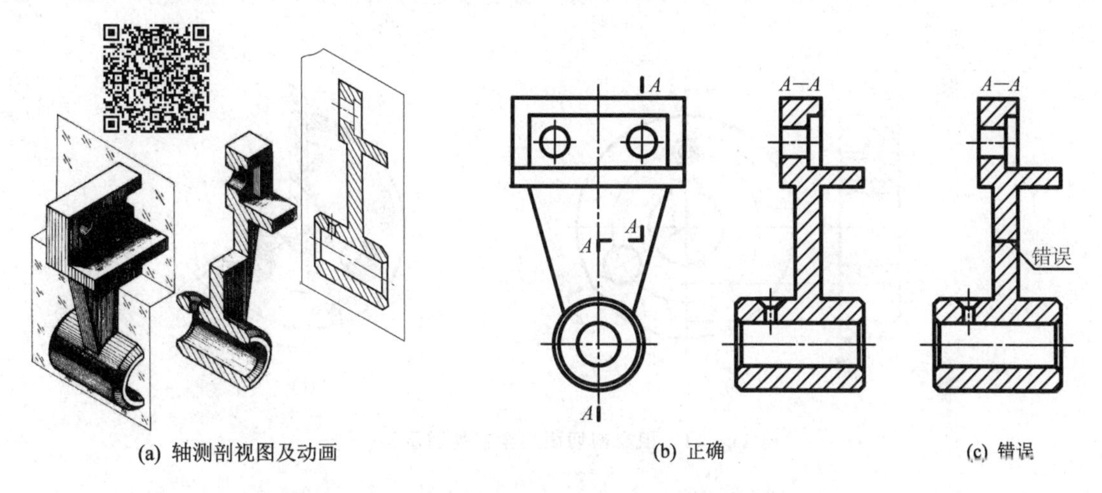

图 11-42　几个平行剖切平面的全剖视图示例(四)

④ 几个平行的斜剖切平面。图 11-43(a)所示是采用两个平行的斜剖切平面获得的全剖视图；而图 11-43(b)所示是采用两个平行的斜剖切平面获得的局部剖视图。

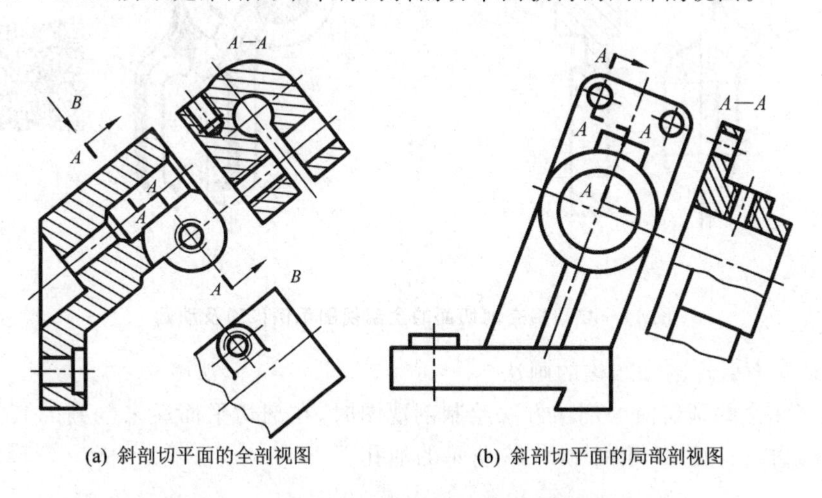

图 11-43　几个平行剖切平面的剖视图示例(五)

⑤ 在标注平行剖切平面的位置时，各个剖切平面的转折处必须是直角。

3. 几个相交的剖切面

用两个或两个以上相交的剖切面(其中包括平面和柱面，且剖切面的交线必须垂直于某一投影面)剖开机件的方法，称为相交剖切面，其剖切面的交线是机件整体的回转轴线，如图 11－44～图 11－47 所示。

采用几个相交的剖切面的剖切方法绘制剖视图时，先假想按剖切位置剖开机件，然后将被斜剖切面剖开的结构及有关部分旋转到与基本投影面平行后再进行投影，即得到相交剖切面的剖视图。

画几个相交剖切面剖切后的剖视图时，应注意以下几点：

(1) 剖视图与视图之间会出现“三等不等”的投影规律

采用几个相交的剖切面的这种“先剖切后旋转”的方法绘制的剖视图往往有些部分图形会伸长，如图 11－45～图 11－47 所示；有些剖视图还要展开来绘制，并标注“展开”二字，如图 11－45 所示。

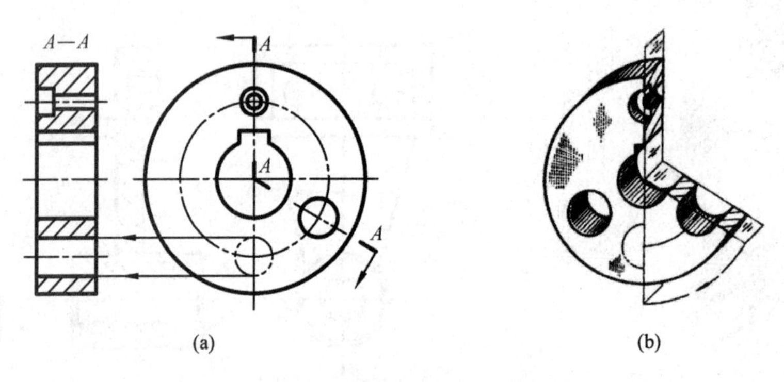

图 11－44　相交剖切面的全剖视图示例(一)

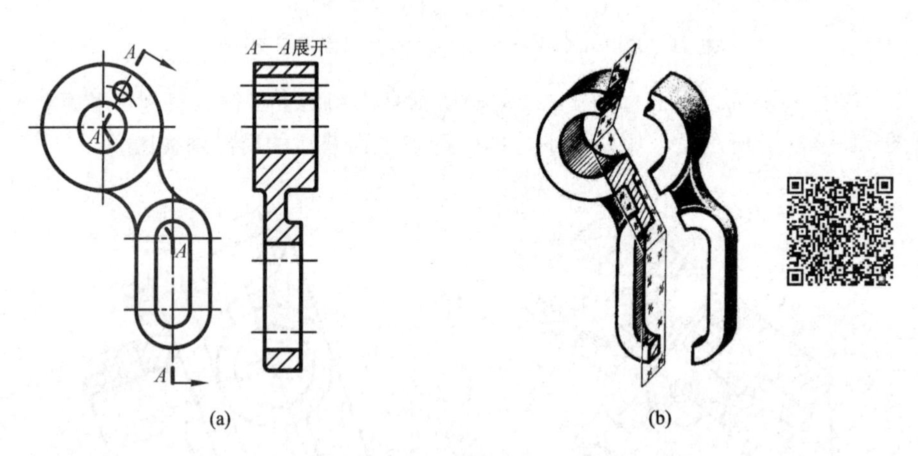

图 11－45　相交剖切面的全剖视图示例(二)及动画

(2) 剖切平面后未剖到结构的画法

采用几个相交的剖切面的剖切方法绘制剖视图时，在剖切平面后未剖到的其他结构一般仍按原来的位置进行投影，如图 11－46 所示的油孔。

(3) 连接板、肋板等薄板结构的画法

当剖切面沿着连接板、肋板等薄板结构纵方向剖开时，该结构按不剖绘制，即不画剖面线，但要以相邻结构的轮廓线将其隔开，如图 11－46 中的连接板结构的画法。

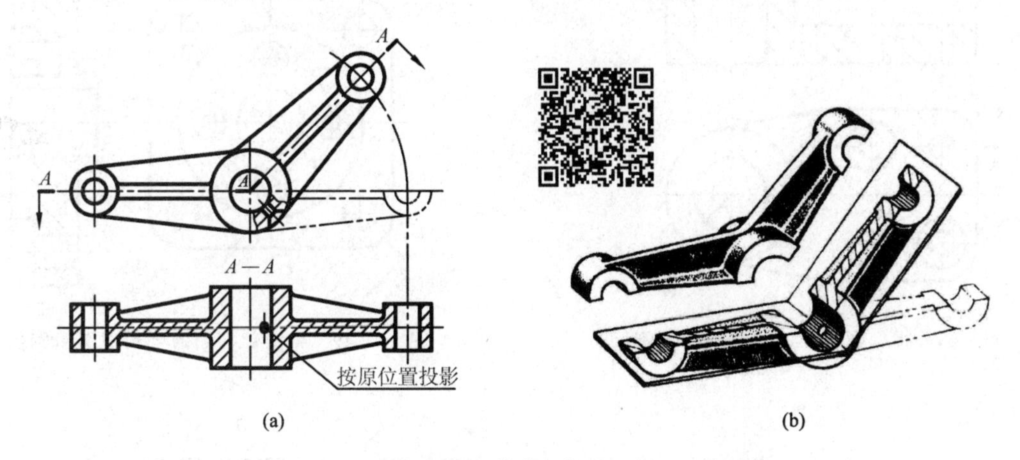

图 11－46　相交剖切面的全剖视图示例(三)及动画

(4) 剖视图中剖出不完整要素的处理

采用几个相交的剖切面剖开机件时，往往出现不完整要素。所以，当剖切后产生不完整要素时，应将此部分按不剖绘制，如图 11－47(a)中的臂板，而图 11－47(b)是错误的画法。

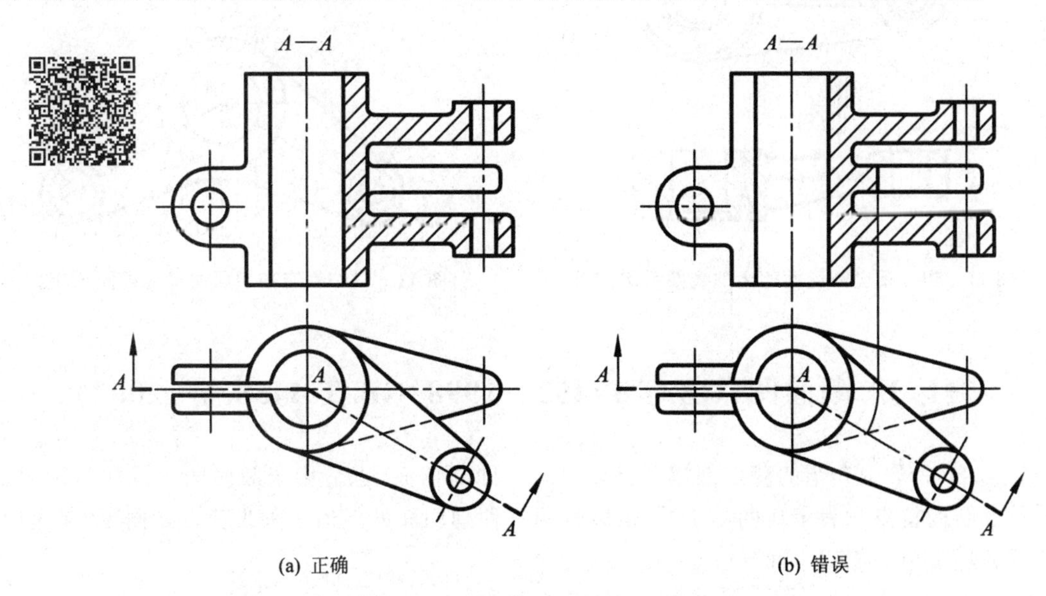

图 11－47　相交剖切面的全剖视图示例(四)及动画

图 11－48～图 11－50 是采用几个相交的剖切面剖开机件后绘制的全剖视图，而图 11－51 是采用几个相交的剖切面剖开机件后绘制的半剖视图，读者可自行分析。

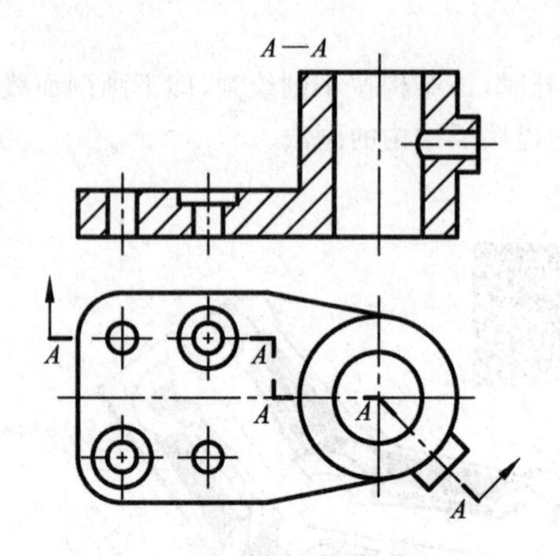

图 11-48 相交剖切面的全剖视图示例(五)

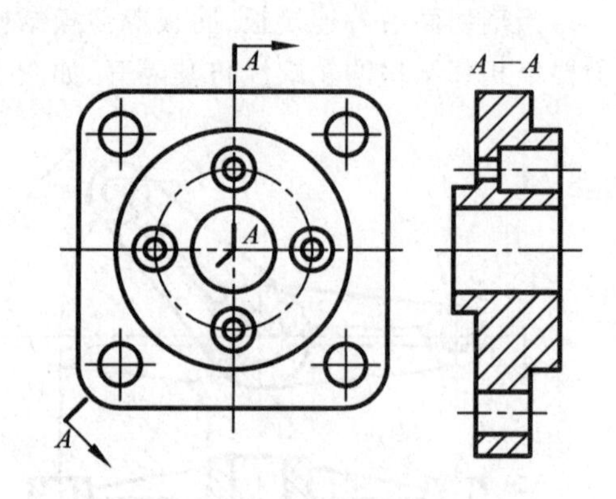

图 11-49 相交剖切面的全剖视图示例(六)

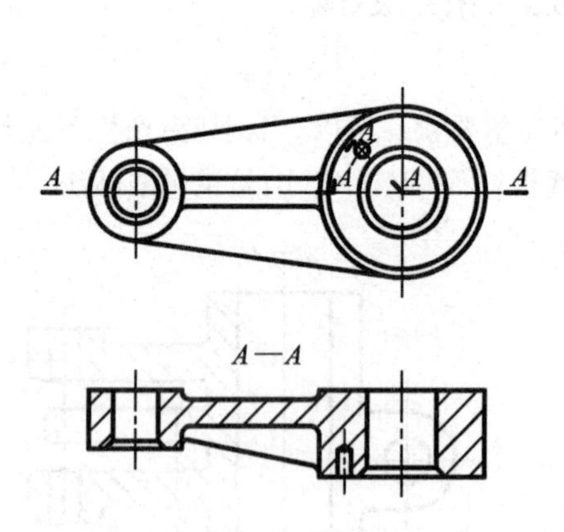

图 11-50 相交剖切面的全剖视图示例(七)

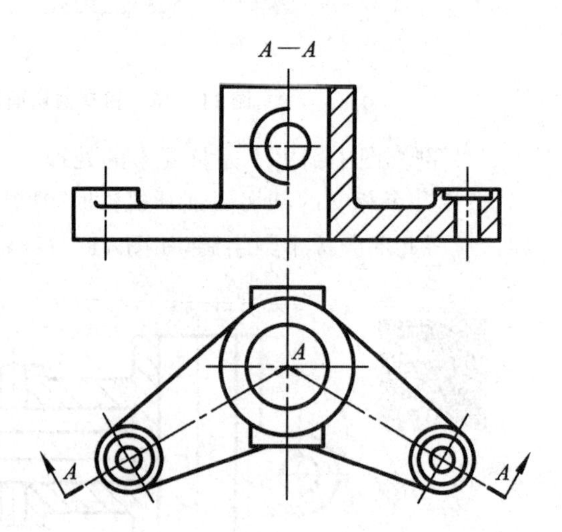

图 11-51 相交剖切面的半剖视图示例(八)

11.3 断面图(GB/T 17452—1998、GB/T 4458.6—2002)

第11.2节中介绍的获得剖视图所采用的三种剖切面,也适用于断面图。也就是说,根据机件的结构特点和表示目的的不同,可以选用三种剖切面的任何一种来获得断面图,但应用最广泛的还是单一剖切平面。

11.3.1 断面图的概念

假想用剖切平面垂直于轮廓线切开机件,仅画出其横断面(截交线)的图形,这样的图形称为断面图,如图11-52所示。

断面图在机械图样中常用来表示机件上某一部分的断面形状,如机件上的肋板、轮辐、键槽、小孔、杆料和型材等的断面形状。

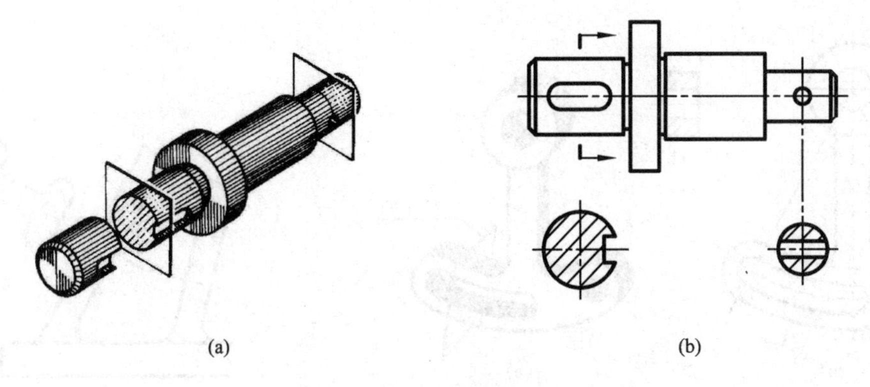

图11-52　断面图的形成

11.3.2　断面图的种类

根据断面图所配置的位置不同，国家标准中规定：断面图可分为移出断面图和重合断面图两种。

1. 移出断面图

画在视图之外的断面图称为移出断面图，其断面轮廓线用粗实线绘制，如图11-52所示。

移出断面图可画在剖切位置的延长线上（见图11-52(b)）；或对称图形画在视图的中断处，又称为中断断面图，如图11-53所示。

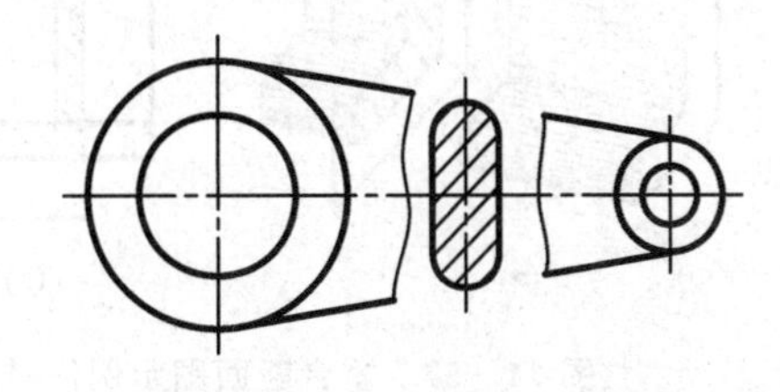

图11-53　中断断面图示例

当剖切平面过回转曲面构成的圆柱孔、圆锥孔或凹坑的轴线时，这些结构按剖视来绘制，如图11-54所示。

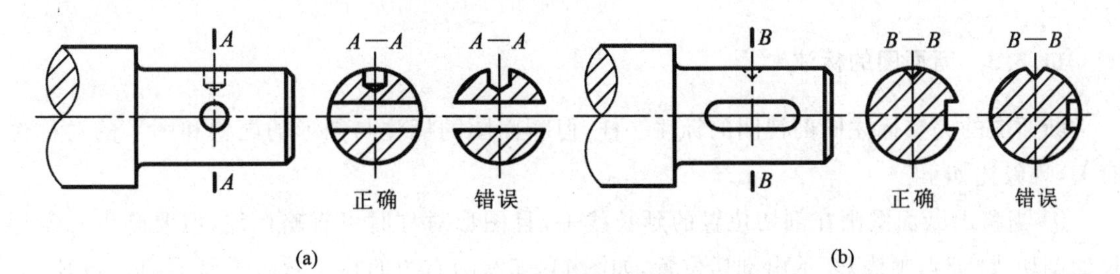

图11-54　移出断面图示例(一)

当剖开的断面完全分离成两个断面图时，此结构也按剖视来绘制，如图11-55所示。

在由两个或多个相交的剖切平面剖切的移出断面图中，相交处应断开，如图11-56所示。

2. 重合断面图

画在视图之内的断面图称为重合断面图，其断面轮廓线为细实线。当断面轮廓线与视图中的轮廓线重合时，视图中的轮廓线仍应连续画出，不可断开，如图11-57所示。

肋板的重合断面图的画法是轮廓线不封闭，如图11-58所示。

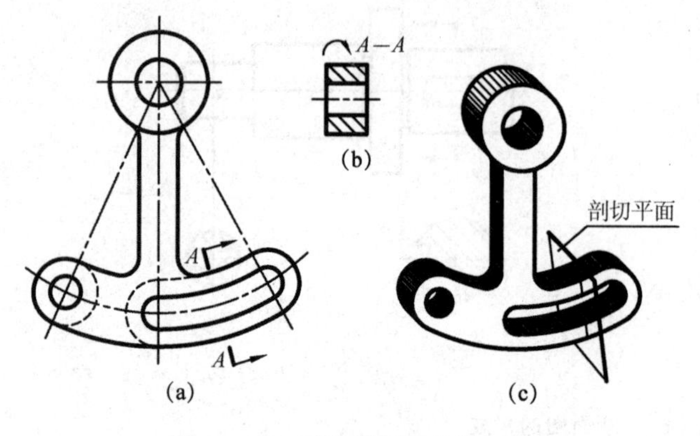

图 11-55　移出断面图示例(二)

图 11-56　移出断面图示例(三)

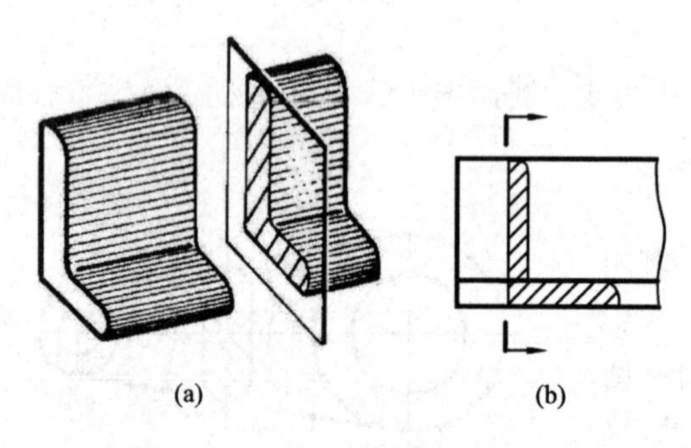

图 11-57　重合断面图示例(一)

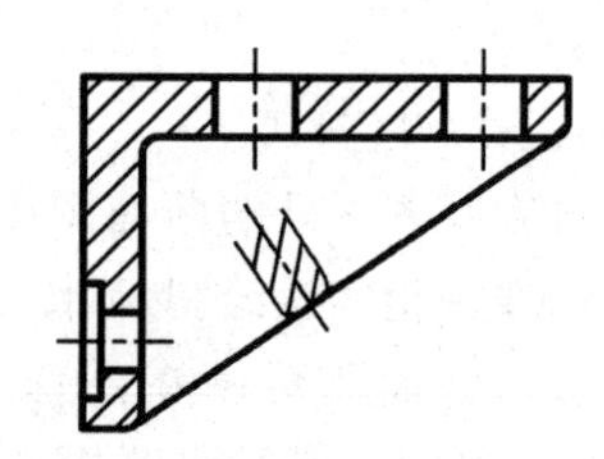

图 11-58　重合断面图示例(二)

11.3.3　断面图的标注

断面图的完整标注同剖视图的标注一样,但断面图的标注与图形的配置和图形的对称性有关,现叙述如下:

① 当移出断面图画在剖切位置的延长线上,且图形对称时可省略标注,但要画出一条通长的剖切线(细点画线)表示出剖切位置,如图 11-52(b)右边的移出断面图和图 11-56 所示。当移出断面图画在剖切符号的延长线上,且图形不对称,则可省略字母,如图 11-52(b)左边的移出断面图所示。断面图画在视图的中断处,不需要标注,如图 11-53 所示。

② 当移出断面图没有画在剖切位置的延长线上,且图形对称或画在符合投影关系的位置,可以省略箭头,如图 11-54 所示。

③ 对于重合断面图的不对称图形,只可以省略字母,如图 11-57 所示。当不至于引起误解时,也可以不标注。

图 11-59 和图 11-60 是断面图综合应用的两个例子,读者可自行分析。

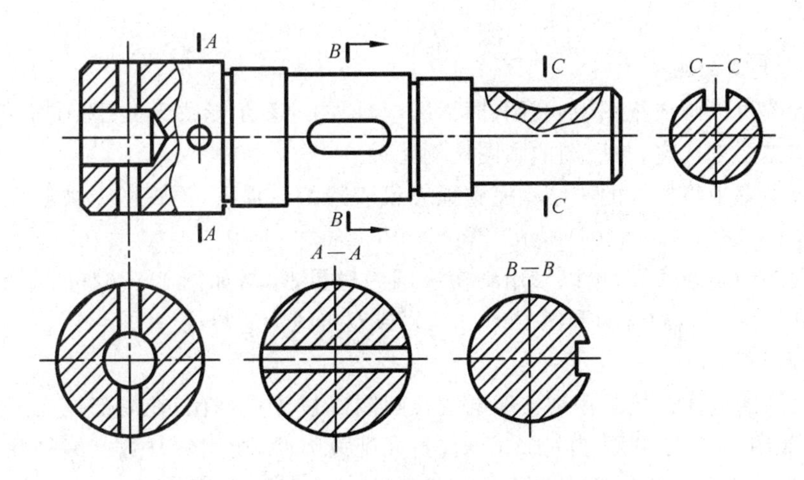

图 11-59 断面图的应用示例(一)

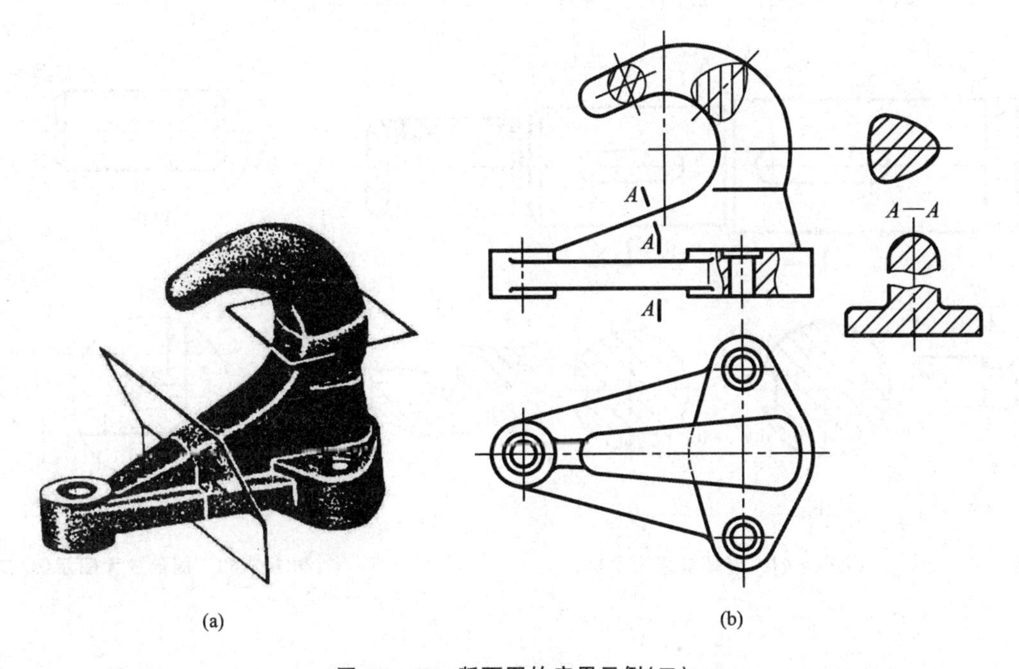

(a) (b)

图 11-60 断面图的应用示例(二)

11.4 其他表示法

为了使图形清晰和画图简便，GB/T 16675.1—2012 还规定了局部放大图、简化画法、折断画法和符号表示法等。现部分摘要如下。

11.4.1 局部放大图

将机件的部分结构用大于原图形所采用的比例画出的图形称为局部放大图。它用于表示机件上的较小结构的形状，且应尽量配置在被放大的部位附近，如图 11-61～图 11-63 所示，以便于读图。

1. 局部放大图的画法

局部放大图可以画成视图、剖视图、断面图,与原图的表示形式无关;图形所采用的放大比例应根据结构需要来选定,与原图的画图比例无关。

在局部放大图中将机件的小结构完整地表示清楚的前提下,原视图上被放大的部位图形允许省去该结构,如图 11-62(a)所示。

局部放大图的断裂边界,可以采用细实线圆为边界形式,如图 11-62(b)所示,也可以采用波浪线(见图 11-61(a)、(d)和图 11-63(a))或双折线为边界线。

2. 局部放大图的标注

局部放大图的标注方式是用细实线圆或长圆圈出被放大部位,在局部放大图的上方写出放大的比例,如图 11-62 和图 11-63 所示;当多处放大时,要用罗马数字编号并写在指引线上,在放大图的上方用分式标注出相应的罗马数字和采用的比例(见图 11-61);当需要标注出看图方向时,也可以采用分式的形式标注,如图 11-63(a)所示。

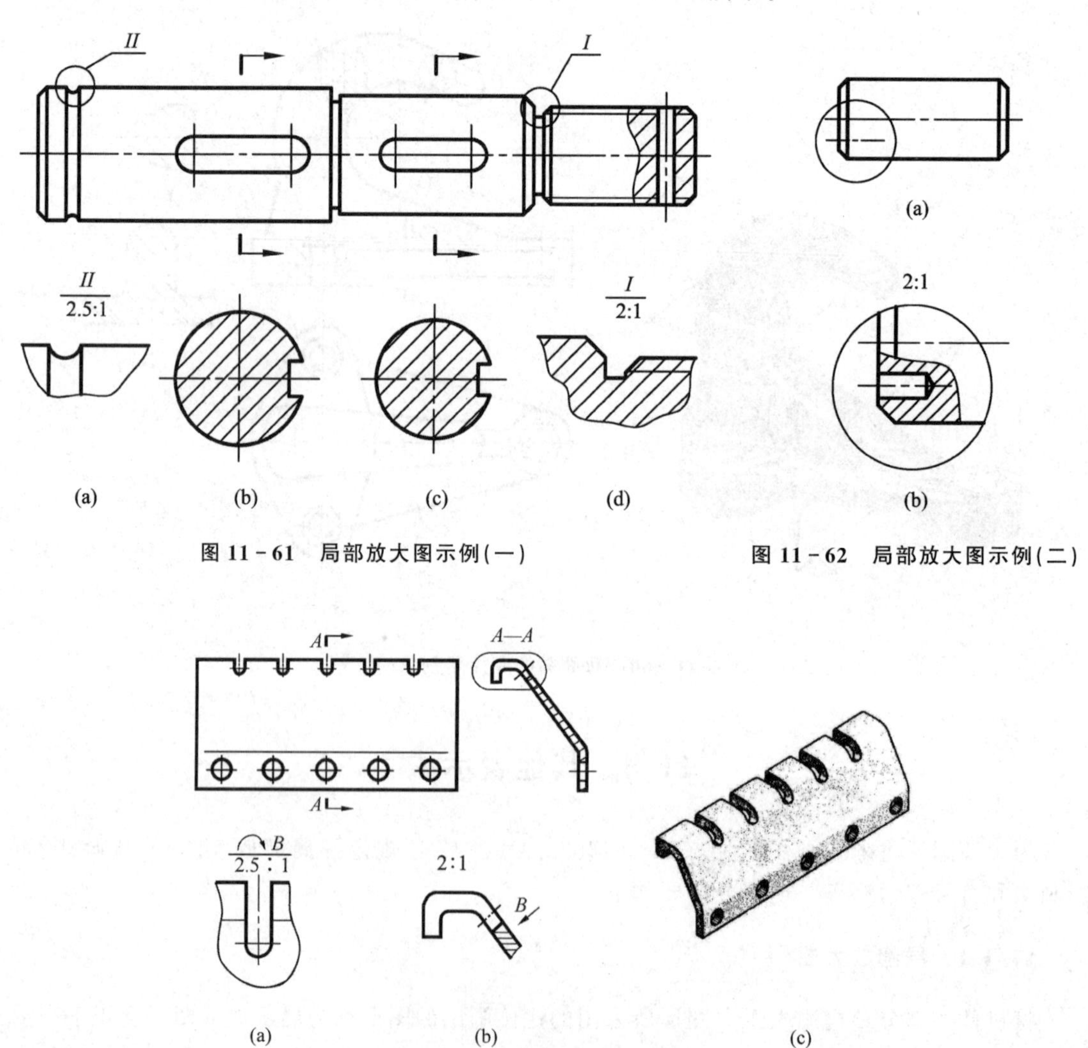

图 11-61 局部放大图示例(一)

图 11-62 局部放大图示例(二)

图 11-63 局部放大图示例(三)

11.4.2　简化画法

为了读图和绘图的方便,国家标准中规定了一些简化画法。

1. 肋板、轮辐、实心杆状结构在剖视图中的简化画法

这些结构如果沿着纵向剖切,都不画剖面符号,而用粗实线(相邻结构的轮廓线)将它与其相邻结构隔开,如图 11-64(a)和图 11-65(b)所示。从图中可以看出,上述结构被剖切时,只有在反映其厚度的剖断面中才画出剖面符号。

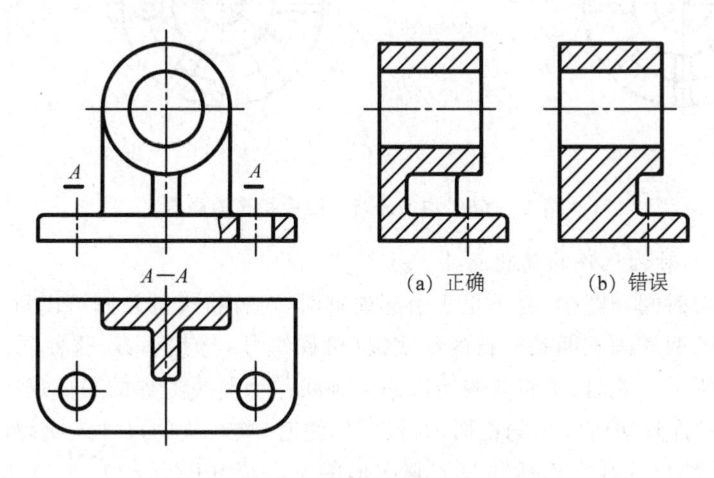

图 11-64　肋板在剖视图中的画法

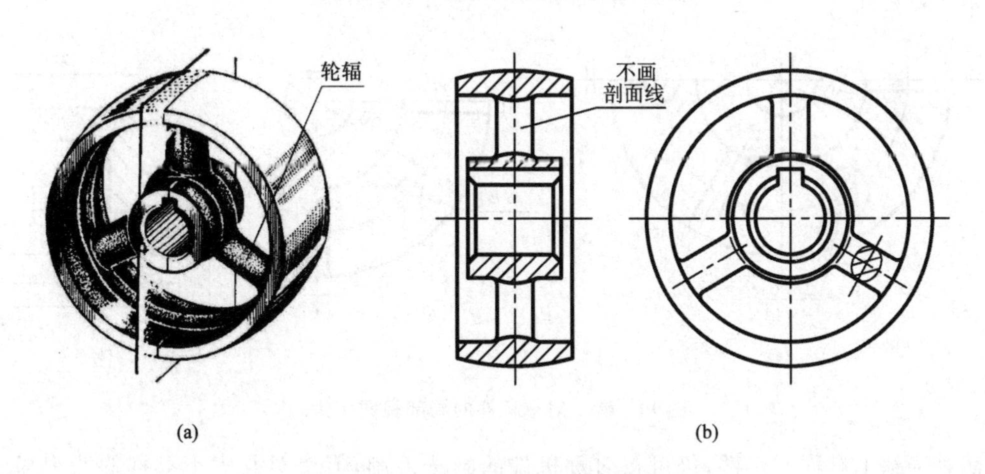

图 11-65　轮辐在剖视图中的画法

2. 均匀分布在圆周上的孔、肋板、轮辐等结构的简化画法

当这些结构不处在剖切平面上时,可以将其结构旋转到剖切平面的位置,再按剖开后的对称形状画出,如图 11-65 和图 11-66 中的主视图所示。

注意: 相同的孔只剖开一个,另一个仅用细点画线示出位置,且是旋转以后的位置。孔在圆的视图中也可只画出一个,其他的用细点画线或细实线示出位置,如图 11-66 中的俯视图所示。

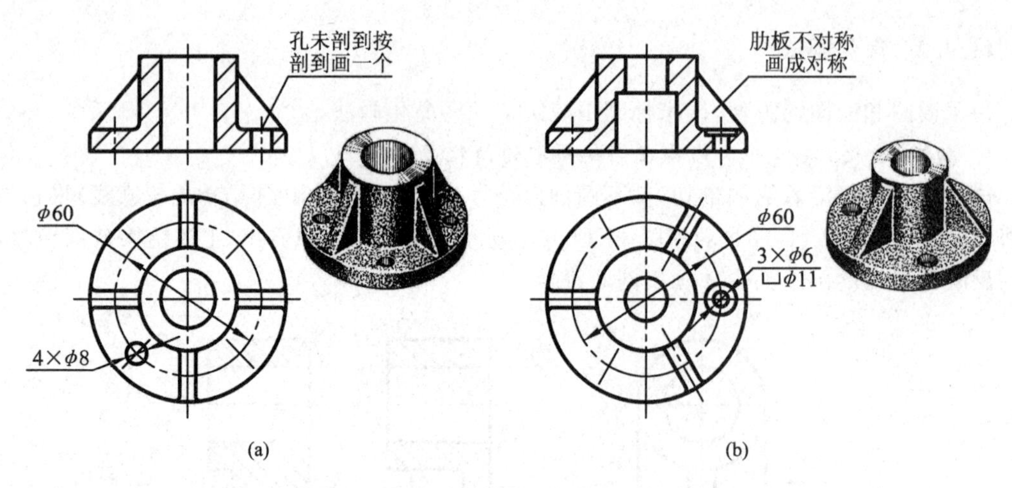

图 11-66 均匀分布的肋板和孔的画法

3. 对称和基本对称机件的简化画法

为了节省绘图时间和图幅,在不至于引起误解时,对称机件的视图可以只画出 1/2 或1/4,并在对称中心线的两端画上两条平行的细实线(对称符号)与其垂直,这种画法又称为对称画法,如图 11-67 所示。此时,可将其视为以细点画线作为断裂边界的局部视图的特殊画法。

注意: 采用对称画法所画出的视图,在尺寸标注时,单箭头的尺寸线应超出图形的对称线或圆的中心线一段,尺寸数字仍然注写完整图形的实际尺寸(见图 11-67),即不可将尺寸数字减少一半来注写。

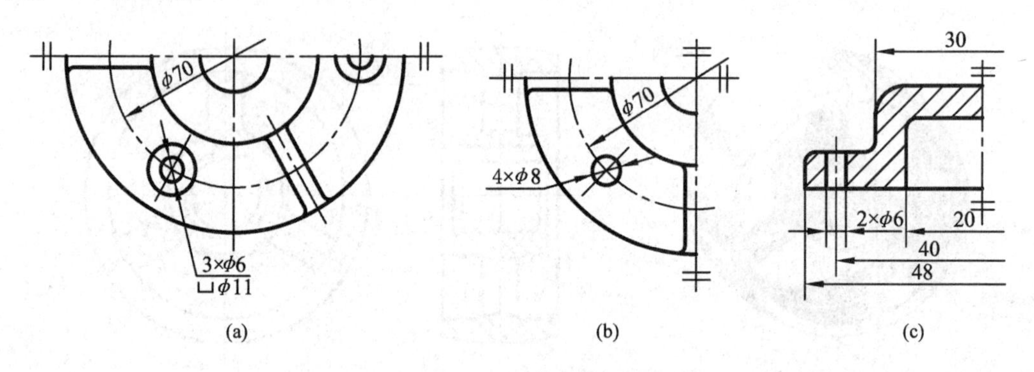

图 11-67 对称机件的局部视图示例

而对于基本对称的机件,仍可按对称机件的画法绘制,但要对其中不对称的结构加注说明,如图 11-68(b)所示。

4. 平面的画法

当图形不能充分地表示平面时,可用平面符号(相交的细实线)来表示这个平面,如图 11-69 所示。

5. 较长杆件的简化画法

较长的机件(如轴、杆、型材、连杆等)沿长度方向的形状为一致或按一定的规律变化时,可采用折断后缩近画出,如图 11-70 所示。但应注意采用这种画法时,尺寸仍按实际长度注出。

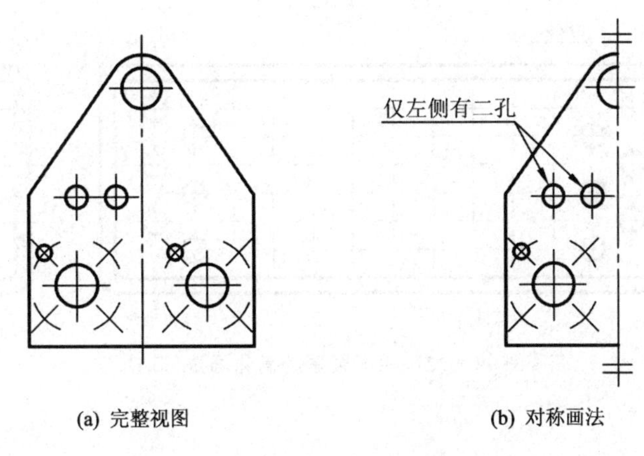

(a) 完整视图　　(b) 对称画法

图 11-68　基本对称机件的简化画法

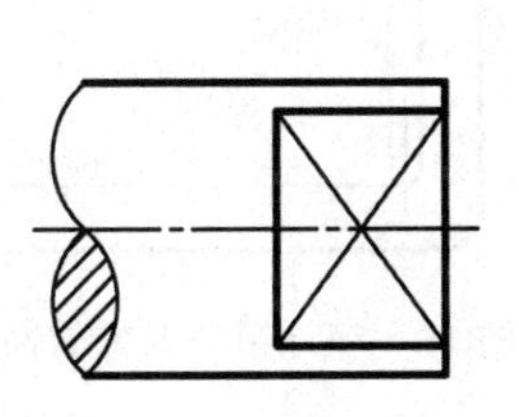

图 11-69　平面的画法

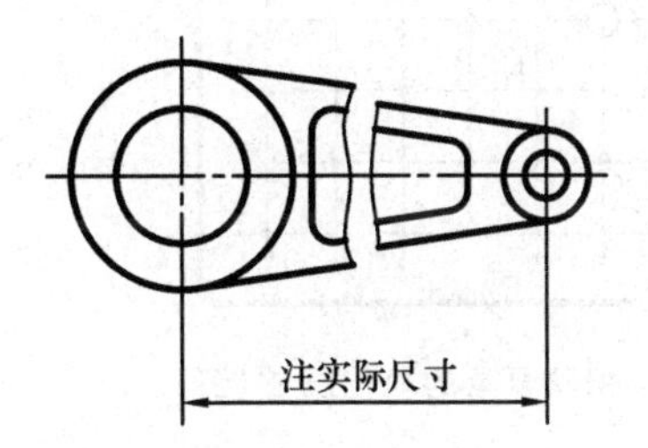

图 11-70　折断画法

6. 相同要素的简化画法

机件上的相同结构，如齿、孔（包括柱孔和沉孔）、槽等，按一定规律分布时，可只画出一个或几个完整的结构，其余的用细点画线或者"+"（十字线加圆黑点，十字线为细实线）或十字线示出其中心位置，但在图中应注明该结构的数量，如图 11-71～图 11-75 所示。

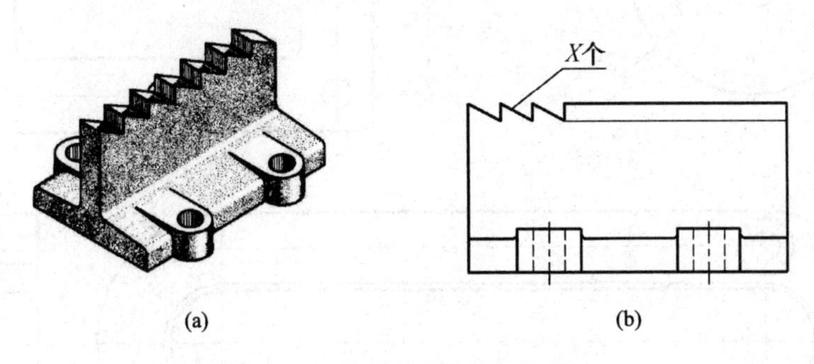

(a)　　(b)

图 11-71　相同要素的简化画法（一）

采用这种画法时，应根据具体情况处理好以下几点：

① 当孔的中心距较疏时，可用不加黑点的十字线表示孔的中心位置，如图 11-74 所示；

② 当不便用细点画线表示孔的中心位置时，可用细实线来代替细点画线，如图 11-73 所示；

③ 当孔的中心位置交叉分布时，可仅在孔的中心位置处加画圆黑点，以便区别于无孔的交点，如图 11-73 所示；

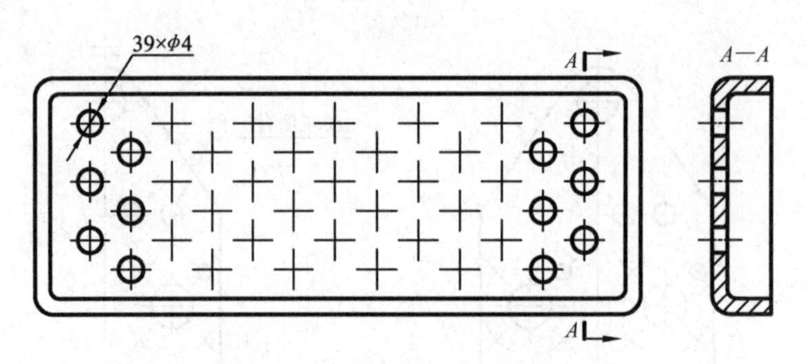

图 11-72　相同要素的简化画法(二)

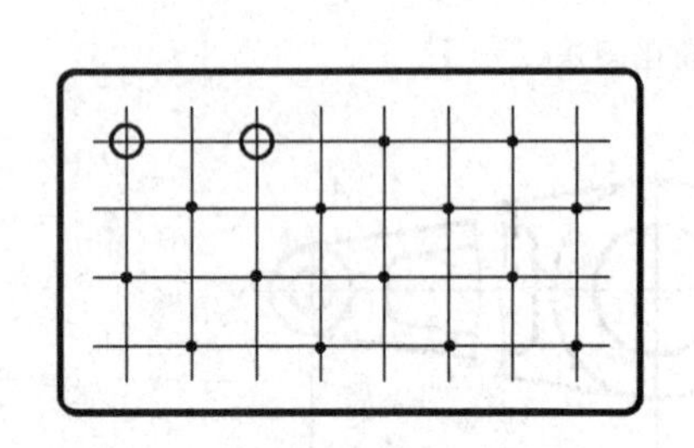

图 11-73　相同要素的简化画法(三)

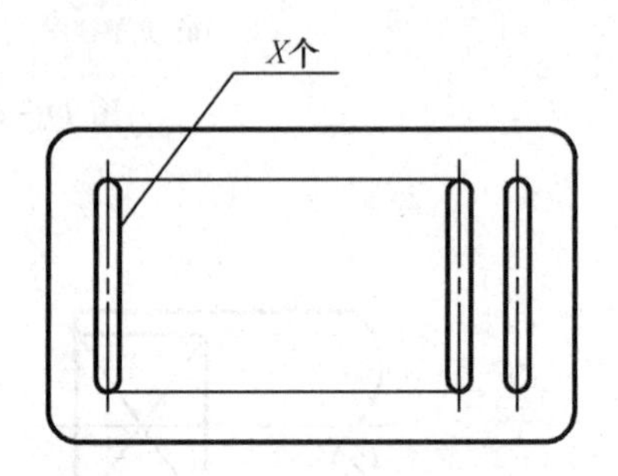

图 11-74　相同要素的简化画法(四)

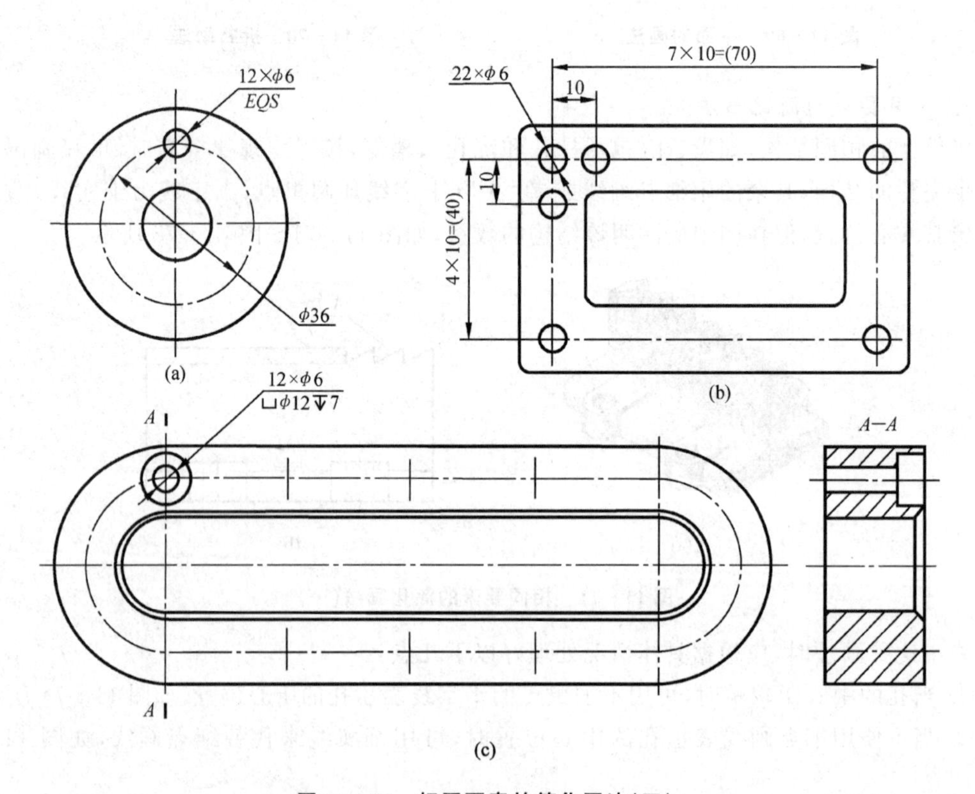

图 11-75　相同要素的简化画法(五)

④ 当相同结构的孔(柱孔或沉孔)和槽的数量较多,只要能确切地说明孔的位置、数量和分

布规律时，表示孔的中心位置的细点画线和十字线不需要一一画出，如图 11－74 和图 11－75 所示。

7. 滚花和网纹的简化画法

机件上的滚花和网纹部分，可以在轮廓线附近用与轮廓线或者轴线相交成 30°的粗实线示意画出一部分，并在图上注明这些结构的具体要求，如图 11－76 所示。

8. 左右手机件的简化画法

对于左右手零件(或装配件)允许只画出其中一个件的图形，而另一个用文字加以说明，如图 11－77 所示。

这里所说的左右手件(零件或装配件)是指在装配时安装于左右(或上下，或前后)位置的，成对使用的两个零件(或装配件)，犹如人的左右手一样。如图 11－77 中的 LH 为左手件，而 RH 为右手件。两个零件(或装配件)之间的依存关系正像平面镜成像一样，因此左右手件又称为镜像零件(或镜像装配件)。如果一对左右手件只有局部形状不同时，仍可只画一个件的图形，但必须用指引线和文字说明，如"仅在左手件上有此孔"等。

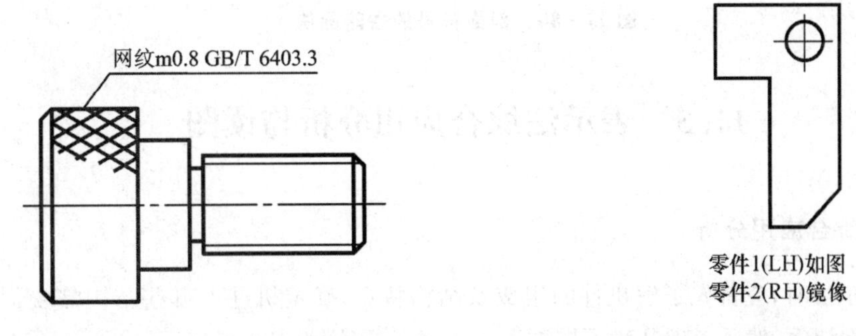

图 11－76　网纹和滚花的简化画法　　图 11－77　左右手件的简化画法

9. 较小结构的简化画法

对于机件上的较小结构，如果已在图形中表示清楚，且又不影响看图时，可不按投影而简化画出或省略不画，图 11－78 所示的锥度不大的孔，其圆的视图可按两端面圆的直径近似地画出，将其中间的两条相贯线省略不画；而轴线视图的相贯线按直线(转向轮廓线)画出。

10. 圆柱形法兰盘上均布孔的简化画法

法兰盘端面的形状可以不用局部视图来表示，而仅画出端面上的孔的形状及分布情况，如图 11－79 所示。

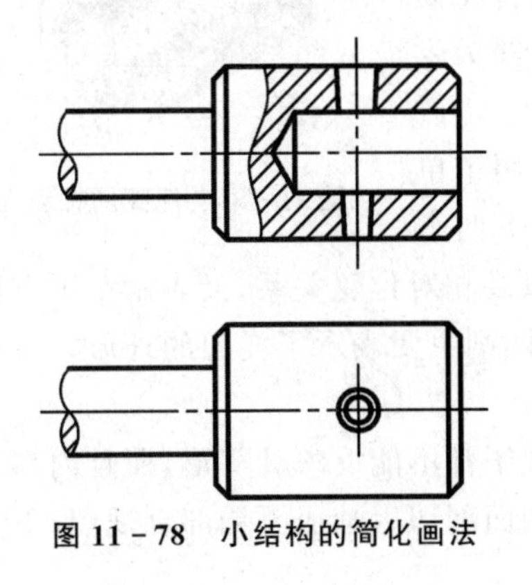

图 11－78　小结构的简化画法

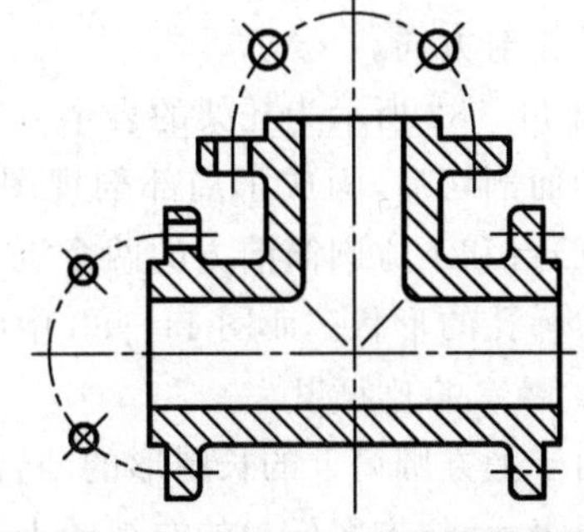

图 11－79　法兰盘上孔的简化画法

11. 剖面符号的省略画法

在不至于引起误解时,机件的剖视图和移出断面图都可以省略剖面符号,如图11-80所示。

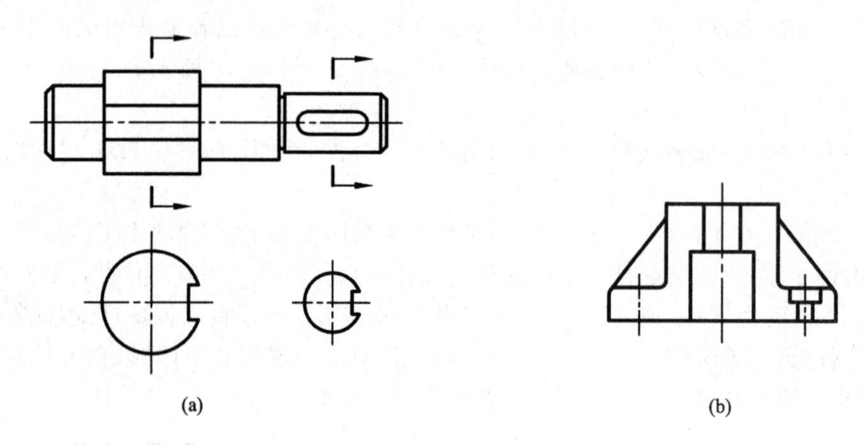

(a)　　(b)

图11-80　剖面符号的省略画法

11.5　表示法综合应用分析与读图

11.5.1　综合应用分析

在选择表示法时,应首先了解机件的组成及结构特点,确定机件上哪些结构需要剖开表示,采用什么样的剖切面,然后考虑几种不同的表示方案进行比较,从中选取最佳方案。现以图11-81所示的托架为例进行分析。

1. 形体分析

托架是由两个圆筒、十字形的肋板、长圆形的凸台所组成,凸台与上方圆筒相贯后,又加工了两个小圆柱孔,下方圆筒前方有两个沉孔。

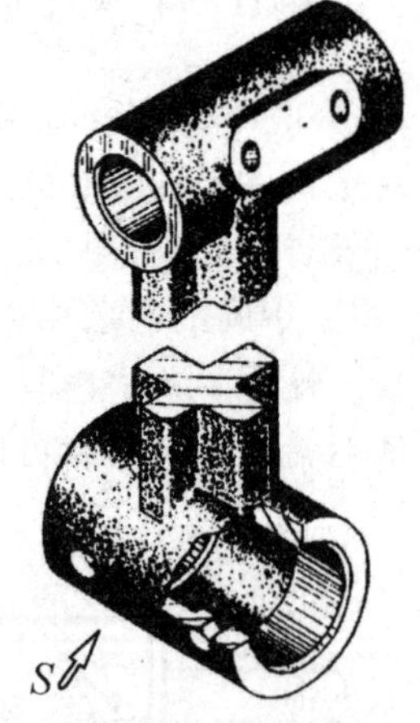

图11-81　托架的轴测图

2. 选择主视图

为了反映托架的形状特征,托架上两个圆筒的轴线交叉垂直,且上方长圆形的凸台不平行于任何基本投影面,因此将托架下方圆筒的轴线水平放置,并以图11-81中所示的S方向为主视图的投射方向。

图11-82所示为托架的表示方案(一),其主视图采用了单一剖切面剖切后,画成了局部剖视图,既表示了肋板、上下两个圆筒、凸台和下方圆筒前方的两个沉孔的外部结构形状以及相对位置关系,又表示了下方圆筒内部阶梯孔的形状。而图11-83中的方案(二),其主视图则主要表示了托架的外形。

3. 确定其他视图

由于上方圆筒上的长圆形的凸台倾斜,俯视图和左视图都不能反映其实形,而且内部结构也需要表示,故方案(一)的左视图上部采用了相交的剖切面剖切后画成了局部剖视图,下方圆

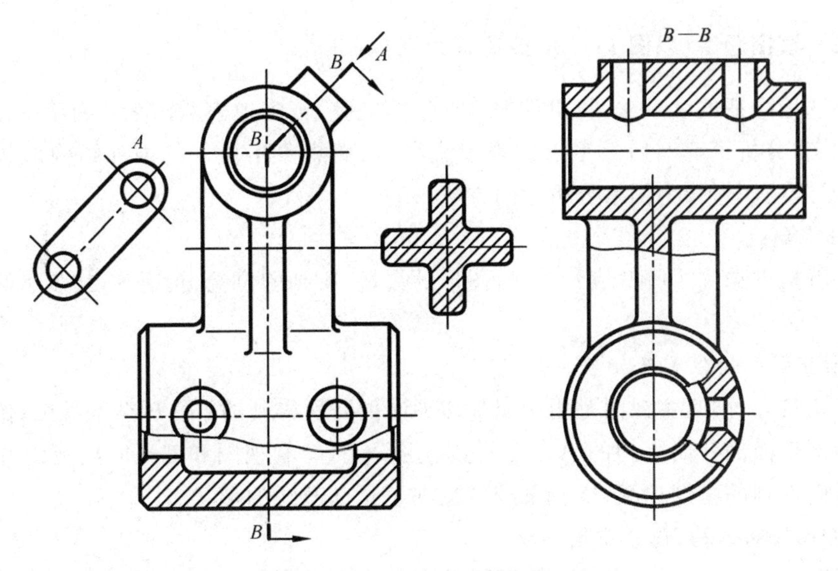

图 11-82　托架的表示方案(一)

筒上的沉孔采用单一剖切面画成了局部剖视图。这样既表示了上下两个圆筒与十字肋板的前后关系,又表示了上方圆筒的孔、凸台上的两个小圆柱孔和下方圆筒前方的两个沉孔的形状。为了表示凸台的实形,采用了 A 斜视图,并采用了移出断面图表示十字肋板的断面形状。

而方案(二)的左视图是采用了相交的剖切面剖切后画成了全剖视图。在此视图上肋板与下方圆筒剖开并无意义。由于下方圆筒上的阶梯孔及圆筒前方的两个沉孔没有表示清楚,故又在俯视图中采用了 D—D 单一剖切面剖切后画成的全剖视图来表示。

根据图 11-82 和图 11-83 所示托架的两种表示方案比较,方案(一)更佳。

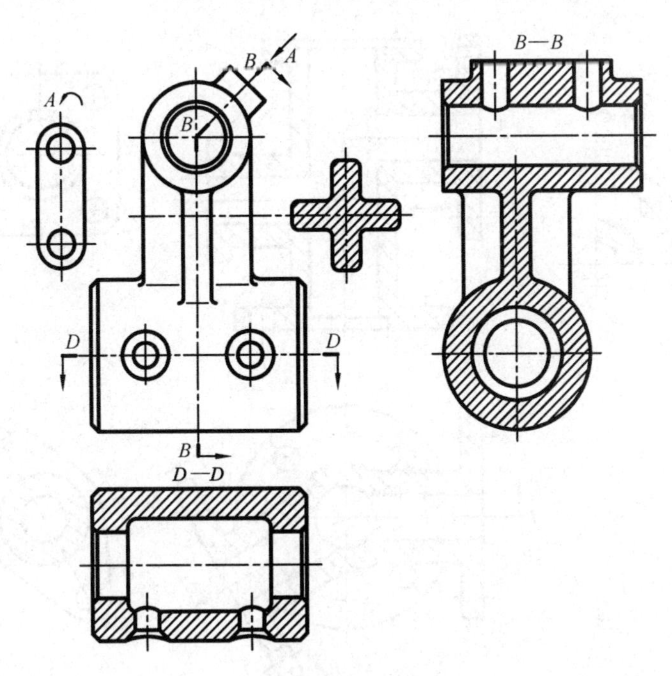

图 11-83　托架的表示方案(二)

11.5.2 读图题解(以图11-84四通管为例)

画图是选用合适的表示法,将机件的内外结构完整、清晰地表示出来。而读图则是根据已有的表示方案,分析了解剖切关系以及表示意图,从而想象出机件的内外结构形状。下面以图11-84所示的四通管为例来分析读图方法。

1. 概括了解

首先了解机件选用了哪些表示方法,图形的数量、所画的位置、轮廓等,初步了解机件的复杂程度。

2. 仔细分析剖切位置及相互关系

根据剖切符号可知,主视图是用相交剖切平面剖开而得到的$B—B$全剖视图;俯视图是用相互平行的剖切面剖开而得到的$A—A$全剖视图;$C—C$右视图和$E—E$剖视图都是用单一剖切面剖开而得到的全剖视图;D局部视图反映了顶部凸缘的形状。

3. 分析机件的结构,想象空间形状

在剖视图中,凡是画有剖面符号的图形是离观察者最近的面。运用组合体的看图方法进行分析,想象出各线框在空间的位置关系,以及代表的基本体。由分析可知,该机件的基本结构是四通管体,主体部分是上下带有凸缘和凹坑的圆筒,上部凸缘是方形,由于安装需要,凸缘上带有四个圆柱形的安装孔,下方凸缘是圆形,也同样带有四个圆柱形的安装孔。主体的左边是带有圆形凸缘的圆筒与主体相贯,圆形凸缘上均布有四个小圆柱孔,主体的右边是带有菱形凸缘的圆筒与主体相贯,菱形凸缘上有两个小圆柱孔,从俯视图中可以看出主体左右两边的圆筒的轴线不在一条直线上。

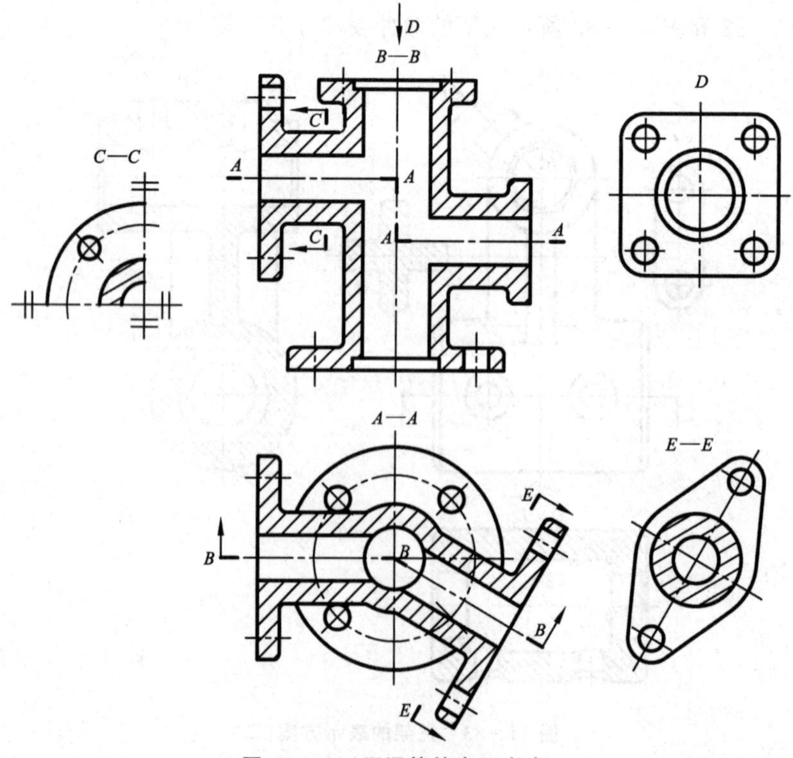

图11-84　四通管的表示方案

通过以上分析,想象出四通管的空间形状,如图 11－85 所示。

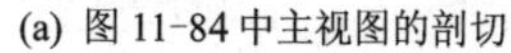
(a) 图 11-84 中主视图的剖切

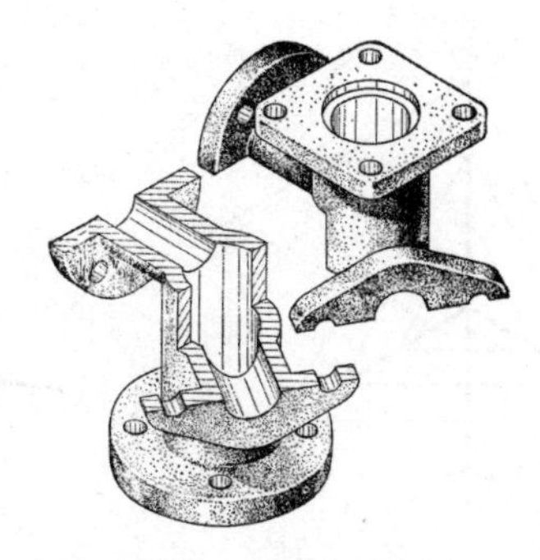
(b) 图 11-84 中俯视图的剖切

图 11－85　四通管的轴测剖视图

11.6　轴测剖视图的画法

在画轴测图时,为了表示机件的内部形状,可以采用轴测剖视图的画法。

11.6.1　剖切方法

在轴测剖视图中,为了把机件的内、外部形状都表示清楚,一般情况下选用平行于坐标面的剖切平面剖开机件。选定剖切面时,应使得剖切后的图形清晰、立体感强,如图 11－86 所示。有时为了保留外形,也可以采用局部剖切的形式画出,如图 11－87 所示。

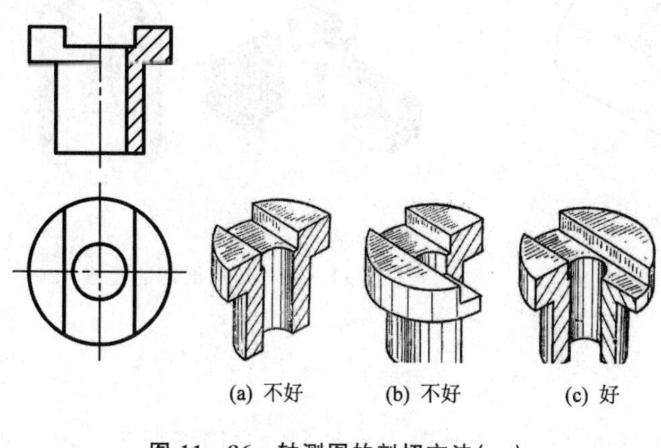

图 11－86　轴测图的剖切方法(一)

图 11－87　轴测图的剖切方法(二)

11.6.2　轴测剖视图的有关规定(GB/T 4458.3—2013)

1. 剖面线的画法

画轴测剖视图时,在剖切平面与机件相接触的剖断面上,同样需要画上剖面符号。金属材料的剖断面仍然用等距的剖面线来表示,只是在轴测剖视图中不再是以 45°方向画出。画轴测剖视图中的剖面线时,应先在轴测轴上量取相应的单位长度,以确定不同坐标面上轴测剖面线的方向,如图 11 - 88 所示。

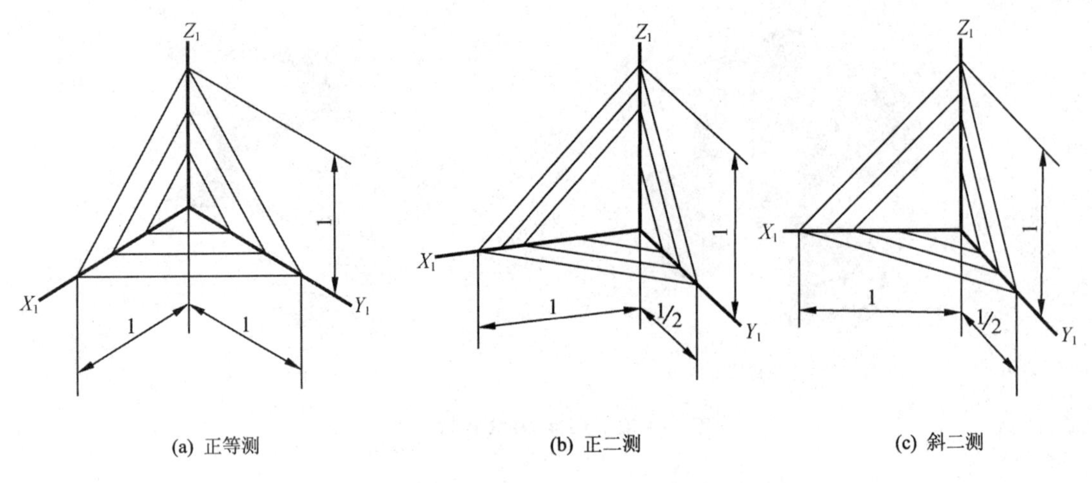

图 11 - 88 轴测剖视图剖面线的画法

表示机件中间折断或局部断裂时,断裂处的边界线应画波浪线,并在可见断裂面内加画细点来代替剖面线,如图 11 - 89 和图 11 - 90 所示。

2. 肋板剖断面的画法

当剖切平面通过机件的肋板或薄壁等结构的纵向平面时,这些结构都不画剖面线,而是用粗实线(相邻部分的轮廓线)将它与相邻部分隔开,如图 11 - 90 所示。为了将机件表示的更清楚、更形象,允许在肋板或薄壁结构部分用细点表示其剖断面,如图 11 - 90(b)所示。

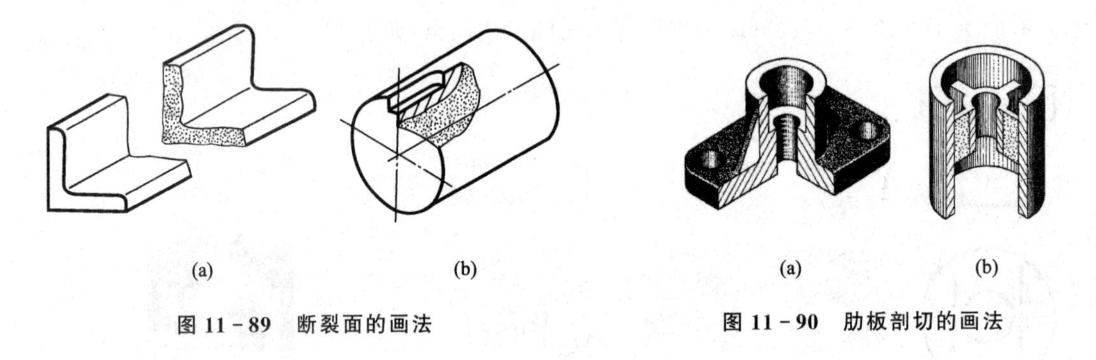

图 11 - 89 断裂面的画法　　图 11 - 90 肋板剖切的画法

11.6.3 轴测剖视图的画法

画轴测剖视图时,一般情况下是将机件的 1/4 或 1/2 剖去来绘制。常用下列两种方法来绘制轴测剖视图:

1. 先画外形,后作剖视

如图 11 - 91 所示,这种方法对初学者来说比较容易掌握,因为它能熟悉组成机件的各个基本形体的空间层次,对画剖开后线条的走向较为有利,但由于作图线较多,而且最终要擦去机件上被剖掉的四分之一部分,因此在作图过程中会影响图形的清晰性。

2. 先画剖断面的形状,后画内外结构的形状

如图 11 - 92 所示,此方法是先画出机件被剖切后剖断面的轴测图,如图 11 - 92(b)所示;

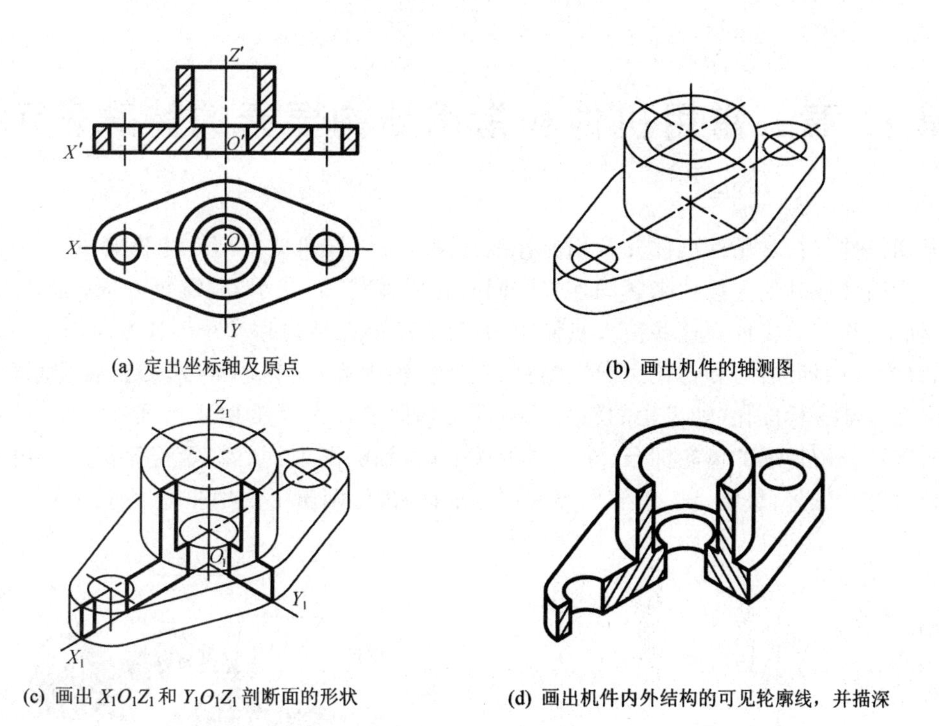

(a) 定出坐标轴及原点　(b) 画出机件的轴测图

(c) 画出 $X_1O_1Z_1$ 和 $Y_1O_1Z_1$ 剖断面的形状　(d) 画出机件内外结构的可见轮廓线，并描深

图 11－91　轴测剖视图的画法(一)

然后画出内外结构的可见部分的轮廓线，如图 11－92(c)所示。这种画法作图线较少，作图迅速，作图过程中图形清晰；适用于内外结构形状比较复杂的机件，可以省画切去的外部形状部分；但必须了解清楚机件的空间层次，作图比较熟练时，才能保证作图顺利。

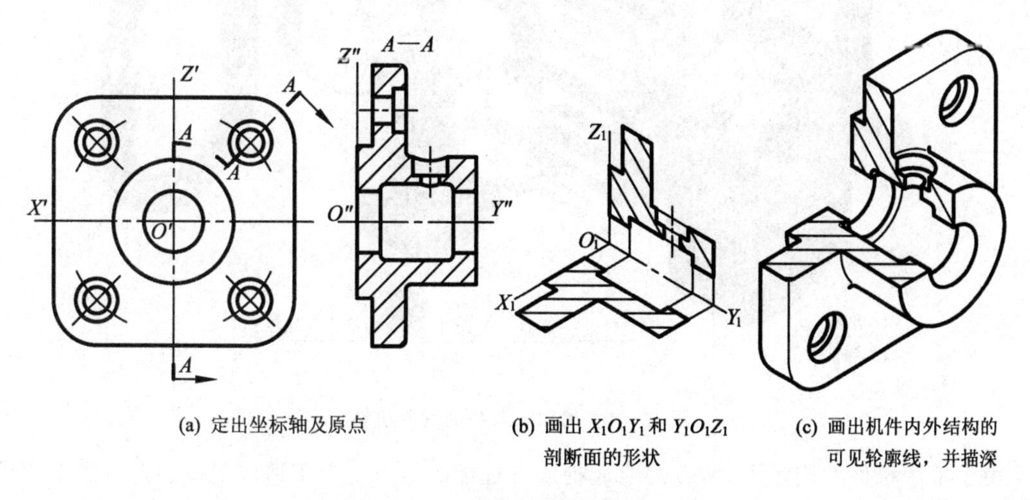

(a) 定出坐标轴及原点　(b) 画出 $X_1O_1Y_1$ 和 $Y_1O_1Z_1$ 剖断面的形状　(c) 画出机件内外结构的可见轮廓线，并描深

图 11－92　轴测剖视图的画法(二)

第 12 章　常用机件和常用结构要素的特殊表示法

常用机件包括常用标准件和常用非标准件两大类。在机器或部件的装配、安装中，广泛使用螺纹紧固件或其他连接件来紧固连接。同时在机械传动、支承、减震等方面，也广泛地使用齿轮、轴承、弹簧等机件。这些被大量使用的机件，有的在结构和尺寸等各方面都已系列化、标准化，称为常用标准件，如螺栓、螺母、螺钉、键、销、轴承等；而有些机件，如齿轮、弹簧等，其结构和参数是部分标准化（如齿轮的轮齿是标准结构要素），称为常用非标准件。图 12-1 显示了所有零件分解情况的齿轮油泵（在机器中输油用）轴测图中，泵体、端盖等都是一般的零件，而螺栓、螺钉、螺母、垫圈、键、销等属于常用标准件，齿轮则属于常用非标准件。

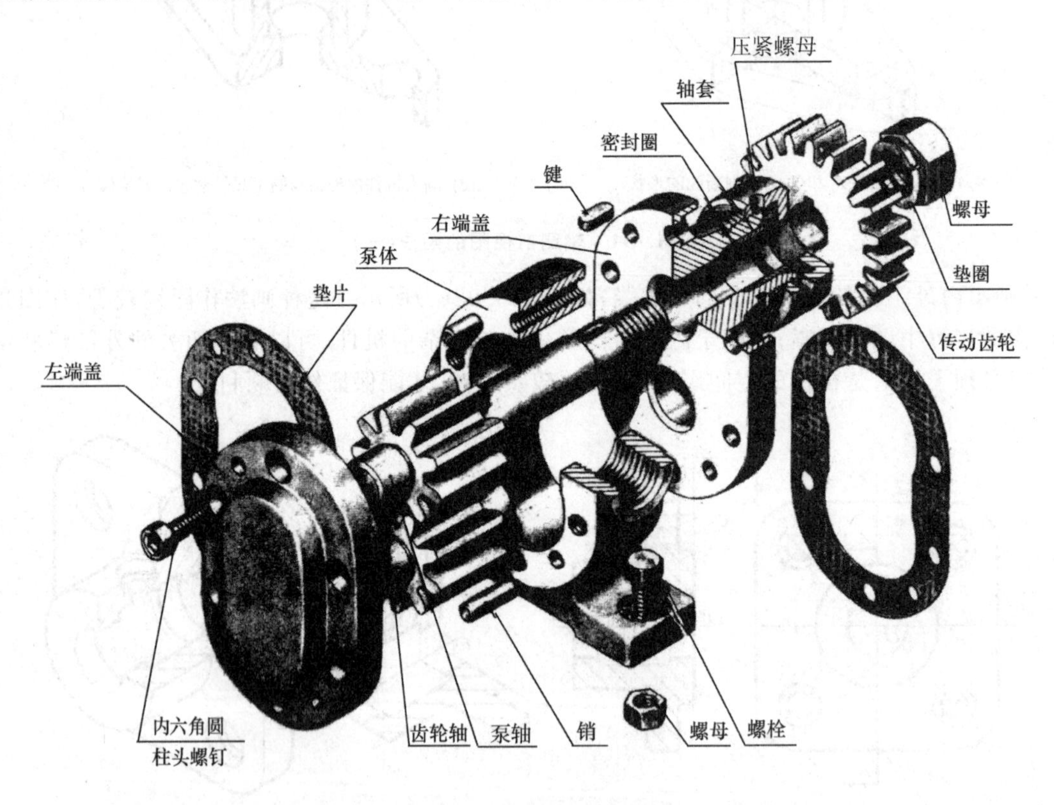

图 12-1　齿轮油泵中的常用机件

由于常用机件的用量大，所以需要成批或大批量的生产。为了适应机械工业发展的要求，提高劳动生产率，降低生产成本，确保优良的产品质量，国家有关部门批准并颁布了各种常用标准件和常用非标准件的标准结构要素的参数标准。在加工这些机件时，可以使用标准的切削刀具或专用机床，从而能在高效益的情况下获得产品；同时，在装配或维修机器时，也能按规格选用或更换机件。在绘图时，对这些机件的结构形状，如螺纹的牙型、齿轮的齿廓、弹簧的螺旋外形等，不需要按真实的投影画出，只要根据国家标准规定的特殊表示法、代号或标记进行绘图和标注，至于它们的详细结构和尺寸，可以根据其代号和标记，查阅相应的国家标准或机械设计手册。由此可见，使用国家标准规定的常用机件的特殊表示法、代号或标记，是不会影响这些机件的制造的，相反，还可以加快绘图速度。

本章将着重介绍这些机件的基本知识、特殊表示法、代号的标记及查表和有关的计算方法等，为后一阶段的绘图和阅读图样以及后续课程的学习打下基础。

12.1　螺纹及表示法

螺纹是零件上的一种常用结构要素，如螺栓、螺母、丝杠等都有螺纹结构。螺纹的主要作用是用来连接零件和传递动力。螺纹及表示法见 GB/T 4459.1—1995。

12.1.1　螺纹的形成

各种螺纹都是根据螺旋线的原理在圆柱表面上制作而成的。

螺纹分为内螺纹和外螺纹两种，且成对使用。在圆柱体表面上加工的螺纹称为外螺纹，又称螺杆；加工在圆柱孔表面上的螺纹称为内螺纹，又称螺孔。加工螺纹的方法很多，图 12-2 为在车床上切制螺纹的方法：圆柱体（工件）作等速旋转，车刀沿着轴线方向作等速直线移动，刀尖即形成螺旋运动。车刀刀刃的形状不同，在圆柱面上切去部分的截面形状也不同，即可得到不同形式的螺纹。也可在工件上先钻孔，后再用丝锥攻制成螺纹孔，如图 12-3 所示。

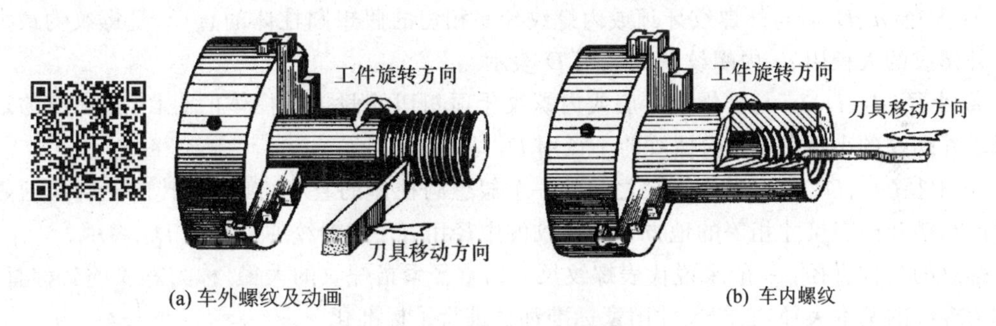

(a) 车外螺纹及动画　　(b) 车内螺纹

图 12-2　在车床上加工螺纹

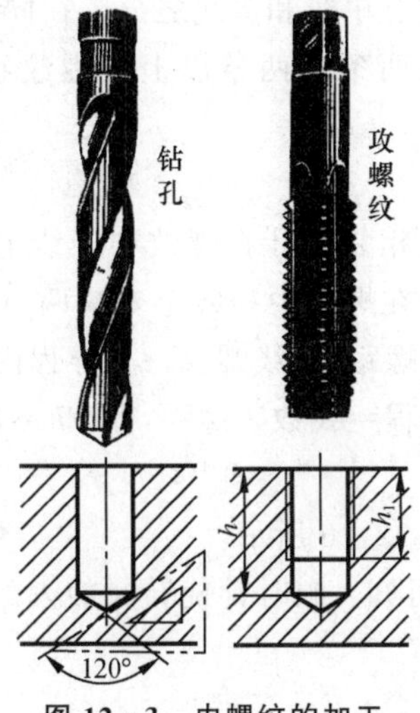

图 12-3　内螺纹的加工

12.1.2 螺纹各部分的名称及要素

1. 螺纹的牙型

螺纹的牙型是指通过螺纹的轴线将其剖开,螺纹线的断面轮廓形状。牙型是由牙顶、牙底、牙侧等部分组成,如图12-4所示。常见的螺纹牙型有三角形、梯形和锯齿形等。

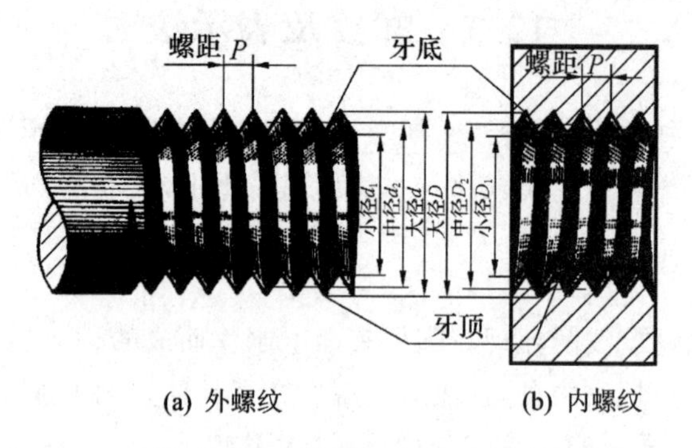

(a) 外螺纹　　(b) 内螺纹

图12-4　螺纹各部分的名称

2. 螺纹的直径

螺纹的直径有大径、中径和小径,如图12-4所示。

① 大径(d、D):与外螺纹牙顶或内螺纹牙底相切的假想圆柱体的直径,是螺纹的最大直径。外螺纹的大径用d、内螺纹的大径用D表示。

② 小径(d_1、D_1):与外螺纹牙底或内螺纹牙顶相切的假想圆柱体的直径,是螺纹的最小直径。外螺纹的小径用d_1、内螺纹的小径用D_1表示。

③ 中径(d_2、D_2):在大小直径之间的一个假想圆柱体的直径,圆柱的转向轮廓线通过牙型时的沟槽和凸起尺寸相等的地方。外螺纹的中径用d_2、内螺纹的中径用D_2表示。

螺纹的公称直径:一般来说代表螺纹尺寸的直径系指螺纹的大径,称为螺纹的公称直径,又称为螺纹的基本大径,它的尺寸国家标准都已进行了标准化。

3. 螺纹的线数(n)

螺纹的线数用字母n表示,它有单线和多线之分。在同一螺纹件上只有一条螺纹线称为单线螺纹,如图12-5(a)所示;有两条或两条以上的螺纹线称为多线螺纹,如图12-5(b)所示。

4. 导程(Ph)和螺距(P)

导程是指在同一条螺纹线上,相邻两牙在螺纹中经线上对应两点间的轴向距离,用字母Ph表示。螺距是指螺纹相邻两牙在螺纹中径线上对应两点间的轴向距离,用大写字母P表示。由此可知,单线螺纹的导程=螺距,双线螺纹一个导程内包括两个螺距,如图12-5所示。因此,导程与螺距的关系可以用导程=线数×螺距,即$Ph=n\times P$表示。

5. 螺纹的旋向

螺纹有右旋和左旋之分,如图12-6所示。

根据螺纹的形成和加工方法可知:顺时针旋转时旋入的螺纹为右旋螺纹,而逆时针旋转时旋入的螺纹为左旋螺纹。

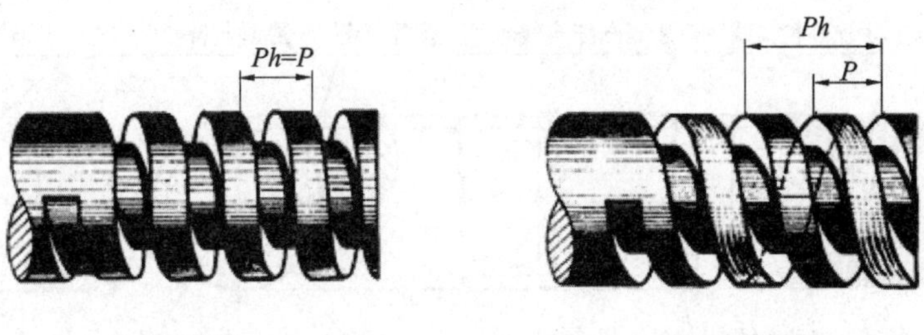

(a) 单线螺纹　　(b) 多线螺纹

图 12－5　螺纹的线数

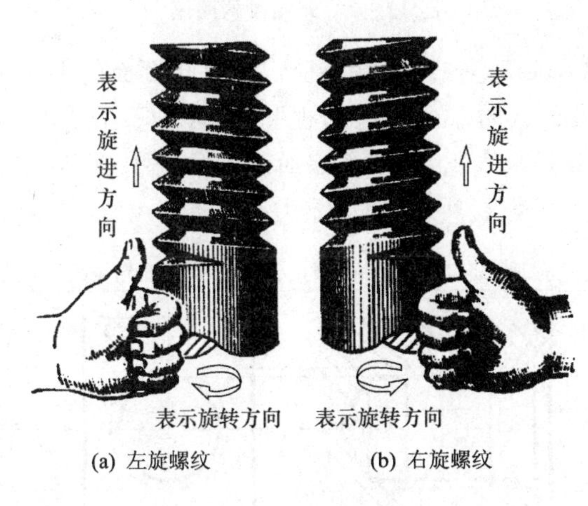

(a) 左旋螺纹　　(b) 右旋螺纹

图 12－6　螺纹的旋向

在上述的五项要素中，改变其中任何一项，都会得到不同规格的螺纹。因此，相互旋合的内、外螺纹这五项要素必须相同。

为了便于进行螺纹的设计、制造和选用，国家标准规定，在螺纹的诸要素中，牙型、大径和螺距是决定螺纹结构规格的最基本的要素，称为螺纹的三要素，见附录附表 1 至附表 3。当螺纹的三要素都符合国家标准规定时，称为标准螺纹；牙型符合国家标准的规定，而其他的不符合，称为特殊螺纹；三要素都不符合国家标准的规定，称为非标准螺纹。

12.1.3　螺纹的规定画法

1. 外螺纹的画法

外螺纹的画法如图 12－7 所示。画图时在轴线的视图中，外螺纹的牙顶（大径）用粗实线表示，牙底（小径）用细实线表示，螺纹终止线用粗实线表示，向光滑表面过渡的牙底不完整的螺纹称为螺尾，一般不画出，如果需要表示螺尾时，用与螺杆的轴线成 30°的细实线来绘制，如图 12－7(c)所示。螺纹端面的倒角尺寸按国家标准规定来绘制，倒角线一般画成 45°方向。在圆的视图中，牙顶（大径）用粗实线圆表示，牙底（小径）用约 3/4 圈的细实线圆弧来表示，螺纹端面的倒角圆不画出。

2. 内螺纹的画法

内螺纹的画法，如图 12－8 所示。画内螺纹时，通常把轴线的视图采用剖视的表示法，即内螺纹的牙顶（小径）用粗实线表示，牙底（大径）用细实线表示，螺纹终止线用粗实线表示，螺

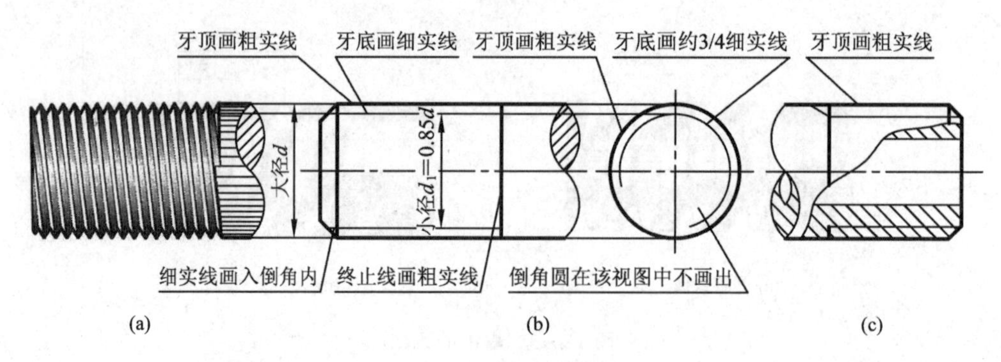

图 12－7　外螺纹的画法

尾一般也不画出。剖面线画到粗实线(牙顶小径),螺纹孔端面的倒角尺寸按国家标准的规定来绘制,倒角线一般画成 45°方向。而在圆的视图中,牙顶(小径)用粗实线圆表示,牙底(大径)用约 3/4 圈的细实线圆弧来表示,螺纹孔端面的倒角圆不画出。如果不剖切,则螺纹孔全部用细虚线来表示,如图 12－8(c)所示。

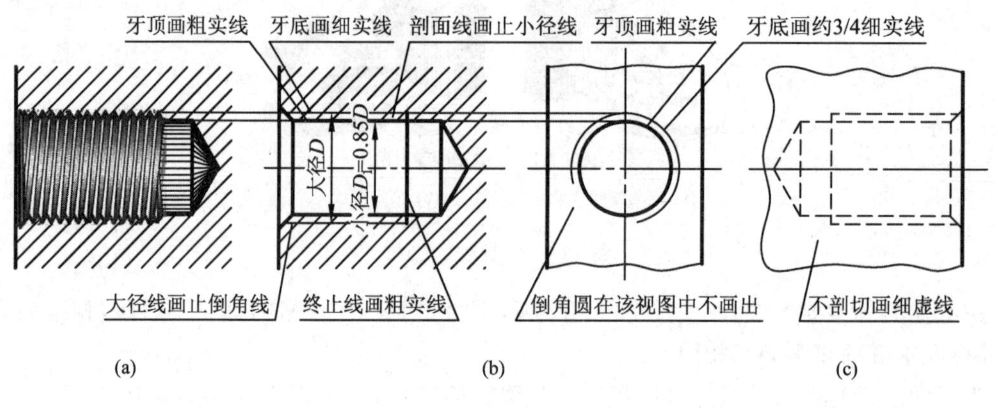

图 12－8　内螺纹的画法

3. 内外螺纹连接的画法

画内外螺纹连接时,一般情况下绘制成剖视图。在轴线的剖视图中,孔旋合部分按外螺纹来画出,未旋合部分仍按原规定画出,此时应注意大小径的粗、细实线要对齐画在一条直线上,如图 12－9 所示。旋合长度、螺孔深度及钻孔深度,可按比例画法(见图 12－17)画出,也可以查阅国家标准 GB/T 3 得到有关尺寸后画出。如果在旋合部位 A—A 处作剖切,将圆的视图也画成剖视图时,仍然按外螺纹画出,如图 12－9(b)所示。

4. 螺纹退刀槽及相贯线的画法

螺纹腿刀槽的画法是:在轴线的视图中,应画出腿刀槽的形状;在圆的视图中,不画出该结构,如图 12－10 所示。

当两个螺纹孔相交时,其相贯线的画法如图 12－11 所示,即仅画出两个螺纹孔小径相交处的相贯线。

5. 螺纹牙型的表示法

对于标准螺纹一般不画出牙型,当需要表示牙型时,可以用局部剖视图或局部放大图来表示,如图 12－12 所示。

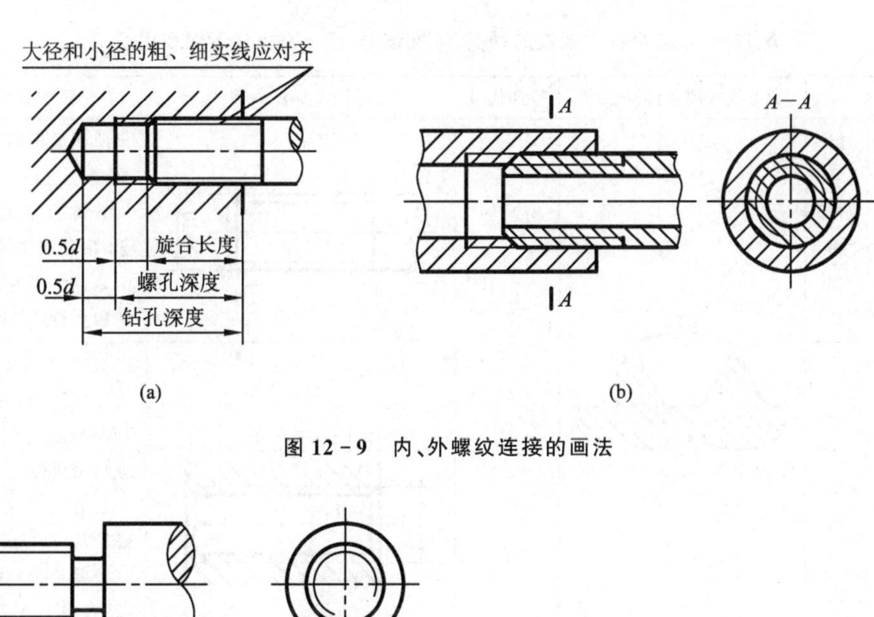

图 12-9　内、外螺纹连接的画法

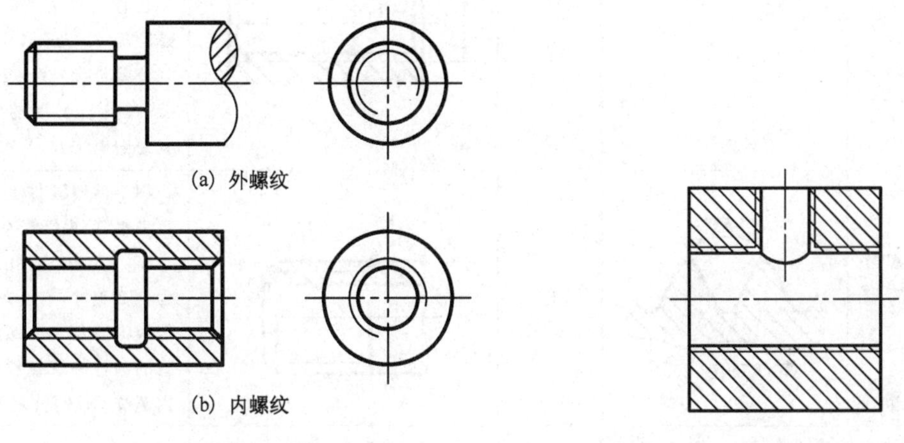

图 12-10　螺纹退刀槽的画法　　图 12-11　螺纹孔相贯线的画法

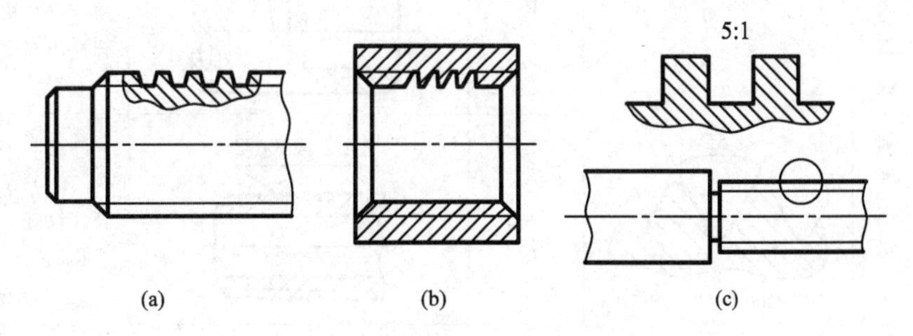

图 12-12　螺纹牙型的表示法

12.1.4　螺纹的标注及标记

螺纹的种类很多，但国家标准规定的画法却相同。因此，在图样上对标准螺纹只能用螺纹的代号或标记来区别其不同。常用标准螺纹的种类、代号、标记及标注示例和用途等如表 12-1 所列。

表 12-1 常用标准螺纹的种类、标准编号、标记及标注示例和用途

螺纹种类			牙型放大图及标准编号	特征代号	标记及标注示例	说明及用途
紧固螺纹	普通螺纹	粗牙普通螺纹	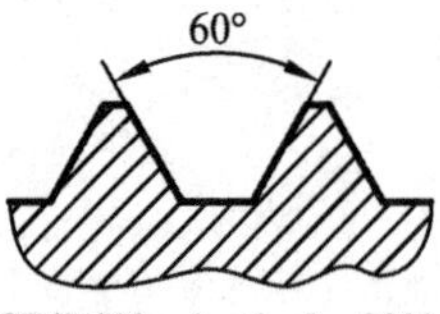 60° GB/T 192、3、6、7—2003	M	 M20	应用最广的连接紧固螺纹 公称直径为 20 mm，中、顶径公差带代号为 6g，右旋，中等旋合长度的粗牙普通外螺纹
		细牙普通螺纹			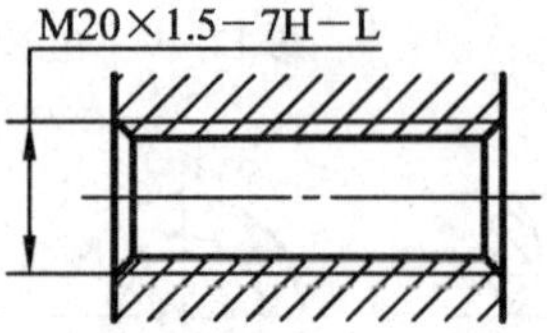 M20×1.5−7H−L	与粗牙相比，在公称直径相同时，其螺距小，牙深较浅，多用于薄壁或精密机件上 公称直径为 20 mm，螺距为 1.5 mm，中、顶径公差带代号为 7H，右旋，长旋合长度的细牙普通内螺纹
管螺纹	55°非螺纹密封的管螺纹		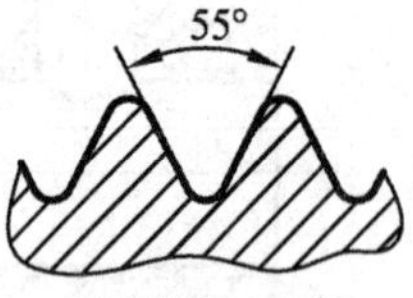 55° GB/T.7307—2001	G	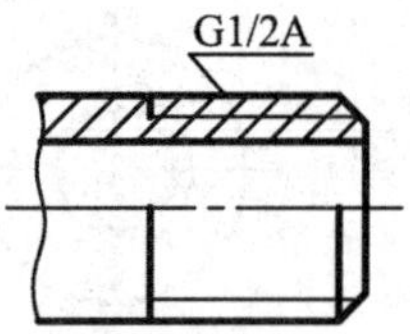 G1/2A	用于薄壁管件上，如：自来水管、煤气管等 G1/2A 表示管孔直径为 1/2 英寸，右旋，公差等级为 A 级的非螺纹密封的圆柱外管螺纹。对内螺纹不注写公差等级
	55°用螺纹密封管螺纹	圆柱内螺纹	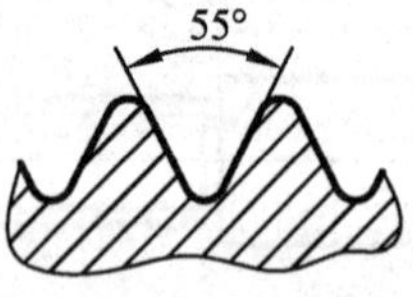 55° GB/T 7306.1~7306.2—2000	R_P	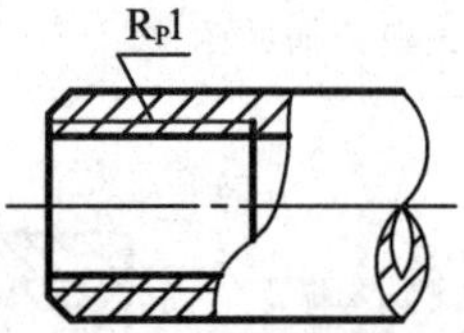 R_P1	R_P1 管孔直径为 1 英寸，右旋，用螺纹密封的圆柱内螺纹
		圆锥外螺纹		R_1 R_2	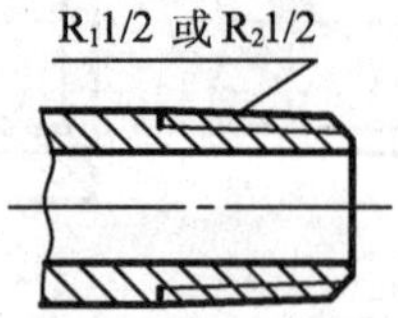 $R_11/2$ 或 $R_21/2$	圆锥管螺纹的锥度为 1:16，其密封性比圆柱管螺纹好 R_1 表示与圆柱内螺纹旋合的圆锥外螺纹；R_2 表示与圆锥内螺纹旋合的圆锥外螺纹；$R_C1^1/_2$ 管孔直径为 3/2 英寸，右旋，用螺纹密封的圆锥内管螺纹
		圆锥内螺纹		R_C	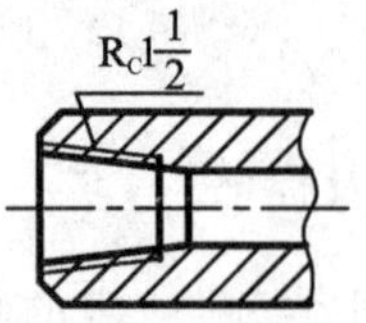 $R_C1\frac{1}{2}$	

续表 12 - 1

螺纹种类		牙型放大图及标准编号	特征代号	标记及标注示例	说明及用途
传动螺纹	梯形螺纹	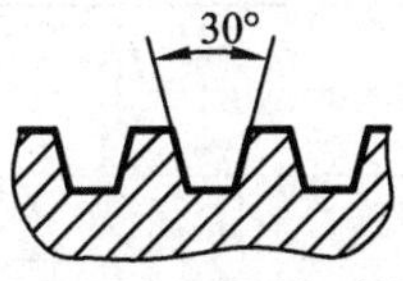 30° GB/T 5796.1~5796.4—2005	Tr	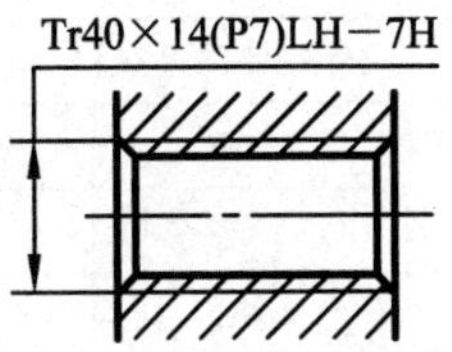 Tr40×14(P7)LH−7H	传递动力，如机床的丝杠等 公称直径为 40 mm，导程为 14 mm，螺距为 7 mm，左旋，中径公差带代号为 7H，中等旋合长度的双线梯形内螺纹
	锯齿形螺纹	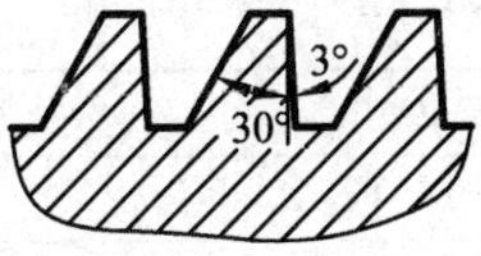 3° 30° GB/T 13576.1~13576.4—2008	B	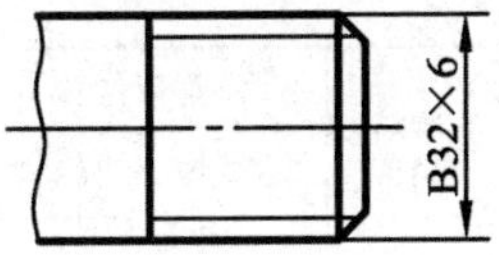 B32×6	传递单向力，如螺旋压床等 公称直径为 32 mm，螺距为 6 mm，右旋，中等旋合长度的单线锯齿形外螺纹

1. 普通螺纹

普通螺纹的完整标记由螺纹特征代号、尺寸代号、公差带代号[①]、旋合长度代号及旋向代号五部分组成，其格式为：

螺纹特征代号 尺寸代号—公差带代号—旋合长度代号—旋向代号

(1) 螺纹特征代号

普通螺纹特征代号为 M。

(2) 普通螺纹尺寸代号

包括：公称直径 × Ph 导程 P 螺距

普通螺纹按螺距的大小不同又分为粗牙和细牙两种，在公称直径相等的普通螺纹中，其螺距最大时，则为粗牙，见附录附表 1。

在标记时，GB/T 197 螺纹标准中规定：

① 单线粗牙普通螺纹其螺距不注出，细牙螺纹注写螺距；

② 单线普通螺纹的尺寸代号为“公称直径×螺距”，此时无须注写“Ph”和“P”的字样。而多线螺纹则必须注出表示导程和螺距的字样。

例如：

M 24　表示公称直径为 24 mm，的单线粗牙普通螺纹；

M 24×2　表示公称直径为 24 mm，螺距为 2 mm 的单线细牙普通螺纹；

M16×Ph6 P2　表示公称直径为 16 mm，导程为 6 mm，螺距为 2 mm 的三线粗牙普通螺纹。

(3) 普通螺纹公差带代号

普通螺纹公差带代号是由中径及顶径的公差等级代号(数字)和基本偏差代号(字母)两部分组成，普通螺纹公差带如表 12 - 2 和表 12 - 3 所列。国家标准中规定了螺纹公差带的优先

① 公差带的概念可参阅第 13 章中极限与配合部分。

选用的顺序：粗字体公差带、一般字体公差带、括号内公差带，带方框的公差带为用于大量生产的紧固件螺纹。

表 12-2　内螺纹的推荐公差带(自 GB/T 197—2018)

精度等级	公差带位置 G			公差带位置 H		
	S	N	L	S	N	L
精密	—	—	—	4H	5H	6H
中等	(5G)	**6G**	(7G)	**5H**	[6H]	**7H**
粗糙	—	(7G)	(8G)	—	7H	8H

表 12-3　外螺纹的推荐公差带(摘自 GB/T 197—2018)

精度等级	公差带位置 e			公差带位置 f			公差带位置 g			公差带位置 h		
	S	N	L	S	N	L	S	N	L	S	N	L
精密	—	—	—	—	—	—	—	(4g)	(5g4g)	(3h4h)	**4h**	(5h4h)
中等	—	**6e**	(7e6e)	—	**6f**	—	(5g6g)	[6g]	(7g6g)	(5h6h)	6h	(7h6h)
粗糙	—	(8e)	(9e8e)	—	—	—	—	8g	(9g8g)	—	—	—

在标记时，GB/T 197 螺纹标准中规定：

① 如果中径和顶径的公差带代号相同时，可以注写一个代号；

② 公差带代号中的大写字母表示内螺纹，小写字母表示外螺纹；

③ 最常用的中等公差精度(公称直径≤1.4 mm 的 5H、6h 和公称直径≥1.6 mm 的 6H、6g)不标注公差带代号。

例如：M24×2　则表示公称直径为 24 mm，螺距为 2 mm，中径及顶径公差带代号都为 6H 或 6g 的单线细牙普通内螺纹或外螺纹。

螺纹副(内、外螺纹旋合在一起)标记中的内、外螺纹公差带代号用斜分式表示，分子和分母分别表示内、外螺纹的中顶径公差带代号。例如，M20×2－6H/5g6g。

注意：普通螺纹的上述简化标记的规定，同样适用于内外螺纹旋合(螺纹副)的标记。

例如，公称直径为 20 mm 的粗牙普通螺纹，内螺纹的公差带代号为 6H，外螺纹的公差带代号为 6g，则其螺纹副的标记为 M20；当内、外螺纹的公差带代号并非同为中等公差精度时，则应同时注出公差带代号，并用斜线将两个代号隔开。

(4) 旋合长度代号

旋合长度是指内、外螺纹旋合在一起的有效长度，普通螺纹的旋合长度分为短、中、长三组旋合长度，其代号分别是大写字母 S、N、L。相应的长度可以根据螺纹公称直径及螺距从国家标准中查得，螺纹标准中规定当为中等旋合长度时，代号“N”不标注。

螺纹的公差带按短、中、长三组旋合长度，给出了精密级、中等级和粗糙级三种精度，可按表 12-2 和表 12-3 来选用，一般情况下多采用中等级。

(5) 旋向代号

在标记时，螺纹标准中规定右旋螺纹其旋向不注出，左旋螺纹应注写大写字母“LH”。

必须指出两点：

① 在普通螺纹的标记中，若需要表明螺纹的线数时，应注写“two starts”以表明线数，如

M24×Ph6 P3(two starts)。

② 普通螺纹在图样上的标记是以尺寸标注的形式注写在内、外螺纹的大径尺寸线上，或在其引出线上水平注出，如表 12-1 所列。

2. 梯形螺纹与锯齿形螺纹

梯形螺纹与锯齿形螺纹标注的内容和格式为：

螺纹代号—中径公差带代号—旋合长度代号

其中螺纹代号包括：螺纹特征代号 公称直径 × 导程(螺距) 旋向

在标记梯形螺纹与锯齿形螺纹时，国家标准中规定：

① 梯形螺纹特征代号为 Tr，而锯齿形螺纹特征代号为 B。

② 右旋螺纹其旋向代号不注出，左旋螺纹注写大写字母“LH”。

③ 单线螺纹其螺纹代号中注写“公称直径×螺距”，导程不注写；而多线螺纹其螺纹代号中的导程和螺距都要注写，且在螺距数值前加注螺距的代号“P”。

④ 公差带代号仅注出螺纹中径的公差带代号。

⑤ 旋合长度分为两组：中等和长旋合长度，分别用大写字母 N、L 表示，当为中等旋合长度时代号“N”不注写。

例如：

① Tr36×12(P6)-8e-L　则表示公称直径为 36 mm，导程为 12 mm，螺距为6 mm，中径公差带代号为 8e，长旋合长度的右旋双线梯形螺纹(螺杆)。

② B36×6 LH-8e　则表示公称直径为 36 mm，螺距为 6 mm，中径公差带代号为 8e，中等旋合长度的左旋单线锯齿形螺纹(螺杆)。

必须指出：梯形螺纹和锯齿形螺纹在图样上的标记与普通螺纹的标记一样，是以尺寸标注的形式注写在内、外螺纹的大径尺寸线上，或在其引出线上水平注写，如表 12-1 所列。螺纹副的标记与普通螺纹的标记也是一样的，如 Tr36×6-7A/7c 和 B40×7-7A/7c。

梯形螺纹的直径和螺距系列等内容，根据其标记可以查阅附录附表 2。

3. 管螺纹

管螺纹的标注内容及格式为：螺纹特征代号 尺寸代号-旋向。

(1) 管螺纹特征代号分为 G、R_C、R_P、R 等，如表 12-1 所列。

(2) 尺寸代号包括：公称直径和公差等级。

公称直径是指管孔直径，而不是管螺纹的直径，以英寸表示。根据管螺纹的标记，其内容和尺寸可以查阅相关的国家标准，其 55°非螺纹密封的圆柱管螺纹可以查阅附录附表 3。

在对管螺纹进行标记和标注时，国家标准中规定：

① 右旋螺纹其旋向不注出，左旋螺纹注写大写字母“LH”。

② 在图样上，管螺纹的标记一律水平注写在指引线的水平基准线上，指引线从大径线上引出，标注内容和格式，如表 12-1 所列。

③ 55°非螺纹密封的圆柱管螺纹，其外螺纹公差等级分为 A 级和 B 级两种，内螺纹公差等级只有一种，且不注写(例如，尺寸代号为 2 的左旋圆柱内螺纹的标记为 G2-LH，而尺寸代号为 4 的 B 级左旋圆柱外螺纹的标记为 G4B-LH)；在它的螺纹副标记中，仅需要标注出外螺纹的标记，如 G1$^1/_2$A。

④ 55°螺纹密封的管螺纹,在螺纹副标记中,螺纹特征代号用斜分式注出,分子为内螺纹的特征代号,分母为外螺纹的特征代号,尺寸代号仅注写一次,如 R_C/R_2 3/4 和 R_P/R_1 3。

12.2　螺纹紧固件及表示法

12.2.1　螺纹紧固件

螺纹紧固件就是用一对内、外螺纹的连接作用来连接和紧固其他一些零部件。

螺纹紧固件的种类很多,常见的有:螺栓、螺柱(又称双头螺柱)、螺母、垫圈和螺钉等,如图12-13所示。螺纹紧固件及表示法见GB/T 4459.1—1995。

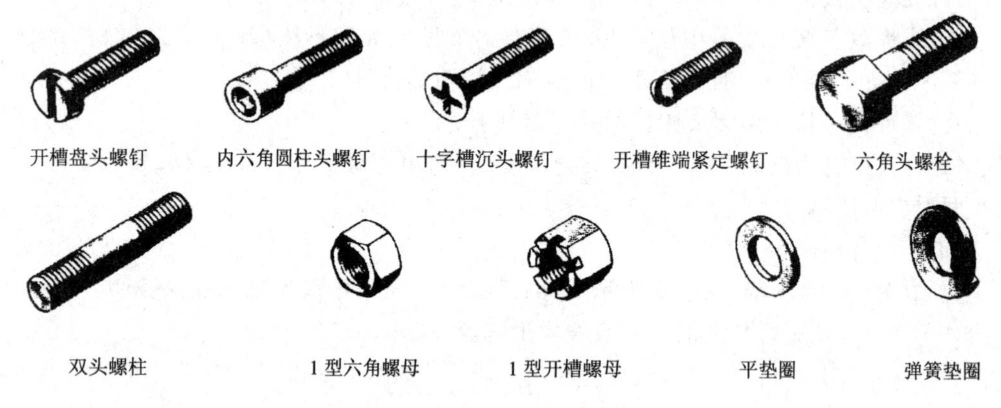

图12-13　常用的螺纹紧固件

螺纹紧固件,其结构、尺寸都已标准化,并由有关的专业工厂大量地生产。故在图样中不需要画出它的零件图,而是以标记的形式出现,根据其标记就能从相应的国家标准中查出有关的结构和尺寸。其标记格式如下:

名称　标准编号　螺纹规格尺寸

例如:螺栓　GB/T 5780　M24×100,则表示公称直径为24 mm,右旋单线的粗牙普通螺纹,杆长为100 mm的螺栓,通过查阅GB/T 5780,即可得到有关的尺寸。常见的螺纹紧固件(见图12-13)的视图、主要尺寸及其标记,如表12-4所列。

表12-4　常见螺纹紧固件及其规定标记

名　称	视图及标记示例	名　称	视图及标记示例
六角头螺栓	M12 50 螺栓　GB/T 5780　M12×50	双头螺柱	M12 50 螺柱　GB/T 897　M12×50

续表 12－4

名　称	视图及标记示例	名　称	视图及标记示例
1 型开槽六角螺母	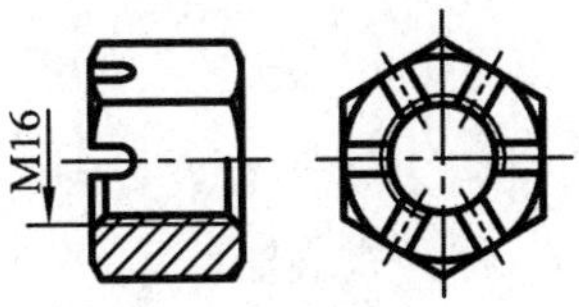 M16 螺母　GB/T 6178　M16	1 型六角螺母	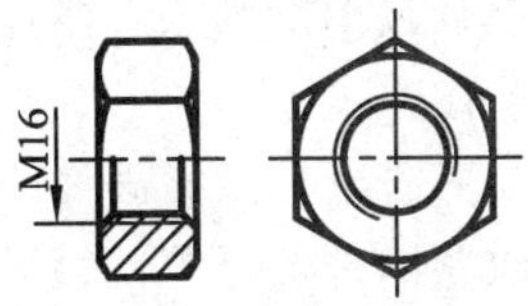 M16 螺母　GB/T 6170　M16
平垫圈 A 级	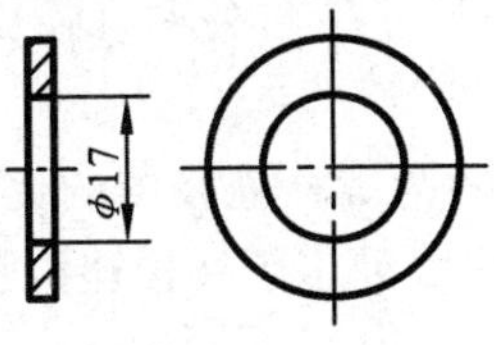 ϕ17 垫圈　GB/T97.1　16	标准型弹簧垫圈	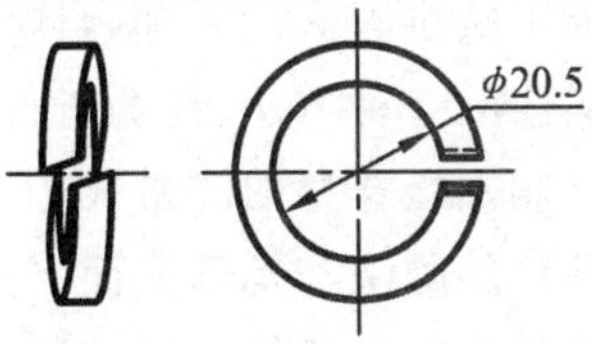 ϕ20.5 垫圈　GB/T 93　20
开槽锥端紧定螺钉	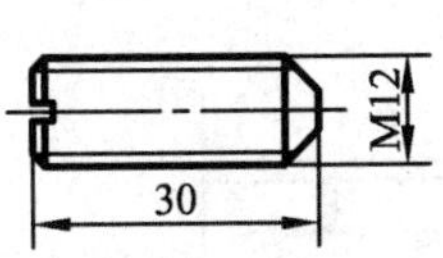 M12　30 螺钉　GB/T 71　M12×30	十字槽沉头螺钉	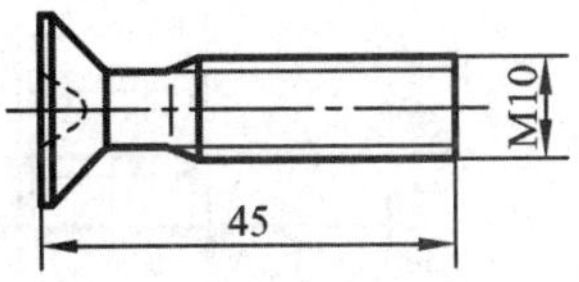 M10　45 螺钉　GB/T 819.1　M10×45
内六角圆柱头螺钉	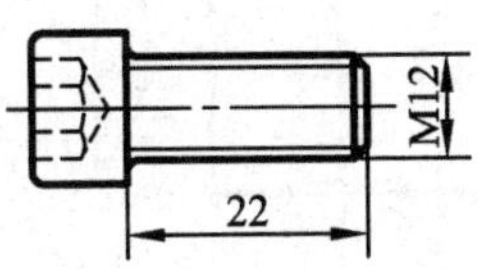 M12　22 螺钉 GB/T 70.1　M12×22	开槽盘头螺钉	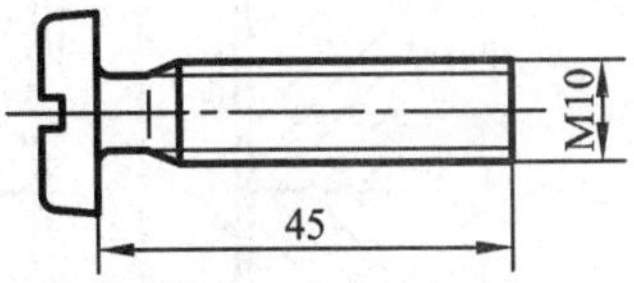 M10　45 螺钉　GB/T 67　M10×45

12.2.2　螺纹紧固件在装配图中的画法

在装配图中螺纹紧固件的画法，应遵守以下几点规定：

① 两个被连接零件的接触面画一条线，否则非接触不论其间隙多么小，也要画出两条线，以表示间隙；

② 相邻两个被连接的零件的剖面线的方向应相反，或者方向一致、间隔不等来区别两个零件的断面；

③ 对于紧固件和实心零件，如螺栓、螺柱、螺母、垫圈、键、销、球及实心轴等，若剖切平面通过它们的轴线时，则这些零件都按不剖来绘制，即只画出外形；需要时，可采用局部剖视图表示。

下面按紧固件的三种形式进行讨论。

1. 螺栓连接

螺栓紧固件包括螺栓、螺母、垫圈（平垫圈或弹簧垫圈）。

螺栓是由头部和杆两部分组成，图 12－14 为螺栓头部倒角曲线的形成（与螺母端面倒角曲线的形成是一样的）。

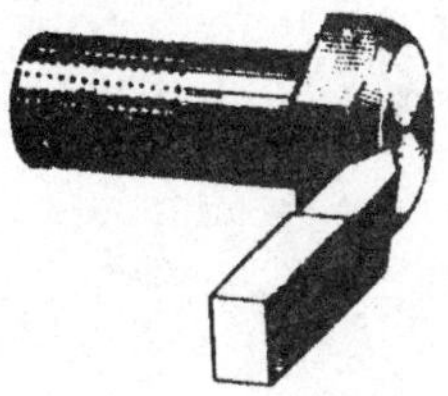

图 12－14　螺栓头部曲线的形成

螺栓是用来连接不太厚的、并能钻成通孔的两个被连接的零件。将螺栓杆穿过两个被连接的零件上的通孔，再套上垫圈后用螺母旋紧，即将两个被连接的零件固定在一起的一种连接方式，如图 12－15(b)所示。

螺栓连接图的画法有两种：

(1) 查表法

根据其各个螺纹紧固件的标记可以分别查阅附录附表 4、7、8 或查阅有关的国家标准，得出各螺纹紧固件的尺寸，然后绘制连接图的一种方法，称为查表法。

(2) 近似画法

为了减少查表的繁琐，将螺纹紧固件各个部分的尺寸用与公称直径成一定比例的尺寸绘制连接图的一种方法，称为近似画法(又称比例法)。

绘制螺栓连接图时常采用比例画法，图 12－15(a)为螺栓连接图的比例画法，六角头螺栓头部倒角的画法与螺母端面倒角的画法相同。表 12－5 列出了螺栓连接图比例画法中各部分的尺寸与公称直径的比例关系，仅供参考。

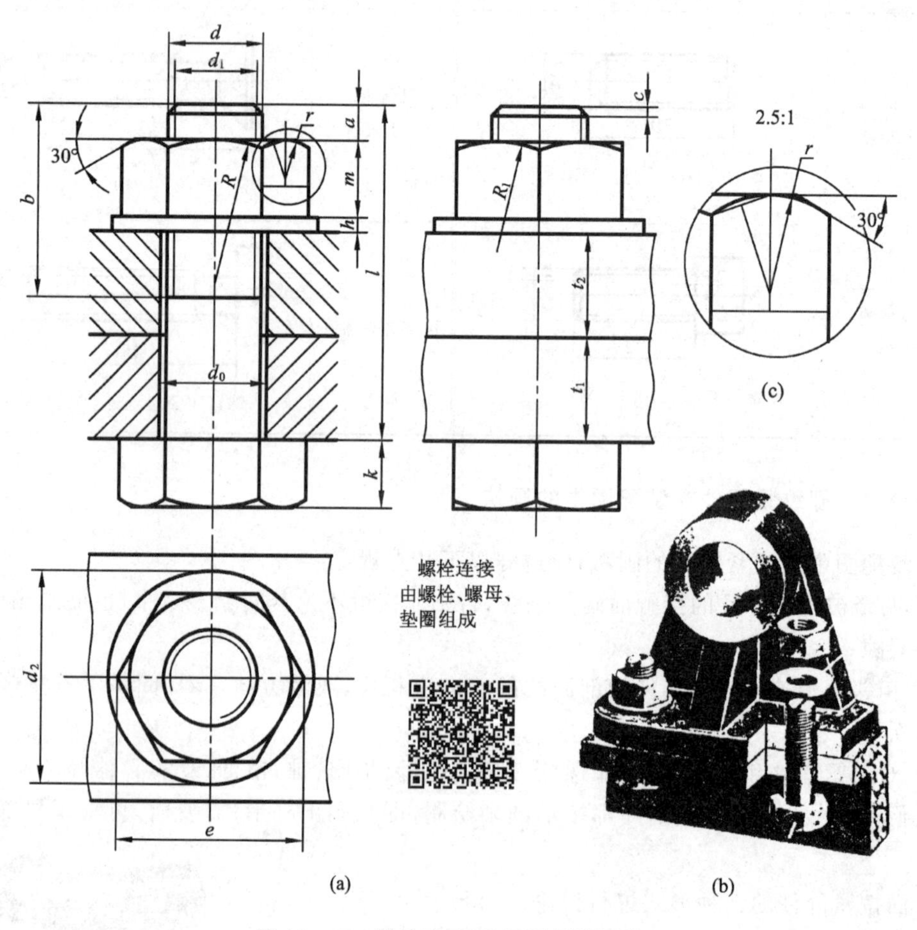

图 12－15　螺栓连接、动画及近似画法

表 12－5　螺栓连接近似画法的比例关系

部　位	尺寸比例	部　位	尺寸比例
螺　栓	$b=2d$	螺　母	$R=1.5d$
	$k=0.7d$		$R_1=d$
	$d_1=0.85d$		$e=2d$
	$c=0.1d$		$m=0.8d$
	$a=0.3d$		r 由作图决定(见图 12－15(c))
	l＝两个被连接件厚$+h+m+a$	垫　圈	$h=0.15d$
			$d_2=2.2d$
		被连接件	$d_0=1.1d$

必须指出的是，无论采用哪一种画法，螺栓的杆长 l(公称长度)都应进行计算后查附录附表 4 或者查阅有关的国家标准后取标准长度来画图，其杆长的计算式是

$$螺栓长度\ l=t_1+t_2+h+m+a$$

其中，t_1 和 t_2 是两个被连接的零件的厚度，h 是垫片的厚度，m 是螺母的厚度，a 是螺栓杆伸出螺母的长度。

由图 12－15(a)可见，螺栓连接图的绘制除了应遵守螺纹紧固件在装配图中的画法三点之外，其上部螺栓杆伸出螺母的螺纹与垫圈下方螺栓杆上螺纹的大小径的粗细实线应对齐在一条直线上，并且注意，两个被连接零件的结合面的线应画止螺栓杆的转向轮廓线。

2. 螺柱连接

螺柱连接件包括双头螺柱、螺母、垫圈(平垫圈或弹簧垫圈)。

当两个被连接的零件中，有一个较厚(需要制成不通的螺纹孔)或不适宜采用螺栓连接时，常采用螺柱连接。双头螺柱的两头都切制有螺纹，一端通过被连接零件的光孔旋入到另一个被连接零件的螺孔中，称为旋入端(旋入端的螺纹长用 b_m 表示)；另一端套上垫圈后与螺母旋合将两个被连接的零件紧固，称为紧固端。图 12－16 是双头螺柱连接的示意图。旋入端的长度是根据被旋入零件(螺孔)的材料而定，即

① 当被旋入零件的材料为钢时，$b_m=d$(GB/T 897—1988)；

② 当被旋入零件的材料为铸铁或青铜时，$b_m=1.25d$(GB/T 898—1988)或 $b_m=1.5d$(GB/T 899—1988)；

③ 当被旋入零件的材料为铝时，$b_m=2d$(GB/T 900—1988)。

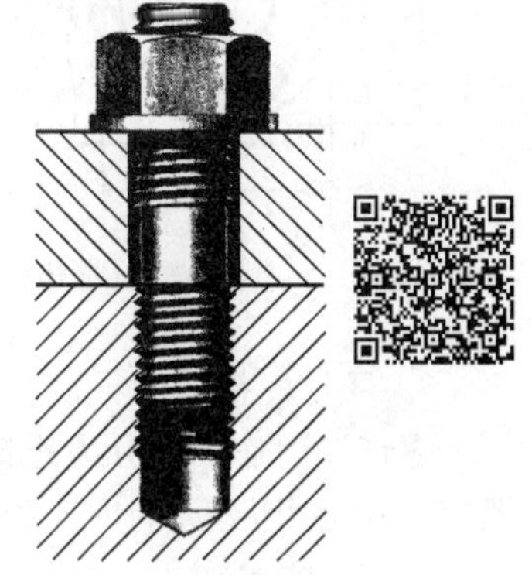

图 12－16　螺柱连接及动画

双头螺柱的形式、尺寸等，根据标记可以查阅附录附表 5 或者查阅有关的国家标准后。画螺柱连接图时，同样可采用查表法或比例画法两种，双头螺柱的比例画法如图 12－17 所示。

由螺柱连接图可知旋入端的画法与内外螺纹不通孔连接的画法相同，而紧固端的画法与螺栓连接图的上部画法一致。画图时应注意以下几点：

① 旋入端的螺纹终止线要与两个被连接的零件的结合面平齐，表示旋入端已经拧紧。

② 双头螺柱的杆长 l(不包括旋入端 b_m 的长度)也需要通过计算后查附录附表 5 或者查阅

有关的国家标准后取标准长度来画图,只是计算式中仅有上部被连接的零件的厚度,其计算式为

$$l=t+h+m+a$$

其中,t 是上部带光孔被连接的零件的厚度,h 是垫片的厚度,m 是螺母的厚度,a 是螺柱伸出螺母的长度,其中,h、m、a 的尺寸如表 12-5 所列。

③ 若采用弹簧垫圈(见图 12-18)时,比例画法可根据以下数据作图:

弹簧垫圈的外径 $D=1.5d$,厚度 $S=0.2d$,开槽的之距 $m=0.1d$,开槽的方向与螺纹的旋向有关,当为右旋螺纹时,开槽的方向与水平成左斜 60°画出,开槽在左视图中不需要画出。

根据弹簧垫圈的标记,其有关的尺寸可从附录附表 8 或者有关的国家标准中查得。

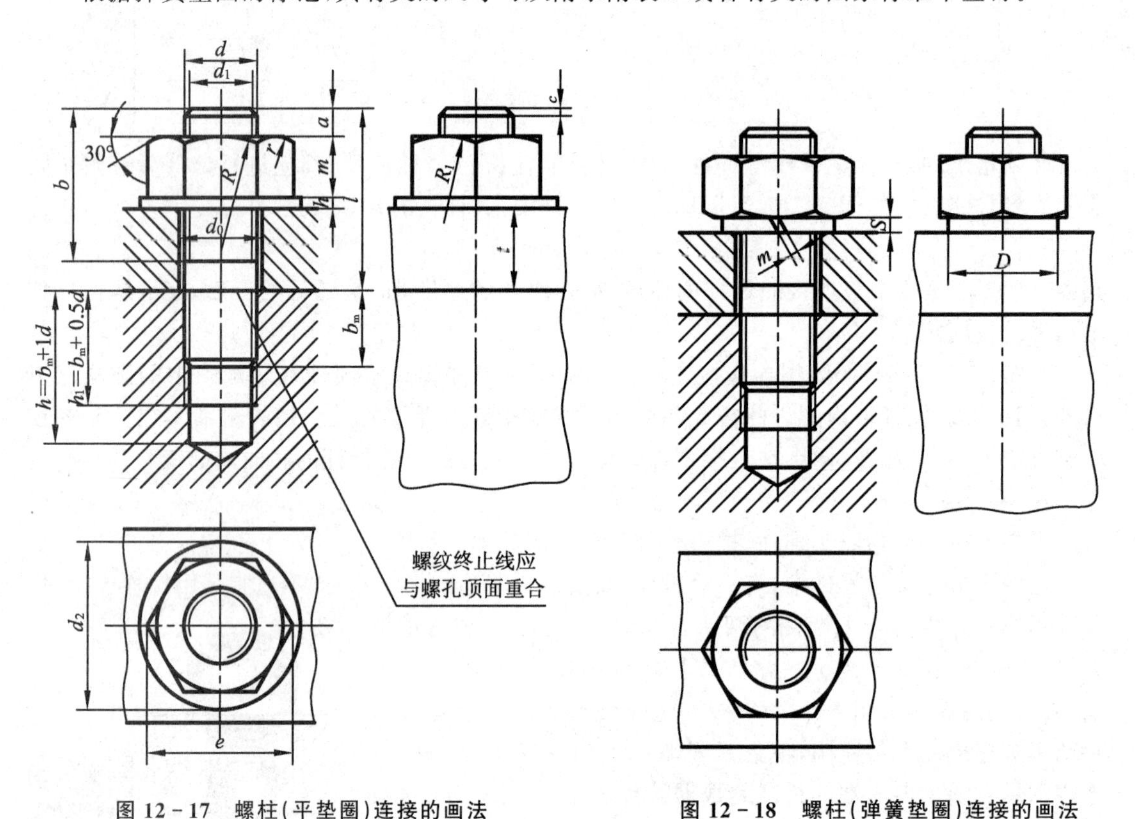

图 12-17　螺柱(平垫圈)连接的画法　　图 12-18　螺柱(弹簧垫圈)连接的画法

3. 螺钉连接

螺钉按用途不同分为连接螺钉(用来连接零件)和紧定螺钉(用来固定零件)两大类。根据螺钉的标记,其有关的内容和尺寸可从附录附表 6 及有关的国家标准中查得。

(1) 连接螺钉

螺钉连接一般用于被连接的零件受力不大而又不需要经常拆卸的场合。如图 12-1 所示的齿轮油泵中端盖和泵体,就是用六个内六角圆柱头螺钉连接的。在图 12-19 中仅画出了各个零件的局部形状和螺钉连接图。

用螺钉连接两个零件时,螺钉杆部穿过一个零件的通孔(沉孔)而旋入另一个零件的螺孔中,将零件紧固在一起是靠螺钉头部支承面而压紧的,如图 12-19(b)所示。

(2) 紧定螺钉

紧定螺钉是用来固定两个零件的相对位置,并使两个零件之间不能产生相对运动。

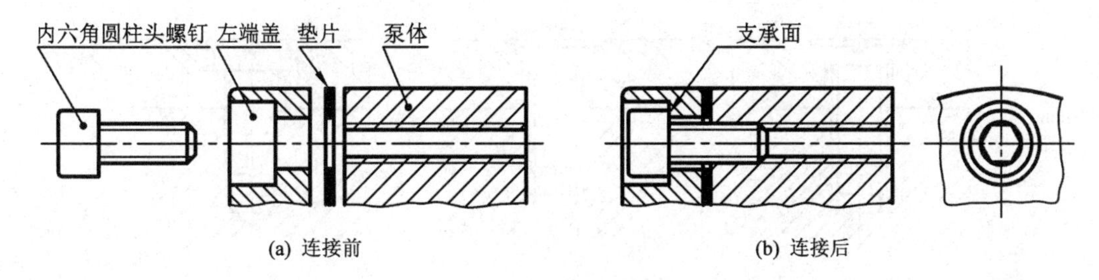

(a) 连接前　(b) 连接后

图 12-19　螺钉连接的画法

图 12-20 所示是零件轴和齿轮的紧固：用一个开槽锥端紧定螺钉旋入轮毂的螺孔中，使得螺钉端部的 90°锥顶角的锥面与轴上的 90°锥坑顶紧，从而固定了轴和齿轮(图中仅画出了轮毂部分)的相对位置。

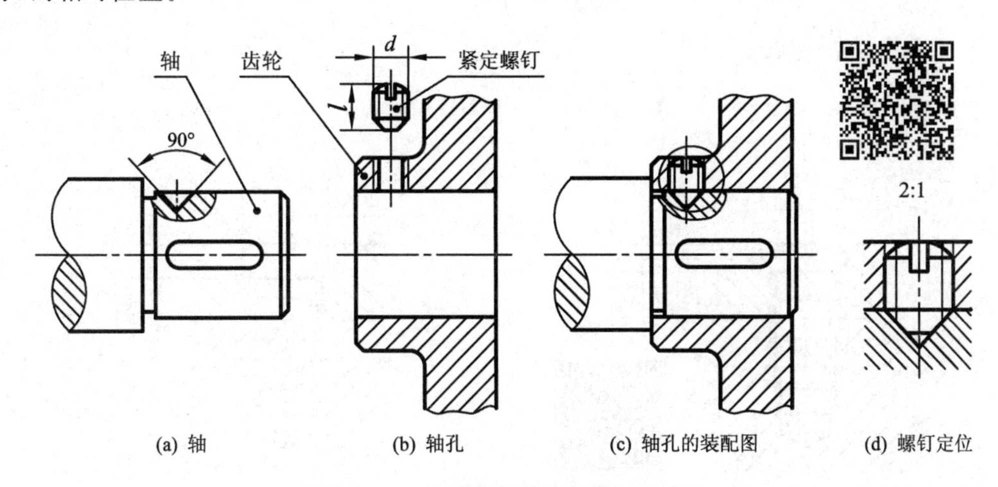

(a) 轴　(b) 轴孔　(c) 轴孔的装配图　(d) 螺钉定位

图 12-20　紧定螺钉连接的画法及动画

在螺钉连接的装配图中，螺孔部分有通孔和盲孔两种形式，图 12-21 为几种不同螺钉的连接图。由图可见，螺钉连接的下部与双头螺柱连接中旋入端连接的画法是相类似的，只是螺钉的螺纹终止线不可以与两个被连接零件的结合面平齐，而应在两个被连接零件的结合面的上方，这样螺钉才可能拧紧。

画螺钉连接图时，还应注意以下几点：

① 具有沟槽的螺钉头部，在画主、左视图时，沟槽应放正画出，即以轴线对称画出，而在俯视图中则规定画在 45°倾斜方向，如图 12-21 的主、俯视图所示。

② 圆柱头螺钉的头部与沉孔之间、螺钉大径与通孔之间都应画成两条线，见图 12-21 的主视图和图 12-22。

③ 沉孔的台面和螺钉头部的台面应画成一条线，表示螺钉已经拧紧。

④ 设计时，沉孔、通孔和螺孔的尺寸均可以从有关的国家标准中查得，也可以采用比例画法。螺钉头部的比例画法如图 12-22 所示，也可以查阅国家标准画出。

4. 装配图中螺纹紧固件的简化画法

国家标准规定，在装配图中螺纹紧固件可以采用简化画法，如表 12-6 所列。

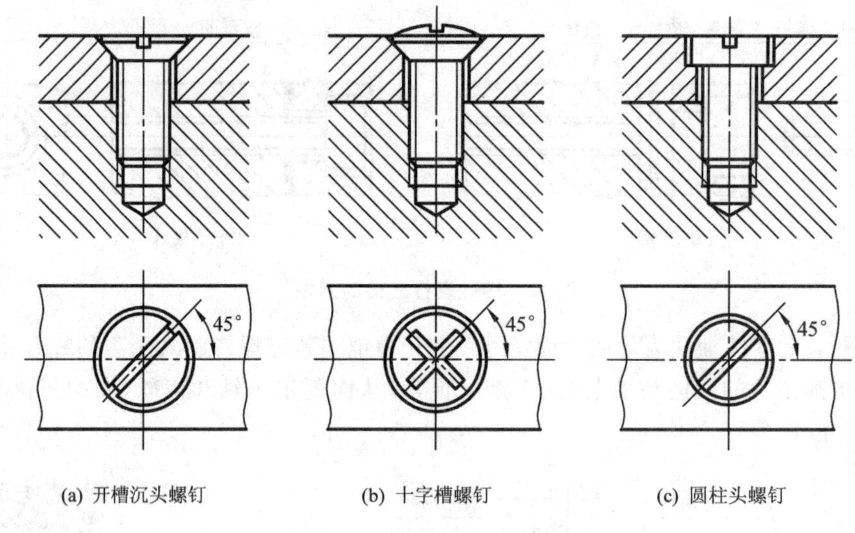

(a) 开槽沉头螺钉　　(b) 十字槽螺钉　　(c) 圆柱头螺钉

图 12－21　三种螺钉连接的画法

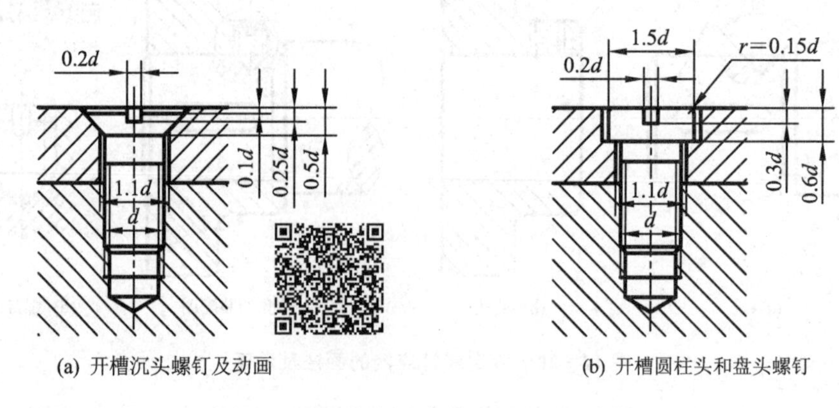

(a) 开槽沉头螺钉及动画　　(b) 开槽圆柱头和盘头螺钉

图 12－22　螺钉头部的比例画法及动画

表 12－6　装配图中常用螺纹紧固件的简化画法(摘自 GB/T 4459.1—1995 (部分))

名　称	简化画法	名　称	简化画法
六角头螺栓		开槽沉头螺钉	
内六角圆柱头螺钉		开槽半沉头螺钉	
无头内六角螺钉		开槽盘头螺钉	

续表 12-6

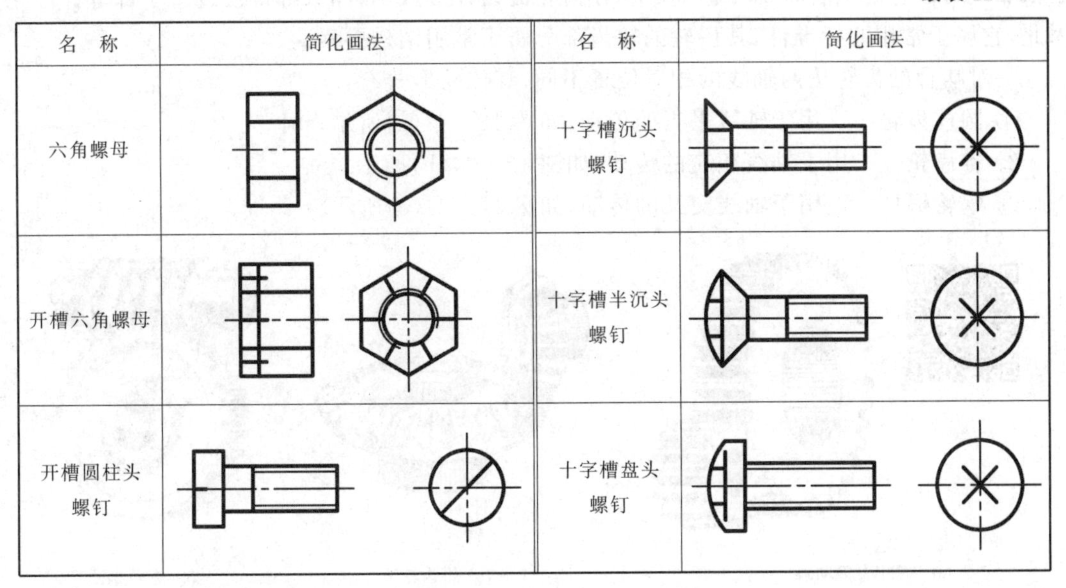

名　称	简化画法	名　称	简化画法
六角螺母		十字槽沉头螺钉	
开槽六角螺母		十字槽半沉头螺钉	
开槽圆柱头螺钉		十字槽盘头螺钉	

图 12-23 是螺纹紧固件的简化画法在装配图中的应用举例，其简化部位是：螺栓、螺柱、螺母、螺钉的端部倒角均可以省略不画；在不通的螺纹孔中，不画出钻孔深度，仅按有效螺纹部分的螺孔深度（不包括螺尾）画出（见图 12-23(b)、(d)的主视图）。螺钉头部的开槽用加粗的粗实线表示（见图 12-23(c)、(d)）。

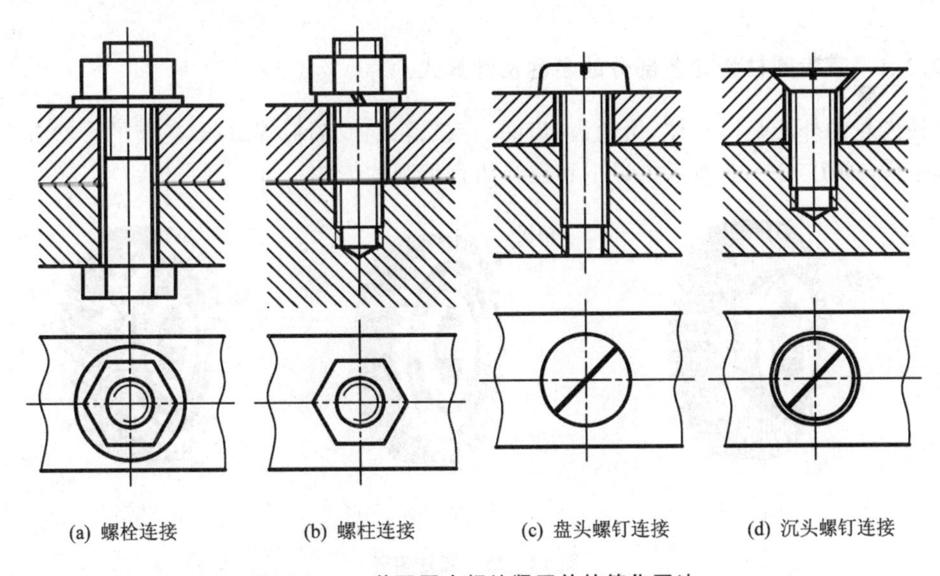

(a) 螺栓连接　　(b) 螺柱连接　　(c) 盘头螺钉连接　　(d) 沉头螺钉连接

图 12-23　装配图中螺纹紧固件的简化画法

12.3　齿轮及表示法(GB/T 4459.2—2003)

齿轮是在机器或部件中应用非常广泛的传动零件，它能将一根轴的动力传递给另一根轴，同时还能根据要求来改变另一根轴的转速和运动方向。例如在图 12-1 所示的齿轮油泵中就是依靠一对齿轮的啮合来加压输油的。在齿轮的设计参数中,国家标准已进行了部分标准化,因此,它属于常用非标准件,其齿轮的轮齿部分属于常用结构要素。

一对啮合的齿轮按两轴线的相对位置不同,其传动形式有:

① 圆柱齿轮——用于轴线平行的传动,如图12-24(a)所示;

② 锥齿轮——用于轴线相交的传动,如图12-24(b)所示;

③ 蜗轮蜗杆——用于轴线交叉的传动,如图12-24(c)所示。

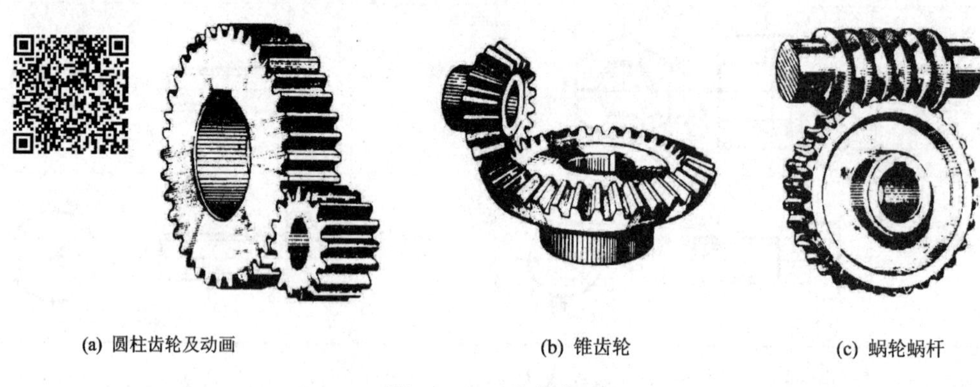

(a) 圆柱齿轮及动画　(b) 锥齿轮　(c) 蜗轮蜗杆

图12-24　齿轮传动

齿轮一般由轮体和轮齿两部分组成,轮体部分根据设计要求不同可以设计成平板式、轮辐式、辐板式等。轮齿部分的齿廓曲线可以是渐开线、摆线、圆弧等,最常用的齿廓曲线为渐开线齿形。

12.3.1　直齿圆柱齿轮各部分的名称及计算式

圆柱齿轮的外形是圆柱体,由轮齿、齿圈、轮毂、轮辐或辐板等组成,轮齿的形状有直齿、斜齿和人字齿,如图12-25所示。以下重点介绍直齿圆柱齿轮。

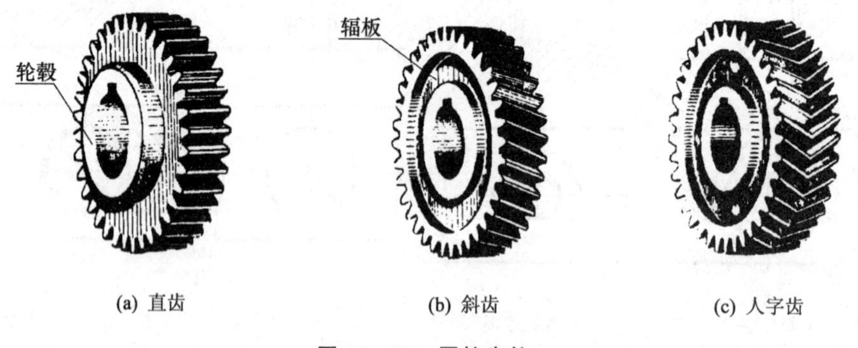

(a) 直齿　(b) 斜齿　(c) 人字齿

图12-25　圆柱齿轮

1. 直齿圆柱齿轮轮齿部分的名称及代号

直齿圆柱齿轮轮齿部分的名称及代号,如图12-26所示。

(1) 齿轮上轮齿部分的三个圆

齿顶圆——齿轮上齿顶所在圆柱面的圆,以 d_a 表示;

齿根圆——齿轮上齿根所在圆柱面的圆,以 d_f 表示;

分度圆——当齿轮的齿厚弧长(s)和齿槽弧长(e)相等时,二者所在的分度圆柱面的圆,以

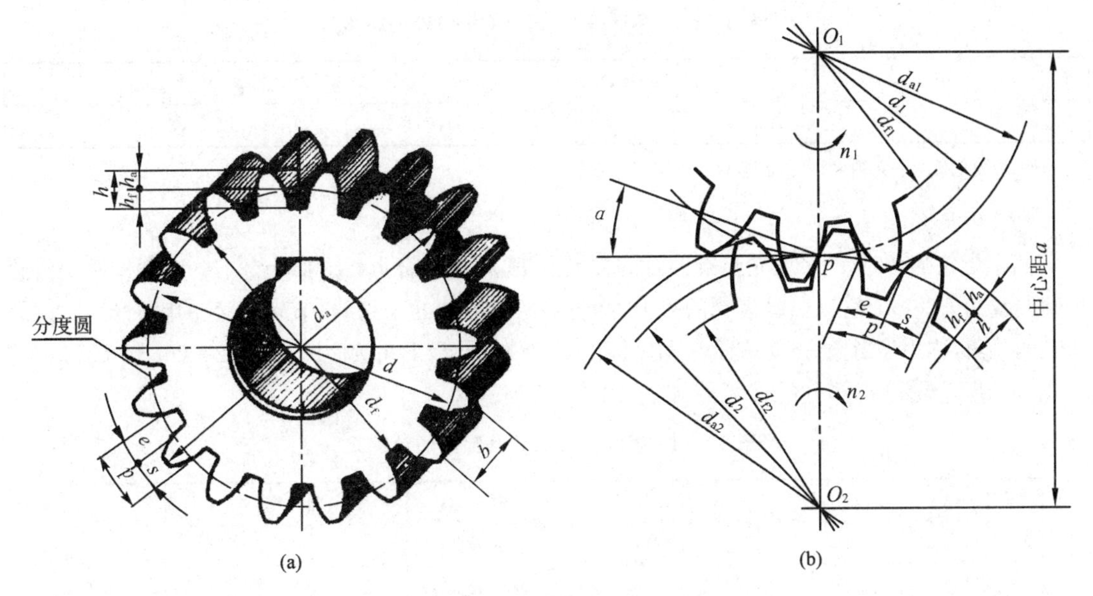

图 12-26　齿轮轮齿各部分名称

d 表示。

当两个齿轮啮合时，其啮合点所在的圆称为节圆，以 d' 表示。在标准齿轮中 $d=d'$。

(2) 齿轮上轮齿部分的三个高

全齿高——轮齿在齿顶圆与齿根圆之间的径向距离，以 h 表示；

齿顶高——轮齿在齿顶圆与分度圆之间的径向距离，以 h_a 表示；

齿根高——轮齿在齿根圆与分度圆之间的径向距离，以 h_f 表示。

(3) 齿距、齿厚和槽宽

齿距——在分度圆上，相邻两齿对应点的弧长，以 p 表示；

齿厚——在分度圆上，一个轮齿齿廓间的弧长，以 s 表示；

齿槽——在分度圆上，相邻两个轮齿间槽的弧长，以 e 表示。

(4) 齿宽——沿齿轮的轴线方向量得的轮齿宽度，以 b 表示。

(5) 齿数——轮齿的数量，以 z 表示。

2. 直齿圆柱齿轮的基本参数及计算式

(1) 模　数

由于齿轮上有多少个齿，在分度圆上就有多少个齿距。因此，分度圆的周长为 $\pi d = zp$，即

$$d=p/\pi\times z$$

令式中 $p/\pi=m$，则 $d=mz$，齿距 p 与 π 的比值称为模数，以 m 表示，其单位为 mm。由于两个齿轮啮合时齿距 p 必须相等，因此一对齿轮要正确的啮合其模数也必须相等。

模数是设计和制造齿轮的一个重要参数，模数越大齿轮的轮齿就越大，齿轮能承受的力也就越大。因此，模数的大小，决定着轮齿的大小，也就决定了齿轮能传递的力矩的大小。不同模数的齿轮，要用不同模数的刀具来加工制造。为了设计和加工制造的方便，国家标准对模数的数值进行了标准化、系列化，如表 12-7 所列。

表 12-7　标准模数(摘自 GB 1357—2008)　mm

第一系列	1,1.25,1.5,2,2.5,3,4,5,6,8,10,12,16,20,25,32,40,50
第二系列	1.125,1.375,1.75,2.25,2.75,3.5,4.5,5.5,(6.5),7,9,11,14,18,22,28,36,45

注：优先选用第一系列，括号内的模数尽可能不选用。

(2) 齿形角

两个齿轮啮合时，两个齿轮齿廓曲线的接触点 P，称为啮合点(又称节点)，过点 P 作两个齿轮齿廓曲线的公法线，该公法线(齿廓的受力方向)与两个节圆的公切线(节点 P 处的瞬时运动方向)所夹的锐角，称为齿形角，以 α 表示。国家标准规定齿轮的齿形角为 20°，如图 12-26(b)所示。

(3) 齿轮轮齿各部分的计算式如表 12-8 所列。

表 12-8　直齿圆柱齿轮各部分的计算式

名　称	代　号	计算公式	名　称	代　号	计算公式
分度圆直径	d	$d=mz$	齿顶圆直径	d_a	$d_a=m(z+2)$
齿顶高	h_a	$h_a=m$	齿根圆直径	d_f	$d_f=m(z-2.5)$
齿根高	h_f	$h_f=1.25m$	中心距	a	$a=m/2(z_1+z_2)$
全齿高	h	$h=h_a+h_f=2.25m$	齿距	p	$p=m\pi$

12.3.2　直齿圆柱齿轮的画法

齿轮的轮齿部分，一般情况下不按其真实的形状画出，而是按 GB/T 4459.2 中规定的特殊表示法来绘制。

1. 单个圆柱齿轮的画法

在视图中，齿轮的齿顶圆和齿顶线用粗实线绘制，分度圆和分度线用细点画线绘制，齿根圆和齿根线用细实线绘制(或者省略不画)，如图 12-27(a)所示。

在剖视图中，一般情况下画成全剖视图。当剖切平面通过齿轮的轴线时，轮齿部分无论是否剖到都按不剖来处理，而齿根线用粗实线绘制，如图 12-27(b)所示。

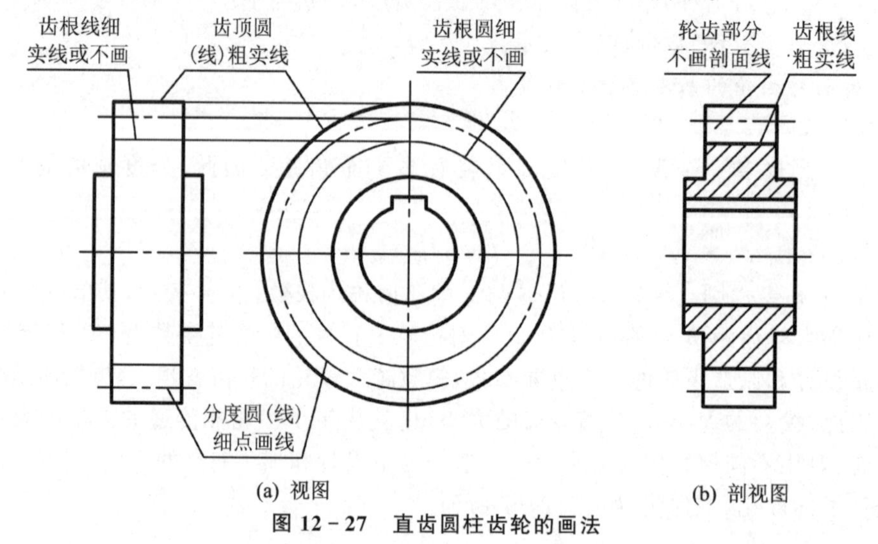

(a) 视图　　(b) 剖视图

图 12-27　直齿圆柱齿轮的画法

斜齿圆柱齿轮的绘制方法与直齿圆柱齿轮类似，只是剖视图需要采用半剖视图或局部剖视图表示，在画外形的视图中用与齿线方向一致的三条平行的细实线表示斜齿的齿线方向，图 12－28(a)为斜圆柱齿轮的画法。若为人字齿圆柱齿轮，其画法与斜齿圆柱齿轮类似，只是表示齿线方向的三条平行的细实线为 V 形，如图 12－28(b)所示。

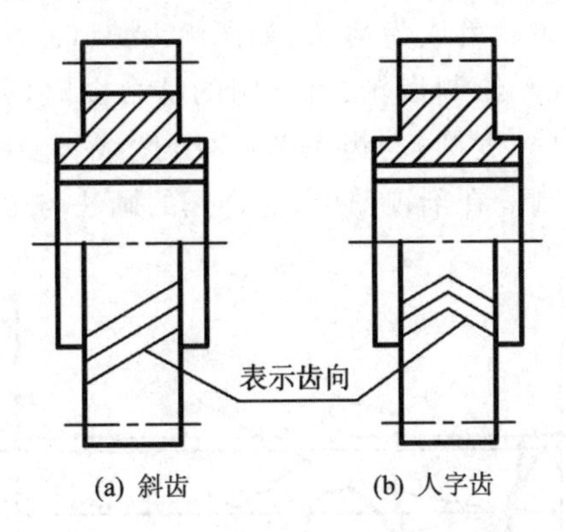

图 12－28　其他圆柱齿轮的画法

2. 圆柱齿轮副的啮合画法——外啮合

画齿轮副的啮合图时，一般采用两个视图。

在垂直于圆柱齿轮轴线的投影面的视图中，啮合区内齿顶圆都用粗实线绘制，节圆（分度圆）相切，如图 12－29(a)左视图所示。也可省略不画，如图 12－29(b)所示。

在平行于圆柱齿轮轴线的投影面的视图中，啮合区仅将节线用粗实线绘制，而其余的线不需要画出，如图 12－29(c)、(d)所示。

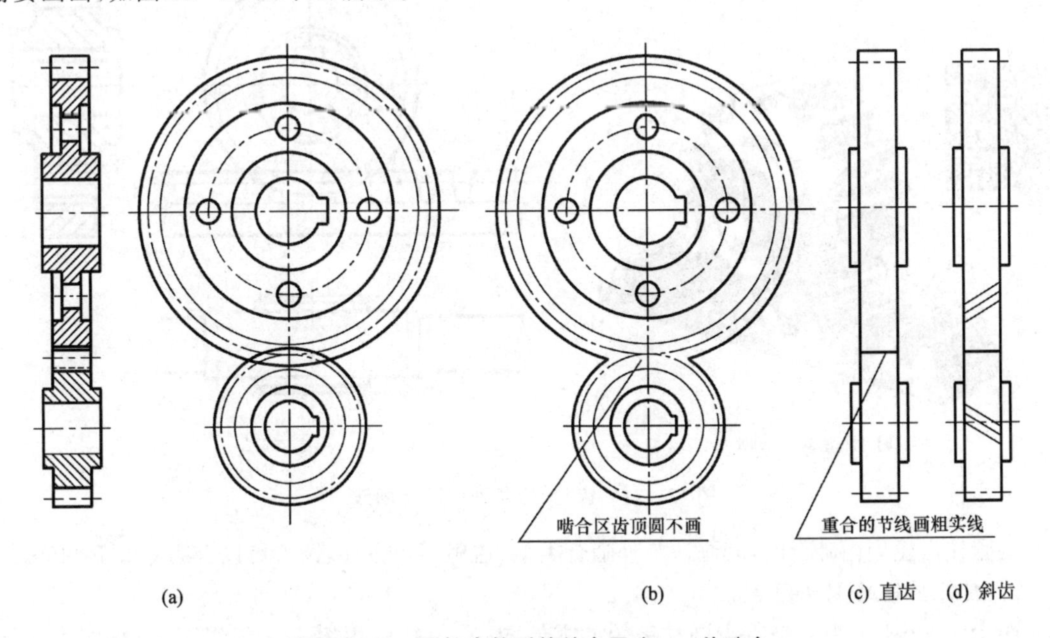

图 12－29　圆柱齿轮副的啮合画法——外啮合

在剖视图中,当剖切平面通过两个啮合齿轮的轴线时,啮合区内将一个齿轮轮齿的齿顶线用粗实线绘制,而另一个齿轮轮齿被遮挡,其齿顶线用细虚线绘制,或者省略不画。节线(分度线)用细点画线绘制,两个齿轮齿根线用粗实线绘制,如图 12－29(a)的主视图和图 12－30 所示。两个齿轮的剖面线方向应相反。

当齿轮的直径无限大时,齿轮就成为齿条,如图 12－31(a)所示。此时,齿顶圆、分度圆、齿根圆和齿廓曲线都成为直线。绘制齿轮、齿条副的啮合图时,如图 12－31(b)所示,在齿轮表示为圆的视图中,齿轮节圆(分度圆)与齿条节线(分度线)应相切,齿条画出一个齿形的轮廓,其余的齿根线用细实线绘制。在剖视图中,啮合区的画法与两个齿轮啮合图的画法相同。

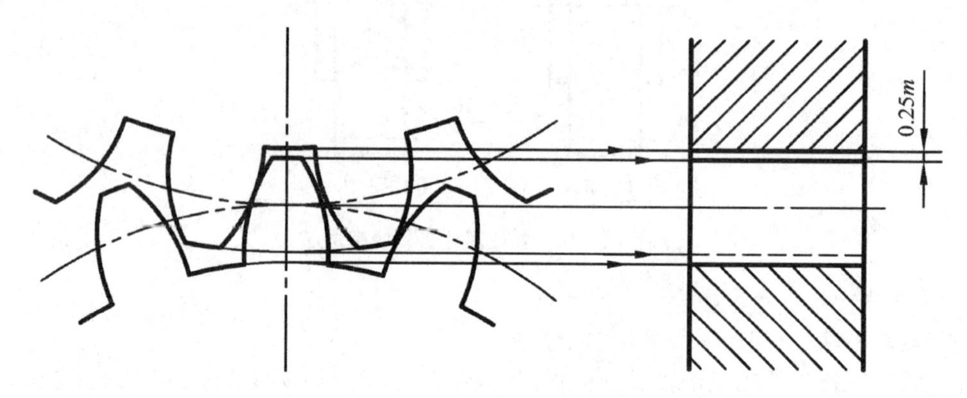

图 12－30　轮齿啮合区在剖视图中的画法

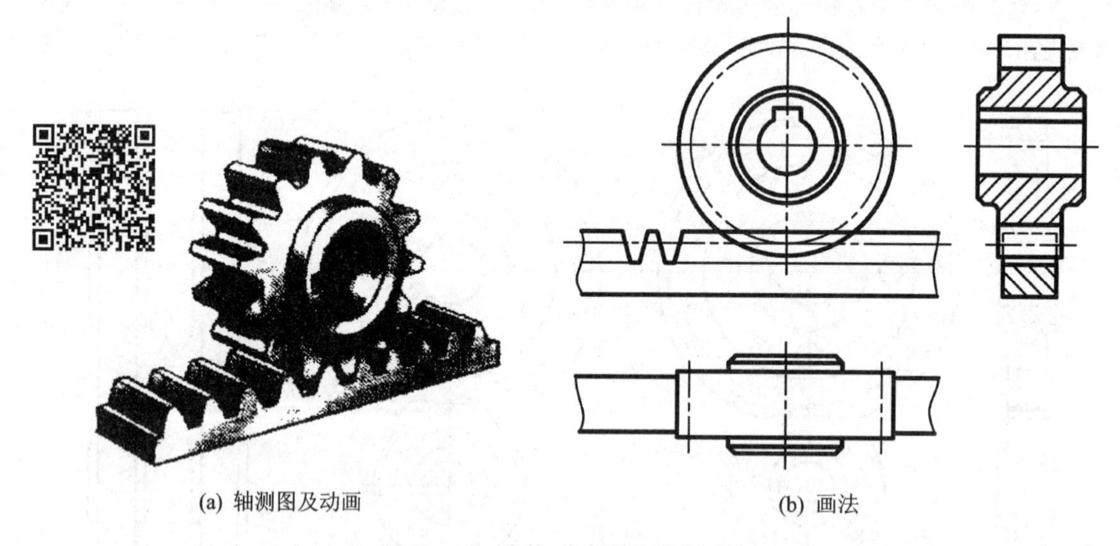

(a) 轴测图及动画　　(b) 画法

图 12－31　齿轮、齿条副的啮合画法

当圆柱齿轮副内啮合时,其画法与外啮合类似,这里不再重述,读者可以查阅 GB/T 4459.2。

3. 圆柱齿轮的零件图

图 12－32 所示为一个直齿圆柱齿轮的零件图,它包括的内容有一组视图(全剖视的主视图和左视图)、完整尺寸、技术要求(见第 13 章)和制造齿轮所需要的基本参数(其中大多数内容将在后继课程中学习)。

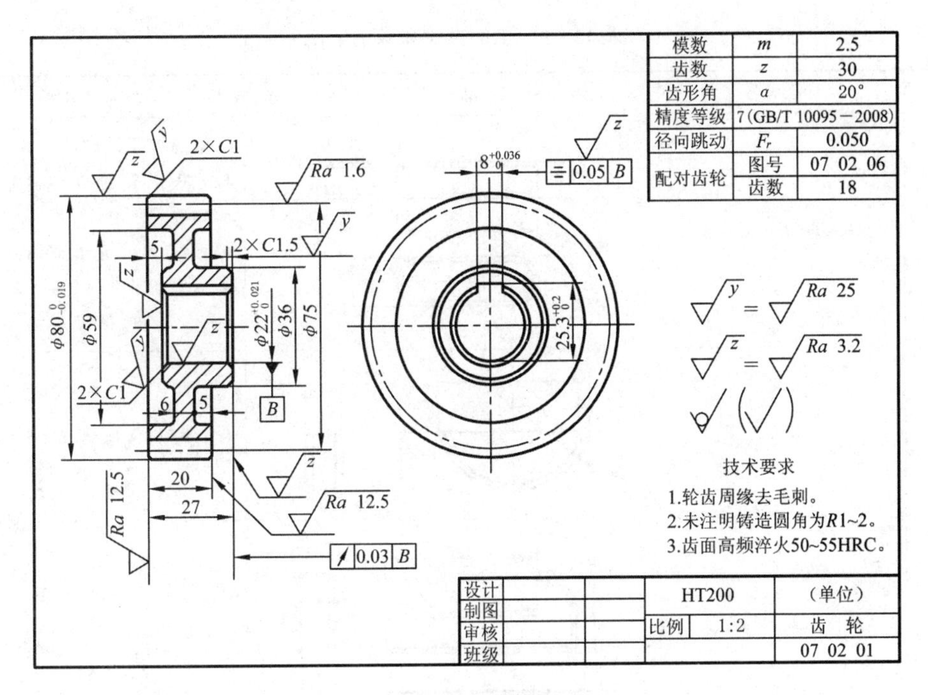

图 12－32　圆柱齿轮零件图

12.4　其他常用机件与常用结构要素的特殊表示法

12.4.1　键

为了使轮子与轴联结在一起转动，常采用键联结的方式，图 12－33 所示为皮带轮与轴之间的键联结。

键根据使用要求的不同，相应的类型有多种。例如，普通型平键和半圆键、钩头型楔键、花键等。

1. 常用键的联结

常用键包括普通型平键、半圆键和钩头型楔键等。

(1) 常用键的种类和标记

常用键的种类如图 12－34 所示，其键的形式及标记示例如表 12－9 所列。根据键的标记查阅附录附表 9 可以得到键的有关尺寸。

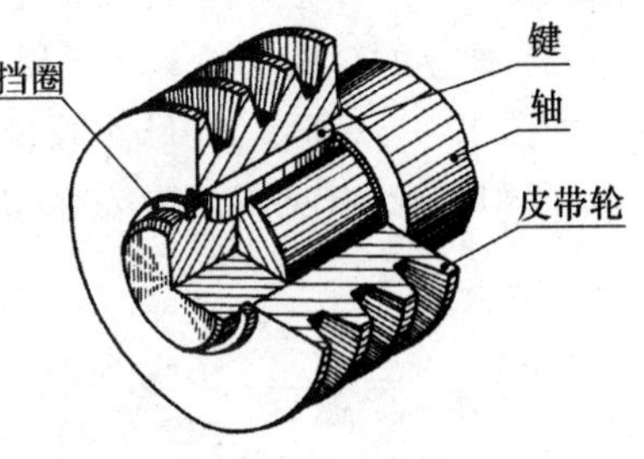

图 12－33　键联结

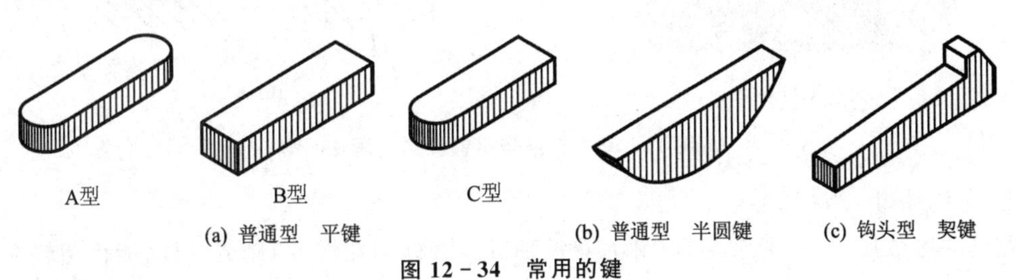

图 12－34　常用的键

表 12-9　键的形式和标记示例

名　称	标准编号	图　例	标记示例
普通型平键	GB/T 1096—2003		普通 A 型平键： GB/T 1096　键 $b\times h\times L$ 普通 B 型平键： GB/T 1096　键 B $b\times h\times L$ 普通 C 型平键： GB/T 1096　键 C $b\times h\times L$
普通型半圆键	GB/T 1099.1—2003		GB/T 1099.1　键 $b\times h\times D$
钩头型楔键	GB/T 1565—2003		GB/T 1565　键 $b\times L$

(2) 键联结的画法

键联结的画法如图 12-35～图 12-37 所示。

普通型平键和普通型半圆键的两个侧面是工作面，所以键与键槽侧面之间应不留间隙；而键的顶面是非工作面，它与轮毂的键槽顶面之间应留有间隙。

钩头型楔键的顶面有 1∶100 的斜度，联结时将键打入键槽。因此，键的顶面和底面为工作面，画图时上、下表面与键槽接触，而两个侧面留有间隙。

(3) 轴上的键槽和轮毂上的键槽的画法和尺寸注法(GB/T 1095—2003)

如图 12-38 所示，其尺寸数值的大小应根据键在联结轴与轮时的受力分析和强度计算后，查阅国家标准(见附录附表 9)获得，其中尺寸 $d(D)$ 为轴(或轴孔)的直径。

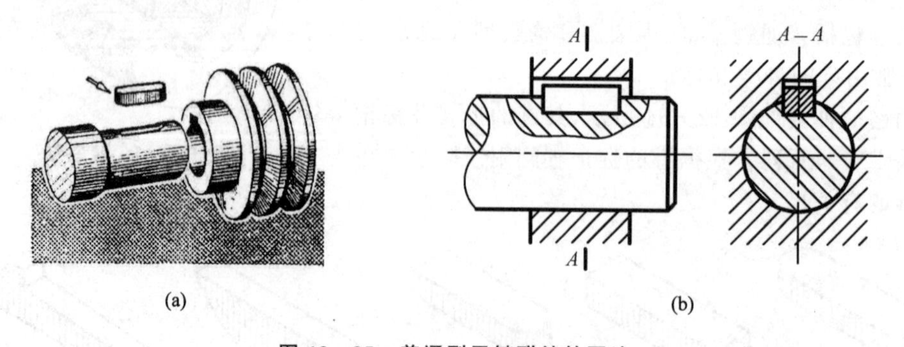

(a)　　(b)

图 12-35　普通型平键联结的画法

2. 花键联结

花键的键数比较多，通常与轴(称为花键轴)或孔(称为花键孔)制成一体，能传递较大的动

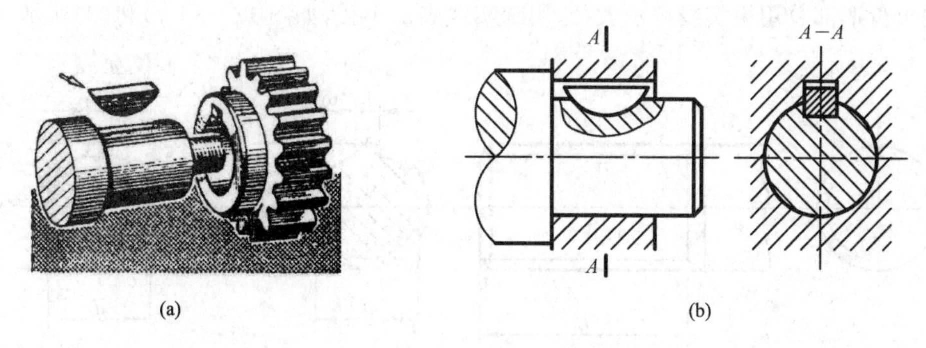

图 12-36　普通型半圆键联结的画法

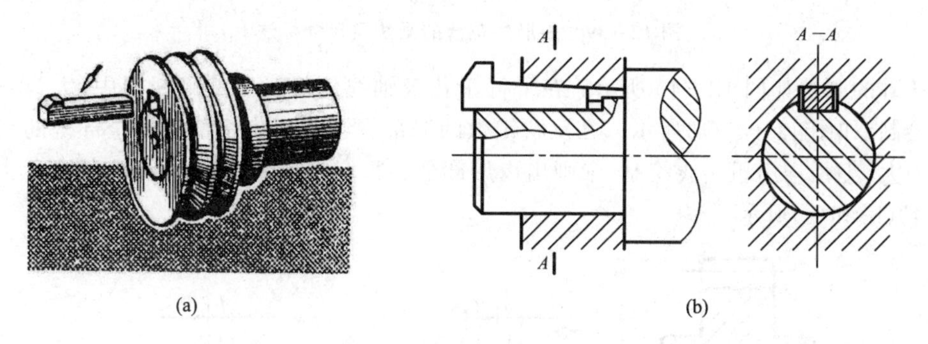

图 12-37　钩头型楔键联结的画法

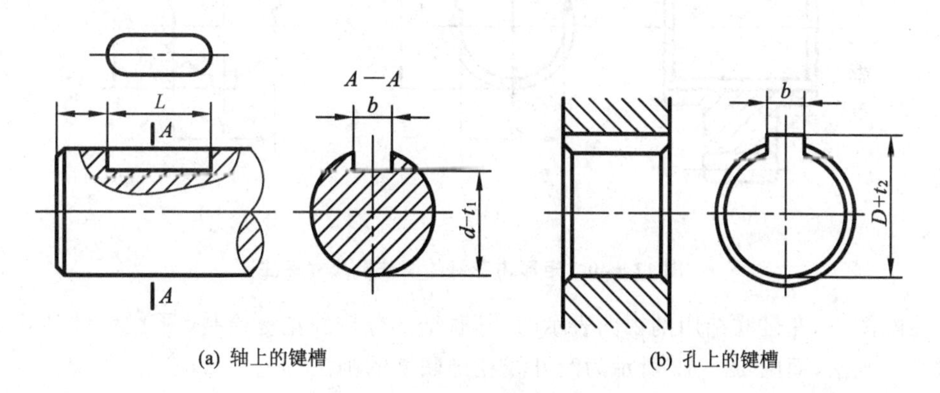

图 12-38　键槽的画法和尺寸标注

力，联结可靠，被联结的零件之间的同轴度和轴向导向性好。常用的花键齿形有矩形、三角形、渐开线形等，其中以矩形花键应用最广，它们的结构和尺寸都已标准化，其国家标准编号为 GB/T 4459.3—2000。

(1)花键的画法及尺寸标注

① 花键的画法　GB/T 4459.3 中规定花键的画法如下：

外花键的画法如图 12-39 所示。在平行于或垂直于花键轴线的投影面的视图中，大径用粗实线绘制，小径用细实线绘制，工作长度(L)的终止线和尾部长度的末端均用细实线绘制，尾部则画成斜线，斜线与轴线一般成 30°(见图 12-39(a)和(b))，必要时尾部可按实际情况画出。在反映键数的断面图中画出一部分或全部键的齿形，齿形部分的大、小径均用粗实线绘制,未画出齿形部分用粗实线表示大径,用细实线表示小径,如图 12 - 39(c)和(d)所示。

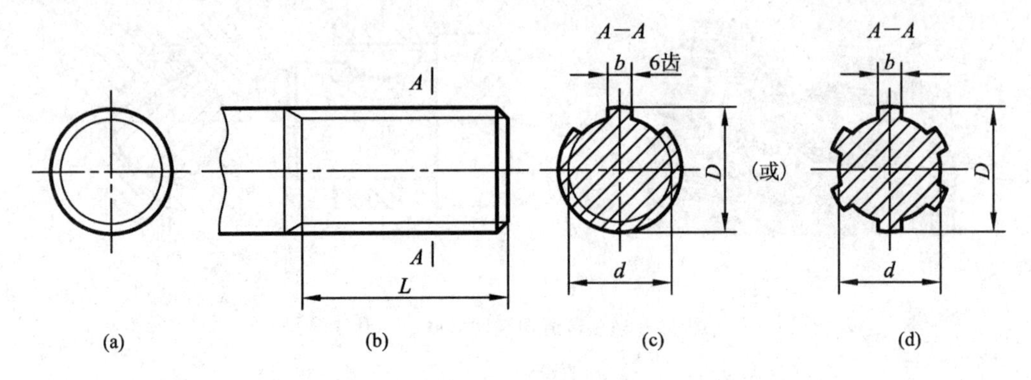

图 12 - 39　矩形外花键的画法及尺寸标注

内花键的画法如图 12 - 40 所示。在平行于花键轴线的投影面的剖视图中,大、小径均用粗实线绘制,如图 12 - 40(a)所示。在反映键数的局部视图中画出一部分或全部键的齿形,齿形部分的大、小径均用粗实线绘制,未画出齿形部分用粗实线表示小径,用细实线表示大径,如图 12 - 40(b)和(c)所示。

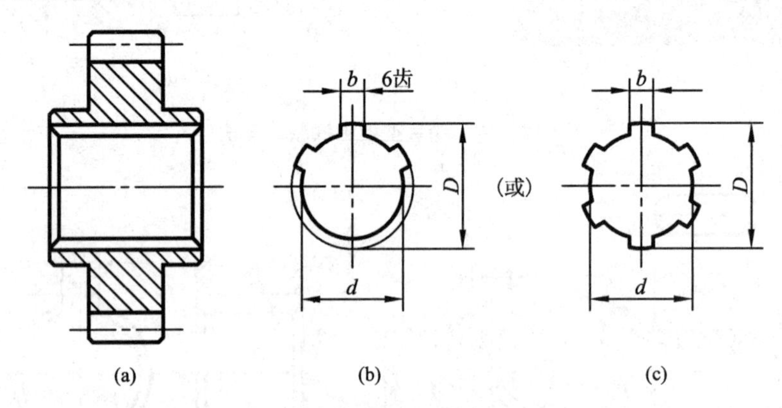

图 12 - 40　矩形内花键的画法及尺寸标注

在装配图中,花键联结用剖视图表示时,其联结部分按外花键绘制,图 12 - 41 所示为矩形花键联结的画法,而图 12 - 42 所示为渐开线花键联结的画法。

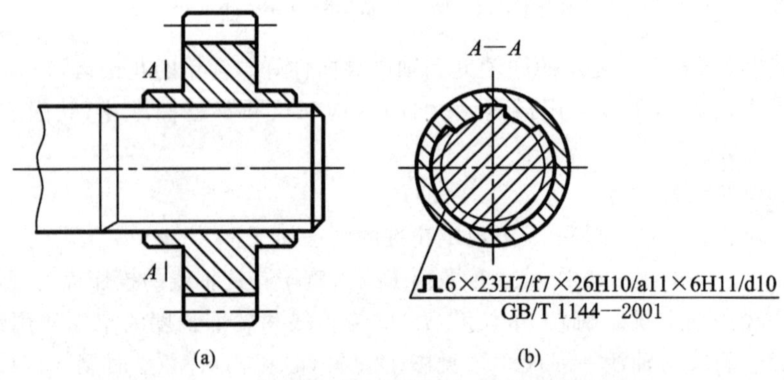

图 12 - 41　矩形花键联结的画法及标记的图样标注

必须指出：无论是矩形花键，还是渐开线花键，其画法基本相同。只是因为渐开线花键相当于一个圆柱齿轮，所以还需要采用细点画线画出分度圆和分度线（见图 12－44(b)）。在渐开线花键联结图中也是如此（见图 12－42）。

② 花键的尺寸标注　矩形花键和渐开线花键的尺寸标注相同。国家标准规定花键的大径、小径及键宽采用一般尺寸标注，如图 12－39(c)、(d)和图 12－40(b)、(c)为矩形花键的尺寸标注。键的工作长度可以采用三种形式注出：只注工作长度（见图 12－39(b)），或标注工作长度及尾部长度，或标注工作长度及全长。

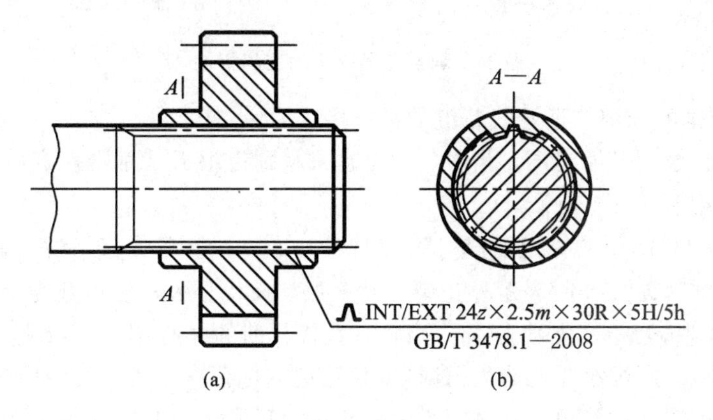

图 12－42　渐开线花键联结的画法及标记的图样标注

(2) 花键的标记及标注

花键的标记由表示花键类型的图形符号（图形符号的大小应与图样上其他符号协调一致，其符号的画法如图 12－43 所示，符号线宽为 $h/10$），键齿部分的有关参数、尺寸和公差要求，以及国家标准编号三部分所组成。

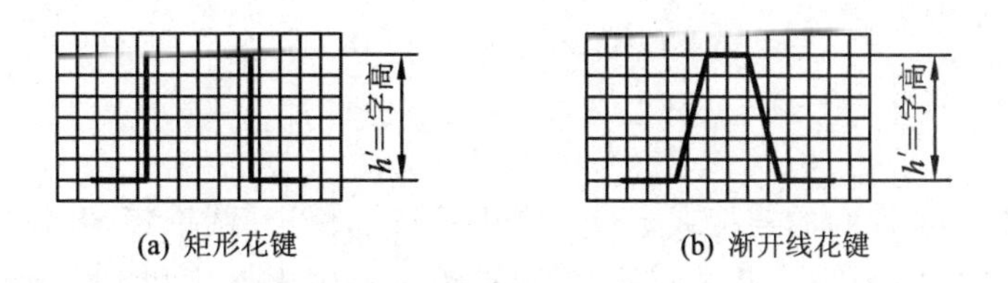

(a) 矩形花键　(b) 渐开线花键

图 12－43　花键类型的图形符号

① 矩形花键的标记　矩形花键的标记格式为：

图形符号　键数×小径及公差带代号×大径及公差带代号×键宽及公差带代号　标准编号

例如，图 12－44 中的标记：⎍ 6×23f7×26a11×6d10　GB/T 1144—2001，表示键数为 6，小径为 23f7，大径为 26a11 和键宽为 6d10 的矩形外花键。当将小径 d、大径 D、键宽 B 后面的公差带代号中的字母（基本偏差代号）由小写改为大写时，则该花键的标记含义为矩形内花键。

矩形花键副的标记是将内外花键的小径、大径和键宽的公称尺寸之后分别用斜分式写出其配合代号，其中分子为内花键的公差带代号，分母为外花键的公差带代号。如图 12－41 中的标记：⎍ 6×23H7/f7×26H10/a11×6H11/d10　GB/T 1144—2001。

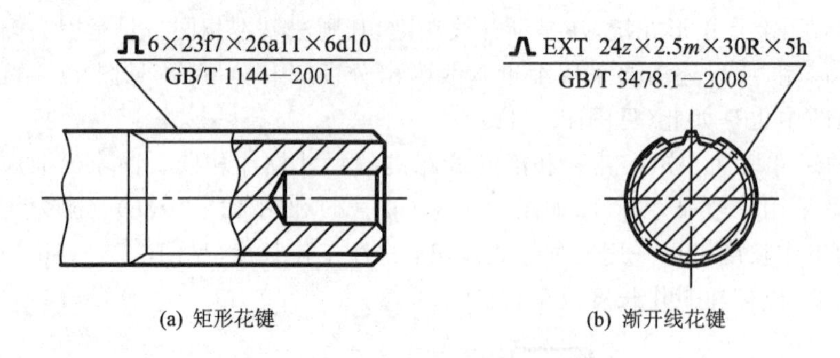

(a) 矩形花键　　(b) 渐开线花键

图 12-44　花键标记的图样标注

② 渐开线花键的标记　渐开线花键的标记格式为

图形符号　参数代号缩写词　齿数 z×模数 m×圆齿根 R×基本齿宽的公差带代号　标准编号。

例如,图 12-44(b)中的标记：⋀ EXT　24z×2.5m×30R×5h　GB/T 3478.1—2008。其中参数代号的缩写词“EXT”表示外花键。其余数字及代号表示键齿数为 24、模数为 2.5、齿形角为 30°的圆齿根,公差带代号为 5h。当将参数代号前的缩写词改为“INT”、公差带代号中的字母(基本偏差代号)由小写改为大写时,则该花键的标记含义为渐开线内花键。

渐开线花键副的标记与单个花键标记大致相同,其不同之处在于将内外花键参数代号的缩写词和公差带代号分别用斜分式写出,其中分子为内花键的代号,分母为外花键的代号,如图 12-42 中的标记：⋀ INT/EXT　24z×2.5m×30R×5H/5h　GB/T 3478.1—2008。

③ 花键标记在图样中的标注　花键标记应注写在指引线的基准线上,指引线指向花键的大径,如图 12-41、图 12-42 和图 12-44 所示。当所注花键标记不能全部反映设计要求时,则其必要的数据也可以参照齿轮图样中的参数表那样在图样中列表表示,或在其他相关文件中说明。

12.4.2　销

销主要用于机器零件间的连接或定位。常用销有圆柱销、圆锥销、开口销等,它们的形式和标记示例如表 12-10 所列。其中圆柱销、圆锥销主要用于连接和定位,而开口销用于带孔的螺栓与开槽螺母连接时,是将销穿过开槽螺母的槽口和螺栓上的孔,并把销的尾部分开,以防止螺母松动脱落。

表 12-10　销的形式和标记示例

名　称	标准编号及轴测图	图　例	标记示例
圆柱销	GB/T 119.1—2000	≈15°　c　l　d　①　c　d　c	销 GB/T 119.1 d×L 注：允许倒圆或凹穴

续表 12-10

名　称	标准编号及轴测图	图　例	标记示例
圆锥销	GB/T 117—2000	$r_1 \approx d$　Ra 1.6　1:50　r_2　d　c　a　l　$r_2 \approx a/2+d+(0.02l)^2/8a$　Ra 6.3	销 GB/T 117 $d \times L$ A 型(磨削)： 锥面 $Ra=0.8$ μm B 型(切削或冷镦)：锥面 $Ra=3.2$ μm
开口销	GB/T 91—2000	b　l　a　c　d　a	销 GB/T 91 $d \times L$

根据销的标记，其有关内容和尺寸可以从附录附表 10 或者有关的国家标准中查得。

常用的三种销在装配图中的画法，如图 12-45 所示。

注意：当剖切平面过销的轴线时，销按不剖绘制。

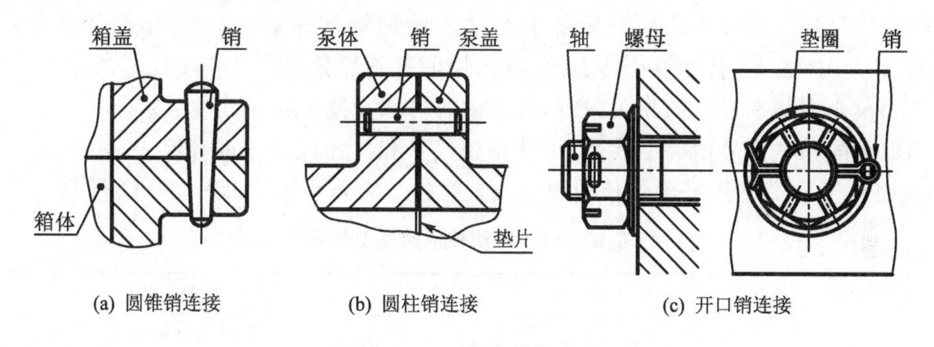

(a) 圆锥销连接　(b) 圆柱销连接　(c) 开口销连接

图 12-45　销连接的画法

12.4.3　滚动轴承

滚动轴承是用来支承旋转轴的，由于它结构紧凑，且在工作中以滚动摩擦代替了滑动摩擦，因而具有较小的启动摩擦力矩和运转时的较小摩擦力矩，能在较大的载荷、转速及较高精度范围内工作，并容易满足不同的要求，且机械传动效率高，所以它是现代机器中广泛采用的标准件。

1. 滚动轴承的结构、代号及标记

(1) 滚动轴承的结构

滚动轴承的种类很多，但它们的结构大致相似，一般是由内圈、外圈、(或上圈、下圈)滚动体和保持架四部分所组成，如图 12-46 所示。

常用的滚动轴承有：

① 深沟球轴承：适用于承受径向载荷(见图 12-46(a))(根据 GB/T 276—2013)。

② 推力球轴承：适用于承受轴向载荷(见图 12-46(b))(根据 GB/T 301—2015)。

③ 圆锥滚子轴承：适用于同时承受径向载荷和轴向载荷(见图 12-46(c))(根据

GB/T 297—2015)。

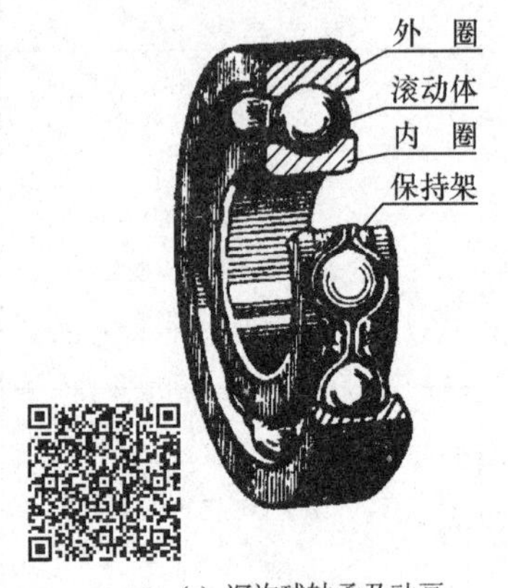

(a) 深沟球轴承及动画

(b) 推力球轴承

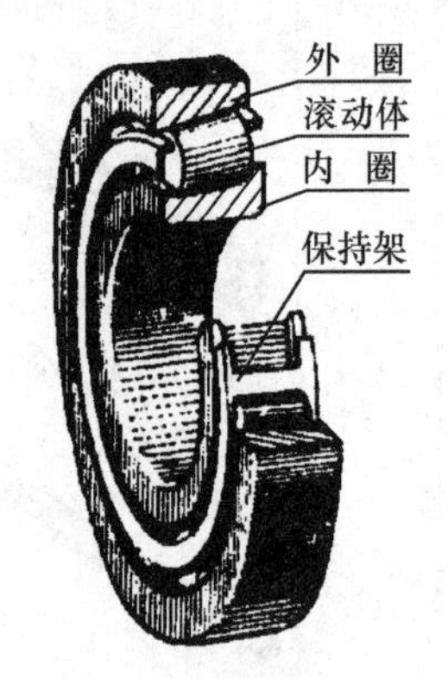

(c) 圆锥滚子轴承

图12-46 滚动轴承及动画

(2) 滚动轴承的代号

GB/T 272—2017中规定了滚动轴承的代号是由前置代号、基本代号和后置代号三部分组成。基本代号是滚动轴承代号的基础,用以表示滚动轴承的基本类型、结构和尺寸;当轴承的结构形状、尺寸、公差、技术性能等有改变时,用前置和后置代号在基本代号的左右添加补充代号。在此仅介绍基本代号的相关内容,其他内容可以查阅GB/T 272。

滚动轴承的基本代号由类型代号、尺寸系列代号和内径代号三部分组成。

① 类型代号 类型代号用阿拉伯数字或大写拉丁字母表示,如表12-11所列。

表12-11 滚动轴承的类型代号

代 号	轴承类型	代 号	轴承类型
0	双列角接触球轴承	6	深沟球轴承
1	调心球轴承	7	角接触球轴承
2	调心滚子轴承和推力调心滚子轴承	8	推力圆柱滚子轴承
3	圆锥滚子轴承	N	圆柱滚子轴承,双列或多列用NN表示
4	双列深沟球轴承	U	外球面球轴承
5	推力球轴承	QJ	四点接触球轴承

② 尺寸系列代号 尺寸系列代号由两位数字组成,前者表示宽度系列代号(对应同一直径系列的宽度尺寸系列),后者表示直径系列代号(对应同一内径的外径尺寸系列),见附录附表11。尺寸代号反映了同种轴承在内圈孔径相同时,内外圈的宽度、厚度的不同,以及滚动体大小的不同。因此,尺寸系列代号不同的轴承,其外廓尺寸不同,承载能力也不同。除圆锥滚子轴承外,其余各类轴承宽度系列代号首位是“0”均省略不标出。

③ 内径代号 内径代号表示滚动轴承的公称直径d(轴承内圈孔径),由两位数字组成。当公称直径d在10 mm$\leqslant d \leqslant$495 mm范围内:内径代号为00、01、02、03时,分别表示公称直径是10 mm、12 mm、15 mm、17 mm;当内径代号$\geqslant$04时,代号数字乘以5即为轴承内径的尺寸。

例如:滚动轴承 6208

其含义是：6——表示轴承类型为深沟球轴承；

2——表示尺寸系列为 02 系列，其中“0”省略不注出。

08——表示内径代号，公称直径 $d=8\times5\ \text{mm}=40\ \text{mm}$。

(3) 滚动轴承的标记

一般情况下滚动轴承的标记为：滚动轴承　基本代号　标准编号

滚动轴承标记中的基本代号是由 7 位数字表示，但最常见的为四位或五位数。从右边数起，其含义是第一、第二位数表示轴承的公称内径；第三、第四位数表示轴承的尺寸系列；第五位数表示轴承的类型。

滚动轴承的标记示例：

滚动轴承 6208 GB/T 276　表示内径为 40 mm，尺寸系列为 02 系列的深沟球轴承，可以从国家标准 GB/T 276(附录附表 11)中查得有关的内容和尺寸。

滚动轴承 51203 GB/T 301　表示内径为 17 mm，尺寸系列为 12 系列的推力球轴承，可以从国家标准 GB/T 301(附录附表 11)中查得有关的内容和尺寸。

2. 滚动轴承的表示法(GB/T 4459.7—2017)

滚动轴承是标准件，不需要画其零件图。在装配图中采用规定画法和简化画法绘制。

(1) 规定画法

滚动轴承的外轮廓形状及大小应根据标记从国家标准(见附录附表 11)中查得，作图时尺寸不可以改变，以使它能正确地反映出与其相配合零件的装配关系。它的内部结构可以按规定画法(近似于真实投影，但不完全是真实的)绘制，如表 12-12 中规定画法和通用画法示例的轴线上部图形所示。

(2) 简化画法

简化画法包括通用画法和特征画法，但在一张图样中一般情况下只允许采用一种画法。

① 通用画法　通用画法是指在滚动轴承的剖视图中，采用粗实线的矩形线框及位于矩形线框中央正立的十字形(粗实线)符号表示轴承的断面轮廓。十字形符号不允许与矩形线框接触，如表 12-12 中规定画法和通用画法示例的轴线下部图形所示。

表 12-12　轴承的规定画法和特征画法(摘自 GB/T 4459.7—2017(部分))

轴承类型	深沟球轴承	圆锥滚子轴承	推力球轴承
规定画法和通用画法	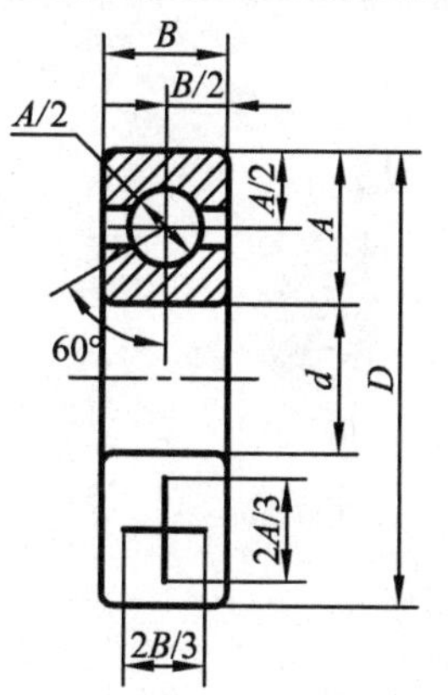 B, B/2, A/2, A, 60°, d, D, 2A/3, 2B/3	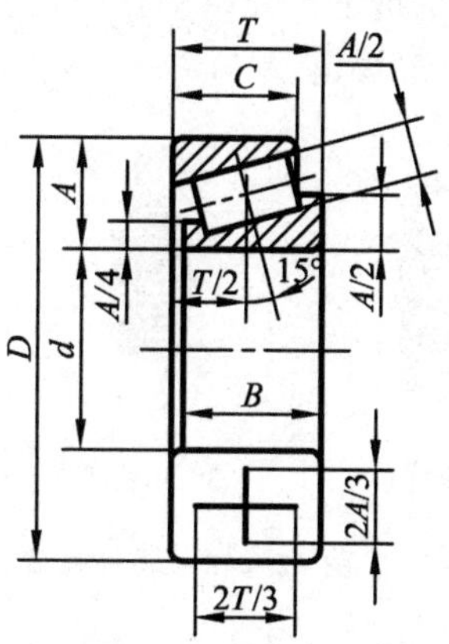 T, C, A/2, A, A/4, T/2, 15°, B, D, d, 2A/3, 2T/3	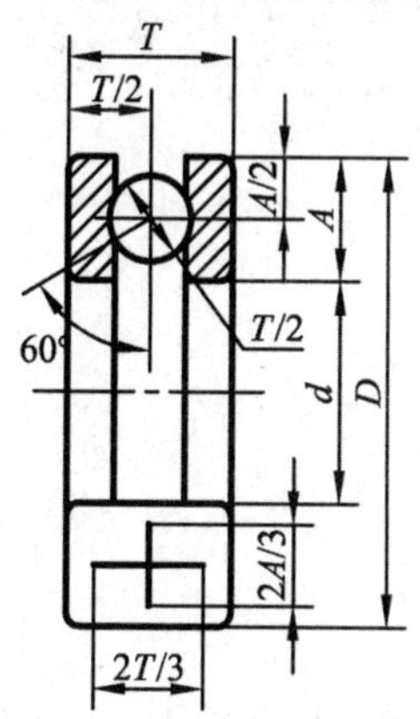 T, T/2, A/2, A, 60°, d, D, 2A/3, 2T/3

续表 12-12

轴承类型	深沟球轴承	圆锥滚子轴承	推力球轴承
特征画法	B, A, d, D, 2B/3, A/6	2B/3, 30°, A, D, d, B	T, 2A/3, A, A/6, d, D

② 特征画法　特征画法是指在平行于滚动轴承轴线的剖视图中,采用通用画法的矩形线框内画出其表示轴承结构要素符号(粗实线表示)的画法,如表 12-12 下部图形所示。在垂直于滚动轴承轴线的投影面的视图中,无论滚动体的形状(如球、柱、针等)及尺寸如何,均按图 12-47 所示的方法绘制。

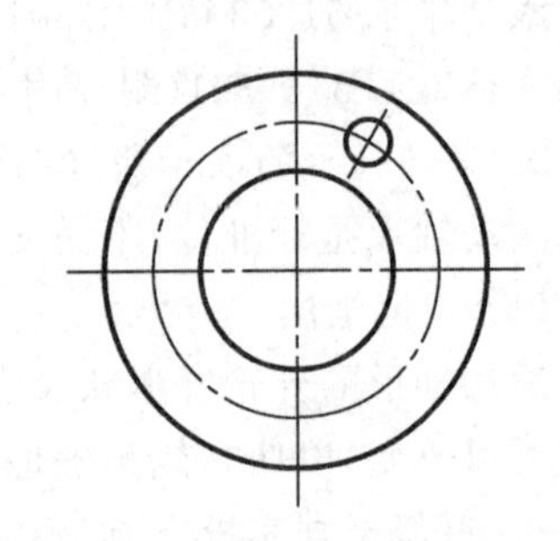

图 12-47　垂直于滚动轴承轴线的投影面的特征画法

由于滚动轴承是用来支撑其他零件的,所以,画图时一般在轴的一侧将轴承断面用通用画法画出,而另一侧则用规定画法绘制。

必须指出:在剖视图中,采用简化画法绘制滚动轴承时,其表示轴承断面轮廓的矩形线框内一律不画剖面符号(剖面线);而当采用规定画法绘制时,其滚动体不画剖面线,内、外圈的断面画成方向和间隔一致的剖面线。

12.4.4 弹　簧

弹簧的主要用途是减震、夹紧、测力、贮存或输出能量等。

弹簧的种类很多,常见的有圆柱螺旋弹簧,如图 12-48 所示;平面蜗卷弹簧,如图 12-49 所示;板弹簧如图 12-50 所示。这里只介绍圆柱螺旋弹簧的画法,其他种类弹簧的画法可以参阅 GB/T 4459.4—2003 的有关规定。

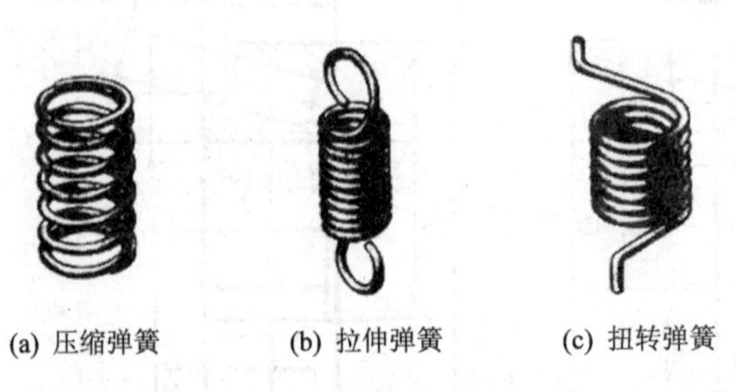

(a) 压缩弹簧　(b) 拉伸弹簧　(c) 扭转弹簧

图 12-48　圆柱螺旋弹簧

表 12-13 列出了各种圆柱螺旋弹簧的表示法(视图、剖视图和示意图)。下面主要以圆柱螺旋压缩弹簧为例,介绍弹簧的基本知识及绘制方法。

图 12－49　平面蜗卷弹簧

图 12－50　板弹簧

表 12－13　圆柱螺旋弹簧的视图、剖视图和示意图的画法(摘自 GB/T 4459.4—2003)

名称	视　图	剖视图	示意图
压缩弹簧			
拉伸弹簧			
扭转弹簧			

1. 圆柱螺旋压缩弹簧各部分的名称及尺寸关系

圆柱螺旋压缩弹簧各部分的尺寸关系如图 12－51 所示。

① 簧丝直径　是指制造弹簧的金属材料弹簧丝的直径,用 d 表示。

② 弹簧直径

a. 弹簧外径　是指弹簧的最大直径,用 D_2 表示。

b. 弹簧内径　是指弹簧的最小直径,用 D_1 表示。

c. 弹簧中径　是指弹簧的平均直径,用 D 表示。

$$D=(D_1+D_2)/2=D_1+d=D_2-d$$

③ 弹簧的节距　是指除支承圈外,相邻两圈对应点之间的轴向之距,用 t 表示。

④ 弹簧的圈数　弹簧的圈数包括支承圈数、有效圈数和总圈数。

a. 弹簧的支承圈数　为了使压缩弹簧在工作时受力均匀,工作平稳,保证弹簧的两个端面与弹簧的轴线垂直,制造时,通常将弹簧两端的弹簧圈并紧且磨平端面,这部分被磨平并紧的圈数称为弹簧的支承圈数,用 n_2 来表示。通常弹簧的支承圈数由 1.5 圈、2 圈和 2.5 圈三种。

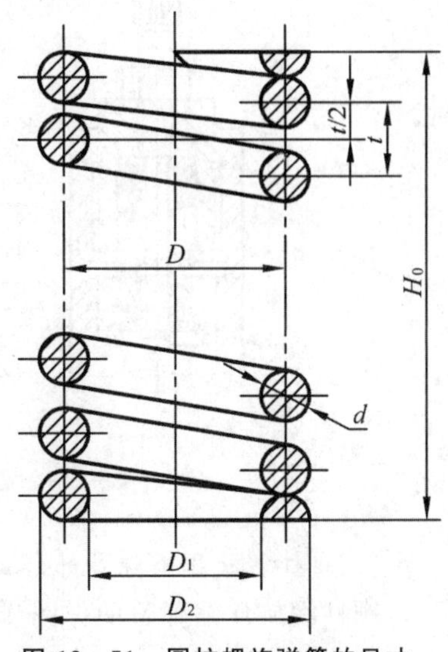

图 12－51　圆柱螺旋弹簧的尺寸

b. 弹簧的有效圈数　是指除支承圈数以外,保持节距相等的圈数,用 n 来表示。有效圈数是参与受力变形的圈数。

c. 弹簧的总圈数　是指弹簧的有效圈数和支承圈数之和,用 n_1 来表示,即 $n_1=n+n_2$。

⑤ 弹簧的自由高度　是指弹簧在不受外力时的高度,用 H_0 来表示,即 $H_0=nt+(n_2-0.5)d$。

⑥ 弹簧的展开长度　弹簧的展开长度是指制造弹簧的簧丝长度,用 L 来表示,$L\approx n_1\sqrt{(\pi D)^2+t^2}$。

2. 圆柱螺旋弹簧的规定画法

GB/T 4459.4 中规定了圆柱螺旋弹簧的画法:

① 以直线代替螺旋线　在平行于螺旋弹簧轴线的投影面的视图中,各圈的轮廓画成直线,以直线代替螺旋线。

② 左旋弹簧可以画成右旋　无论是左旋还是右旋弹簧均可以画成右旋,但左旋弹簧不论画成右旋还是左旋,一律要在“技术要求”中注明旋向,而右旋弹簧不需要注明旋向。

③ 弹簧的有效圈数　有效圈数在4圈以上的螺旋弹簧中间部分可以省略不画,用通过簧丝断面中心的点画线连起来即可,并允许适当缩短图形的长度(弹簧的自由高度 H_0)。

④ 压缩弹簧的支承圈　对于圆柱螺旋压缩弹簧,如果要求两端并紧磨平时,不论支承圈的圈数多少和并紧情况如何,均按支承圈数为2.5圈的形式绘制。必要时可按实际的支承圈数绘制。

⑤ 弹簧在装配图中的画法　被弹簧挡住的零件结构一般不画出,可见部分画至弹簧的外轮廓线或弹簧钢丝断面的中心线,如图 12-52(a)、(b)、(c)所示。

在装配图中,型材直径或厚度小于或等于 2 mm 的螺旋弹簧,允许用示意画法,如图 12-52(b)所示。当弹簧被剖切后,簧丝断面的直径小于或等于 2 mm 时,其剖断面也可以涂黑表示,如图 12-52(c)所示。

⑥ 簧丝较细的弹簧在剖视图中的画法　被剖切弹簧的直径在图形上小于或等于 2 mm,并且弹簧内还有零件时,为了便于表示可以按示意画法绘制,如图 12-52(d)所示。

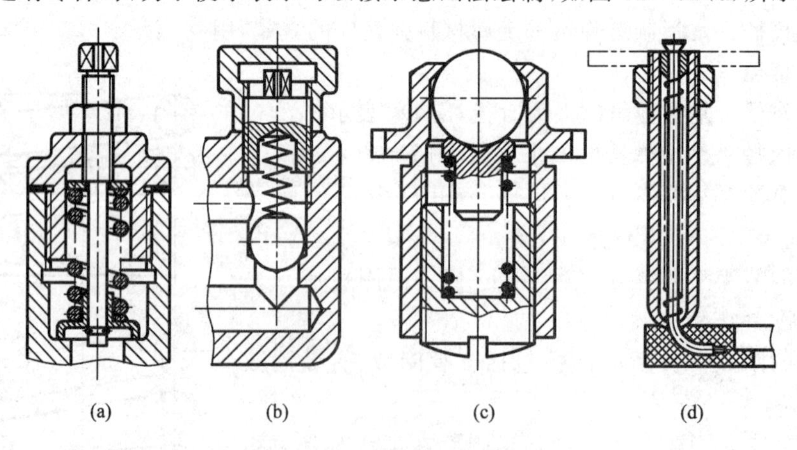

图 12-52　弹簧在装配图中的画法

3. 圆柱螺旋压缩弹簧的作图步骤

圆柱螺旋压缩弹簧的作图步骤如下:

① 根据弹簧的自由高度 H_0 和弹簧的中径 D,作出矩形,如图 12-53(a)所示。

② 以簧丝直径 d，画出支承圈，如图 12－53(b)所示。

③ 以节距 t 画出部分有效圈，如图 12－53(c)所示(必须指出：左边第二个簧丝断面的中心是借助于右边第一个节距的对中垂线而得到的(见图 12－51))。

④ 按右旋旋向作相应圆的公切线，画成全剖视图，如图 12－53(d)所示。

⑤ 按右旋旋向作相应圆的公切线，画成外形视图，如图 12－53(e)所示。

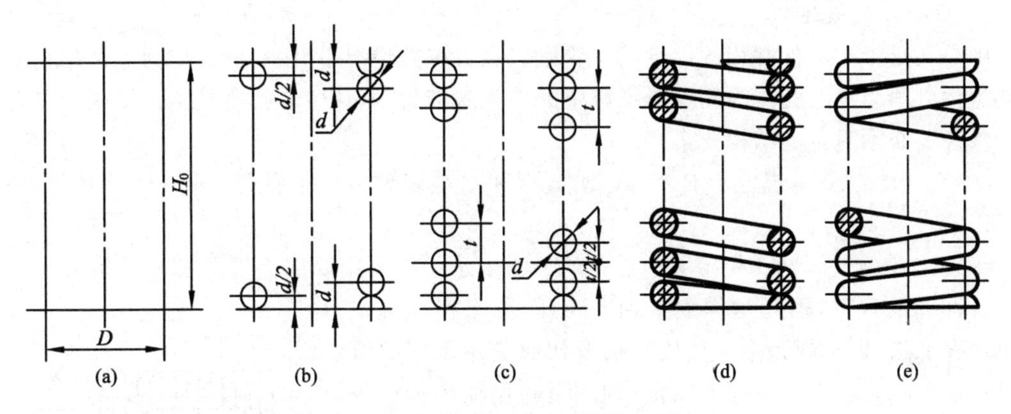

图 12－53　圆柱螺旋压缩弹簧的画图步骤

4. 圆柱螺旋压缩弹簧的工作图

如图 12－54 所示为圆柱螺旋压缩弹簧的零件图，采用的表示法可以是视图，也可以是剖

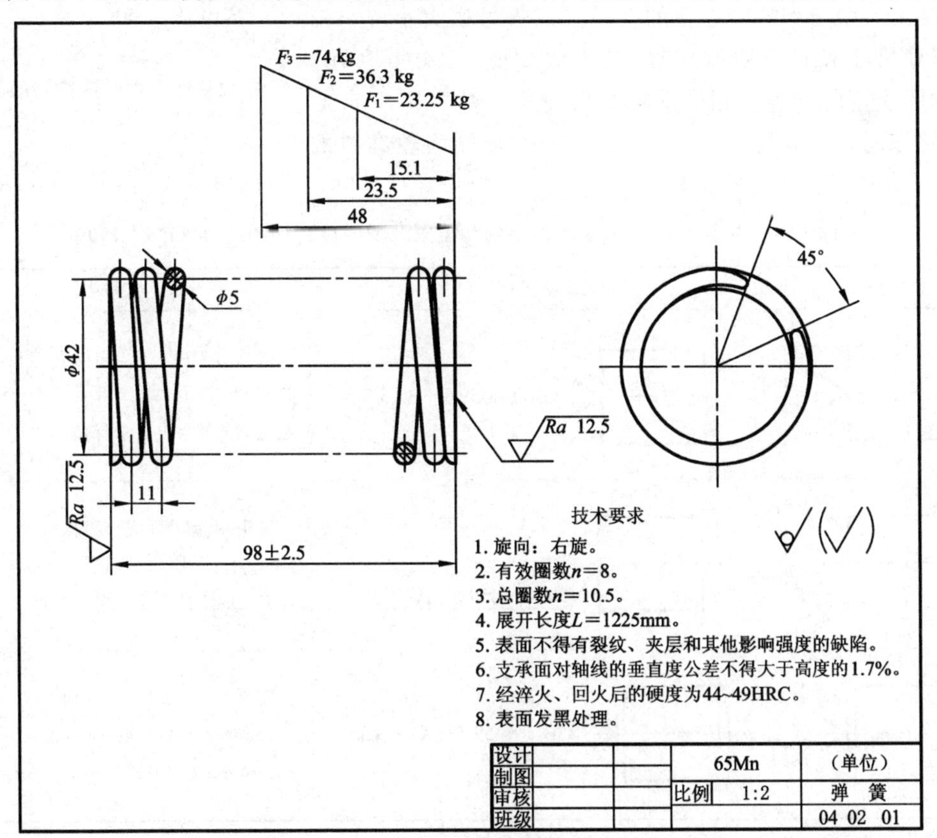

图 12－54　圆柱螺旋压缩弹簧的零件图

视图。视图的上方表示弹簧受到压力负荷时，弹簧压缩的长度与所受负荷的关系。其中，F_1、F_2 为弹簧的工作负荷，F_3 为弹簧的工作极限负荷。弹簧的参数应直接注写在图形上，若直接标注有困难，可以在技术要求中进行说明。

12.4.5 中心孔的表示法

1. 中心孔的概述

中心孔是轴类零件常用的标准结构要素。在大多数情况下，中心孔只作为工艺结构要素。当某零件必须以中心孔作为测量或维修中的工艺基准时，则该中心孔既是工艺结构要素，又是完工零件上必须具备的结构要素。

GB/T 145—2001 规定了 R 型、A 型、B 型和 C 型四种中心孔型式。其具体型式可以查阅 GB/T 145。

GB/T 4459.5—1999 规定了中心孔的一般表示法是可用局部剖视图表示结构形状，并标注出各部分的尺寸，但是这样太繁琐。为此，国家标准规定了简化表示法，即不画出中心孔的结构形状而是用不同的符号表示是否需要在完工零件上保留中心孔，并用注出标记来表示中心孔的数量、形式和尺寸要求。

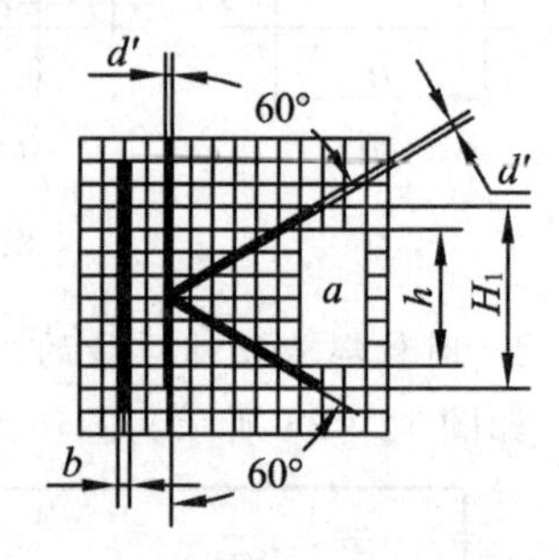

图 12-55 中心孔符号的画法

2. 中心孔的符号

为了表示在完工零件上是否保留中心孔的要求，可以采用表 12-14 中所列的中心孔的符号。该符号的大小应与图样中其他尺寸和符号协调一致，其画法如图 12-55 所示。符号的图线宽度 d' 等于相应图样上所注尺寸数字字高 h 的 1/10，符号的开口高度 $H_1=10b$（b 为零件轴端面轮廓线的宽度），a 区域标注中心孔的标记。

表 12-14 中心孔的符号、表示法示例和要求及说明(摘自 GB/T 4459.5—1999)

符　号	表示法示例	要求及说明
	GB/T 4459.5—B2.5/8	采用 B 型中心孔，导向孔直径为 $D=2.5$ mm，锥形孔端面圆直径 $D_1=8$ mm，在完工的零件上要求保留
	GB/T 4459.5—A4/8.5	采用 A 型中心孔，导向孔直径 $D=4$ mm，锥形孔端面圆直径 $D_1=8.5$ mm，在完工的零件上是否保留都可以
	GB/T 4459.5—A1.6/3.35	采用 A 型中心孔，导向孔直径 $D=1.6$ mm，锥形孔端面圆直径 $D_1=3.35$ mm，在完工的零件上不允许保留

在使用和理解表 12-14 中的三种情况时，应注意以下几点：

① 当要求在完工零件上保留中心孔时，中心孔是完工零件上的结构要素，它是产品设计要求的组成部分。此时，对于中心孔的具体要求应由产品设计人员按表 12－14 中的表示法标记在产品图样上。

② 当在完工零件上对中心孔保留与否均可时，中心孔仅是该零件加工过程中的工艺结构要素，而不是必须保留的结构要素，一般由工艺技术人员在工艺性图样中按表 12－14 给出中心孔的具体要求，产品图样上可不予表示。

必须指出，在这种情况下，是用带箭头的指引线引出标注，即将中心孔的要求（标记）注写在水平基准线上，而不画出中心孔的符号。

③ 当在完工零件上不保留中心孔时，中心孔不是零件上的结构要素，即不是产品图样上的设计要求，仅是加工过程中的工艺结构要素，必须在完工前切除中心孔。此时，该轴下料时，必须在材料长度中计入被切量。这时，由产品设计人员在图样中标出不允许保留中心孔的符号，中心孔的标记不注写在产品图样上，而应由工艺技术人员根据轴的直径和重量选定中心孔的形式及尺寸（查阅 GB/T 4459.5）后，连同符号一起标注在工艺性图样上。

3. 中心孔的标记

R 型（弧形）、A 型（不带护锥）、B 型（带护锥）中心孔的标记格式是：

标准编号-形式　导向孔的直径（D）/锥形孔端面圆的直径（D_1）

例如，B 型中心孔，导向孔的直径为 $D=2.5$ mm，锥形孔端面圆的直径为 $D_1=8$ mm，则标记为：GB/T 4459.5—B 2.5/8。

C 型（带螺纹）中心孔的标记格式是：

标准编号-形式　螺纹标记（包括普通螺纹特征代号和公称直径）　螺纹长度（包括代号 L 和数据）/锥形孔端面圆的直径（D_2）

例如，C 型中心孔，螺纹标记为 M10，螺纹长度 $L=30$ mm，锥形孔端面圆的直径为 $D_2=16.3$ mm，则标记为：GB/T 4459.5—CM10 L30/16.3。

4. 中心孔的表示法

中心孔的表示法有两种：规定表示法和简化表示法。

① 规定表示法　在图样中，中心孔一般不绘制详细结构，而是用符号和标记在轴端给出对中心孔的要求，如表 12－14 的表示法示例即为规定表示法。标记中的标准编号也可以按图 12－56 中的形式标注。

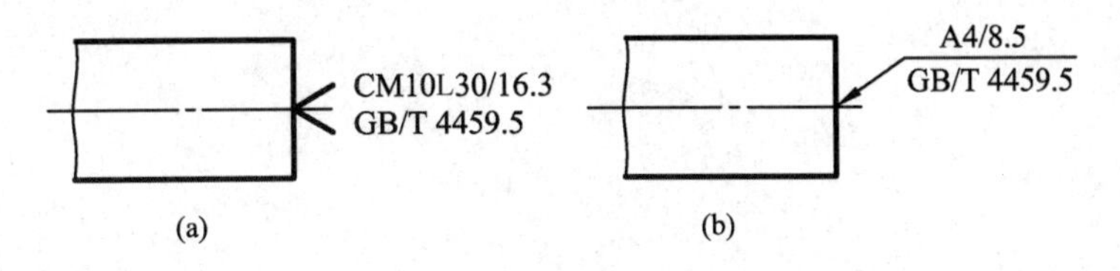

图 12－56　中心孔的规定表示法(一)

对中心孔的表面结构要求和以中心孔的轴线为基准时的标注方法：标注在引出线上，如图 12－57 所示。

② 简化表示法　在不至于引起误解时，可省略中心孔标记中的标准编号，如图 12－58 所示。

若同一根轴的两端的中心孔相同，则可以只在其一端注出，但应注出其数量，如图 12－57(b)

和图 12－58 中标记前的数“2”,表示两端都有一样的中心孔。

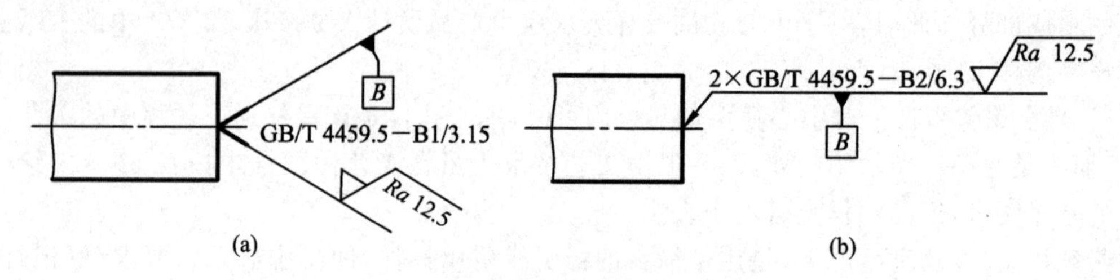

图 12－57　中心孔的规定表示法(二)

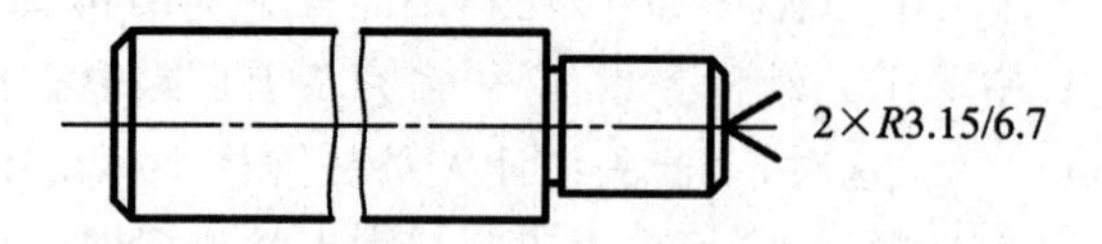

图 12－58　中心孔的简化表示法

第 13 章　零件图

任何一台机器或部件都是由许多机件按一定的装配关系和技术要求装配而成的，如图 12－1 所示的齿轮油泵中的泵体、泵盖、齿轮轴等，这些机件都称为一般零件。用来表示一个零件的机械图样称为零件的工作图，简称零件图。

零件图反映了设计者的意图，是生产中的主要技术文件，是指导制造和检验该零件的主要依据，它不仅应将零件的材料、内外结构形状和大小表示清楚，而且还要对零件的加工、检验、测量提供必要的技术要求。

13.1　零件图的概述

由于零件在机器中的作用各不相同，因此它们的结构形状也就各式各样。这些零件根据其功能和结构形状的特点，大致可以分成四种类型：轴套类、轮盘类、叉架类和壳体类，如图 13－1 所示。

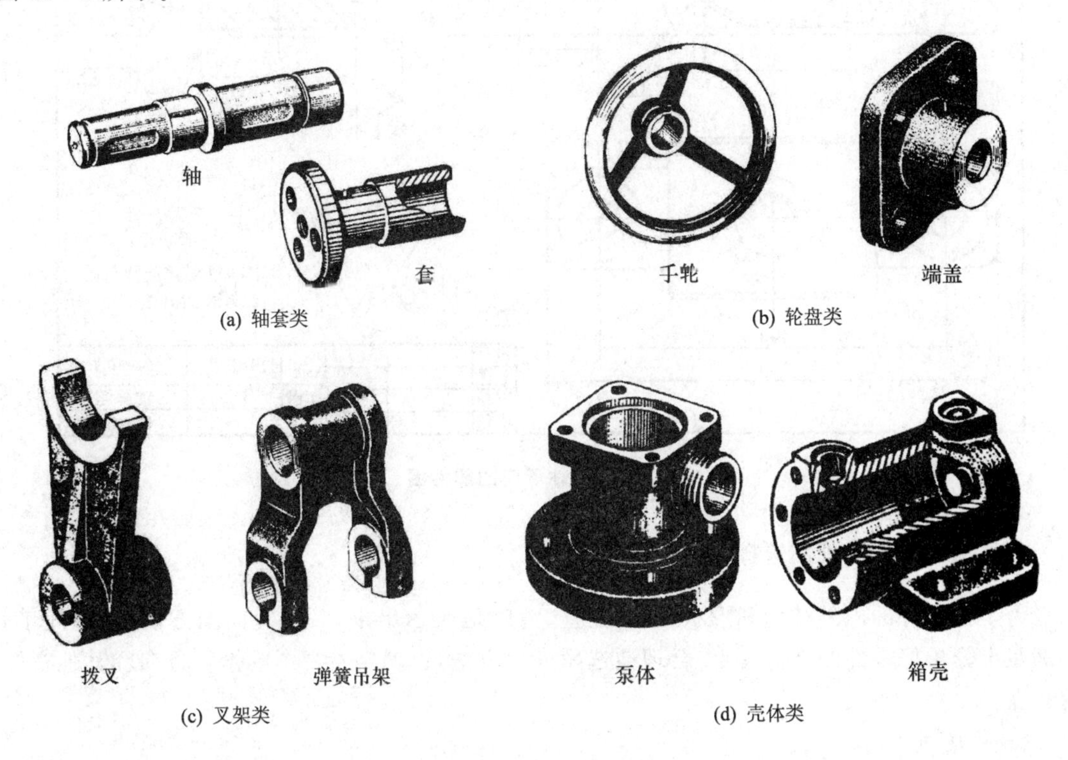

图 13－1　零件的分类

13.1.1　零件图的内容

一幅完整的零件图，如图 13－2 所示的轴承座，应包括以下内容：

1. 一组图形

这一组图形可以采用第11章所学习的各种表示法把零件的内外结构形状完整、清晰、正确地表示出来。

2. 足够尺寸

正确、完整、清晰、合理地注出零件的全部尺寸。

3. 技术要求

用文字、符号注出制造和检验零件应达到的一些要求,如表面结构(Ra25)、尺寸公差(ϕ32H8)、几何公差、热处理等。

4. 标题栏

在图样的标题栏中写明零件的名称、材料、数量、图号、画图比例等。

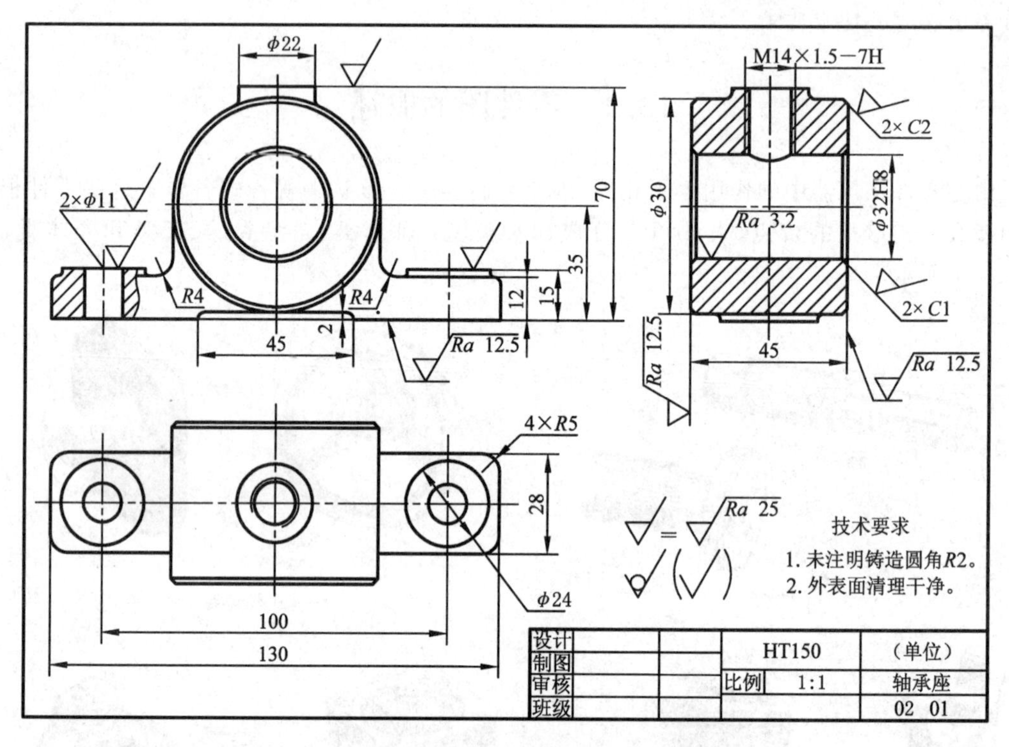

图 13－2　轴承座的零件图

13.1.2　零件的视图选择

为了把零件的内外结构和形状正确、完整、清晰地表示出来,又能使读图方便、画图简单,关键在于分析好零件的结构特点,合理地选用表示方法,也就是主视图的投射方向和其他视图的选择。

1. 主视图的选择

主视图是表示零件最主要的视图,从易于看图这一基本要求出发,在选择主视图时应遵循以下基本原则:

① 形状特征原则　使选择的主视图的投射方向能明显地反映出零件的形状和结构特点,以及各组成部分之间的相互关系,如图13－2所示的轴承座。

② 加工位置原则　主视图的选择应尽量符合零件的主要加工位置(零件在主要加工工序中的装夹位置)。这样便于工人加工时看图与操作,减少加工中的差错,提高生产效率,如图 13－3 所示的阶梯轴。

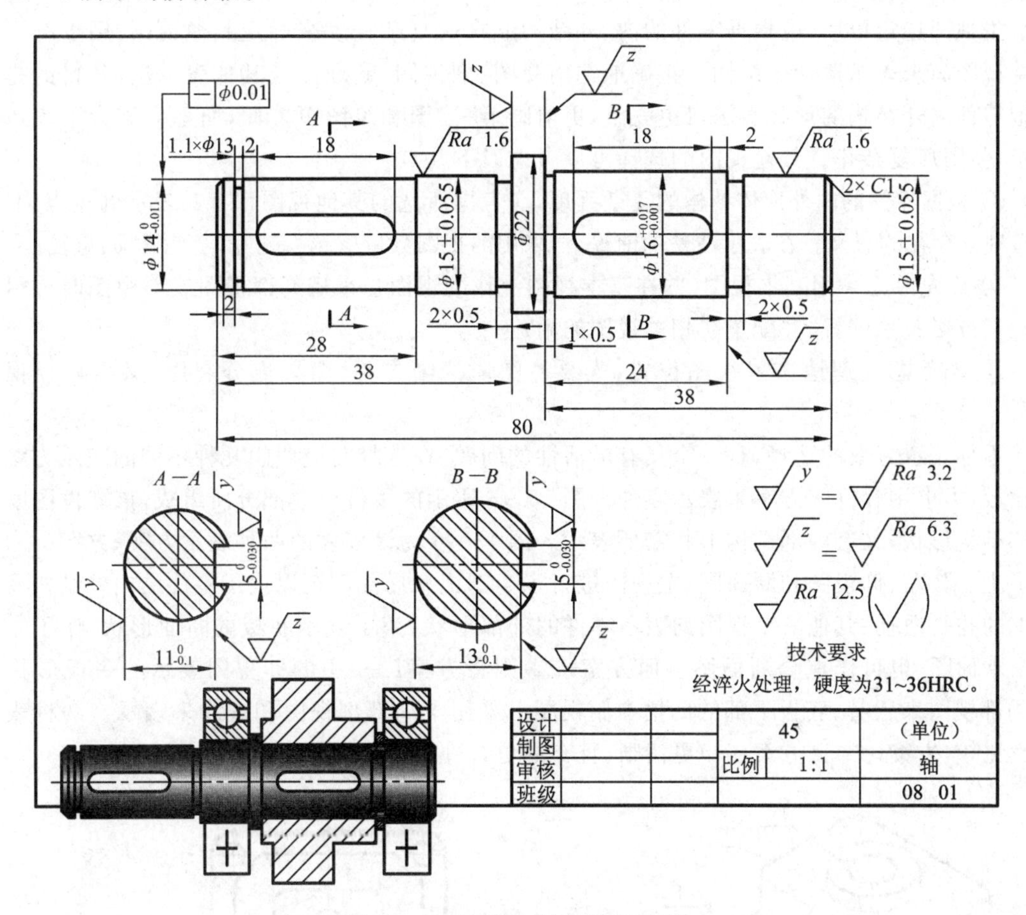

图 13－3　轴的零件图及加工位置

③ 安装位置原则　主视图的选择应尽量符合零件在机器上的安装位置,如图 13－4 所示。这样读图比较形象,把零件和机器联系起来,便于安装。

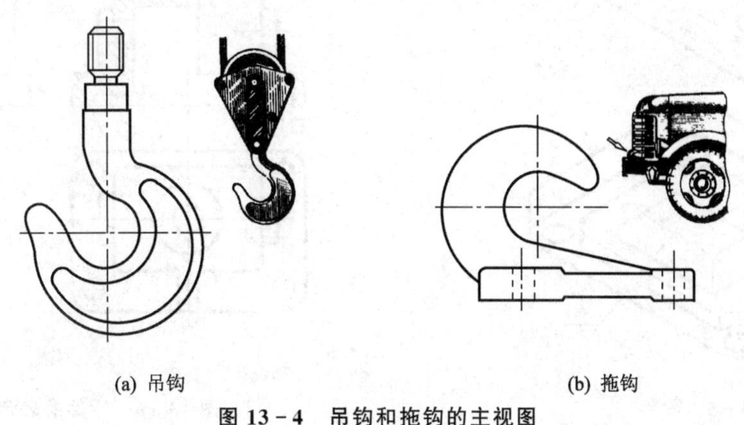

(a) 吊钩　(b) 拖钩

图 13－4　吊钩和拖钩的主视图

如果零件的加工工序较多,其加工位置多变,或零件为运动件,工作位置不固定时,应按自然放置平稳的位置为主视图的投射方向。

2. 其他视图的选择

主视图选定以后,应根据零件的内、外结构形状的复杂程度来确定其他视图,用于补充表示主视图尚未表示清楚的结构。正确地选用视图、剖视图、断面图或其他表示法,其目的是为了把零件内外结构的形状表示得更完整,更清晰,使读图和绘图更方便,而不应该为了表示而表示,使图形复杂化。其他视图的选择可以考虑以下几点:

① 根据零件的内外形体结构的复杂程度,应考虑所选的其他视图都有其表示的重点内容,具有独立存在的意义。在表示清楚的前提下,采用的视图数量应越少越好,避免繁琐、重复。

② 优先考虑采用基本视图,并在基本视图上作剖视图。采用局部视图或斜视图时应尽可能地按投影关系配置,并配置在相关视图的附近。

③ 要考虑合理地布置视图位置,既要使图形清晰匀称,图幅充分利用,又能减轻视觉疲劳。

零件表示方案的选择,是一个具有灵活性的问题,在选择时应假想几种不同的表示方案加以比较,力求用较好的方案来表示零件。图 13-5 所示的零件由七部分所组成,该零件图既有外部结构形状,又有内部结构形状需要表示。图 13-6 为该零件的两种表示方案,方案(一)采用了主、俯、左、仰视图和断面图,主视图进行了半剖视和局部剖视以表示零件的内外结构及底板上的孔是通孔;其他三个视图均表示零件的外部形状;为了表示肋板的断面形状,作了一个移出断面图,也可作重合断面图。而方案(二)则将方案(一)中的仰视图表示的底板形状用 A 局部视图来代替;底板下部的凹槽在俯视图上采用了局部剖视图和虚线来表示。两种表示方案比较,方案(二)比方案(一)更清晰,且布局更合理。

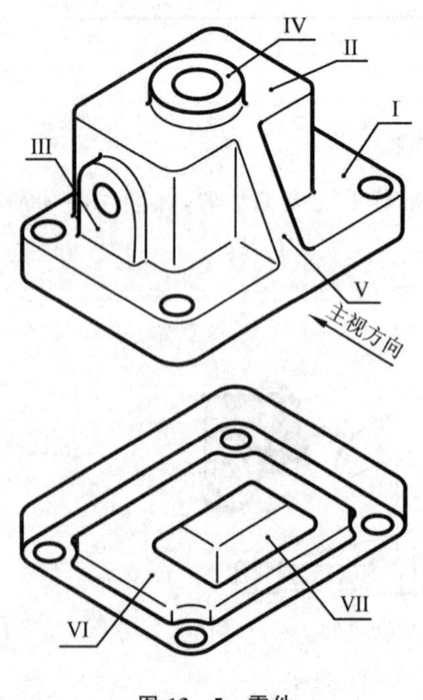

图 13-5 零件

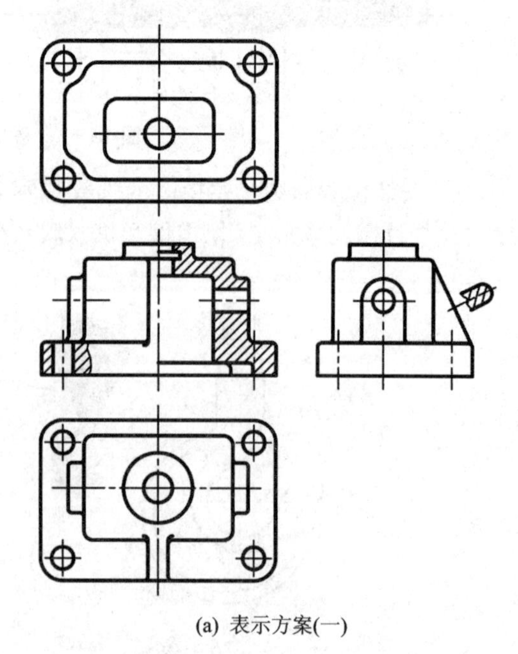

(a) 表示方案(一)

图 13-6 零件的表示方案

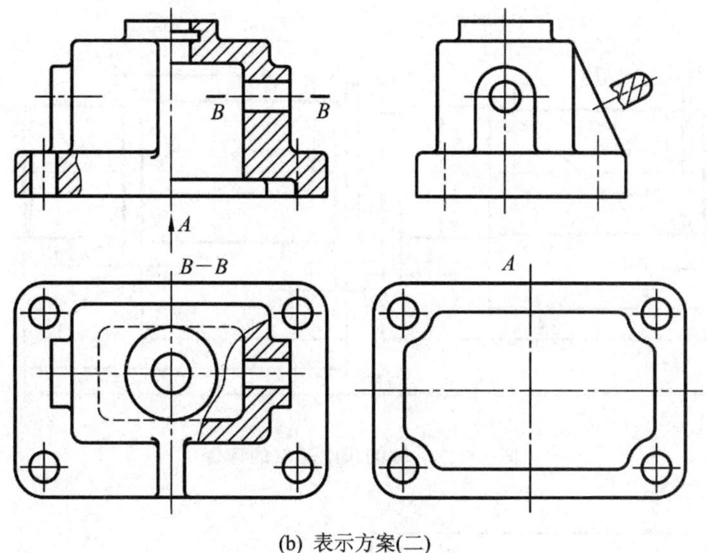

(b) 表示方案(二)

图 13-6　零件的表示方案(续)

13.2　零件图上的尺寸标注

零件图上的尺寸是加工和检验零件的重要依据，标注尺寸时应做到正确、完整、清晰、合理，在这里重点介绍“合理”标注尺寸的有关内容。

尺寸标注得合理，是指按所标注的尺寸加工零件，既能保证达到设计要求，同时又能便于加工、测量；但要真正做到合理地标注尺寸，还需要有丰富的生产实际经验和有关的机械制造知识，因此这里只能做初步的介绍。

13.2.1　零件图上尺寸标注基准的选择及标注形式

1. 选择尺寸的基准

在零件图上尺寸基准的选择与组合体一样(见10.3节)，只是说法不同，在零件图上尺寸的基准一般分为设计基准(主要基准)和工艺基准(辅助基准)。设计基准是根据零件的结构和设计要求而选定的尺寸度量的起点，而工艺基准是根据零件在加工、测量安装时的要求选定的尺寸度量的起点。

任何零件都有长、宽、高三个方向各一个的尺寸设计基准，必要时还可以增加一些工艺基准，如图13-7所示的阶梯轴，其长度方向的尺寸是以两端面或轴肩为基准(称为轴向尺寸基准)注出的，以便于加工时的测量，而直径尺寸则是以轴线为基准(称为径向尺寸基准)注出的。再如图13-8所示的泵体尺寸基准的选择：高度方向是以泵体的底平面和孔的轴线为基准，长度方向是以对称平面为基准，宽度方向是以泵体与泵盖的结合面为基准。

通过泵体和阶梯轴的尺寸基准的分析可以看出，尺寸基准的选择一般应考虑以下几点。

(1) 以加工面为基准

如零件的安装面，零件间的结合面，回转零件的端面、轴肩等。

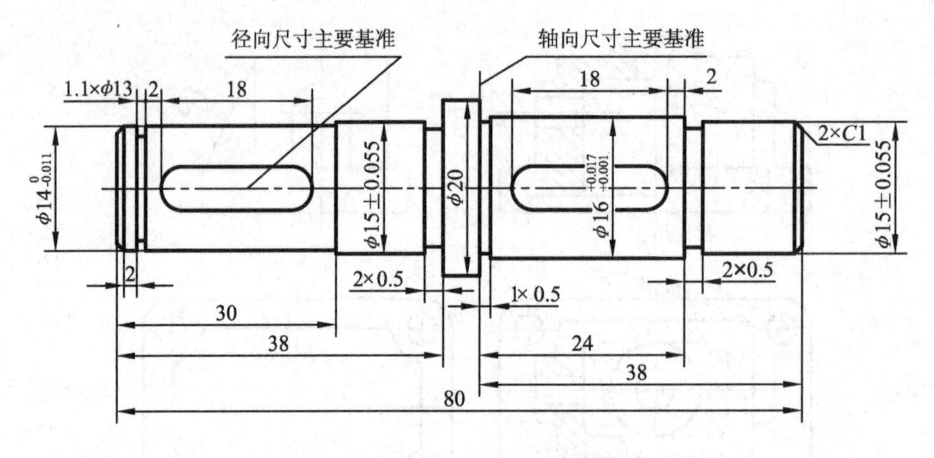

图 13-7 轴的尺寸基准的选择

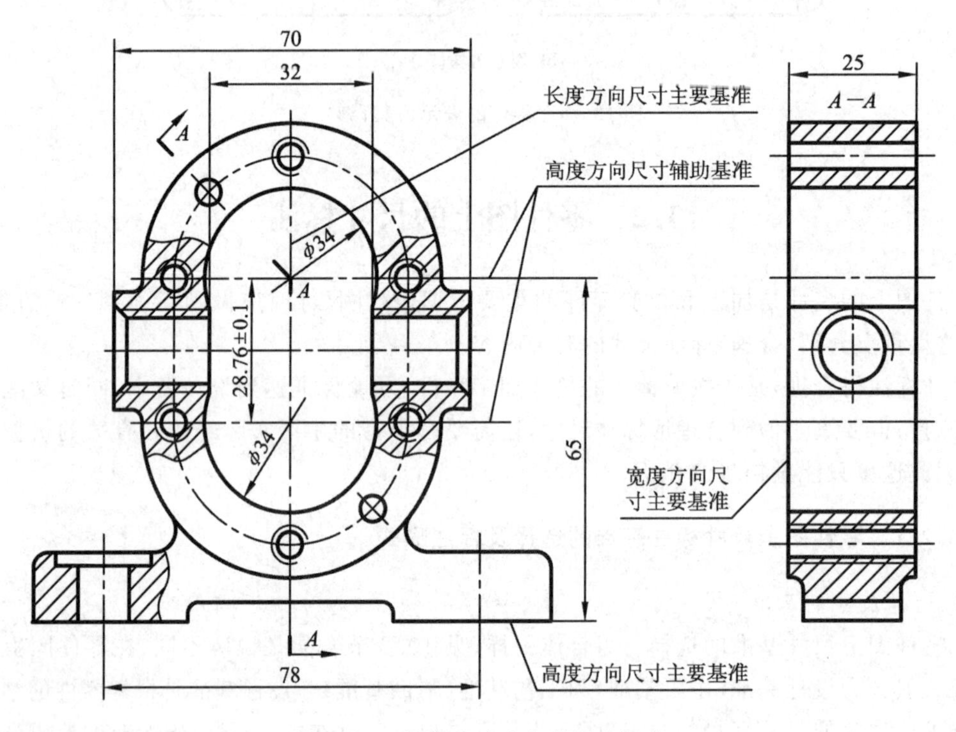

图 13-8 泵体三个方向的尺寸基准

(2) 以轴线为基准

对于回转零件的直径尺寸一般是以其轴线为径向尺寸的基准。

(3) 以对称平面为基准

当零件的形状对称时,在图样中常以对称线(面)为基准来标注尺寸,以保证零件在加工制造时的对称关系。

2. 尺寸的标注形式

由基准出发,注出零件上各个部分的基本形体的定形和定位尺寸。其尺寸的标注形式有:

(1) 坐标式

所谓坐标式是指尺寸从同一基准注出，如图 13－9 所示的标注。全部尺寸(如尺寸 A、B、C)都从一个起点注出，三个圆孔的圆心 O_1、O_2、O_3 的位置分别取决于其定位尺寸 A、B、C，在加工时产生的误差互不影响。因此，这种注法用于要求较高的零件尺寸的标注。

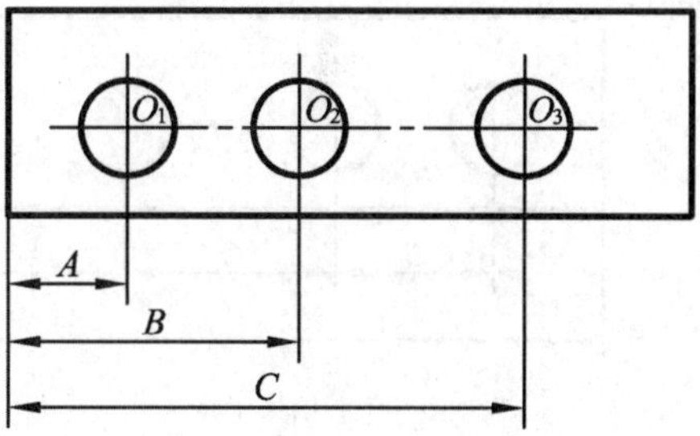

图 13－9　坐标式的尺寸标注

(2) 链状式

所谓链状式是指尺寸一个接一个地标注，后一个尺寸是以前一个尺寸为基准，如图 13－10 所示。第二个孔的中心 O_2 位置将受到尺寸 A、B 在加工时产生的误差的影响，而第三个孔的中心 O_3 位置将受到三个尺寸 A、B、C 在加工时产生的误差的影响。因此，这种注法用于要求不高的零件尺寸的标注。

(3) 综合式

在零件的尺寸标注中既有坐标式，又有链状式，称为综合式，如图 13－11 所示，这种注法在零件的尺寸标注中应用最为广泛。

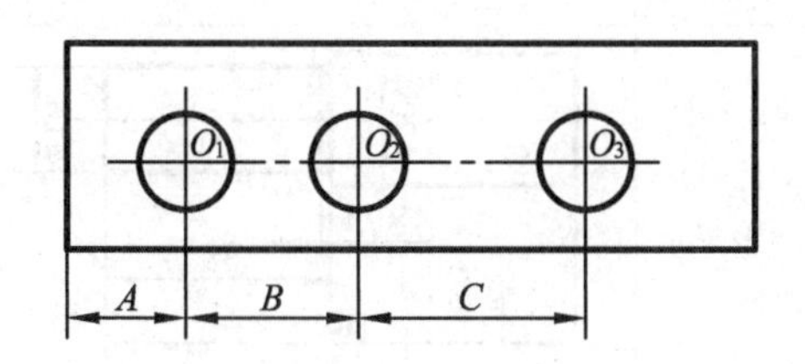

图 13－10　链状式的尺寸标注

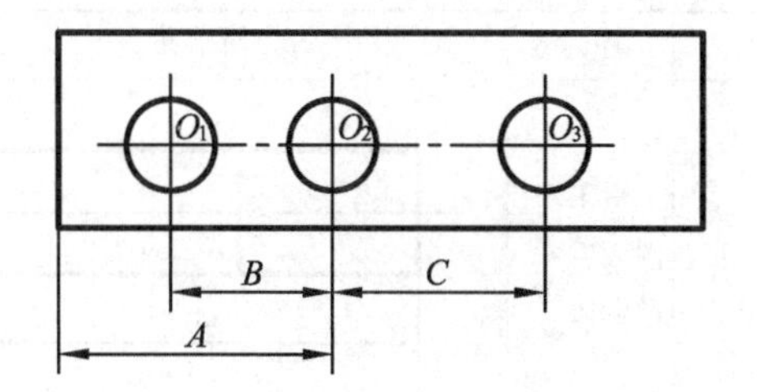

图 13－11　综合式的尺寸标注

13.2.2　标注尺寸要考虑设计要求

1. 重要的尺寸应从基准直接注出

零件上的重要尺寸应从基准直接注出，以保证加工时达到尺寸的要求，避免换算尺寸带来的弊端。图 13－8 所示泵体的上下两轴孔的中心距 28.76±0.1 mm，是保证两个齿轮正确啮合和传动的，泵体的中心高度尺寸 65 mm，直接影响齿轮油泵的性能；泵体底板上的螺栓连接孔的定位尺寸 78 mm，确定零件的安装位置等，这些尺寸都应直接注出。

2. 尺寸不可以注成封闭的尺寸链

一组首尾相接的尺寸称为尺寸链，如图 13－12(a)所示，组成尺寸链的每一个尺寸称为尺寸链的环。在尺寸链中，任何一环的尺寸误差都与其他环的尺寸加工误差有关，这样如果把尺寸注成封闭的尺寸链，会带来一些弊端。因此，尺寸一般情况下不要注成封闭的形式，而是选择其中一个不重要的环不标注尺寸(这个环称为开口环)，即链状尺寸应标注成开口环的形式，如图 13－12(b)所示。

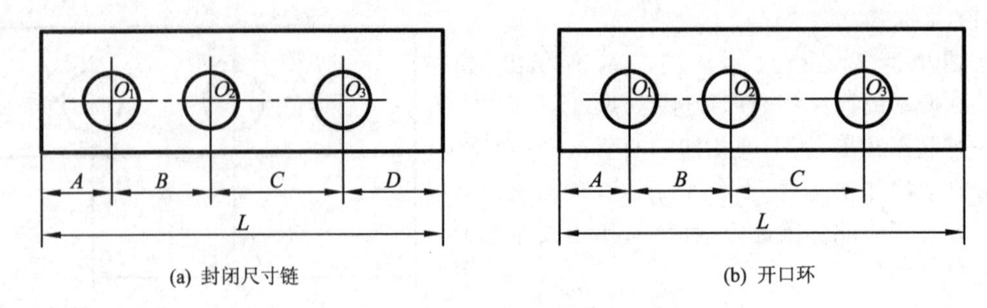

(a) 封闭尺寸链　　(b) 开口环

图 13-12　尺寸要注成开口环的形式

13.2.3　标注尺寸要考虑工艺要求

1. 按加工工序标注尺寸

凡属切削加工的尺寸，应按加工顺序标注尺寸，这是为了便于看图和加工测量，以减少差错，表13-1所列为阶梯轴的加工过程和尺寸的标注。

表 13-1　阶梯轴的加工过程及尺寸标注

序号	工序内容	简　图	序号	工序内容	简　图
1	粗车外圆 ϕ20 及两端面		2	车外圆 ϕ16、长 38 及退刀槽	
3	车外圆 ϕ15，长 38-24 及退刀槽并倒角		4	调头车外圆 ϕ15、长 38 及退刀槽	
5	车外圆 ϕ14、长 26 及挡圈槽并倒角		6	铣键槽（两处）	

2. 按加工方法要求标注尺寸

需用不同加工方法的有关尺寸，加工与不加工的尺寸，内、外结构的尺寸分类集中标注，如图13-13所示。

如图13-14所示则是考虑到加工要求注出的直径尺寸，因为该机件是滑动轴承(见第14章图14-1)部件上的轴衬零件，在加工时上、下轴衬合起来一块镗孔，所以其尺寸应注直径 ϕ 而

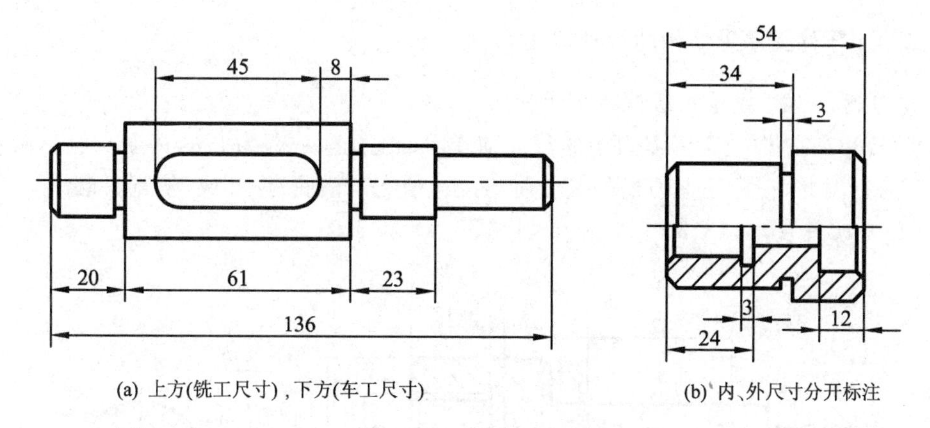

(a) 上方(铣工尺寸)，下方(车工尺寸)　　(b) 内、外尺寸分开标注

图 13－13　分类集中标注的尺寸

不注半径 R。

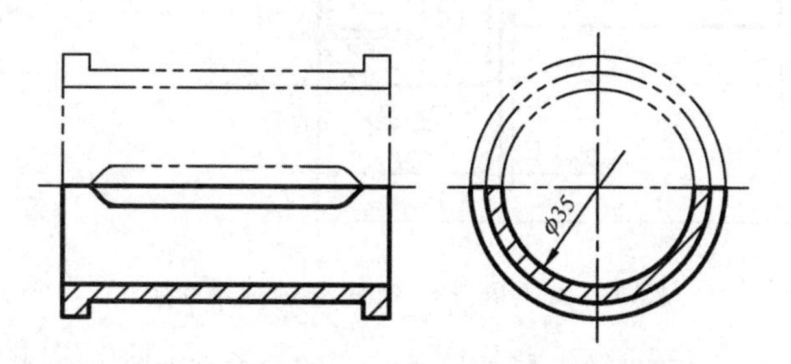

图 13－14　按加工要求标注的尺寸

3. 便于加工时测量

图 13－15(a)所示的图例是由设计基准标注出的中心至某个面的尺寸，但不易测量。如果这些尺寸对设计要求的影响不大，则为了便于加工时的测量，应按图 10－15(b)所示的方法进行尺寸的标注。

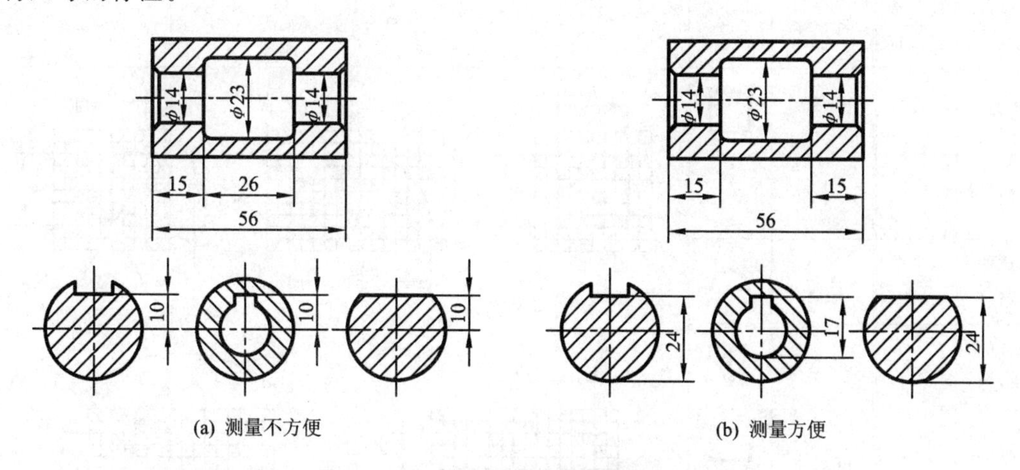

(a) 测量不方便　　(b) 测量方便

图 13－15　标注尺寸应考虑测量的方便

13.2.4 零件上常见结构的尺寸标注

1. 退刀槽、倒角、键槽等结构的尺寸标注

GB/T 16675.2中规定了退刀槽的尺寸应单独标注，这是因为它的宽度一般是由切刀的宽度决定的。因此，在标注退刀槽的尺寸时，可按“槽宽×槽底直径”或“槽宽×槽深”的形式注写，如图13-16中2×ϕ18、2×0.5和3×1.5。

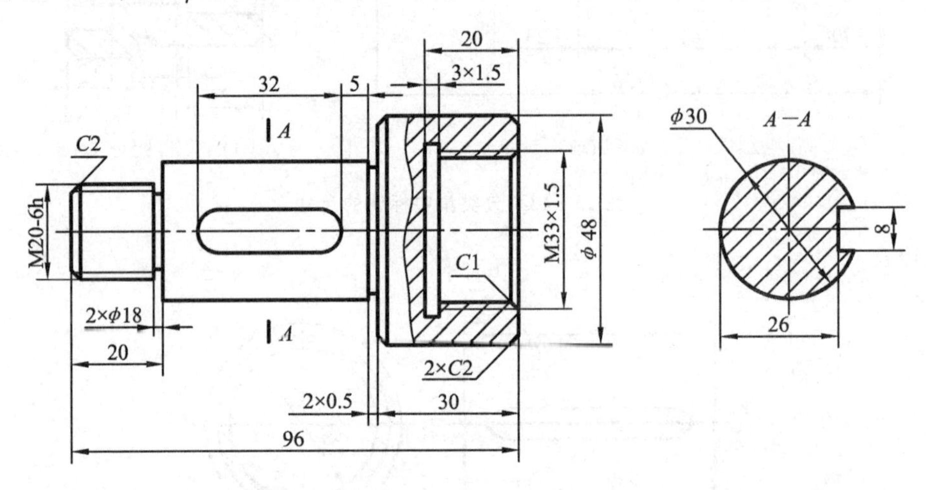

图13-16 退刀槽、倒角、键槽的尺寸标注

倒角结构的尺寸标注形式见第1章表1-8。45°倒角示例如图13-16中的C1和2×C2等。

GB/T 1095—2003还规定了键槽的尺寸标注方法，如图13-16中确定键槽深度的尺寸26 mm和键槽长度尺寸32 mm。主要是为了测量的方便，而不注键槽的槽深尺寸、半径尺寸和其定位尺寸。

表13-2 图样中的符号、缩写词及符号的画法(摘自GB/T 4458.4—2003)

名称	符号或缩写词	名称	符号或缩写词	符号的比例画法
直径	ϕ	正方形	□	h; R=h; h; h; 2h; 0.6h; h; 60°
半径	R	45°倒角	C	
圆球的直径	$S\phi$	弧长	⌒	
圆球的半径	SR	深度	↧	90°; 2h; h; h
厚度	t	沉孔或锪平孔	⌴	
均匀分布	EQS	埋头孔	⌵	注：h为字体的高度。

2. 零件上常见的光孔、螺孔、沉孔、销孔的标注(GB/T 16675.2—2012)

各类孔可采用普通注法或旁注加符号(见表 13-2)相结合的方法来标注。必须指出,在轴线的视图中,指引线应从孔在装配时的装入端面与轴线的交点引出,在圆的视图中,尺寸线用折线水平注出,指引线或折线的水平线上方应注写出主孔的尺寸,下方应注写辅助孔(如沉孔)等内容,如表 13-3 所列。

表 13-3　常见孔的尺寸标注

类型		旁注法(主视图)	旁注法(俯视图)	普通注法	说明
光孔	孔端无倒角	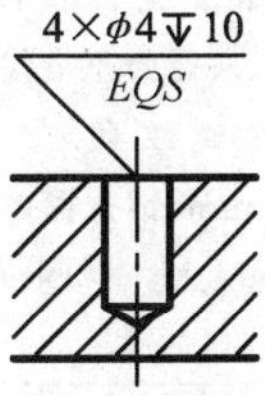 4×φ4↧10 EQS	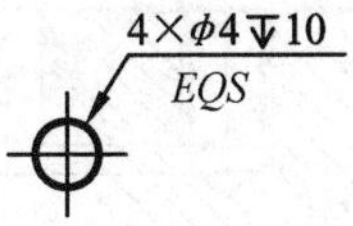 4×φ4↧10 EQS	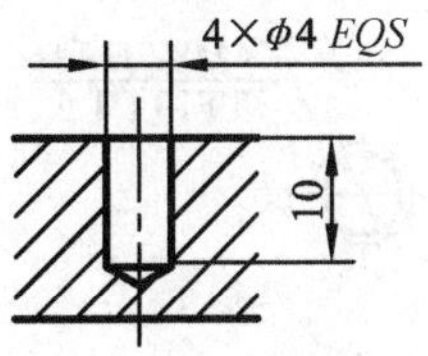 4×φ4 EQS 10	表示直径为 4 mm 的 4 个均匀分布的光孔,孔的深度为 10 mm
	孔端有倒角	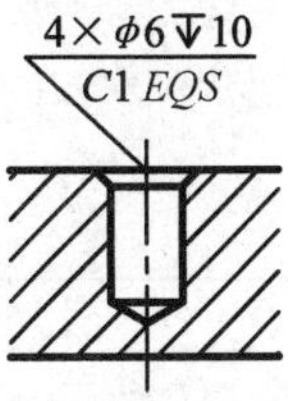 4×φ6↧10 C1 EQS	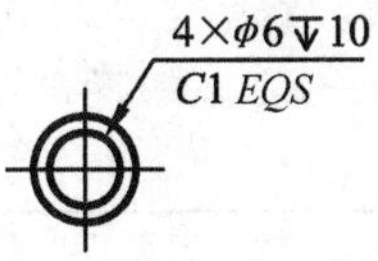 4×φ6↧10 C1 EQS	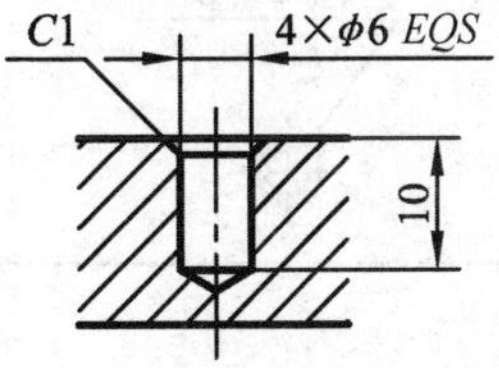 C1　4×φ6 EQS 10	表示直径为 6 mm 的 4 个均匀分布的光孔,孔端倒角宽度为 1 mm,孔的深度为 10 mm
沉孔	锥形沉孔	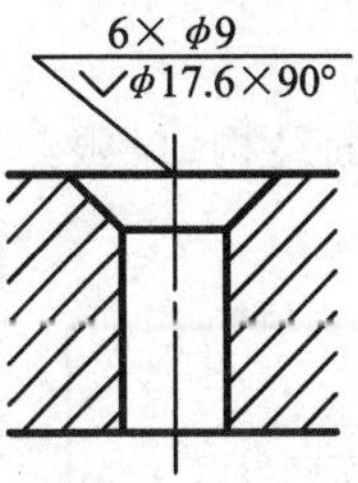 6× φ9 ⌵φ17.6×90°	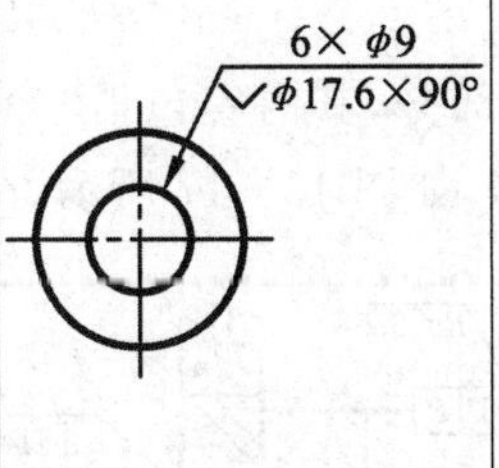 6× φ9 ⌵φ17.6×90°	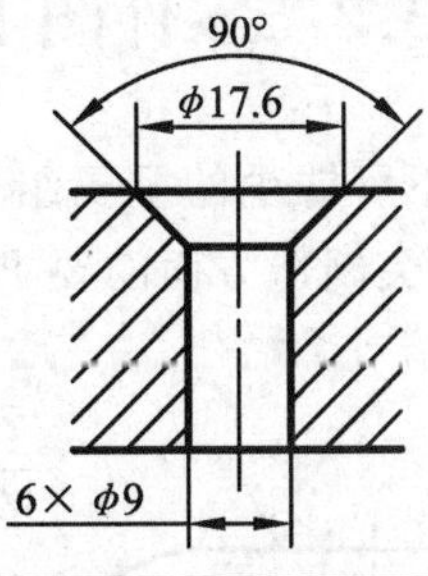 90° φ17.6 6× φ9	表示直径为 9 mm 的 6 个锥形沉孔,其锥顶角为 90°,端面圆的直径为 17.6 mm
	柱形沉孔	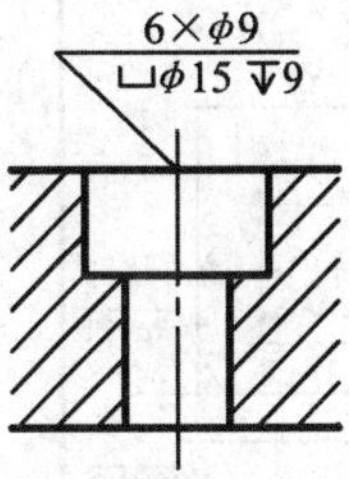 6×φ9 ⌴φ15 ↧9	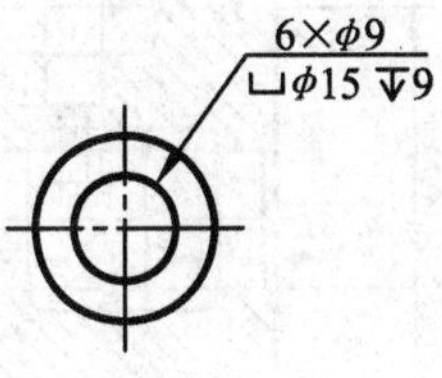 6×φ9 ⌴φ15 ↧9	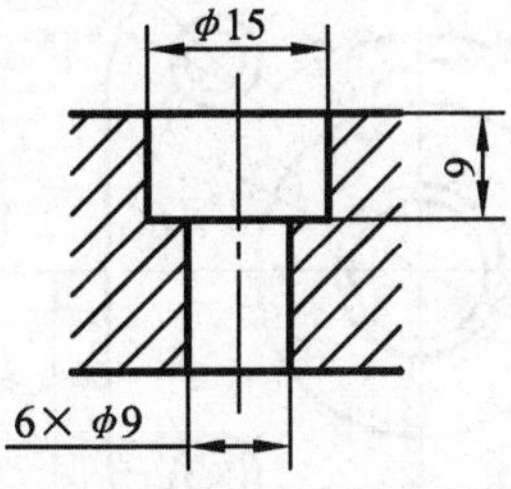 φ15 9 6× φ9	表示直径为 9 mm 的 6 个柱形沉孔,沉孔直径为 15 mm,沉孔的深度为 9 mm
	锪平孔	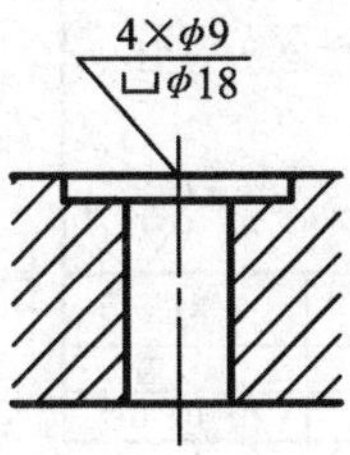 4×φ9 ⌴φ18	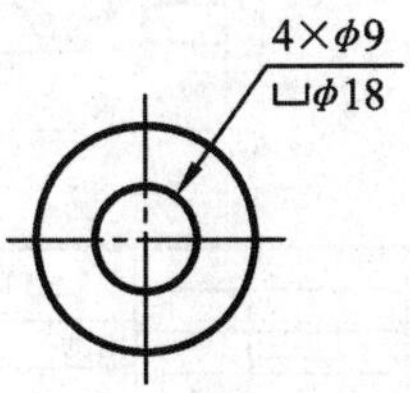 4×φ9 ⌴φ18	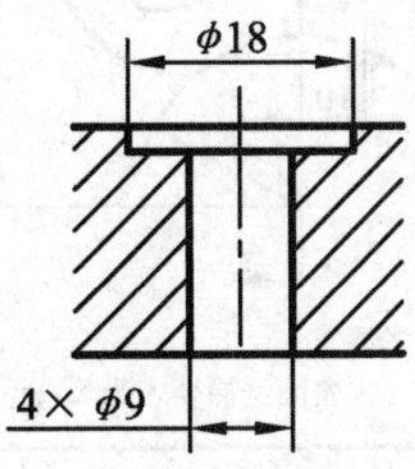 φ18 4× φ9	表示直径为 9 mm 的 4 个小孔,其端面锪平孔的直径为 18 mm,它的深度不注出。锪平到无毛面为止

续表 13－3

类　型		旁注法(主视图)	旁注法(俯视图)	普通注法	说　明
螺纹孔	通孔	3×M8-7H 2×C1.5	3×M8-7H 2× C1.5	2×C1.5　3×M8-7H	表示公称直径为 8 mm,中、顶径公差带代号为 7H 的 3 个螺纹孔,孔的两个端面的倒角宽度为 1.5 mm
	不通孔	3×M8-7H↧16 孔↧19 C1.5	3×M8-7H↧16 孔↧19 C1.5	C1.5　3×M8-7H　16　19	表示公称直径为 8 mm,中、顶径公差带代号为 7H 的 3 个螺纹孔,螺孔深度为 16 mm,钻孔深度为 19 mm,孔端面的倒角宽度为 1.5 mm
锥销孔		2× ϕ4 锥销孔 配作	2× ϕ4 锥销孔 配作	表示直径为 4 mm 的两个锥销孔应与另一个零件上的锥销孔一起钻孔或铰孔	

13.3　零件图上技术要求的标注

技术要求是零件图上不可缺少的重要组成部分,其内容包括:表面结构、极限与配合、几何公差、热处理以及其他有关制造方面的要求等,如图 13－17 所示。

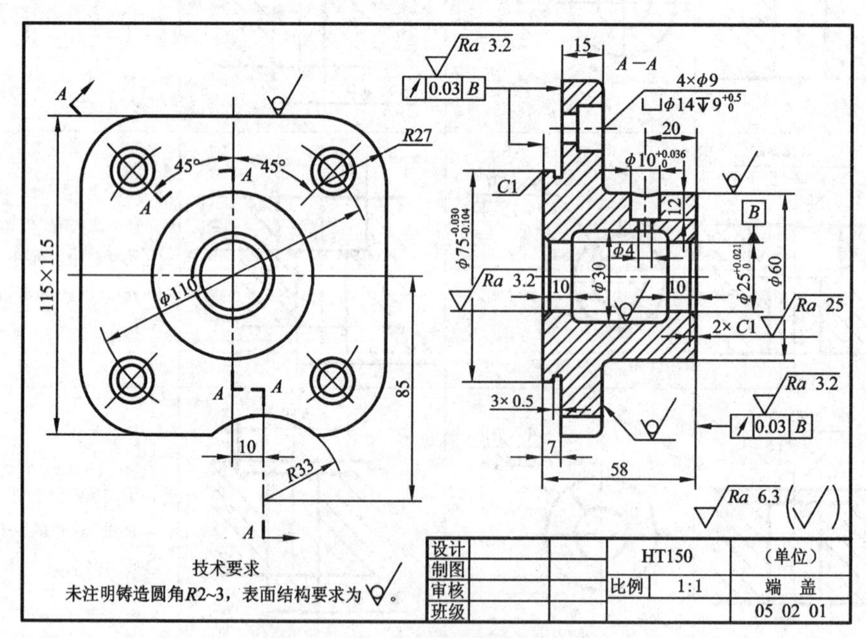

图 13－17　零件图上的技术要求

零件图上的技术要求应按照国家标准规定的代(符)号注写在图形之中,并用文字正确地注写在标题栏附近(当 A4 图幅竖放,其他图幅横放时采用,可以注写在标题栏的上方或左方空白处)或图形的右下方(当 A4 图幅横放,其他图幅竖放时采用)。用文字说明技术要求时,应以“技术要求”为标题,仅一条时不需编号,但不得省略标题。技术要求后面不可以加“:”,也不得写成“技术条件”或“注:”。

本节重点介绍表面结构、极限与配合及几何公差在零件图上的标注方法。

13.3.1　表面结构

1. *表面结构的概念*

零件的实际表面是按所定的特征加工而形成的,如图 13-18 所示。零件表面的实际轮廓是由粗糙度轮廓(R 轮廓)、波纹度轮廓(W 轮廓)和原始轮廓(P 轮廓)构成的。各种轮廓所具有的特性都与零件的表面功能密切相关。因此,GB/T 131—2006 中规定:零件的表面结构是指表面粗糙度、表面波纹度和表面原始轮廓的总称,其特性也是表面粗糙度、表面波纹度和表面原始轮廓特性的总称。通常可按波距 λ (波形起伏间距)来区分,波距小于 1 mm 的属于表面粗糙度,波距在(1～10)mm 的属于表面波纹度,波距大于 10 mm 的属于几何形状误差。所以表面结构是通过不同的测量与计算方法得出的一系列参数的表征,也是评定零件表面质量和保证表面功能的重要技术指标。现以表面粗糙度为主要评定指标阐述表面结构的应用。

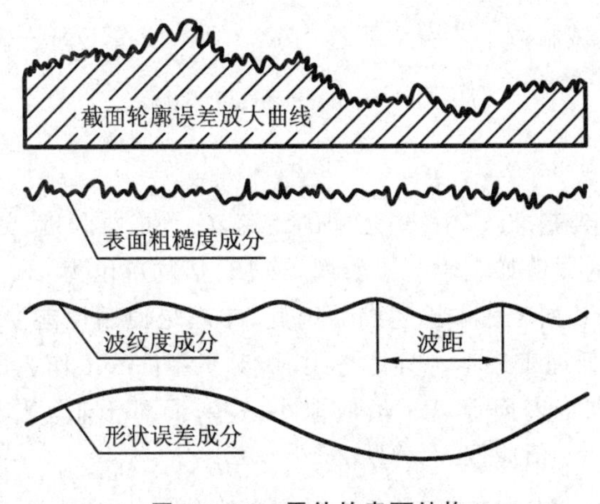

图 13-18　零件的表面结构

(1) 表面粗糙度的概念

零件表面经过加工后,看起来很光滑,但经放大观察却凹凸不平,如图 13-19 所示。这是因为零件在机械制造过程中,刀具或砂轮切削后遗留的刀痕、切屑分离时的材料的塑性变形,以及机床的震动等原因使被加工的零件表面产生微小的峰和谷。这种加工后的零件表面上具有的较小间距及微小峰和谷所组成的微观几何形状特征称为表面粗糙度,也称为微观不平度。由于加工方法和零件的材料不同,零件的加工表面留下痕迹的深浅、疏密、形状和纹理都有差别。表面粗糙度与零件的配合性质、耐磨性、抗疲劳强度、接触刚度以及震动等都有密切关系,对机械产品的使用寿命和工作的可靠性也有着重要的影响。因此,零件表面的功用不同,所需表面结构的表面粗糙度的参数值也不一样。

(2) 表面粗糙度的评定参数

GB/T 131 中规定：表面结构的表面粗糙度，其评定参数有两个高度参数(轮廓的算术平均偏差和轮廓的最大高度)和两个附加参数(轮廓单元的平均宽度和轮廓的支承长度率)。这里仅介绍零件图中广泛采用的高度参数。

① 轮廓算术平均偏差 Ra

轮廓算术平均偏差是指在一个取样长度 lr 内，轮廓的纵坐标值 $Z(x)$绝对值的算术平均值，如图 13-19 所示。

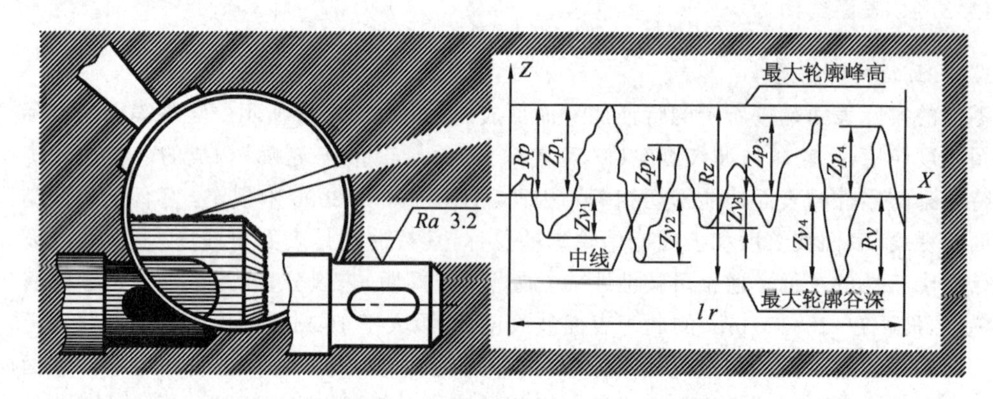

图 13-19　轮廓算术平均偏差(Ra)和轮廓最大高度(Rz)

目前，一般情况下机械制造工业中主要选用 Ra。Ra 值按下列公式计算：

$$Ra = 1/lr\int_{0}^{lr} |Z(x)|\,dx$$

或近似为

$$Ra = 1/n\sum |Z_i|$$

式中，Z 为轮廓线上的点到基准线(中线)之间的距离，lr 为取样长度，如图 13-19 所示。

轮廓算术平均偏差的数值如表 13-4 所列，其 Ra 值的单位为 μm。Ra 值越小，零件的表面加工精度要求就越高，其加工成本也越高。因此，在满足使用性能要求的前提下，应尽可能选用较大的 Ra 值，以降低加工成本。具体选用时，对于零件的工作表面、配合表面、要求密封的表面和精度要求高的加工表面等，Ra 值应取小一些；而对于非工作表面、非配合表面和精度要求低的加工表面等，Ra 值应取大一些。

表 13-4　轮廓的算术平均偏差 Ra 的数值(摘自 GB/T 1031—2009)　　μm

Ra	0.012	0.2	3.2	50
	0.025	0.4	6.3	100
	0.05	0.8	12.5	
	0.1	1.6	25	

② 轮廓最大高度 Rz

在一个取样长度 lr 内，最大轮廓峰高 Rp 和最大轮廓谷深 Rv 之和，如图 13-19 所示，即 $Rz = Rp + Rv$。轮廓最大高度的数值如表 13-5 所列，其 Rz 值的单位为 μm。

表 13 - 5　轮廓的最大高度 Rz 的数值(摘自 GB/T 1031—2009)　　μm

Rz	0.025	0.4	6.3	100	1 600
	0.05	0.8	12.5	200	
	0.1	1.6	25	400	
	0.2	3.2	50	800	

2. 表面结构的图形符号及画法(GB/T 131—2006)

(1) 表面结构的图形符号及含义

零件图上要标注表面结构的图形符号,用以说明该表面完工后须达到的表面特征。表面结构图形符号及含义如表 13 - 6 所列。

表 13 - 6　表面结构图形符号及含义

图形符号	含义及说明
	基本图形符号:表示表面可用任何方法获得。当不加注表面结构参数值或有关的说明(如表面处理、局部热处理状况等)时,仅适用于简化代号标注
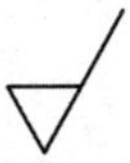	扩展图形符号:在基本图形符号上加一短横,表示指定表面是用去除材料的方法获得,如车、铣、钻、磨、剪切、抛光、腐蚀、电火花加工、气割等
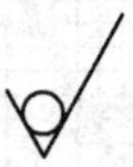	扩展图形符号:在基本图形符号上加一个圆圈,表示指定表面是用不去除材料的方法获得的,如铸、锻、冲压变形、热轧、冷轧、粉末冶金等。也可用于保持上道工序形成的表面,不管这种状况是通过去除材料或不去除材料形成的
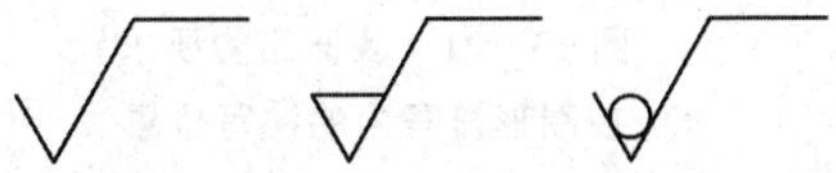	完整图形符号:在上述三种符号的长边上都加一条横线,用于标注有关参数和说明
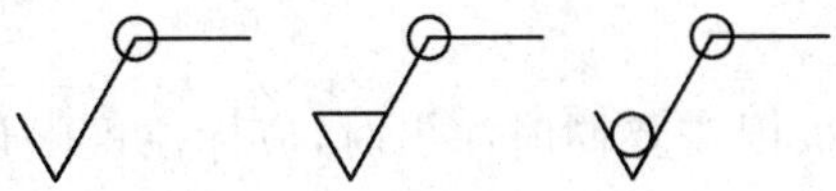	当在图样的某个视图上构成封闭轮廓的各表面有相同的表面结构要求时,在上述三种符号上都加一个小圆圈,标注在图样中零件的封闭轮廓线上(见图 13 - 30)。但如果标注会引起歧义时,各表面还是应分别标注
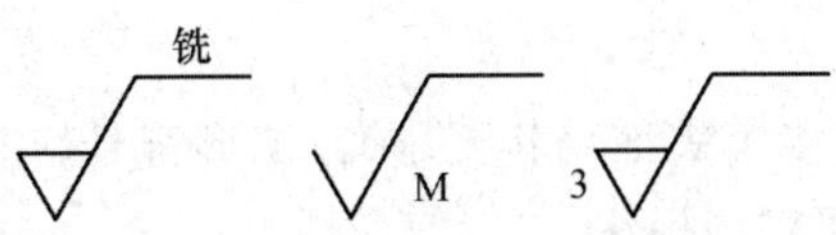 铣　M　3	补充符号: 在完整图形符号的横线上方注写出加工方法:如左图所示的"铣"表示加工方法为铣削 在完整图形符号的右下方注写出表面纹理:如左图所示的"M"表示纹理呈多方向 在完整图形符号的左下方注写出加工余量:如左图所示的"3",表示加工余量为 3 mm

(2) 表面结构图形符号的画法及尺寸

表面结构图形符号的画法如图 13 - 20 所示。图形符号和附加标注的尺寸如表 13 - 7

所列。

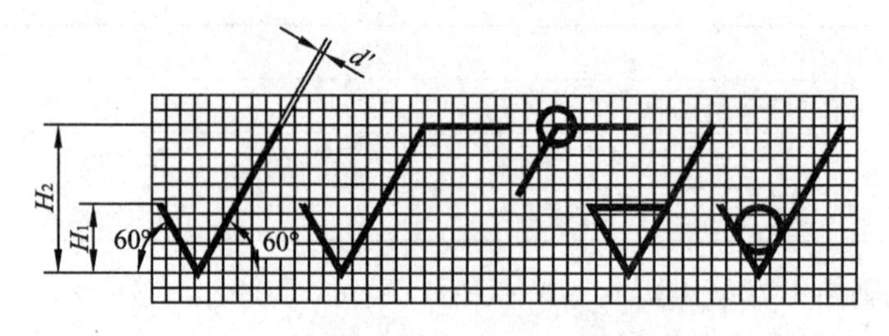

图 13-20　表面结构图形符号的画法

表 13-7　表面结构图形符号和附加标注的尺寸(摘自 GB/T 131—2006)　　mm

数字和字母高度 h	2.5	3.5	5	7	10	14	20
符号线宽 d' 和字母线宽 d	0.25	0.35	0.5	0.7	1	1.4	2
高度 H_1	3.5	5	7	10	14	20	28
高度 H_2(最小值)	7.5	10.5	15	21	30	42	60

注：H_2 的高度和图形符号横线的长度都取决于标注内容。

3. 表面结构要求和有关规定在图形符号中注写的位置

表面结构要求和有关规定在图形符号中注写的位置如图 13-21 所示。图中在“a”“b”“d”和“e”区域中所有内容的字母、数字和符号的高度均为 h，而在“c”区域中的字体可以是字母或汉字，为了清晰，这个区域的字体高度可以稍大于 h。各个区域的注写内容如下：

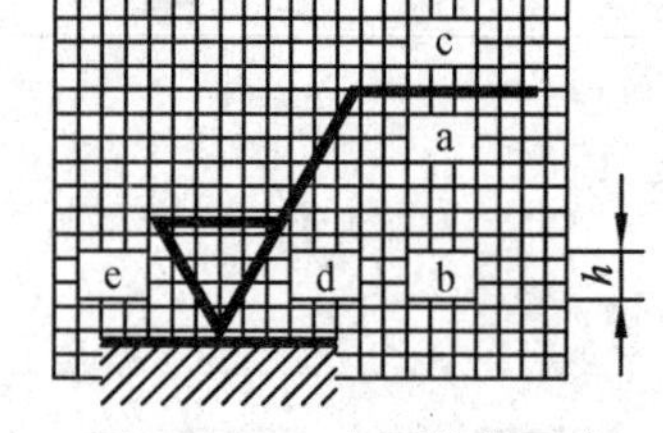

图 13-21　表面结构要求在图形符号中的注写位置

(1) 位置 a

位置 a 注写表面结构的单一要求，如 Ra 3.2。

必须指出以下两点：

① 当表面结构参数只标注参数代号和参数值时，它们应默认为参数的单向上极限值；当只标注参数代号和参数值的单向下极限值时，参数代号前应加注“L”，如 L Ra 3.2。

② 当在完整图形符号中表示表面结构参数的双向极限需要同时注出时，应标注极限代号。上极限值的代号注写在上方的表面结构参数代号的前面，用“U”表示，下极限值的代号注写在下方的表面结构参数代号的前面，用“L”表示。如果同一参数具有双向极限值要求时，在不引起误解的情况下，可以不注写“U”和“L”。

(2) 位置 a 和 b

位置 a 和 b 注写两个或多个表面结构要求。当注写多个表面结构要求时，图形符号应在垂直方向向上方扩大，以空出足够的空间进行表面结构要求的标注。

(3) 位置 c

位置 c 注写加工方法、表面处理、涂层或其他加工工艺要求等，如车、磨、镀等加工表面。

(4) 位置 d

位置 d 注写表面加工纹理和方向的符号，如“＝”表示纹理平行于视图所在的投影面；“⊥”

表示纹理垂直于视图所在的投影面,"X"表示纹理呈两斜向交叉且与视图所在的投影面相交;"M"表示纹理呈多方向;"C"表示纹理呈近似同心圆且与表面中心相关;"R"表示纹理呈近似放射形且与表面圆心相关;"P"表示纹理无方向,呈微粒、凸起。各种符号的纹理图见GB/T 131。

(5) 位置e

位置e注写加工余量(单位为mm)。

4. 表面结构的代号及含义

表面结构的代号是由表面结构图形符号、参数代号及相应参数值和有关规定等内容所组成。有关规定的内容是指一些必要时应标注的补充要求,如传输带、取样长度、加工工艺、表面纹理及方向、加工余量等。需要时可以查阅GB/T 131。

一些常见的表面结构的代号及含义如表13-8所列。

表13-8　常见的表面结构的代号及含义

代　号	含　义
Ra 3.2	表示表面去除材料,单向上极限值,表面粗糙度轮廓的算术平均偏差值为3.2 μm
Rz 0.4	表示表面不允许去除材料,单向上极限值,表面粗糙度轮廓的最大高度为0.4 μm
Rz max 0.2	表示表面去除材料,单向上极限值,表面粗糙度轮廓的最大高度为0.2 μm
U Ra max 3.2 L Ra 0.8	表示表面不允许去除材料,双向极限值。表面粗糙度轮廓的算术平均偏差:上极限值为3.2 μm,下极限值为0.8 μm
Fe/Zn8c 2C	表示表面处理:在金属基体上镀锌,其最小镀层厚度为8 μm,并使用铬酸盐处理(等级为2级),无其他表面结构要求
Fe/Ni20bCr0.3r Ra 1.6	表示表面去除材料,单向上极限值,表面粗糙度轮廓的算术平均偏差1.6 μm 表示表面处理:在金属基体上镀镍,其最小镀层厚度为20 μm,光亮镍镀层,普通镀铬层最小厚度为0.3 μm

5. 表面结构要求在图样上的标注

GB/T 131中规定,表面结构参数的标注内容包括轮廓参数(R轮廓、W轮廓、P轮廓)、轮廓特征、满足评定长度要求的取样长度的个数和要求的极限值,必要时还需要注出一些补充要求。这里仅介绍表面结构中轮廓参数(Ra和Rz)在图样上的标注。

当给出表面结构要求时,应标注其参数代号和相应的参数值,且应采用完整图形符号。表面结构要求对每一个表面一般只注写一次,并尽可能地注写在相应的尺寸及其公差的同一视图上。所标注的表面结构要求是对完工零件表面的要求。

必须注意:表面粗糙度参数代号其字母为斜体字,并与参数值之间应插入空格。

(1) 表面结构符号、代号的标注位置与方向

GB/T 131 中规定了总的原则是使表面结构的注写和读取方向与尺寸的注写和读取方向一致,如图 13-22 和图 13-23 所示。代号的注写方向有两种,即水平和垂直注写(倒角、倒圆和中心孔等结构除外)。垂直注写是在水平注写的基础上逆时针旋转 90°;零件的右侧面、下底面和倾斜表面则必须采用带箭头的指引线水平注写。

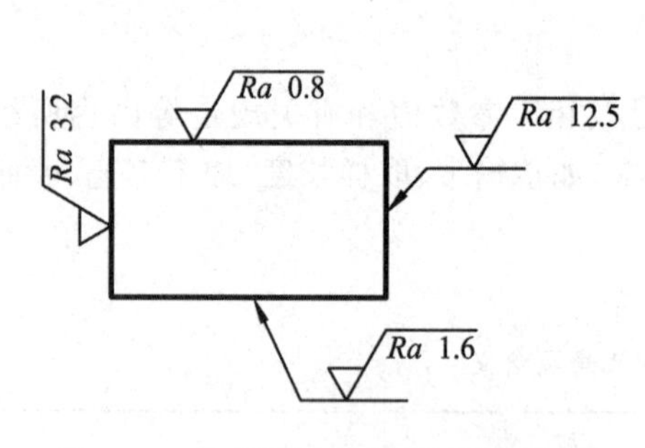

图 13-22　表面结构要求的注写方向

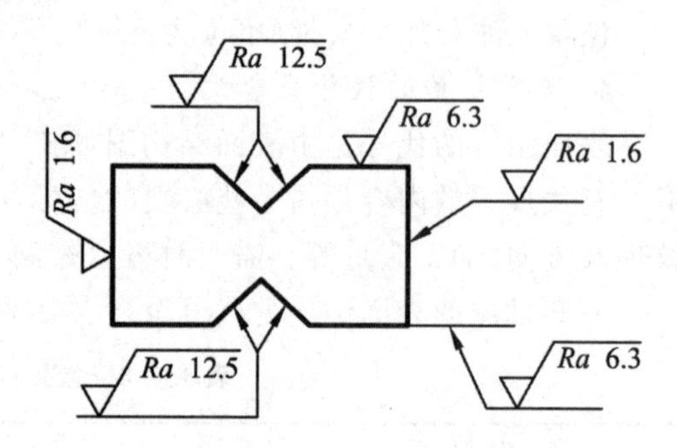

图 13-23　在轮廓线上标注的表面结构要求

(2) 表面结构要求在零件图上的标注

① 在轮廓线上或指引线上的标注　表面结构要求可以标注在轮廓线上,其符号的尖端应从材料外指向零件的表面,并与零件的表面接触(见图 13-22 和图 13-23),必要时表面结构要求也可以用带箭头或黑点的指引线引出标注,如图 13-24 所示。

② 在特征尺寸的尺寸线上的标注　在不致引起误解时,表面结构要求可以标注在给定的尺寸线(常用于小尺寸)上,如图 13-25 所示的键槽两个侧面和倒角的表面结构要求。

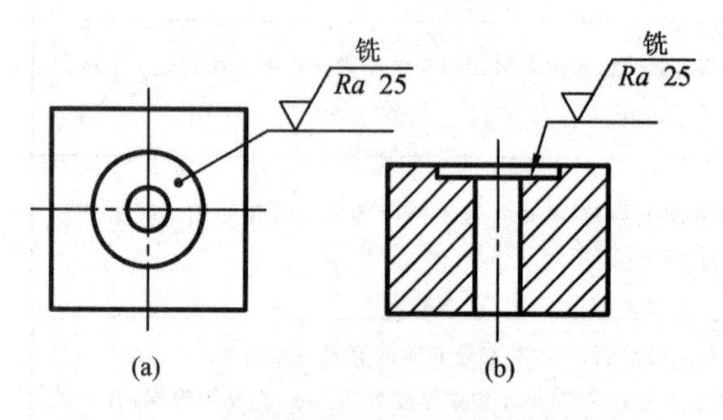

图 13-24　用指引线引出标注的表面结构要求

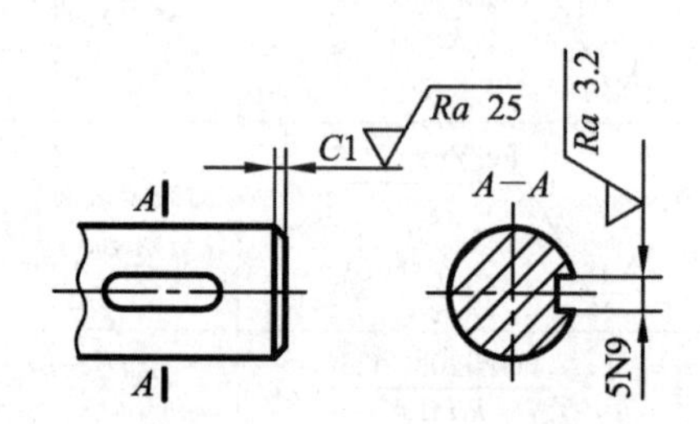

图 13-25　在尺寸线上标注的表面结构要求

③ 在几何公差的框格上的标注　表面结构要求标注在几何公差框格的上方,如图 13-26 所示。

④ 在延长线上的标注　表面结构要求可以直接标注在几何特征的轮廓线、尺寸界线及它们的延长线上,或用带箭头的指引线引出标注,如图 13-23、图 13-27 和图 13-28 所示。

⑤ 在圆柱或棱柱表面上的标注　圆柱和棱柱表面的表面结构要求只注写一次,如果每个棱柱表面有不同的表面结构要求时,则应分别注出,如图 13-29 和图 13-30 所示。

必须注意:对于棱柱棱面的表面结构要求一样只注写一次,是指注在棱面具有封闭轮廓的某个视图(该视图具有正投影的积聚性)中,如图 13-30 中的表面结构符号是指对图形中封闭轮廓的 1～6 个表面的共同要求(不包括前后两个表面)。

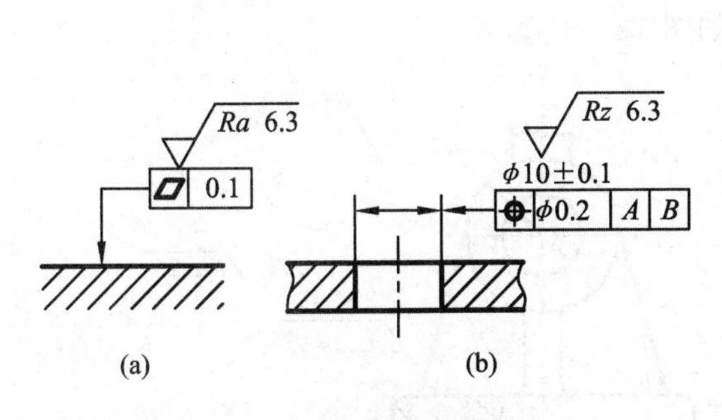

图 13-26　在几何公差框格上方标注的表面结构要求

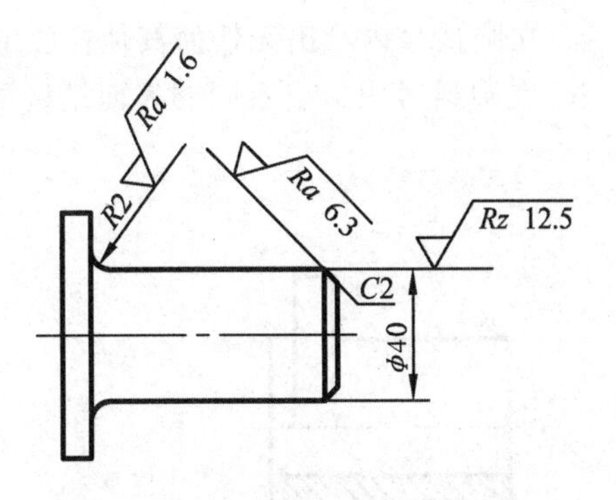

图 13-27　在圆柱特征的延长线上标注的表面结构要求(一)

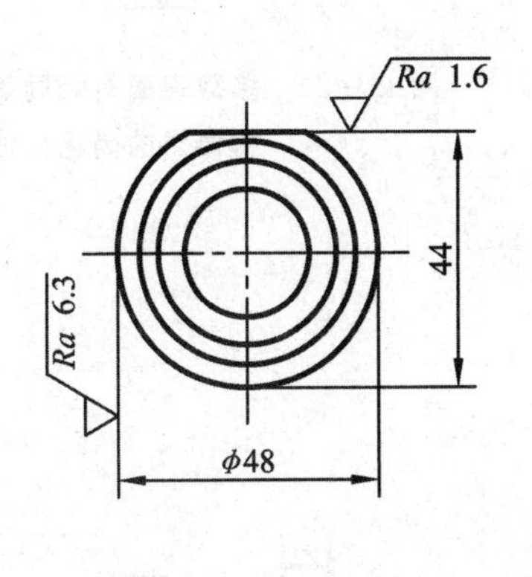

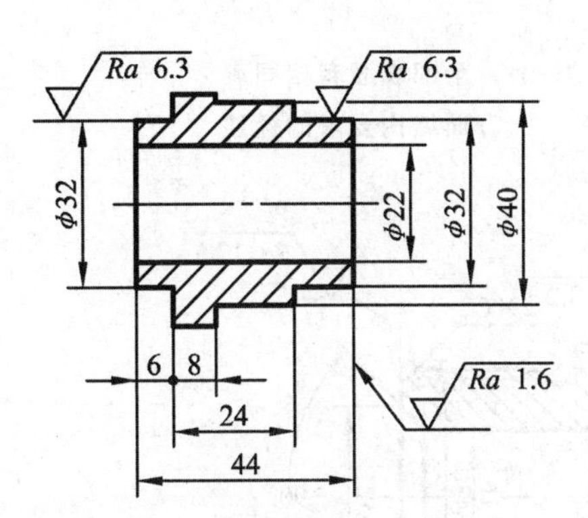

图 13-28　在圆柱特征的延长线上标注的表面结构要求(二)

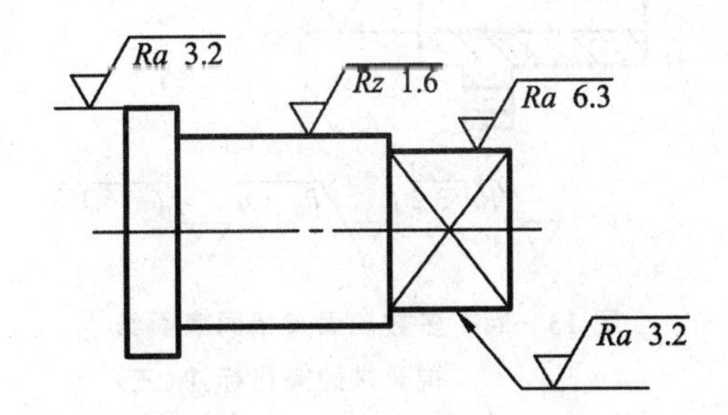

图 13-29　在圆柱和棱柱表面上标注的表面结构要求

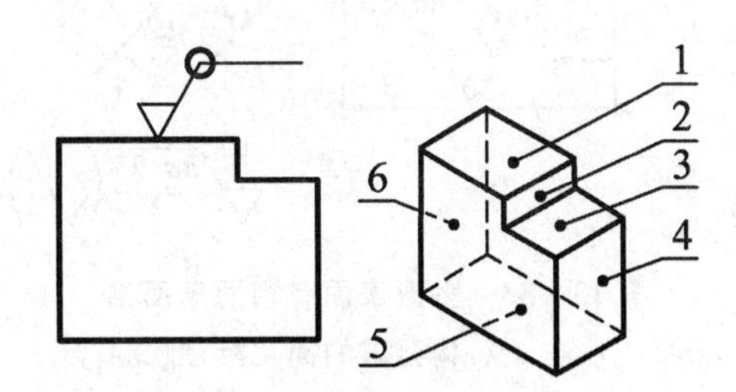

图 13-30　完整图形符号的应用

(3) 表面结构要求的简化标注

① 有相同表面结构要求的简化标注　当零件全部表面有相同的表面结构要求时，其相同的表面结构要求可以统一标注在图样的标题栏附近或图形的右下方(与文字说明的技术要求注写位置相同)，如图 13-31 所示。

② 多数表面有相同要求的简化标注　当零件的多数表面有相同的表面结构要求时，把不同的表面结构要求直接标注在图形中，其相同的表面结构要求也可统一注写在图样的标题栏附近或图形的右下方。同时，表面结构要求的符号后面应注有：

a. 在圆括号内给出无任何其他标注的基本图形符号,如图 13－32 和图 13－33 所示。

b. 在圆括号内给出不同的表面结构要求,如图 13－34 所示。

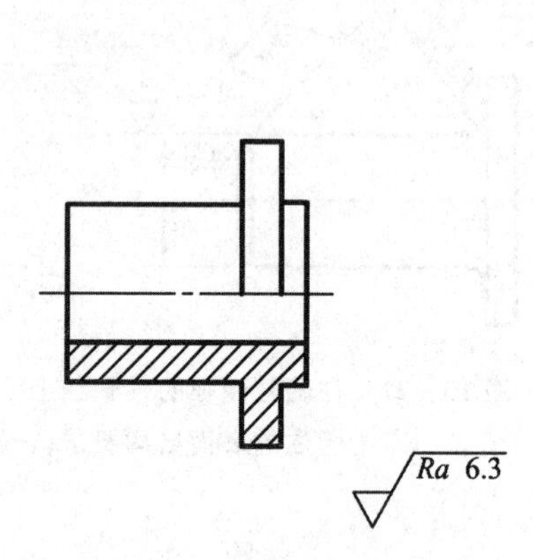

图 13－31　全部表面有相同表面结构要求的标注

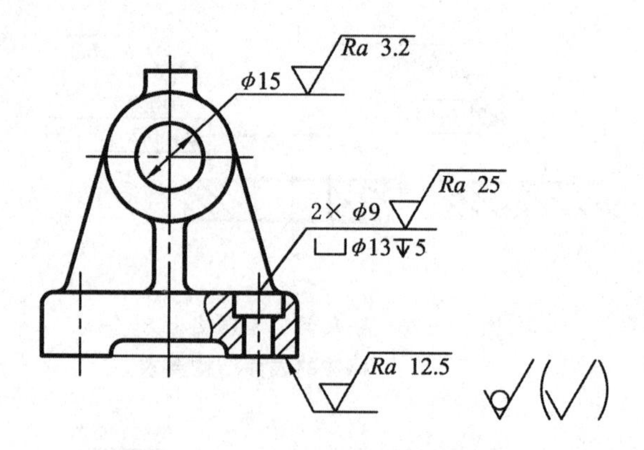

图 13－32　多数表面有相同表面结构要求的简化标注(一)

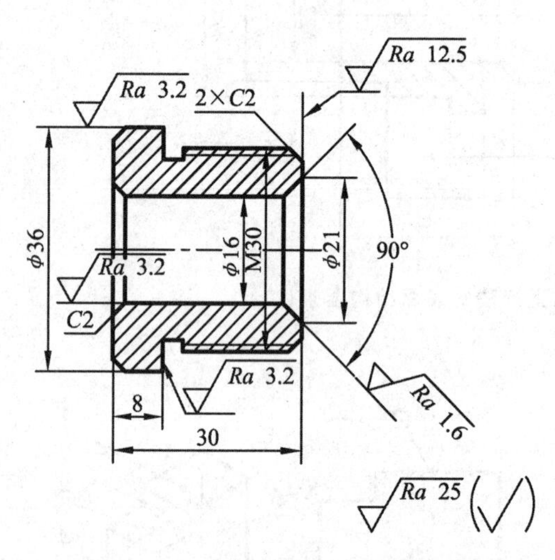

图 13－33　多数表面有相同表面结构要求的简化标注(二)

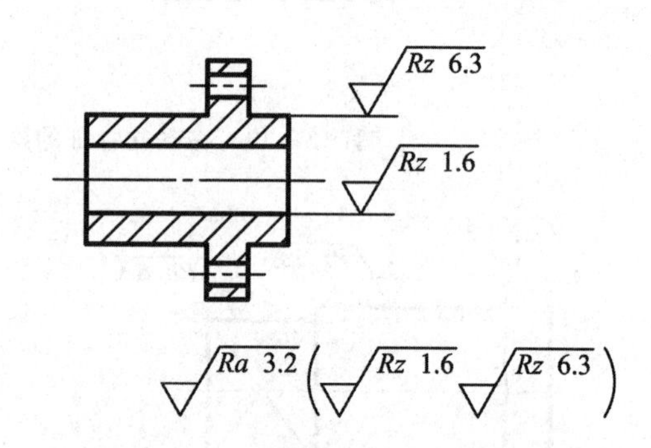

图 13－34　多数表面有相同表面结构要求的简化标注(三)

③ 用带字母的完整图形符号的简化标注　当两组或两组以上且每组有多个表面有相同的表面结构要求或图纸空间有限时,对有相同表面结构要求的表面可用带字母的完整图形符号,并以等式的形式注在图形的右下方或标题栏附近,如图 13－35 所示。

④ 只用表面结构符号的简化标注　可以用表面结构符号以等式的形式给出多个表面相同的表面结构要求,如图 13－36 所示。

(4) 两种或两种以上工艺获得的同一表面的注法

由几种不同的工艺方法获得的同一表面,当需要明确每种工艺方法的表面结构要求时,可以标注在其表示线(粗虚线或粗点画线)上,如图 13－37 和图 13－38 所示。

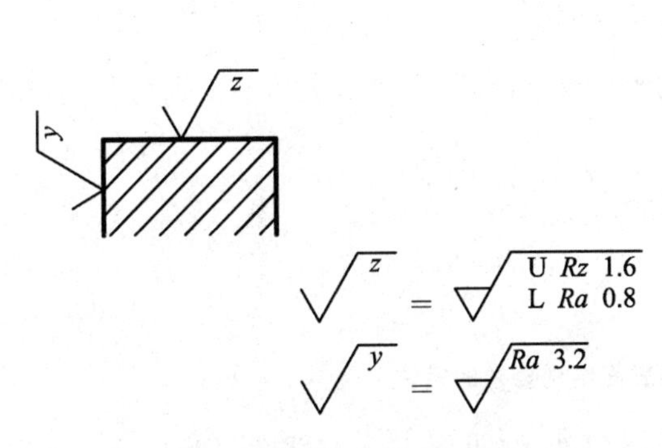

图 13-35　图纸空间有限时的简化标注

(a) 未指定工艺方法的表面

Ra 3.2

(b) 要求去除材料的表面

Ra 3.2

(c) 不允许去除材料的表面

图 13-36　只用表面结构符号的简化标注

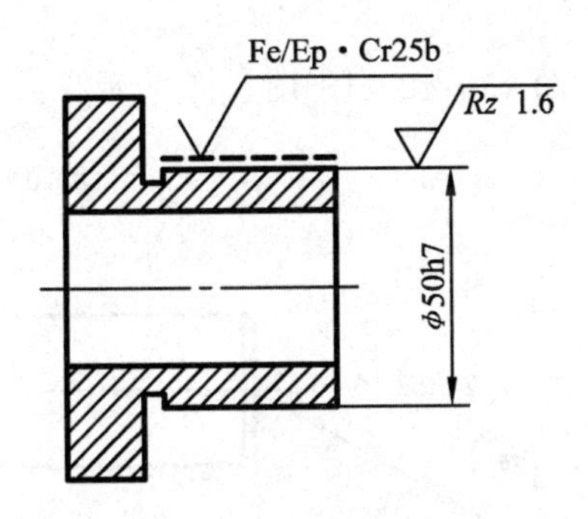

图 13-37　同时给出镀覆前后的表面结构要求的标注

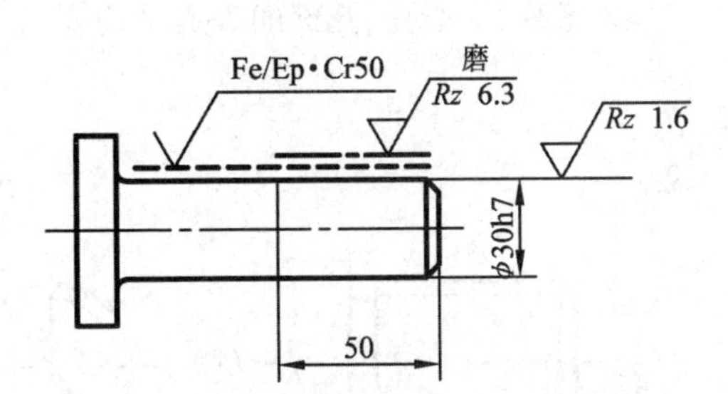

图 13-38　同一表面多道工序(图中三道)的表面结构要求的标注

(5) 同一表面上有不同的表面结构要求时,须用细实线画出其分界线,并标注出相应的表面结构要求和尺寸范围,如图 13-38 和图 13-39 所示。

(6) 零件上连续的表面(如手轮)或重复要素(如孔、槽、齿等)的表面,或不连续的同一表面(见图 13-32 支座下底面)用细实线连接,其表面结构要求只标注一个代号,如图 13-40 和图 13-41 所示。

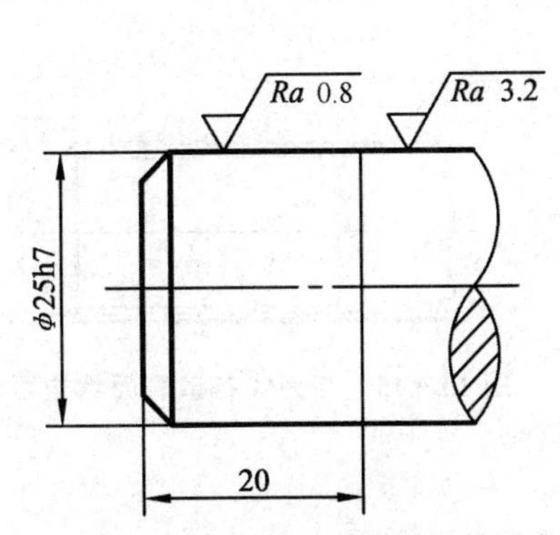

图 13-39　同一表面有不同的表面结构要求的标注

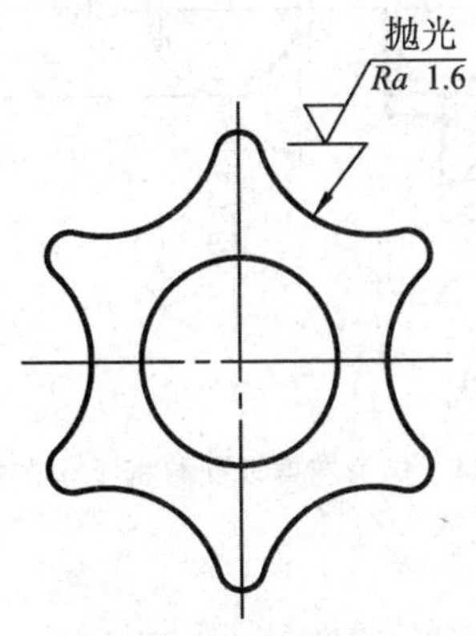

图 13-40　连续表面的表面结构要求的标注

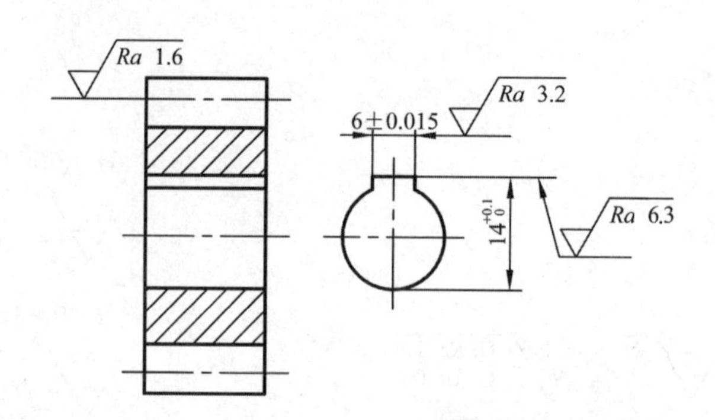

图 13-41　重复表面的表面结构要求的标注

注意：齿轮齿面的表面结构要求必须注写在分度线上(见图 13-41 和图 13-44)。

(7) 键槽的工作表面、倒角、倒圆和阶梯孔的表面结构要求的标注，如图 13-25、图 13-27、图 13-32 和图 13-41 所示。

(8) 螺纹、中心孔、花键的表面结构要求的标注，如图 13-42～图 13-45 所示。

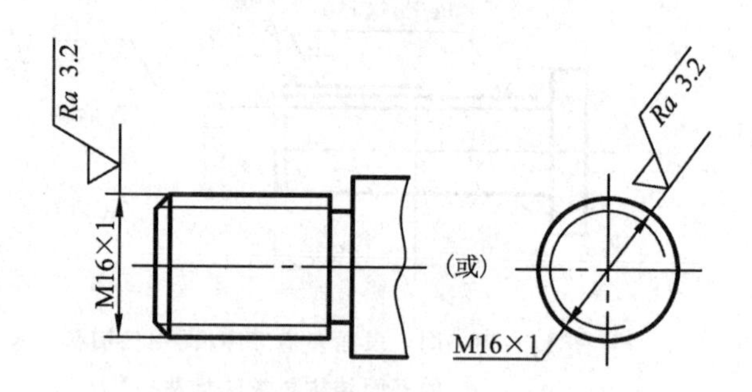

图 13-42　螺纹表面的表面结构要求的标注

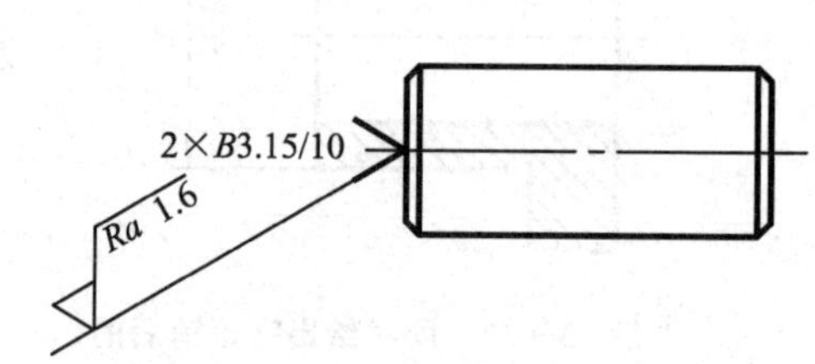

图 13-43　中心孔表面结构要求的标注

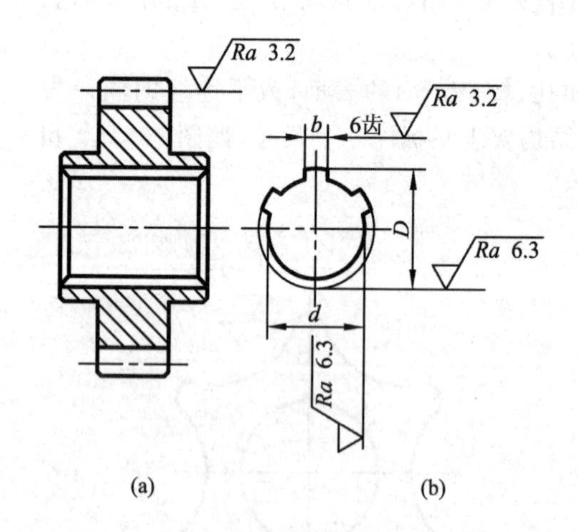

图 13-44　矩形花键表面结构要求的标注

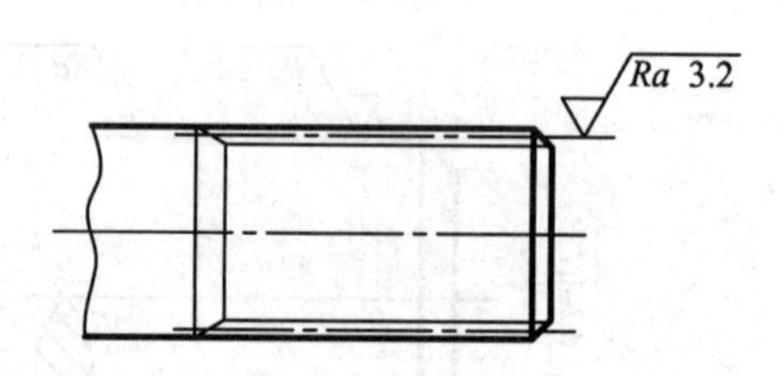

图 13-45　渐开线花键表面结构要求的标注

13.3.2　极限与配合

1. 互换性

互换性从日常生活中就可找到例证。例如，规格相同的任何一个灯头和灯泡，不论产自哪个厂家，不用选配都能装在一起。零件有这种规格尺寸和功能上的一致性和替代性，所以被认为这些零件具有互换性。

在现代化的大量或成批生产中，要求互相装配的零件或部件都要符合互换性原则。例如，从一批规格为 ϕ10 mm 的油杯，如图 13－46 所示，任取一个装入尾架端盖的油杯孔中，都能使油杯顺利地装入，并能使它们紧密结合，就两者的顺利结合而言，油杯和端盖都具有互换性。

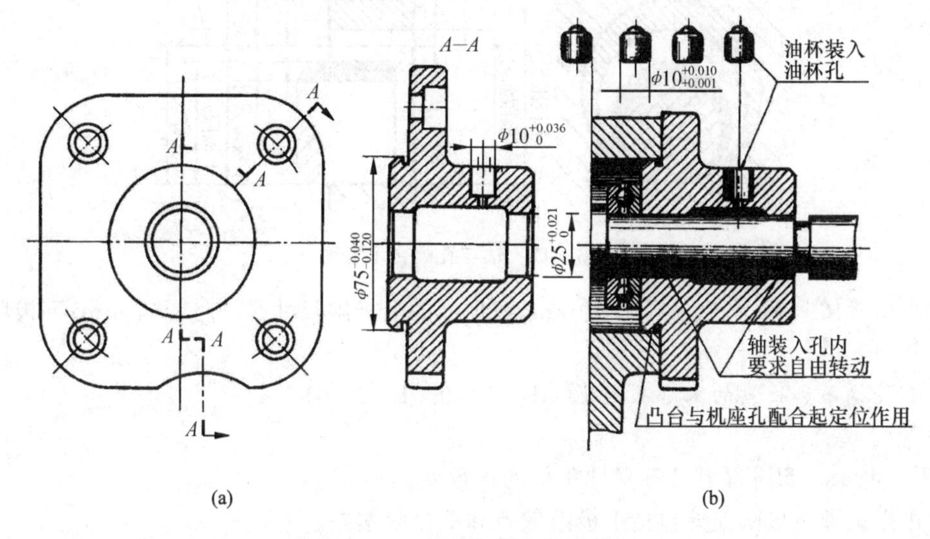

图 13－46　互换性基本概念图例

在机器制造业中，遵循互换性的原则，无论在设计、制造和维修等方面，都具有十分重要的技术和经济意义。在生产中由于机床精度、刀具磨损、测量误差、技术水平等因素的影响，即使同一个人加工同一批零件，也难以都准确地制成相同的大小，尺寸之间总是存在着误差，为了保证互换性，就必须控制这种误差。即在零件图上对某些重要的尺寸给予一个允许的变动范围，就能保证加工后的零件具有互换性。这种允许尺寸的变动范围称为尺寸公差。

2. 有关的术语及定义(GB/T 1800.1—2020)

(1) 有关孔和轴的定义

① 孔　孔通常是指工件的圆柱形或非圆柱形(如键槽等)的内表面尺寸要素。

② 轴　轴通常是指工件的圆柱形或非圆柱形(如键等)的外表面尺寸要素。

必须指出，尺寸要素是指由一定大小的线性尺寸或角度尺寸确定的几何形状。

(2) 有关尺寸的术语及定义

尺寸是指以特定单位表示的线性尺寸值的数值。由数字和单位组成，用于表示零件的几何形状的大小。线性尺寸包括直径、半径、长度、高度、宽度、深度、厚度和中心距等。

① 公称尺寸　公称尺寸是由图样规范确定的理想形状要素的尺寸。它是根据零件的强度计算、结构和工艺上的需要设计给定的尺寸。如图 13－46 中的 ϕ75 mm，ϕ25 mm 等，通过它应用极限偏差可算出其极限尺寸。

② 实际(组成)要素的尺寸　由接近实际(组成)要素所限定的工件实际表面的组成要素部分,也即零件的尺寸经加工完后,通过测量获得的尺寸。

③ 极限尺寸　允许尺寸变化的两个极限值,如图 13-47 所示,它是以公称尺寸为基数来确定的。其中,允许变化最大的一个尺寸称为上极限尺寸;而允许变化最小的一个尺寸称为下极限尺寸。实际(组成)要素的尺寸必须位于其中,也可以达到极限尺寸。

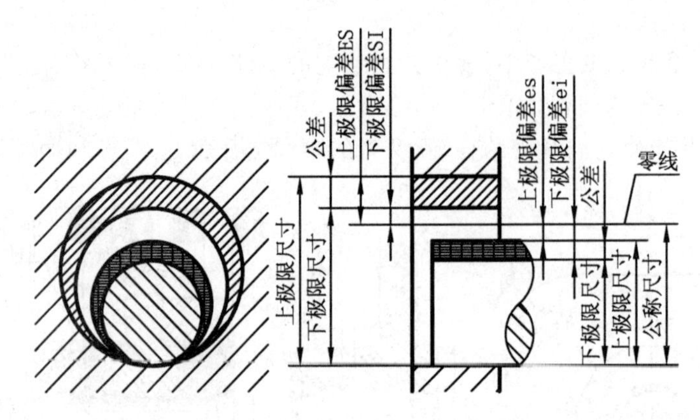

图 13-47　轴与孔配合示意图

如图 13-46 所示,凸台 $\phi75_{-0.120}^{-0.040}$ mm,该尺寸的上极限尺寸是 $\phi74.960$ mm;下极限尺寸是 $\phi74.880$ mm。

3. *有关偏差和公差的术语及定义*(GB/T 1800.1—2020)

(1) 偏　差

偏差是指某一尺寸减其公称尺寸所得的代数差。

① 极限偏差　极限偏差包括上极限偏差和下极限偏差。

上极限偏差为上极限尺寸减其公称尺寸所得的代数差(孔用 ES 表示,轴用 es 表示)。

下极限偏差为下极限尺寸减其公称尺寸所得的代数差(孔用 EI 表示,轴用 ei 表示)。

由于实际(组成)要素的尺寸和极限尺寸可能大于、小于或等于公称尺寸,故尺寸的极限偏差可以是正数、负数或零。

② 基本偏差　基本偏差是指在国家标准极限与配合制中,确定公差带相对零线位置的那个极限偏差,是确定公差带位置的参数。它可以是上极限偏差或下极限偏差,一般为靠近零线的那个极限偏差。为了满足各种不同配合的需要,必须将孔和轴的公差带的位置标准化。为此,国家标准对孔和轴各规定了 28 个公差带的位置,分别由 28 个基本偏差代号来确定。图 13-48 为基本偏差系列示意图。

a. 基本偏差代号　基本偏差代号用拉丁字母表示,对孔用大写 A,B,…,ZC 表示;对轴用小写 a,b,…,zc 表示。轴和孔的基本偏差代号各 28 个。

必须指出:以轴为例,字母中除去与其他代号易混淆的 5 个字母 i、l、o、q、w,增加了 7 个双字母代号 cd、ef、fg、js、za、zb、zc,其排列顺序如图 13-48 所示。孔的基本偏差代号与轴类同,这里不再重述。

b. 基本偏差系列图的特征　在图 13-48 基本偏差系列图中,表示了公称尺寸相同的 28 种孔和轴的基本偏差相对零线的位置。图中画的基本偏差是"开口"公差带,这是因为基本偏差只表示公差带的位置,而不表示公差带的大小。"开口"的一端则表示将由公差等级来确定,

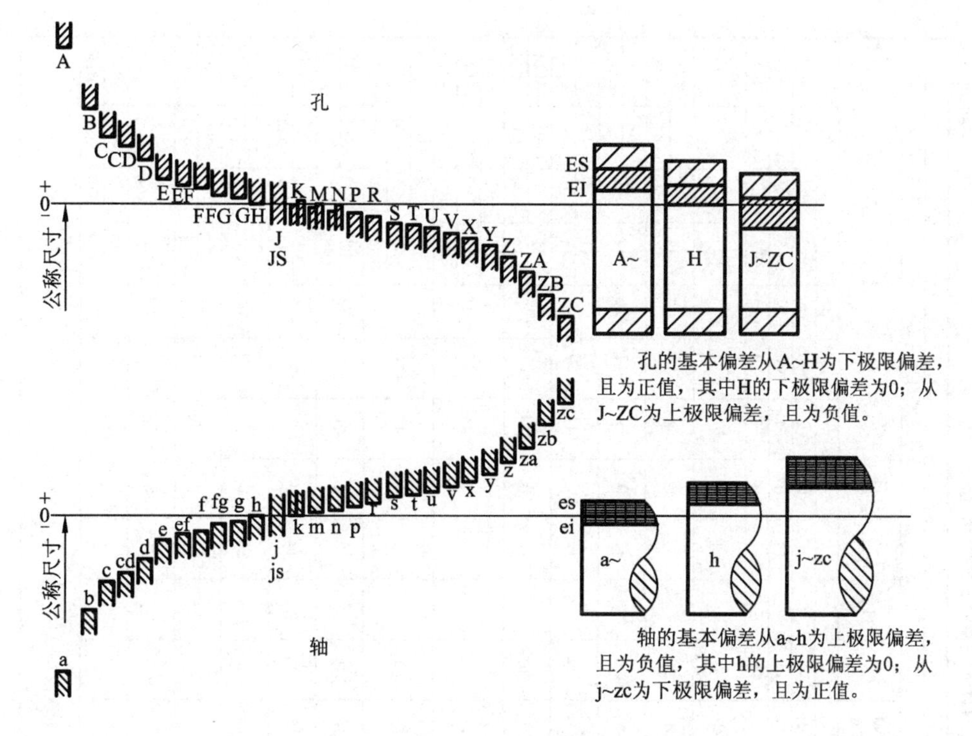

图 13－48　基本偏差系列示意图

即由公差等级确定公差带的大小。

由图 13－48 可以看出，孔和轴的各个基本偏差的图形是以零线为基本对称的，它们的性质和关系可以归纳如下：

i. 孔的基本偏差中，A～G 的基本偏差为下极限偏差 EI，其值为正值；J～ZC 的基本偏差为上极限偏差 ES，其值为负值，J、K 除外。轴的基本偏差中，a～g 的基本偏差为上极限偏差 es，其值为负值；j～zc 的基本偏差为下极限偏差 ei，其值为正值，j 除外。

ii. H 和 h 分别为基准孔和基准轴的基本偏差代号，它们的基本偏差分别是下极限偏差 EI＝0 和上极限偏差 es＝0。

iii. 基本偏差代号 JS 和 js 的公差带对称分布在零线两侧，因此，它们无基本偏差。

iv. 孔和轴的基本偏差系列图中具有倒影关系。

c. 基本偏差数值　公称尺寸至 1 000 mm 的轴的基本偏差数值如表 13－9 所列；孔的基本偏差数值如表 13－10 所列。但在查孔的基本偏差表时应注意以下两种情况：

i. 直接查表(倒影关系)　当孔的基本偏差在 A～G 时，EI＝－es；当孔的基本偏差在 J～N(＞IT8)和 P～ZC(＞IT7)时，ES＝－ei。其中，es 和 ei 是指待求孔的基本偏差相对应的同尺寸、同名轴的基本偏差(如 ϕ72G7——ϕ72g7)。所谓的倒影关系是将轴的基本偏差双变号(上、下极限偏差变，数值正负号变)，即得待求孔的基本偏差。

ii. 查表加值　当孔的基本偏差在 K、M、N(≤IT8)和 P～ZC(≤IT7)时，ES＝－ei＋Δ。孔的公差等级在上述规定范围之内时，孔的基本偏差等于在上述双变号的基础上加上一个 Δ 值，Δ 值可在表 13－10 中“Δ”栏处查得。

表13–9　轴的基本偏差数值表（摘自GB/T 1800.1—2020（部分））

μm

公称尺寸/mm		基本偏差数值																							
		上极限偏差 es												下极限偏差 ei											
		所有标准公差等级												IT5 和 IT6	IT7	IT8	IT4 至 IT7	≤IT3 >IT7	所有标准公差等级						
大于	至	a	b	c	cd	d	e	df	f	fg	g	h	js	j			k		m	n	p	r	s	t	u
—	3	-270	-140	-60	-34	-20	-14	-10	-6	-4	-2	0	偏差=±$\frac{ITn}{2}$，式中ITn是IT值数	-2	-4	-6	0	0	+2	+4	+6	+10	+14		+18
3	6	-270	-140	-70	-46	-30	-20	-14	-10	-6	-4	0		-2	-4		+1	0	+4	+8	+12	+15	+19		+23
6	10	-280	-150	-80	-56	-40	-25	-18	-13	-8	-5	0		-2	-5		+1	0	+6	+10	+15	+19	+23		+28
10	14	-290	-150	-95		-50	-32		-16		-6	0		-3	-6		+1	0	+7	+12	+18	+23	+28		+33
14	18																								
18	24	-300	-160	-110		-65	-40		-20		-7	0		-4	-8		+2	0	+8	+15	+22	+28	+35		+14
24	30																							+41	+48
30	40	-310	-170	-120		-80	-50		-25		-9	0		-5	-10		+2	0	+9	+17	+26	+34	+43	+48	+60
40	50	-320	-180	-130																				+54	+70
50	65	-340	-190	-140		-100	-60		-30		-10	0		-7	-12		+2	0	+11	+20	+32	+41	+53	+66	+87
65	80	-360	-200	-150																		+43	+59	+75	+102
80	100	-380	-220	-170		-120	-72		-36		-12	0		-9	-15		+3	0	+13	+23	+37	+51	+71	+91	+124
100	120	-410	-240	-180																		+54	+79	+104	+144
120	140	-460	-260	-200		-145	-85		-43		-14	0		-11	-18		+3	0	+15	+27	+43	+63	+92	+122	+170
140	160	-520	-280	-210																		+65	+100	+134	+190
160	180	-580	-310	-230																		+68	+108	+146	+210
180	200	-660	-340	-240		-170	-100		-50		-15	0		-13	-21		+4	0	+17	+31	+50	+77	+122	+166	+236
200	225	-740	-380	-260																		+80	+130	+180	+258
225	250	-820	-420	-280																		+84	+140	+196	+284
250	280	-920	-480	-300		-190	-110		-56		-17	0		-16	-26		+4	0	+20	+34	+56	+94	+158	+218	+315
280	315	-1050	-540	-330																		+98	+170	+240	+350
315	355	-1200	-600	-360		-210	-125		-62		-18	0		-18	-28		+4	0	+21	+37	+62	+108	+190	+268	+390
355	400	-1350	-680	-400																		+114	+208	+294	+435
400	450	-1500	-760	-440		-230	-135		-68		-20	0		-20	-32		+5	0	+23	+40	+68	+126	+232	+330	+490
450	500	-1650	-840	-480																		+132	+252	+360	+540
500	560					-260	-145		-76		-22	0					0	0	+26	+44	+78	+150	+280	+400	+600
560	630																					+155	+310	+450	+660
630	710					-290	-160		-80		-24	0					0	0	+30	+50	+88	+175	+340	+500	+740
710	800																					+185	+380	+560	+840
800	900					-320	-170		-86		-26	0					0	0	+34	+56	+100	+210	+430	+620	+940
900	1000																					+220	+470	+680	+1050

注：公称尺寸小于或等于 1 mm 时，基本偏差 a 和 b 均不采用。公差带 js7~js11，若 ITn 值数奇数，则取偏差=±$\frac{IT(n-1)}{2}$。

表13-10　孔的基本偏差数值有（摘自GB/T 1800.1—2020（部分））

μm

公称尺寸/mm		基本偏差数值																											Δ值					
		下极限偏差 EI												上极限偏差 ES															标准公差等级					
		所有标准公差等级												IT6	IT7	IT8	≤IT8	>IT8	≤IT8	>IT8	≤IT8	>IT8	≤IT7	标准公差等级大于IT7										
大于	至	A	B	C	CD	D	E	EF	F	FG	G	H	JS	J			K		M		N		P至ZC	P	R	S	T	U	IT3	IT4	IT5	IT6	IT7	IT8
—	3	+270	+410	+60	+34	+20	+14	+10	+6	+4	+2	0	偏差$=\pm\frac{ITn}{2}$，式中ITn是IT值数	+2	+4	+6	0	0	-2	-2	-4	-4	在大于IT7的相应数值上增加一个Δ值	-6	-10	-14		-18	0	0	0	0	0	0
3	6	+270	+150	+70	+46	+30	+20	+14	+10	+6	+4	0		+5	+6	+10	-1+Δ		-4+Δ	-4	-8+Δ	0		-12	-15	-19		-23	1	1.5	1	3	4	5
6	10	+280	+150	+80	+56	+40	+25	+18	+13	+8	+5	0		+5	+8	+12	-1+Δ		-6+Δ	-6	-10+Δ	0		-15	-19	-23		-28	1	1.5	2	3	6	7
10	14	+290	+150	+95		50	+32		+16		+6	0		+6	+10	+15	-1+Δ		-7+Δ	-7	-12+Δ	0		-18	-23	-28		-33	1	2	3	3	7	9
14	18																																	
18	24	+300	+160	+110		+65	+40		+20		+7	0		+8	+12	+20	-2+Δ		-8+Δ	-8	-15+Δ	0		-22	-28	-35		-41	1.5	2	3	4	8	12
24	30																										-41	-48						
30	40	+310	+170	+120		+80	+50		+25		+9	0		+10	+14	+24	-2+Δ		-9+Δ	-9	-17+Δ	0		-26	-34	-43	-48	-60	1.5	3	4	5	9	14
40	50	+320	+180	+130																							-54	-70						
50	65	+340	+190	+140		+100	+60		+30		+10	0		+13	+18	+28	-2+Δ		-11+Δ	-11	-20+Δ	0		-32	-41	-53	-66	-87	2	3	5	6	11	16
65	80	+360	+200	+150																					-43	-59	-75	-102						
80	100	+380	+220	+170		+120	+70		+36		+12	0		+16	+22	+34	-3+Δ		-13+Δ	-13	-23+Δ	0		-37	-51	-71	-91	-124	2	4	5	7	13	19
100	120	+410	+240	+180																					-54	-79	-104	-144						
120	140	+460	+260	+200		+145	+85		+43		+14	0		+18	+26	+41	-3+Δ		-15+Δ	-15	-27+Δ	0		-43	-63	-92	-122	-70	3	4	6	7	15	23
140	160	+520	+280	+210																					-65	-100	-134	-190						
160	180	+580	+310	+230																					-68	-108	-146	-210						
180	200	+660	+340	+240		+170	+100		+50		+15	0		+22	+30	+47	-4+Δ		-17+Δ	-17	-31+Δ	0		-50	-77	-122	-166	-236	3	4	6	9	17	26
200	225	+740	+380	+260																					-80	-130	-180	-258						
225	250	+820	+420	+280																					-84	-140	-196	-284						
250	280	+920	+480	+300		+190	+110		+56		+17	0		+25	+36	+55	-4+Δ		-20+Δ	-20	-34+Δ	0		-56	-94	-158	-218	-315	4	4	7	9	20	29
280	315	+1050	+540	+330																					-98	-170	-240	-350						
315	355	+1200	+600	+360		+210	+125		+62		+18	0		+29	+39	+60	-4+Δ		-21+Δ	-21	-37+Δ	0		-62	-108	-190	-268	-390	4	5	7	11	21	32
355	400	+1350	+680	+400																					-114	-208	-294	-435						
400	450	+1500	+760	+440		+230	+135		+68		+20	0		+33	+43	+66	-5+Δ		-23+Δ	-23	-40+Δ	0		-68	-126	-323	-330	-490	5	5	7	13	23	34
450	500	+1650	+840	+480																					-132	-255	-360	-540						
500	560					+260	+145		+76		+22	0					0		-26		-44			-78	-150	-280	-400	-600						
560	630																								-155	-310	-450	-660						
630	710					+290	+160		+80		+24	0					0		-30		-50			-88	-175	-340	-500	-740						
710	800																								-185	-380	-560	-840						
800	900					+320	+170		+86		+26	0					0		-34		-56			-100	-210	-430	-620	-940						
900	1000																								-220	-470	-680	-1050						

注：1. 公称尺寸小于或等于 1 mm 时，基本偏差 A 和 B 及大于 IT8 的 N 均不采用。公差带 JS7 至 JS11，若 ITn 值数是奇数，则取偏差$=\pm\frac{IT(n-1)}{2}$。

2. 对于小于或等于 IT8 的 K、M、N 和小于或等于 IT7 的 P 至 ZC，所需Δ值从表内右侧选取。例如：18～30 mm 段的 K7，Δ=8μm，所以 ES=(-2+8)μm=+6μm；18～30 mm 段的 S6，Δ=4μm，所以 ES=(−35+4)μm=−31μm。特殊情况：250～315 mm 段的 M6，ES=−9μm(代替−11 μm)。

(2) 尺寸公差(简称公差)

如前面所述,尺寸公差实际是指允许尺寸的变动量,它等于上极限尺寸减下极限尺寸之差,或上极限偏差减下极限偏差之差。尺寸公差是一个没有正负号的绝对值。

例如,图13-46中凸台的尺寸为$\phi75_{-0.120}^{-0.040}$ mm,其公差为

$$\phi74.960-\phi74.880=-0.040-(-0.120)=0.080(\mathrm{mm})$$

① 标准公差　标准公差是指国家标准极限与配合制中规定的用以确定公差带大小的任意一个公差,用符号IT表示。

② 公差等级　公差等级是指确定尺寸精确程度的等级。

③ 标准公差等级　标准公差等级是指在极限与配合制中,同一公差等级对所有公称尺寸的一组公差被认为具有同等精确程度。标准公差等级代号用符号IT和数字组成,如IT6,表示标准公差等级为6级;当其与代表基本偏差的字母一起组成公差带时,省略IT字母,如h7。

由于不同零件和零件上不同部位的尺寸,对其精确程度的要求往往也不同。为了满足生产使用要求,国家标准对公称尺寸至3 150 mm范围内的尺寸规定了20个标准公差等级。其代号分别为IT01、IT0、IT1～IT18,其中IT01级精度最高,其余依次降低,IT18级精度最低。其相应的标准公差值在公称尺寸相同的条件下是随着公差等级的降低而依次增大。IT1～IT16标准公差等级的公差数值如表13-11所列。由表13-11可见,在同一个尺寸段中,公差等级数越大,其尺寸的公差数值也越大,即尺寸的精度要求越低。

表13-11　标准公差数值(摘自GB/T 1800.1—2020(部分))

公称尺寸		公差等级															
		IT1	IT2	IT3	IT4	IT5	IT6	IT7	IT8	IT9	IT10	IT11	IT12	IT13	IT14	IT15	IT16
>至		μm											mm				
—	3	0.8	1.2	2	3	4	6	10	14	25	40	60	0.1	0.14	0.25	0.4	0.6
3	6	1	1.5	2.5	4	5	8	12	18	30	48	75	0.12	0.18	0.3	0.48	0.75
6	10	1	1.5	2.5	4	6	9	15	22	36	58	90	0.15	0.22	0.36	0.58	0.9
10	18	1.2	2	3	5	8	11	18	27	43	70	110	0.18	0.27	0.43	0.7	1.1
18	30	1.5	2.5	4	6	9	13	21	33	52	84	100	0.21	0.33	0.52	0.84	1.3
30	50	1.5	2.5	4	7	11	16	25	39	62	100	160	0.25	0.39	0.62	1	1.6
50	80	2	3	5	8	13	19	30	46	74	120	190	0.3	0.46	0.74	1.2	1.9
80	120	2.5	4	6	10	15	22	35	54	87	140	220	0.35	0.54	0.87	1.4	2.2
120	180	3.5	5	8	12	18	25	40	63	100	160	250	0.4	0.63	1	1.6	2.5
180	250	4.5	7	10	14	20	29	46	72	115	185	290	0.46	0.72	1.15	1.85	2.9
250	315	6	8	12	16	23	32	52	81	100	210	320	0.52	0.81	1.3	2.1	3.2
315	400	7	9	10	18	25	36	57	89	140	230	360	0.57	0.86	1.4	2.3	3.6
400	500	8	10	15	20	27	40	63	97	155	250	400	0.63	0.7	1.55	2.5	4
500	630	9	11	16	22	32	44	70	110	175	280	440	0.7	1.1	1.75	2.8	4.4
630	800	10	10	18	25	36	50	80	125	200	320	500	0.8	1.25	2	3.2	5
800	1000	11	15	21	28	40	56	90	140	230	360	560	0.9	1.4	2.3	3.6	5.6

注:1. 公称尺寸大于500 mm的IT1～IT5的标准公差数值为试行的。

2. 公称尺寸小于1 mm时,无IT4～IT18。

④ 零线　在极限与配合图解中，零线是表示公称尺寸的一条水平的直线，以其为基准确定偏差和公差，如图 13-49 所示。极限偏差位于零线的上方，则表示极限偏差值为正；位于零线的下方，则表示极限偏差值为负；当与零线重合时，表示极限偏差值为零。

⑤ 公差带　表示零件的尺寸相对其公称尺寸所允许变动的范围叫做公差带。用图所表示的公差带称为公差带图（见图 13-49）。在公差带图解中，公差带是由代表上极限偏差和下极限偏差或上极限尺寸和下极限尺寸的两条直线所限定的一个区域，也即它由公差大小（由标准公差等级来确定）和其相对零线的位置（基本偏差）确定。因此，公差带代号由基本偏差代号的字母和公差等级代号的数字所组成。如 H6、K7 等为孔的公差带代号，h6、k7 等为轴的公差带代号。

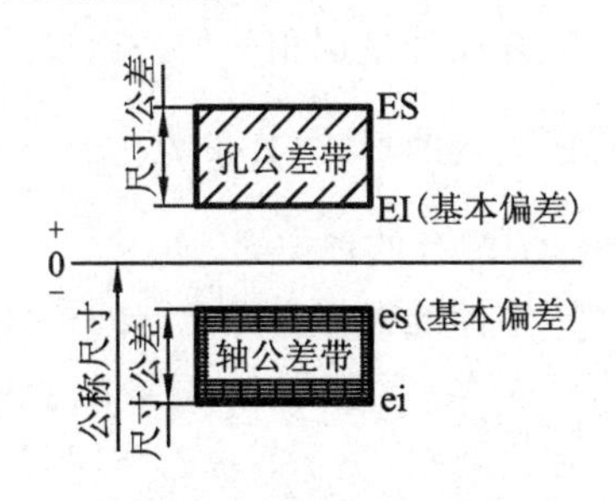

图 13-49　公差带图解

通过以上讨论分析可见公差与偏差有两点区别：

从概念上讲，极限偏差是相对于公称尺寸偏离大小的数值，即是确定了极限尺寸相对公称尺寸的位置，它限制实际偏差的变动范围。而公差仅表示极限尺寸变动范围。

从作用上讲，极限偏差表示了公差带的确切位置，可以反映零件配合的松紧程度。而公差只表示公差带的大小，反映了零件的配合精度。

(3) 查有关表简介

根据孔和轴的公称尺寸、基本偏差代号及公差等级代号，可以从表中查得标准公差及基本偏差数值，从而计算出上、下极限偏差数值及极限尺寸。根据前述，计算公式为：ES＝EI＋IT 或 EI＝ES－IT 和 es＝ei＋IT 或 ei＝es－IT。

【例 13-1】已知某轴的尺寸为 ϕ50f7，查表计算上、下极限偏差及极限尺寸。

解：从表 13-11 中查得标准公差 IT7 为 0.025 mm，从表 13-9 中查得上极限偏差 es＝－0.025 mm，则下极限偏差 ei＝es－IT＝(－0.025－0.025) mm＝－0.050 mm。

由此可计算出其极限尺寸如下：

上极限尺寸＝(50－0.025) mm＝49.975 mm

下极限尺寸＝(50－0.050) mm＝49.950 mm

【例 13-2】已知某孔的尺寸为 ϕ30K8，查表计算上、下极限偏差及极限尺寸。

解：从表 13-11 中查得标准公差 IT8 为 0.033 mm，从表 13-10 查得上极限偏差 ES＝－2 μm＋Δ，其中，Δ＝12 μm，因而得 ES＝＋0.010 mm，则下偏差 EI＝ES－IT＝＋0.010 mm－0.033 mm＝－0.023 mm。

由此可计算出其极限尺寸如下：

上极限尺寸＝(30＋0.010)mm＝30.010 mm

下极限尺寸＝(30－0.023)mm＝29.977 mm

如果是基准孔的情况，如 ϕ40H7，因为下极限偏差 EI 为 0，根据公式 ES＝EI＋IT，从表 13-11 中查得 IT7＝25 μm，即得 ES＝＋0.025 mm。若是基准轴，如 ϕ40h6，因为其上极限偏差 es 为 0，由公式 ei＝es－IT，从表 13-11 中查得 IT6＝16 μm，即得 ei＝－0.016 mm。

4. 有关“配合”的术语及定义(GB/T 1800.1—2020)

所谓配合是指公称尺寸相同,相互结合的孔与轴公差带之间的关系。

(1) 配合代号

配合代号是用相同的公称尺寸后面跟着孔和轴的公差带代号来表示。孔和轴的公差带代号写成分数的形式,分子为孔的公差带代号,分母为轴的公差带代号,如 50H7/g6 或 50 $\frac{H7}{g6}$。

(2) 配合的种类

国家标准根据零件配合的松紧程度的不同要求,即孔和轴公差带之间的关系不同,将配合分为三大类:间隙配合、过盈配合和过渡配合。

在机器中,由于零件的作用和工作情况不同,故相互结合的两个零件的配合性质(装配后相互配合的零件之间配合的松紧程度)也不一样,如图 13-50 所示的三个滑动轴承支承着轴及套零件,图 13-50(a)所示为轴直接装入座孔中,要求能自由转动且不得打晃;图 13-50(c)所示要求衬套装在座孔中要紧固,且不得松动;图 13-50(b)所示衬套装在座孔中,虽也要紧固,但要求容易装入,且要求比图 13-50(c)的配合要松一些。

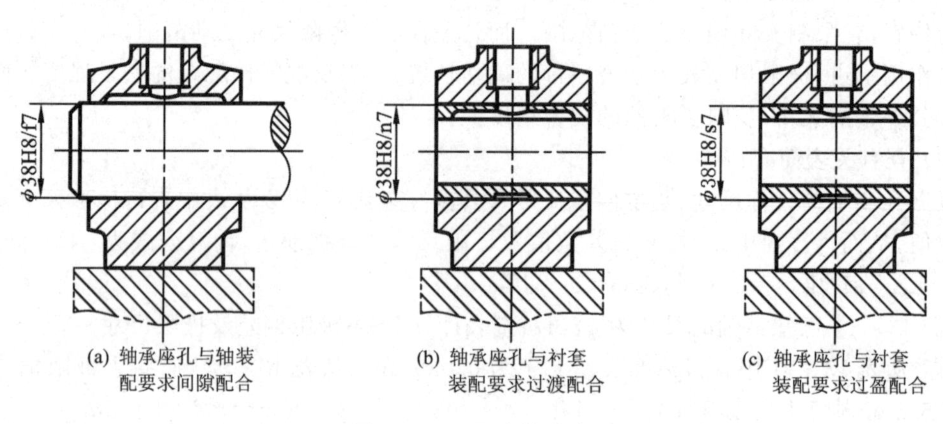

(a) 轴承座孔与轴装配要求间隙配合　(b) 轴承座孔与衬套装配要求过渡配合　(c) 轴承座孔与衬套装配要求过盈配合

图 13-50 配合的种类

① 间隙配合 间隙指孔的尺寸减去相配合轴的尺寸所得的代数之差为正值。间隙配合是指具有间隙(包括最小间隙等于零)的配合。此时,孔的公差带在轴的公差带之上,如图 13-51 所示。由于孔和轴在各自的公差带内变动,因此装配后每对孔和轴之间的间隙也是变化的。当孔制成上极限尺寸而轴制成下极限尺寸时,装配后得到最大间隙;当孔制成下极限

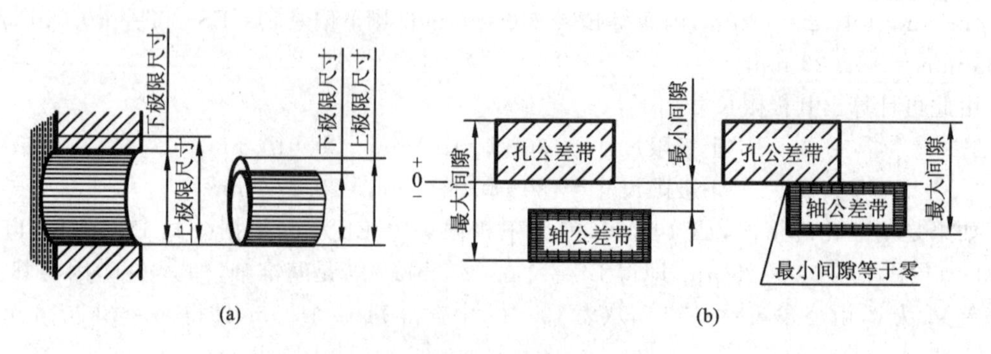

图 13-51 轴承座孔与轴的间隙配合

尺寸而轴制成上极限尺寸时,装配后得到最小间隙。

② 过盈配合　过盈是指孔的尺寸减去相配合轴的尺寸所得的代数之差为负值。过盈配合是指具有过盈(包括最小过盈等于零)的配合。此时孔的公差带在轴的公差带之下,如图 13－52 所示。同样孔和轴装配后每对孔和轴之间的过盈也是变化的。当孔制成上极限尺寸而轴制成下极限尺寸时,装配后得到最小过盈;当孔制成下极限尺寸而轴制成上极限尺寸时,装配后得到最大过盈。

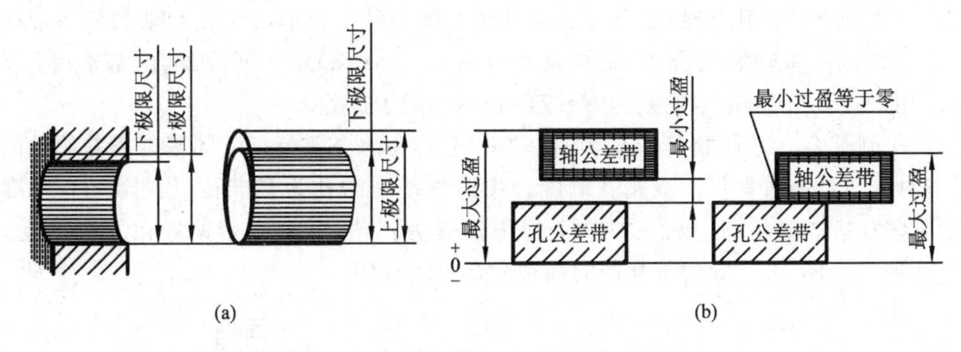

图 13－52　轴承座孔与衬套的过盈配合

③ 过渡配合　过渡配合是可能具有间隙或过盈的配合。此时,孔的公差带与轴的公差带相互交叠,如图 13－53 所示。在过渡配合中,孔和轴装配后每对孔和轴之间的间隙或过盈也是变化的。当孔制成上极限尺寸而轴制成下极限尺寸时,装配后得到最大间隙;当孔制成下极限尺寸而轴制成上极限尺寸时,装配后得到最大过盈。

必须指出:“间隙、过盈、过渡”是对一批孔、轴而言的,具体到一对孔和轴装配后,只能是间隙或过盈,包括间隙或过盈为零,而不会出现“过渡”。

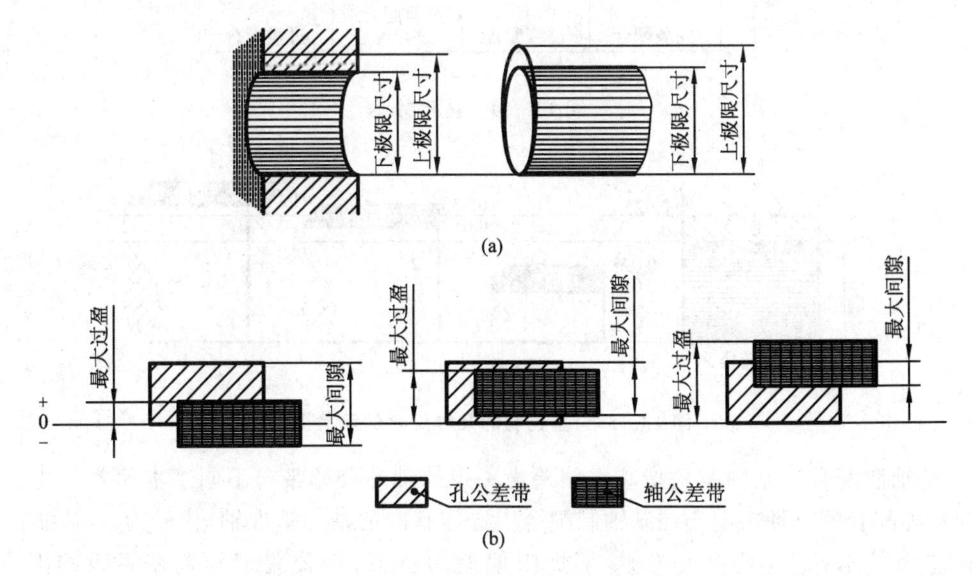

图 13－53　轴承座孔与衬套的过渡配合

(3) 配合制

配合制是指同一极限制的孔和轴组成的一种配合制度。从前述三种配合的公差带图可知,变更孔和轴公差带的相对位置可以组成不同性质、不同松紧的配合,但为了简化起见,无需将孔和轴公差带同时变动,只要固定一个,变更另一个即可以满足不同使用性能要求的配合。因此,极限与配合国家标准对孔和轴配合的公差带之间的关系规定了两种配合制度:基孔制配合和基轴制配合。在一般情况下,优先选用基孔制配合。如无特殊需要,允许将任一孔和轴的公差带组成配合。在孔和轴的配合时,究竟属于哪一种配合取决于孔和轴的公差带的相互关系。在基孔制和基轴制配合中,基本偏差为 A～H(a～h)用于间隙配合,基本偏差为 J～M(j～m)用于过渡配合,基本偏差为 N～ZC(n～zc)用于过盈配合。

① 基孔制配合　基孔制是指基本偏差为一定的孔的公差带与不同基本偏差的轴的公差带形成各种配合的一种制度。在基孔制配合中选作基准的孔为基准孔,代号为 H,基准孔的下极限偏差为基本偏差,且数值为零,上极限偏差为正值,其公差带偏置在零线的上方,如图 13-54 所示。图 13-55 为基孔制的几种配合的示意图。

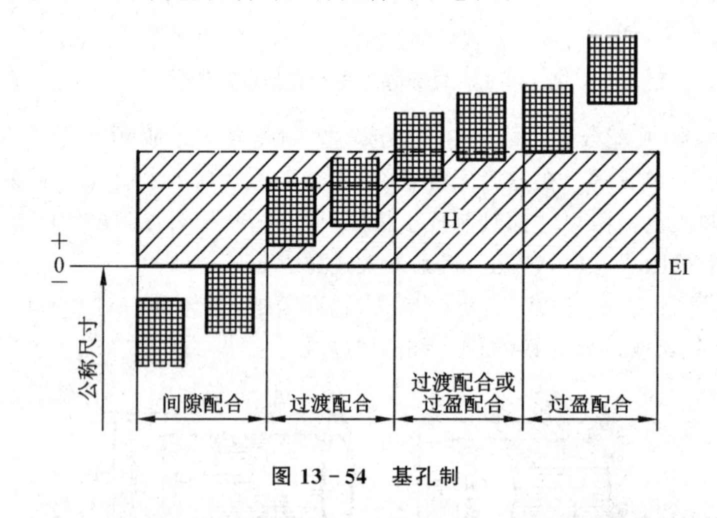

图 13-54　基孔制

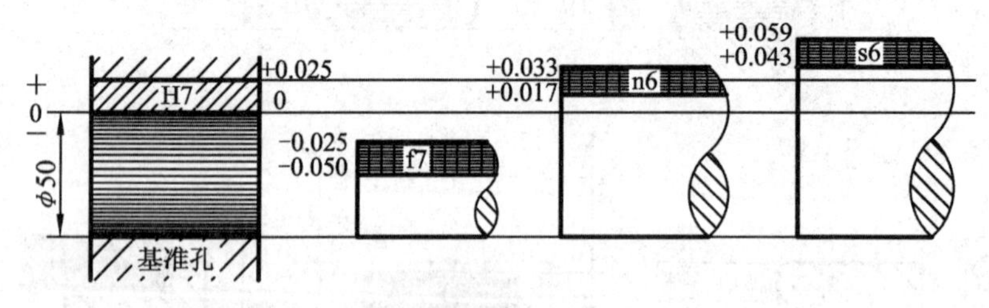

图 13-55　基孔制的几种配合的示意图

② 基轴制配合　基轴制是指基本偏差为一定的轴的公差带与不同基本偏差的孔的公差带形成各种配合的一种制度。在基轴制配合中选作基准的轴为基准轴,代号为 h,基准轴的上极限偏差为基本偏差,且数值为零,下极限偏差为负值,其公差带偏置在零线的下方,如图 13-56 所示。图 13-57 表示基轴制的几种配合的示意图。

5. *公差带和配合的选择*(GB/T 1801—2009)

根据 GB/T 1800.1 中规定的 20 个标准公差等级和孔、轴各 28 个基本偏差,二者组合后

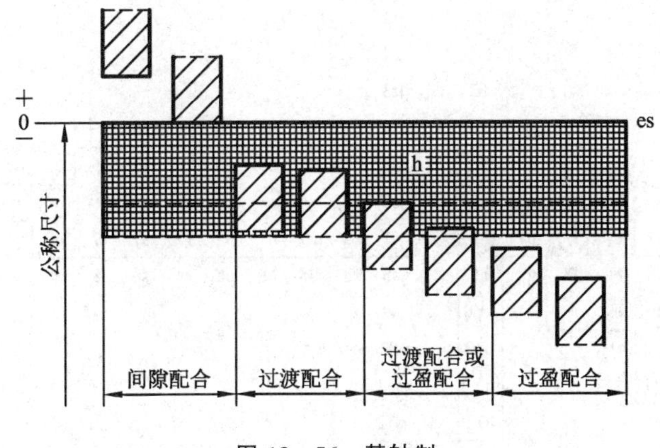

图 13－56　基轴制

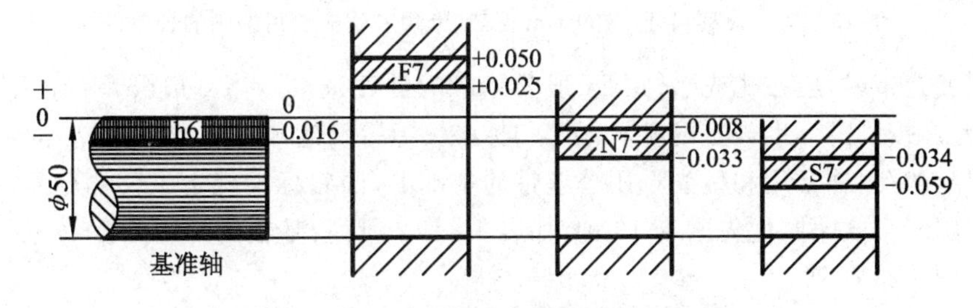

图 13－57　基轴制的几种配合的示意图

孔可有 543 种不同位置和大小的公差带，而轴可有 544 种。孔和轴各 500 多种的公差带，又可组成大量的配合，这很显然是不科学不经济的。

因此，为了减少公差带和配合的数量，从而减少定值刀具、量具和工艺装备的品种和规格，GB/T 1801 对公称尺寸不大于 500 mm 的孔、轴分别规定了一般、常用和优先选用的公差带，如图 13－58 和图 13－59 所示。图中列出了一般公差带：孔有 105 种，轴有 116 种；框格内为常用公差带：孔有 44 种，轴有 59 种；圆圈内为优先公差带：孔和轴各有 13 种。

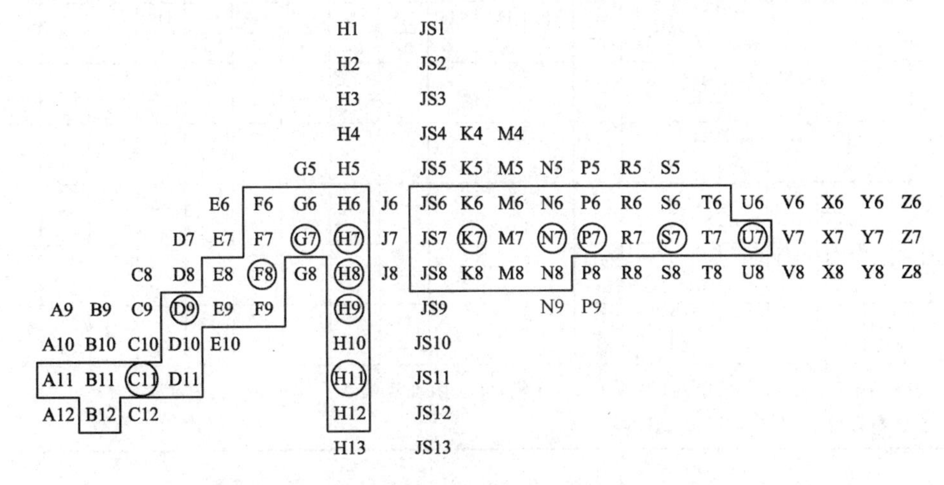

图 13－58　公称尺寸≤500 mm 一般、常用和优先选用的孔的公差带

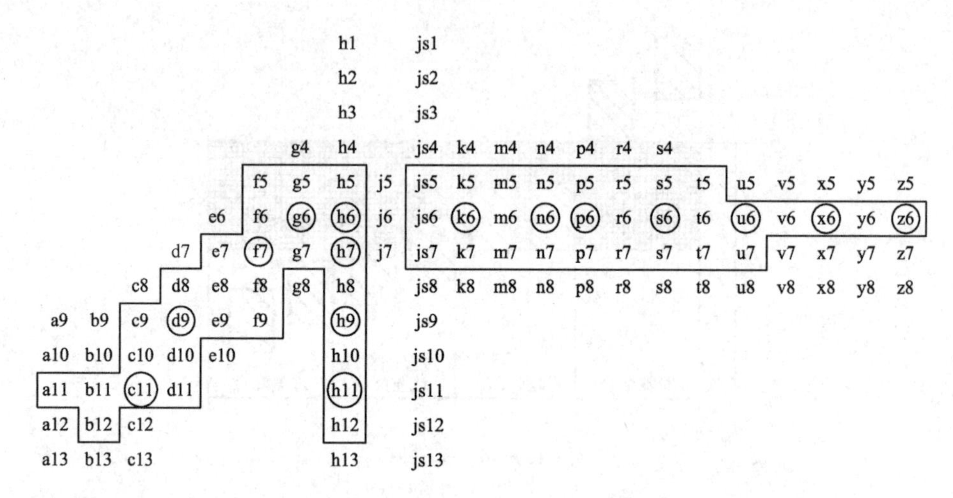

图 13-59　公称尺寸≤500 mm 一般、常用和优先选用的轴的公差带

在选用公差带时，应按优先、常用、一般公差带的顺序选取。当一般公差带也不能满足使用要求时，允许按国家标准规定的基本偏差和标准公差等级组成所需的公差带。

在所规定的孔、轴常用和优先选用公差带的基础上，国家标准规定了公称尺寸至 500 mm 的基孔制常用配合 59 种，优先配合 13 种，如表 13-12 所列；基轴制常用配合 47 种，优先配合 13 种，如表 13-13 所列。

表 13-12　基孔制的优先、常用的配合(摘自 GB/T 1801—2009)

基准孔	轴																				
	a	b	c	d	e	f	g	h	js	k	m	n	p	r	s	t	u	v	x	y	z
	间隙配合								过渡配合			过盈配合									
H6						$\frac{H6}{f5}$	$\frac{H6}{g5}$	$\frac{H6}{h5}$	$\frac{H6}{js5}$	$\frac{H6}{k5}$	$\frac{H6}{m5}$	$\frac{H6}{n5}$	$\frac{H6}{p5}$	$\frac{H6}{r5}$	$\frac{H6}{s5}$	$\frac{H6}{t5}$					
H7						$\frac{H7}{f6}$	◤$\frac{H7}{g6}$	◤$\frac{H7}{h6}$	$\frac{H7}{js6}$	◤$\frac{H7}{k6}$	$\frac{H7}{m6}$	◤$\frac{H7}{n6}$	◤$\frac{H7}{p6}$	$\frac{H7}{r6}$	◤$\frac{H7}{s6}$	$\frac{H7}{t6}$	◤$\frac{H7}{u6}$	$\frac{H7}{v6}$	$\frac{H7}{x6}$	$\frac{H7}{y6}$	$\frac{H7}{z6}$
H8					$\frac{H8}{e7}$	◤$\frac{H8}{f7}$	$\frac{H8}{g7}$	◤$\frac{H8}{h7}$	$\frac{H8}{js7}$	$\frac{H8}{k7}$	$\frac{H8}{m7}$	$\frac{H8}{n7}$	$\frac{H8}{p7}$	$\frac{H8}{r7}$	$\frac{H8}{s7}$	$\frac{H8}{t7}$	$\frac{H8}{u7}$				
				$\frac{H8}{d8}$	$\frac{H8}{e8}$	$\frac{H8}{f8}$		$\frac{H8}{h8}$													
H9			$\frac{H9}{c9}$	◤$\frac{H9}{d9}$	$\frac{H9}{e9}$	$\frac{H9}{f9}$		◤$\frac{H9}{h9}$													
H10			$\frac{H10}{c10}$	$\frac{H10}{d10}$				$\frac{H10}{h10}$													
H11	$\frac{H11}{a11}$	$\frac{H11}{b11}$	◤$\frac{H11}{c11}$	$\frac{H11}{d11}$				◤$\frac{H11}{h11}$													
H12		$\frac{H12}{b12}$						$\frac{H12}{h12}$													

注：1. H6/n5、H7/p6 在公称尺寸小于或等于 3 mm 和 H8/r7 在小于或等于 100 mm 时，为过渡配合；

2. 标注◤的配合为优先选用的配合。

表 13-13　基轴制的优先、常用的配合(摘自 GB/T 1801—2009)

基准轴	孔																				
	A	B	C	D	E	F	G	H	JS	K	M	N	P	R	S	T	U	V	X	Y	Z
	间隙配合								过渡配合			过盈配合									
h5						$\frac{F6}{h5}$	$\frac{G6}{h5}$	$\frac{H6}{h5}$	$\frac{JS6}{h5}$	$\frac{K6}{h5}$	$\frac{M6}{h5}$	$\frac{N6}{h5}$	$\frac{P6}{h5}$	$\frac{R6}{h5}$	$\frac{S6}{h5}$	$\frac{T6}{h5}$					
h6						$\frac{F7}{h6}$	◤$\frac{G7}{h6}$	◤$\frac{H7}{h6}$	$\frac{JS7}{h6}$	◤$\frac{K7}{h6}$	$\frac{M7}{h6}$	◤$\frac{N7}{h6}$	◤$\frac{P7}{h6}$	$\frac{R7}{h6}$	◤$\frac{S7}{h6}$	$\frac{T7}{h6}$	◤$\frac{U7}{h6}$				
h7					$\frac{E8}{h7}$	◤$\frac{F8}{h7}$		◤$\frac{H8}{h7}$	$\frac{JS8}{h7}$	$\frac{K8}{h7}$	$\frac{M8}{h7}$	$\frac{N8}{h7}$									
h8				$\frac{D8}{h8}$	$\frac{E8}{h8}$	$\frac{F8}{h8}$		$\frac{H8}{h8}$													
h9				◤$\frac{D9}{h9}$	$\frac{E9}{h9}$	$\frac{F9}{h9}$		◤$\frac{H9}{h9}$													
h10				$\frac{D10}{h10}$				$\frac{H10}{h10}$													
h11	$\frac{A11}{h11}$	$\frac{B11}{h11}$	◤$\frac{C11}{h11}$	$\frac{D11}{h11}$				◤$\frac{H11}{h11}$													
h12		$\frac{B12}{12}$						$\frac{H12}{h12}$													

注：标注◤的配合为优先选用的配合。

6. 极限与配合在图样上的标注(GB/T 4458.5—2003)

在机械图样中，极限与配合的标注应遵守 GB/T 4458.5 中的规定，现摘要叙述。

(1) 在零件图中的标注

在零件图中标注孔和轴的尺寸公差有下列三种形式：

① 在孔或轴的公称尺寸的右边标注公差带代号，如图 13-60 所示。孔和轴的公差带代号由基本偏差代号与公差等级代号组成，如图 13-61 所示。

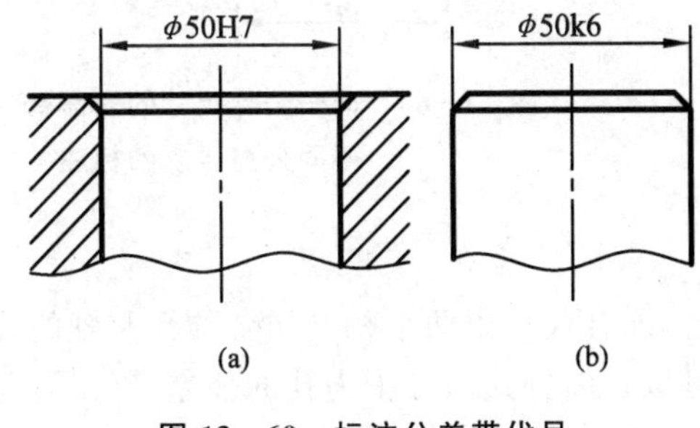

图 13-60　标注公差带代号

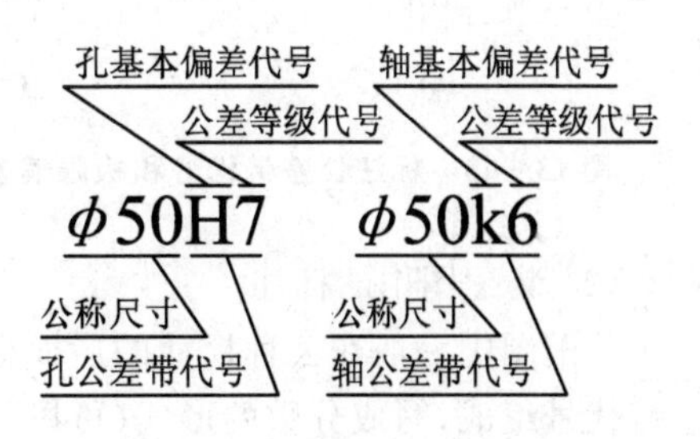

图 13-61　公差带代号的形式

② 在孔或轴的公称尺寸的右边标注该公差带的极限偏差数值，如图 13-62 所示。上极限偏差应注在公称尺寸的右上角；下极限偏差应与公称尺寸在同一底线上，且上、下极限偏差数字的字号应比公称尺寸数字的字号小一号。

标注极限偏差数值应注意以下几点：

a. 当上极限偏差或下极限偏差为零时，用数字“0”标出，并与另一个极限偏差值的个位数对齐，如图 13-62(a)所示。

b. 上、下极限偏差的小数点必须对齐，小数点后的位数应相同，如图 13-62(b)所示。

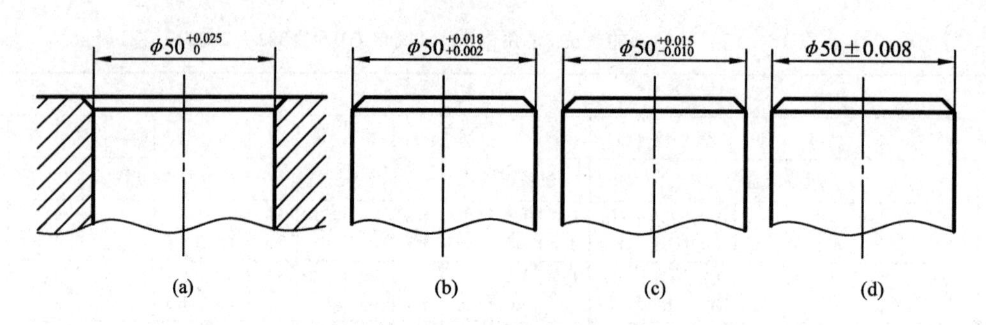

图 13-62 标注极限偏差数值

c. 上、下极限偏差小数点后右端的“0”一般不注出，但为了使上、下极限偏差值的小数点后的位数相同，可以用“0”补齐，如图 13-62(c)所示。

d. 当公差带相对于公称尺寸对称分布，即上、下极限偏差的绝对值相等时，偏差数字可以只注写一次，并在极限偏差数字与公称尺寸之间注出符号“±”，且两者数字的高度应相同，如图 13-62(d)所示。

③ 在孔或轴的公称尺寸的右边同时注出公差带代号和相应的极限偏差数值，此时后者应加上圆括号，如图 13-63 所示。

必须指出：同一公称尺寸的表面，若有不同的公差要求时，应用细实线隔开，标注范围，并按上述三种形式中的任意一种分别标注其公差，如图 13-64 所示。

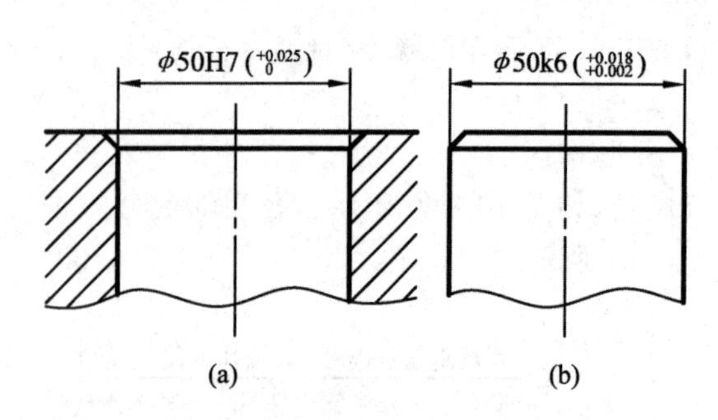

图 13-63 标注公差带代号和极限偏差数值

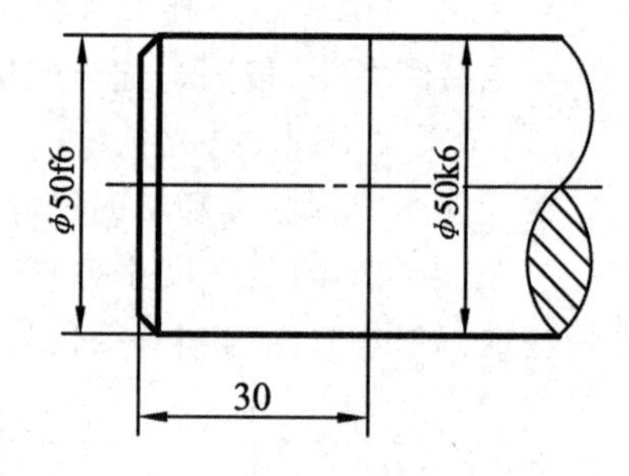

图 13-64 同一公称尺寸的表面有不同公差要求的标注

(2) 装配图中的标注

装配图中一般在公称尺寸的后面标注配合代号。配合代号由两个相互结合的孔和轴的公差带代号组成，写成分数的形式(可以是直分式，也可以是斜分式)，分子为孔的公差带代号，分母为轴的公差带代号，如图 13-65 所示。

在图 13-65(a)中 ϕ50H7/k6 的含义为：

公称尺寸 ϕ50mm，基孔制配合，基准孔的基本偏差为 H，公差等级为 7 级；与其配合的轴的基本偏差为 k，公差等级为 6 级。图 13-65(b)中 ϕ50F8/h7 是基轴制配合。

在装配图中，零件与常用标准件有配合要求的尺寸，可以仅标注相配合的非标准件(零件)的公差带代号，如图 13-66 所示。

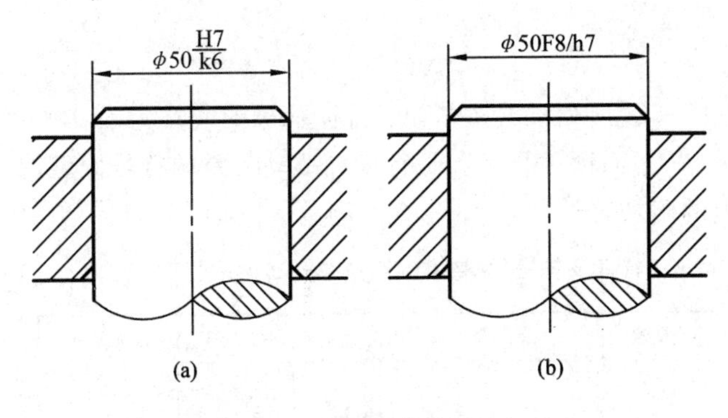

图 13-65 装配图中的标注(一)

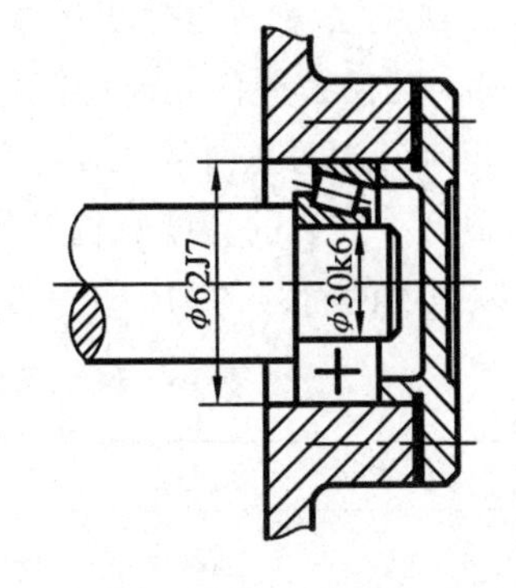

图 13-66 装配图中的标注(二)

13.3.3 几何公差

1. 几何公差的概念

零件在加工过程中,由于机床、夹具、刀具和零件所组成的工艺系统本身具有一定的误差,以及受力变形、热变形、震动和磨损等各种因素的影响,加工后的零件的各个几何要素不可避免地产生各种误差。这些误差使得零件的实际形状与理想形状之间总是存在着差异。另外,从零件的功能来看,并不希望将其做成理想形状,只需要将各类误差控制在一定的范围内,便可以满足互换性要求。在实际生产中就是通过图样上给定的公差值(由 GB/T 1184—1996 查得)来控制加工时产生的各类误差。加工误差包括尺寸偏差、几何误差(形状、方向、位置和跳动误差)以及表面粗糙度等。本节仅介绍几何误差的内容。

几何误差对零件的使用性能有很大影响。如图 13-67 所示,阶梯轴加工后各实际的提取要素的尺寸虽然都在尺寸公差范围内,但可能会出现鼓形、锥形、弯曲、正截面不圆等形状,因此,实际的提取要素和理想要素之间就有一个变动量,即形状误差;轴加工后各段圆柱的轴线可能不在同一条轴线上,如图 13-68 所示,因此,实际的提取要素与理想要素在位置上也有一个变动量,即位置误差。

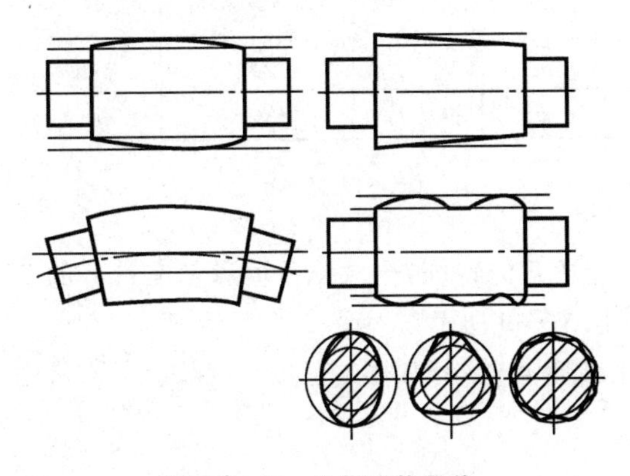

图 13-67 几何形状误差

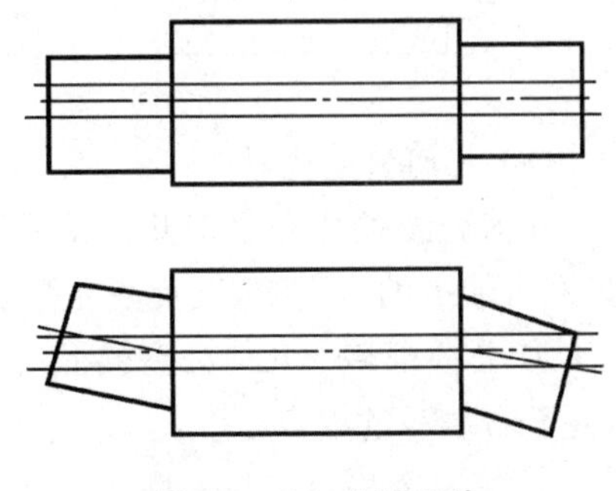

图 13-68 位置误差

在机械产品的设计中,需要对零件的几何误差予以合理地限制,执行 GB/T 1184 中规定的几何公差。

2. 几何公差的几何特征、符号和代号

(1) 几何公差的几何特征及符号

几何公差的几何特征及符号如表13-14所列。必须指出：特征符号的线宽为$h/10$(h为图样中尺寸数字的高度)；符号的画法——平面度、圆柱度、平行度和跳动公差的符号倾斜约为60°，倾斜度的符号约为30°。几何公差的附加符号如表13-15所列。

表13-14 几何公差的几何特征及符号(摘自GB/T 1182—2018)

公差类型	几何特征	符 号	有无基准	公差类型	几何特征	符 号	有无基准
形状公差	直线度	⏤	无	位置公差	位置度	⌖	有或无
	平面度	⏥	无				
	圆度	○	无		同心度(用于中心点)	◎	有
	圆柱度	⌭	无				
形状或位置公差	线轮廓度	⌒	有或无		同轴度(用于轴线)	◎	有
	面轮廓度	⌓	有或无		对称度	⌯	有
方向公差	平行度	//	有	跳动公差	圆跳动	↗	有
	垂直度	⊥	有				
	倾斜度	∠	有		全跳动	⌰	有

表13-15 几何公差的附加符号(摘自GB/T 1182—2018(部分))

名 称	符 号	名 称	符 号
理论正确尺寸	[50]	公共公差带	CZ
全周(轮廓)		不凸起	ZC
		任意横截面	ACS

(2) 几何公差代号

几何公差的代号是由几何公差的公差框格(包括几何特征符号、公差值和基准符号的字母)和带箭头的指引线，以及基准符号所组成，如图13-69所示。

① 公差框格　几何公差的框格用细实线水平或垂直绘制，如图13-69(a)所示。框格内从左至右填写的内容如下：

a. 第一个格填写几何特征的符号。

b. 第二个格填写公差值和有关的符号。公差值是以线性尺寸单位表示的量值。如果公差带的形状为圆形或圆柱形，公差值前应加注符号“ϕ”；如果公差带形状为圆球形，公差值前应加注符号“$S\phi$”。

c. 第三个格和以后各格填写基准符号的字母和有关的符号。如果有基准，则用一个字母表示单个基准（见图 13－69(b)的 B）或用多个字母表示基准体系（见图 13－69(c)的 A、B、C）或公共基准（见图 13－69(d)的 $A-B$）；如果无基准，第三个格则不需要画出（见图 13－69(e)的框格）。

② 指引线　带箭头的指引线用细实线绘制，箭头应指向零件被测要素的公差带的宽度或直径方向，箭头与尺寸线箭头画法相同。

③ 基准符号　基准符号由方框、等边三角形和字母等构成，如图 13－69(f)所示。与被测要素相关的大写字母填写在方框内，方框（细实线绘制）与涂黑或空白的三角形（粗实线绘制）用细实线相连，涂黑和空白的基准三角形的含义相同。

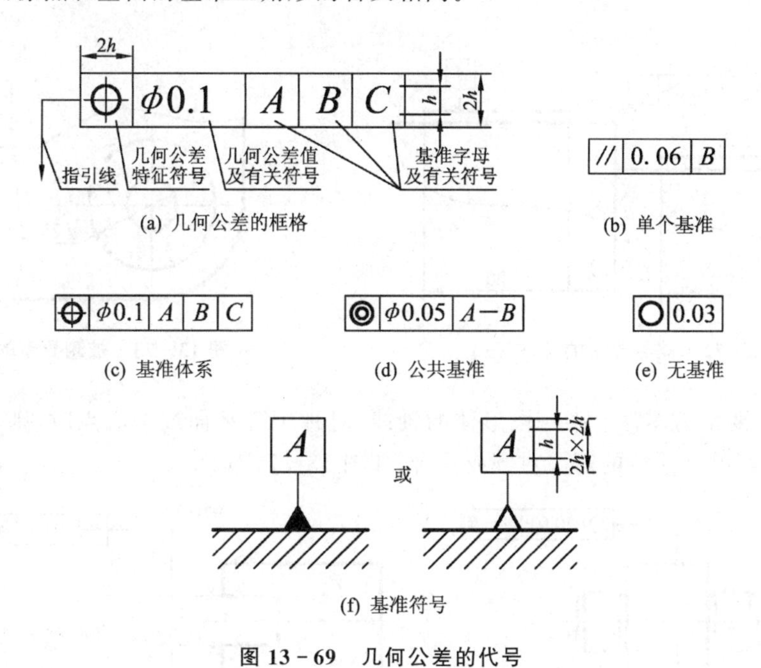

图 13－69　几何公差的代号

3. 几何公差的标注(GB/T 1182—2018)

在机械图样中，几何公差应采用代号标注。当无法采用代号标注时，允许在技术要求中用文字说明。

(1) 被测要素的标注

被测要素是指给出了几何公差的要素，也即是指构成零件轮廓的点、线、面，如圆心、球心，曲面立体的轴线和素线、平面立体的棱线，两个平行平面的对称中心平面、圆球面、圆柱面、圆锥面等。零件上的点、线、面被测要素是检测的对象。

用带箭头的指引线将被测要素与几何公差框格相连。指引线可以从公差框格的任意一端引出。

① 当被测要素为零件的轮廓线或表面时，将指引线的箭头指向该要素的轮廓线及其延长线上，但必须与该被测要素的尺寸线明显地错开，如图 13－70 所示。

② 当被测要素为零件的表面时，指引线的箭头指向被测要素，也可以直接指在引出线的水平线上。引出线可由被测量面引出，其引出线的端部应画一个圆黑点，如图 13－71 所示。

③ 当被测要素为要素的局部时，可以用粗点画线限定其范围，并加注尺寸，如图 13－72

左半部分的标注和图 13－73 所示。

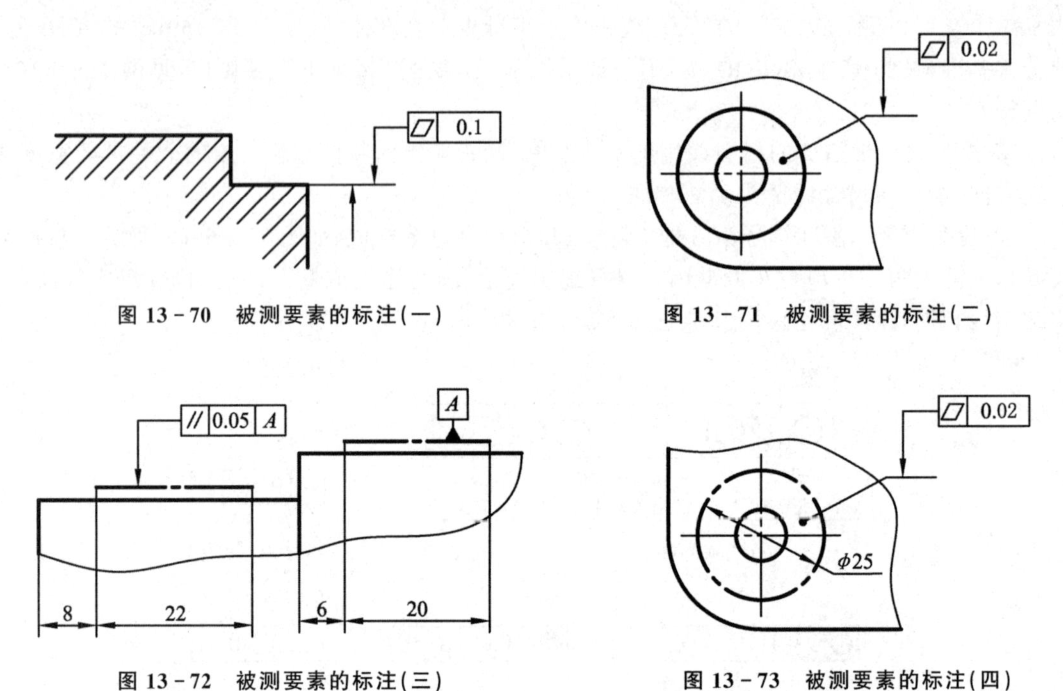

图 13－70　被测要素的标注(一)

图 13－71　被测要素的标注(二)

图 13－72　被测要素的标注(三)

图 13－73　被测要素的标注(四)

④ 当被测要素为零件上某一段形体的轴线、对称中心平面或中心点时，则指引线的箭头应与该被测要素的尺寸线的箭头对齐或重合，如图 13－74 所示。

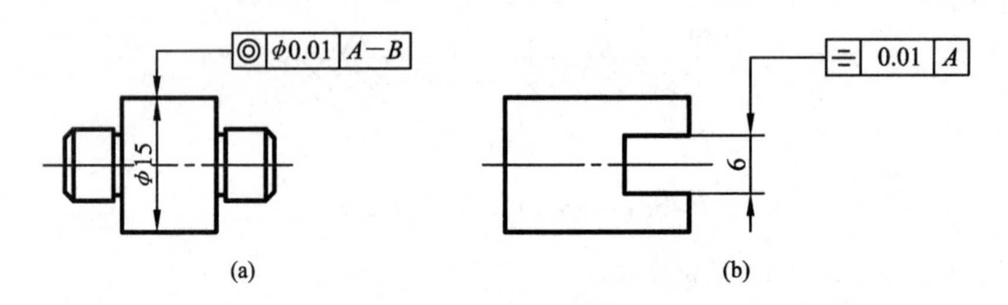

图 13－74　被测要素的标注(五)

⑤ 当几个被测要素具有相同的几何公差要求时，可共用一个几何公差框格，从框格的一端引出多个指引线的箭头指向被测要素，如图 13－75(a)所示；当这几个被测要素位于同一高度，且具有单一公差带时，可以在几何公差框格内公差值的后面加注公共公差带的符号 CZ，如图 13－75(b)所示。

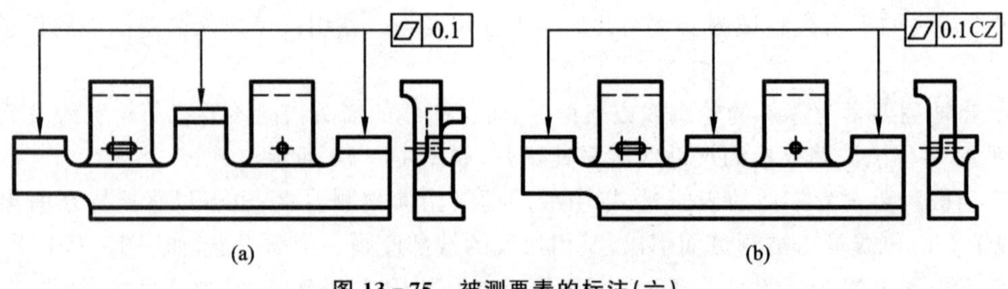

图 13－75　被测要素的标注(六)

当同一被测要素具有多项几何公差要求时，几何公差框格可以并列，共用一个指引线箭头（见图13-81）。

⑥ 用全周符号（在指引线的弯折处所画出的小圆）表示该视图的轮廓周边或周面均受此几何公差框格内公差带的控制，如图13-76所示。

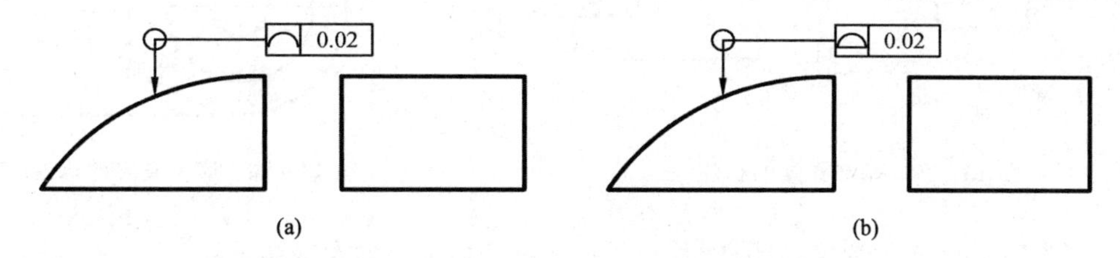

图13-76　被测要素的标注(七)

(2) 基准要素的标注

基准要素是指用于确定被测要素的方向或位置的要素。理想的基准要素简称为基准，它是确定被测要素的理想方向或位置的依据。

① 当基准要素为零件的轮廓线或表面时，则基准符号中的三角形放置在要素的轮廓线或其延长线上，与尺寸线明显地错开，如图13-77所示。

② 当基准要素为零件的表面时，基准符号中的三角形也可放置在该轮廓面的引出线的水平线上，其引出线的端部应画一个圆黑点，如图13-78所示。

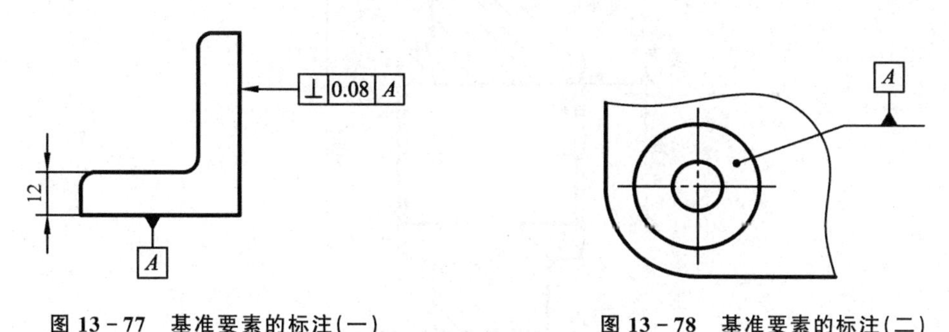

图13-77　基准要素的标注(一)　　**图13-78　基准要素的标注(二)**

③ 当基准要素为零件上尺寸要素确定的某一段轴线、对称中心平面或中心点时，则基准符号中的三角形中线应与该尺寸线的延长线共线，如图13-79(a)所示。如果尺寸界线内安排不下两个箭头时，则其中一个箭头可以用三角形来代替，如图13-79(b)所示。

④ 当基准要素为要素的局部时，可用粗点画线限定范围，并加注尺寸，如图13-72右半部分的标注和图13-80所示。

4．几何公差标注示例

几何公差在图样上的标注示例如图13-81和图13-82所示。

(1) 图13-81机件上所标注的几何公差，其含义如下：

① ϕ80h6圆柱面对ϕ35H7圆柱孔的轴线的圆跳动公差为0.015 mm。

② ϕ80h6圆柱面的圆度公差为0.005 mm。

③ $26_{-0.035}^{\ 0}$的右端面对左端面的平行度公差为0.01 mm。

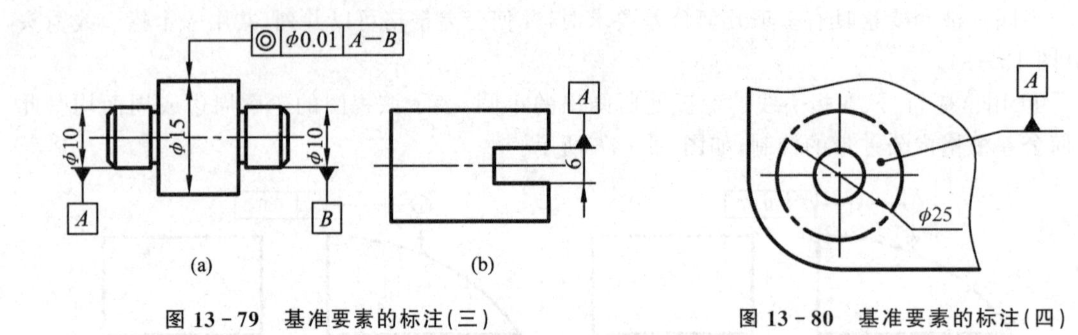

图 13－79　基准要素的标注(三)

图 13－80　基准要素的标注(四)

(2) 图 13－82 所示的气门阀杆，其上所标注的几何公差的含义如下：

① $SR150$ 的圆球面对 $\phi16^{-0.016}_{-0.034}$ 圆柱体的轴线的圆跳动公差为 0.003 mm。

② $\phi16^{-0.016}_{-0.034}$ 圆柱面的圆柱度公差为 0.005 mm。

③ M8×1 螺纹孔的轴线对 $\phi16^{-0.016}_{-0.034}$ 圆柱体的轴线的同轴度公差为 0.1 mm。

④ 阀杆的底部(右端面)对 $\phi16^{-0.016}_{-0.034}$ 圆柱体的轴线的垂直度公差为 0.01 mm。

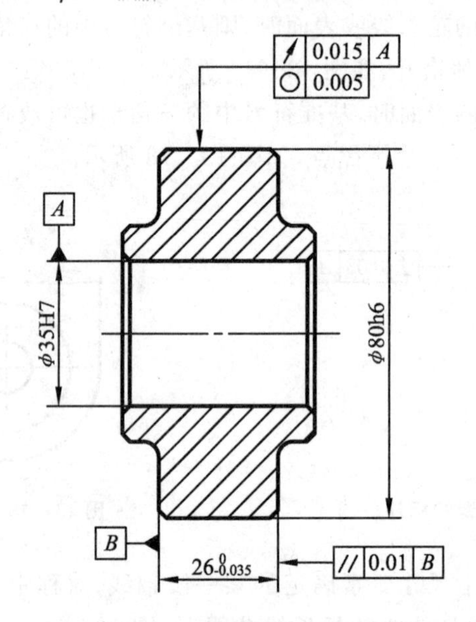

图 13－81　几何公差标注示例(一)

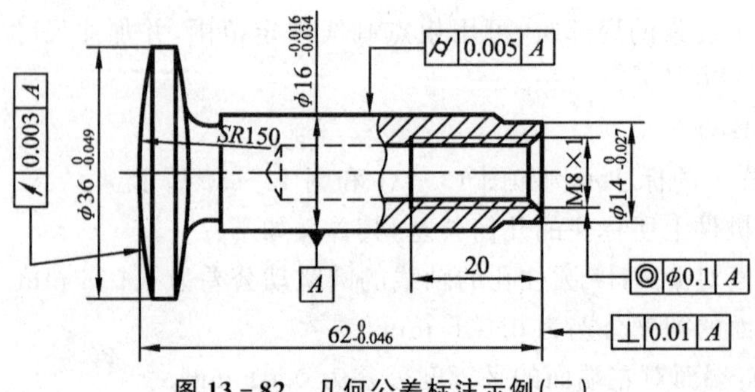

图 13－82　几何公差标注示例(二)

13.4　典型零件的分析

由于各种零件在装配体中所起的作用不同,因此它们的结构形状也各不相同,甚至其材料和加工过程也不同。所以对于这些结构形状、材料、加工各异的一般零件,其表示方法、尺寸的标注等也各不相同。下面以其中较典型的零件为例,来说明一般零件的视图选择及尺寸标注方法等内容。

13.4.1　轴套类零件

1. 结构特点

① 这类零件的各组成部分多是同轴线的回转体,且轴向尺寸大于径向尺寸,从总体上看是细而长的回转体,如图 13-83 所示的泵轴是齿轮油泵(见图 12-1)上的一个零件。

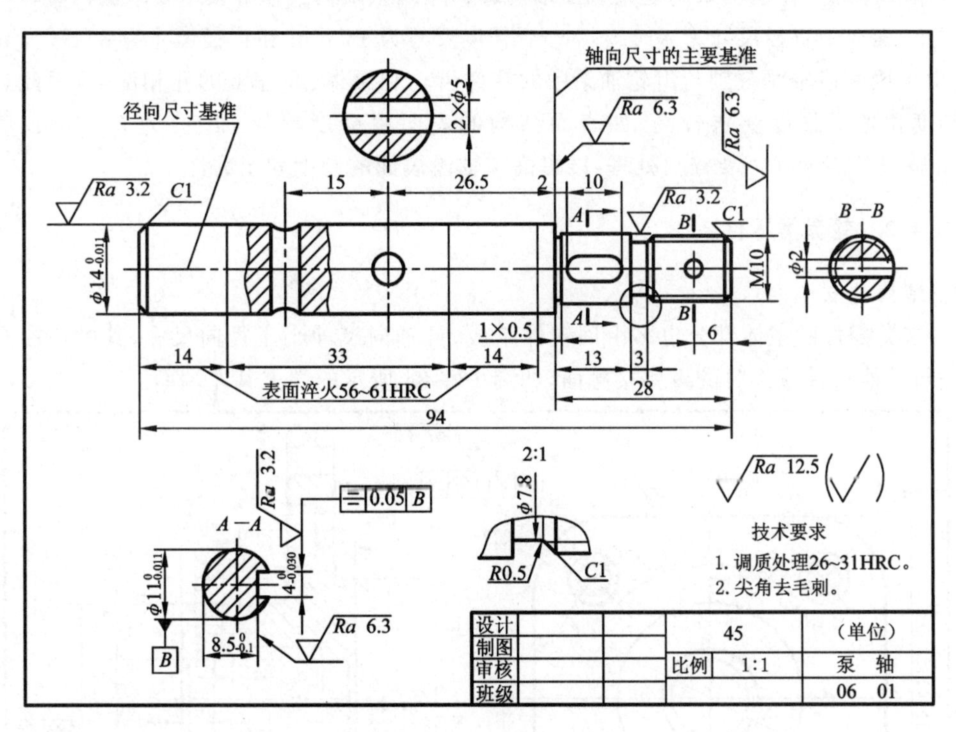

图 13-83　泵轴的零件图

② 根据设计和工艺上的要求,这类零件多带有键槽、轴肩、螺纹、挡圈槽、退刀槽、中心孔等结构。

2. 表示方法

① 这类零件主要在车床上加工,选择主视图时,按加工位置原则,即轴线水平放置,键槽朝前作为主视图的投射方向。

② 常采用断面图、局部视图、局部剖视图等来表示键槽、退刀槽、孔等结构的形状。

③ 常用局部放大图表示零件上细小结构的形状和尺寸。

如图 13-83 所示,选用轴线水平放置与加工位置一致的主视图加上直径尺寸即可表示清楚该轴的整体形状，主视图中还采用了局部剖视图来表示销孔的形状；另外选用了 A—A 等两个移出断面图来表示键槽和另一个销孔的形状；为便于退刀槽结构尺寸的标注，采用了局部放大图。

3. 尺寸标注

轴和套是回转体，其直径尺寸是以轴线为径向尺寸基准(也是高度和宽度方向的尺寸基准)，由此注出的尺寸如图 13-83 中 $\phi 14_{-0.011}^{\ 0}$ mm、$\phi 11_{-0.011}^{\ 0}$ mm、M10 mm 等尺寸。其长度方向的尺寸，一般是以轴和套的左右两个端面或轴肩为基准标注的，以便在加工过程中进行测量和保证装配要求。图 13-83 中的长度尺寸 13 mm、28 mm、26.5 mm 等均以接触面(轴肩紧靠传动齿轮轮毂的端面)为主要基准进行标注。但是，有些长度尺寸是从这类零件的两个端面开始标注的，如图 13-83 中长度 94 mm 和 14 mm 等尺寸是从泵轴的左、右两个端面开始标注的，那么端面就成了长度方向的辅助基准。

4. 技术要求

根据零件的工作情况来确定其表面结构、尺寸公差、几何公差等技术要求的内容。

图 13-83 中直径尺寸为 $\phi 14_{-0.011}^{\ 0}$ mm、长度尺寸为 14 mm 和直径尺寸为 $\phi 11_{-0.011}^{\ 0}$ mm 的轴段，由于该两段轴颈分别与齿轮油泵中的零件齿轮和泵体、泵盖上的孔相配合，因此表面尺寸的精度和光滑程度要求较高，如表面结构的表面粗糙度参数 Ra 值为 3.2 μm。另外，14 mm 轴段的表面还需要淬火处理，以提高该轴段表面的硬度和耐磨性。

13.4.2 轮盘类零件

1. 结构特点

① 这类零件的主体部分也多由回转体组成，且轴向尺寸小于径向尺寸，其中往往有一个端面是与其他零件连接时的重要接触面，如图 13-84 所示的端盖其左端面。

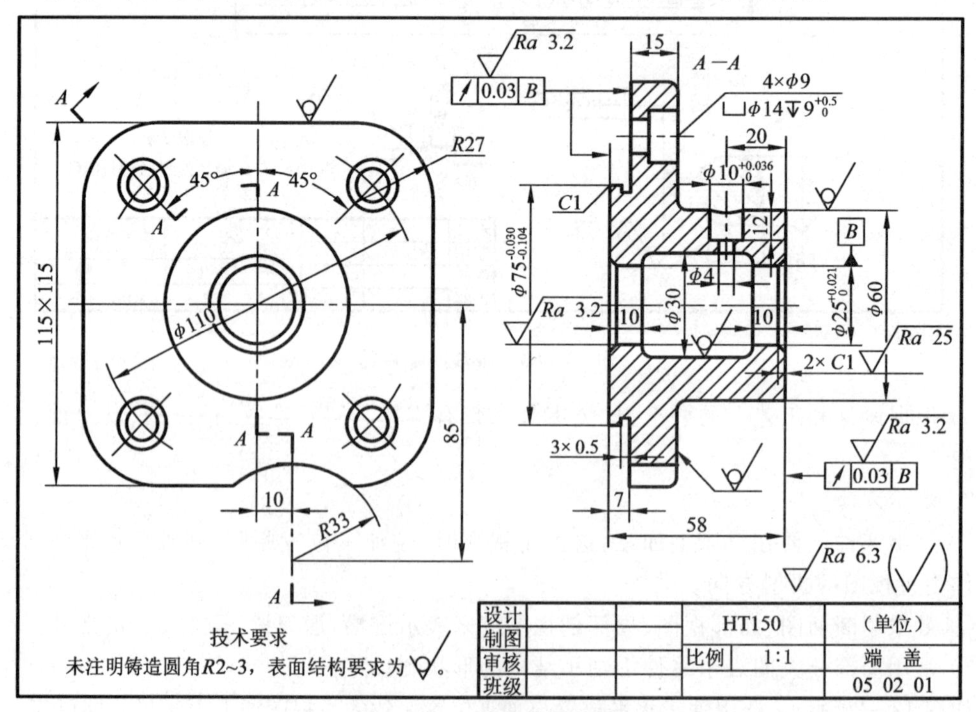

图 13-84 端盖的零件图

② 为与其他零件连接，零件上常设计有光孔、螺孔、键槽、止口、凸台等结构。

2. 表示方法

① 这类零件主要在车床上加工，选择主视图时应使轴线水平放置。

② 多采用两个基本视图：主视图常用剖视图表示内部结构；另一左视图或右视图表示零件的外形轮廓和各部分，如凸缘、孔、肋、轮辐等的分布情况。如果两个端面的结构都比较复杂，则左右两视图都需要画出。

图13-84所示是机床尾架上的一个端盖，它的主视图选择了轴线水平放置，与工作位置一致，又与加工位置相适应，即主视图是按安装位置和加工位置原则来选择的。主视图采用了几个相交的剖切面将其内部结构全部表示出来；选用右视图，表示其端面轮廓形状及各孔的分布情况。

3. 尺寸标注

轮盘类零件在标注尺寸时，通常选用通过轴孔的轴线作为径向尺寸基准。如图13-84中的端盖就是这样选择的，径向尺寸基准也是标注方形凸缘的高、宽方向的尺寸基准。而长度方向的主要尺寸基准，常选用重要的端面、接触面。如图13-84端盖的左端面为长度方向尺寸的主要基准。

4. 技术要求

轮盘类零件在有配合要求或起定位作用的表面要求应光滑，尺寸要求相应也高；端面与端面，轴线与轴线、端面与轴线之间常常提出几何公差要求。如图13-84端盖的左端面，其表面结构的表面粗糙度参数 Ra 值为3.2 μm，并有圆跳动的几何公差要求。

13.4.3　叉架类零件

1. 结构特点

叉架类零件，主要起支承和连接作用，形式多样，结构复杂，常由铸造或锻造制成毛坯后再经机械加工而成。具有铸(锻)造圆角、拔模斜度、凸台、凹坑等常见的工艺结构。其形状结构按功能的不同可分为三部分：工作部分、安装固定部分和连接部分，如图13-85所示的托架即是。

2. 表示方法

叉架类零件的结构形式多样，一般以自然放置位置或工作位置和反映形状特征作为主视图方向，如图13-85所示的托架的零件图，主视图以工作位置并考虑到形状特征，表示了相互垂直的安装面、T型肋、支承孔以及夹紧用的螺孔等结构。左视图主要表示了安装板的形状和安装孔的位置，以及工作部分孔 $\phi16^{+0.027}_{0}$ mm等。为了表明螺纹夹紧部分的外形结构和在托架上的前后位置，采用了 A 局部视图。用移出断面图表示了T形肋的断面形状。

3. 尺寸标注

叉架类零件标注尺寸时，通常选用主要孔的轴线、安装基面或零件的对称面，作为尺寸的主要基准。如图13-85所示的托架选用安装板的右端面作为长度方向尺寸的主要基准；选用安装的底面(B 面)作为高度方向尺寸的主要基准。从这两个基准出发，分别标注出了60 mm和90 mm，定出上部工作孔的轴线位置，作为 $\phi16^{+0.027}_{0}$ mm和 $\phi26$ mm的径向尺寸基准。宽度方向的尺寸基准是前后方向的对称平面，由此在左视图中标注出40 mm和82 mm，以及在移出断面中标注出8 mm和40 mm。

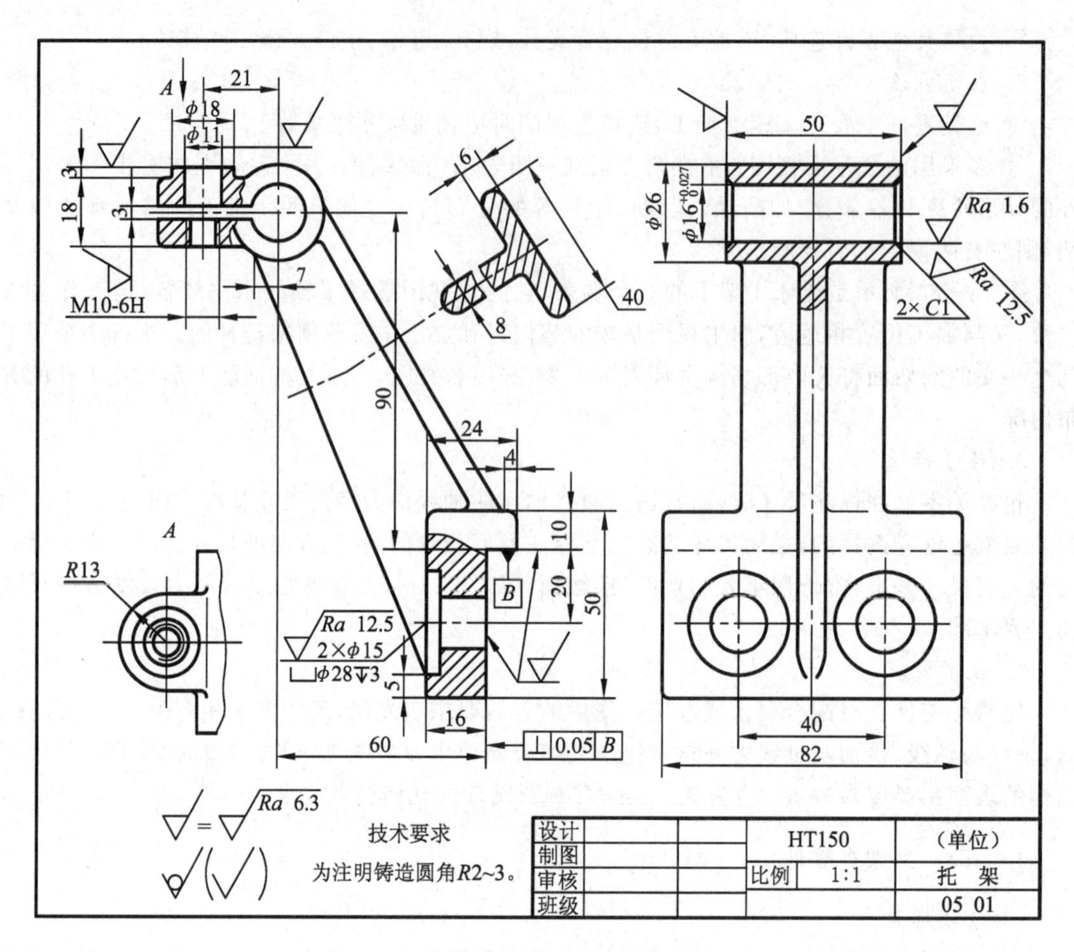

图 13－85　托架的零件图

4. 技术要求

叉架类零件应根据具体使用要求来确定各加工表面的表面结构、尺寸公差和几何公差等。如图 13－85 中 $\phi16^{+0.027}_{0}$ mm 的孔，其表面结构的表面粗糙度参数 Ra 值为 1.6 μm，相应的尺寸也要求较高，安装板的右端面提出了垂直度的几何公差要求等。

13.4.4　壳体类零件

1. 结构特点

壳体是组成机器或部件的主要零件之一，起到支承和包容其他零件的作用，其内部需要安装各种零件，因此结构也就比较复杂。一般是由一定厚度的四壁及类似外形的内腔构成的箱形体。壳壁部分常设计有安装轴、密封盖、轴承盖、油杯、油塞等零件的凸台、凹坑、沟槽、螺孔等结构。壳体类零件多为铸造成毛坯后再经机械加工而成。图 13－86 所示的齿轮油泵(见图 14－25)的泵体零件图，它是齿轮油泵中的主体零件，其他零件都直接或间接地安装在其上面。

2. 表示方法

壳体类零件由于结构形状比较复杂，加工位置变化较多，主视图常根据壳体的安装位置、工作位置及主要结构特征进行选择，且基本视图的数量较多。在基本视图上常采用局部剖视

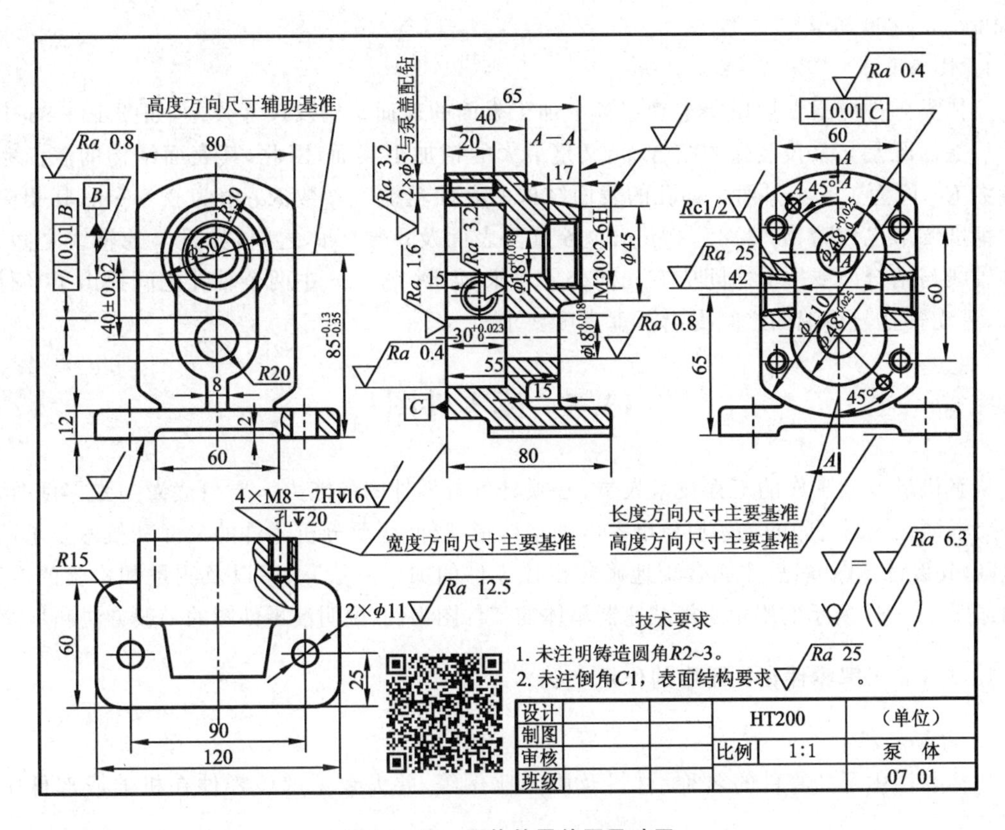

图 13－86　泵体的零件图及动画

图或通过对称平面作剖视图以表示其内部形状及外形结构。同时还采用局部视图、局部剖视图、斜视图、断面图等表示局部的结构形状。

如图 13－86 所示的泵体，选择其工作位置作为主视图的投影方向，主视图主要表示了泵体的外形，局部剖视图表示底板上的安装孔；A—A 左视图采用了相交剖切平面剖切的全剖视图，表示定位销孔的形状和两个轴孔的相对位置及结构形状；俯视图主要表示了泵体的外形，同时用局部剖视图来表示螺孔；而泵体后端面上螺孔的分布情况和进出油孔管螺纹的形状则采用了后视图，并在其上作局部剖视图来表示。

3. 尺寸标注

壳体类零件由于结构形状比较复杂，尺寸数量较多，常采用形体分析的方法来标注尺寸，一般选用主要孔的轴线、零件的对称平面或较大的加工平面、结合面等作为尺寸的主要基准。图 13－86 中长度方向是以对称平面为尺寸的主要基准，由此在主、俯、后视图中对称注出了尺寸 80 mm、90 mm、120 mm 和 60 mm 等；宽度方向是以结合面为尺寸的主要基准，注出了尺寸 40 mm、65 mm、55 mm 等；而高度方向则是以底平面为尺寸的主要基准，从基准出发注出了主动轴孔的高度 $85_{-0.35}^{-0.13}$ mm，它是齿轮油泵主传动系统设计的重要参考尺寸，该尺寸必须以底面为基准注出，两齿轮轴孔的中心距 40±0.02 mm 也是一个重要的设计尺寸，它直接影响着齿轮的传动精度，从而影响齿轮油泵的工作效率。因此，这个尺寸必须以传动轴孔的轴线作为辅助基准来注出。另外，许多直径和半径尺寸都是以两个轴孔的轴线或中心线作为辅助基准注出的，如图 13－86 中注出的尺寸 $\phi48_{0}^{+0.025}$ mm、$\phi50$ mm、$\phi18_{0}^{+0.018}$ mm、$R30$ mm、$R20$ mm

和 M30×2－6H 等。

4. *技术要求*

壳体类零件应根据使用要求确定各个加工表面的表面结构及尺寸公差,如图 13－86 中泵体的后端面既是与泵盖装配的结合面,又是最大的精加工表面,因此,其表面结构的表面粗糙度参数 Ra 值为 1.6 μm;两个轴孔的表面结构的表面粗糙度参数 Ra 值为 0.8 μm,其相应的尺寸精度要求也较高,如 $\phi 18^{+0.018}_{0}$ mm。各重要表面及重要形体之间,如重要的轴线之间、重要的轴线与结合面或端面之间应有几何公差要求,如图 13－86 中两个轴孔之间提出了平行度要求,主动轴孔与后端面之间提出了垂直度要求。

13.5　读零件图

从事机械专业工作的工程技术人员,必须具备看零件图的能力。要想读懂一张零件图,除了需要根据各视图之间的关系想象出零件的结构形状外,还要分析零件的尺寸和技术要求的内容,理解其设计意图,然后才能合理地确定出该零件的加工方法、工序以及测量和检验的方法。下面以图 13－87 所示的蜗轮蜗杆减速器箱体的零件图为例,说明读零件图的一般方法和步骤。

13.5.1　了解零件在机器中的作用

1. *看标题栏*

从标题栏中可知零件的名称、材料及画图比例等,并大致了解该零件在机器或部件中的作用。

蜗轮蜗杆减速器的箱体是减速器的主要零件(外壳),属于壳体类零件,有许多其他的零件要安装在其内部或外部,如蜗轮和蜗杆装在这个箱体内的上下方,靠它支承而运转,因此它的结构复杂,且为铸造件。图 13－88 所示为蜗轮蜗杆减速器的示意图。

2. *看其他资料*

当零件比较复杂时,尽可能地参看装配图及其相关的零件图等技术文件,进一步了解该零件的功用以及它与其他零件的关系。

13.5.2　分析视图,想象零件的形状

由图 13－87 可见,箱体按工作位置放置,采用了两个基本视图和三个局部视图。具体分析方法如下:

1. *形体分析*

先看主视图,主视图采用了半剖视图,表示了箱体的内、外结构形状。再联系左视图及 A、B、C 局部视图,大体上了解这个箱体是由上、下轴线呈交叉相贯的两个圆柱体和底板三部分所组成,如图 13－89 所示。由左视图及 A 局部视图可知,上圆柱体的后面又叠加了一个直径为ϕ120 mm 的圆柱体,该圆柱体靠肋板支承并与底板相连。

2. *结构形状分析*

从主、左视图中的剖切来进一步分析:由于上方的大圆柱体是“包容”和支承蜗轮的,下方的小圆柱体是“包容”和支承蜗杆的,所以两个圆柱体内部都是空腔。为了支撑并保证蜗轮与蜗杆的正确啮合,箱体的后边和左、右两侧都设计有轴孔。从主视图未剖切的部分和左视图中

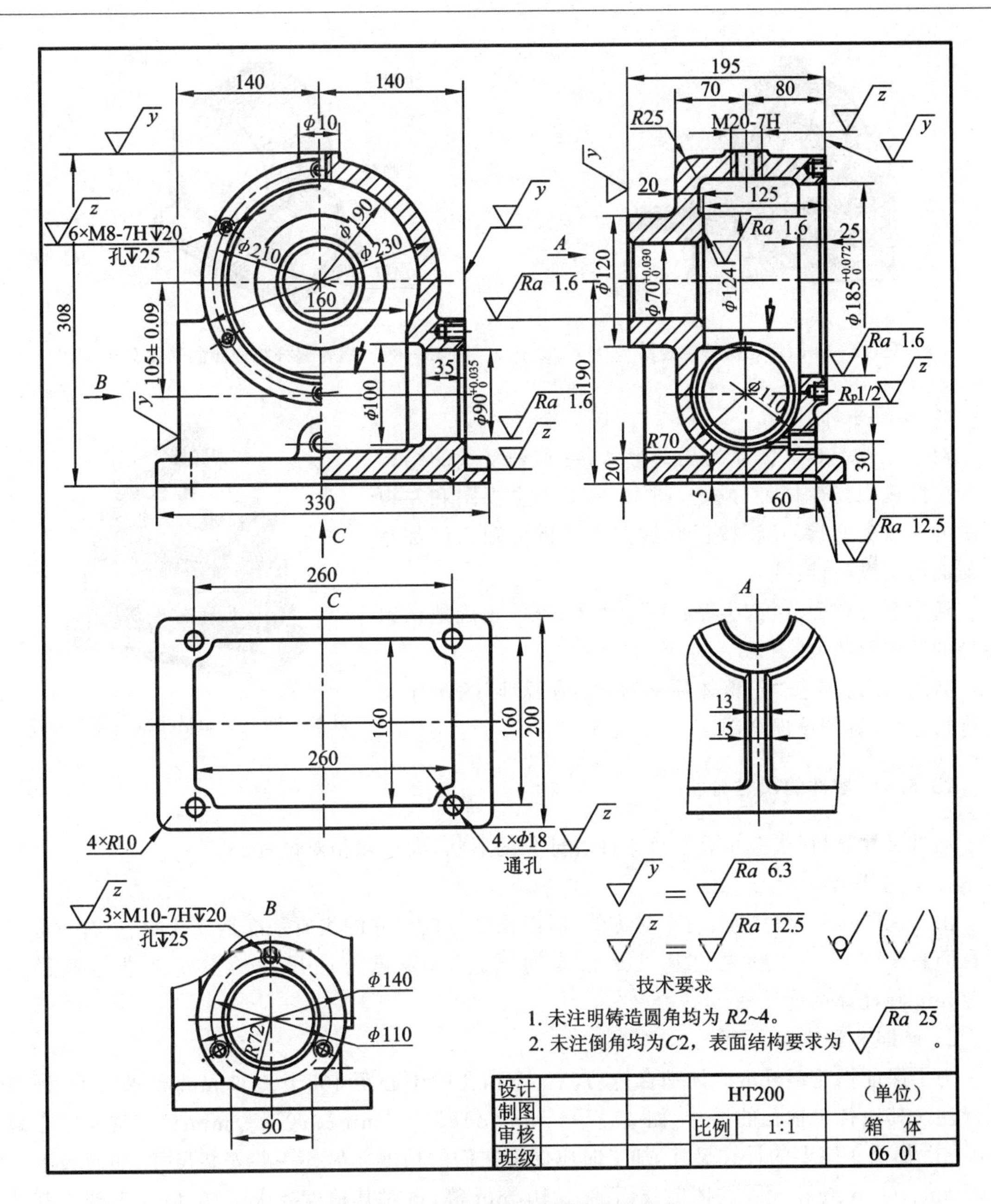

图 13-87　蜗轮蜗杆减速器箱体的零件图

看出，大圆柱体的前端面有六个螺孔。从主视图的剖视部分和 B 局部视图可以看出，小圆柱体的两端面各有三个螺孔，这些螺孔是用来安装箱盖和轴承盖的。在两个圆柱体的上、下部位有两个螺孔（M20-6H 和 $R_P1/2$）是用来注油、放油和安装螺塞的。

从 C 局部视图看出，底板上有四个通孔，以使箱体与其他机体用螺栓连接固定在一起。

3. 工艺分析

从主、左视图及 C 局部视图中看出，底板的底面中间凹进 5 mm，主要是为了减少加工面，提高安装的稳定性。A 局部视图除了表示出肋板的厚度外，还表示了拔模斜度。另外还有一些凸台、倒角、圆角等，都是为满足加工和装配的工艺性而设计的结构。

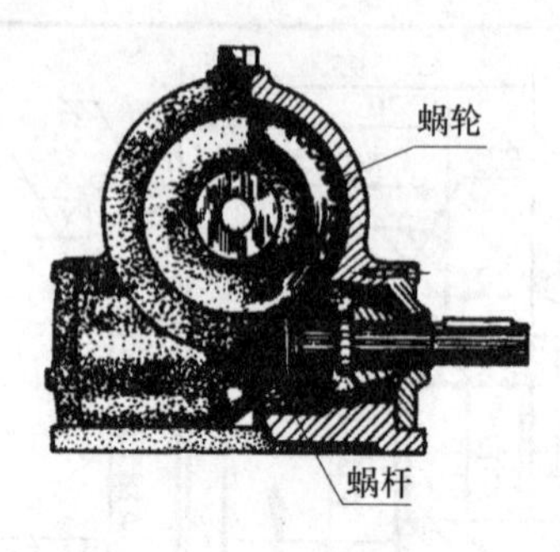

图 13-88 蜗轮蜗杆减速器

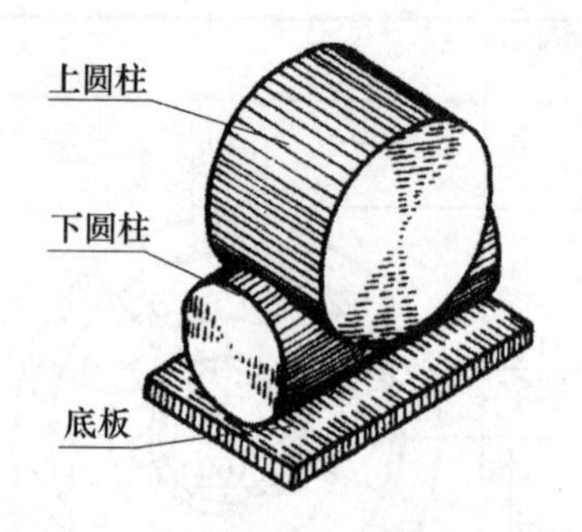

图 13-89 蜗轮蜗杆减速器的形体分析

4. 线面分析

对于零件上难以读懂的局部形状，特别是复杂的结构必须按照投影规律仔细分析。图 13-87 中主视图和左视图中的白箭头所指的线，按投影的方法分析可知它们都是面与面的交线(过渡线)。

通过上述全面分析，再综合起来想象，就能正确地认识零件的结构形状，如图 13-90 所示。

必须指出：要按“先整体后局部，先易后难”的次序逐一进行分析，直到读懂全图。

图 13-90 蜗轮蜗杆减速器的箱体

13.5.3 零件的尺寸分析

通过尺寸分析，进一步看清该零件各部分的形状、大小和相对位置。

1. 尺寸基准分析

由主视图可知，箱体左、右是对称的，所以长度方向尺寸的主要基准是零件的左、右对称平面。而高度方向尺寸的主要基准是箱体的下底面，宽度方向尺寸的主要基准是直径为 ϕ230mm 圆柱体的前端面。

2. 分析重要的设计尺寸

为了保证蜗轮蜗杆准确地啮合传动，上、下轴孔的中心距 105±0.09 mm 要求较严，须单独标注。其他各个轴孔的尺寸，如 $\phi 70^{+0.030}_{0}$ mm、$\phi 185^{+0.072}_{0}$ mm、$\phi 90^{+0.035}_{0}$ mm 和上轴孔中心高 190 mm 都属于重要的设计尺寸，加工时应保证它们的精度。另外一些安装尺寸，如底板上的 260 mm、160 mm 和大圆柱体前端面的 ϕ210 mm 等，虽对其精度要求不高，但考虑到与其他零件装配时的对准性，所以也属于重要的尺寸。

13.5.4 看技术条件

零件图上的技术要求是合格零件的质量指标，在生产过程中必须严格遵守。看图时一定要对零件的表面结构、尺寸公差、几何公差以及其他技术要求进行仔细分析，才能制定出合理的加工工序和加工方法。

第 14 章　装配图

14.1　装配图的概述

本章将着重介绍装配图的内容、表示方法、画图步骤、看装配图的方法和步骤以及由装配图拆画零件图的方法等。

14.1.1　装配图的作用及形式

装配图是用来表示机器或部件的图样，它能够表示机器或部件的工作原理，各零件之间的装配关系、连接方式，以及零件的结构形状等。

在对现有机器或部件的安装和检修工作中，装配图也是必不可少的技术资料。在技术革新、技术协作和商品市场中，也常用装配图来体现设计思想，交流技术经验和传递产品信息。

根据装配图使用场合的不同，装配图的形式也不同，如下所述。

1. 设计装配图

在新设计或测绘装配体时，要求画出装配图来确定各零件的结构形状、相对位置、工作原理、连接方式和传动路线等，以便在图中分析判断各零件的结构是否合理、装配关系是否正确和可行性等。这类装配图要求把各零件的结构形状尽可能地表示完整，基本上能根据装配图画出各零件的零件图，这种装配图称为设计装配图，如图 14 - 1 所示为滑动轴承的装配图，图 14 - 2 所示是滑动轴承的轴测剖视图。

2. 装配工作图

当加工好的零件进行装配时，用来指导装配工作顺利地进行的装配图，这种装配图称为装配工作图。装配工作图重点表示各零件之间的相互位置和装配关系，而对零件的结构形状等并不一定表示完整。如图 14 - 1 所示的滑动轴承，如果要求画出装配工作图时，只画出一个主视图即可，俯视图不必画出。

3. 装配总图

仅表示机器安装关系和各部件之间相对位置的装配图称为装配总图，这种图只要求画出各部件的外形即可。

4. 装配示意图

在机器或部件的测绘时，为了表示清楚各零件之间的相对位置、装配和连接关系，以及传动情况等，用一些简单的线条和示意性的符号，将组成装配体的各零件轮廓和位置示意性地画出，这种图称为装配示意图，如图 14 - 3 所示。

无论哪一种装配图，它都是生产中的重要技术文件之一。

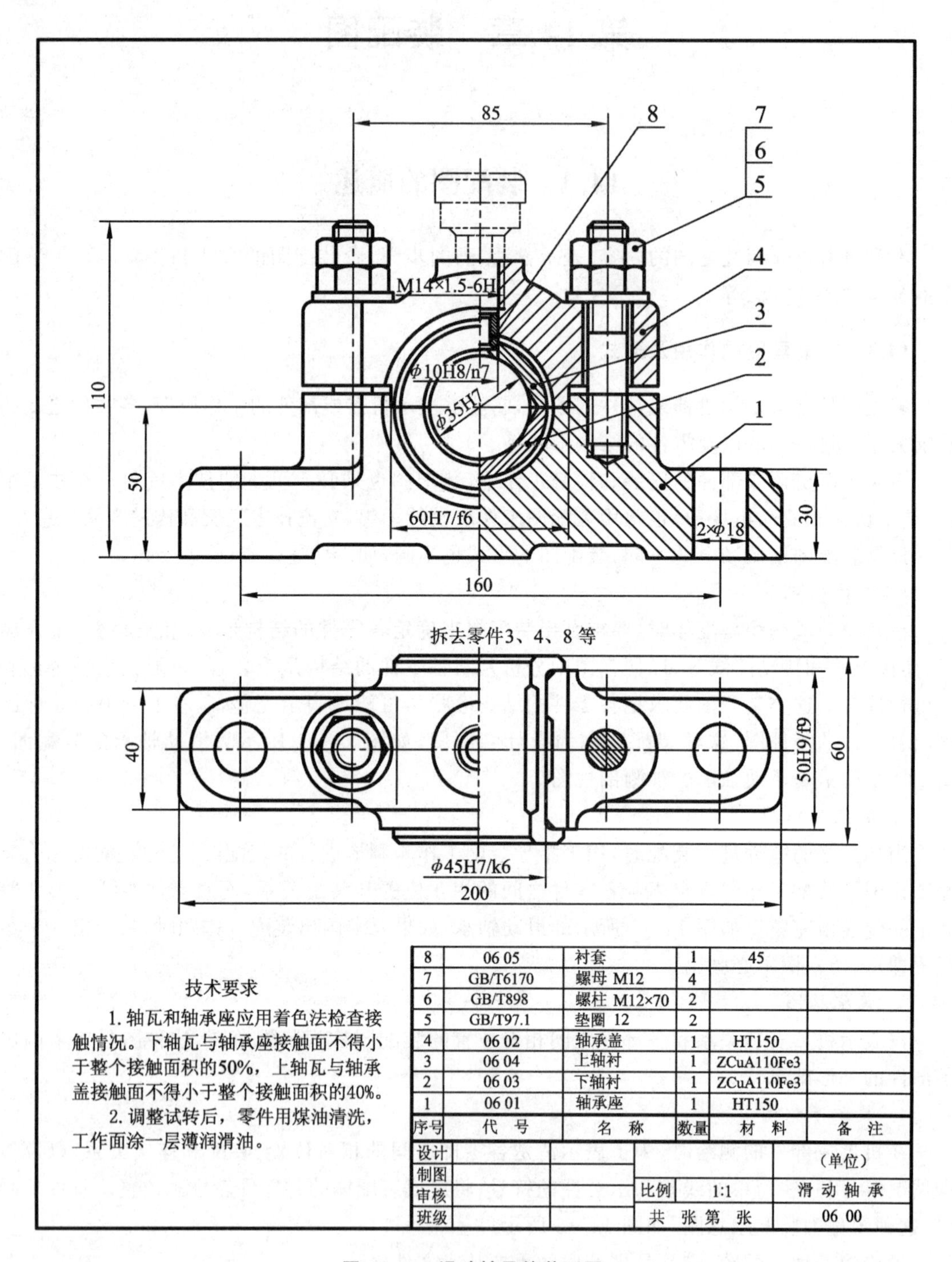

技术要求

1. 轴瓦和轴承座应用着色法检查接触情况。下轴瓦与轴承座接触面不得小于整个接触面积的50%，上轴瓦与轴承盖接触面不得小于整个接触面积的40%。

2. 调整试转后，零件用煤油清洗，工作面涂一层薄润滑油。

8	06 05	衬套	1	45	
7	GB/T6170	螺母 M12	4		
6	GB/T898	螺柱 M12×70	2		
5	GB/T97.1	垫圈 12	2		
4	06 02	轴承盖	1	HT150	
3	06 04	上轴衬	1	ZCuA110Fe3	
2	06 03	下轴衬	1	ZCuA110Fe3	
1	06 01	轴承座	1	HT150	
序号	代　号	名　称	数量	材　料	备　注

设计				(单位)
制图				
审核			比例 1:1	滑 动 轴 承
班级			共　张 第　张	06 00

图 14-1　滑动轴承的装配图

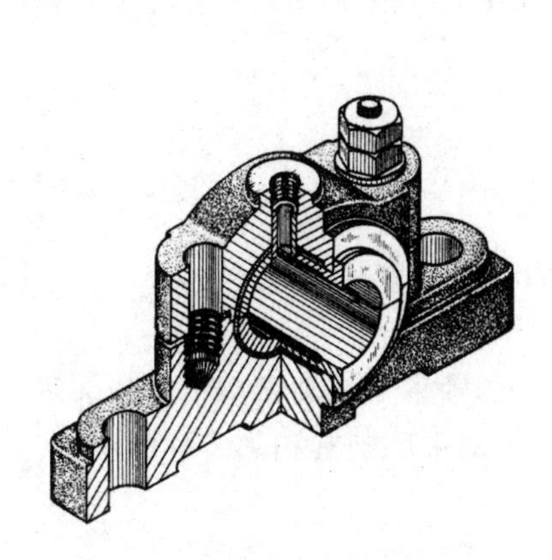

图 14－2　滑动轴承的轴测剖视图

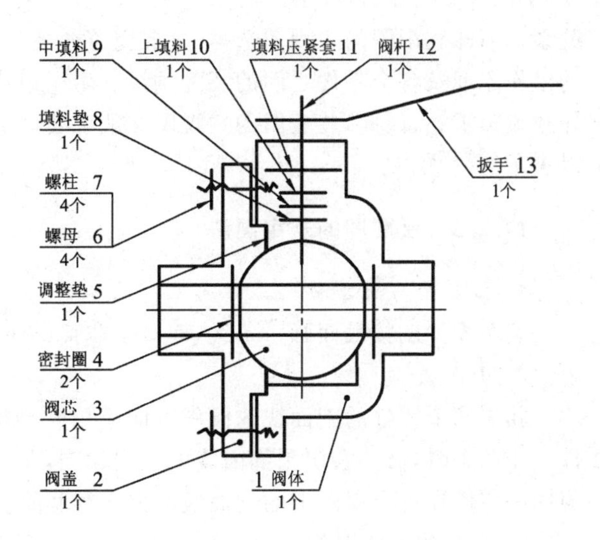

图 14－3　球阀的装配示意图

14.1.2　装配图的内容

一张完整的设计装配图应具有以下内容：

1. 一组图形

采用一组图形正确、完整、清晰地表示出机器或部件的工作原理、各零件之间的装配关系及结构形状等。

2. 必要尺寸

包括机器或部件的特征尺寸、零件之间的配合尺寸、安装尺寸、外形尺寸，以及其他重要的尺寸等。

3. 技术要求

用文字对机器或部件在装配、安装、检验和使用维修等方面提出的要求。

4. 序号及明细栏

对每一个不相同的零件用阿拉伯数字进行编号，并列入明细栏（位于标题栏的上方）中，栏中还需填写各个零件的名称、数量、材料等。

5. 标题栏

在标题栏中写有该机器或部件的名称、画图比例、图号、设计单位和设计审核人员等。

14.2　装配图的表示法

机件的各种表示法在装配图中同样适用。但由于装配图所表示的目的与零件图不同，因此，装配图的视图选择原则与零件图也不同，并针对装配图的图形特点，国家标准 GB/T 16675.1 和 GB/T 16675.2 还对装配图规定了一些特殊表示法、规定画法和简化画法。

14.2.1　装配图视图选择的特点

装配图应反映装配体的结构特征、工作原理、传动路线及各个零件之间的相对位置和装配关系。因此装配图的主视图选择,一般应符合装配体的工作位置,并要求尽量多地反映装配体的工作原理及各个零件之间的装配关系。由于组成装配体的各个零件往往相互交叉、遮盖而导致投影重叠,因此,装配图的主视图一般都要画成剖视图,以使某一层次或某一装配关系得以表示清楚,如图14-1所示。

14.2.2 装配图的规定画法

1. 接触面与配合面

两个零件的接触面画一条线,而对于非接触面,即使间隙再小,也要画成两条线。

2. 剖面线

相邻两个零件的剖面线的倾斜方向应相反,如图14-1中的轴承盖与轴承座。若相邻零件多于两个时,必然会出现剖面线的方向相同,此时应以间隔不同来区别其相邻零件的断面。但同一零件在各个视图上的剖面线的方向和间隔应画成一致。

3. 实心件和紧固件

在装配图上作剖视时,当剖切平面通过常用的标准件(如螺栓、螺柱、螺母、垫圈、键、销等)和实心件(如轴、杆、球等)的轴线时,这些零件按不剖来绘制(不画剖面线),如图14-1主视图上的半剖视图中的螺母、垫圈和双头螺柱。

14.2.3 装配图的特殊画法

1. 沿结合面剖切或拆卸画法

对于在某视图上已表示清楚的零件,如在另一视图上重复出现,或其图形将影响后面的零件的表示时,可假想将该零件拆去不画。如图14-1的俯视图,是将轴承盖、上轴衬等沿对称轴线拆去一半画出的。它相当于沿着轴承盖与轴承座的结合面作的半剖视图。如果将螺栓等连接件同时拆去,则俯视图中的螺纹连接处只需要画出螺孔。对于拆去零件后的视图,可在视图上方标注“拆去零件×、×、…”。

在装配图中,有时某个零件的形状没有表示清楚,此时可单独画出该零件的某个视图,并标注视图名称和看图方向,其标注原则与向视图相同,只是需要在字母前面加注“零件”二字和零件的序号,如图14-21截止阀装配图中手轮的视图名称“零件12*B*”。

2. 假想画法

对于与该部件相关联但又不属于该部件的零(部)件,可以用双点画线画出其轮廓,以利于表示该部件的装配关系和工作原理,如图14-1上方中的油杯和图14-4中下方的空心箭头所指。对于某零件在装配体中的运动范围或极限位置,可以用双点画线画出其轮廓,如图14-4中上方的空心箭头所指。

3. 简化画法

(1) 装配图中紧固件的画法

在装配图中可省略螺栓、螺母、销等紧固件的投影,而用细点画线和指引线指明其位置。此时,该指引线应根据连接件的不同类型从被连接件的某一端引出,如螺钉、螺柱、销连接是从其装入端引出,而螺栓连接则是从其装有螺母的一端引出,如图14-5所示。

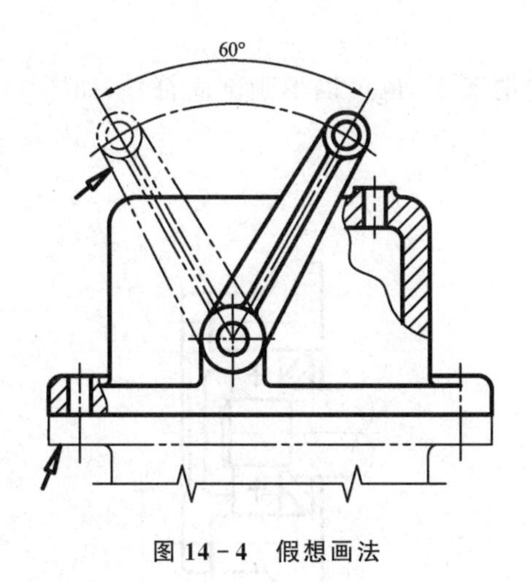

图 14－4　假想画法

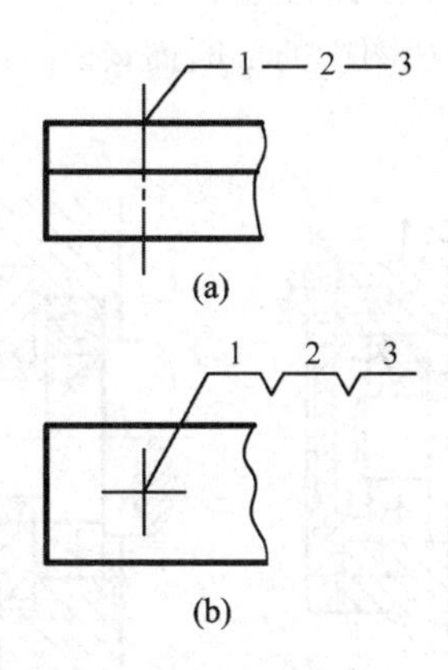

图 14－5　装配图中紧固件的表示法

在装配图中对于同一规格、均匀分布的零件组或部件组，可详细地画出一组，其余的用细点画线示出其位置（中心线或轴线），并给出零、部件组的总数，如图 14－6(a)所示。对于装配图中的紧固件或紧固件组的投影也可以完全省略不画，如图 14－6(b)所示。

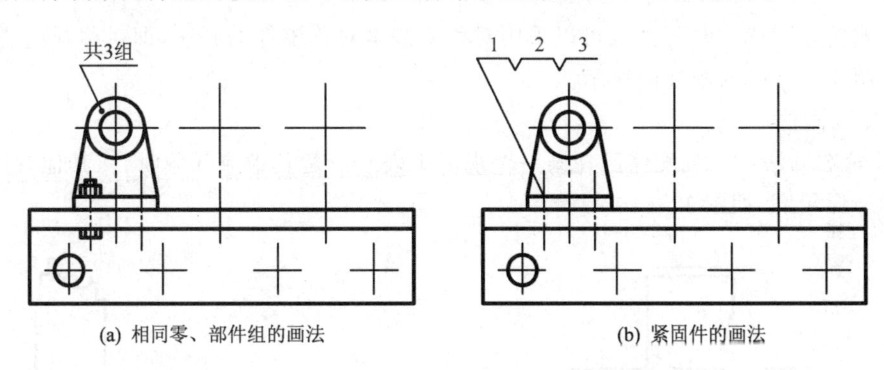

(a) 相同零、部件组的画法　　(b) 紧固件的画法

图 14－6　装配图中相同零、部件组和紧固件的画法

(2) 滚动轴承、密封圈、油封等的画法

对于滚动轴承、密封圈、油封等，可以仅画出对称图形的一半，而另一半按其外轮廓画出，并在其中画上相交的图线，如图 14－7 所示。

(3) 某些工艺结构可以省略不画

零件上的工艺结构，如倒角、倒圆、退刀槽（见图 14－7(b)左边的空心箭头所指）或砂轮越程槽等可以省略不画。六角头螺栓的头部和螺母因倒角产生的曲线也可以省略不画，如图 14－6(a)所示。

(4) 夸大画法

对于薄片、细丝弹簧、零件之间的小间隙（见图 14－7(b)中右边的空心箭头所指），以及锥度和斜度很小的零件或部位，可以适当地加厚、加宽、加大画出，以使这些部位的轮廓清晰。对于厚度或直径小于 2 mm 的薄、细零件或部位的断面，可以用涂黑来代替剖面线，如图 14－7(a)中的空心箭头所指的端盖与箱体的凸台之间垫片断面的画法。

(5) 省略剖面符号的画法

装配剖视图中的剖断面,在不至于引起误解的情况下,也可以不画剖面符号,如图14-8所示。

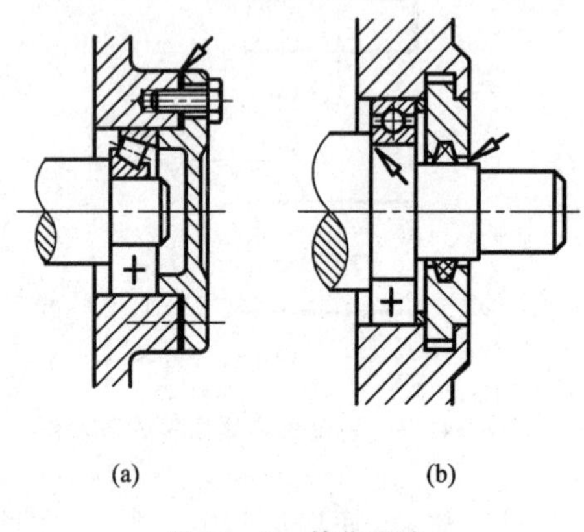

图14-7 简化画法

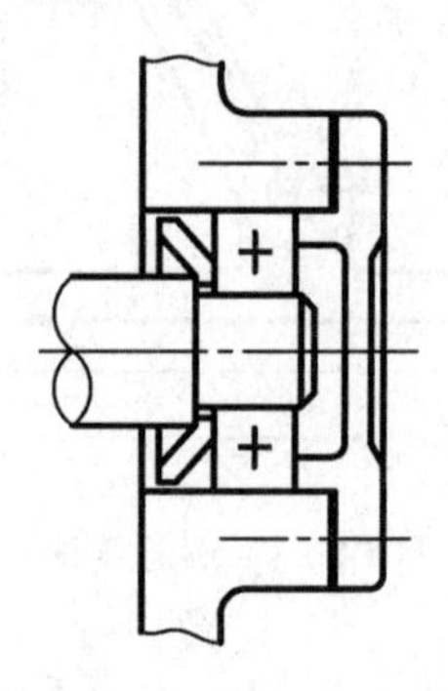

图14-8 装配图中省略剖面符号的画法

(6) 对称或基本对称装配件的画法

对称或基本对称的装配件也可以采用对称或基本对称零件的画法,即对称画法(应画对称符号),如图14-9中的俯视图所示。

(7) 轮廓画法

① 外轮廓画法 当装配体已在某一个视图中表示清楚其组成部分时,在其他视图中可以仅画出其外形轮廓,如图14-10所示。

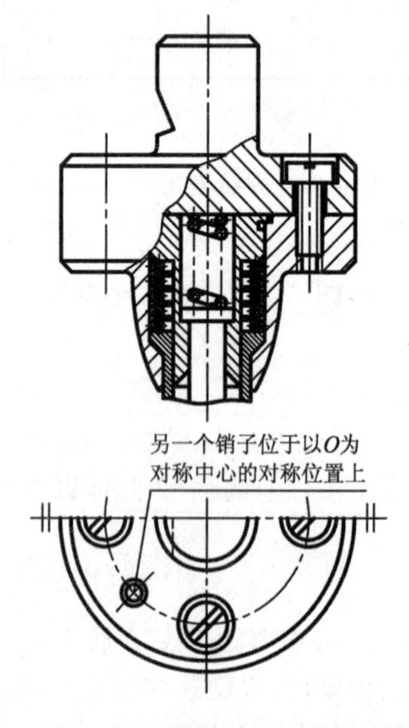

图14-9 对称或基本对称装配体的画法

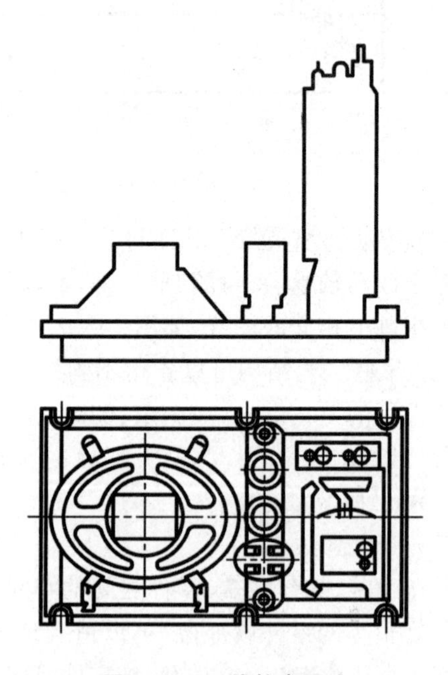

图14-10 外轮廓画法

② 简化轮廓画法　对于标准的部件（如电机、油杯等），在能够表示清楚装配体特征和装配关系的前提下，装配图中可以仅画出其简化后的轮廓，如图 14-11 所示。

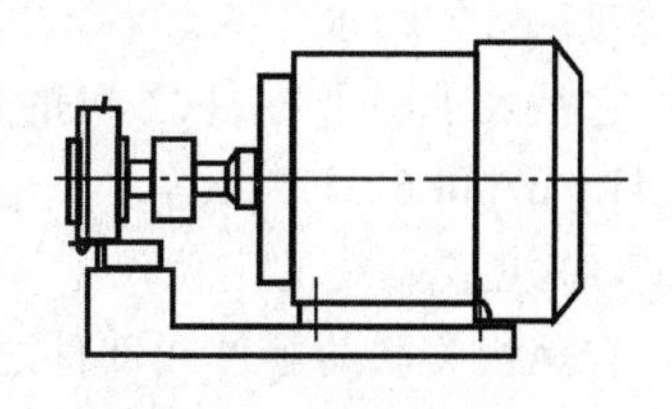

图 14-11　简化轮廓画法

4. 展开画法

为了表示部件中的传动机构的传动路线以及各个轴之间的装配关系、可以按传动路线沿着轴线剖开，并将其展开画出。在展开剖视图的上方应注写"×—×展开"，如图 14-12 所示的挂轮架装配图便是采用的展开画法，同时还采用了假想画法。

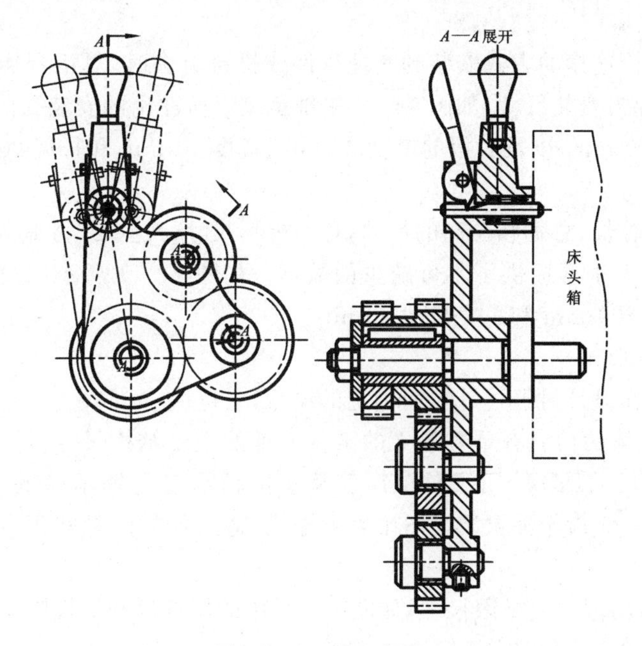

图 14-12　展开画法

14.3　装配图的尺寸和技术要求的标注

14.3.1　装配图上的尺寸标注

由于装配图不是制造零件的直接依据，所以在装配图上标注尺寸与零件图上标注尺寸是不同的。它不需要注出零件的全部尺寸，而只需要注出与装配体的装配性能、检验、安装等有关的一些必要尺寸，这些尺寸按其功用不同分为以下五种：

1. 特征尺寸

表示装配体的性能或规格的尺寸叫特征尺寸。这类尺寸在该装配体设计前就已确定，是设计、了解和选用机器或部件的依据，例如图 14-1 滑动轴承中轴承孔的直径 ϕ35H7。

2. 装配尺寸

装配尺寸是表示与装配体各零件之间的装配关系和装配质量有关的尺寸，它包括：

(1) 配合尺寸

它是表示两个零件之间的配合性质的尺寸，一般用配合代号注出，如图 14-1 中的 ϕ10H8/n7 和 60H7/f6 等。

(2) 主要轴线的定位尺寸

它是相关联的零件或部件之间较为重要的尺寸，包括：

① 主要轴线到基准面的距离，如图 14-1 中的轴承孔到安装基面的距离 50 mm 和图 14-25 中的尺寸 $85_{-0.35}^{-0.13}$mm 等。

②主要平行轴线之间的距离，如图 14-25 中的两根齿轮轴的中心距(40±0.02)mm。

3. 安装尺寸

将装配体用螺栓连接的方式安装到其他机件或机台上去时，对机台加工相同直径和中心距所需要的尺寸，称为安装尺寸，如图 14-1 中轴承座上所注出的安装孔的直径 2×ϕ18 mm、两个孔的中心距 160 mm，以及底板的厚度 30 mm、宽度 40 mm 和长度 200 mm 等。

4. 外形尺寸

表示装配体的总长、总宽和总高的尺寸，称为外形尺寸。这些尺寸是为机器的包装、运输、安装时所占的空间大小等提供了不可缺少的数据。如图 14-1 所示的滑动轴承的总高尺寸 110 mm，总长尺寸 200 mm 和总宽尺寸 60 mm。

5. 其他重要尺寸

这类尺寸是指在设计时经过计算而确定的尺寸，它包括：

① 对实现装配体的功能有重要意义的某些零件的主要结构尺寸。如图 14-1 中轴承盖与油杯上面的螺纹尺寸 M14×1.5-6H，以及连接轴承盖与轴承座的双头螺柱的中心距 85 mm；再如图 14-25 齿轮油泵装配图中影响输出/输入油的流量和压力的进出油孔的直径尺寸 $R_C1/2$ 等。

② 运动件的运动范围的极限尺寸，如图 14-4 中的摇杆摆动的极限位置尺寸 60°。

上述五种尺寸并非在每张装配图上全部注出，有的一个尺寸也可能具有几种含义。应根据装配图的作用和具体装配体的情况分析而定。

14.3.2　装配图上技术要求的标注

装配图上的技术要求应根据装配体的具体情况而定，这是因为不同装配体的性能、要求各不相同，故技术要求也不相同，并且用文字注写在明细栏的上方或左方空白处，如图 14-1 中的技术要求注在明细栏的左方。拟订技术要求时，一般应考虑以下几点：

1. 考虑装配方面的要求

装配要求是指装配体在装配过程中应注意的事项，以及装配后装配体所必须达到的要求，如装配的准确度、装配间隙、润滑要求等。

2. 考虑检验方面的要求

检验要求是指对装配体的基本性能的检验、试验以及操作时的要求。

3. 考虑使用方面的要求

使用要求是指对装配体的规格、参数，维护保养和使用时应注意的事项及要求。

14.4　装配图中零、部件的序号及明细栏和标题栏

为了便于看图、装配机械零件、管理图样、编制购货订单和有效地组织生产等，在装配图上要对所有零、部件进行编号，这种编号称为零、部件的序号。并在标题栏的上方设置明细栏或在图样之外另编制一份明细栏。

14.4.1　零、部件序号(GB/T 4458.2—2003)

1. 零、部件序号编写的基本要求

装配图中所有的零、部件均应编号。同一张装配图中相同零件(指结构形状、尺寸和材料都相同)或部件应编写同样的序号，一般只编写一次。零、部件的数量等内容在明细栏的相应栏目里填写，如图 14 - 1 中的 7 号零件螺母，数量有 4 个，但序号只编写了一个。装配图中零、部件的序号应与明细栏中的序号一致。

另外，装配图上标准化的部件，如油杯、电动机等，在图中被看做一个件，只编写一个序号。左右手件在装配图中应分别编写两个序号。

2. 序号的注写形式

① 在指引线的编号端用细实线画水平的基准线或圆，在水平基准线的上方或圆内注写序号，序号用阿拉伯数字表示。序号的字号要比该装配图中所注的尺寸数字的字号大一号，如图 14 - 13(a) 所示；或大两号，如图 14 - 13(b)所示。

② 在指引线的编号端也可不画水平基准线或圆，而只在指引线附近注写序号，序号的字号也要比装配图中所注的尺寸数字的字号大一号或两号，如图 14 - 13(c)所示。

必须指出，同一张装配图中注写序号的形式应一致。

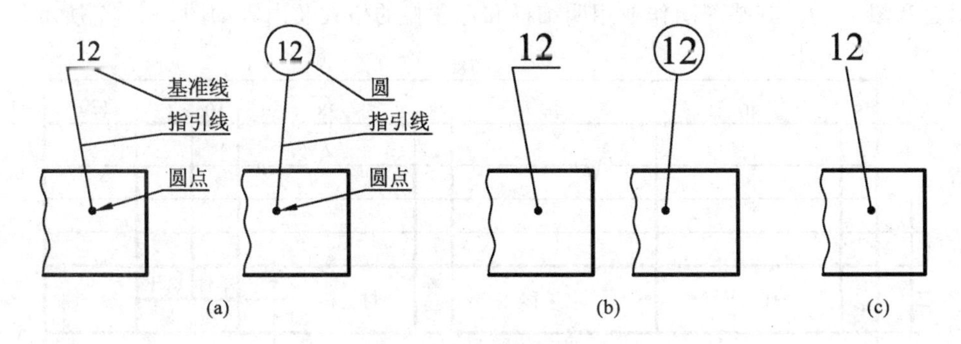

图 14 - 13　序号的注写形式

3. 序号的排列方法

在同一张装配图中的序号按水平或垂直方向排列要整齐，并在整个图上按顺时针或逆时针的顺序连续排列，如图 14 - 1 和图 14 - 21 中的序号是按逆时针排列的，而图 14 - 25 中的序号则是按顺时针排列的。若在整个图上无法连续时，可以只在每个水平或垂直方向上顺次排列。

4. 指引线

用细实线画出的指引线应从所指零件的可见轮廓内引出，并在其末端画一个圆点，如图 14 - 13 所示。

① 若所指部分(很薄的零件或涂黑的断面)内不便画圆点时,可在指引线的末端画出箭头,指向该部分的轮廓,如图14-14所示的7号零件。

② 指引线不可相交,且当通过有剖面线的区域时,应尽量不与剖面线平行,必要时指引线可以画成折线,但只可以折一次,见图14-14中的空白箭头所指。

③ 螺纹紧固件及装配关系明确的零件组可以采用公共指引线,如图14-15所示。

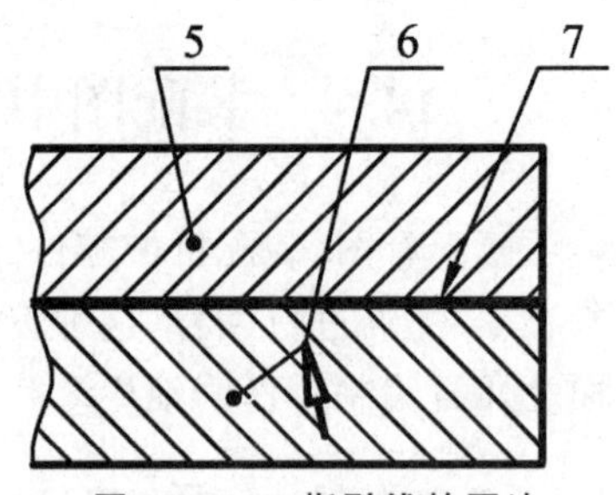

图14-14 指引线的画法

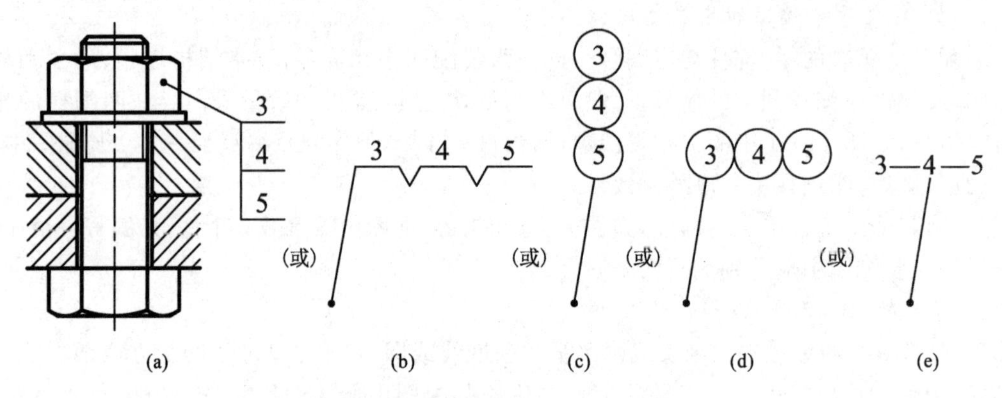

图14-15 零件组序号的注写形式

14.4.2 明细栏(GB/T 10609.2—2009)和标题栏(GB/T 10609.1—2008)

GB/T 10609.2中规定了明细栏的格式,如图14-16所示,其中标题栏的格式及内容的填写见第1章图1-3。其装配图作业用明细栏和标题栏的格式及内容如图14-17所示。

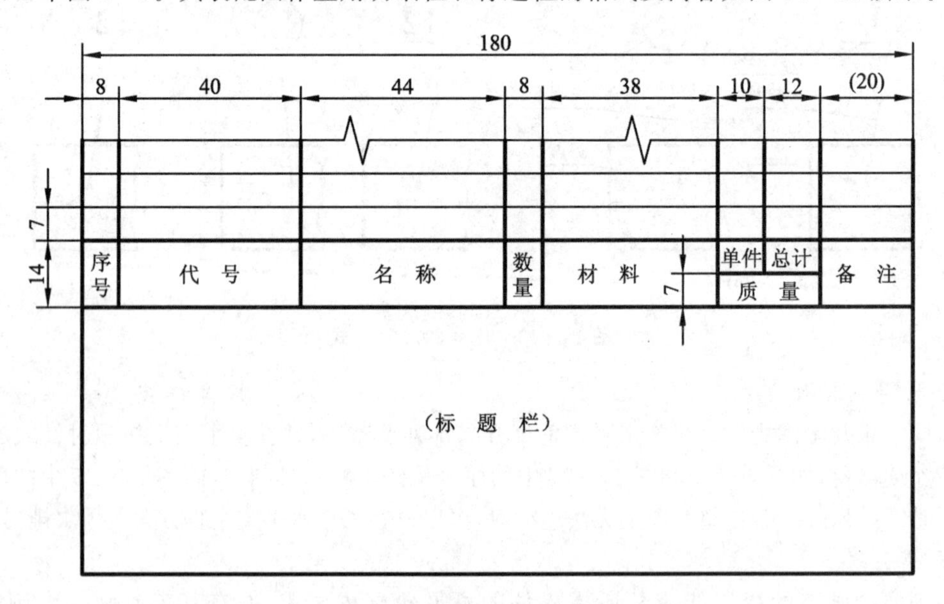

图14-16 国家标准规定的明细栏格式

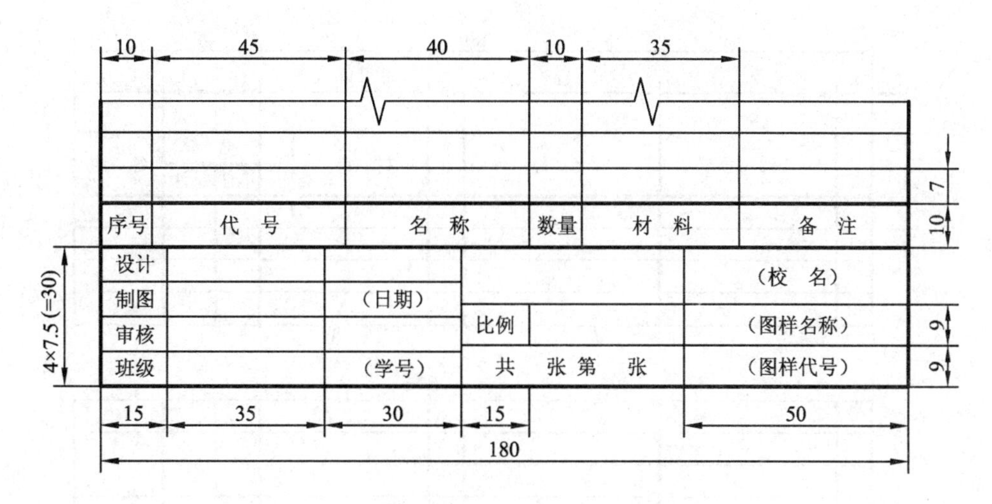

图 14－17　装配图作业用的明细栏和标题栏的格式

1. 明细栏的配置

① 明细栏应画在标题栏的上方,若向上的位置不够时,明细栏的一部分可以放在标题栏的左边(见图 14－21)。

② 当装配图上画不开明细栏时,可以在图幅的右下角仅画出装配图用的标题栏,而将明细栏和标题栏在另一张 A4 纸上单独画出,作为装配图的续页,其顺序由上而下的延伸,还可以连续加页,但应在明细栏的下方配置标题栏。GB/T 10609.2 规定了单独画出明细栏和标题栏的格式,如图 14－18 所示。

③ 当有两张或两张以上同一图样代号的装配图时,明细栏应放在第一张装配图上。

2. 明细栏的填写

明细栏是说明装配图中各零件的名称、数量、材料等内容的清单。一般由序号、代号、名称、数量、材料、质量、备注等组成,也可以根据实际需要而增减。

① 序号　填写图样中相应组成部分的序号。

明细栏内零件的序号应自下而上地按顺序填写,以便有漏编时可继续向上补填。因此,明细栏的最上面的边框线规定用细实线绘制。当向上位置不够时,明细栏的一部分可以放在标题栏的左边,此时,序号仍应自下而上的延续(见图 14－21)。明细栏中所填写的零件的序号应和图中所编零件的序号一致。

② 代号　填写图样中相应组成部分的图样代号和标准编号。

标准件应填写标准编号,如图 14－1 明细栏中的零件 5、6、7 等;而非标准件则填写相应的零件或部件的图样代号。如果是计算机辅助设计形成的 CAD 图样,还应填写其相应图样的存储代号。

③ 名称　填写图样中相应组成部分的名称。

填写常用标准件的名称时,应在栏内写出名称及形式和公称的规格尺寸。名称应力求简明,如“六角头螺栓”应填写“螺栓”二字。

④ 数量　填写图样中相应组成部分的相同零件或部件在装配图中的数量。

⑤ 材料　填写图样中相应组成部分的材料标记。

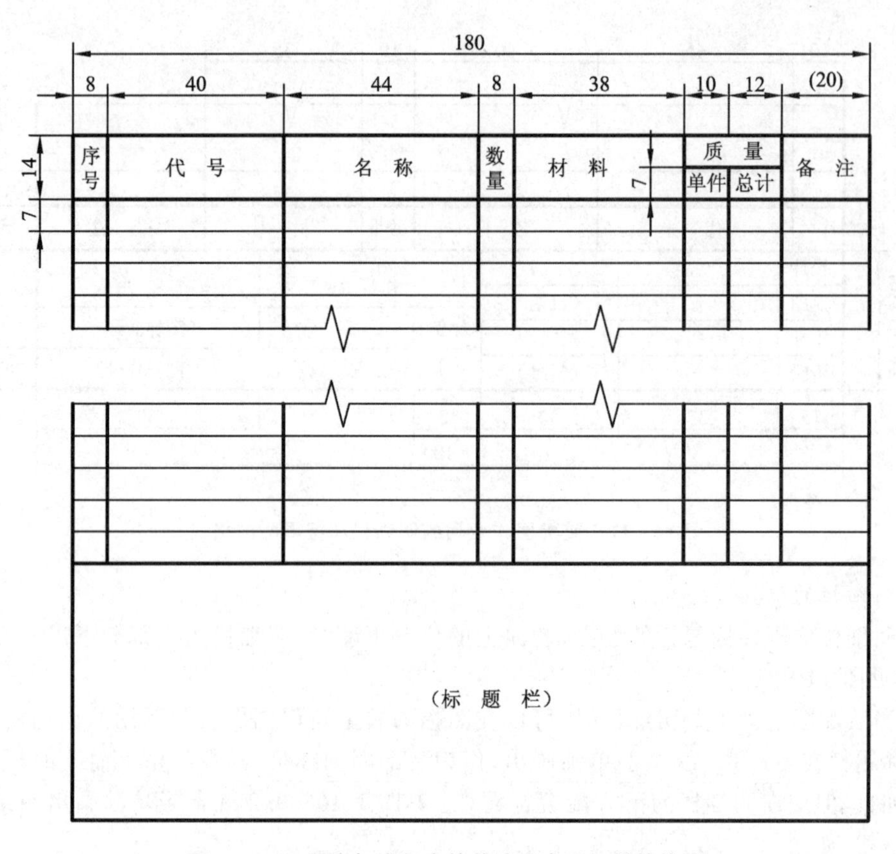

图 14－18　国家标准规定的单独画出明细栏的格式

⑥ 质量　填写图样中相应组成部分的单件和总件数的计算质量。当以千克(公斤)为计量单位时,允许不写出其计量单位。

⑦ 备注　填写该项的补充说明或其他有关的内容。

常用机件的重要参数可以填写在“备注”栏内,如齿轮的模数和齿数(见图 14－25 的明细栏)等;弹簧的内外直径、簧丝直径、工作圈数和自由高度等;或有关的说明,如该零件需要购买或者无零件的图样等,在备注栏中应填写“外购”或者“无图”的字样。

14.5　装配图的画法

装配图的形成,一是对新产品的设计构思而绘制的装配图;一是通过对现有机器或部件进行测绘而绘制的装配图。无论是前者还是后者,在画装配图前,都必须对装配体的功用、工作原理、结构特点,以及装配体中零件的装配关系等有一个全面的、充分的了解和认识。

现以图 14－19 所示的截止阀为例,介绍装配图的绘制方法和步骤。

14.5.1　分析了解装配体

画装配图前,必须先对所画装配体的性能、用途、工作原理、结构特征、各个零件之间的装配关系和连接方式等进行分析和了解。

图14-19所示是广泛应用于自来水管路和蒸汽管路中的截止阀，它的内部结构如图14-20所示，图中表示出了各种零件的相互连接与配合的情况。截止阀的工作原理也可从该图中看出：阀体左右两端都有通孔，在工作情况下流体由左孔流进来，从右孔流出去。阀盘靠插销与阀杆相连，阀杆的上端装有手轮，转动手轮便可以带动阀杆转动，并带动阀盘一起上下移动，以控制流体的流量和开启、关闭管路。为了防止流体泄漏，在阀盖与阀体的结合处装有防漏垫片，在阀杆与阀盖之间装有填料，并靠盖螺母及压盖压紧，其装配图如图14-21所示。

图14-19 截止阀

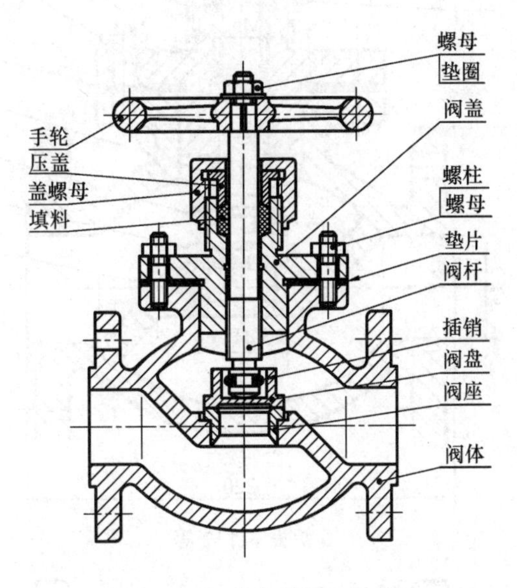

图14-20 截止阀的内部结构

14.5.2 装配体表示方案的选择

在对装配体有了充分了解、主要装配关系和零件的主要结构完全明确后，就可以运用前面介绍过的各种表示法，选择该装配体的表示方案。装配图的视图选择原则与零件图的视图选择原则有着共同之处，但由于表示的内容不同，二者也有差异。

1. 主视图的选择

要选好装配图的主视图，应注意以下两点问题：

① 一般将机器或部件按工作位置或习惯位置放置；

② 应选择最能反映装配体的主要装配关系和外形特征的那个方向作为主视图的投射方向。

2. 其他视图的选择

主视图选定以后，对其他视图的选择应考虑以下几点：

① 分析在主视图中还有哪些装配关系、工作原理及零件的主要结构形状没有表示清楚，从而选择适当的视图以及相应的表示法；

② 尽量采用基本视图和在基本视图上作剖视(包括拆卸画法、沿零件的结合面作剖切的画法等)来表示有关内容；

③ 要注意合理地布置视图的位置，使得图形清晰、布局匀称，以方便看图。

图14-21所示为截止阀装配图，其中主视图的投射方向是按其工作位置(也可以认为是

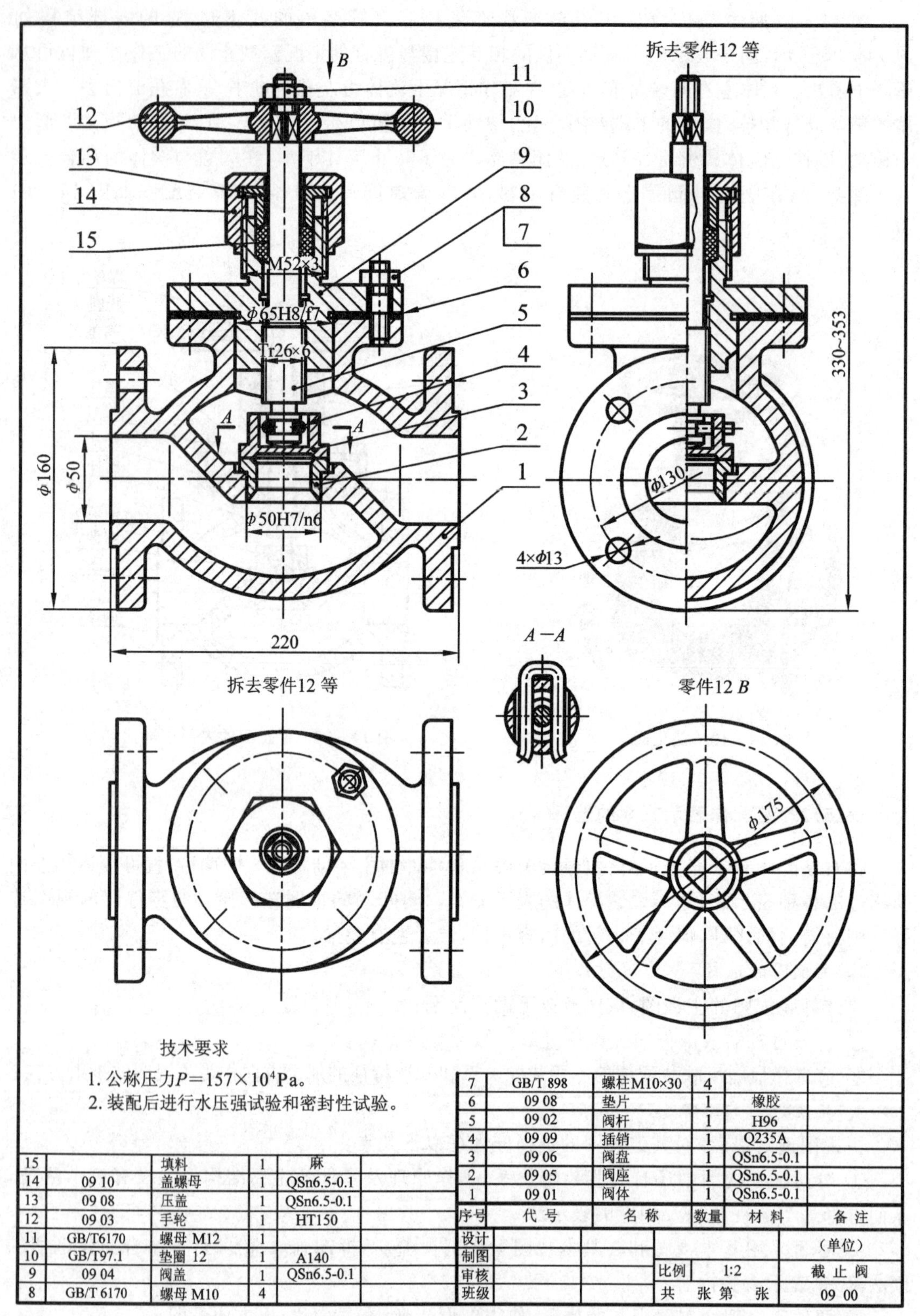

技术要求

1. 公称压力$P=157\times10^4$Pa。
2. 装配后进行水压强试验和密封性试验。

序号	代号	名称	数量	材料	备注
15		填料	1	麻	
14	09 10	盖螺母	1	QSn6.5-0.1	
13	09 08	压盖	1	QSn6.5-0.1	
12	09 03	手轮	1	HT150	
11	GB/T6170	螺母 M12	1		
10	GB/T97.1	垫圈 12	1	A140	
9	09 04	阀盖	1	QSn6.5-0.1	
8	GB/T 6170	螺母 M10	4		
7	GB/T 898	螺柱M10×30	4		
6	09 08	垫片	1	橡胶	
5	09 02	阀杆	1	H96	
4	09 09	插销	1	Q235A	
3	09 06	阀盘	1	QSn6.5-0.1	
2	09 05	阀座	1	QSn6.5-0.1	
1	09 01	阀体	1	QSn6.5-0.1	

设计					(单位)
制图					
审核			比例	1:2	截 止 阀
班级			共　张 第　张		09 00

图 14－21　截止阀的装配图

按习惯位置)选择的,采用全剖视图把截止阀的主要装配关系和外形特征基本表示出来。俯视图是拆去了手轮12等画出的,表示出阀体1和阀盖9是用四个双头螺柱连接的,也表示了阀体和阀盖在该投射方向的形状,以及盖螺母14的形状。左视图基本是采用了半剖视图的形式,进一步表示了阀体的内、外结构形状。左视图拆去了手轮,是为了避免重复作图。

除以上三个基本视图外,还采用了$A-A$移出断面图,以表示阀盘3和阀杆5用插销4的连接;并单独画出了手轮的B向视图以表示其外形。

14.5.3　画装配图的步骤

表示方案确定后,即可着手画装配图了。

1. 定比例、选图幅,画出作图的基准线

画图的比例及图幅的大小,应根据装配体的外形尺寸的大小、复杂程度以及所确定的表示方案而定,还应考虑到尺寸标注、编写序号、明细栏以及技术要求等内容所占的位置。

视图的布局应通过画装配体的基准线(一般是装配体的主要装配干线、主要零件的中心线、轴线、对称中心线及较大平面的轮廓)来安排,如图14-22画出了截止阀的作图基准线。

在基本视图中画出各零件的主要结构部分,如图14-23所示,在画图中要根据以下原则来处理:

① 从主视图画起,要几个视图配合起来进行绘制。

② 在各基本视图上,一般首先画出壳体或较大的主要零件的外形轮廓,如图14-23中,先画出阀体1的三个视图。

③ 依次画出各装配干线上的各零件,要保证各零件之间的正确装配关系。例如,画完阀体1后,应再画出装在阀体上的阀座2,然后画出与阀座2紧密接触的阀盘3,按装配顺序依次画出各零件。

④ 画剖视图时,要尽量从主要轴线(如装配干线)画起,围绕装配干线逐个地将零件按由里向外画出。这是因为此种画法,可避免将零件上被其他零件遮住的部分不可见的轮廓线画上去。

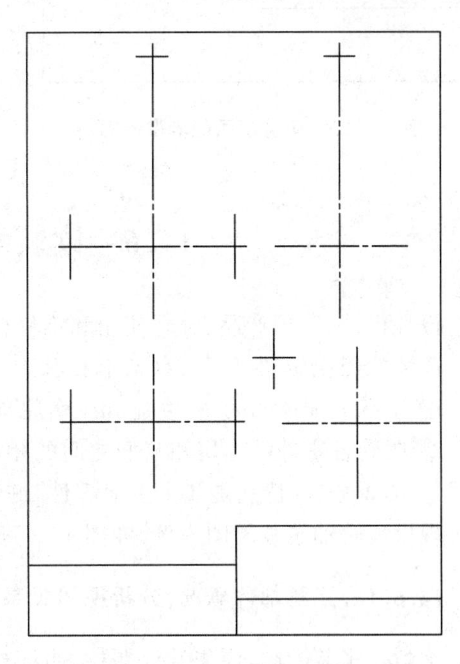

图14-22　画装配图的步骤(一)

如在画主视图时,定好位后,先画阀座2,这样阀体1上的座孔被挡住的部分就不用画了。

2. 在各视图中画出装配体的细节部分

如图14-24所示,画出$A-A$移出断面图,手轮的B向视图、螺柱和螺母等细节部分。

3. 完成全图

底图经过检查、校对无误后加深图线、画剖面符号、标注尺寸和技术要求、编写零件的序号、填写标题栏和明细栏等,最后校核完成全图,如图14-21所示。

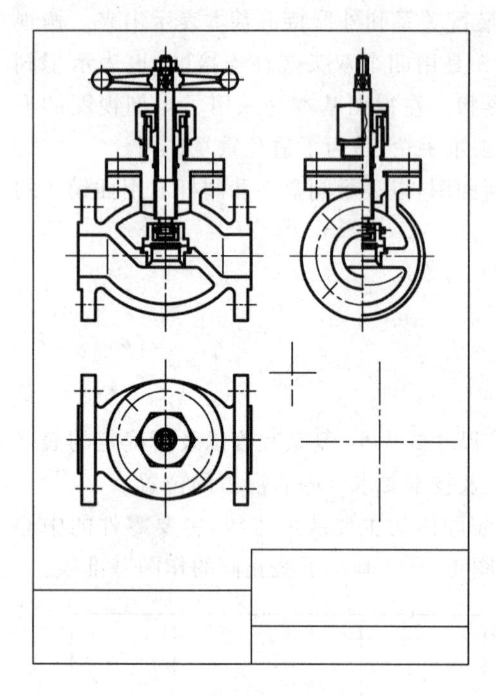

图 14-23　画装配图的步骤(二)

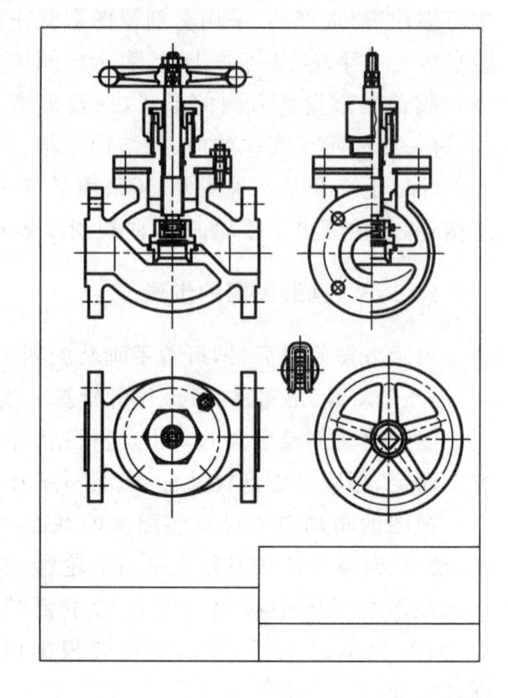

图 14-24　画装配图的步骤(三)

14.6　读装配图并拆画零件图

设计机器、装配产品、合理使用和维修机器设备及学习先进技术时都会遇到读装配图的问题。读装配图应做到下列三点基本要求：

① 了解装配体的功用、性能和工作原理；

② 明确各零件的作用和它们之间的相对位置、装配关系以及各零件的拆装顺序；

③ 读懂零件(特别是几个主要零件)的结构形状。

现以齿轮油泵装配图为例，如图 14-25 所示，说明读装配图的一般方法与步骤：

14.6.1　了解部件概况，分析视图关系

拿到一张装配图，应先看标题栏、明细栏，从中得知装配体的名称和组成该装配体中各个零件的名称、数量等。从图 14-25 的标题栏中知道，这个部件的名称叫齿轮油泵。从明细栏中可知齿轮油泵有十六种零件，其中有三种常用的标准件。

分析视图：找出哪个是主视图；它们的投影关系是怎样的；剖视图、断面图的剖切位置在什么地方，有哪些特殊表示法以及各视图表示的主要内容是什么。如图 14-25 中的齿轮油泵装配图共采用了三个基本视图：主视图是通过齿轮油泵的对称平面，采用了相交的剖切平面剖切的局部剖视图，表示了油泵的外形及两齿轮轴系的装配关系，以及销与泵体和泵盖的连接关系。俯视图中除了表示齿轮油泵的外形外，还用局部剖视图表示了泵盖上的安全装置和泵体两侧的锥管螺纹通孔($R_C 1/2$)。左视图主要表示了齿轮油泵的外形，同时还表示了泵体与泵盖有两个圆柱销定位，用四个螺栓连接，以及用局部剖视图表示了安装底板上的螺栓连接孔

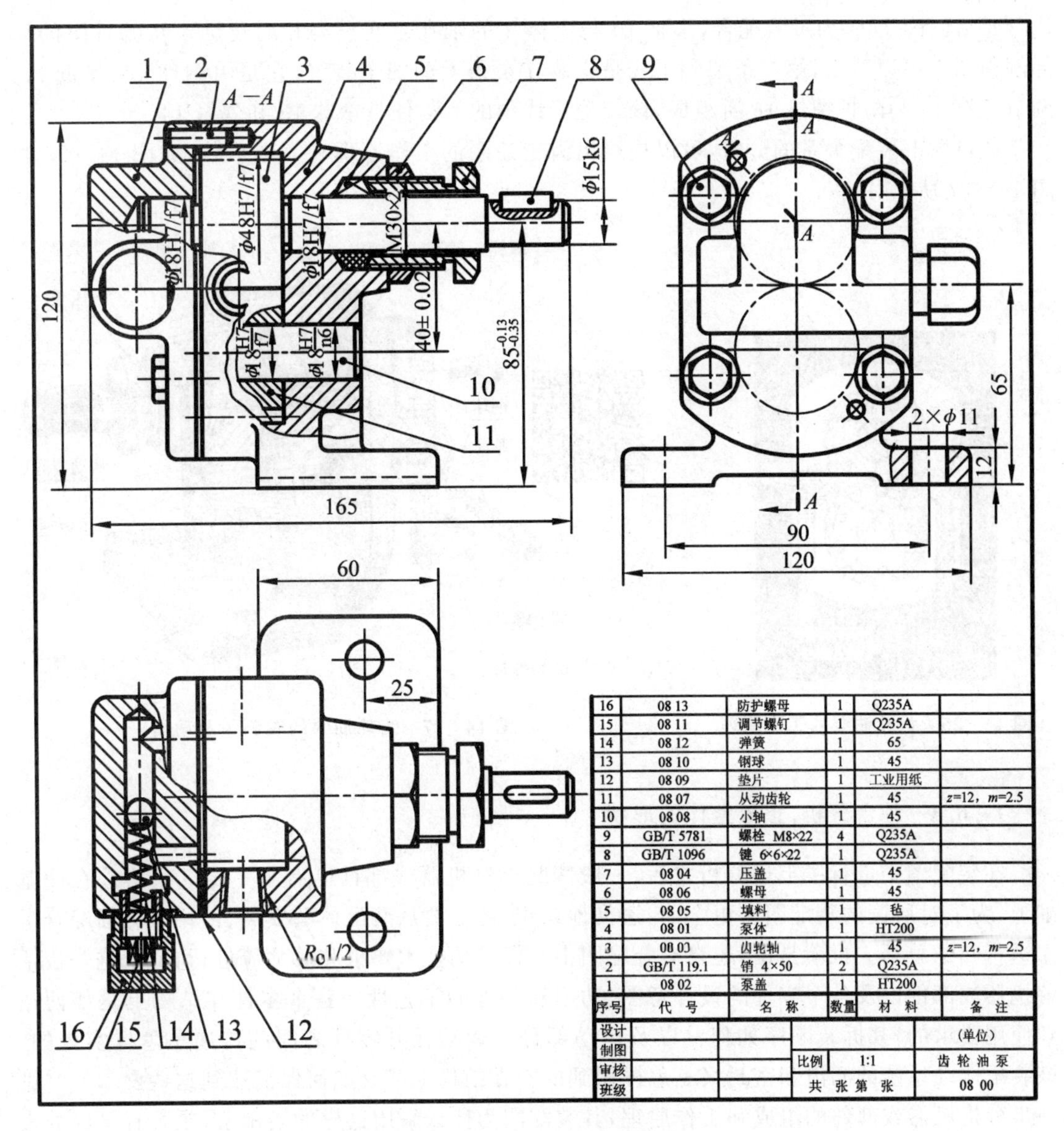

16	08 13	防护螺母	1	Q235A	
15	08 11	调节螺钉	1	Q235A	
14	08 12	弹簧	1	65	
13	08 10	钢球	1	45	
12	08 09	垫片	1	工业用纸	
11	08 07	从动齿轮	1	45	z=12，m=2.5
10	08 08	小轴	1	45	
9	GB/T 5781	螺栓 M8×22	4	Q235A	
8	GB/T 1096	键 6×6×22	1	Q235A	
7	08 04	压盖	1	45	
6	08 06	螺母	1	45	
5	08 05	填料	1	毡	
4	08 01	泵体	1	HT200	
3	08 03	齿轮轴	1	45	z=12，m=2.5
2	GB/T 119.1	销 4×50	2	Q235A	
1	08 02	泵盖	1	HT200	
序号	代　号	名　称	数量	材　料	备　注

设计					（单位）
制图			比例	1:1	齿 轮 油 泵
审核					
班级			共　张第　张		08 00

图 14－25　齿轮油泵的装配图

的形状。

14.6.2　弄清装配关系，了解工作原理

这是读装配图的关键阶段。先分析装配干线，互相有关的各零件之间是用什么方法连接的，有没有配合关系，哪些零件是静止的，哪些零件是运动的。

从图 14－25 中可以看出，齿轮油泵有两条主要的装配干线。一条可从主视图中看出，齿轮轴 3 的右端伸出泵体 4 外，通过键 8 与传动件相联结。齿轮轴在泵体孔中，其配合代号是 ϕ18H7/f7，为间隙配合，故齿轮轴可以在孔中转动。为防止漏油，采用填料密封装置，即是用压盖 7 压紧填料 5 后，用螺母 6 锁紧来完成的。下方的从动齿轮 11 装在小轴 10 上，其配合代号是 ϕ18H7/f7，为间隙配合，故齿轮可以在小轴上转动。小轴 10 装在泵体 4 的轴孔中，配合代号是ϕ18H7/n6,为过盈配合,小轴10与泵体4的轴孔之间没有相对运动。从俯视图的局部剖视图中可以看出,第二条装配干线是安装在泵盖上的安全装置,它是由钢球13、弹簧14、调节螺钉15和防护螺母16所组成,该装配干线中的运动件是钢球13和弹簧14。

通过以上装配关系的分析,可以描绘出齿轮油泵的工作原理和大致形状,如图14-26和图14-27所示。

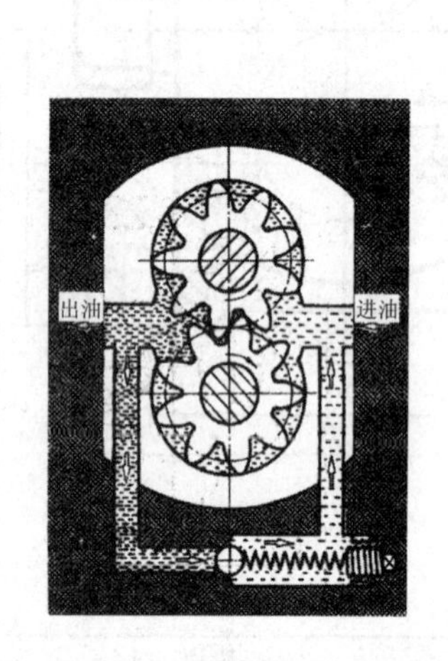

图14-26　齿轮油泵的工作原理

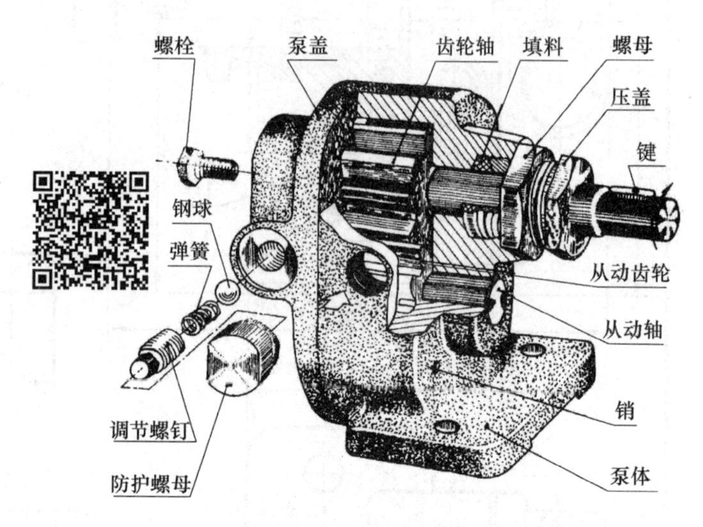

图14-27　齿轮油泵的轴测图及动画

14.6.3　综合分析,想象整体的形状

在装配图中进行了上述分析之后,一般情况下对机器或部件已有了一定的了解。在此基础上,为了对所读的装配图有更全面、透彻地认识,还需要从装配体的安装、使用等方面综合考虑进行归纳总结。也就是说,还要对装配图中所标注的技术要求和尺寸等进行分析,进一步了解机器或部件以及各个零件的设计意图、功用和装配的工艺性。各个零件在结构上是如何达到使用要求的,其拆装顺序如何?以及运动部分的运动在其零件之间的传递是怎样实现的?该装配体中系统的润滑和密封又是怎样做到的?在结构上又是如何保证达到这些要求的?进一步分析机器或部件的组成和工作原理,其装配图为什么采用这样的表示法,是否有更好的表示方案?

以上读装配图的方法和步骤,仅是一个概括地说明,实际读装配图时,其几个步骤往往是交替进行的。只有通过不断地实践,才能掌握其读图的规律,提高自己的读图能力、想象能力和空间思维能力,达到彻底读懂装配图,想象出机器或部件的整体形状的目的。

14.6.4　看懂零件的形状,拆画零件图

在设计过程中常常要根据机器或者部件的装配图拆画出其上某些或某个零件的零件图。拆画零件图是在全面读懂装配图的基础上进行的。关于零件图的内容和要求,已在第13章中叙述,这里着重介绍由装配图拆画零件图时应注意的几点问题以及拆画零件图的基本方法。

1. 常用标准件

常用标准件一般属于外购件,不需要画其零件图。按明细栏中常用标准件的规定标记代

号，列出标准件的汇总表就可以了。

2. 借用零件

借用零件是借用定型产品上的零件，这类零件可以用定型产品的已有图样，也不需要画其零件图。

3. 重要设计零件

重要的设计零件在设计说明书中给出这类零件的图样或重要的数据，对这类零件，应按给出的图样或数据绘制零件图，如汽轮机的叶片、喷嘴等。

4. 一般零件

这类零件是拆画零件的主要对象，拆画零件图的方法如下：

(1) 分离零件形状

要读懂零件的结构形状，首先要分离零件，即从各视图把该零件的投影轮廓范围划分出来。其方法是，利用各视图之间的投影关系和剖视图、断面图中各零件剖面线方向、间隔的不同进行分离。

例如，分析图14-25中的零件4，由明细栏查得，此零件叫泵体，从三个视图中大致可以看出，泵体是齿轮油泵的主体零件。再通过投影关系和分辨剖面线异同等方法，可以把它从装配件中分离出来。如图14-28是分离出的泵体三视图，从图中看出泵体包括壳体和底板两部分。

壳体左视图的外形由与它相连接的泵盖的形状来确定，左端面上有四个螺孔和两个销孔从明细栏中查出。壳体内腔的形状是由它所包容的两个齿轮的形状来确定的。从主、俯视图中还可以看出壳体前面的进油锥螺孔、底板的形状及其上面的通孔和通槽。在装配图中只能看出图14-28画出的泵体的结构形状，该图还没有全部把泵体的结构形状表示出来。

(2) 补充设计装配图上该零件未确定的结构形状

由图14-28所示的泵体的三视图可见其内腔的形状以及右端面凸台的形状，而泵体后边的出油锥螺孔、右下方肋板的厚度、左端面上螺孔的深度都没有确定下来。对于这些结构，要根据零件上该部分的作用、工作情况和工艺要求进行合理的补充设计，如倒角、退刀槽、圆角、拔模斜度等。图14-29是补充结构后泵体的三视图。

(3) 零件视图的处理

由于装配图的视图选择是从装配图的整体出发确定的，拆画零件图时主视图应根据其四大类零件视图的选择原则重新考虑，其视图的数量也不能简单地照抄装配图上的表示方案，应根据零件视图数量的选择原则重新拟定。

如图14-29所示的泵体三视图是按泵体在装配图中的相应视图画出来的，作为零件图的表示最佳方案是不够理想的。如左视图中虚线过多，影响图面的清晰，因此必须改画成较好的表示方案，如图13-86所示。

(4) 完成零件图

在绘制出零件的最佳表示方案之后，按照零件图上的尺寸标注方法和技术要求的标注等，完成零件图。

1) 尺寸的注出

① 抄注　装配图上注出的五种尺寸(见14.3.1节)大多数都可以直接抄注到相应的零件图中。

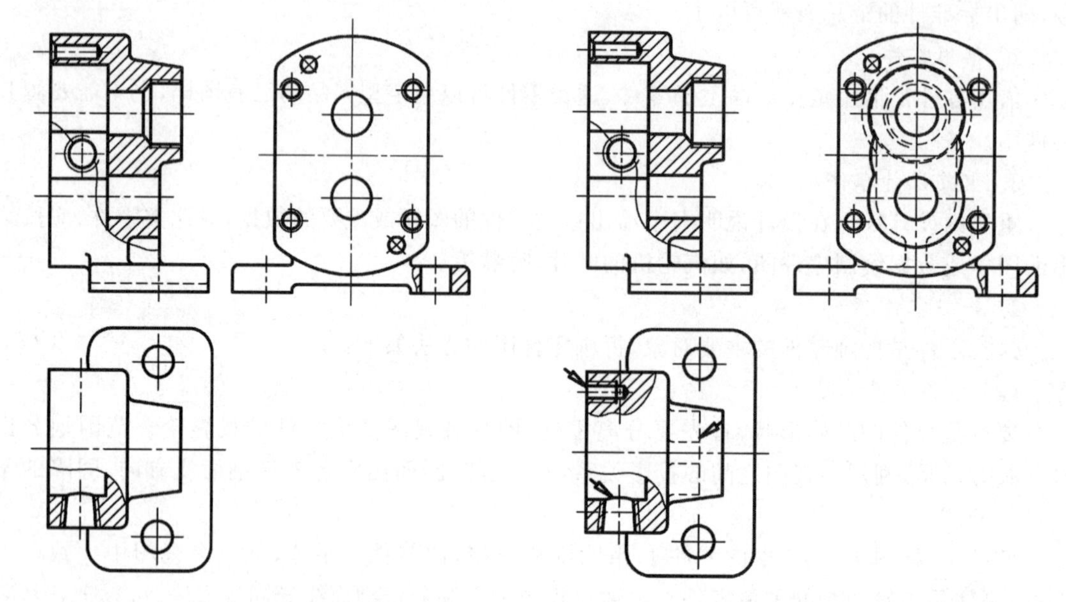

图 14-28　分离出泵体的三视图　　　　图 14-29　补充结构后泵体的三视图

② 查找　零件的某些尺寸应从明细栏和有关的国家标准中查找，并注到相应的零件图中。一般包括以下几种情况：

a. 装配图中注有配合代号的尺寸，应根据配合性质查阅有关的国家标准注出尺寸的上、下极限偏差。

b. 标准结构应根据明细栏中的内容查阅有关的国家标准注出尺寸，如键槽的宽度和深度、沉孔和螺栓连接孔的直径、螺纹孔的直径和深度、销孔的直径等。

c. 按标准规定的倒角、倒圆、退刀槽等的尺寸，也应查阅有关的国家标准。

③ 计算　某些尺寸应根据装配图中给出的尺寸通过计算来确定，如齿轮轮齿部分的分度圆和齿顶圆的直径尺寸等。

④ 度量　除上述注出的尺寸外，凡在装配图上没有注出零件其他部分的尺寸，可以按装配图的比例，用分规和三角板在图中直接量取。此时，应注意装配图的画图比例。

注意：标注零件图上的尺寸时，对有装配关系的尺寸应协调一致，如配合尺寸在两个零件的配合部位其公称尺寸应相同，其他有关系的尺寸也应互相适应，否则在零件的装配和运转时，就会产生矛盾，或产生干涉、咬卡等现象。

2）技术要求的标注

应根据表面的功用和要求来确定零件各表面的表面结构要求；有配合要求的表面要选择适当的精度及配合类别；根据零件的功用，还可以注写出几何公差要求，以及其他必要的技术要求和有关的说明等。

图 13-86 为由齿轮油泵装配图中拆画出的泵体零件图，其尺寸和技术要求的注出读者可以自行分析。

第15章　零件和机器或部件的测绘

对现有机器或部件以及零件进行分析与测量，并画出其装配示意图和零件草图，再画出装配图和零件的工作图，这个过程称为零、部件的测绘。在机器或部件以及零件无图样的情况下常常要进行零、部件的测绘。如在维修机器时，需要更换某一个零件，而该零件又无备件或图样，此时，就要对该零件进行测绘。测绘工作是机械工程技术人员必须掌握的基本技能。

15.1　零件的测绘

15.1.1　零件测绘的一般步骤

1. 了解测绘对象

首先了解被测绘零件的名称、类型、用途和材料，在机器中的作用，与其他零件的装配关系以及制造方法等。例如，测绘图15-1所示的阀盖，从有关资料或现场中可以知道它是球阀装配体（见图15-2）上的一个零件2，是铸造件。其右端接盘与阀体1通过四个双头螺柱连接，轴孔起导流体作用，左端通过螺纹连接到管路中。

图15-1　阀盖

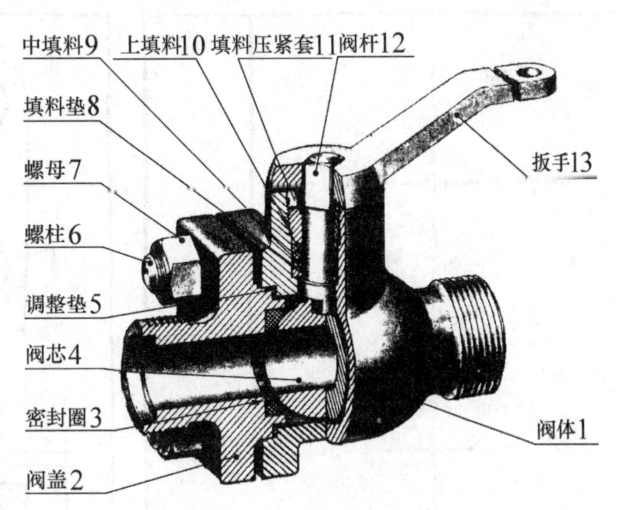

图15-2　球阀装配轴测图

2. 分析结构形状确定表示方案

对被测零件进行形体分析，分析并选择表示方案。如图15-1所示的阀盖，它属于轮盘类零件，因此，选用全剖的主视图和左视图，来完整、清晰地表示阀盖上各个部分的结构形状和相对位置，如图15-3(d)所示。

3. 合理地布图，画出基准线

画出阀盖的基准线（轴线、中心线、左右端面的轮廓线），如图15-3(a)所示。

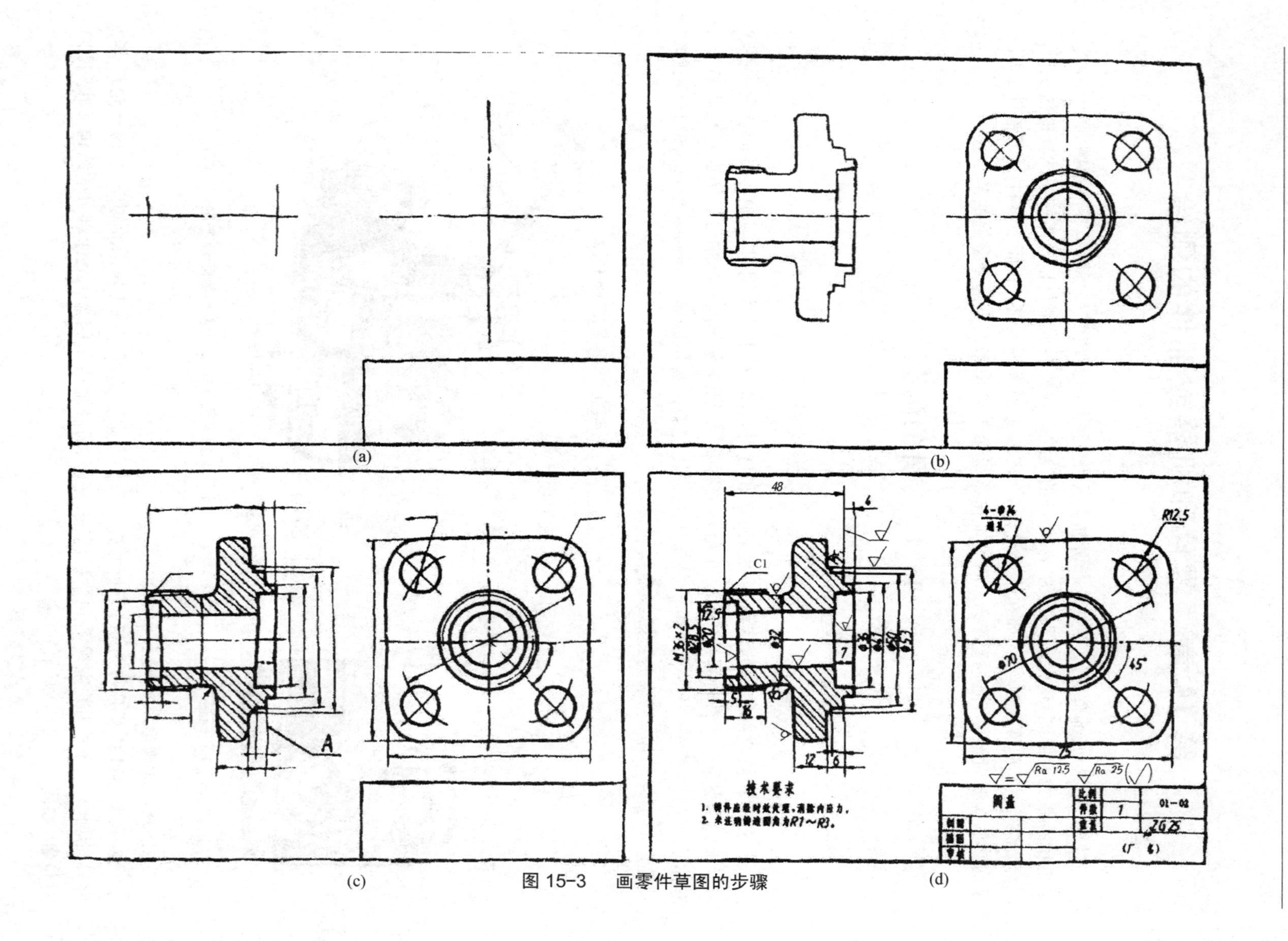

图 15-3 画零件草图的步骤

4. 绘制草图底稿

由于测绘工作之初是在现场进行，因此，采用徒手目测的方法绘制零件草图。画草图的步骤与画零件的工作图相同，不同之处是目测零件各个部分的尺寸大小，徒手画出草图来。

根据已选定的表示方案，徒手绘制出阀盖的草图，如图 15－3(b)所示。

5. 确定尺寸的基准，并画出各类尺寸的尺寸线和尺寸界线，描深

尺寸的基准应按四大类零件的基准选择原则来进行，如阀盖零件，长度方向的尺寸是以右端面为主要基准，高度方向的尺寸是以轴线和中心线为基准，而宽度方向的尺寸是以对称线为基准。根据尺寸标注的原则和要求，标注出阀盖所有的尺寸线和尺寸界线。检查无误后，按规定线型描深，如图 15－3(c)所示。

6. 度量并注写尺寸数值

按事先画好的每一条尺寸线进行测量，并逐一将尺寸数值填写在相应的尺寸线上，这样做可以避免遗漏尺寸，使测量工作有条不紊。测量尺寸时应注意以下几点：

① 相互配合的两个零件的配合尺寸应一致，一般该尺寸数只在一个零件上测量。

② 对于一些重要的尺寸仅靠测量还不够，还需要经过计算来校验。例如，一对啮合齿轮的中心距等。对于不重要的尺寸可以取整数。

③ 零件上已标准化的结构尺寸，如倒角、倒圆、退刀槽和螺纹等标准结构的尺寸，需要查阅有关的国家标准来确定。零件上与标准的零件或部件（如挡圈、滚动轴承等）相互配合的轴与孔的尺寸，可通过标准的零件或部件的型号查阅有关的国家标准来确定，一般不需要测量。

④ 要避免产生较大的测量误差，如零件的总体尺寸能一次测量出，就不要分段测量后相加得出。

7. 确定并标注有关的技术要求

① 零件表面的表面结构要求中的表面粗糙度参数值应根据实践经验及零件各表面的作用和加工情况来确定，或用样板进行比较来确定。

② 根据零件的设计使用要求和尺寸的作用，查阅有关的书籍及技术资料，确定零件的尺寸公差、几何公差以及热处理等技术要求。此项工作可以在画零件的工作图时进行。

8. 检查、填写标题栏，完成全图

经上述过程后绘制出阀盖零件的草图，如图 15－3(d)所示。

9. 绘制零件的工作图

对已画好的零件草图进行复核，确定最佳表示方案，而后选择适当的比例画出零件图，完成阀盖的零件图，如图 15－4 所示。

15.1.2　零件的尺寸测量

1. 常用测量工具

对精度要求不高的尺寸，一般用钢直尺（见图 15－5(a)），内、外卡钳（见图 15－5(c)）来测量。测量较精确的尺寸，则用游标卡尺（见图 15－5(b)）、千分尺（见图 15－5(d)），或其他精密量具来测量。

2. 一般测量方法

(1) 测量线性尺寸

用钢直尺直接测量读数，如图 15－6 所示，或用游标卡尺直接测量读数。

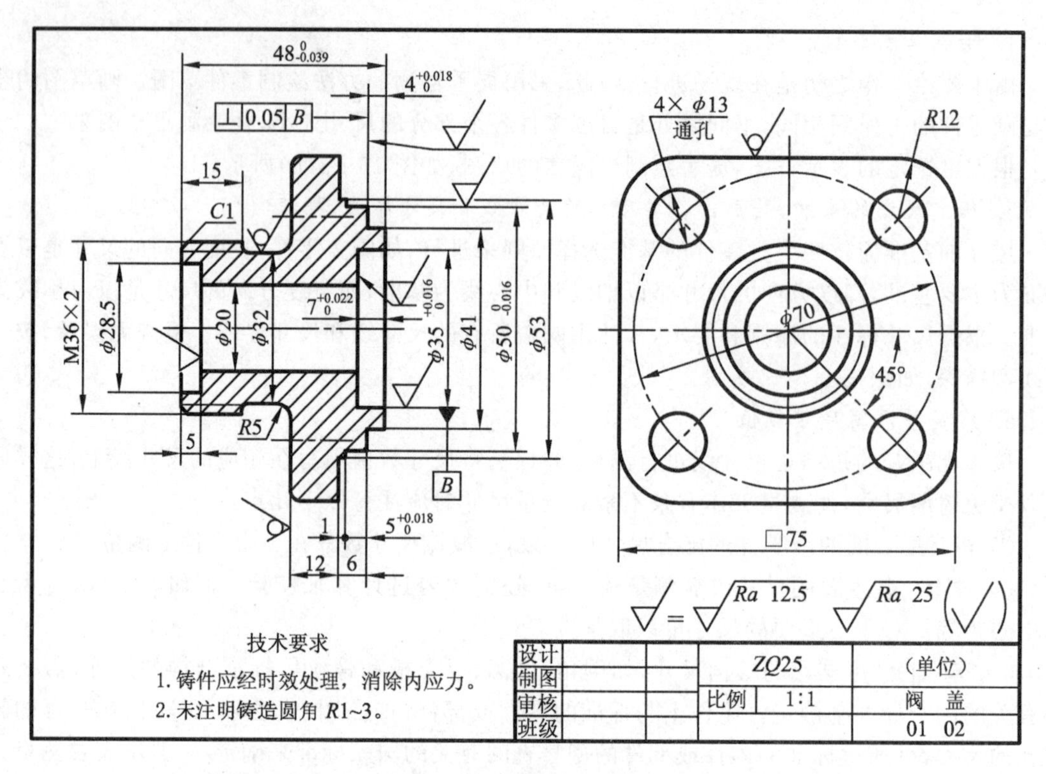

图 15-4　阀盖的零件图

(a) 钢直尺

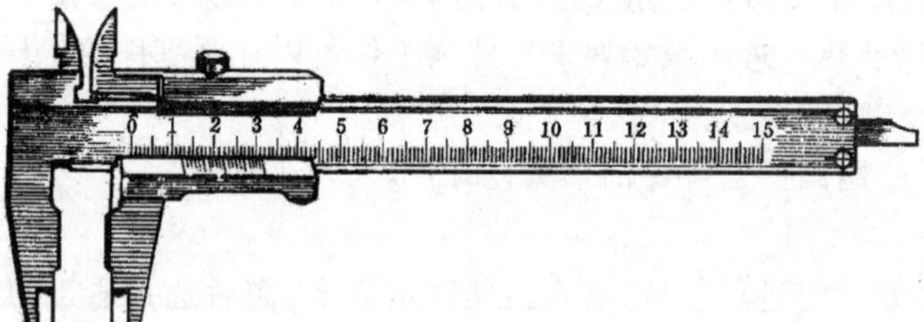

(b) 游标卡尺

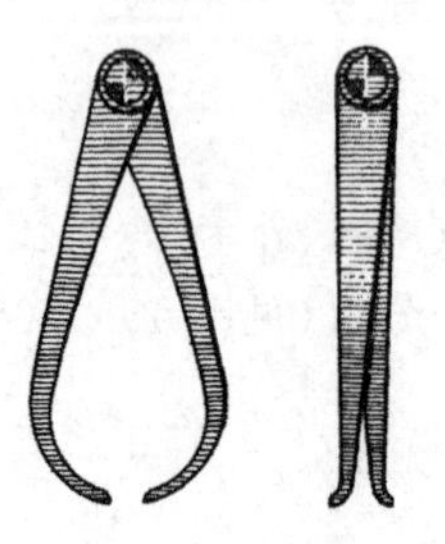

(c) 内、外卡钳

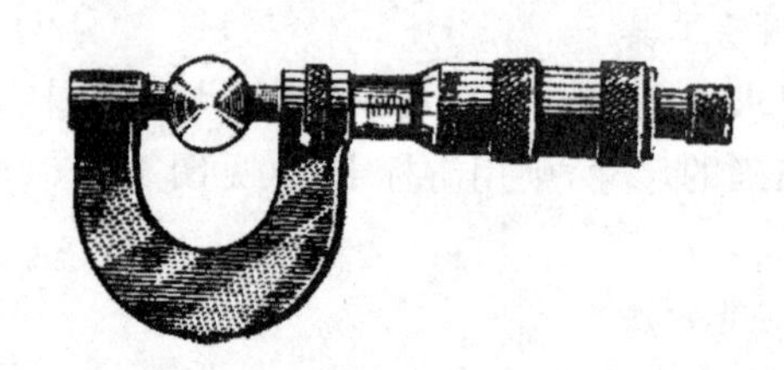

(d) 千分尺

图 15-5　常用的量具

(2) 测量直径尺寸

通常用游标卡尺直接测量读数，如图 15－7 所示；或用千分尺直接测量读数；或用内、外卡钳间接测量读数，如图 15－8 所示。

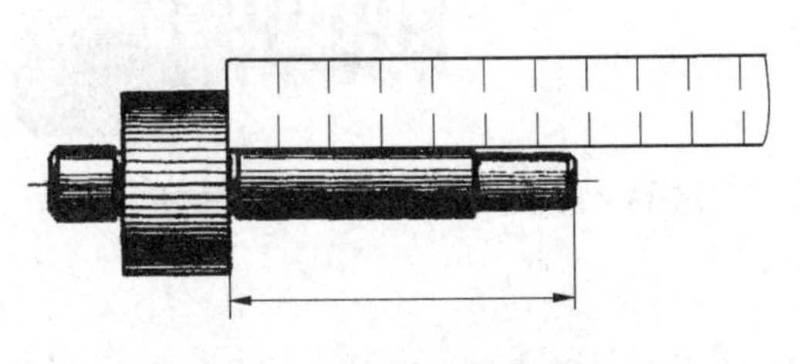

图 15－6　钢直尺测量线性尺寸

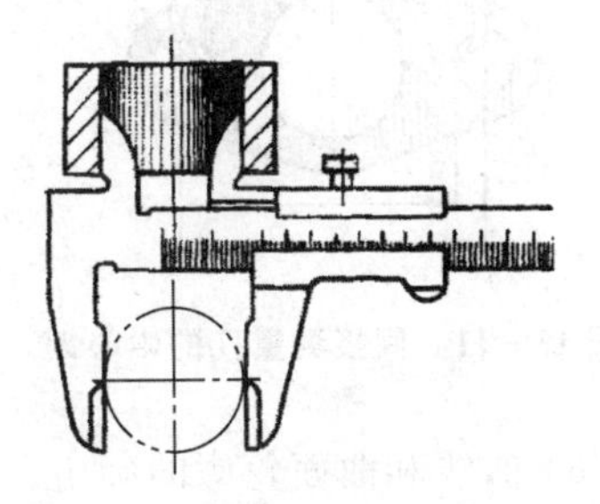

图 15－7　游标卡尺测量直径尺寸

(3) 测量壁厚

测量壁厚时，也常用钢直尺，内、外卡钳及游标卡尺等间接测量读数，如图 15－9 所示的零件的壁厚 $c=a-b$。

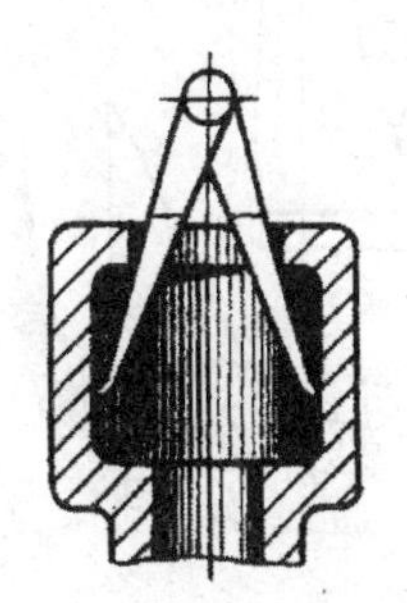

图 15－8　间接测量直径尺寸

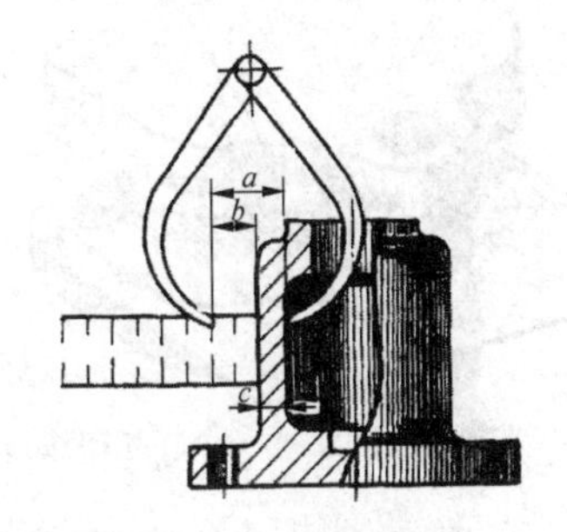

图 15－9　间接测量壁厚

(4) 测量孔的定位尺寸和孔的中心距

孔的定位尺寸和孔的中心距可以用外卡钳(或游标卡尺)结合直尺测出，如图 15－10 所示为孔的定位尺寸的测量方法，其中，图(a)孔的定位尺寸 $a=b+d/2$，图(b)孔的定位尺寸 $a=b-d/2$，而图 15－11 是孔的中心距 $a=b+D$。

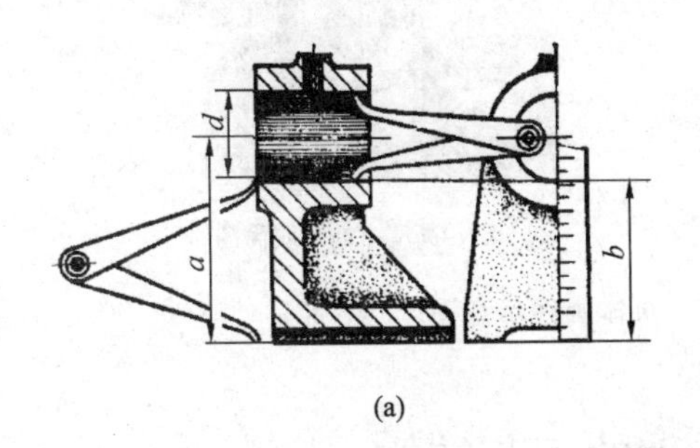

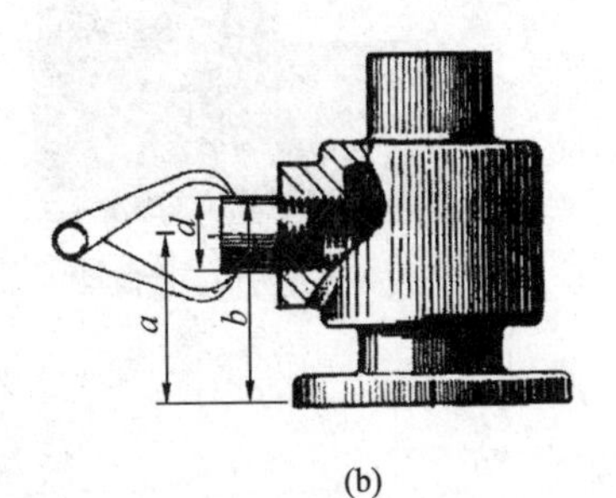

图 15－10　间接测量孔的定位尺寸

(5) 测量螺纹的螺距及圆角等

螺纹的螺距可以用螺纹规或钢直尺测得，如图 15－12 所示，螺纹的螺距是 $P=2.5$ mm。

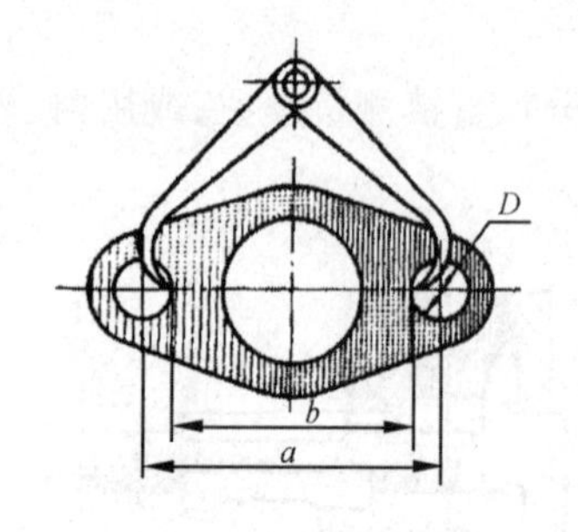

图 15-11　间接测量孔的中心距

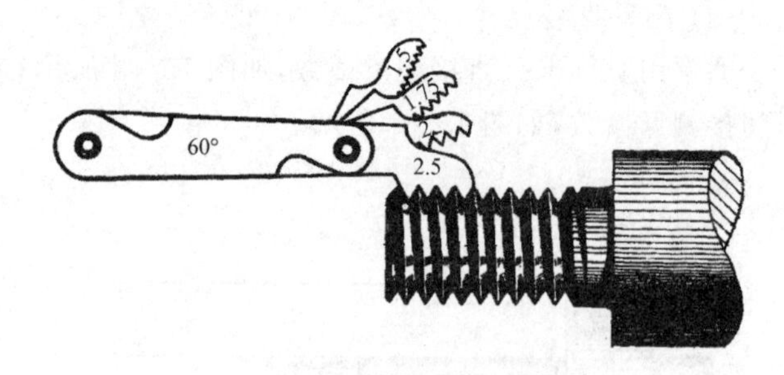

图 15-12　测量螺纹的螺距和牙型

(6) 曲线和曲面轮廓的确定

测绘一般的曲线和曲面的轮廓时,可以用铅丝法或拓印法拓印其轮廓,如图 15-13 所示,然后再从拓印后的图形上测量出定形尺寸;也可以用坐标法来确定,如图 15-14 所示。当要求比较准确时,需采用专用的量具或精密仪器来测量。

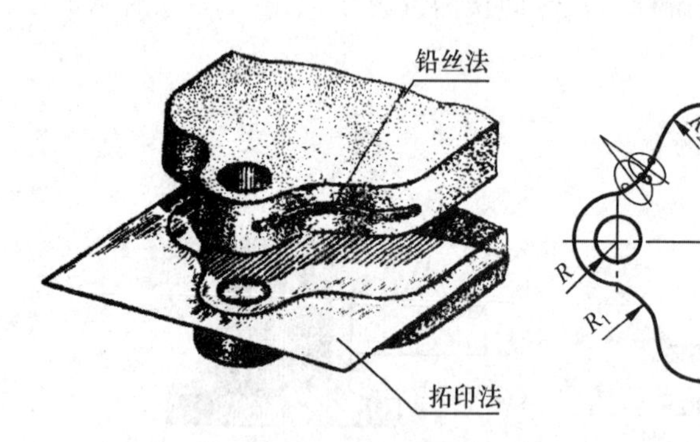

图 15-13　铅丝法和拓印法

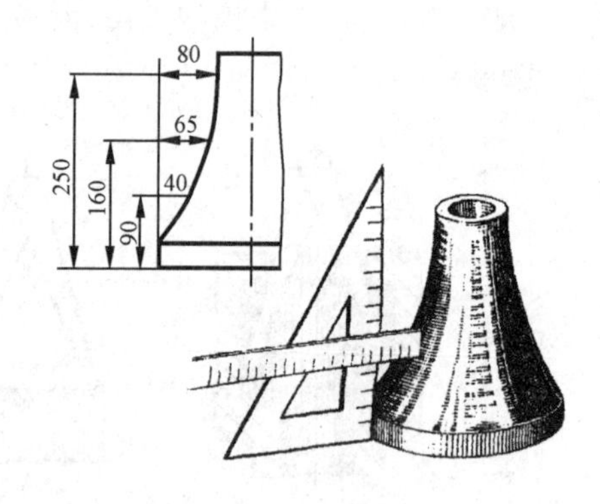

图 15-14　坐标法

(7) 叉架类和壳体类零件上的轴孔中心位置(基准)的确定

泵体零件上轴孔在长度方向和高度方向中心位置的确定画线示意图如图 15-15 所示。

(a) 长度方向画线简图

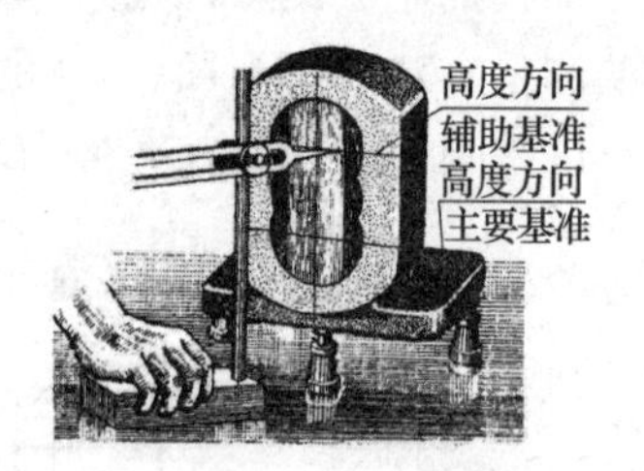

(b) 高度方向画线简图

图 15-15　泵体画线示意图

15.2　零件的工艺结构

零件的结构形状主要是由它在部件或机器中的作用确定的,但制造工艺对零件的结构也有某些要求。因此,零件的结构除应满足设计要求外,还应考虑到加工和制造的方便与可能,要保证零件有良好的工艺性。结构不合理，常常会使得制造工艺复杂化，甚至造成废品。所以，在画零件图时，应使零件的结构既能满足使用要求，又要便于制造。以下介绍一些常见的工艺结构仅供绘图时参考。

15.2.1　铸造零件对结构工艺的要求

1. 铸造圆角

在零件铸造过程中，为了防止浇注铁水时将型砂的转折处冲坏脱落，以及避免铸件在冷却收缩时产生缩孔或裂纹，常把铸件表面的转角处设计成圆角过渡，称为铸造圆角，如图 15－16(a)所示的圆角。由于圆角的存在可以减少零件表面相交处的应力集中，增强零件的强度，提高产品的合格率。铸造圆角的半径一般取 2～5 mm，并用文字注写在技术要求中。

当铸件经过机加工车削后，铸造圆角被切除，而产生尖角或倒角，如图 15－16(b)所示。因此，在画图时，凡当零件的相邻两个表面是非加工面时，其相交处均应画出铸造圆角。

2. 拔模斜度

铸件在铸造时，为了便于从型砂中将模子(金属模或木模)取出，一般情况下沿着模子的拔模方向设计成 1∶20 的斜度，称为拔模斜度。因此，浇注出来的铸件上同样带有拔模斜度，如图 15－16(b)所示。

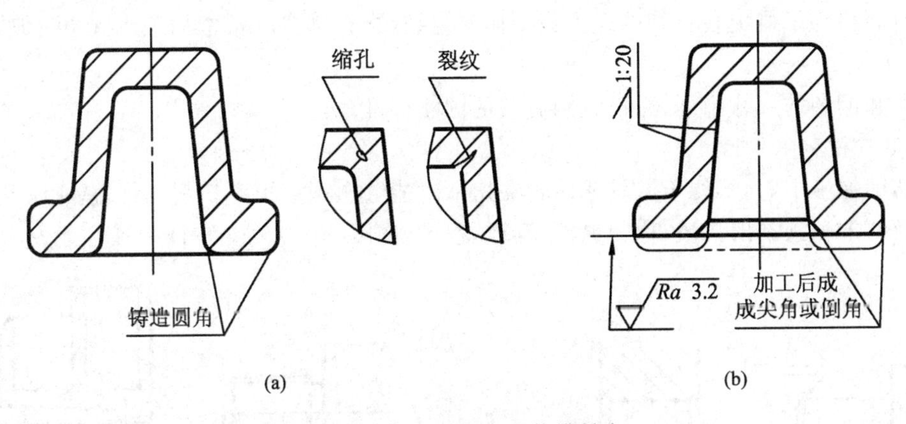

图 15－16　铸造圆角和拔模斜度

3. 铸件的壁厚

在铸造零件时，为了防止由于壁厚不匀导致金属冷却速度不同而产生铸造缺陷(如裂纹或缩孔等)，铸件的壁厚应大致相同，转折处应逐渐过渡，如图 15－17 所示。

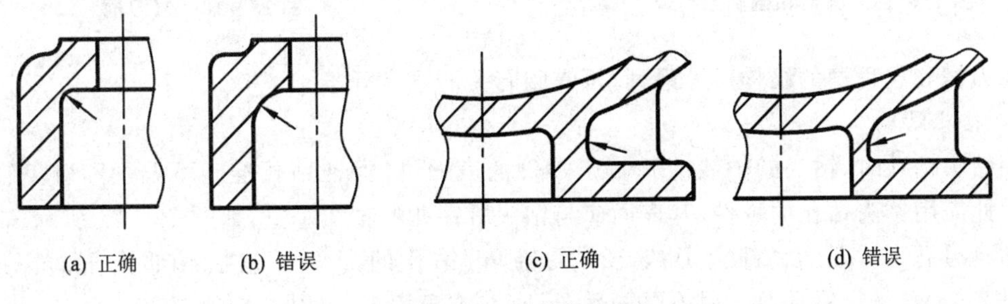

图 15－17　铸件的壁厚

4. 铸件形状设计应合理

铸件各部分的形状应尽量简单,内、外壁应尽可能平直,凸台等安放要合理,以便于制模、造型、清砂和制造等,如图 15-18 所示。

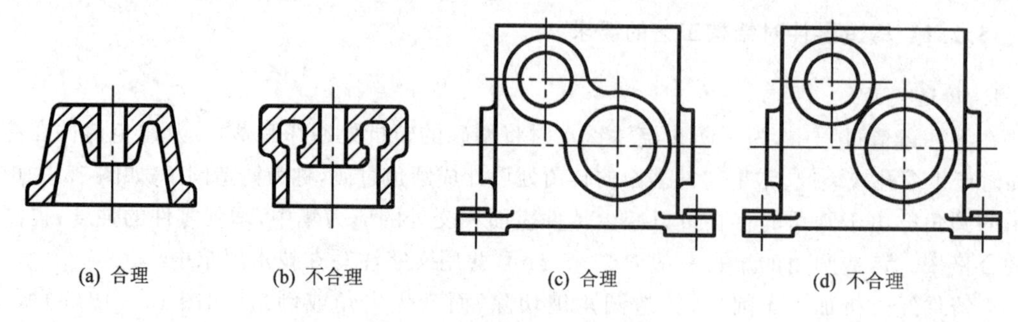

图 15-18 铸件形状设计合理

15.2.2 零件加工面的工艺结构

1. 倒角和倒圆

为了去除零件上的毛刺、锐边和便于装配时定心对中,在轴的端部或孔口一般都加工成锥台,称为倒角;为了避免转折处的应力集中而产生裂纹,在轴肩处常常加工成圆角过渡,称为倒圆,如图 15-19 所示。

倒角和倒圆的尺寸系列,可以查阅有关的国家标准。

2. 退刀槽和越程槽

在切削加工中,为了便于刀具或砂轮在切削时能够顺利退出并切削到终端,常常在零件待加工表面的末端预制出沟槽,称为退刀槽或越程槽,如图 15-20 和图 15-21 所示。

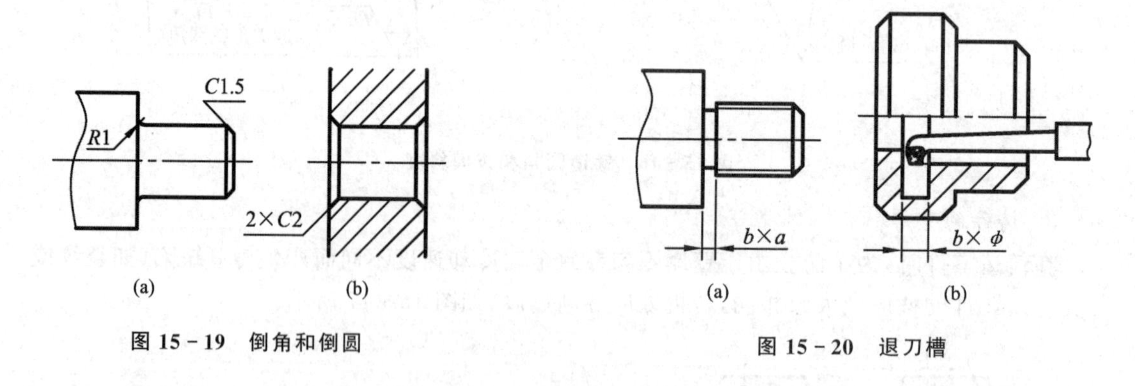

图 15-19 倒角和倒圆

图 15-20 退刀槽

退刀槽和越程槽的结构尺寸系列,可查阅有关的国家标准。

3. 钻孔结构

用钻头钻孔时,钻头的轴线应垂直于零件的表面,以保证钻孔准确不偏歪和避免钻头折断。因此需用钻头钻孔的零件,其表面应与钻头所钻孔的轴线垂直,如图 15-22 所示。

钻不通孔时,钻孔底部会形成 120°的锥角,钻孔的深度不包括底部锥角的深度,如图 15-23(a)所示。在阶梯形钻孔的过渡处,存在锥角为 120°的圆台,如图 15-23(b)所示。

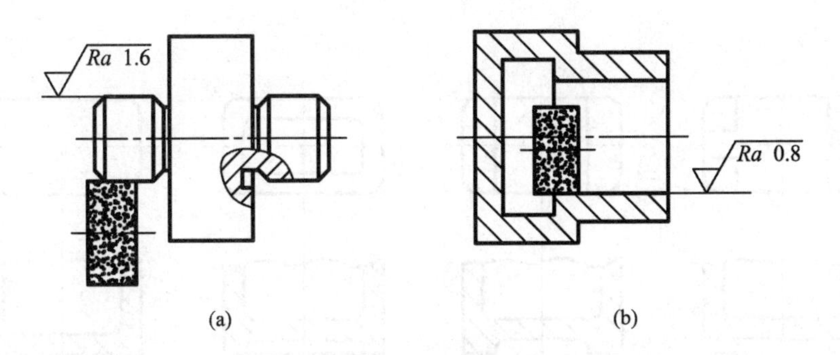

图 15－21　砂轮越程槽

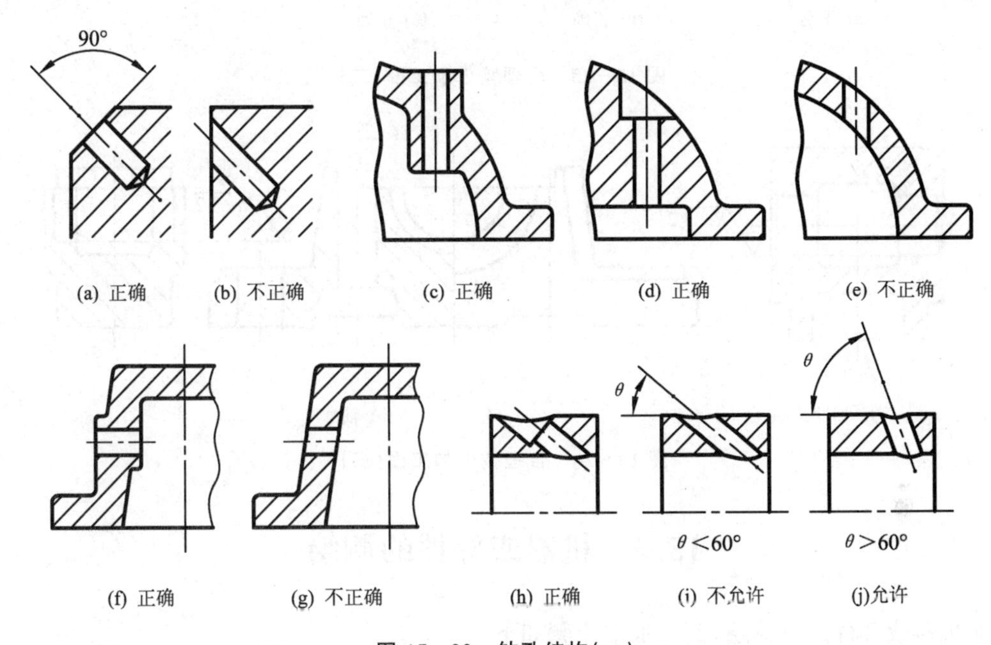

图 15－22　钻孔结构(一)

4. 合理地减少加工

零件与零件的接触表面一般都应进行机械加工。加工面积越大，其形状误差也越大。另一方面为了降低加工成本，保证零件之间接触良好，同时节约材料，应尽量合理地减少加工面积及数量。因此，在零件上常常设计有凸台和沉孔结构，如图 15－24 所示；或凹槽结构，如图 15－25 所示；或凹腔(长圆柱孔)等结构，如图 15－26 所示。

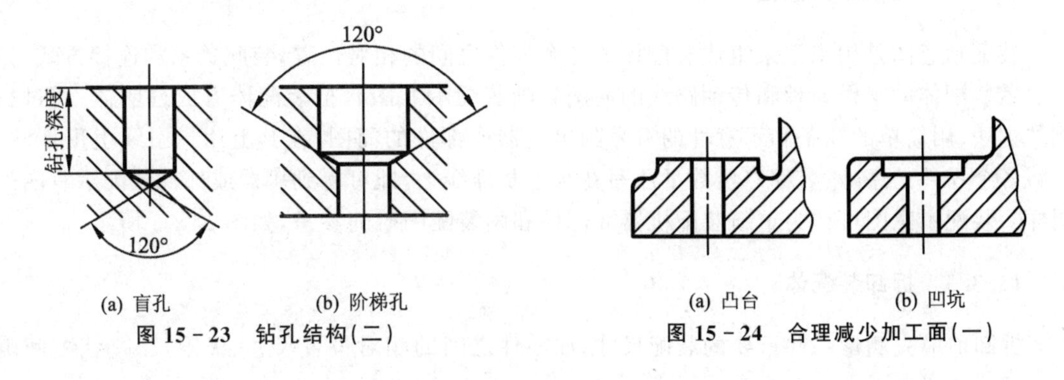

图 15－23　钻孔结构(二)

图 15－24　合理减少加工面(一)

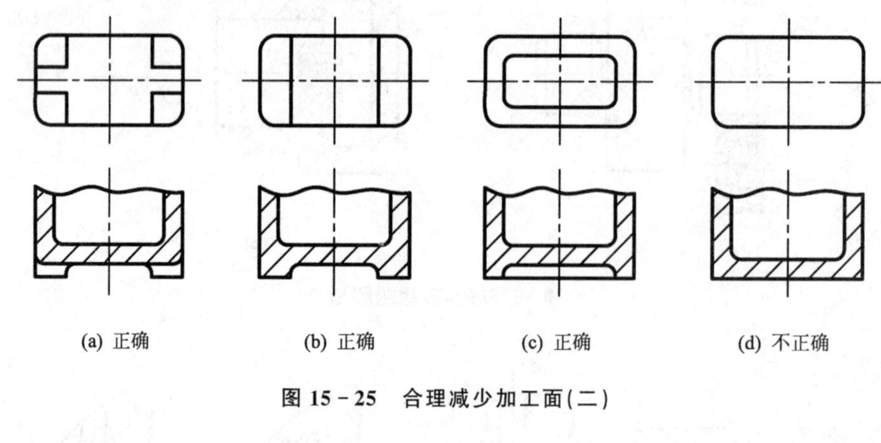

(a) 正确　(b) 正确　(c) 正确　(d) 不正确

图 15-25　合理减少加工面(二)

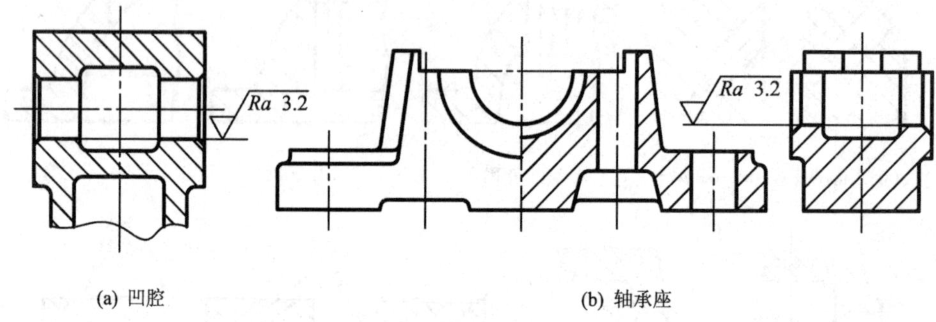

(a) 凹腔　(b) 轴承座

图 15-26　合理减少加工面(三)

15.3　机器或部件的测绘

对机器或部件进行测绘,其一般的步骤如下。

15.3.1　了解测绘对象

首先了解被测绘机器或部件的名称、用途、性能、工作原理,以及各个零件间的装配关系、连接方式和结构特点等。根据产品说明书和同类产品的图样资料或通过实地调查,对机器或部件进行全面的分析研究。

15.3.2　画装配示意图

装配示意图是用来记录组成装配体的各个零件之间的相对位置,装配关系和连接方式,以及表示装配体的工作原理和传动路线的简图。画装配示意图是把装配体看成透明体,通过目测的方法,用简单的线条和示意性的符号画出机器或部件的简图,在其上用指引线引出标注,并将各个零件的序号、名称以及数量注写在水平基准线上,即可得到机器或部件装配示意图的图样。装配示意图可作为重新装配机器或部件和画装配图时的参考,如图 14-3 所示。

15.3.3　拆卸装配体

拆卸前应先测量一些重要的装配尺寸,如零件之间的相对位置尺寸、极限尺寸、装配间隙等,以便校核图样和装配该装配体。

在初步了解机器或部件的基础上,依次拆卸各个零件。通过对各零件的作用和结构的仔细分析可以进一步了解装配体中各个零件的结构、相对位置及装配关系。要特别注意零件之间的配合关系,弄清其配合性质。要分析拆装顺序,不可拆卸的零件和过盈配合的零件尽量不拆。拆卸时为了避免零件的丢失、损坏和产生混乱,一方面要妥善保管零件,另一方面可以对拆下的零件进行编号或贴上标签,编上与示意图相同的序号或名称,并分清标准件和非标准件,作出相应的记录。对复杂的装配体,拆卸和画装配示意图往往同时进行。

注意:使用的拆卸工具要得当。

15.3.4　画零件的草图

组成装配体的每一个非标准件都应画出其零件的草图,而对标准件则要测量出规格尺寸及数量,并列入一个表格中,以便查阅有关的国家标准后定出标准的规格尺寸。核对并写出规定的标记。零件草图的画法已在 15.1 节中介绍,这里不再重述。

15.3.5　画装配图

由零件草图和装配示意图绘制出装配图。画装配图时,要随时校正零件草图中错漏的形状、结构和尺寸等。具体画装配图的方法和步骤与 14.5 节中所述相同,这里也不再重述。

15.3.6　画零件的工作图

根据画好的装配图和零件的草图,画出零件的工作图。

经过上述步骤,即可完成一个装配体的测绘全过程。

15.4　装配工艺结构

在设计和绘制机器或部件的装配图时,应考虑装配工艺的合理性,以保证机器或部件的性能,并且给零件的加工和拆卸带来方便与可行性。要确定出合理的装配工艺结构,必须具有丰富的实践经验,并做到深入细致的分析比较。下面以简单的图例对比,介绍画装配图时应当考虑的几种常见的装配工艺结构仅供读者绘图时参考。

15.4.1　零件的接触面

1. 接触面的数量

零件在装配时,两个零件在同一方向上只能有一对表面接触。这样既可满足装配要求,制造方便,也可降低加工成本,如图 15－27 所示。

2. 零件拐角处的工艺结构

零件在装配时,当两个零件的相邻两个面同时接触,在接触面的拐角处,不能都加工成尖角或相同的圆角或倒角。如轴与孔配合时,往往轴肩与孔的端面也相互接触,应在孔的端面和轴肩的根部制成尺寸不等的圆角、倒角或退刀槽等结构,以保证两个零件的表面接触良好,如图 15－28 所示。具体装配形式和尺寸系列,可查阅有关的国家标准。

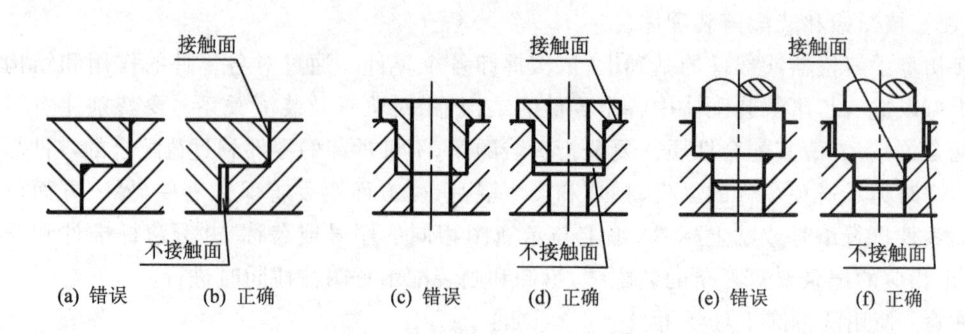

图 15-27 零件接触面的数量

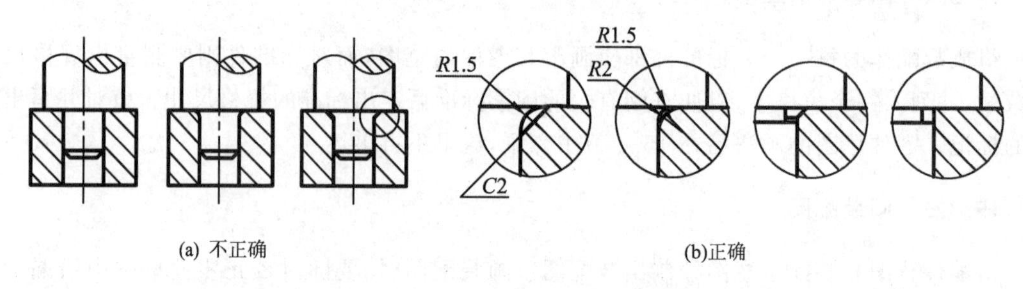

图 15-28 零件拐角处的工艺结构

3. 合理减少接触面积

机器或部件在装配时,两个零件间的接触面积越大,接触的不平稳性也就越大。因此,合理地减少零件之间的接触面积,可以保证零件之间接触的稳定与可靠性,同时还可以降低零件的加工成本,图 15-29 所示的滑动轴承的座孔与下轴衬的装配就是一个典型的例子。

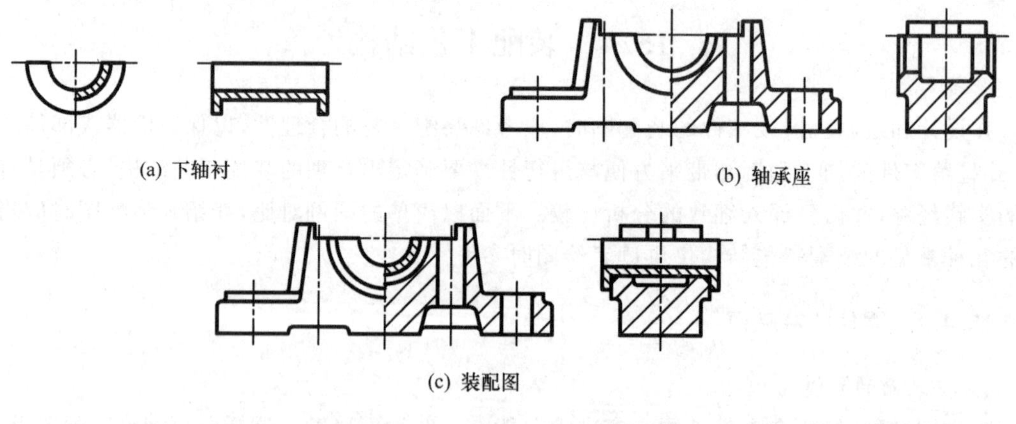

图 15-29 承座孔与下轴衬的装配

15.4.2 轴向定位结构

1. 用定位销定位

为了保证两个零件在装拆前后不至于降低装配精度,通常用圆柱销或圆锥销将两个零件进行定位,如图 15-30 所示。考虑到加工和装拆的方便,在可能的情况下,一般把销孔作成通孔。

2. 传动件的轴向定位

装在轴上的传动零件(如齿轮、皮带轮、滚动轴承等)应有轴向定位装置,以保证传动零件运动时不发生轴向窜动,甚至脱落而造成事故。如图 15－31(a)所示是用轴端挡圈进行轴向定位的;而图 15－31(b)所示则是用垫圈和螺母做轴向定位并压紧的。

必须指出,为了便于压紧,轮子的轴孔长度应大于装轮子部分的轴段的长度。

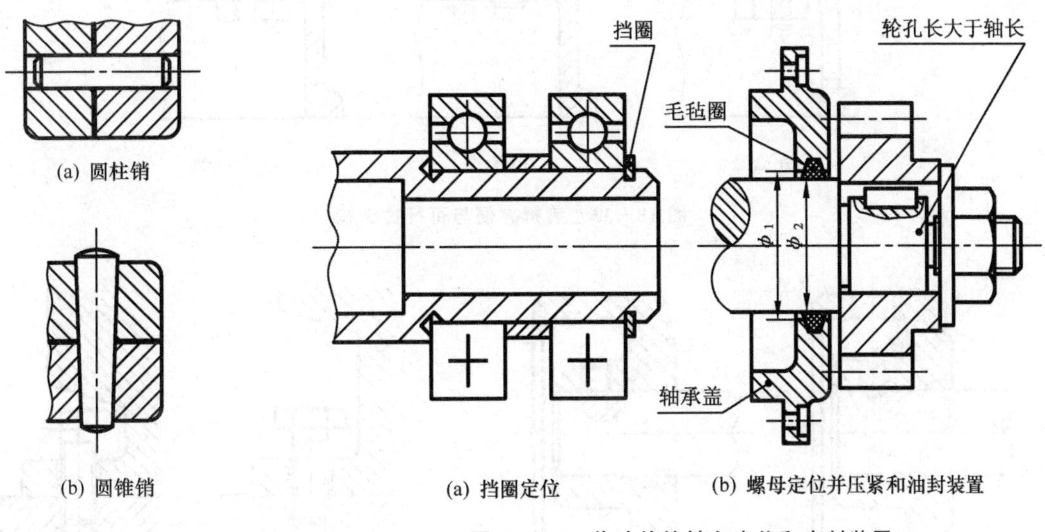

(a) 圆柱销　(b) 圆锥销

图 15－30　销定位

(a) 挡圈定位　(b) 螺母定位并压紧和油封装置

图 15－31　传动件的轴向定位和密封装置

15.4.3　防漏密封装置

对于伸出机器或部件壳体之外的零件(如旋转轴、滑动杆等),为了防止工作介质(气体或液体等)沿着轴、杆泄漏和防止外界灰尘等杂质侵入机器或部件的内部,常采用密封装置来密封。密封装置的结构形式很多,最常见的是在旋转轴或滑动杆伸出处的机体或轴承盖上做填料槽,在其槽内填入毛毡圈等填料,如图 15－31(b)所示。

15.4.4　装拆方便与可行性结构

① 滚动轴承及衬套是机器或部件上常用的零件,易磨损。在维修机器或部件时,常常需要装、拆或更换这些件。因此,在设计轴肩和孔肩时,应考虑轴承的内圈和外圈以及衬套的安装和拆卸的方便性,如图 15－32 所示。

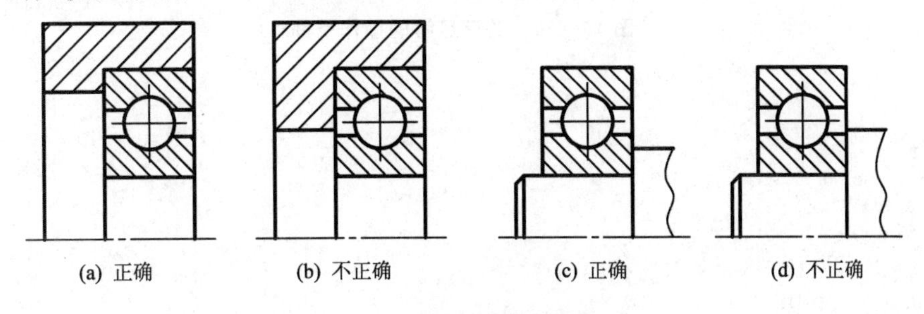

(a) 正确　(b) 不正确　(c) 正确　(d) 不正确

图 15－32　轴承的拆卸方便结构

② 当用螺纹紧固件连接零件时，应考虑装拆的可行性并留有足够的操作空间，如图 15 - 33 至图 15 - 36 所示。

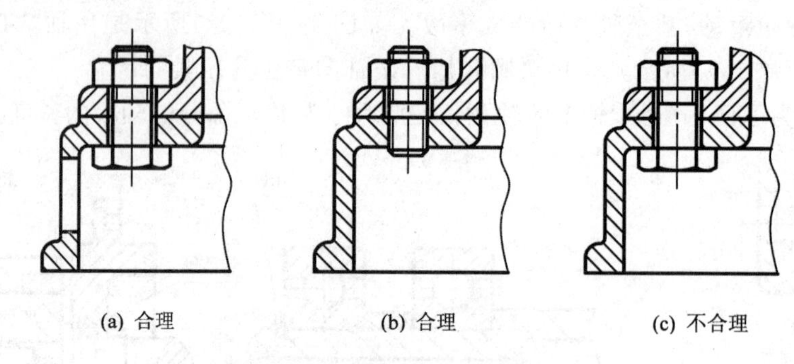

(a) 合理 (b) 合理 (c) 不合理

图 15 - 33 装拆方便与可行性结构

(a) 正确 (b) 不正确

图 15 - 34 留有螺丝刀插入的孔

(a) 正确 (b) 不正确

图 15 - 35 留有足够的装拆空间

(a) 正确 (b) 不正确

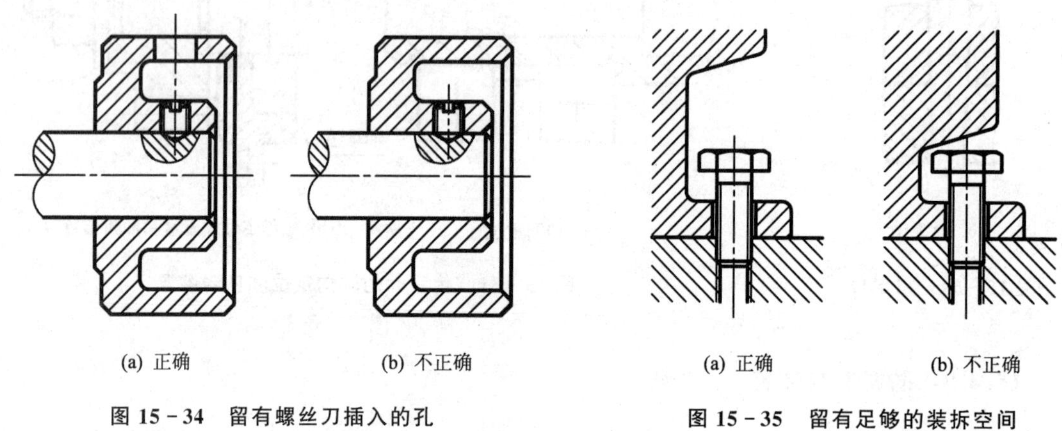

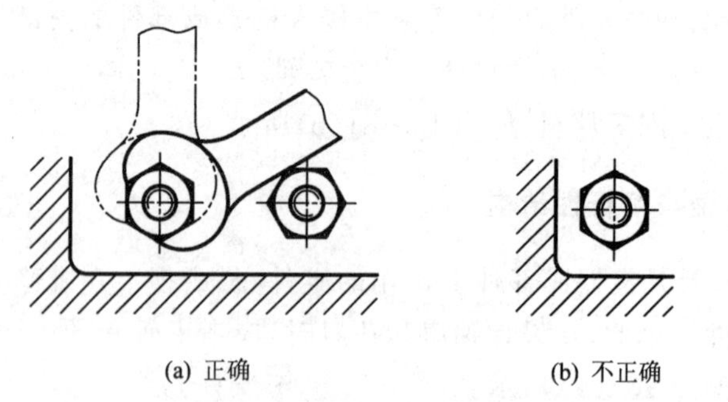

图 15 - 36 留有足够的操作空间

第 三 篇

其他制图

第 16 章　焊接图

焊接是通过加热或加压，或两者并用，并且用或不用填充材料将被连接的零件熔合连接在一起的一种加工方法。这种连接是不可拆卸的，其特点是工艺简单、连接可靠、节省材料等。在造船、机械、化工、电子、建筑等部门被广泛地采用。

16.1　焊缝的画法

《焊缝符号表示法》(GB/T 324—2008)中规定的内容很多，在这里介绍一些常用的表示法，仅供读者参考。

16.1.1　焊接的接头形式

工程施工中，被连接的两个零件常见的焊接接头和焊缝的形式有：对接接头、搭接接头、T 形接头和角接接头四种，如图 16－1 所示。

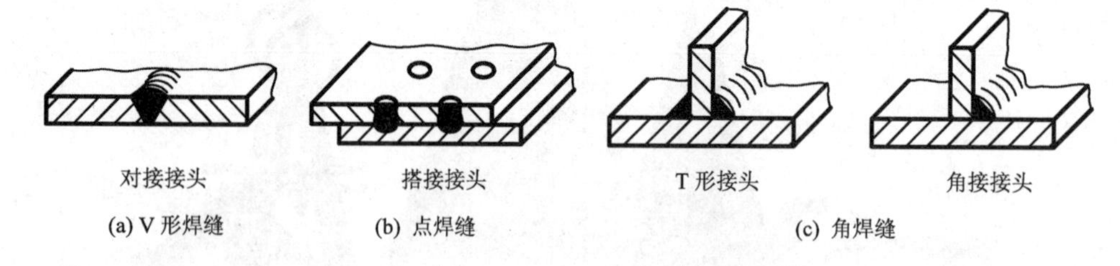

图 16－1　常见的焊接接头和焊缝形式

16.1.2　焊缝的规定画法

零件的熔接处称为焊缝，焊缝的形式主要有 V 形焊缝、角焊缝、点焊缝等(见图 16－1)。图样上一般不需要特别表示焊缝，只在焊缝处标注焊缝的符号(见图 16－5)。

如果需要绘制焊缝时，除标注焊缝符号外，在视图中可以用加粗实线($2d \sim 3d$)表示焊缝，如图 16－2(a)和(b)所示；也可用栅线表示焊缝，栅线用细实线绘制(允许徒手绘制)并与焊缝垂直，如图 16－2(c)和(d)所示。但在一张图样上，只允许采用一种画法。在剖视图或断面图中，一般画出焊缝的形式并涂黑(见图 16－2)。

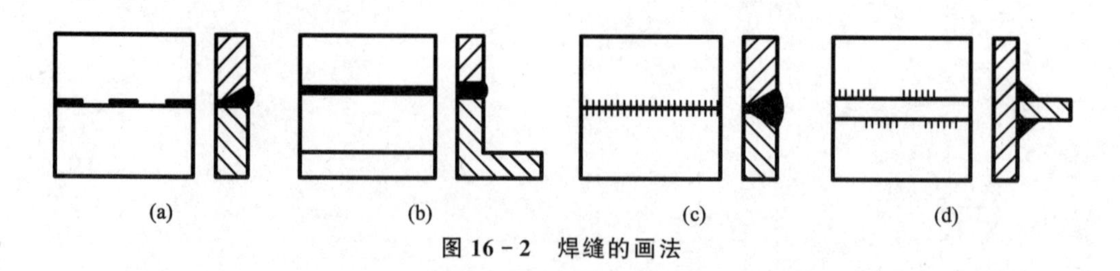

图 16－2　焊缝的画法

16.2　焊缝的符号及标注

GB/T 324 中规定：在图样上，焊缝通常用焊缝符号和表示焊接方法的数字代号来标注。

焊缝符号一般由基本符号与指引线组成。必要时还可以加上焊缝的补充符号和焊缝的尺寸符号。

16.2.1　基本符号及标注

基本符号是表示焊缝横截面形状的符号，采用近似于焊缝横断面形状的符号来表示，用粗实线绘制。常见焊缝的基本符号及标注示例如表 16－1 所列。

表 16－1　常见焊缝的基本符号及标注示例(摘自 GB/T 324—2008(部分))

名　称	基本符号	焊缝形式示意图	标注示例
I 形焊缝	ǁ		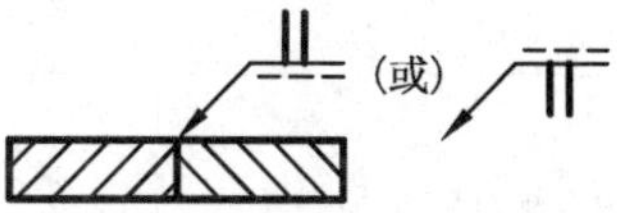 (或)
V 形焊缝	 V		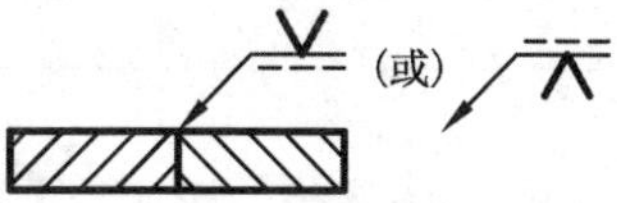 (或)
单边 V 形焊缝	V		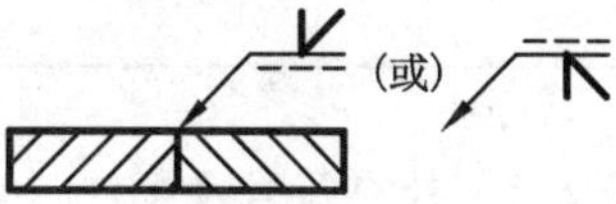 (或)
带钝边 U 形焊缝	 Y		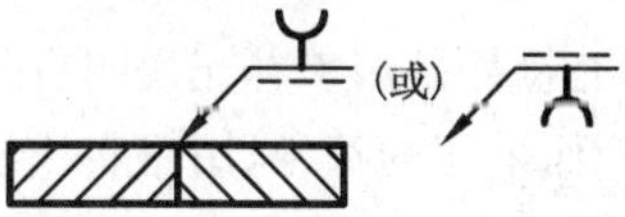 (或)
封底焊缝	 ◡		 (或)
塞焊缝或槽焊缝	 ⊓	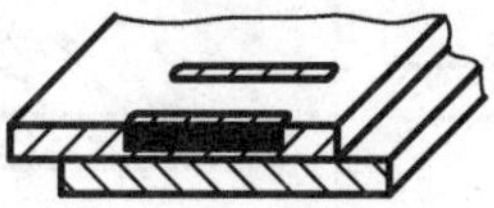	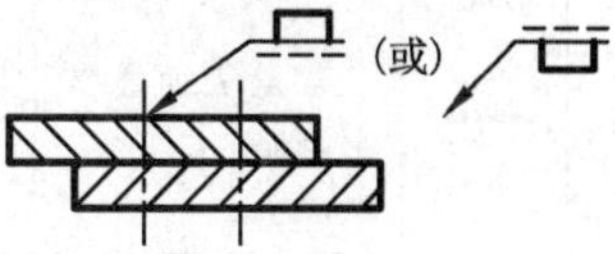 (或)
点焊缝	 ○	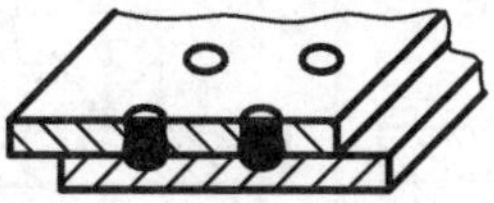	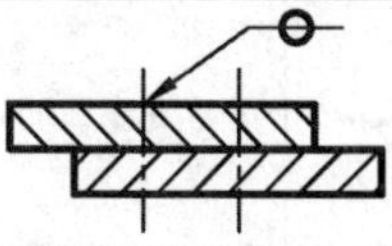
角焊缝	 ◺	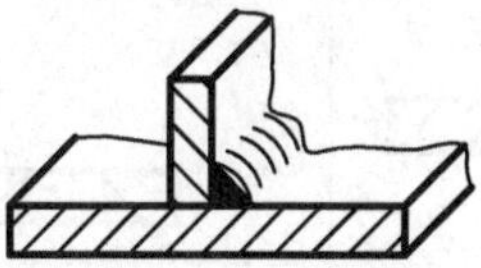	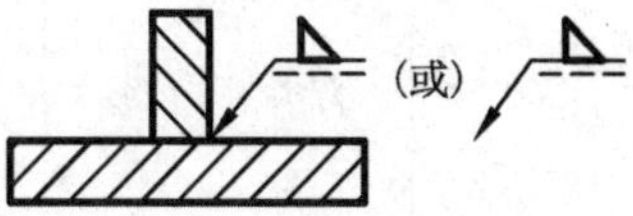 (或)

当标注双面焊缝或接头时,基本符号可以组合使用。焊缝基本符号的组合及标注示例,如表16-2所列。

表16-2　焊缝的基本符号的组合及标注示例(摘自GB/T 324—2008)

名　称	基本符号	焊缝形式示意图	标注示例
双面V形焊缝(X焊缝)	 X		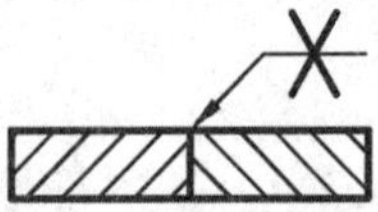
双面单V形焊缝(K焊缝)	 K		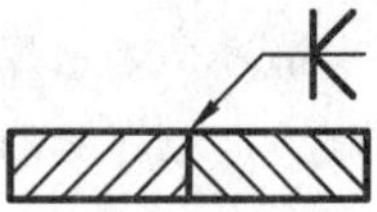
带钝边双面V形焊缝			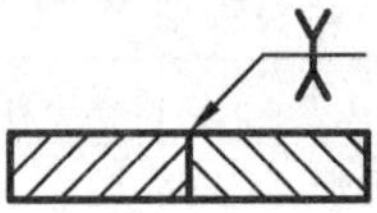
带钝边双面单V形焊缝			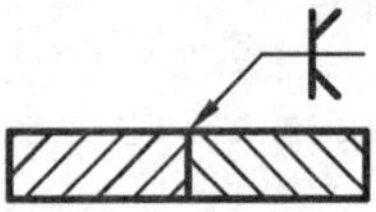
双面U形焊缝			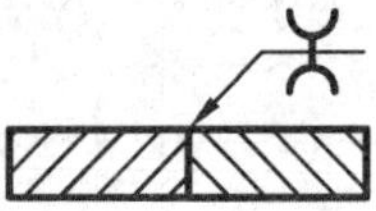

16.2.2　补充符号及标注

补充符号是用来补充说明有关焊缝或接头的某些特征(如表面形状、衬垫、焊缝分布、施焊地点等)而采用的符号,用粗实线绘制。需要时可随基本符号标注在相应的位置上。焊缝的补充符号及标注示例如表16-3所列。

表16-3　焊缝的补充符号及标注示例(摘自GB/T 324—2008)

名　称	符　号	说　明	焊缝形式示意图	标注示例	示例含义
平　面	—	焊缝表面通常经过加工后平整		 (或)	表示V形焊缝和封底焊缝,表面平齐
凹　面	◡	焊缝表面凹陷		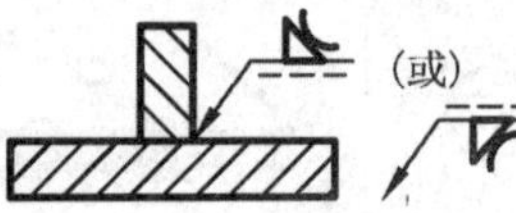 (或)	表示角焊缝,表面凹陷
凸　面	◠	焊缝表面凸起			表示双面V形焊缝,表面凸起

续表 16－3

名　称	符　号	说　明	焊缝形式示意图	标注示例	示例含义
圆滑过渡		焊趾处过渡圆滑		(或)	表示表面过渡圆滑的角焊缝
永久衬垫	M	衬垫永久保留		(或)	表示 V 形焊缝，表面底部有永久的衬垫。如果标注字母“MR”，表示焊完后拆除衬垫
临时衬垫	MR	衬垫在焊接完成后拆除			
三面焊缝		三面带有焊缝		(或)	表示对工件三面施焊
周围焊缝		沿工件周边施焊的焊缝，标注在基准线与箭头线的交点处		(或)	表示在现场沿工件周边施焊
现场焊缝		在现场施焊的焊缝			
尾　部		可以表示所需的信息		5 100 111 4条	表示焊角高度为 5 mm，焊缝长度为 100 mm，有 4 条坡口尺寸相同的角焊缝，且焊接方法为手工电弧焊（111 表示）

16.2.3　基本符号和指引线的位置

在焊缝符号中，基本符号和指引线为基本要素。焊缝的准确位置一般由基本符号和指引线之间的相对位置决定。指引线由箭头线（用细实线绘制）和两条基准线（一条为细实线，另一条为细虚线）两部分组成，如图 16－3 所示。

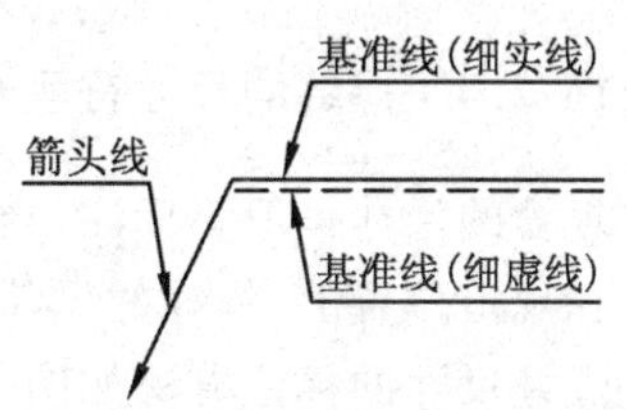

图 16－3　指引线的画法

1. 箭头线的位置

箭头线的箭头直接指向的接头侧为“接头的箭头侧”，与之相对的一侧则为“接头的非箭头侧”，如图 16－4 所示。

2. 基准线的位置

基准线中虚线的位置可以根据需要画在实线的下方或上方，且一般情况下应与图样的底边相平行，必要时也可以与底边垂直。

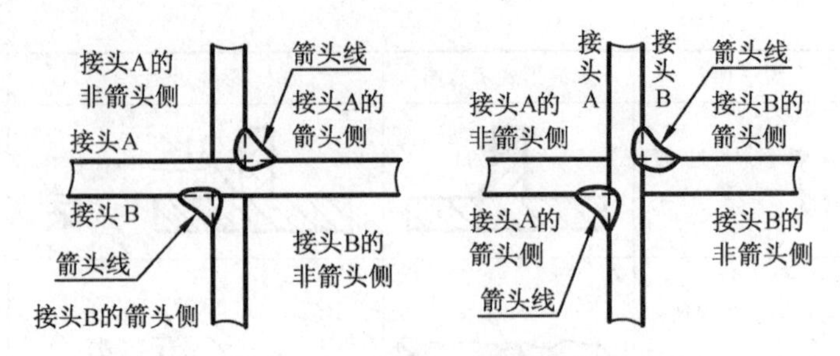

图 16-4　接头的"箭头侧"和"非箭头侧"

3. 基本符号和基准线的相对位置

为了能在图样上确切地表示出焊缝的位置，国家标准将基本符号相对基准线的位置作了如下规定：

① 当基本符号标注在基准线的实线侧时，表示焊缝在接头的箭头侧，如图 16-5(a)所示。

② 当基本符号标注在基准线的虚线侧时，表示焊缝在接头的非箭头侧，如图 16-5(b)所示。

③ 当标注对称焊缝以及双面焊缝时，基准线的虚线可以省略不画，如图 16-5(c)和(d)所示。

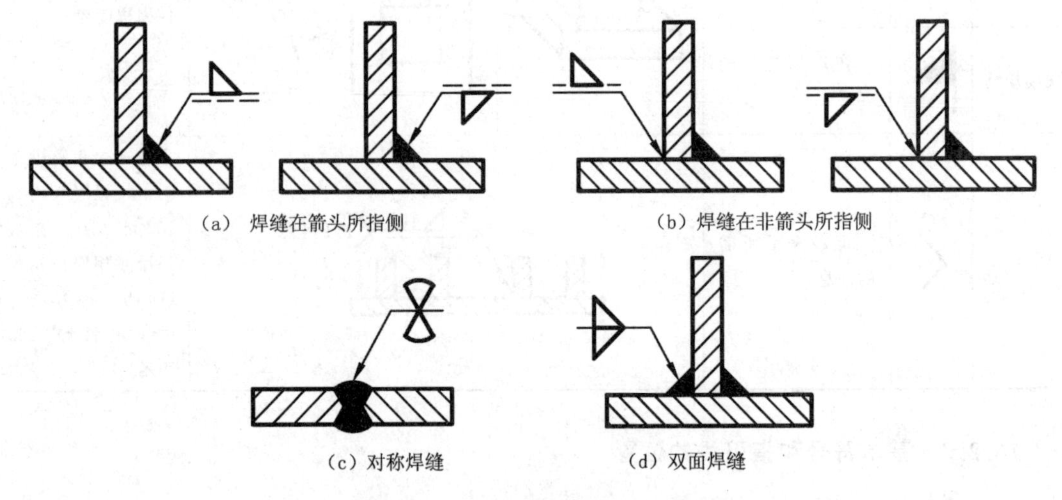

(a)　焊缝在箭头所指侧　　(b) 焊缝在非箭头所指侧

(c) 对称焊缝　　(d) 双面焊缝

图 16-5　基本符号相对基准线的位置

16.2.4　焊缝的尺寸符号及标注

焊缝的尺寸一般不标注，当设计、制造、施工需要时才标注。焊缝的尺寸符号随基本符号标注在规定位置上，焊缝的尺寸符号及标注示例如表 16-4 所列。

焊缝尺寸的标注方法如图 16-6 所示，其规定如下：

① 在焊缝基本符号的左侧标注：钝边的高度 p，坡口的高度 H，焊角的高度 K，焊缝的余高 h，焊缝的有效厚度 S，焊缝根部的半径 R，焊缝的宽度 c，焊点的直径 d。

② 在焊缝基本符号的右侧标注：相同焊缝的数量 n，焊缝的长度 l，焊缝的间距 e。

③ 在焊缝基本符号的上侧或下侧标注：坡口的角度 α，坡口面的角度 β，根部的间隙 b。

表 16-4　焊缝的尺寸符号及标注示例

名　称	符　号	焊缝示意图	名　称	符　号	焊缝示意图
工件厚度	δ		焊角尺寸	K	
坡口角度	α		相同焊缝数量	N	注：$N=3$
坡口面角度	β		点焊：焊核直径	d	
根部间隙	b		塞焊：孔径		
钝　边	p		根部半径	R	
坡口深度	H		焊缝间距	e	
焊缝有效厚度	S		焊缝长度	l	
焊缝宽度	c		焊缝段数	n	注：$n=2$，L 为焊缝起点的定位尺寸
余　高	h				

④ 在尾部符号的右侧标注：相同焊缝的数量 N，以及所需的信息，如焊接的方法等。

⑤ 当尺寸较多不易分辨时，可在尺寸数字的前面标注出相应的尺寸符号，如 $b10 \cdot K5$ 等。

注意：当箭头线的方向改变时，上述规则不变。

另外，国家标准还规定：确定焊缝位置的尺寸（L）不在焊缝符号中标注，而应将其标注在相应的图样中；在基本符号的右侧既无任何尺寸标注又无其他说明时，表示焊缝在工件的整个长度方向上是连续的；在基本符号的左侧既无任何尺寸标注又无其他说明时，表示对接焊缝应完全焊透；塞焊缝和槽焊缝带有斜边时，应标注其底部的尺寸。

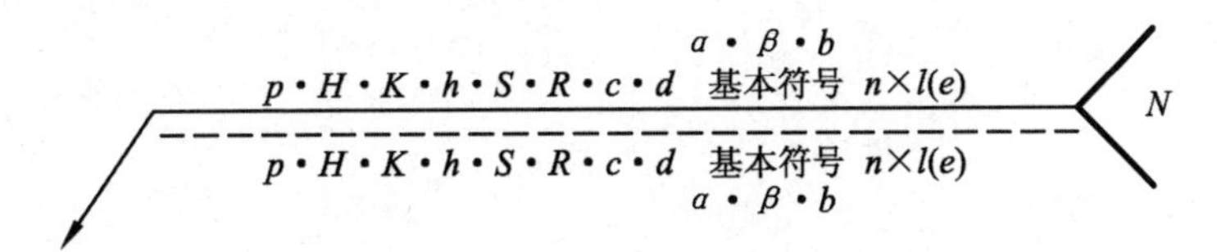

图 16-6　焊缝尺寸的标注方法

常见焊缝尺寸的标注示例如图 16-7 所示。其中图(a)表示用手工电弧焊，V 形坡口，坡

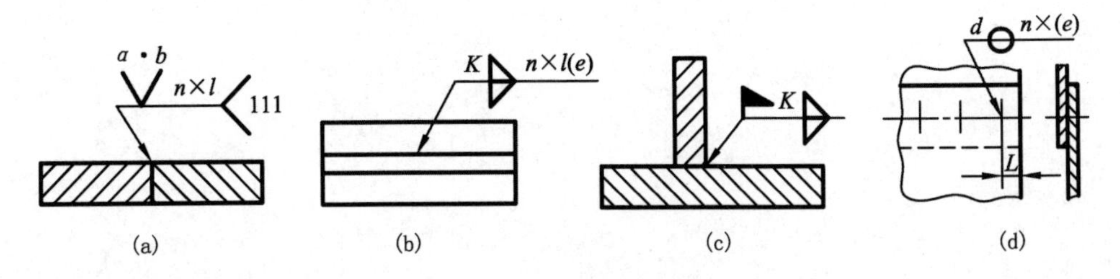

图 16-7　焊缝尺寸的标注示例

口的角度为 α，根部的间隙为 b，有 n 段焊缝，焊缝的长度为 l。图(b)表示 n 段不连续的双面角焊接，焊角的尺寸为 K，焊缝的长度为 l，焊缝的间距为 e。图(c)表示现场装配时进行双面角焊接，焊角的尺寸为 K。图(d)表示有 n 段焊缝，焊缝的间距为 e，焊点的直径为 d，焊点至板边的距离为 L 的点焊接。

焊接图的示例如图 16－8 所示。

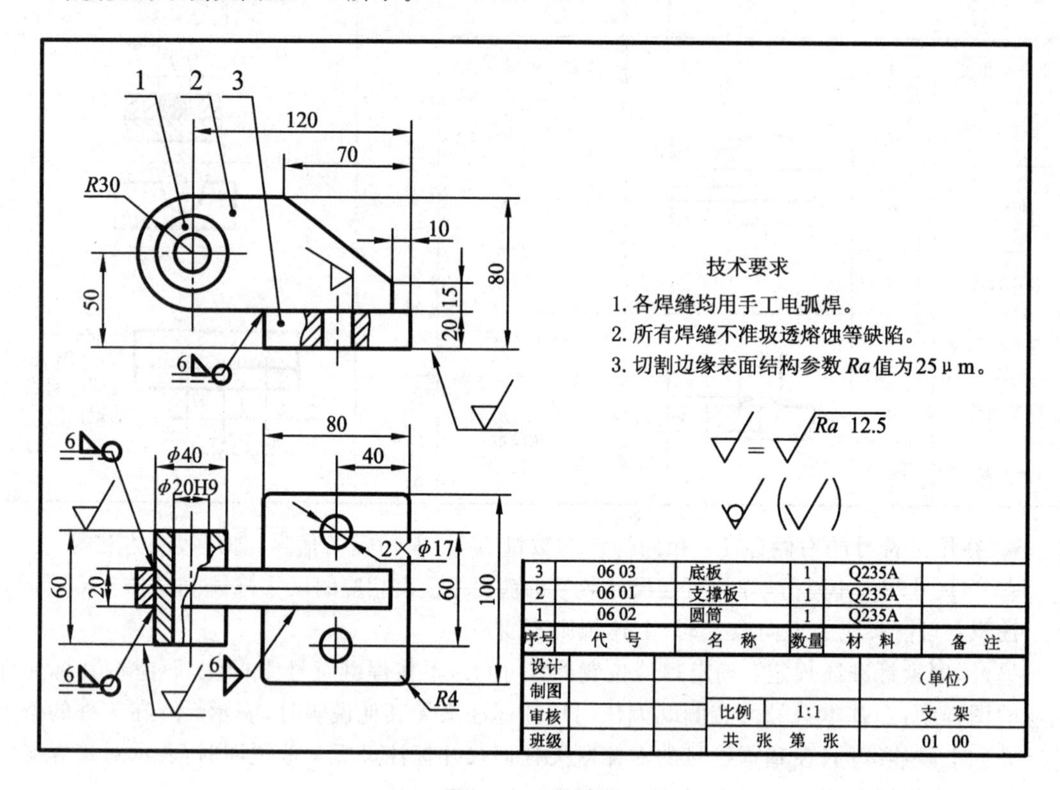

图 16－8　焊接图

附　录

附表 1　普通螺纹

普通螺纹　基本牙型、基本尺寸和直径与螺距系列(摘自 GB/T 192、193、196—2003(部分))

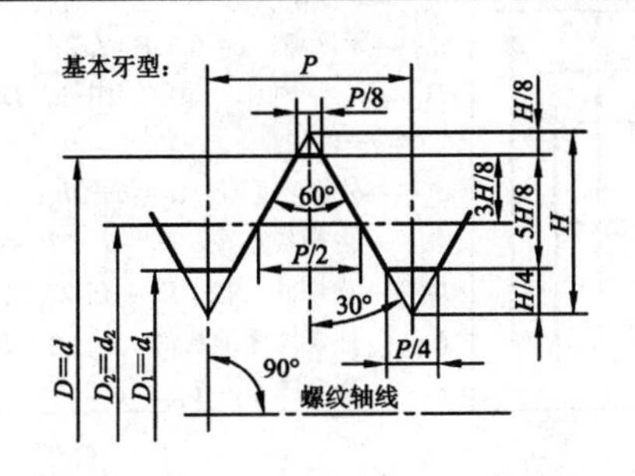

D——内螺纹的基本大径(公称直径)；

d——外螺纹的基本大径(公称直径)；

D_2——内螺纹的基本中径；

d_2——外螺纹的基本中径；

D_1——内螺纹的基本小径；

d_1——外螺纹的基本小径；

H——原始三角形高度；

P——螺距。

标记示例及含义：

M10−6g　表示公称直径 d=10 mm、右旋、中径及顶径公差带均为 6g、中等旋合长度的粗牙普通外螺纹。

M10×1LH−6H　表示公称直径 D=10 mm、螺距为 P=1 mm、左旋、中径及顶径公差带均为 6H、中等旋合长度的细牙普通内螺纹。

(mm)

公称直径 D 或 d			螺距 P	
第 1 系列	第 2 系列	第 3 系列	粗牙	细牙
5			0.8	0.5
		5.5		
6			1	0.75
	7			
8			1.25	1，0.75
		9		
10			1.5	1.25，1，0.75
		11		1.5，1，0.75
12			1.75	1.25，1
	14		2	1.5，1.25[a]，1
		15		1.5
16			2	
		17		
	18		2.5	2，1.5，1
20				
	22			
24			3	
		25		
		26		1.5
	27		3	2，1.5，1
		28		
30			3.5	(3)，2，1.5，1
		32		2，1.5
	33		3.5	(3)，2，1.5
		35[b]		1.5
36			4	3，2，1.5

注：① 优先选用第 1 系列，其次选择第 2 系列，最后选择第 3 系列的直径。

② 括号内的螺距尽可能不选用。

③ 螺距中带注“a”的螺纹，仅用于发动机的火花塞。

④ 公称直径的第3系列中带注“b”的螺纹，仅用于滚动轴承的锁紧螺母。

附表 2　梯形螺纹

梯形螺纹　牙型、基本尺寸和直径与螺距系列(摘自 GB/T 5796.1、2、3—2005(部分))

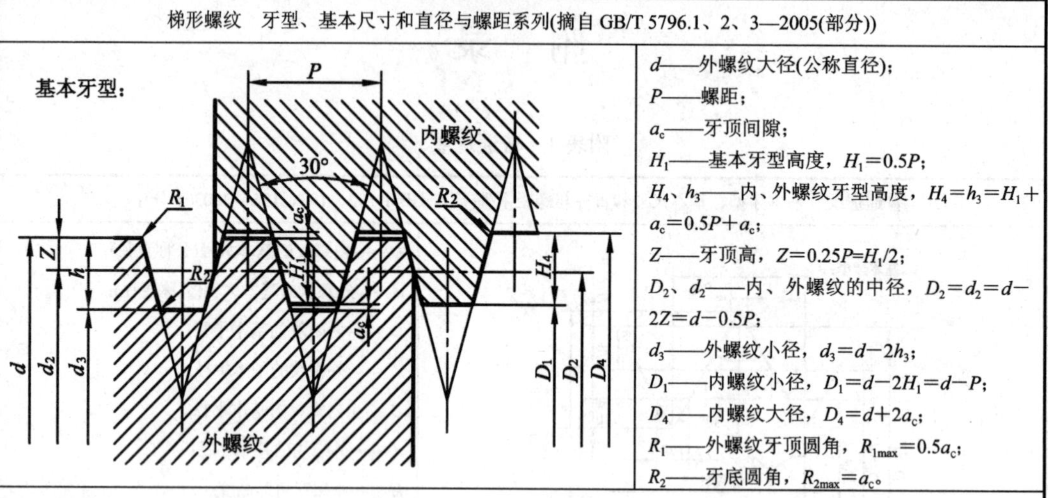

d——外螺纹大径(公称直径)；

P——螺距；

a_c——牙顶间隙；

H_1——基本牙型高度，$H_1=0.5P$；

H_4、h_3——内、外螺纹牙型高度，$H_4=h_3=H_1+a_c=0.5P+a_c$；

Z——牙顶高，$Z=0.25P=H_1/2$；

D_2、d_2——内、外螺纹的中径，$D_2=d_2=d-2Z=d-0.5P$；

d_3——外螺纹小径，$d_3=d-2h_3$；

D_1——内螺纹小径，$D_1=d-2H_1=d-P$；

D_4——内螺纹大径，$D_4=d+2a_c$；

R_1——外螺纹牙顶圆角，$R_{1max}=0.5a_c$；

R_2——牙底圆角，$R_{2max}=a_c$。

标记示例及含义：

Tr40×7－7H　表示公称直径 $d=40$ mm、螺距为 $P=7$ mm、右旋、中径公差带均为 7H、中等旋合长度的单线梯形内螺纹。

Tr40×14(P7)LH－8e－L　表示公称直径 $d=40$ mm、导程 $Ph=14$ mm、螺距为 $P=7$ mm、左旋、中径公差带均为 8e、长旋合长度的双线梯形外螺纹。

(mm)

公称直径 d		螺距 P	中径 d_2=D_2	大径 D_4	小径	
第 1 系列	第 2 系列				d_3	D_1
8		1.5	7.25	8.3	6.2	6.5
	9	2	8	9.5	6.5	7
10			9	10.5	7.5	8
	11		10	11.5	8.5	9
12		3	10.5	12.5	8.5	9
	14		12.5	14.5	10.5	11
16		4	14	16.5	11.5	12
	18		16	18.5	13.5	14
20			18	20.5	15.5	16
	22	5	19.5	22.5	16.5	17
24			21.5	24.5	18.5	19
	26		23.5	26.5	20.5	21
28			25.5	28.5	22.5	23
	30	6	27	31	23	24
32			29	33	25	26
	34		31	35	27	28
36			33	37	29	30
	38	7	34.5	39	30	31
40			36.5	41	32	33
	42		38.5	43	34	35
44			40.5	45	36	37
	46	8	42	47	37	38

注：① 优先选用第 1 系列的公称直径。

② 表中所列的螺距和大、中、小直径是 GB/T 5796.2 和 GB/T 5796.3 规定优先选择的螺距及对应的直径。

附表 3　非密封管螺纹

非密封管螺纹(摘自 GB/T 7307—2001)

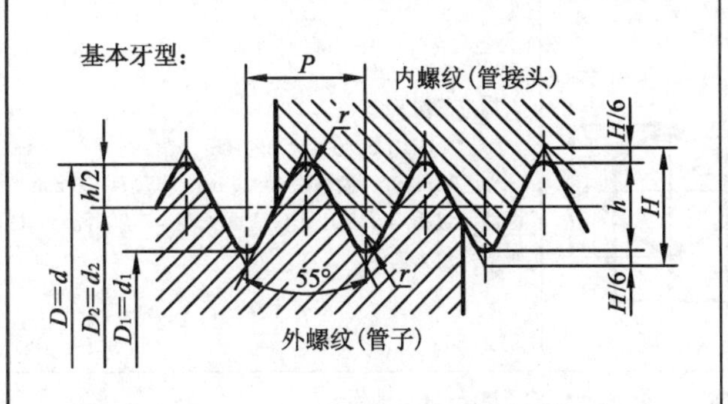

D、d——内、外螺纹的大径；

D_2、d_2——内、外螺纹的中径；

D_1、d_1——内、外螺纹的小径；

P——螺距；

H——原始三角形的高度，H=0.960 491P；

h——螺纹牙型高度，h=0.640 327P；

r——螺纹牙顶和牙底的圆弧半径，

r=0.137 329P；

n——每 25.4 mm 轴向长度内所包含的螺纹牙数。

标记示例及含义：

G1/2－LH　表示尺寸代号为 1/2、左旋的圆柱内螺纹。

G3A－LH　表示尺寸代号为 3、左旋的 A 级圆柱外螺纹。

G1/2A　表示尺寸代号为 1/2、右旋的 A 级圆柱外螺纹。

尺寸代号	每 25.4 mm 内包含的牙数 n	螺距 P /mm	牙高 h /mm	基本直径		
				大径 $d=D$ /mm	中径 $d_2=D_2$ /mm	小径 $d_1=D_1$ /mm
1/16	28	0.907	0.581	7.723	7.142	6.561
1/8				9.728	9.147	8.566
1/4	19	1.337	0.856	13.157	12.301	11.445
3/8				16.662	15.806	14.950
1/2	14	1.814	1.162	20.955	19.793	18.631
5/8				22.911	21.749	20.587
3/4				26.441	25.279	24.117
7/8				30.201	29.039	27.877
1	11	2.309	1.479	33.249	31.770	30.291
$1^1/_8$				37.897	36.418	34.939
$1^1/_4$				41.910	40.431	38.952
$1^1/_2$				47.803	46.324	44.845
$1^3/_4$				53.746	52.267	50.788
2				59.614	58.135	56.656
$2^1/_4$				65.710	64.231	62.752
$2^1/_2$				75.184	73.705	72.226
$2^3/_4$				81.534	80.055	78.576
3				87.884	86.405	84.926
$3^1/_2$				100.330	98.851	97.372
4				113.030	111.551	110.072
$4^1/_2$				125.730	124.251	122.772
5				138.430	136.951	135.472
$5^1/_2$				151.130	149.651	148.172
6				163.830	162.351	160.872

附表4　螺　栓

六角头螺栓　C 级(摘自 GB/T 5780—2016(部分))

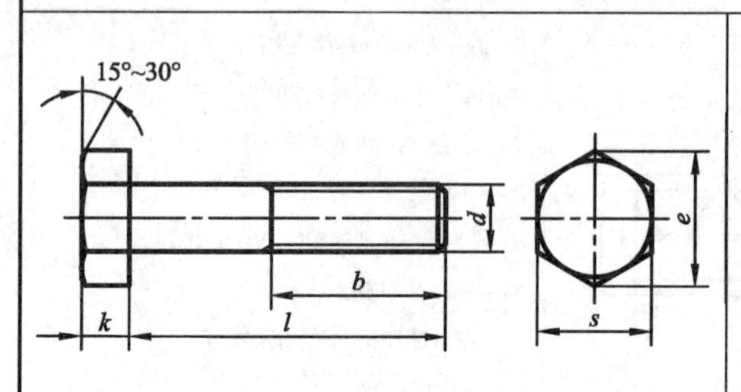

标记示例及含义：

螺栓　GB/T 5780　M20×100

普通粗牙螺纹，螺纹规格 d=20 mm、长度 l=100 mm、性能等级为 4.8 级、不经表面处理、产品等级为 C 级的六角头螺栓。

六角头螺栓—全螺纹—C 级(摘自 GB/T 5781—2016(部分))

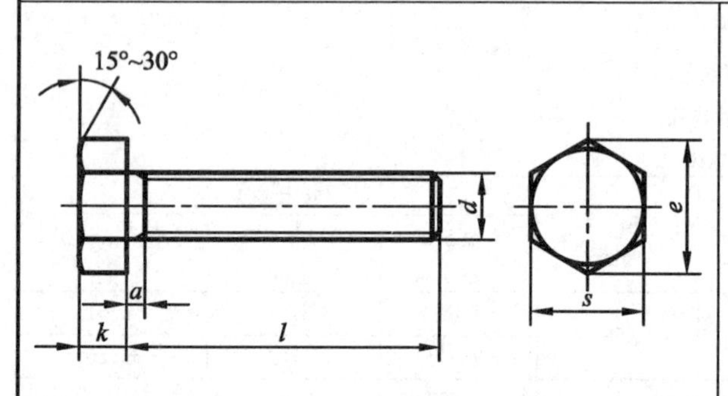

标记示例及含义：

螺栓　GB/T 5781　M12×80

普通粗牙螺纹，螺纹规格 d=12 mm、长度 l=80 mm、性能等级为 4.8 级、不经表面处理、全螺纹、产品等级为 C 级的六角头螺栓。

(mm)

螺纹规格 d (6g)		M5	M6	M8	M10	M12	M16	M20	M24	M30	M36
a	max	2.4	3	4	4.5	5.3	6	7.5	9	10.5	124
b	l≤125	16	18	22	26	30	38	46	54	66	—
	125<l≤200	22	24	28	32	36	44	52	60	72	84
	l>200	35	37	41	45	49	57	65	73	85	97
k 公称		3.5	4	5.3	6.4	7.5	10	12.5	15	18.7	22.5
S	公称＝max	8	10	13	16	18	24	30	36	46	55
	min	7.64	9.65	12.57	15.57	17.57	23.16	29.16	35	45	53.8
e_{min}		8.63	10.89	14.2	17.59	19.85	26.17	32.95	39.55	50.85	60.79
l 长度范围	GB/T 5780	25~50	30~60	40~80	45~100	55~120	65~160	80~200	100~240	120~300	140~360
	GB/T 5781	10~50	12~60	16~80	20~100	25~120	30~160	40~200	50~240	60~300	70~360
性能等级		钢——3.6，4.6，4.8									
表面处理		钢——不经表面处理；电镀；非电解锌粉覆盖层									
l 长度系列	GB/T 5780	25~70(5 进位)，70~160(10 进位)，160~500(20 进位)									
	GB/T 5781	10，12，16，20~70(5 进位)，70~160(10 进位)，160~500(20 进位)									

注：末端倒角按 GB/T 3—1997 规定，倒角宽度≥螺纹牙型高度。

附表 5　双头螺柱(摘自 GB/T 897~900—1988(部分))

b_m=1d(GB/T 897—1988)；b_m=1.25d(GB/T 898—1988)；b_m=1.5d(GB/T 899—1988)；b_m=2d(GB/T900—1988)

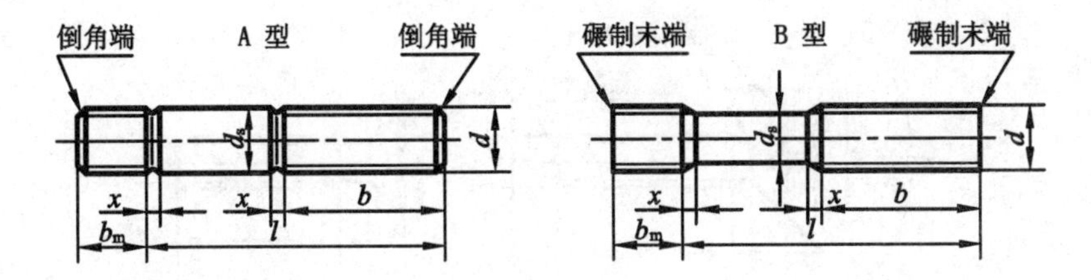

标记示例及含义：

螺柱　GB/T 900　M10×50

两端均为粗牙普通螺纹，螺纹规格 d=10 mm、长度 l=50 mm、性能等级为 4.8 级、不经表面处理、b_m=2d 的 B 型双头螺柱。

螺柱　GB/T 897　A M10−M10×1×50

旋入机体的一端为粗牙普通螺纹，旋螺母的一端为螺距 P=1 的细牙普通螺纹，螺纹规格 d=10 mm、长度 l=50 mm、性能等级为 4.8 级、不经表面处理、b_m=1d 的 A 型双头螺柱。

(mm)

螺纹规格 d (8g)	b_m 公称				l/b
	GB/T 897	GB/T 898	GB/T 899	GB/T 900	
M4	—	—	6	8	16~22/8　25~40/14
M5	5	6	8	10	16~22/10　25~50/16
M6	6	8	10	12	20~22/10　25~30/14　32~75/18
M8	8	10	12	16	20~22/12　25~30/16　32~90/22
M10	10	12	15	20	25~28/14　30~38/16　40~120/26　130/32
M12	12	15	18	24	25~30/16　32~40/20　45~120/30　130~180/36
M16	16	20	24	32	30~38/20　40~55/30　60~120/38　130~200/44
M20	20	25	30	40	35~40/25　45~65/35　70~120/46　130~200/52
M24	24	30	36	48	45~50/30　55~75/45　80~120/54　130~200/60
M30	30	38	45	60	60~65/40　70~90/50　95~120/66　130~200/72　210~250/85
M36	36	45	54	72	65~75/45　80~110/60　120/78　130~200/84　210~300/97
性能等级	钢——4.8，5.8，6.8，8.8，10.9，12.9。不锈钢——A2-50，A2-70				
表面处理	钢——不经处理；氧化；镀锌钝化。不锈钢——不经处理				
l 长度系列	16，(18)，20，(22)，25，(28)，30，(32)，35，(38)，40，45，50，(55)，60，(65)，70，(75)，80、(85)，90，(95)，100~260(10 进位)，280，300				

注：① 括号内的规格尽可能不用。

② d_s 约等于螺纹的中径(仅用于 B 型)。d_{smax}=螺纹规格 d。

③ 末端倒角按 GB/T 3—1997 规定，倒角宽度≥螺纹牙型高度。x_{max}=2.5P。

④ b_m的长度根据被连接的零件的材料而定：当被连接的零件的材料为钢时，b_m=1d；当被连接的零件的材料为铸铁或青铜时，b_m=1.25d或1.5d；当被连接的零件的材料为铝时，b_m=2d。

附表 6　螺　钉

开槽沉头螺钉(摘自 GB/T 68—2016)

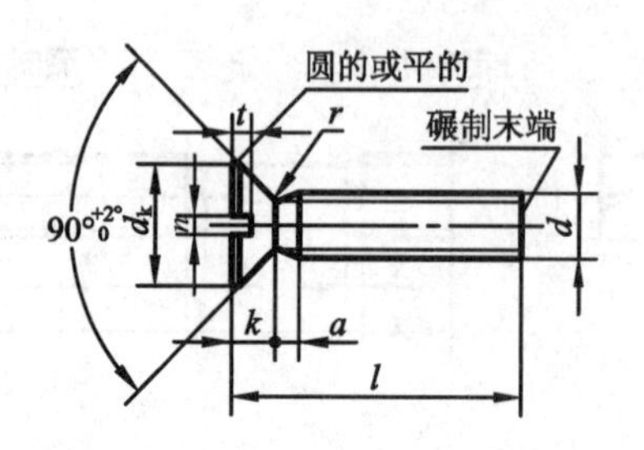

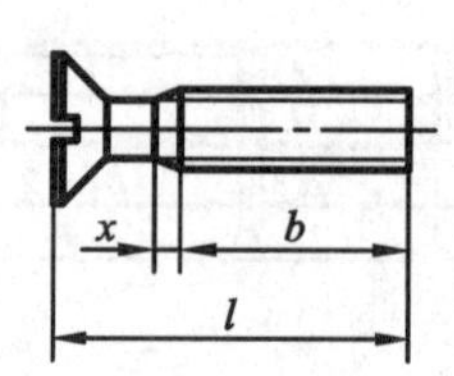

标记示例及含义：

螺钉　GB/T 68　M5×20

普通粗牙螺纹，螺纹规格 d=5 mm、长度 l=20 mm、性能等级为 4.8 级、不经表面处理的 A 级开槽沉头螺钉。

开槽半沉头螺钉(摘自 GB/T 69—2016)

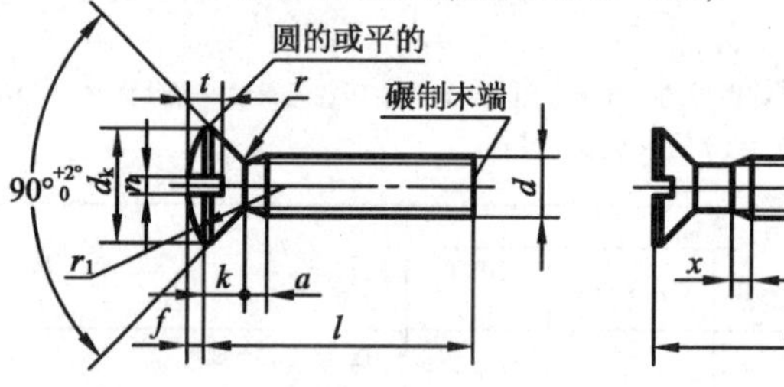

(mm)

螺纹规格 d	M1.6	M2	M2.5	M3	M(3.5)	M4	M5	M6	M8	M10
a　max	0.7	0.8	0.9	1	1.2	1.4	1.6	2	2.5	3
b　min	25				38					
d_k　max	3	3.8	4.7	5.5	7.3	8.4	9.3	11.3	15.8	18.3
f　≈	0.4	0.5	.0.6	0.7	0.8	1	1.2	1.4	2	2.3
k　max	1	1.2	1.5	1.65	2.35	2.7	2.7	3.3	4.65	5
n　公称	0.4	0.5	0.6	0.8	1	1.2	1.2	1.6	2	2.5
r　max	0.4	0.5	0.6	0.8	0.9	1	1.3	1.5	2	2.5
r_1　≈	3	4	5	6	8.5	9.5	9.5	12	16.5	19.5
t　min　GB/T 68	0.32	0.4	0.5	0.6	0.9	1	1.1	1.2	1.8	2
t　min　GB/T 69	0.64	0.8	1	1.2	1.4	1.6	2	2.4	3.2	3.8
x　max	0.9	1	1.1	1.25	1.5	1.75	2	2.5	3.2	3.8
l 长度范围	2.5~16	3~20	4~25	5~30	6~35	6~40	8~50	8~60	10~80	12~80
全螺纹时的最大长度	30				45					
性能等级	钢——4.8，5.8 不锈钢——A2-50，A2-70									
表面处理	钢——氧化；镀锌钝化 不锈钢——不经处理									
l 长度系列	2.5，3，4，5，6，8，10，12，(14)，16，20，25，30，35，40，45，50，(55)，60，(65)，70，(75)，80									

注：① 尽可能不采用括号内的规格。

② 无螺纹部分的杆径约等于螺纹中径或等于螺纹大径。

续附表 6

内六角圆柱头螺钉(摘自 GB/T 70.1—2008(部分))

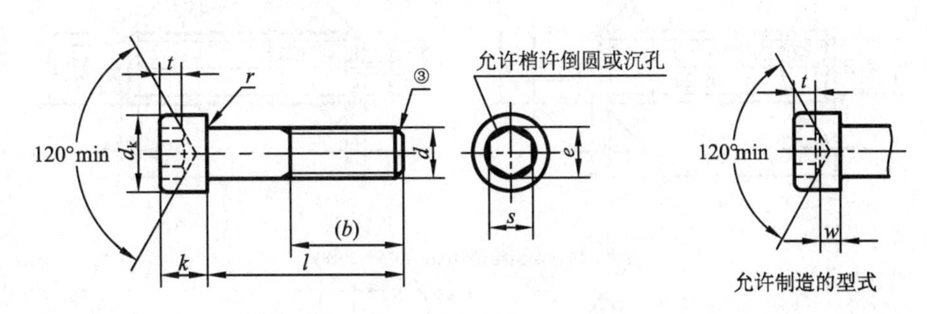

标记示例及含义：

螺钉　GB/T 70.1　M5×20

普通粗牙螺纹，螺纹规格 d=50 mm、长度 l=20 mm、性能等级为 8.8 级、表面氧化处理的 A 级内六角圆柱头螺钉。

(mm)

螺纹规格 d (6g)	M3	M4	M5	M6	M8	M10	M12	M16	M20	M24
b 参考	18	20	22	24	28	32	36	44	52	60
d_k max ①	5.5	7	8.5	10	13	16	18	24	30	36
d_k max ②	5.68	7.22	8.72	10.22	13.27	16.27	18.27	24.33	30.33	36.39
k max	3	4	5	6	8	10	12	16	20	24
r min	0.1	0.2	0.2	0.25	0.4	0.4	0.6	0.6	0.8	0.8
s 公称	2.5	3	4	5	6	8	10	14	17	19
t min	1.3	2	2.5	3	4	5	6	8	10	12
w min	1.15	1.4	1.9	2.3	3.3	4	4.8	6.8	8.6	10.4
l 长度范围	5~30	6~40	8~50	10~60	12~80	16~100	20~120	25~160	30~200	40~200
性能等级	钢——8.8，10.9，12.9 不锈钢——A2-50，A4-70									
表面处理	钢——氧化；镀锌钝化 不锈钢——不经处理									
l 长度系列	2.5，3，4，5，6，8，10，12，16，20~70(5 进位)，70~160(10 进位)，160~300(20 进位)									

注：① 对光滑头部。

② 对滚花头部。

③ 末端倒角按 GB/T 3—1997 规定，倒角宽度≥螺纹牙型高度。

续附表 6

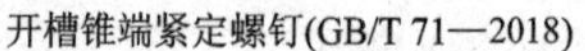

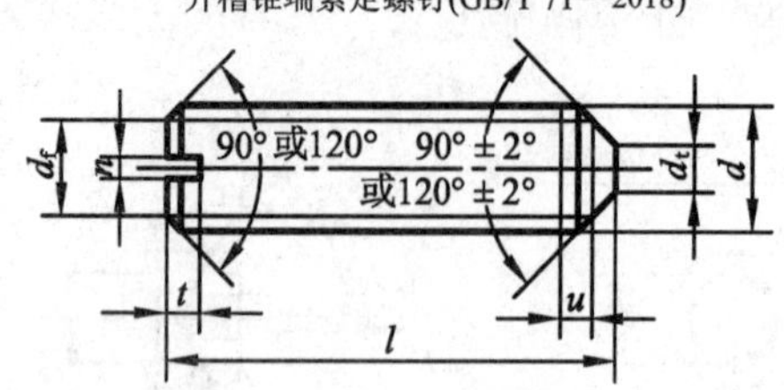

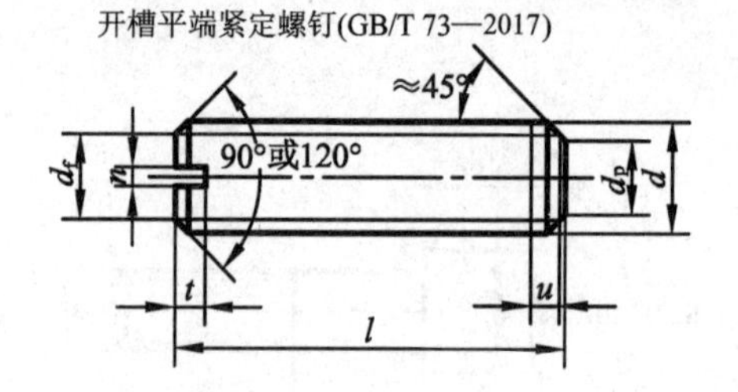

开槽长圆柱端紧定螺钉(GB/T 75—2018)

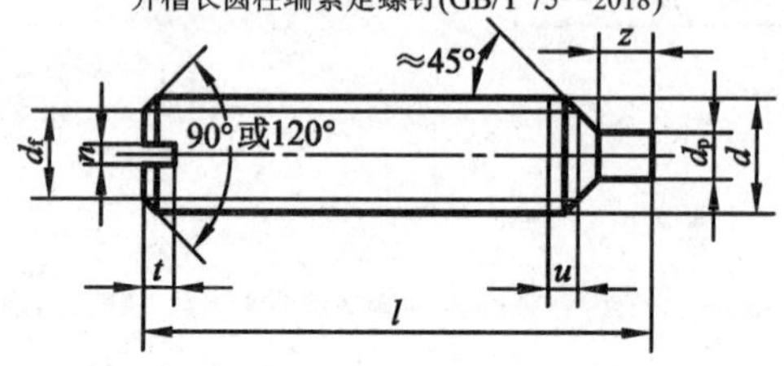

标记示例及含义：

螺钉 GB/T 73 M5×12

普通粗牙螺纹，螺纹规格 d=5 mm、长度 l=12 mm、性能等级为 14H 级、表面氧化处理的开槽平端紧定螺钉。

(mm)

螺纹规格 d (6g)		M1.2	M1.6	M2	M2.5	M3	M4	M5	M6	M8	M10	M12
d_f	max	螺纹小径										
d_P	max	0.6	0.8	1	1.5	2	2.5	3.5	4	5.5	7	8.5
d_t	max	0.12	0.16	0.2	0.25	0.3	0.4	0.5	1.5	2	2.5	3
n	公称	0.2	0.25	0.25	0.4	0.4	0.6	0.8	1	1.2	1.6	2
t	min	0.4	0.56	0.64	0.72	0.8	1.12	1.28	1.6	2	2.4	2.8
	max	0.52	0.74	0.84	0.95	1.05	1.42	1.63	2	2.5	3	3.6
z	max	—	1.05	1.25	1.5	1.75	2.25	2.75	3.25	4.3	5.3	6.3
l 长度范围	GB 71	2~6	2~8	3~10	3~12	4~16	6~20	8~25	8~30	10~40	12~50	14~60
	GB 73	2~6	2~8	2~10	2.5~12	3~16	4~20	5~25	6~30	8~40	10~50	12~60
	GB 75	—	2.5~8	3~10	4~12	5~16	6~20	8~25	8~30	10~40	12~50	14~60
l 长度系列		2，2.5，3，4，5，6，8，10，12，(14)，16，20，25，30，35，40，45，50，(55)，60										
性能等级		钢——14H；22H。不锈钢——A1-50										
表面处理		钢——氧化；镀锌钝化。不锈钢——不经处理										

注：① 尽可能不采用括号内的规格。

② GB/T 71 中≤M5 的螺钉不要求锥端有平面部分(d_t)，可以倒圆。

③ 不完整螺纹的长度 u≤2P。

④ GB/T 75 没有 M1.2 规格。

附表7 螺 母

1 型六角螺母(GB/T 6170—2015(部分))

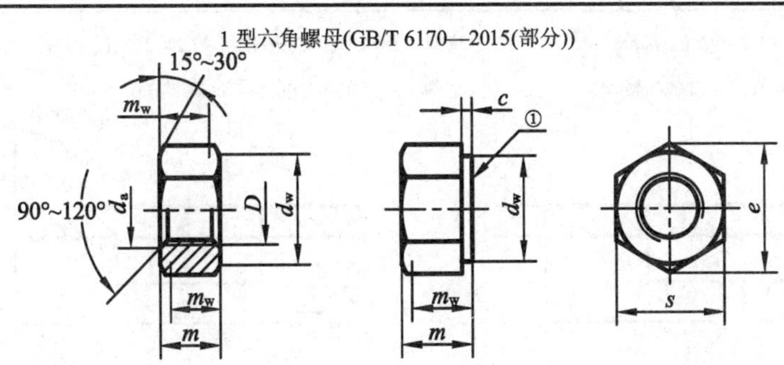

标记示例及含义：

螺母 GB/T 6170 M12

普通粗牙螺纹，螺纹规格 D=12 mm、性能等级为 8 级、不经表面处理、产品等级为 A 级的 1 型六角螺母。

(mm)

螺纹规格 D (6H)		M1.6	M2	M2.5	M3	M4	M5	M6	M8	M10	M12
螺距 P		0.35	0.4	0.45	0.5	0.7	0.8	1	1.25	1.5	1.75
c	max	0.2	0.2	0.3	0.4	0.4	0.5	0.5	0.6	0.6	0.6
	min	0.1			0.15						
d_a	max	1.84	2.3	2.9	3.45	4.6	5.75	6.75	8.75	10.8	13
	min	1.60	2	2.5	3	4	5	6	8	10	12
d_w	min	2.4	3.1	4.1	4.6	5.9	6.9	8.9	11.6	14.6	16.6
e	min	3.41	4.32	5.45	6.01	7.66	8.79	11.05	14.38	17.77	20.03
m	max	1.3	1.6	2	2.4	3.2	4.7	5.2	6.8	8.4	10.8
	min	1.05	1.35	1.75	2.15	2.9	4.4	4.9	6.44	8.04	10.37
m_w	min	0.8	1.1	1.4	1.7	2.3	3.5	3.9	5.2	6.4	8.3
s	max	3.2	4	5	5.5	7	8	10	13	16	18
	min	3.02	3.82	4.82	5.32	6.78	7.78	9.78	12.73	15.73	17.73
螺纹规格 D (6H)		M16	M20	M24	M30	M36	M42	M48	M56	M64	
螺距 P		2	2.5	3	3.5	4	4.5	5	5.5	6	
c	max	0.8					1				
	min	0.2					0.3				
d_a	max	17.3	21.6	25.9	32.4	38.9	45.4	51.8	60.5	69.1	
	min	16	20	24	30	36	42	48	56	64	
d_w	min	22.5	27.7	33.3	42.8	51.1	60	69.5	78.7	88.2	
e	min	26.75	32.95	39.55	50.85	60.79	71.3	82.6	93.56	104.86	
m	max	14.8	18	21.5	25.6	31	34	38	45	51	
	min	14.1	16.9	20.2	24.3	29.4	32.4	36.4	43.4	49.1	
m_w	min	11.3	13.5	16.2	19.4	23.5	25.9	29.1	34.7	39.3	
s	max	24	30	36	46	55	65	75	85	95	
	min	23.67	29.16	35	45	53.8	63.1	73.1	82.8	92.8	
产品等级		D≤M16：A 级；D>M16：B 级									
性能等级		钢——D<M3：按协议；M3≤D<M42：6，8，10；D≥M42：按协议 不锈钢——D≤24：A2-70，A4-70；M24<D<M42：A2-50，A4-50；D≥M42：按协议 有机玻璃——CU2，CU3，AL4									
表面处理		钢——不经处理；镀锌钝化；氧化。不锈钢和有色金属——简单处理									

注：垫圈面型，应在订单中注明。

附表 8　垫　圈

小垫圈　A 级(GB/T 848—2002(部分))　　平垫圈　倒角型　A 级(GB/T 97.2—2002(部分))

平垫圈　A 级(GB/T 97.1—2002(部分))　　大垫圈　A 级(GB/T 96.1—2002(部分))

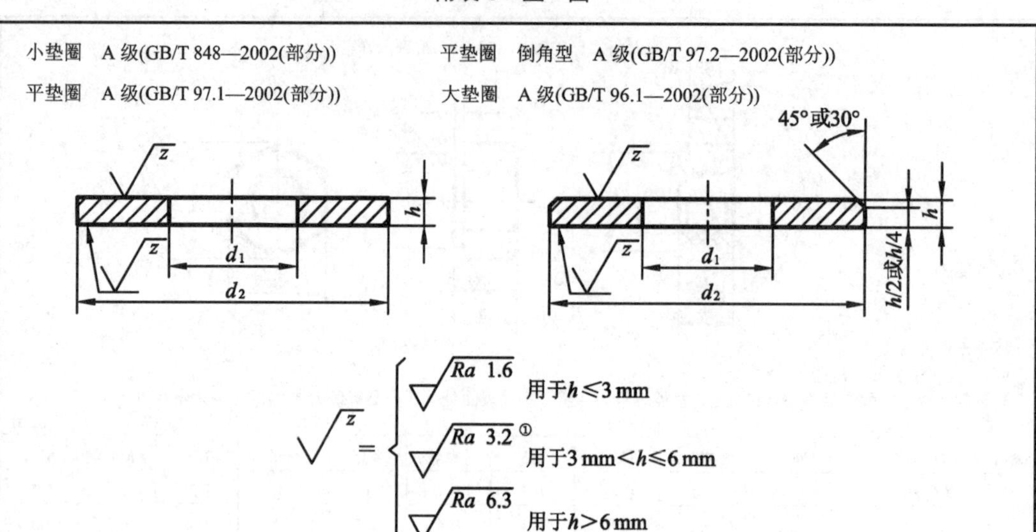

标记示例及含义：

垫圈　GB/T 97.1 8

标准系列、公称规格(螺纹大径)为 8 mm，由钢制造的硬度等级为 200HV 级、不经表面处理、产品等级为 A 级的平垫圈。

垫圈　GB/T 97.2 8

标准系列、公称规格(螺纹大径)为 8 mm，由钢制造的硬度等级为 200HV 级、不经表面处理、产品等级为 A 级的倒角型平垫圈。

(mm)

<table>
<tr><td colspan="3">公称规格(螺纹大径)</td><td>4</td><td>5</td><td>6</td><td>8</td><td>10</td><td>12</td><td>16</td><td>20</td><td>24</td><td>30</td></tr>
<tr><td rowspan="8">内
径
d_1</td><td rowspan="4">max</td><td>GB/T 848</td><td rowspan="2">4.48</td><td rowspan="4">5.48</td><td rowspan="4">6.62</td><td rowspan="4">8.62</td><td rowspan="4">10.77</td><td rowspan="4">13.27</td><td rowspan="4">17.27</td><td rowspan="4">21.33</td><td rowspan="3">25.33</td><td rowspan="3">31.39</td></tr>
<tr><td>GB/T 97.1</td></tr>
<tr><td>GB/T 97.2</td><td>—</td></tr>
<tr><td>GB/T 96.1</td><td>4.48</td><td>25.52</td><td>33.62</td></tr>
<tr><td rowspan="4">min
(公称)</td><td>GB/T 848</td><td rowspan="2">4.3</td><td rowspan="4">5.3</td><td rowspan="4">6.4</td><td rowspan="4"></td><td rowspan="4">10.5</td><td rowspan="4">13</td><td rowspan="4">17</td><td rowspan="4">21</td><td rowspan="4">25</td><td rowspan="3">31</td></tr>
<tr><td>GB/T 97.1</td></tr>
<tr><td>GB/T 97.2</td><td>—</td></tr>
<tr><td>GB/T 96.1</td><td>4.3</td><td>33</td></tr>
<tr><td rowspan="8">外
径
d_2</td><td rowspan="4">max
(公称)</td><td>GB/T 848</td><td>8</td><td>9</td><td>11</td><td>15</td><td>18</td><td>20</td><td>28</td><td>34</td><td>39</td><td>50</td></tr>
<tr><td>GB/T 97.1</td><td>9</td><td rowspan="2">10</td><td rowspan="2">12</td><td rowspan="2">16</td><td rowspan="2">20</td><td rowspan="2">24</td><td rowspan="2">30</td><td rowspan="2">37</td><td rowspan="2">44</td><td rowspan="2">56</td></tr>
<tr><td>GB/T 97.2</td><td>—</td></tr>
<tr><td>GB/T 96.1</td><td>12</td><td>15</td><td>18</td><td>24</td><td>30</td><td>37</td><td>50</td><td>60</td><td>72</td><td>92</td></tr>
<tr><td rowspan="4">min</td><td>GB/T 848</td><td>7.64</td><td>8.64</td><td>10.57</td><td>14.57</td><td>17.57</td><td>19.48</td><td>27.48</td><td>33.38</td><td>38.38</td><td>49.38</td></tr>
<tr><td>GB/T 97.1</td><td>8.64</td><td rowspan="2">9.64</td><td rowspan="2">11.57</td><td rowspan="2">15.57</td><td rowspan="2">19.48</td><td rowspan="2">23.48</td><td rowspan="2">29.48</td><td rowspan="2">36.38</td><td rowspan="2">43.38</td><td rowspan="2">55.26</td></tr>
<tr><td>GB/T 97.2</td><td>—</td></tr>
<tr><td>GB/T 96.1</td><td>11.57</td><td>14.57</td><td>17.57</td><td>23.48</td><td>29.48</td><td>36.38</td><td>49.38</td><td>59.26</td><td>70.8</td><td>90.6</td></tr>
</table>

续附表 8

公称规格（螺纹大径）			4	5	6	8	10	12	16	20	24	30
h 厚度	公称	GB/T 848	0.5	1	1.6	1.6	1.6	2	2.5	3	4	4
		GB/T 97.1	0.8	1	1.6	1.6	2	2.5	3	3	4	4
		GB/T 97.2	—									
		GB/T 96.1	1	1.2	1.6	2	2.5	3	3	4	5	6
	max	GB/T 848	0.55	1.1	1.8	1.8	1.8	2.2	2.7	3.3	4.3	4.3
		GB/T 97.1	0.9	1.1	1.8	1.8	2.2	2.7	3.3	3.3	4.3	4.3
		GB/T 97.2	—									
		GB/T 96.1	1.1	1.4	1.8	2.2	2.7	3.3	3.3	4.3	5.6	6.6
	min	GB/T 848	0.45	0.9	1.4	1.4	1.4	1.8	2.3	2.7	3.7	3.7
		GB/T 97.1	0.7	0.9	1.4	1.4	1.8	2.3	2.7	2.7	3.7	3.7
		GB/T 97.2	—									
		GB/T 96.1	0.9	1	1.4	1.8	2.3	2.7	2.7	3.7	4.4	5.4
机械性能		硬度等级及范围	钢——200HV(200HV~300HV)，300HV②(300HV~370HV) 不锈钢——200HV(200HV~300HV)									
表面处理			1）不经表面处理，即垫圈应是本色的并涂有防锈油或按协议涂层。 2）对于淬火回火的垫圈应采用适当的涂层或镀工艺以免氢脆。当电镀或磷化处理垫圈时，应在电镀或涂层后立即进行适当处理，以驱除有害的氢脆。 3）所有公差适用于镀或涂前的尺寸。									

注：① GB/T 848 中规定，该表面结构要求用于厚度 $h>3$ mm 的垫圈。② 淬火，并回火。

标准型弹簧垫圈(GB/T 93—1987(部分))

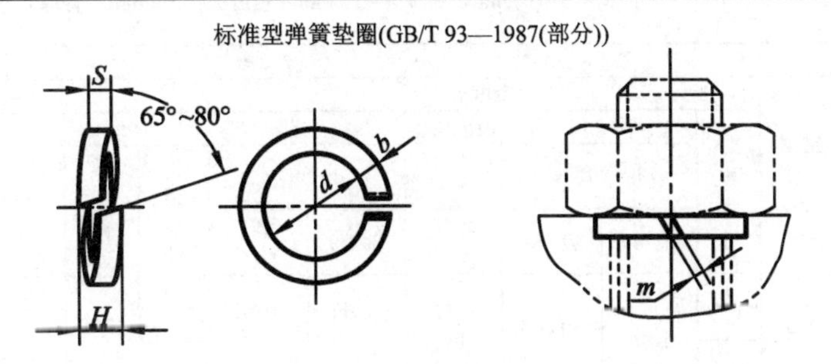

标记示例及含义：
垫圈　GB/T 93　16
公称规格(螺纹大径)为 16 mm、材料为 65Mn、表面氧化处理的标准型弹簧垫圈。

(mm)

规格(螺纹大径)		4	5	6	8	10	12	16	20	24	30
d	min	4.1	5.1	6.1	8.1	10.2	12.2	16.2	20.2	24.5	30.5
	max	4.4	5.4	6.68	8.68	10.9	12.9	16.9	21.04	25.5	31.5
S(*b*)	公称	1.1	1.3	1.6	2.1	2.6	3.1	4.1	5	6	7.5
	min	1	1.2	1.5	2	2.45	2.95	3.9	4.8	5.8	7.2
	max	1.2	1.4	1.7	2.2	2.75	3.25	4.3	5.2	6.2	7.8
H	min	2.2	2.6	3.2	4.2	5.2	6.2	8.2	10	12	15
	max	2.75	3.25	4	5.25	6.5	7.75	10.25	12.5	15	18.75
$0<m\leqslant$		0.55	0.65	0.8	1.05	1.3	1.55	2.05	2.5	3	3.75
材料及热处理		弹簧钢：65Mn，70，60Si2Mn；淬火并回火处理，硬度 42~50HRC 不锈钢：3Cr13，1Cr18Ni9Ti。铜及铜合金：QSi3-1，硬度≥90HB									
表面处理		弹簧钢——氧化；磷化；镀锌钝化。不锈钢和铜及铜合金——无需处理									

附表 9　平键及键槽的剖面尺寸和普通型平键

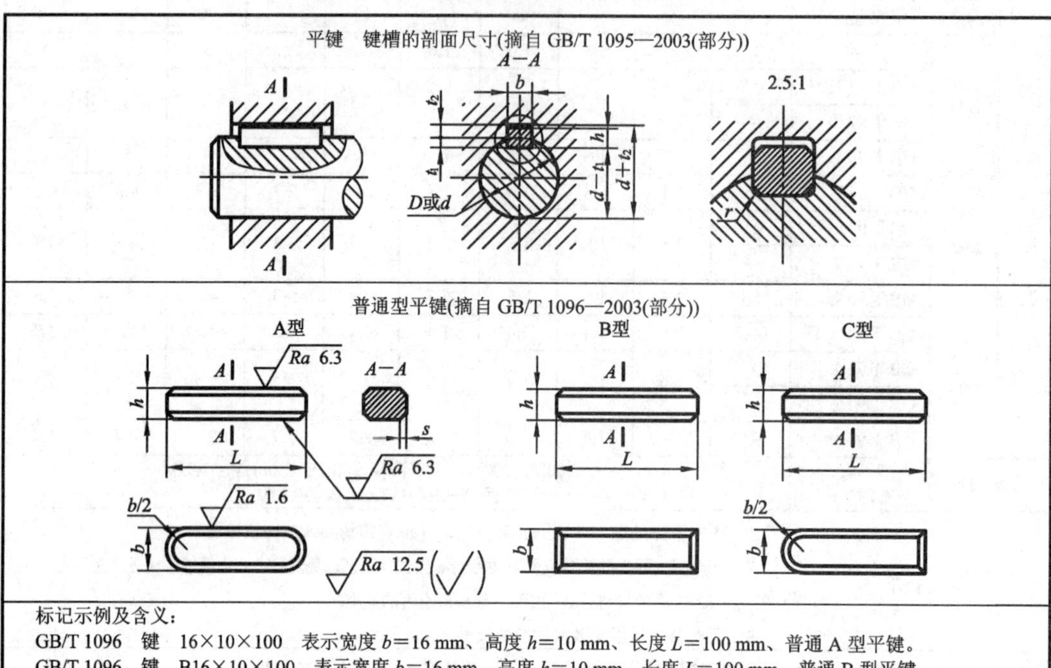

标记示例及含义：

GB/T 1096　键　16×10×100　表示宽度 b=16 mm、高度 h=10 mm、长度 L=100 mm、普通 A 型平键。

GB/T 1096　键　B16×10×100　表示宽度 b=16 mm、高度 h=10 mm、长度 L=100 mm、普通 B 型平键。

GB/T 1096　键　C16×10×100　表示宽度 b=16 mm、高度 h=10 mm、长度 L=100 mm、普通 C 型平键。

(mm)

键的公称尺寸				键槽											
				宽度 b						深度					
					极限偏差					轴 t_1		毂 t_2			
键宽度 b	键高度 h	L 长度范围	倒圆或倒角 s	公称尺寸	正常联结		紧密联结	松联结		公称尺寸	极限偏差	公称尺寸	极限偏差	半径 r	
					轴 N9	毂 JS9	轴和毂 P9	轴 H9	毂 D10					min	max
4	4	8~45	0.25~0.40	4	0 -0.030	±0.015	-0.012 -0.042	+0.030 0	+0.078 +0.030	2.5	+0.10	1.8	+0.10	0.08	0.16
5	5	10~56		5						3		2.3		0.16	0.25
6	6	14~70		6						3.5		2.8			
8	7	18~90		8	0 -0.036	±0.018	-0.015 -0.051	+0.036 0	+0.098 +0.040	4	+0.20	3.3	+0.20		
10	8	22~110	0.40~0.60	10						5		3.3		0.25	0.40
12	8	28~140		12	0 -0.043	±0.0215	-0.018 -0.061	+0.043 0	+0.120 +0.050	5		3.3			
14	9	36~160		14						5.5		3.8			
16	10	45~180		16						6		4.3			
18	1	50~200		18						7		4.4			
20	12	56~220	0.60~0.80	20	0 -0.052	±0.026	-0.022 -0.074	+0.052 0	+0.149 +0.065	7.5		4.9		0.40	0.60
22	14	63~250		22						9		5.4			
25	14	70~280		25						9		5.4			
28	16	80~320		28						10		6.4			
32	18	90~360		32	0 -0.062	±0.031	-0.026 -0.088	+0.062 0	+0.180 +0.080	11		7.4			
L 长度系列	10~22(2 进位)，25，28，32，36，40，45，56，63，70~110(10 进位)，125，140~220(20 进位)，250，280，320，360														

注：① 在零件图中，轴上键槽槽深度用 $d-t_1$ 标注，轮毂上键槽深度用 $d+t_2$ 标注。$(d-t_1)$和$(d+t_2)$尺寸的极限偏差按相应 t_1 和 t_2 的极限偏差数值选取，但$(d-t_1)$的极限偏差取负号“－”。

② 在零件图中，键槽的表面结构要求一般规定：轴、轮毂上键槽两侧面的表面粗糙度参数 Ra 值推荐为 1.6~3.2 μm；轴、轮毂上键槽底面的表面粗糙度 Ra 值为 6.3 μm。

③ 轴上键槽的长度公差带为 H14。

④ 键高公差带对于 B 型键应为 h9。

附表 10　销

圆锥销(摘自 GB/T 117—2000(部分))

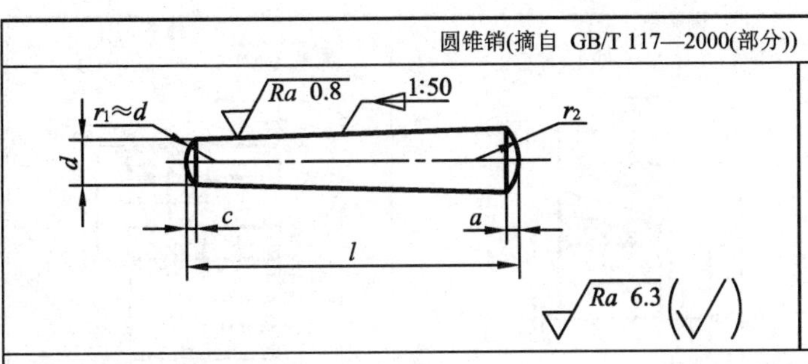

注：① $R_2 \approx a/2 + d + (0.02l)^2/8a$。
② A 型 (磨削) 锥面的表面结构参数为 $Ra=0.8$ μm。
③ B 型(切削或冷镦)锥面的表面结构参数为 $Ra=3.2$ μm。
④ d 的其他公差，如 a11、c11、f8 由供需双方协议。

标记示例及含义：
销　GB/T 117　10×60
公称直径 $d=10$ mm、公称长度 $l=60$ mm、材料为 35 钢、热处理硬度为 28~38HRC、表面氧化处理的 A 型圆锥销。

(mm)

公称直径 d (h10)	2	2.5	3	4	5	6	8	10	12	16	20	25
a ≈	0.25	0.3	0.4	0.5	0.63	0.8	1	1.2	1.6	2	2.5	3
l 公称长度范围	10~35	10~35	12~45	14~55	18~60	22~90	22~120	26~160	32~180	40~200	45~200	50~200
l 公称系列	10~32（2 进位），35~100（5 进位），100~200（20 进位）											
材料	易切钢：Y12，Y15；碳素钢：35，45；合金钢：30CrMnSiA 不锈钢：1Cr13，2Cr13，Cr17Ni2，0Cr18Ni9Ti											
表面处理	钢——不经处理；氧化；磷化；镀锌钝化。不锈钢——简单处理。 其他表面镀层或处理，由供需双方协议。所有公差仅适用于涂、镀前的公差。											

圆柱销　不淬硬钢和奥氏体不锈钢(摘自 GB/T 119.1—2000(部分))

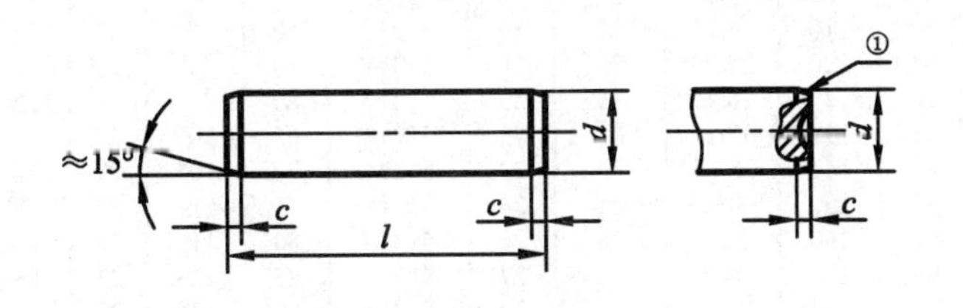

注：① 允许倒圆或凹穴。
② 末端形状由制造者确定。
③ 全部表面的表面结构参数为 $Ra \leqslant 0.8$ μm。

标记示例及含义：

销　GB/T 119.1　6m6×30

公称直径 $d=6$ mm、公差带为 m6、公称长度 $l=30$ mm、材料为钢、不经淬火、不经表面处理的圆柱销。

(mm)

公称直径 d (m6，h8)	2	2.5	3	4	5	6	8	10	12	16	20	25
c ≈	0.35	0.4	0.5	0.63	0.8	1.2	1.6	2	2.5	3	3.5	4
l 公称长度范围	6~20	6~24	8~30	8~40	10~50	12~60	14~80	18~95	22~140	26~180	35~200	50~200
l 公称系列	6~32（2 进位），35~100（5 进位），>100 按 20 递增											
材料	钢：A 型，普通淬火，硬度 550~650HV B 型，表面淬火，硬度 600~700HV，渗碳深度 0.25~0.4 mm，550HV											
表面处理	钢——不经处理；氧化；磷化；镀锌钝化。不锈钢——简单处理。 其他表面镀层或处理，由供需双方协议。所有公差仅适用于涂、镀前的公差。											

附表 11　滚动轴承

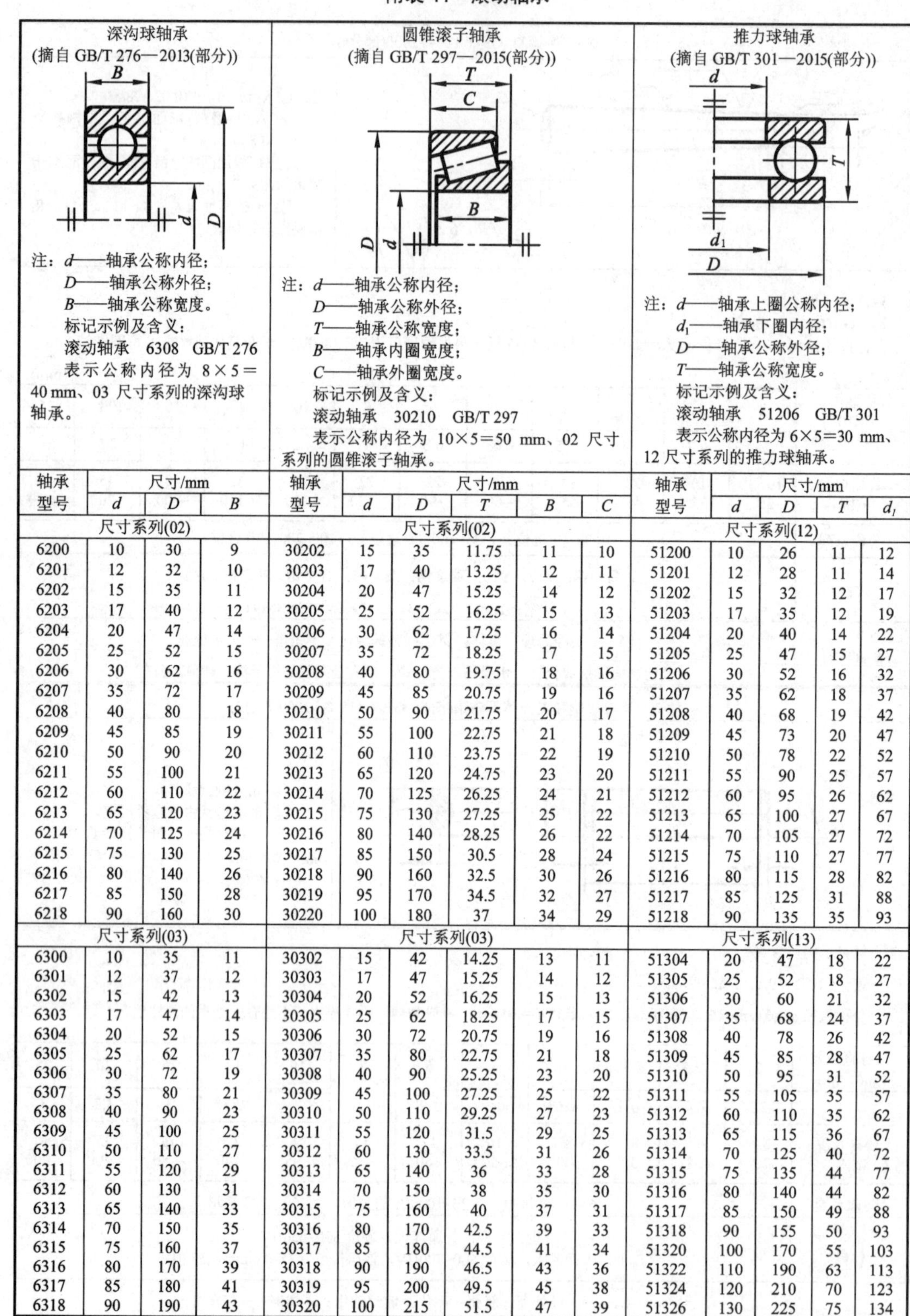

深沟球轴承
(摘自 GB/T 276—2013(部分))

注：d——轴承公称内径；
D——轴承公称外径；
B——轴承公称宽度。
标记示例及含义：
滚动轴承　6308　GB/T 276
表示公称内径为 8×5＝40 mm、03 尺寸系列的深沟球轴承。

轴承型号	尺寸/mm		
	d	D	B
尺寸系列(02)			
6200	10	30	9
6201	12	32	10
6202	15	35	11
6203	17	40	12
6204	20	47	14
6205	25	52	15
6206	30	62	16
6207	35	72	17
6208	40	80	18
6209	45	85	19
6210	50	90	20
6211	55	100	21
6212	60	110	22
6213	65	120	23
6214	70	125	24
6215	75	130	25
6216	80	140	26
6217	85	150	28
6218	90	160	30
尺寸系列(03)			
6300	10	35	11
6301	12	37	12
6302	15	42	13
6303	17	47	14
6304	20	52	15
6305	25	62	17
6306	30	72	19
6307	35	80	21
6308	40	90	23
6309	45	100	25
6310	50	110	27
6311	55	120	29
6312	60	130	31
6313	65	140	33
6314	70	150	35
6315	75	160	37
6316	80	170	39
6317	85	180	41
6318	90	190	43

圆锥滚子轴承
(摘自 GB/T 297—2015(部分))

注：d——轴承公称内径；
D——轴承公称外径；
T——轴承公称宽度；
B——轴承内圈宽度；
C——轴承外圈宽度。
标记示例及含义：
滚动轴承　30210　GB/T 297
表示公称内径为 10×5＝50 mm、02 尺寸系列的圆锥滚子轴承。

轴承型号	尺寸/mm				
	d	D	T	B	C
尺寸系列(02)					
30202	15	35	11.75	11	10
30203	17	40	13.25	12	11
30204	20	47	15.25	14	12
30205	25	52	16.25	15	13
30206	30	62	17.25	16	14
30207	35	72	18.25	17	15
30208	40	80	19.75	18	16
30209	45	85	20.75	19	16
30210	50	90	21.75	20	17
30211	55	100	22.75	21	18
30212	60	110	23.75	22	19
30213	65	120	24.75	23	20
30214	70	125	26.25	24	21
30215	75	130	27.25	25	22
30216	80	140	28.25	26	22
30217	85	150	30.5	28	24
30218	90	160	32.5	30	26
30219	95	170	34.5	32	27
30220	100	180	37	34	29
尺寸系列(03)					
30302	15	42	14.25	13	11
30303	17	47	15.25	14	12
30304	20	52	16.25	15	13
30305	25	62	18.25	17	15
30306	30	72	20.75	19	16
30307	35	80	22.75	21	18
30308	40	90	25.25	23	20
30309	45	100	27.25	25	22
30310	50	110	29.25	27	23
30311	55	120	31.5	29	25
30312	60	130	33.5	31	26
30313	65	140	36	33	28
30314	70	150	38	35	30
30315	75	160	40	37	31
30316	80	170	42.5	39	33
30317	85	180	44.5	41	34
30318	90	190	46.5	43	36
30319	95	200	49.5	45	38
30320	100	215	51.5	47	39

推力球轴承
(摘自 GB/T 301—2015(部分))

注：d——轴承上圈公称内径；
d_1——轴承下圈内径；
D——轴承公称外径；
T——轴承公称宽度。
标记示例及含义：
滚动轴承　51206　GB/T 301
表示公称内径为 6×5＝30 mm、12 尺寸系列的推力球轴承。

轴承型号	尺寸/mm			
	d	D	T	d_1
尺寸系列(12)				
51200	10	26	11	12
51201	12	28	11	14
51202	15	32	12	17
51203	17	35	12	19
51204	20	40	14	22
51205	25	47	15	27
51206	30	52	16	32
51207	35	62	18	37
51208	40	68	19	42
51209	45	73	20	47
51210	50	78	22	52
51211	55	90	25	57
51212	60	95	26	62
51213	65	100	27	67
51214	70	105	27	72
51215	75	110	27	77
51216	80	115	28	82
51217	85	125	31	88
51218	90	135	35	93
尺寸系列(13)				
51304	20	47	18	22
51305	25	52	18	27
51306	30	60	21	32
51307	35	68	24	37
51308	40	78	26	42
51309	45	85	28	47
51310	50	95	31	52
51311	55	105	35	57
51312	60	110	35	62
51313	65	115	36	67
51314	70	125	40	72
51315	75	135	44	77
51316	80	140	44	82
51317	85	150	49	88
51318	90	155	50	93
51320	100	170	55	103
51322	110	190	63	113
51324	120	210	70	123
51326	130	225	75	134

参考文献

[1] 郑家骧，刘永田. 画法几何及机械制图. 赤峰：内蒙古科技出版社，2002.

[2] 大连理工大学制图教研室. 机械制图. 北京：高等教育出版社，1993.

[3] 同济大学、上海交通大学等院校《机械制图》编写组. 机械制图. 北京：高等教育出版社，1997.

[4] GB/T 14689—2008. 技术制图 图纸幅面和格式. 北京：中国标准出版社，2008.

[5] GB/T 10609.1—2008. 技术制图 标题栏. 北京：中国标准出版社，2008.

[6] GB/T 10609.2—2009. 技术制图 明细栏. 北京：中国标准出版社，2009.

[7] GB/T 14690—1993. 技术制图 比例. 北京：中国标准出版社，1993(2004 复审).

[8] GB/T 14691—1993. 技术制图 字体. 北京：中国标准出版社，1993(2004 复审).

[9] GB/T 14692—2008 技术制图 投影法. 北京：中国标准出版社，2008.

[10] GB/T 16948—1997 技术产品文件 词汇 投影法术语. 北京：中国标准出版社，1997(2004 复审).

[11] GB/T 17450—1998. 技术制图 图线. 北京：中国标准出版社，1998(2004 复审).

[12] GB/T 17451—1998 技术制图 图样画法 视图. 北京：中国标准出版社，1998(2004 复审).

[13] GB/T 17452—1998 技术制图 图样画法 剖视图和断面图. 北京：中国标准出版社，1998(2004 复审).

[14] GB/T 17453—2005 技术制图 图样画法 剖面区域的表示法. 北京：中国标准出版社，2005.

[15] GB/T 16675.1—2012 技术制图 简化表示法 第 1 部分：图样画法. 北京：中国标准出版社，2012.

[16] GB/T 16675.2—2012 技术制图 简化表示法 第 2 部分：尺寸注法. 北京：中国标准出版社，2012.

[17] GB/T 4457.4—2002. 机械制图 图样画法 图线. 北京：中国标准出版社，2002(2004 复审).

[18] GB/T 4457.5—2013. 机械制图 剖面区域的表示法. 北京：中国标准出版社，2013.

[19] GB/T 4458.1—2002. 机械制图 图样画法 视图. 北京：中国标准出版社，2002(2004 复审).

[20] GB/T 4458.2—2003. 机械制图 装配图中零、部件序号及其编排方法. 北京：中国标准出版社，2003(2004 复审).

[21] GB/T 4458.3—2013. 机械制图 轴测图. 北京：中国标准出版社，2013.

[22] GB/T 4458.4—2003. 机械制图 尺寸注法. 北京：中国标准出版社，2003(2004 复审).

[23] GB/T 4458.5—2003. 机械制图 尺寸公差与配合注法. 北京：中国标准出版社，2003(2004 复审).

[24] GB/T 4458.6—2002. 机械制图 图样画法 剖视图和断面图. 北京：中国标准出版社，2002(2004 复审).

[25] GB/T 4459.1—1995. 机械制图 螺纹及螺纹紧固件表示法. 北京：中国标准出版社，1995(2004 复审).

[26] GB/T 4459.2—2003. 机械制图 齿轮表示法. 北京：中国标准出版社，2003(2004 复审).

[27] GB/T 4459.3—2000. 机械制图 花键表示法. 北京：中国标准出版社，2000(2004 复审).

[28] GB/T 4459.4—2003. 机械制图 弹簧表示法. 北京：中国标准出版社，2003(2004 复审).

[29] GB/T 4459.5—1999. 机械制图 中心孔表示法. 北京：中国标准出版社，1999(2004 复审).

[30] GB/T 4459.7—2017. 机械制图 滚动轴承表示法. 北京：中国标准出版社，2017.

[31] GB/T 1144—2001 矩形花键尺寸、公差和检验. 北京：中国标准出版社，2001(2004 复审).

[32] GB/T 145—2001. 中心孔. 北京：中国标准出版社，2001(2004 复审).

[33] GB/T 192—2003. 普通螺纹 基本牙型. 北京：中国标准出版社，2003(2004 复审).

[34] GB/T 193—2003. 普通螺纹 直径与螺距系列. 北京：中国标准出版社，2003(2004 复审).

[35] GB/T 196—2003. 普通螺纹 基本尺寸. 北京：中国标准出版社，2003(2004 复审).

[36] GB/T 197—2018. 普通螺纹 公差. 北京：中国标准出版社，2018.

[37] GB/T 3—1997. 普通螺纹收尾、肩距、退刀槽和倒角. 北京：中国标准出版社,2001(2004复审).
[38] GB/T 7306.1—2000. 55°密封管螺纹 第1部分：圆柱内螺纹与圆锥外螺纹. 北京：中国标准出版社,2000(2004复审).
[39] GB/T 7306.2—2000. 55°密封管螺纹 第2部分：圆锥内螺纹与圆锥外螺纹. 北京：中国标准出版社,2000(2004复审).
[40] GB/T 7307—2001. 55°非密封管螺纹. 北京：中国标准出版社,2001(2004复审).
[41] GB/T 5796.1—2005. 梯形螺纹 第1部分：牙型. 北京：中国标准出版社,2005.
[42] GB/T 5796.2—2005. 梯形螺纹 第2部分：直径与螺距系列. 北京：中国标准出版社,2005.
[43] GB/T 5796.3—2005. 梯形螺纹 第3部分：基本尺寸. 北京：中国标准出版社,2005.
[44] GB/T 5796.4—2005. 梯形螺纹 第4部分：公差. 北京：中国标准出版社,2005.
[45] GB/T 13576.1—2008. 锯齿形(3°、30°)螺纹 第1部分：牙型. 北京：中国标准出版社,2008.
[46] GB/T 13576.2—2008. 锯齿形(3°、30°)螺纹 第2部分：直径与螺距系列. 北京：中国标准出版社,2008.
[47] GB/T 13576.3—2008. 锯齿形(3°、30°)螺纹 第3部分：基本尺寸. 北京：中国标准出版社,2008.
[48] GB/T 13576.4—2008. 锯齿形(3°、30°)螺纹 第4部分：公差. 北京：中国标准出版社,2008.
[49] GB/T 5780—2016. 六角头螺栓 C级. 北京：中国标准出版社,2016.
[50] GB/T 5781—2016. 六角头螺栓 全螺纹 C级. 北京：中国标准出版社,2016.
[51] GB/T 5782—2016. 六角头螺栓. 北京：中国标准出版社,2016.
[52] GB/T 6170—2015. 1型六角螺母. 北京：中国标准出版社,2015.
[53] GB/T 6178—1986. 1型开槽六角螺母 A和B级. 北京：中国标准出版社,1986(2004复审).
[54] GB/T 93—1987. 标准型弹簧垫圈. 北京：中国标准出版社,1987(2004复审).
[55] GB/T 96.1—2002. 大垫圈 A级. 北京：中国标准出版社,2002(2004复审).
[56] GB/T 97.1—2002. 平垫圈 A级. 北京：中国标准出版社,2002(2004复审).
[57] GB/T 97.2—2002. 平垫圈 倒角型 A级. 北京：中国标准出版社,2002(2004复审).
[58] GB/T 848—2002. 小垫圈 A级. 北京：中国标准出版社,2002(2004复审).
[59] GB/T 897—1988. 双头螺柱 $b_m=1d$. 北京：中国标准出版社,1988(2004复审).
[60] GB/T 898—1988. 双头螺柱 $b_m=1.25d$. 北京：中国标准出版社,1988(2004复审).
[61] GB/T 899—1988. 双头螺柱 $b_m=1.5d$. 北京：中国标准出版社,1988(2004复审).
[62] GB/T 900—1988. 双头螺柱 $b_m=2d$. 北京：中国标准出版社,1988(2004复审).
[63] GB/T 65—2016. 开槽圆柱头螺钉. 北京：中国标准出版社,2016.
[64] GB/T 67—2016. 开槽盘头螺钉. 北京：中国标准出版社,2016.
[65] GB/T 68—2016. 开槽沉头螺钉. 北京：中国标准出版社,2016.
[66] GB/T 69—2016. 开槽半沉头螺钉. 北京：中国标准出版社,2016.
[67] GB/T 70.1—2008. 内六角圆柱头螺钉. 北京：中国标准出版社,2008.
[68] GB/T 71—2018. 开槽锥端紧定螺钉. 北京：中国标准出版社,2018.
[69] GB/T 73—2017. 开槽平端紧定螺钉. 北京：中国标准出版社,2017.
[70] GB/T 75—2018. 开槽长圆柱端紧定螺钉. 北京：中国标准出版社,2018.
[71] GB/T 818—2016. 十字槽盘头螺钉. 北京：中国标准出版社,2016.
[72] GB/T 819.1—2016. 十字槽沉头螺钉 第1部分：钢4.8级. 北京：中国标准出版社,2016.
[73] GB/T 820—2015. 十字槽半沉头螺钉. 北京：中国标准出版社,2015.
[74] GB/T 822—2016. 十字槽圆柱头螺钉. 北京：中国标准出版社,2016.
[75] GB/T 117—2000. 圆锥销. 北京：中国标准出版社,2000(2004复审).
[76] GB/T 119.1—2000. 圆柱销 不淬硬钢和奥氏体不锈钢. 北京：中国标准出版社,2000(2004复审).
[77] GB/T 91—2000. 开口销. 北京：中国标准出版社,2000(2004复审).

[78] GB/T 276—2013. 滚动轴承 深沟球轴承 外形尺寸. 北京：中国标准出版社，2013.
[79] GB/T 297—2015. 滚动轴承 圆锥滚子轴承 外形尺寸. 北京：中国标准出版社，2015.
[80] GB/T 301—2015. 滚动轴承 推力球轴承 外形尺寸. 北京：中国标准出版社，2015.
[81] GB/T 272—2017. 滚动轴承 代号方法. 北京：中国标准出版社，2017.
[82] GB/T 1357—2008. 通用机械和重型机械用圆柱齿轮 模数. 北京：中国标准出版社，2008.
[83] GB/T 1095—2003. 平键 键槽的剖面尺寸. 北京：中国标准出版社，2003(2004 复审).
[84] GB/T 1096—2003. 普通型 平键. 北京：中国标准出版社，2003(2004 复审).
[85] GB/T 1099.1—2003. 普通型 半圆键. 北京：中国标准出版社，2003(2004 复审).
[86] GB/T 1565—2003. 钩头型 楔键. 北京：中国标准出版社，2003(2004 复审).
[87] GB/T 7408—2005. 数据元和交换格式 信息交换 日期和时间表示法. 北京：中国标准出版社，2005.
[88] GB/T 17825.3—1999. CAD 文件管理 编号原则. 北京：中国标准出版社，1999(2004 复审).
[89] GB/T 3478.1—2008. 圆柱直齿渐开线花键(米制模数 齿侧配合) 第 1 部分：总论. 北京：中国标准出版社，2008.
[90] GB/T 131—2006. 产品几何技术规范(GPS) 技术产品文件中表面结构的表示法. 北京：中国标准出版社，2006.
[91] GB/T 1031—2009. 产品几何技术规范(GPS) 表面结构 轮廓法 表面粗糙度参数及其数值. 北京：中国标准出版社，2009.
[92] GB/T 1801—2009. 产品几何技术规范(GPS) 极限与配合 公差带和配合的选择. 北京：中国标准出版社，2009.
[93] GB/T 1800.1—2020. 产品几何技术规范(GPS) 极限与配合 第 1 部分：公差、偏差和配合的基础. 北京：中国标准出版社，2020.
[94] GB/T 1800.2—2020. 产品几何技术规范(GPS) 极限与配合 第 2 部分：标准公差等级和孔、轴极限偏差表. 北京：中国标准出版社，2020.
[95] GB/T 1182—2018. 产品几何技术规范(GPS) 几何公差 形状、方向、位置和跳动公差标注. 北京：中国标准出版社，2018.
[96] GB/T 324—2008. 焊缝符号表示法. 北京：中国标准出版社，2008.
[97] GB/T 6403.3—2008. 滚花. 北京：中国标准出版社，2008.